INHALT

„Kleider machen Leute."

(Gottfried Keller)

Ein Warenkundelexikon der Mediadidact
Das Nachschlagewerk für alle, die sich für Textilwaren interessieren

4. Auflage, 2019

Rohstoffe

ROHSTOFFE

INTRO

TIPPS zu diesem Buch

- In diesem Buch wird nicht auf einzelne Artikel und Marken eingegangen. Erklärt werden die Warengruppen, die wichtigsten Inhaltsstoffe und ihre Wirkungsweisen unter der Fragestellung: „Was könnte der Verbraucher wissen wollen, was sollte er wissen?" Wem die Auskünfte nicht genügen oder wer etwas nicht findet, sollte sich nicht scheuen, bei Herstellern oder entsprechenden Industrieverbänden nachzufragen.

NATÜRLICHE ZELLULOSISCHE FASERN

TIERISCHE FASERN

CHEMIEFASERN

PELZ

LEDER

Textilien

Konfektion

Service

SERVICE

ÜBER DIE FUNKTION VON BEKLEIDUNG UND MODE

Kleiderkultur-geschichte

Kleidung ist das Erste, was von einem Menschen wahrgenommen wird, noch bevor man ihm ins Gesicht schaut, seine Augen sieht oder die Stimme hört. Bekleidung ist die äußere Hülle unseres Erscheinungsbildes und damit ein bedeutsames persönliches Signal, dessen Wirkung nicht zu unterschätzen ist.

In der Bibel beginnt die textile Entwicklung mit dem Sündenfall.

Fotos: iStock.com/Duncan Walter

Der Urmensch hatte noch von Natur aus einen „Pelz".

Kleidung und Mode sind nicht das Gleiche. Mode drückt sich zwar in der Art und Weise aus, wie man sich kleidet, ist aber kein Funktionsträger für Bekleidung im eigentlichen Sinne. Richten wir den Blick zurück in die Geschichte der Bekleidung, so stellen wir fest, dass die Verbindung von Bekleidung und Mode noch gar nicht so alt ist. Sie entwickelte sich als ein Ausdruck freien Bürgertums nach den Zeiten der industriellen Revolution und ist somit ein Kind der Stadt. In der Bibel beginnt der Siegeszug der Kleidung nach dem Sündenfall. Adam und Eva hatten plötzlich ihre Nacktheit erkannt und sich schnell einen Schurz aus Feigenblättern geflochten. Nichts kann weiter von der Mode entfernt sein als dieser Vorgang. In dieser Bibelstelle des Alten Testaments wird das Thema Scham aufgeworfen. Die erste Kleidung hatte demnach die Funktion, zu bedecken und Blöße zu verstecken, um nicht schamlos zu sein. Nacktheit zur Schau zu stellen, geriet zum Tabu – und das nicht nur im Einflussbereich christlicher Religionen.

Die verschiedenen Verschleierungsformen islamischer Religionsgemeinschaften fußen auf denselben Grundsätzen. Was allerdings letztlich zu bedecken ist, definieren die diversen Interpretationen der religiösen Regelwerke ganz unterschiedlich. Fast immer gelten diese Regelungen nur für die Frauen und dort speziell für ihre Haare, wogegen die Männer angehalten sind, Haupt- und Barthaar wachsen zu lassen und stolz zu präsentieren.

Im hinduistisch geprägten Indien der Maharadschas waren die Frauen auch gehalten, Körper und Haar durch Schleier vor Fremden zu verhüllen. Dieses taten sie allerdings auf eine ganz eigene, schmuckvolle Weise, sodass der Schleier zum Sari zu einem optisch attraktiven Gesamtbild (unter Wahrung des erforderlichen Anstands) verschmolz, wie noch heute in einigen Gegenden Rajasthans zu besichtigen.

Auch wenn Kopf- und Körperschleier nicht eigentlich dazu gedacht sind zu kleiden (also kleidsam zu sein), sondern lediglich zu verhüllen, so bestimmen sie doch das äußere Erscheinungsbild.

DIE ERSTE BEKLEIDUNG WAR FUNKTIONAL

Gehen wir jedoch noch einmal weiter zurück in der Geschichte der Kleidung. Aus dem östlichen Afrika herausgekommen und in die Welt gewandert, trafen die ersten Menschen auch auf klimatisch weniger angenehme Regionen. Die Welt außerhalb des afrikanischen Kontinents konnte ganz schön unwirtlich sein, kalt und nass. Als Jäger und Sammler, die wir Menschen zunächst waren, gehörten die Häute der Beutetiere oder die Fasern von Gräsern und Schilf zu den ersten Rohmaterialien, die sich dazu eigneten, daraus einen Schutz für den Körper zu fertigen, nachdem die sehr frühen Menschen das eigene Fell weitgehend verloren hatten. Häute und Felle konnte man sich umhängen. Um sie zusammen zu halten, verband man sie mit Sehnen, Därmen oder feinen Hautstreifen.

Noch heute sind Saris in den Straßen Rajasthans allgegenwärtig.

Wer auf die Idee kam, Halme zu verdrillen und zu verflechten, um daraus Gebilde wie Körbe, Hüttendächer, Regencapes oder Hüte zu machen, verschwindet im Nebel der Geschichte. Fakt ist, dass zusammengebundene Lappen oder Faserbündel die Vorläufer von Schuhen und Umhänge die frühen Mäntel waren. Hosen und Röcke entwickelten sich aus Schürzenformen und Hemden aus der Not, mehrere Lagen Schutz gegen die Kälte zu benötigen – auch heute noch ein probates Mittel gegen Wetterunbilden.

Irgendwann einmal schabte ein pfiffiger Geist mit dem Faustkeil die Haare vom Fell, um es leichter und geschmeidiger zu machen – das Leder war geboren. Genäht wurde schon recht früh, wie der Fund nähnadelähnlicher Ahlen aus Tierknochen beweist. Der *Homo habilis*, der „geschickte Mensch" war somit vor rd. 2 Mio. Jahren entstanden. Auch wenn dieser Zweig der frühen Menschheitsgeschichte eine Art Sackgasse war und als Gattung schnell ausstarb, so ist doch die Erfindung von Werkzeug zur Herstellung von Alltagsgegenständen als großer Schritt in der Entwicklung der Menschheit und als Kulturtreiber zu sehen.

Fotos: o.: Birgit Meyke/Fotolia; r.: iStock.com/brytta

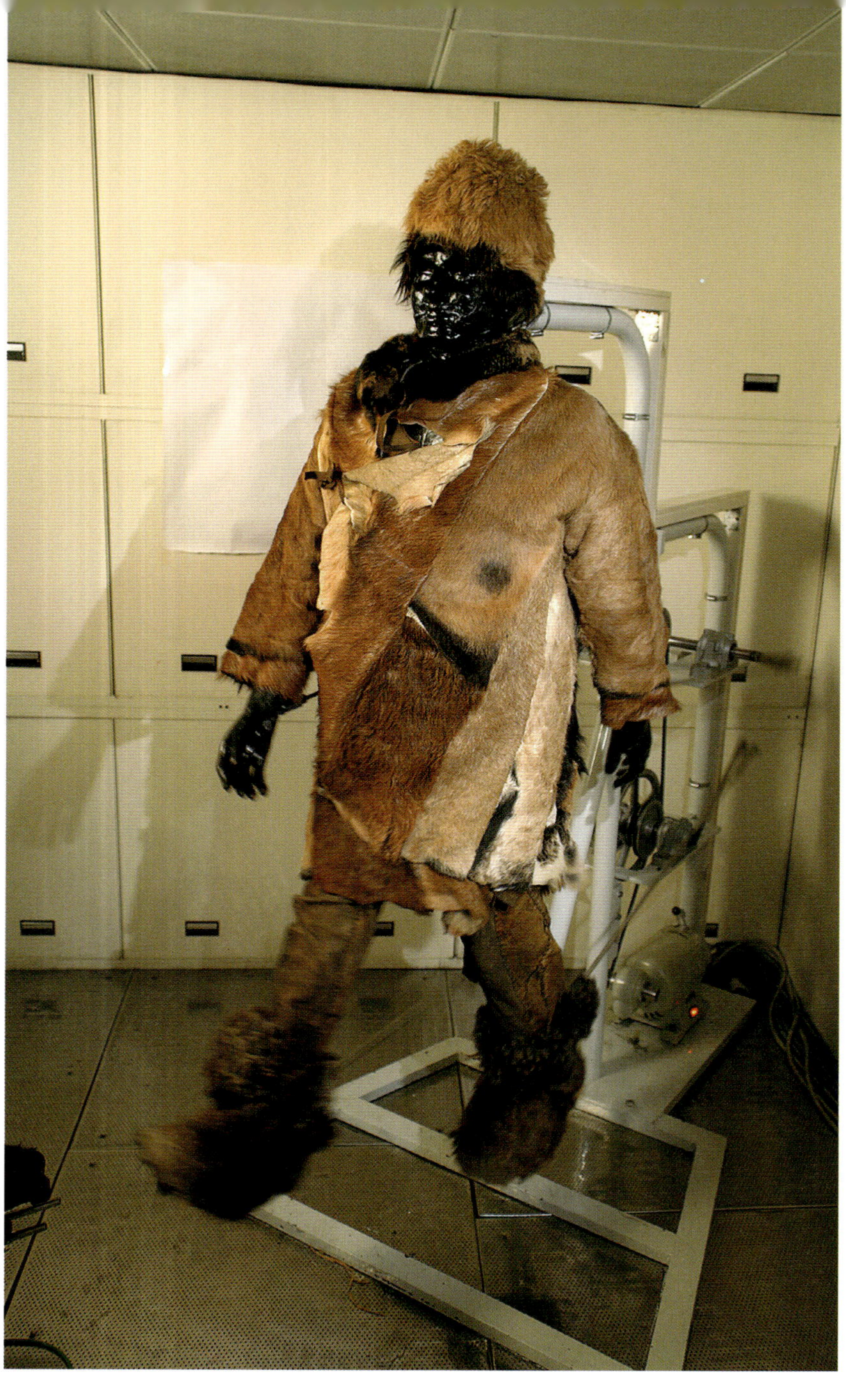

Eine Rekonstruktion der Bekleidung von Ötzi, der wohl bekanntesten Gletschermumie. Pelze schützten ihn vor der Kälte.

KOLLEKTION 1.0 – DIE JUNGSTEINZEIT

Drehen wir die Uhr der Geschichte weiter, vorbei an den handwerklich geschickten, kunstsinnigen Neandertalern (vor rd. 130.000 bis 30.000 Jahren) und ihrer hohen Kultur, die bereits große Gebiete Süd-, Mittel- und Osteuropas besiedelten (weiter nördlich lag eine feste arktische Eiskappe). Sie hatten sich parallel zum afrikanischen *Homo Sapiens* aus einem gemeinsamen Vorfahren entwickelt und starben trotzdem nach 100.00 Jahren der Existenz ohne bis heute bekannte Gründe aus.
Jahrtausende später landet man irgendwann unweigerlich bei der berühmtesten Eismumie, dem Ötzi, der vor rd. 5.250 Jahren in den Alpen gelebt hatte. Er war so gut im Eis konserviert, dass man fast seine komplette Bekleidung retten konnte, quasi ein Real-Time-Einblick in eine echte Jungsteinzeit-Kollektion. Interessanterweise tragen die eingeborenen Völker des hohen Nordens, wie z. B. die Inuit, heute noch ähnliche Kälteschutzkleidung, jedoch aus Robben- und Rentierfell gefertigt.

Ötzis Jungsteinzeit-Dress

Ötzi trug eine längs gestreifte **Jacke** aus braunem und weißem Fell, deren helle und dunkle Fellstreifen auf der nach außen getragenen Fellseite ein auffälliges Muster bildeten. Nach neueren Erkenntnissen waren Jacke und Beinlinge aus Schaffell. Tragekomfort war bei seiner Kleidung noch kein Thema.
Die **Beinlinge** bestehen aus vielen kleinen Schaffellstücken, mit Tiersehnen in Überwendtechnik sorgfältig vernäht und stark an die Leggings nordamerikanischer Indianer erinnernd. Warum sie in Patchwork-Manier gearbeitet sind, ist bis heute unklar.
Um die Hüften trug Ötzi einen **Gürtel** aus Kalbsleder, an dem die Beinlinge mit Lederschlaufen befestigt waren. Außerdem hielt dieser den knielangen Lendenschurz.

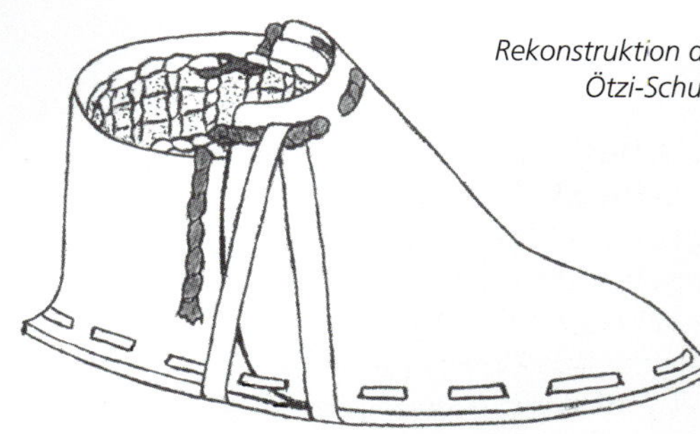

Rekonstruktion des Ötzi-Schuhs

Ötzis Schuhe wurden aus verschiedenen Materialien gearbeitet und weisen formal eine große Ähnlichkeit mit den bei den Damen so beliebten australischen *Uggs* ® auf. Der Schaft war aus Rindleder, das zur Nässeabwehr mit der Haarseite nach außen zeigte. Die Sohle bestand aus Bärenfell zur besseren Isolierung mit der Haarseite nach innen verarbeitet. Quer laufende und sich überkreuzende Lederstreifen unter der Schuhsohle bildeten die älteste bekannte Profilsohle eines Schuhs. Schaftleder und Sohle wurden durch ein umlaufendes Lederband gehalten. Aus gedrillten und verzwirnten Grasschnüren war ein Innenschuh geflochten, dessen Geflecht durch den umlaufenden Lederriemen fest mit der Sohle verbunden war, zum Schaft hin aber offen. Als Polster und Isolierschicht wurde trockenes Süßgras zwischen das Geflecht des Innenschuhs und das Schaftleder gestopft. Ein „Schnürsenkel" aus Lindenbast verschloss den speziell für Erfordernisse im Hochgebirge gebauten Schuh.

Ötzi trug eine **Mütze** aus Wolfs- oder Hundefell. Ein etwa 25 cm² großer Grasfetzen aus geflochtenem Süßgras gibt noch Rätsel auf. Die anfängliche Deutung als Teil eines Umhangs oder einer Liegematte ist umstritten. Es könnte genauso gut ein Regenkopfschutz oder Teil eines fehlenden Behälters zur Rückentrage sein.

Quelle: Wikipedia.

Foto l.: Hohenstein Institute; Illustration r.: Donja Malhotra

Leder- und Metallrüstungen schützten die Ritter vor Verletzungen.

Ein Zimmermann auf der Walz ist anhand der Zunftkleidung zu erkennen.

KLEIDUNG ALS SYNONYM FÜR DEN SOZIALEN STATUS

In einer entwickelten Gesellschaft ist es wichtig zu wissen, welchen Platz man in diesem Gemeinschaftsgefüge einnimmt. Daraus erklärt sich nicht nur der Status, sondern auch die Rolle, die man einnimmt und auszufüllen hat. Zur Zeit der Sammler und Jäger war das noch relativ einfach. Die Stärksten und Mutigsten, die besten Läufer oder Speerwerfer erfuhren eine höhere Anerkennung als die besten Beerensammler. Diese waren meistens Frauen, weil ihr Aktionsradius durch die Betreuung der Kinder und Alten entsprechend eingeschränkt war. Wer das gefährlichste Tier erlegt hatte, erfuhr die Ehrung, sein Fell tragen zu dürfen, sich mit seinen Klauen zu schmücken oder sich aus dessen Horn oder Zahn eine Trophäe machen zu dürfen. Zudem durfte er das größte Fleischstück essen, war demzufolge wohlgenährter als weniger erfolgreiche Mitmenschen. Fred Feuersteins herausragender Zeitgenosse hob sich wegen seiner anerkannt überdurchschnittlichen Leistungen also auch optisch von den anderen ab. Seine Meinung war gefragt und bei den Beutezügen ordneten sich die anderen Jäger seiner Führung unter. Schließlich hatte er vielfach bewiesen, dass er der Beste war, der Häuptling – der Boss. Sein Säbelzahntigerumhang war das Zeichen seines Status. Seine Bekleidung wurde zum Signal seiner hierarchischen Stellung. Daraus entstand der Rückschluss: Wer besser und wertvoller gekleidet war als andere, hatte etwas zu sagen. So wurde kostbare und seltene Kleidung schon sehr früh in der Menschheitsgeschichte zum Zeichen von Stand und Einfluss. Motto: Du bist, was Du trägst. Kleidung erhielt die Funktion zur gesellschaftlichen Differenzierung, Luxus (z. B. der Besitz von Fellen seltener und gefährlicher Tiere) wurde ein Zeichen von Macht.

STANDESGEMÄSSE KLEIDUNG

Der nächste Geschichtssprung führt ins Mittelalter. Hier waren die Lebensumstände und die Kleidung ein ganz einfaches Mittel der Zuordnung zu denen da oben, zur Elite, zum Adel oder zu denen da ganz unten, dem einfachen Volk, das buchstäblich im Dreck lebte. Wohnten die einen in teure, farbenfrohe Stoffe gekleidet und mit allen damals verfügbaren Annehmlichkeiten versehen auf luftigen Bergrücken oder an klaren Meeresküsten in Burgen und Schlössern, so mühten sich die anderen in engen Katen, auf schlammigen, von Unrat verschmutzten Straßen in farb- und formlosen Lumpen um ihr tägliches Auskommen. Deutlicher kann sich ein gesellschaftliches Gefälle kaum darstellen. Gleichzeitig entstanden die Stände und Zünfte: Kaufleute, Handwerker jeglicher Gewerke, Gelehrte, Advokaten, Apotheker und Richter und nicht zuletzt die Vertreter der Kirchen. Sie alle entwickelten ihre ganz spezifische Kleidung, sodass man von Weitem schon erkennen konnte, welchen Standes derjenige war, der des Weges kam.

Die Kleidung der Zünfte hat sich in Teilen bis heute bewahrt. Da die früheren Handwerksburschen ihre Fähigkeiten auf der Walz, der mehrjährigen Wanderschaft durch die Lande, erwarben, war es sinnvoll, wenn man einen Zimmermann erkannte, wenn man ihn brauchte, und wenn sich die Zimmerleute untereinander an der Zunftkleidung erkannten. Diese hatte neben dem Wiedererkennungseffekt auch praktische Gründe, weil die typischen Werkzeuge während der Arbeit nah am Körper Platz fanden. Sie hatte aber auch dekorative Aspekte wie z. B. die Silberknöpfe an der Weste, die von einer langen, erfolgreichen Walz kündeten. An der Kleidung unterschied man ohne großes Nachdenken, wer was war.

Zu spinnen und zu weben hatten die Menschen inzwischen gelernt, sodass es Stoffe für jedermann gab. Muster und Farben fanden sich allerdings nur bei den feinen Stoffen für die feinen Damen und Herren und bis zur Entdeckung der Waschmaschine war es auch noch ein paar Jahrhunderte hin. Für das einfache Volk blieb Kleidung ein formloser Gebrauchsgegenstand mit möglichst langer Haltbarkeit.

Mit aufwendigen Kleidern zeigt die vornehme Gesellschaft in der Barockzeit ihren Status.

China soll bei der Textilproduktion bereits einen weltweiten Marktanteil von 50 % erreicht haben.

WELTWEITER HANDEL BEFÖRDERT DEKADENZ

Der lange und entbehrungsreiche Weg über die Seidenstraße oder die abenteuerlichen und gefährlichen Seefahrten der Weltentdecker waren vom Hunger der Herrschenden nach Exklusivität getrieben. Zielgruppe: die Oberschicht der westlichen Reiche. Das Besondere, das Seltene, das unermesslich Kostbare zeigte sich neben Edelmetallen und Edelsteinen und exotischen Gewürzen auch immer in bislang unbekannten textilen Wunderwerken. Der Name „Seidenstraße" kündet vom Hauptprodukt auf diesem Handelsweg. Expeditionen wurden ins Leben gerufen, um noch nie Gesehenes zu erwerben, seltene Pflanzen und Tiere mitzubringen und als Zeichen der Aufgeklärtheit und des eigenen Reichtums zu präsentieren.

Für das Volk brachte das nichts, eher Schlechtes als Gutes, wenn die Herren allzu großzügig mit ihren Einkünften umgegangen waren. Sie mussten im Zweifel für Nachschub sorgen und wurden geknechtet und gepresst. Das Volk lief weiter in Sack und Asche, die Ausstattung der Oberen mit Kleidern, Schmuck und anderem Zierrat wurde immer ausgefallener.

Die zunehmende Dekadenz und die dadurch entstandenen Ungerechtigkeiten verursachten einen Aufstand: Die Französische Revolution war das Aufbegehren der einfachen Bürger gegen den Adel. Dass dieser Modellversuch nicht gleich zum gewünschten Ergebnis führte, sondern über die Zeit Napoleons noch eine weitere Variante auch in Kleidung manifestierter Dekadenz hinzufügte, weiß man heute. Damals glaubten die Leute an den Sieg von Einigkeit und Recht und Freiheit, der sich auch an der Kleidung ablesen ließ.

INDUSTRIELLE REVOLUTION – SIEGESZUG DER KONFEKTION

Bis das einfache Volk an den Segnungen moderner Massenfertigung teilhaben konnte, mussten erst die industrielle Revolution und die Verstädterung stattfinden. Erst als Maschinen teure Handarbeit ersetzten und enorme Mengen zu niedrigen Preisen fertigen konnten, entstand nach und nach auch die Konfektion. Die Kleidung von der Stange – dank der Forschungsfortschritte der chemischen Industrie in vielen bunten Farben – wurde für immer mehr arbeitende Menschen bezahlbar. Erst jetzt konnten sich „Moden" in der Bekleidung für alle durchsetzen, nicht zuletzt weil Zeitschriften den neuesten Chic aus Paris vorführten oder später Filmstars neue Trends kreierten. Die Einführung von Mode(n) in die Bekleidung war ein sozialer Befreiungsschlag, weil sie eines der Urbedürfnisse der Menschheit bedienen: den Wunsch nach Veränderung, wenn auch innerhalb Orientierung gebender Konstanten. Man konnte sicher sein, dass sich etwas veränderte, aber nicht so sehr, dass es das Alte komplett infrage stellte.

Heute haben Marken die Funktion der Orientierung gebenden Konstanten übernommen. Der kaufende Kunde kann einen bestimmten verlässlichen Qualitäts- und Design-Standard erwarten, aber eben auch die zyklischen Veränderungen. Der moderne Mensch wählt Kleidung nicht nach Stand und Einfluss, sondern nach Jahreszeit, Geschmack, Anlass und Stimmung (vielleicht auch derjenigen im Auge des Betrachters), die er mit seiner Kleidung hervorrufen möchte. Er macht sie zu einem bewusst eingesetzten Mittel zum Ausdruck seiner individuellen Persönlichkeit. Die gebotene Auswahl dafür ist schier unüberschaubar und lediglich vom privaten Budget begrenzt.

Schlossgarde am Buckingham Palace mit den eindrucksvollen Bärenmützen (amerikan. Schwarzbär), die die ohnehin großgewachsenen Grenadiere größer erscheinen lassen.

Auch Sportbekleidung unterliegt dem Modediktat.

FUNKTION & FASHION – KLEIDUNG VON HEUTE

Funktion hat Kleidung dennoch behalten, umso mehr wie immer neue funktionelle Materialien entwickelt werden: in der Arbeitswelt, wo Schutz vor vielerlei Bedrohungen und Gefährdungen vonnöten ist, in der Freizeit und beim Sport, den man in geeigneten Outfits ermüdungs- und verletzungsärmer in durchaus modischer Farbgebung genießt.

Zurzeit ist Sport selbst eine Mode und muss sich neben der Bereitstellung von Funktion auch dem „Diktat" des Wechsels beugen. Vielleicht hat der Urzeitboss seine Kleidung auch gelegentlich variiert und den Säbelzahntigerumhang gegen das Silberwolfcape getauscht. Ob er damit auch Begehrlichkeiten bei seiner Steinzeitsippe heraufbeschworen hat, können wir ihn nicht mehr fragen. Aber dann hätte er die Mode, was aus dem Französischen kommt und „die Art sich zu kleiden oder etwas zu tun" bedeutet, schon sehr früh in die lange Geschichte der Kleidung hineingebracht.

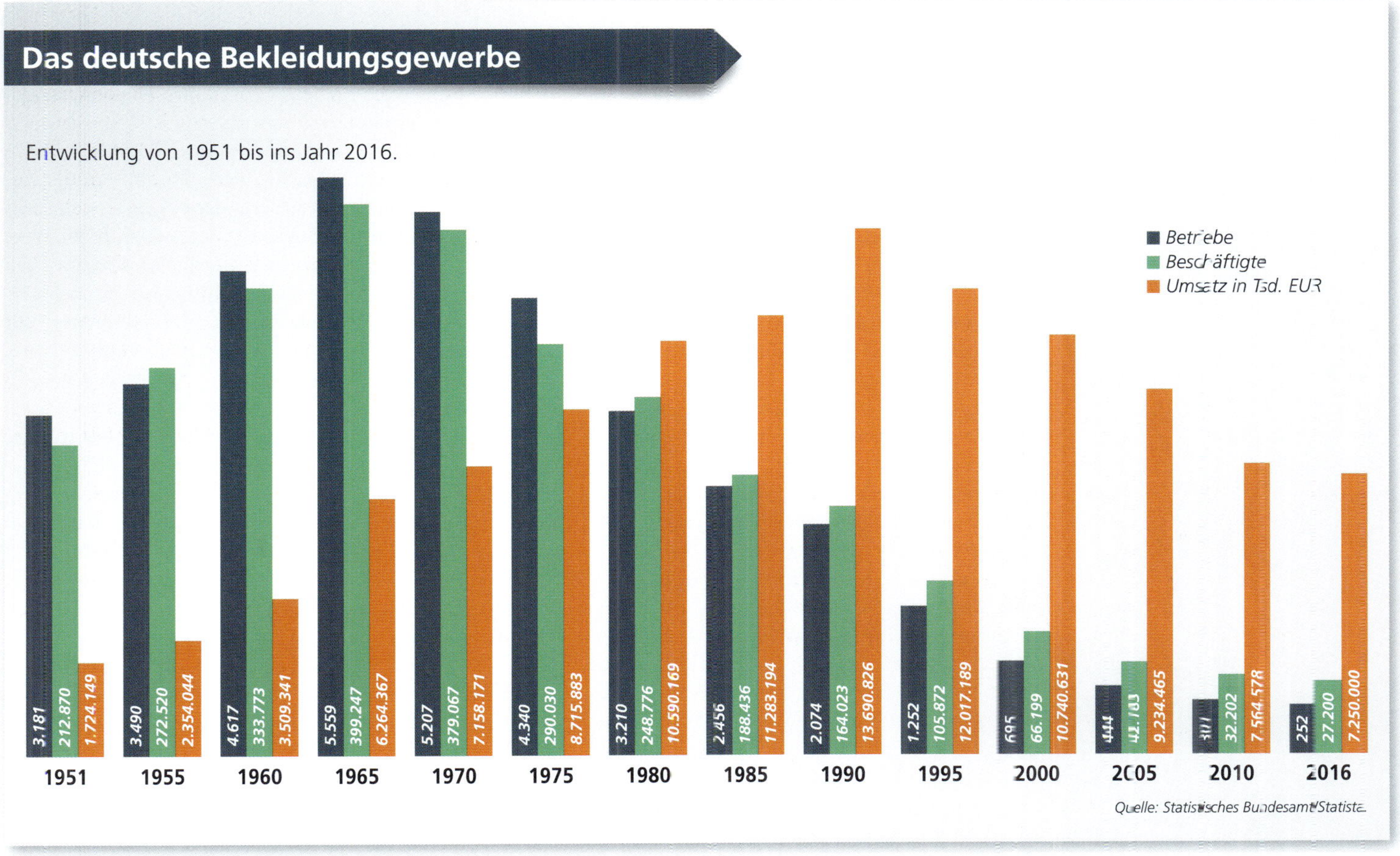

Fotos: o.l.: vito elefante/Fotolia; o.r.: Alena Ozerova/Fotolia

DRESSCODE – EINE KLEIDERORDNUNG

Der erste Eindruck zählt

Es ist ein unbewusster Vorgang, wie wir unser Gegenüber einschätzen. In Millisekunden scannen wir ihn oder sie und machen uns ein erstes Bild. Dieser erste Eindruck entscheidet darüber, wie das zukünftige Miteinander anläuft und welche Chancen wir dem Gegenüber einräumen. Das gilt im persönlichen Verhältnis genauso wie für geschäftliche Beziehungen. Für den ersten Eindruck gibt es definitiv keine zweite Chance. Korrekturen erfordern Bereitschaft auf beiden Seiten und eine lange, intensive Beschäftigung miteinander, wozu es im Businesskontakt nicht immer kommt.

Business Wear für den Mann

Es gibt so viele Sprichworte, die sich um den Eindruck, den unsere Kleidung vermittelt, ranken. „Wie Du kommst gegangen, so wirst Du auch empfangen" oder der Klassiker nach Gottfried Keller „Kleider machen Leute". Allen gemeinsam ist die Gewissheit, dass man mit einem guten Erscheinungsbild punkten kann. Man möchte akzeptiert werden und „positiv herüberkommen". Dafür gibt es Regeln. Zu diesen gehören allgemeine gesellschaftliche Wertvorstellungen, die von Moral und Tabus geprägt sind, heute würde man wohl eher von „No-Gos" sprechen. Was man tut und was nicht, hat seine Wurzeln in früheren Gesellschaftsformen. Die Aufklärung der vorrevolutionären Zeit des 18. Jahrhunderts, die Zeit des Freiherrn Adolph Franz Ludwig Knigge, interessierte sich für den korrekten und damit konfliktfreien Umgang verschiedener Gesellschaftsschichten miteinander im Allgemeinen. So heißt dessen berühmtes, im aufklärerischen Geist geschriebenes Buch auch „Über den Umgang mit Menschen", in dem er soziologische und gesellschaftsphilosophische Fragen behandelte. Erst nach seinem Tod wurde es in überarbeiteten, alle 10 Jahre erneuerten Ausgaben mit Handlungsanweisungen speziell zur Kleiderordnung umgewandelt.

Dress for Success

Besonders regelverliebt war das Biedermeier (1815–1848). Die von monarchischem „Oben" und „Unten" geprägten Verhaltensweisen zeugten jedoch eher von Zwang als von stillschweigender Übereinkunft hinsichtlich der gesellschaftlichen Konventionen. Im vergangenen Jahrhundert, in der Zeit nach dem Zweiten Weltkrieg, gab es dann wichtigere Themen als eine Kleiderordnung, denn man war glücklich und zufrieden, überhaupt Kleidung zu besitzen, die diesen Namen verdiente.

50ER-JAHRE

Erst in den 50er-Jahren mit dem langsamen Aufschwung der Wirtschaft begannen die Menschen wieder, sich Gedanken über ihr Aussehen und ihre Kleidung zu machen und schwankten mit ihrem Sonntagsstaat geschmacklich zwischen Pariser Chic und amerikanischer Nonchalance mit stark bourgeoisem Charakter: Die Kleidung sollte zeigen, dass man wieder jemand war.

60ER-JAHRE

Ab Mitte der 60er-Jahre ging es um Protest. Die Jugend wollte alles anders machen als die Generation Aufbau. Man wollte den „Muff aus den Talaren" treiben und machte sich politisch daran, die Durchdringung der Justiz mit nationalsozialistisch vorgeprägten Richtern

Foto: Milles Studio/Fotolia

Die 50er-Jahre: chic und elegant.

Die 70er-Jahre: figurbetont und bunt.

zu entlarven. Es war die Zeit der *Beatles, Rolling Stones* und anderer Bands, die von der Elterngeneration nur kopfschüttelnd als die „Langhaarigen" verallgemeinert wurden. Mit dem friedlichen Festival in Woodstock brachen schließlich alle Dämme. Die Hippie-Bewegung formierte sich mit flatternder Kleidung, Blumen im Haar und dem Ruf nach freier Liebe für alle. Das Leben sollte bunt und enthemmt sein, alle als verkrustet empfundenen Konventionen hinter sich lassend.

70ER-JAHRE

Ab dem Anfang der 70er-Jahre begann eigentlich erst all das, was wir heute als modernes Leben betrachten. Politisch war es ein aufwühlendes Jahrzehnt, das vom Kniefall *Willy Brandts* vor dem Denkmal für die Helden des Aufstands im jüdischen Getto von Warschau und der Verleihung des Friedensnobelpreises an ihn ebenso gekennzeichnet ist wie mit der Watergate-Affäre in den USA, der Gründung der *Roten Armee Fraktion* (RAF 1977) und der Anti-Atomkraft-Bewegung in Deutschland. Weltkonzerne wie *Microsoft* und *Apple* entstanden gerade aus Studenten-Start-ups. Und zum Protest gerieten auch die Moden, die von der Jugendbewegung geprägt waren. Die Mädels schockten mit Miniröcken und Hotpants, die Jungs mit langen Haaren und Bärten zur rockweiten Schlaghose. An den Füßen trugen Mann und Frau Holzclogs oder Schuhe mit abenteuerlichen Plateausohlen, in den Haaren Schals und Flatterbänder, an Ohr, Arm und Hals großformatigen Klimperschmuck. Allesamt ungeeignet für einen Nine-to-five-Job und auch nur in dezentester Dosierung dort geduldet. Im Job galt und gilt trotz aller Libertinage im Geist angemessene „Berufskleidung". Diese ist damals wie heute amerikanisch geprägt, farblich reduziert und hinreichend förmlich.

AUF DEN SPUREN DES DRESSCODES

Im Business gelten Kleidervorschriften, die üblicherweise als Dresscode bezeichnet werden. In manchen Unternehmen – vor allem in den hierzulande als sehr leger eingeschätzten US-Firmen – wird sogar vertraglich festgelegt, welche Kleiderordnung eingehalten werden soll. Der berühmte italienische Modeschöpfer Giorgio Armani meinte einmal, „man solle sich nicht für den Job kleiden, den man hat, sondern für den, den man will." Eine kluge Empfehlung mit Blick auf die Karriereleiter. Das Wissen darum und die Einhaltung der zur jeweiligen Situation passenden Kleiderordnung belegt die gesellschaftliche wie berufliche Kompetenz. In Firmen ohne festgelegte Vorschriften tut ein neuer Mitarbeiter gut daran, sich zumindest zu Beginn seiner Tätigkeit am Kleidungsstil der anderen Kollegen zu orientieren. Auf Nummer sicher geht, wer sich eher zurückhaltend kleidet als zu lässig oder extravagant. Die richtige Kleidung im Geschäftsalltag verlangt viel Fingerspitzengefühl. So raten Experten, sich keinesfalls besser als der oder die Vorgesetzte auszustatten. Andererseits sollten diese sich ihrerseits darum bemühen, sich auch mit ihrer Kleidung von den Mitarbeitern zu unterscheiden. Ein unangemessenes, aufreizendes oder zu nachlässiges Outfit kann sich negativ auf die Bewertung der Arbeit auswirken. Beim Büro-Outfit gibt es auch bei Höchsttemperaturen und im Back-Office wenig Kompromisse. Und das gilt insbesondere für Frauen, die Karriere machen wollen. Hier tut Frau gut daran, in Nachahmung des männlichen Statussymbols Anzug, einen Hosenanzug oder ein formelles Kostüm zu wählen und die (dezent geschlossene) Bluse als Pendant zum Herrenhemd. Selbstverständlich sollte sein, dass nicht nur auf Kleidung und Schuhe geachtet wird, sondern auf die Frisur, die Fingernägel und bei Männern auf den Bart. Der eigene Geschmack und Stil hat hinter die Kleiderordnung zurückzutreten.

Fotos: Lisa-Blue; Yuri_Arcurs (Beide iStock)

Business Wear

Smart Casual: Jeans zum Sakko.

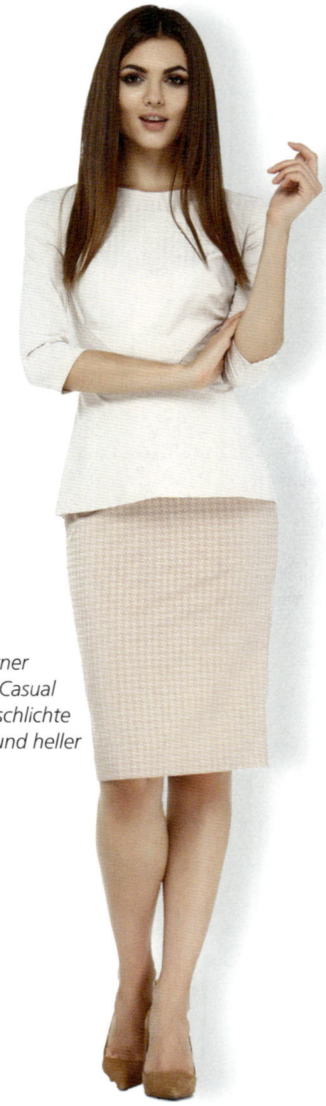

Moderner Smart Casual Look: schlichte Bluse und heller Rock.

Das Kleiderordnungs-ABC

Noch größere Bedeutung als die Kleiderordnung im Business hat sie bei offiziellen Anlässen und Einladungen. Mit der hochoffiziellen Variante „White tie", die den Frack erfordert, werden die meisten Menschen bestenfalls bei ihrer eigenen Hochzeit in Berührung kommen. Hier hilft der Ausstatter bei der Wahl der richtigen Einzelteile und Accessoires. Heißt es „Black tie", sprich Smoking, mit nicht mehr ausschließlich „schwarzer Fliege", wird man bei der Anschaffung im Einzelhandel oder dem Verleih bestens beraten, was alles dazu gehört.
Bei den Damen bedeutet es in beiden Fällen, ein langes Abendkleid zu tragen.

BUSINESS WEAR

Auf Deutsch „Geschäftskleidung", sie ist sozusagen die strengste Kategorie im Business Dresscode. Der Geschäftsmann trägt einen gedeckten Anzug (je dunkler, desto höher die Position), gelegentlich mit Weste, dazu ein helles Hemd (weiß, hellblau, einfarbig oder eventuell mit Pinstripes) und eine Krawatte. Faustregel: Das Muster der Krawatte sollte dezent sein. Schuhe und Strümpfe sind auf Anzug und Gürtel abgestimmt.
Die Geschäftsfrau kommt in Kostüm oder Hosenanzug, dezent zugeknöpfter Bluse und geschlossenen Schuhen mit mittlerer Absatzhöhe. Die Farben sind zurückhaltend. Die Accessoires dürfen Akzente setzen, sollten aber nicht extravagant sein. Gleiches gilt für das Make-up und die Parfümierung.
Für beide Geschlechter gilt: Je höher die Position ist, desto mehr Qualität und Zurückhaltung müssen Material und Verarbeitung bezeugen.

SMART CASUAL

„Smart" ist der englische Begriff für „elegant" und „casual" für „zwanglos, leger". Unter „casual" fällt auch die Freizeitkleidung – das aber ist im Berufsalltag nicht gemeint. Smart Casual bedeutet jedoch etwas mehr Freiheit bei der Wahl der Kleidungsstücke als bei Business Wear. Zum Beispiel darf der Mann eine Kombination aus Sakko/Blazer und Hose mit Bügelfalte anstelle des Anzugs tragen. Erlaubt sind beim Sakko dezente Muster, die Hose bleibt uninah. Heute toleriert man auch cleane Jeans oder Chinos. Je nach Unternehmen ersetzt gelegentlich ein Polo das Herrenhemd. Hier sollte ein neuer Mitarbeiter erst einige Beobachtungen anstellen, bevor er mitmacht. Ausgewaschene, wüst zerstörte Jeans sind grundsätzlich tabu.
Entsprechendes gilt für Frauen. So ist das Tragen eines Twinsets möglich, die Kombination aus Rock/Hose und Jacke mit Bluse oder Shirt sowie ein „angezogenes" Kleid.
Für beide Geschlechter gilt: Auch bei lockerem Outfit sollten die Komponenten hochwertig sein. Das bedeutet: gepflegte Jeans mit Gürtel, modischem, dezent gemustertem Hemd bzw. Bluse/Shirt und makellose, stilsichere Schuhe.

CASUAL FRIDAY

Ist eine Erfindung der Amerikaner und macht die Kleidungswahl nicht leichter. Denn die Idee ist, dass es am Freitag zur Einstimmung oder zum direkten Start ins Wochenende etwas lockerer zugehen darf, eben *casual*. Was aber ist „etwas lockerer"? Ein neuer Mitarbeiter fragt am besten die Kollegen oder kleidet sich selbst lieber einen Tick konservativer (→ *Abschnitt „Smart*

Fotos: l.: René Lezard ; m.: Olymp; r.: indiraswork/Fotolia

Lockeres Outfit für den Casual Friday

Black Tie: Smoking mit Fliege ist Pflicht.

Tagesfrack mit Plastron

Casual", links) und schaut, was die anderen tun. Auch hier gilt: Kommt der Chef besonders salopp, heißt es nicht, dass man ihn an Lässigkeit überbieten sollte. Am Freitag wie an allen Tagen gilt: Gepflegtes Aussehen ist Trumpf.

CASUAL WEAR

Freizeitmode, aber nicht allzu lässig. Shorts und Sandalen sollten bspw. bei Besichtigungen im Museum nicht sein. Polohemden zu Cord- oder Leinenhosen oder gepflegten dunklen Jeans sind o. k., besonders wenn sich die Freizeitaktivitäten an die Bürozeit anschließen und im Kreise der Kollegen stattfinden.

BUSINESS CASUAL

Bedeutet, dass man zu einer Einladung, einem geschäftlichen Termin oder zur After-Work-Party so kommen kann, wie man sich tagsüber während der Arbeit gekleidet hat. „Come as you are". Für Frauen heißt das aber auch: nicht schulterfrei, keine nackten Füße.

WHITE TIE

„Tie" ist im Englischen das Wort für Krawatte, Fliege, Schal. „White tie" ist also der „weiße Binder" – bedeutet aber noch viel mehr: Wenn „white tie" auf einer Einladungskarte steht, dann steht das für den formellsten Anlass überhaupt. Denn gemeint ist der Frack, der ausschließlich mit einer weißen Fliege und mit schwarzen Lackschuhen getragen wird – und zwar zu Staatsempfängen, großen Bällen und (nur) zur eigenen Hochzeit. Für Frauen ist ebenfalls die ganz große Garderobe angesagt: langes Abend- oder Ballkleid mit Handschuhen und Stola.

BLACK TIE

Bedeutet „schwarzer Binder" und meint den *Smoking*, der in England *Dinner Jacket*, in den USA *Tuxedo* oder kurz *Tux* heißt. Zum Smoking, der ursprünglich die Anzugjacke war, die man im Raucherzimmer (!) trug, wird niemals eine Krawatte, sondern eine schwarze Fliege kombiniert. Ihn zu tragen, ist bei der Oper, auf Bällen, im Theater oder zu Kinopremieren (Anlässe mit rotem Teppich) Pflicht. Für diejenigen, die möglicherweise auf dem roten Teppich gefilmt werden, empfehlen Experten einen „nachtblauen" Smoking (plus Fliege) anstelle eines schwarzen: Das künstliche Licht der Kameras ließe den schwarzen Dress sonst leicht lila schimmern. Dazu gehören Smokinghose mit seitlichem Gallon und schwarze Fliege, Einstecktuch und schwarze Schuhe.

Frauen wiederum machen mit dem langen Abend- oder Ballkleid nichts falsch, dürfen aber auch ein extravaganteres Ensemble zeigen.

BLACK TIE OPTIONAL

In diesem Fall darf Mann selbst entscheiden, ob er mit einem Smoking oder einem edlen schwarzen Anzug auftreten möchte. Letzterer darf und muss mit einer geschmackvollen Krawatte kombiniert werden.

CUT/CUTAWAY

Der Cut und alles, was dazugehört, wird für Tagesanlässe bis spätestens 18 Uhr getragen. Gemeint ist für Männer der Tagesfrack und die gestreifte Stresemannhose, graue Weste, weißes Hemd und silbergraue Krawatte oder Plastron. Fliege ist tabu. Frauen tragen ein vorzugsweise maximal wadenlanges, keinesfalls kürzer als knieumspielendes Kleid oder ein sehr elegantes Kostüm oder Deux-Pièce. Da es sich um eine elegante Tagesgarderobe handelt, ist ein langes, pompöses Abendkleid nicht zwingend vorgeschrieben und wäre wohl auch meist overdressed.

Fotos: l.: kiuikson; m.: WILVORST; r.: Leo Krumbacher

NATÜRLICHE ZELLULOSISCHE FASERN

Geschenke der Natur

Den Rohstoff für unsere Kleidung holen wir uns seit Menschengedenken aus der Natur. Flachs als eine der ältesten Kulturpflanzen ist eine seit Jahrtausenden genutzte Pflanzenart. Baumwolle ist heute die häufigste Pflanzenfaser. Viele andere, seltene und exotische Pflanzen – von Agave über Kapok bis Yucca – stellen alternative Angebote zur Fasergewinnung dar. Für alle gilt: Die Aufbereitung ist mühsam und erfordert viel Handarbeit. Ihre Nutzung muss erst „verdient“ werden und begrenzt allein dadurch eine großtechnische Verarbeitung.

Pflanzliche Fasern – Überblick

Die Übersicht der pflanzlichen Fasern ist geordnet nach DIN 60001 (Faserarten).

Pflanzliche Fasern

- Pflanzenhaare → Baumwolle (Samenhaare), Kapok (Fruchtwandhaare)
- Weichfasern → Flachs, Hanf, Ramie, Jute, (Bastfasern oder Stängelfasern)
- Hartfasern → Manila (Blattfasern), Sisal, Kokos (Fruchtfasern)

Um es gleich vorab zu sagen: Nein, der Anbau von Faserpflanzen zum Einsatz für Textilien konkurriert nicht mit den Flächen zum Anbau von Nahrungspflanzen! Da gibt es viel mächtigere Konkurrenten wie z. B. Pflanzen für Biotreibstoffe oder Tierfutter. Und noch einmal „Nein“: Nur weil es nachwachsende Rohstoffe sind, die im Prinzip biologisch abbaubar sind, ist längst nicht alles „bio“, was an textilen Pflanzenfasern auf dem Markt ist. Wir machen uns zwar die Natur zunutze, aber „natürlich rein“ sind die daraus entstehenden Produkte beileibe nicht. Die schiere Nachfragemenge erfordert speziell bei der Baumwolle, die im Regelfall in Monokultur angebaut wird, den extensiven Einsatz von Dünger und Pflanzenschutzmitteln. In Afrika entstehen Initiativen für alternativen Baumwollanbau nicht zuletzt deshalb, weil sich die Kleinbauern dort weder Pflanzensamen noch Dünger und Pestizide bzw. Insektizide leisten können. Ein Konzept aus der Not geboren mit hohem Nutzen für Erzeuger, Abnehmer und Umwelt.

FASERPFLANZEN LIEBEN WÄRME

Vom Flachs einmal abgesehen, wachsen die meisten textilgeeigneten Pflanzenfasern in subtropischen oder tropischen Gegenden. Sie sind eine bedeutsame Handelsware. Damit sind sie oft eine wichtige, wenn nicht sogar die wichtigste Einnahmequelle ärmerer Länder. Um Anschluss an die Weltmärkte zu erreichen, wird der Produktivität eine höhere Priorität eingeräumt als dem Umweltschutz und der Nachhaltigkeit. Das in großen Mengen für die Bewässerung der Felder benötigte Wasser fehlt für andere landwirtschaftliche Produkte oder im schlimmsten Fall sogar der Bevölkerung (→ *Kasten „Baumwollanbau trocknet Aralsee aus“, S. 32*). Die Anbauländer versuchen zunehmend, den Grad der Weiterverarbeitung zur Erhöhung ihrer Wertschöpfung voranzutreiben. Je weiter das Produkt durch die textile Wertschöpfungskette wandert, desto höhere Preise können erzielt werden. Wird nur das Rohmaterial versandt, das an anderer Stelle weiter verarbeitet wird, bleibt den Erzeugern nur der geringste Anteil an den Verkaufserlösen. In einigen Ländern Asiens und Südamerikas wird dieses Prinzip bereits mit wachsendem wirtschaftlichen Erfolg angewandt und eine höhere Fertigungstiefe praktiziert.

WIRTSCHAFTSFAKTOR NATURFASERN

Den Fasermarkt teilen sich die Naturfasern mit den Chemiefasern, deren Anteil inzwischen rd. 2/3 am Aufkommen beträgt. Von den verbleibenden ca. 25 % hält die Baumwolle etwa 22 %, die Wolle hält konstant um die 1 %, die anderen Fasern teilen sich die verbleibenden 2 %.

Die jährlich erscheinende Studie „The Fiber Year“ berichtet in ihrer Ausgabe von 2016, dass die weltweite Faserproduktion erstmalig seit 2008 wieder gesunken ist. Entscheidend ist der Rückgang durch Baumwolle geprägt, die ihren stärksten Einbruch seit vierzig Jahren erlebte. Die Lagerbestände sind mit 20 Mio. Tonnen, bei gleichzeitig leicht gesunkener Nachfrage, weiterhin enorm hoch.

Zwei Drittel Chemie, ein Drittel Natur

Weltweite Fasernachfrage 2016: 95,1 Mio. Tonnen.

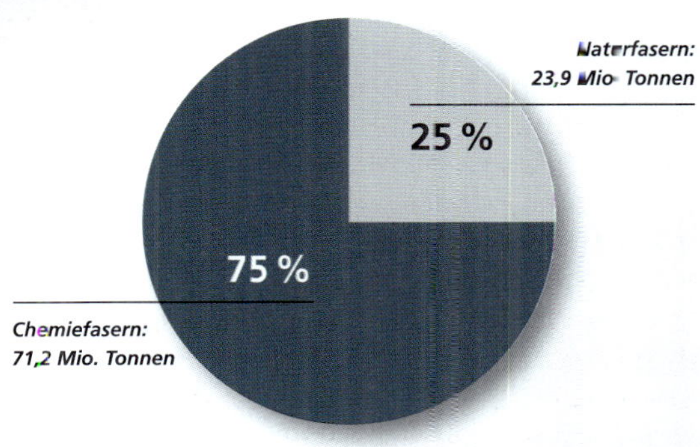

Quelle: Industrievereinigung Chemiefaser e. V. (IVC).

Fotos l.: Olexandr/Fotolia; Jag_cz/Fotolia

Pflanzenfasern lassen sich gut färben.

Maschinelle Baumwollernte

EIN GEMEINSAMER BAUPLAN

Welche pflanzliche Naturfaser man auch hernimmt, ihr chemischer Bauplan ist immer derselbe. Ihr Baustoff ist Zellulose, die aus endlos langen Molekülketten (Polysaccharide) einfacher Zucker (Monosaccharide) besteht. Auch die zellulosischen Chemiefasern zeigen diesen Aufbau, dieser ist allerdings "manmade", von Menschenhand im Labor entwickelt worden. Im Falle der pflanzlichen Naturfasern war die Natur der Baumeister und man kann diese Fasern meist erst nach vielen mühevollen Arbeitsgängen und Prozessen in den Händen halten und für Textilien verwenden. Die Faserlänge muss (maschinell) verspinnbar sein. Ihre Oberfläche darf sich den Verarbeitungsprozessen nicht durch allzu große Gleitfähigkeit oder extreme Rauigkeit entziehen. Sie müssen färbbar sein bzw. erst dazu gemacht werden. Je besser das funktioniert, desto größer ist ihre Bedeutung für die Bekleidungsbranche.
Baumwolle und Leinen rangieren deshalb weit vor Fasern wie Hanf, Jute, Kapok oder Ramie. Die meisten der exotischen, alternativen Pflanzenfasern wie Sisal, Ananas-, Bananen- oder Kokosfasern finden sich wegen der Grobheit ihrer Fasern eher in Accessoires wie Beutel, Hüte, Körbe oder Rucksäcke, als Netze, Kordeln, Seile, Schuhsohlen oder Ähnlichem wieder. Je stärker der Naturtrend in der Mode ist, umso häufiger wird man ihnen begegnen. Geringschätzen in ihrer Bedeutung sollte man sie dennoch nicht, weil ihre Verwendung für technische Textilien erst am Anfang steht und noch viele Optionen für die Zukunft offen hält.

DER ÄQUATORIANISCHE GÜRTEL

Wie ein breiter Gürtel umgeben die Erzeugerländer von Naturfasern den Äquator. Oberhalb des nördlichen Wendekreises gibt es kaum Faserpflanzenanbau, unterhalb des südlichen durchaus, einschließlich Australien, Argentinien und Südafrika. Baumwolle bspw. wird in Europa nur in Griechenland in signifikanter Menge angebaut. Griechenland liefert rd. 80 % der europäischen Baumwolle. Spanien, hier ist Andalusien gemeint (auch der Baumwollanbau ist ein Erbe der Mauren), beschäftigt sich experimentell mit Bio-Anbau. Es liefert die restlichen 20 %. In Italien und Portugal wurde der Baumwollanbau bereits in den 90er-Jahren des vergangenen Jahrhunderts eingestellt. In Europa wächst die Baumwolle nur strauchig und wird ca. 50 cm hoch. In warmen Regionen kann der Strauch 3–6 m hoch werden, mit der entsprechend höheren Ausbeute an Pflanzenfasern. Geerntet wird fast überall maschinell.
Neben den händischen, mechanischen und maschinellen Beanspruchungen müssen die meisten Naturfasern auch noch chemische Behandlungen durchlaufen, bis sie für den Weiterverarbeitungsprozess geeignet sind. Beim Färben und Ausrüsten (→ *Kapitel „Färben", S. 158 und „Ausrüsten", S. 172*) kommen weitere Chemikalien zum Einsatz. Einige davon verbleiben auch auf dem Textil. Die Grenzwerte dafür sind im deutschen und europäischen Recht seit langer Zeit festgelegt und werden regelmäßig auf Humanverträglichkeit überprüft, nur "bio" sind die Textilfasern natürlichen Ursprungs dadurch nicht (mehr). Der biologisch und ökologisch unbedenkliche Anbau wird jedoch immer häufiger erprobt und praktiziert. Entsprechende Label (→ *Kapitel „Prüf- und Öko-Label", S. 420*) bieten hier eine hilfreiche Orientierung.

Der Baumwollstrauch braucht viel Wärme und Feuchtigkeit.

Baumwolle – beliebt, bekannt, bedeutend

Baumwolle ist die am meisten verbreitete Naturfaser. Sie steht für knapp ein Drittel des Weltfaseraufkommens. Baumwolle ist neben Bekleidung in sehr vielen Heim- und Haustextilien zu finden, weil ihre Eigenschaften bereits über viele Jahrhunderte von den Menschen sehr geschätzt werden. Ihr Anbau ist strapaziös für den Erzeuger und für den Ackerboden, deshalb gewinnt ökologischer Anbau an Bedeutung.

Gewebe aus Baumwolle sind seit Urzeiten bekannt. Die Ägypter nutzten sie bereits. Im alten Babylon soll Baumwolle als „weißes Gold" bezeichnet worden sein, und auch auf dem mittel- und südamerikanischen Kontinent ist Baumwolle allgemein seit dem dritten vorchristlichen Jahrtausend bekannt. In Mexiko wurden sogar Kleidungsfragmente aus Baumwolle gefunden, deren Alter auf ca. 6.000 Jahre datiert wurde. Die Menschen in Ostasien – allen voran Indien – nutzen Baumwolle ebenfalls seit einigen Tausend Jahren. Indien gilt als Wiege der Baumwollverarbeitung.

Der Handel mit der arabischen Welt brachte die Faser nach Europa. Die Ostindien-Kompanie importierte im frühen 17. Jahrhundert Baumwollstoffe nach England. Aber bereits seit dem 14. Jahrhundert hielt Venedig das Handelsmonopol für edle Baumwollwaren, das im 17. Jahrhundert verloren ging.

Schon die ersten Siedler bauten in Amerika Baumwolle an. Sie war jedoch aufgrund der notwendigen Handarbeit ein Nebenprodukt. Es war preiswerter, Baumwolle aus Indien zu importieren. Erst als 1793 die mechanische Entkernungsmaschine *„Cotton Gin"* erfunden wurde, entwickelte sich die Baumwolle schrittweise zu einem wichtigen Handelsgut. Was nicht von jedem gerne gesehen wurde: Der Preußenkönig Friedrich II verbot den Handel und das Tragen von Baumwollkleidung, um die inländischen Fabrikanten von Leinen- und Wolltextilien zu schützen. Aufzuhalten war der Siegeszug der Baumwolle dennoch nicht.

ANBAU: DIE BAUMWOLLE LIEBT ES WARM UND FEUCHT

Baumwolle wächst nicht auf Bäumen, sondern ist ein Strauch aus der Familie der Malvengewächse und z. B. mit dem als Zimmerpflanze beliebten Hibiskus verwandt. Obwohl es in der Natur viele Arten gibt und die Sträucher mehrjährig sind, kultiviert der gewerbliche Anbau drei bis vier Arten. Sie liefern im ersten Jahr den besten Ertrag und werden daher meist einjährig angebaut (Mehrjährige Arten werden zurzeit in Indien, Peru und im nördlichen Brasilien kultiviert). Bis zur Ernte der Fasern dauert es etwa fünf bis sieben Monate. In dieser Zeit braucht die Pflanze viel Wärme – sie keimt ab einer Bodentemperatur von 21 °C, ab 10 °C leidet sie bereits –, viel Feuchtigkeit, aber keinen Dauerregen. Diese Bedingungen machen klar, dass Baumwolle in Gegenden mehr als ca. 43° nördlicher und 36° südlicher Breite nur noch schwer gedeiht.

Heute wird Baumwolle in rd. 80 Staaten angebaut. Hauptproduktionsländer sind China, Indien, die USA, Pakistan, Brasilien, Usbekistan, die Türkei, Australien, Argentinien, Ägypten und in Europa Griechenland und Spanien. Es gibt in den USA und Brasilien riesige Felder nur mit Baumwollsträuchern, die in der Regel künstlich bewässert werden müssen. In Indien, dem zweitgrößten Produktionsland, gibt es fast nur Kleinbauern, ebenso in Afrika. In Pakistan ist es eine Mischung aus klein und groß, ebenso in China. In Europa sind es viele Kleinbauern.

Monokultur ist heute kaum mehr üblich, man bemüht sich, die Qualität des Bodens durch Fruchtfolge zu stützen. Als Wechselfrüchte gibt es z. B. Sojabohnen, Weizen, Hirse, Sonnenblumen, Tomaten, Mais, Getreide, Sesam, Reis, Zuckerrübe etc.

BIO-ANBAU: EINE ALTERNATIVE FÜR DIE KLEINBAUERN DER WELT?

Durch den fünf- bis siebenmonatigen Reifezyklus der Baumwolle ist als Anbau auf denselben Feldern bis zur nächsten Baumwollsaat kaum eine andere Pflanzenkultur möglich, die dem Boden verbrauchte Nährstoffe zurückgeben und Baumwollschädlingen die Nahrungsgrundlage entziehen könnte. Der **konventionelle Anbau** begegnet diesem Problem durch den Einsatz von Dünger, Pestiziden und Herbiziden.

Fotos: l.: Subbotina Anna/Fotolia; r.: izzetugutmen/Fotolia

Der Baumwollgürtel

Der **Bio-Baumwollanbau** legt hingegen großen Wert auf Fruchtfolge und Mischkultur mit Nahrungspflanzen oder Pflanzen (z. B. Leguminosen), die den Boden verbessern. Diese Kreislaufwirtschaft versetzt die Bauern in die Lage, auf synthetischen Dünger und Pflanzenschutzmittel im besten Falle komplett verzichten zu können und damit vergleichsweise niedrige Produktionskosten zu haben. So erzielen Bio-Bauern sogar bessere Einkommen als ihre konventionell wirtschaftenden Kollegen. Allerdings: Viel Wasser braucht auch die Bio-Baumwolle.

Nach Angaben der Organisation *Textile Exchange* wirtschaften derzeit über 270.000 Baumwollbauern in 23 Ländern nach Bio-Richtlinien und liefern pro Jahr rd. 240.000 Tonnen – rd. 80 % davon kommen aus Indien. Bei einer Baumwollweltproduktion von durchschnittlich 25–30 Mio. Tonnen liegt der Marktanteil von Bio-Baumwolle demnach bei höchstens einem Prozent. Hauptanbauländer beim Öko-Anbau sind Indien, Syrien, Türkei, China und die USA. Vor einigen Jahren kam Tadschikistan dazu. Nach dem Bürgerkrieg kam der Anbau in Syrien jedoch praktisch zum Erliegen. Außer in den USA geschehen Anbau und Ernte in 100%iger Handarbeit.

Wenn Bio-Baumwolle offiziell zertifiziert ist, muss sie getrennt gelagert und entkörnt werden. Bio-Baumwolle wird auch in den Weiterverarbeitungsprozessen meist anders verarbeitet als konventionelle, bspw. beim Färben oder Bedrucken, was manche Verbraucher zum Kaufen motiviert.

NACHHALTIG – NICHT BIO, ABER BESSER ALS KONVENTIONELL

Neue Marktteilnehmer beim biologischen Baumwollanbau sind eine Anzahl afrikanischer Länder wie Uganda oder der Senegal.

Andere haben sich für die Vermarktung nachhaltig angebauter Baumwolle unter dem Label *Cotton made in Africa* zusammen geschlossen wie z. B. die Staaten Benin, Burkina Faso, Elfenbeinküste, Ghana, Kamerun, Malawi, Mosambik, Sambia und Simbabwe. Sie bauen Baumwolle nachhaltig an, d. h. ohne künstliche Bewässerung und ohne Kunstdünger. Aber nicht alle verzichten vollständig auf Pestizide, sodass nur ein geringer Anteil der Produktion als Bio-Baumwolle verkauft wird. Teilnehmer der Initiative *Cotton made in Afrika* verzichten auf den Anbau gentechnischer Baumwolle, obwohl diese auch in den afrikanischen Ländern auf dem Vormarsch ist. Diese Tatsache verschärft die Armut in diesen Ländern, da das zertifizierte genmanipulierte Saatgut teuer ist und die Lizenzen in den Händen der größten Dünge- und Pflanzenschutzmittelhersteller liegen.

Eine weitere Initiative für die nachhaltigere Produktion ist *Better Cotton*, die Farmer schult, den Anbau ressourcenschonender und gleichzeitig produktiver zu machen. Rd. 90.000 Farmer in Brasilien, Pakistan, Indien und Mali produzieren *Better Cotton*. Nach vorläufigen Feststellungen der Initiative verbrauchten die zertifizierten Farmer in Indien im Schnitt 20 % weniger Wasser pro Hektar und 40 % weniger Pestizide, während die

Grafik: Bremer Baumwollbörse

Baumwollanbau trocknet Aralsee aus

Das Top-Beispiel auf der Negativliste: Eine Umweltkatastrophe durch Baumwollanbau ist die Region um den Aralsee, der in den letzten 50 Jahren seit der Stalin-Ära durch extensiven Baumwollanbau vom viertgrößten Binnensee der Welt mit ca. 68.000 km² Fläche (in etwa die Größe Bayerns) auf rd. 13.900 km² unzusammenhängende Flächen aus Nord- und Südaralsee schrumpfte.

Beide Restseen liegen in unterschiedlichen Ländern, der Norden gehört zu Kasachstan, das 2005 einen Damm erbaute, der es dem nördlichen See ermöglichte, sich teilweise zu erholen und einen Teil des Fischbestandes zu retten. Das geschah jedoch zulasten des südlichen Teils auf dem Hoheitsgebiet von Usbekistan, dessen vollständige Austrocknung mangels des Zuflusses an frischem Wasser vorprogrammiert ist.

Die ehemalige Seefläche wurde zu einer gefährlichen Salz- und Staubwüste. Ihr Staub ist mit hoch konzentrierten, hochgefährlichen Düngemitteln, Herbiziden und Insektiziden belastet und geht durch ungünstig wehende Winde auf Besiedlungsgebieten nieder, wo die dort lebenden Menschen an Seuchen und schweren Erkrankungen leiden sowie eine hohe Säuglingssterblichkeit und eine extrem hohe Missbildungsrate herrschen. Der Staub gelangt sogar in die Stratosphäre und umrundet den Erdball. Er konnte im Blut antarktischer Pinguine ebenso nachgewiesen werden wie auf den Gletschern Grönlands. Der Großteil an Arten in Flora und Fauna ist ausgestorben, der Fischfang liegt brach.

Das Fehlen des Sees als klimaausgleichender Faktor wirkt sich weltweit aus. Tragisch ist, dass ein großer Teil der Seefläche hätte erhalten werden können, wenn die Kanäle, mit denen man das Wasser aus den Zuflüssen Amudarja und Syrdarja ableitete, dicht gewesen wären. So versickerte über die Hälfte des abgeleiteten Wassers in der Wüste, ohne je zu den Baumwollplantagen gelangt zu sein. Der von Experten errechnete Wasserverbrauch für diese Plantagen wurde mit 50 % weniger als der entnommenen Menge errechnet. Baumwollanbau wird in der Region weiterhin großtechnisch betrieben.

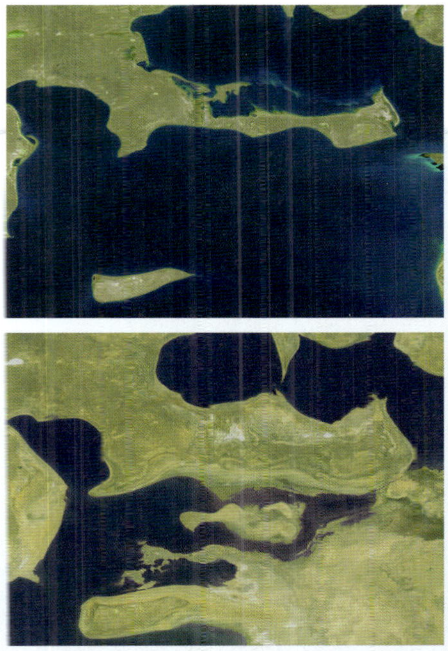

Die Bilder der NASA aus den Jahren 1973 (o.) und 2000 (u.) zeigen den drastischen Wasserverlust des Aralsees.

Über 55 Jahre, von 1936 bis 1991, nutzte das russische Militär eine Insel des Aralsees für die Erprobung von Biowaffen. Durch die Austrocknung des Sees wurde die Insel mit dem Festland verbunden und ist auf dem Landwege zu erreichen. Militärs von Usbekistan und die NATO sind äußerst besorgt über mögliche Gefährdungen, die von dort ausgehen.

Produktivität gleichzeitig um 20 % und die Rentabilität sogar um 50 % höher lag als bei Vergleichsfarmern.

GENTECHNIK – LÖSUNG OHNE HAPPY END?

Da in vielen Anbauländern Wassermangel herrscht, kann der Baumwollanbau die Trinkwasserversorgung der Bevölkerung gefährden und kann zur Versteppung der Landschaft führen (→ *Kasten „Baumwollanbau trocknet Aralsee aus", oben*). Wie bei anderen Monokulturen auch entstehen erhebliche Probleme, wenn schädliche Insekten oder Pflanzenkrankheiten auftreten, die oft explosionsartig große Schäden anrichten – bis hin zum Ausfall der gesamten Ernte. Ein weiterer Nachteil, der auftritt, wenn die Fruchtfolge nicht variiert wird, ist, dass immer gleiche Pflanzen dem Boden die immer gleichen Nährstoffe entziehen und er somit verarmt. Beim konventionellen Anbau werden daher Dünger, Pestizide und Insektizide eingesetzt. Ein signifikanter Anteil dieser weltweit eingesetzten Mittel landet auf Baumwollfeldern. Ein allzu großzügiger Einsatz dieser Mittel schädigt die Gesundheit der Menschen in den Anbaugebieten und kann bei anhaltender Überdosierung oder Anwendung ohne ausreichende Schutzkleidung sogar zum Tode führen.

Als eine Lösung für dieses Problem wird gentechnisch veränderte Baumwolle gesehen, die genügend Widerstandskraft hat und Pflanzenschutzmittel beinahe überflüssig macht. Man schätzt, dass mittlerweile rd. 75 % der weltweiten Anbaufläche für Baumwolle mit gentechnisch verändertem Saatgut betrieben wird. Bei den Großlieferantenländern wie China, den USA und Indien geht man sogar von fast 90 % ihrer Anbaufläche aus. Immer mehr Länder setzen die *GMO*-Saaten *(genetically modified organism)* ein, Tendenz steigend. Baumwolle wird auf knapp drei Prozent der weltweit landwirtschaftlich genutzten Fläche angebaut.

Es gibt jedoch auch noch andere Probleme, und die Diskussion über die Humanverträglichkeit gentechnisch veränderter Saaten, speziell bei Nahrungspflanzen, ist noch lange nicht beendet, weil es an Langzeitdaten mangelt. Außerdem ist es so gut wie unbekannt, wie sich die gentechnisch veränderten Pflanzen innerhalb des gesamten Ökosystems gegenüber Fauna und Flora verhalten. Zudem besteht die Möglichkeit, dass die Bekämpfung eines Schädlings über gentechnisch veränderte Pflanzen funktioniert, sich dafür aber andere Fressfeinde breitmachen. Darüber hinaus ist gentechnisch verändertes Saatgut teuer und das Lizenzrecht verbietet es Bauern, daraus neues Saatgut zu gewinnen, wenngleich in Entwicklungsländern der „Schutz des geistigen Eigentums" weniger strikt beachtet wird. Gentechnisch veränderte Baumwolle wird weltweit in 13 Ländern genutzt. An der Spitze liegen Indien, China und die USA, einen starken Zuwachs meldet Australien.

GEWINNUNG: AUF DIE HAARE KOMMT ES AN.

Für die Herstellung von Garnen braucht man die Samenhaare, die „wollig" aus der Samenkapsel quellen.

Fotos: www.modis.gsfc.nasa.gov

Bei der Baumwollernte per Hand, hier auf einem Feld in der Türkei, werden nur die reifen Kapseln geerntet und ein hohe Güte erreicht.

In einer Samenkapsel befinden sich etwa 30 Körner, an denen jeweils 2.000–7.000 Haare sitzen. Nur die längeren verspinnbaren Haare kommen für die Textilproduktion infrage, die kurzen Haare („Linters") dienen als Rohstoff zur Herstellung von Zelluloseprodukten, wie z. B. hochwertiges Papier, Geldscheine, Folien, Arzneimittelbestandteile (langsam lösliche Tablettenhüllen), ja sogar künstliche Wursthaut. Die natürliche Farbe der Fasern hängt von der Sorte ab und ist meist weiß oder cremefarbig, leicht gelb bis bräunlich. Seit den 80er-Jahren gelingt es, Baumwolle sogar in den Tönen Braun, Grün und Rot zu züchten, lichtecht und dauerhaft farbbrillant. Noch immer ist es, vor allem in den ärmeren Ländern und zur Sicherung einer hohen Qualität, üblich, von Hand zu ernten. Der Vorteil ist, dass die Pflücker nur die reifen Fasern einsammeln. Maschinelles Ernten geht schneller, ist aber immer ein Kompromiss zwischen reifen, unreifen und überreifen Kapseln. Daher ist der Aufwand hinterher entsprechend größer. Die Ernte wird nach Güte und Reinheit sortiert und getrocknet. Im nächsten Schritt müssen die Haare von den Samen und den Samenkapseln getrennt werden (entkernen oder egrenieren). Von Hand ist dies eine aufwendige und unangenehme Arbeit. Deshalb brachte die Erfindung der Egreniermaschine 1793 in Amerika ordentlichen Schwung in die Produktion und die Arbeiter – in den Südstaaten von Amerika, dem *Cotton Belt*, bis Mitte des 19. Jahrhunderts vor allem schwarze Sklaven – konnten anderweitig und profitabler eingesetzt werden.

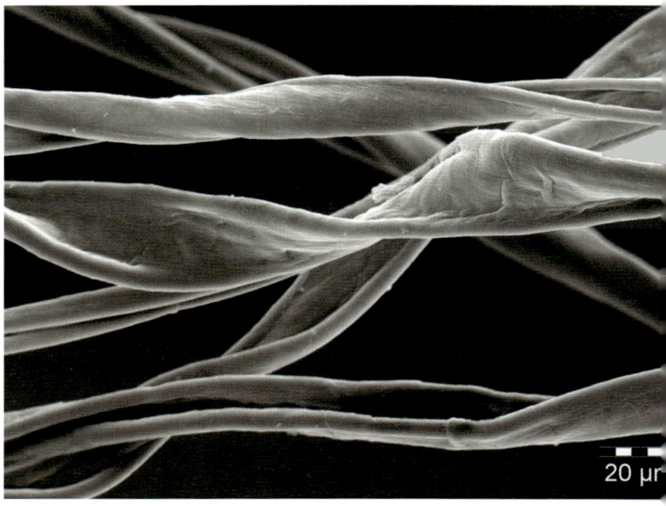

Baumwollfaser in Makroaufnahme

Für die Textilindustrie sind nur Fasern mit einer Länge von 10–60 mm interessant – der Fachbegriff dafür lautet „Stapellänge". Je länger die Fasern sind, desto feiner sind sie und umso besser ist die Qualität. Besonders langstapelige, hochwertige Sorten wachsen in Ägypten (auf Ägyptisch Mako) und in Nord- und Südamerika (Pima, Supima und Sea Island). Zu kurze Fasern können nicht versponnen werden. Werden die kurzen Fasern bei der Garnherstellung mechanisch entfernt, um das Material besonders fein und hautfreundlich zu machen, wird es als „gekämmt" oder „supergekämmt" bezeichnet.

Aus 100 kg geernteter Baumwolle lassen sich etwa 35 kg verspinnbare Fasern (Lint) gewinnen, der Rest besteht aus 62 kg Samen und 3 kg Abfall. Nach Länge, Farbe, Festigkeit und Reinheit der Faser sortiert gelangt die Baumwolle in Ballen von ca. 100–330 kg (je nach Herkunftsland) zur Verschiffung, üblich sind 230 kg. Übrig bleiben die Samenkapseln und die Samen. Die Schalen dienen als Viehfutter oder Geflügelstreu, aus den Samen wird Öl gewonnen, das jedoch unraffiniert für den Menschen giftig ist. Baumwollsamenöl dient daher als Brennöl sowie zur Herstellung von Seife und Kosmetika.

EIGENSCHAFTEN: FEST, HAUTFREUNDLICH, SAUGFÄHIG UND HYGIENISCH

Baumwolle nimmt gut den Schweiß auf, ist äußerst hautverträglich, man kann sie heiß waschen, weiße Wäsche sogar kochen und heiß bügeln. Die gute Saugfähigkeit von Baumwolle hat jedoch auch einen negativen Nebeneffekt: Textilien aus diesem Rohstoff können einlaufen („schrumpfen"). Ein weiterer Wermutstropfen: Mangels Elastizität bzw. wegen schlechter Erholungswerte nach Dehnung knittern sie schnell.

Um die Eigenschaften besser zu verstehen, hilft ein Blick auf die Faserstruktur. Baumwolle als Pflanzenfaser besteht aus dem Baustoff aller Pflanzen: der Zellulose. Täglich bilden sich neue Schichten, die spiralförmig wachsen, sodass die reife Baumwollfaser bei sehr starker Vergrößerung dem Schnitt durch einen Holzstamm mit seinen Jahresringen ähnelt, was bei ihr „Tagesringe" sind. Innen bleibt ein sehr kleiner Hohlraum (Lumen), in dem Wasser eingelagert wer-

Baumwollhemden

TIPP **Einsatz von Baumwolle in der Bekleidung**

- Leichte Oberbekleidung wie z. B. Hemden, Blusen, Kleider
- Hauptmaterial für Jeans, Chinos, Röcke
- Hauptmaterial für T- und Sweatshirts, Joggingpants
- Sommerliche Mäntel und Jacken
- Poloshirts und Pullis, leichte Strickwaren, Cardigans
- Unter- und Nachtwäsche
- Strümpfe und Socken
- Schals und Tücher
- Baby- und Kinderkleidung

den kann. Baumwolle kann bis zu 32 % ihres Eigengewichtes an Flüssigkeit aufnehmen. Bei bis zu 20 % Aufnahme von Wasserdampf (Schweiß) fühlt sie sich noch trocken an.
Durch Windungen, die während des Wachstums der Faser entstehen, ist sie besonders gut verspinnbar. Ihre Außenhaut ist mit einer wachsartigen Schicht überzogen, sodass sie nicht schnell quillt. Diese Außenhaut wird durch verschiedene Ausrüstungsprozesse (→ *Kapitel „Ausrüsten", S. 172*), z. B. Merzerisieren, bewusst zerstört, um mithilfe der Quellung eine glattere und glänzendere Faser zu erhalten.
Baumwolle ist besonders nassfest – sogar fester als in trockenem Zustand – und hat von allen Naturfasern die höchste Scheuerfestigkeit. Das macht sie gegenüber allen Arten mechanischer Belastung im Verarbeitungsprozess (Färben in wässrigem Medium) ebenso wie beim Tragen und Pflegen besonders robust. Sie toleriert auch in der Waschmaschine Reiben, Stoßen und Verwinden. Man kann die Maschine voll beladen und für das Schleudern eine hohe Umdrehungszahl wählen. Ihre geringe Elastizität wiederum erklärt das Knitterverhalten.
Leider gibt die Baumwolle das einmal aufgenommene Wasser nicht so schnell wieder her und behält es in Hautnähe, statt es an die Außenluft abzuleiten. Das bedeutet, dass Baumwollkleidung, speziell Unterwäsche, nach Anstrengung und starkem Schwitzen schwer auf der Haut klebt und durch die Verdunstungskühle zum gefürchteten *Post Exercise Chill*, der Unterkühlung nach starker Anstrengung in Arbeit oder Sport, führt. Das erhöht die Gefahr von Muskelverhärtungen und Erkältungen. Deshalb lösen synthetische Fasern die Baumwolle als Unterkleidung für Arbeit und Sport zunehmend ab. Nasse Fasern sind zudem anfällig gegen Mikroorganismen und Schimmel.
Da das Lumen (Hohlraum) in der Faser so klein ist, dass es kaum isolierende Luft einschließt, wärmen Baumwolltextilien eher nicht. Durch Aufrauprozesse werden sie jedoch kuscheliger (z. B. Flanell für Hemden), weil der Faserpelz Luft einschließen kann. Baumwolle verträgt hohe Waschtemperaturen (bis 95 °C) und Lauge. Somit ist sie überall dort ideal, wo es auf perfekte Hygiene ankommt und unkomplizierte Reinigung geschätzt wird (z. B. in Krankenhäusern, Gastronomiebetrieben, Hotels). Allerdings kann das Material in der Maschine oder im Trockner einlaufen und bei zu voller Beladung der Maschinen schnell knittern. Zum Glück sind Baumwollstoffe relativ gut zu bügeln – Hitze darf sein, Dampf auch.
Um die Nachteile auszugleichen, werden Baumwollmaterialien nachbehandelt (man nennt das Ausrüsten) oder Baumwolle wird mit anderen Fasern, in der Regel Chemiefasern, gemischt, sodass die Vorzüge beider Fasergattungen kombiniert werden. Die mangelnde Elastizität wird schon durch eine geringe Beimischung von Elastan (2–3 %) korrigiert.

Weil Baumwolle kochfest ist, eignet sie sich ideal für Unterwäsche.

Fotos: o.: WANG HSIU-HUA/Fotolia; u.: Schiesser

Leinen – knittrig by nature

Leinen nutzten die Menschen schon für Textilien Jahrtausende, bevor die Baumwolle ihren Siegeszug um die Welt begann. Flachs gehört zu den ältesten Kulturpflanzen überhaupt. Wie bei vielen Technologien hatten die alten Ägypter die Nase beim Leinenspinnen vorn. Paläontologen vermuten sogar, dass Leinen bereits im Jung-Paläolithikum (40.000–8.000 Jahre vor unserer Zeit) bekannt war. In Deutschland nachgewiesen wurde die Nutzung in Funden der späten Steinzeit (7500–4200 v. Chr.). Heute wird Leinen wegen seiner noblen Lässigkeit geschätzt und sein Knittern billigend in Kauf genommen.

Man bedenke, dass die Auswahl an Textilfasern für Bekleidung unserer frühen Vorfahren recht gering war. Da Maschinen noch lange nicht erfunden waren, war der langwierige, aus vielen manuellen Einzelschritten bestehende Herstellungsprozess kein Hinderungsgrund für die Gewinnung der Fasern. Schließlich war er auch ziemlich alternativlos. Bei den Ägyptern waren die feinen Leinenqualitäten den Herrschern und Hohepriestern vorbehalten. Mit einfachster Technik gelang es damals, so feine Fäden zu spinnen, dass eine Fadenlänge von 300 m nur 1 g wog. Ein Wert, der heute auch mit modernster Maschinentechnik nicht erreichbar ist. Auch ihre Mumien wurden mit Leinenstreifen präpariert.

In der Literatur der Antike findet man viele Stellen, die auf Anbau und Verarbeitung von Flachs zu Leinenfasern hinweisen – sowohl bei den Griechen als auch bei den Römern, Galliern oder Germanen. Seit der frühen Eisenzeit (ca. 2800 v. Chr. beginnend) war der Anbau von Flachs in Mittel- und Nordeuropa bis ins heutige Schweden verbreitet. Begünstigt hat diese weite Verbreitung sicher die doppelte Nutzbarkeit von Leinsaat als Nahrungsmittel und der Fasern für die Kleidung.

Im Mittelalter spielte der Handel mit Flachs eine bedeutende Rolle. Die beispiellose Karriere der Fugger – erst selbst Webermeister, dann Händler – gründet auf dem Handel mit Stoffen, darunter auch Leinen. Leinen begleitete die Menschen in ihrem gesamten Alltag – von der Windel bis zum Totenkleid. Bett und Tischwäsche wurden aus Leinen gefertigt, aber auch grobe Planen oder Gurte. Nicht verspinnbare Fasern dienten als Polstermaterial (Polsterwerg). In der Schifffahrt

Flachsen, blaumachen und andere Redensarten

Wenn die Flachspflanze blau blüht, wie kommt es dann zum Begriff **„flachsblond"**? Ganz einfach: Die Wasserröste macht die Flachsfaser gelb.

Warum fährt man ins Blaue? Es bedeutet, dass man kein Ziel hat. Offenbar standen früher überall, wohin der Reisende auch kam, blaue Blumen – es waren die Leinfelder.

Was heißt **blaumachen**? Man schwänzt Arbeit oder Schule. Den Ursprung hat die Redensart möglicherweise vom Handwerk der Färber im Mittelalter. Vor allem in Deutschland wuchs die Pflanze Waid, die vor dem massenhaften Aufkommen der indischen Färberpflanze Indigo im 19. Jahrhundert den Stoffen eine blaue Farbe gab. Der Vorgang selbst dauerte ziemlich lange, drei Tage musste das Gewebe z. B. in einer Brühe mit vergorenen Waidblättern lagern. Die Färber hatten derweil nichts zu tun – die Leute sagten: Sie machen blau.

Auch das **„blau sein"** – also der Zustand nach einem Glas zu viel – hat vermutlich mit dem Färben zu tun. Waid musste vergären, und das tat er, weil er in Bottichen in der Sonne stand. Verstärkt werden konnte der Prozess dadurch, dass man Alkohol dazugab. Natürlich war es viel zu schade, das Getränk im Originalzustand in die Brühe zu gießen. Die Männer tranken ihn lieber selbst und gaben den Alkohol in Form ihres Urins weiter. Und da in diesem Fall „viel hilft viel" galt, waren die Alkoholmengen (und damit der Uringewinn) groß und die Männer blau. Dies ist nicht die einzige Erklärung, erscheint aber logisch, weil es die Redensarten „blaumachen" und „blau sein" nur in der deutschen Sprache gibt. Und nirgendwo sonst wurde so viel Waid angebaut wie hierzulande.

Wenn einer flachst, dann macht er sich über einen anderen lustig, hechelt ihn durch – und wieder sind wir beim Leinen gelandet.

Foto: amy_lv/Fotolia

Mumien wurden in Leinenstreifen gewickelt.

oder der Küferei benutzte man geteerte Schnüre zum Abdichten von Schiffen und Bottichen. Die Leinsaat versorgte die Menschen mit Leinöl als begehrtes Nahrungs- und Stärkungsmittel. Die holzigen Anteile aus dem Innern der Pflanze wurden als Heizmaterial genutzt. Schon im Mittelalter schützten die Künstler ihre Gemälde mit Leinölfirnis. In der Medizin dienten erhitzte Leinenbinden zur Wundabdeckung. Das Flachswachs wurde zum Bestandteil von Brandsalben.

Leinen wurde so allgegenwärtig, dass es bis heute unsere Sprache und Kultur beeinflusst: Wir kennen „eine Fahrt ins Blaue“ (früher der Besuch eines blühenden Flachsfeldes, → *Kasten „Redensarten“, links*) wir „flachsen“, wenn wir Spaß machen, wir „hecheln“ ein Thema durch, wenn wir es immer wieder und von allen Seiten bearbeiten wie eine Handvoll Flachsfasern.

EIN BLICK IN DIE SOZIALGESCHICHTE

Im ausklingenden Mittelalter wurden viele Kleinbauern zu Hauswebern, die entweder auf eigene Rechnung aus zugekauftem Garn Stoffe herstellten oder im Lohn mit zugeliefertem Garn webten. Mit dem Aufkommen mechanischer Webstühle und der Arbeit in Fabriken sanken die Erlöse für die Handarbeit ins Bodenlose. Verzweifelte Weberaufstände künden von bitterer Armut. Das Aufbäumen war jedoch vergebens. Große Webereien übernahmen die Arbeit zu wesentlich geringeren Kosten, nicht zuletzt verbunden mit menschenunwürdigen Arbeitsbedingungen und -zeiten und Kinderarbeit. Aber auch der Bau von Werkswohnungen und die Gründung freier Schulen begleiteten den Übergang in die Industrialisierung der Leinenweberei.

Aufgrund seiner im Vergleich mit Baumwolle geringeren Elastizität ließ sich Leinengarn um den Faktor 10 langsamer spinnen. Der unvergleichlich höhere Aufwand der Gewinnung verspinnbarer Fasern tat sein Übriges, sodass Leinen gegenüber der quasi immer verfügbaren Baumwolle an Terrain und wirtschaftlicher Bedeutung verlor. Nicht der Unterschied an Qualität brach Leinen das Genick – es war einfach zu teuer. Als Mitte des vergangenen Jahrhunderts die Synthetics auf den Markt drängten, hatte Leinen seinen Tiefpunkt erreicht. Die gesamte restliche Infrastruktur wurde aufgegeben.

Erst mit der Entdeckung des persönlichen Luxus rückte in den späten 70er-Jahren das dann rar und wertvoll gewordene Leinen wieder in den Fokus der Mode – zunächst für die Reichen und Schönen dieser Welt. Die ökologische Bewegung und die Suche nach nachhaltigen, nachwachsenden Rohstoffen gibt Leinen wieder einen Impuls. Ob dieser Schub das Material endgültig wieder in der Mitte der Gesellschaft etabliert, muss mit einem Fragezeichen versehen werden. Denn der Gewinnungsprozess der Leinenfaser lässt sich nach wie vor weder automatisieren noch signifikant beschleunigen.

Blühendes Flachsfeld

ANBAU: EIN ANSPRUCHSLOSER GESELLE

Lein gehört zur Familie der Leingewächse. Er kommt in gemäßigten und subtropischen Gebieten sowie besonders artenreich im Mittelmeerraum vor, hat relativ geringe Ansprüche an Temperaturen und Boden, erfordert aber für hohe Qualitäten bestimmte klimatische Voraussetzungen. Für die Kultivierung, daher für den Menschen besonders interessant, sind die Sorten, die zur Gewinnung von Fasern (aus den Stängeln), Öl (aus den Samen) und Leinsamen (die Samen selbst) angebaut werden.

Als Rohstofflieferant für Qualitätstextilien taugen nur die langstieligen Sorten; sie werden 80–120 cm hoch und blühen weiß oder blau. Da bei der Ernte traditionell die Pflanze mitsamt der Wurzel aus dem Boden gerissen wird, muss jedes Jahr neu gesät werden. Schon nach zweimaligem Anbau auf gleichem Feld wird der Boden allerdings „flachsmüde“ und verlangt eine mehrjährige (in der Regel siebenjährige) Pause, bevor erneut Flachs angebaut werden kann. Mit Dün-

Fotos: Gesamtverband Leinen

Kennzeichnung

Laut *Textilkennzeichnungsgesetz* darf „Flachs" oder „Leinen" nur für Bastfasern aus den Stängeln des Flachses (Linum usitatissimum) genutzt werden. Das Qualitätssiegel vergibt in Deutschland der *Schwurhandzeichenverband e.V.*

Das deutsche Schwurhandsiegel, Markenzeichen für Qualität.

ReinLeinen
Gewebtes oder gestricktes Leinen. In Produkten mit diesem Siegel finden Sie reines Leinen. Bei Strickwaren besteht der Stoff aus 100 % Leinen. Bei Webwaren sind Kett- und Schussfäden aus 100 % Leinen.

HalbLeinen
Unter diesem Siegel verbindet sich Leinen höchster Qualität mit den Vorteilen der Baumwolle. Die Kettfäden bestehen aus reiner Baumwolle, die Schussfäden aus 100 % Leinen. Mindestens 40 % Leinenanteil.

LeinenPlus
Das Siegel für hochwertige Leinenmischungen mit Seide, Wolle oder Cashmere. Hier vereinigen sich die spezifischen Eigenschaften anderer edler Naturfasern mit denen des Leinens zu neuer Güte. Mindestens 30 % Leinenanteil.

Weitere Qualitätssiegel vergeben auf europäischer Ebene:
- Club Masters of Linen,
- Irish Linen Guild
- EUROPEAN FLAX

gung ist wenig zu machen, denn insbesondere ein großes Angebot an Stickstoff mag Flachs gar nicht und reagiert mit schlechter Faserqualität. Flachs wächst relativ langsam und setzt sich nur schwer gegen Unkraut durch. Deswegen ist Herbizideinsatz in der konventionellen Produktion üblich.
Als Kind des maritimen Klimas gefällt dem Flachs der stetige Wechsel von Sonne und Regen, häufiger Wind, keine Spätfröste und keine übermäßig hohen Temperaturen in Mai und Juni. Sein ideales Klima findet sich somit in den Küstenbereichen von Nordfrankreich, Belgien, der Niederlande und in Teilen Norddeutschlands. Dem maritimen Klima annähernd vergleichbare Verhältnisse finden sich auf den Regenseiten der Mittelgebirge, in der Voralpenregion sowie in bestimmten Tallagen. Selbstverständlich wird Flachs auch in Klimaten mit mehr oder weniger starkem kontinentalen (sommertrocken, windarm, Spätfrostgefahr etc.) Einschlag angebaut (z. B. Polen, Rumänien, in Teilen Russlands, der Ukraine, China) oder Regionen, in denen ein später Beginn der Vegetationsperiode verbunden mit einem frühen Ende der Feldarbeit (z. B. Schweden, Finnland, Baltikum, Weißrussland) das Ernterisiko im Mittel der Jahre deutlich erhöht. Mit wenig optimalen klimatischen Bedingungen ist demnach häufig die Aussicht zur Erzeugung qualitativ hochwertiger Fasern erkennbar begrenzt.
Der Anteil von Leinen am weltweiten Faserverbrauch liegt bei ca. zwei Prozent.

BIO-ANBAU: NOCH IN DEN KINDERSCHUHEN

Flachs eignet sich für den ökologischen Anbau, allerdings wird er bisher nur wenig praktiziert. Anbieter von Öko-Textilien haben mit wissenschaftlicher Begleitung und ministerieller Förderung Anbau in Deutschland initiiert, um *Leinen k.b.A.* (aus kontrolliert biologischem Anbau) verkaufen zu können.
Bisher ist der Anteil an Bio-Textilien bei Leinen dennoch sehr gering. Durch den Verzicht auf Herbizide, Fungizide und Pestizide ist die Gefahr einer Missernte oder eines Ernteverlustes wegen ungünstigen Wetters bei der Röste um gut 1/4 höher als beim konventionellen Anbau. Aus dem finanziellen Ausgleich für Missernten resultieren auch die ungleich höheren Preise für Bio-Leinen.

GEWINNUNG: EIN GROSSER AUFWAND

Leinen ist eine Stängel- oder Bastfaser (→ *Kasten „Pflanzliche Fasern - Überblick", S. 17*). Für die zukünftige Faser braucht man das Bastfaserbündel im Inneren des Stängels. Daran zu kommen, ist nicht einfach. Die einzelnen Schritte bei und nach der Ernte erklären, warum die einst so wichtige Pflanze heute nur noch wenig verbreitet ist und die Textilien meist einen stolzen Preis haben.
Erntezeitpunkt ist, wenn die Halme gelb sind und die Hälfte ihrer Blätter verloren haben. Das ist meist im Juli/August der Fall. Der weitere Vorgang ist:

1. Raufen
Die Pflanzen werden mit den Wurzeln ausgerissen, um die Qualität der Fasern zu erhalten. Mähmaschinen sind möglich, haben aber Nachteile. Es ist wichtig, dass die Schwaden (geerntete Pflanzenbündel) parallel und in ausreichender Stärke abgelegt werden. Während das Raufen früher kraftzehrende Handarbeit war, übernehmen diesen Vorgang heute ausschließlich moderne Geräte.

2. Riffeln
Beim Riffeln werden die Samenkapseln entfernt.

Geerntetes Flachsfeld während der Tauröste

Schritte der Leinenproduktion

Beim Hecheln werden Faserbündel über spitze Nadeln gezogen.

3. Rösten (oder Rotten)

Natürliche Pilze und Bakterien lösen nach der Ernte die pflanzliche Kittsubstanz (Pektine) zwischen Faserbündel und Holz und geben dem Boden während des Prozesses Nährstoffe zurück. Bei der Feldröste (ein anderer Begriff ist „Tauröste") bleibt das Erntegut drei bis sechs Wochen auf dem Erdboden liegen. Tau befördert die Entwicklung der Mikroorganismen, lang anhaltender Regen kann dagegen eine ganze Ernte vernichten, auch unkontrolliert wachsende Unkräuter können den Erfolg schmälern. Feldröste ist noch immer eine gängige Methode.

Während der Röste muss der Schwad einmal oder mehrmals gewendet werden.

Früher üblich war auch die Wasserröste, bei der das Erntegut in Wasser eingelegt und davon bedeckt wird, z. B. in Teichen oder speziellen Becken. Das Verfahren wird zwar deutlich verkürzt, hinterlässt aber stark organisch belastetes Abwasser, das ohne Klärung in Fließwässer eingeleitet zu Fischsterben führt. Umweltschutzauflagen verhindern diese Methode in Deutschland, sie ist aber in vielen anderen Ländern, speziell in China, noch das Regelverfahren.

Beim chemischen Rösten wird das Pektin mit Chemikalien und Hitze gelöst. Eingesetzt werden hierfür z. B. Schwefelsäure, Natriumhydroxid oder Chlorkalk. Das Verfahren ist äußerst schnell und gut zu kontrollieren. Nachteilig sind die Kosten und die starke Beanspruchung der Fasern.

Ohne chemische Zusätze arbeiten moderne Dampfhochdruck-Verfahren. Die verschiedenen Methoden führen zu verschiedenen Färbungen der Fasern: Wasserröste macht sie gelblich, Feldröste silbergrau bis grünlich, chemische Röste gelblich-weiß.

4. Trocknen

Die Flachsstängel trocknen heute meist in Warmluftöfen.

5. Dörren (Brechen)

Die Stängel werden von Walzen geknickt.

6. Schwingen

Die Holzteile werden entfernt.

7. Hecheln

Übrig sind die Faserbündel, die mit spitzen Nadeln geteilt werden. Dabei kämmen die Maschinen kurze Fasern aus, trennen nochmals Holzteilchen ab und legen die langen Fasern parallel. Jetzt sind sie reif für die Spinnerei. Das Ergebnis dieses aufwendigen Produktionsprozesses sind letztlich 14–21 % Langfasern und 7–15 % Werg, sowie Schäben (Holzteile aus dem Innern der Pflanze) und Kurzfasern. Genutzt werden alle Teile der Flachspflanze, wenn auch nicht im textilen Bereich, der sich auf die Lang- und Kurzfasern beschränkt. Übrig bleibt ein Rest an Biomasse.

Fotos: o.: JPchret/Fotolia; mitte: Gesamtverband Leinen [2]

Edle Schätze: Bett- und Tischwäsche aus reinem Leinen.

TIPP Einsatz von Leinen in der Bekleidung

- Blusen und Hemden
- Jacketts, Hosen, Anzüge und Röcke
- Kleider und Kostüme
- Schals und Tücher
- Feine Strickwaren (Pullis, Cardigans)
- Sommerliche Taschen und Beutel

EIGENSCHAFTEN: KÜHL, GLATT, UNELASTISCH

Jedes Faserbündel besteht aus Elementarfasern (Flockenbast), die durch Pflanzenleim (Pektin) zusammengehalten werden. Was weiterverarbeitet wird (die sogenannte *technische Faser*), besteht aus 10–15 Elementarfasern. Sie sind aufgrund ihres Wachstumsprozesses spindelförmig angeordnet und haben eine Länge von 20–40 mm. Aufgebaut sind sie, wie alle zellulosischen Fasern, aus Ketten von Zuckermolekülen.

Wegen des auch nach der Röste noch vorhandenen Restes an Pflanzenleim sind sie steifer als Baumwolle, glatter und dunkler. Da die *technische Faser* aus unterschiedlich vielen Elementarfasern besteht, kann das Garn später ungleichmäßig dick sein, was dem Gewebe den typischen Leinenlook verleiht. Der Pflanzenleim bewirkt einerseits, dass die Elementarfasern eng zusammenliegen, andererseits eine glatte Oberfläche haben. Beides bedeutet, dass wenig Luft als isolierendes Medium eingeschlossen wird und Leinenstoffe daher kaum wärmen. Sie fühlen sich kühl an, was sie zu einem idealen Material für Sommerbekleidung und Bettwäsche macht. Anders als Baumwolle kann Leinen nicht aufgeraut werden.

Auch Werg, kurze Fasern aus der Leinengewinnung, wird genutzt. Er wird gereinigt und dem **Cottonisieren** unterzogen, einem Verfahren, das mechanisch, mit Dampf oder Ultraschall ohne chemische Zusätze die kurzen Leinenfasern denen der Baumwolle ähnlich und somit verspinnbar macht. So besteht einerseits die Möglichkeit der Verarbeitung zu Werggarnen, die qualitativ und preislich unter denen aus Langfasern liegen, andererseits können sie zusammen mit Baumwolle oder synthetischen Fasern zur Herstellung von Mischgarnen eingesetzt werden.

Die Quell- und Saugfähigkeit von Leinen ist nicht zuletzt durch den Pflanzenleim hoch. Bei großer Luft-

Fotos: Just Linen

Leinenhemd

Leinen-Sportmütze

feuchtigkeit kann es bis zu 17 % Dampf aufnehmen, ohne sich feucht anzufühlen (Baumwolle im Vergleich dazu 20 %). Die Stoffe halten Feuchtigkeit zwar, trocknen jedoch wegen der glatten Oberfläche schneller als andere Naturfasern. Auch dies ist ein Vorteil bei sommerlicher Garderobe.

Wie Baumwolle ist Leinen sehr fest, auch seine Reißfestigkeit liegt im nassen Zustand über der Trockenreißfestigkeit. Leinen hat zudem ein gutes Scheuerverhalten und leidet auch in der Waschmaschine mechanisch nicht. Es verträgt hohe Temperaturen: Weißes Leinen kann bis 95 °C gewaschen werden. Achtung! Auch hier droht Einlaufgefahr. Gefärbte Ware sollte nur mit 60 °C in die Maschine kommen. Sie sollte auch nicht zu voll bepackt werden, denn sonst macht sich der Nachteil des heftigen Knitterns noch stärker bemerkbar: Von allen pflanzlichen Faserstoffen ist Leinen derjenige, der am wenigsten elastisch ist. Um das Knittern zu verhindern, kann Leinen ausgerüstet werden (→ *Abschnitt „Chemische Ausrüstungsverfahren", S. 178*). Durch die Ausrüstungsprozesse verliert Leinen aber einige seiner typischen Eigenschaften. Mischungen mit anderen Fasern, z. B. Baumwolle, für Sakkos auch mit Wolle oder mit synthetischen Fasern, senken den Preis des Textils und schwächen das Knittern ab. Wer das Knittern gar nicht tolerieren kann, ist gut beraten, die Hände von Leinen zu lassen. Alle anderen dürfen selbstbewusst zu der Auffassung stehen: Leinen knittert edel.

Feucht sollte Leinen nicht gelagert werden. Es kann (wie Baumwolle auch) bei zu langsamem Trocknen oder durch Restfeuchte Stockflecken bekommen. Das ist vor allem nach dem Bügeln (→ *Kasten „Tipps zum Bügeln von Leinen", rechts*) zu beachten, denn dafür müssen die schönen Teile feucht sein.

TIPPS zum Bügeln von Leinen

Leinen ist einfach zu bügeln, wenn man einige Hinweise beachtet:

- Die Sohle des Bügeleisens muss sauber und glatt sein.
- Das Dampfbügeleisen darf keine Kalkablagerungen haben, da sie Flecken auf dem Stoff hinterlassen können.
- Bügeltemperatur je nach Stoffstärke: Reines Leinen kann sehr heiß gebügelt werden – an einer Ecke des Kleidungsstücks testen.
- Die Teile sollten noch leicht feucht gebügelt werden. Wer kein Dampfbügeleisen hat, kann einen Blumensprüher zum Befeuchten benutzen.
- Die Verwendung von Bügelstärke ist überflüssig: Allein durch das Bügeln wird der Leinenstoff wieder steif und knisternd.
- Zuerst das Stück auf links (innen), dann auf rechts (außen) bügeln.
- Dunkle Kleidungsstücke, Teile mit Stickereien oder anderen Verarbeitungen werden nur auf links gebügelt.
- Für unterwegs: Die Kleidungsstücke falten und in einer Plastiktüte in den Koffer legen. Anschließend im Badezimmer aufhängen – durch heißen Wasserdampf verschwinden die Knitterfalten.

Quelle: Gesamtverband Leinen.

Fotos: o.: Jaques Britt; r.: Stetson by F. W. Schneider

Kapokbäume werden bis zu 75 m hoch. Verarbeitet werden die Fasern aus der Frucht.

Kapok – die Daune des Regenwaldes

Der Kapokbaum, heiliger Baum der Mayas, ist ein Gewächs, das für ein rundum positives Projekt zur Gewinnung textil verwendbarer Pflanzenfasern steht. Der Baum (Ceiba pentandra) wächst überwiegend wild in Regenwäldern um den Äquator. Nicaragua trägt diesen Baum in seiner Nationalflagge. Seine Fasern werden von den indigenen Eingeborenenvölkern geerntet, die somit nicht nur ein Einkommen erwirtschaften, sondern gleichzeitig zum Erhalt der Biosphäre Regenwald beitragen – Nachhaltigkeit für Mensch und Natur.

Kapok nennt man auch „Pflanzendaunen". Die Bezeichnung bezieht sich sowohl auf die Eigenschaften als auch auf die traditionelle Verwendung der Fasern. Die Kapokfasern, die an der Innenschale der Früchte wachsen sind natürliche Hohlfasern. Ihre Außenhaut besteht zu rd. zwei Dritteln aus Zellulose und Hemizellulose. Das restliche Drittel sind Verbindungen wie man sie in Holz findet. Im Innern der sehr feinen Faser befinden sich 80 % Luft.

Neben Pappelflaum ist Kapok die feinste natürliche Hohlfaser. Eine Wachsschicht schützt sie vor dem Eindringen von Wasser (Vermehrung im Regenwald!) und ein Bitterstoff schreckt Fressfeinde ab. Im Wasser kann die Faser ein 30-Faches ihres Eigengewichtes tragen. Kork trägt lediglich eine dreifache Last. Aufgrund dieser Eigenschaften wurde Kapok hauptsächlich als Füllung in Kissen, Matratzen, Unter- und Oberbetten oder Plüschtieren verwendet. Bis in die 50er-Jahre waren Füllungen aus Kapok in Europa noch weit verbreitet, wurden dann zunehmend von Schaumstoffen und Synthetikmaterialien verdrängt. Lediglich bei Schiffs- und Jachtausrüstern sind Kissen aus Kapok auch heute noch zu finden, da sie aufgrund ihrer Faserstruktur und durch die sie umgebende schützende Wachsschicht nicht untergehen und somit auch eine Schwimmhilfe bieten.

Bis zu 75 m hoch werden die höchsten Exemplare der lichtbedürftigen wild wachsenden Kapokbäume in Einzelfällen. Sie gehören zu den höchsten Urwaldriesen und gehören ebenso wie die Baumwollsträucher der Familie der Malvengewächse an. In der Jugend, bei manchen Sorten auch lebenslang, sind die stets grünen Stämme dicht mit dornigen Stacheln besetzt. Der Durchmesser eines ausgewachsenen Baumes kann 3 m betragen. Der mächtige Stamm wird durch starke, meterhohe Brettwurzeln gestützt, er kann vom 5. bis 60. Jahr seines Lebens Früchte tragen. Seit einigen Jahren ist es gelungen, Kapokbäume auch zu kultivieren.

In Asien sind auf Platz eins Indonesien, aber auch Malaysia, Thailand, Philippinen und Sri Lanka, in Afrika die Länder Nigeria, Mosambik und Tansania, in Mittelamerika Ecuador als Anbaugebiet von Kapok zu nennen.

HANDARBEIT IN SCHWINDELNDER HÖHE

Die Durchschnittshöhe der Bäume beträgt 50 m. Geerntet werden die reifen Kapseln per Hand. Die Fasern quellen aus den mit einem lauten Knall aufspringenden reifen Kapseln heraus. Sie sind zwischen 20 und

Fotos: l.: joey333 – Fotolia/Fotolia; o.: WWF/Zig Koch

Blick in eine Kapokmatratze: Eingenähte Stoffwände halten die Füllung an ihrem Platz. Jüngere Kunden schätzen die Vielseitigkeit der Matratze und benutzen sie auch als schnell einsatzbereites Gästebett sowie als zusätzliches Sitzmöbel.

TIPP Einsatz von Kapok

- Überwiegend für Matratzen und Bettzeug, Matten
- Auch für Hemden- und Hosenstoffe

40 mm lang und sechsmal leichter als Baumwolle. Die Früchte haben eine Länge von etwa 15–20 cm und enthalten ca. 100 Samen. Pro Jahr kann man pro Baum etwa 20 kg Kapokfasern ernten. 200 Früchte ergeben rd. 1 kg Fasern. Der Verkauf der Fasern, des „weißen Goldes", sichert den Regenwaldbewohnern den Lebensunterhalt. Deshalb sind sie am Erhalt des Regenwaldes interessiert. *WWF (World Wide Fund For Nature)* engagiert sich seit mehr als 10 Jahren für die Wiederaufforstung des Regenwaldes im Nordosten der Insel Borneo im malaiischen Bundesstaat Sabah. Damit erhält man vor allem den Lebensraum der Orang-Utans, aber sorgt parallel auch für den Klimaschutz, weil jeder gepflanzte (oder erhaltene) Baum das Treibhausgas CO_2 bindet und damit der Atmosphäre entzieht. Nach dem Ernten werden die seidig glänzenden Fasern nur noch getrocknet und von den Samen befreit. Sie werden vor der Weiterverarbeitung keinem chemischen Prozess unterzogen. Aus den Samen selbst wird Öl für verschiedene Verwendungszwecke gewonnen. Als wild wachsender Baum benötigt Kapok weder Pflanzenschutzmittel noch künstliche Bewässerung. Er entwickelt in den ersten zehn Jahren seines Wachstums eine mehrere Meter lange Pfahlwurzel. Kultivierte Bäume benötigen jedoch Düngung und Wasserzufuhr.

EIGENSCHAFTEN: SUPERLEICHT UND ÄUSSERST RUTSCHIG

Im Hohlraum der Faser ist Luft eingeschlossen; das bewirkt, dass sie hervorragend isoliert (gegen Kälte ebenso wie gegen Hitze). Die äußere Wachsschicht macht die Faser wasserabweisend. Deshalb setzte man früher Kapok vor allem für Schwimmwesten und Rettungsringe ein, weil sie von Wasser kaum benetzt werden können und zudem wegen der Hohlräume im Inneren einen starken Auftrieb haben.

Bei Matratzen und in Bettwaren machen sich diese Eigenschaften insofern positiv bemerkbar, als dass Schweiß nicht aufgesogen, sondern an der Faseroberfläche weitergeleitet wird. Viel Lüften und Aufschütteln garantiert eine lange Haltbarkeit.

Allerdings bedeutet die Glätte auch, dass Kapokfasern rutschig sind und ohne Beimischungen, z. B. von Baumwolle, lange Zeit nicht versponnen werden konnten.

Die in den Fasern enthaltenen Bitterstoffe helfen in der Natur, Fressfeinde fernzuhalten. Das hatte zu der Aussage geführt, dass Kapokmaterialien Motten und Milben fernhielten und somit ideal für Allergiker seien. Dies war ein Trugschluss, weil sich Milben ausschließlich von menschlichen Hautschuppen ernähren – und das hat nichts mit dem Grundstoff für Matratze oder Bett zu tun.

Inzwischen ist es dank einer innovativen, in Deutschland entwickelten und patentierten Spinntechnologie gelungen, ein hochwertiges Garn in Mischung mit Baumwolle in einem Verhältnis von meist 85 % Baumwolle mit 15 % Kapok herzustellen. Die daraus gewebten Hemden- und Hosenstoffe gefallen nicht nur wegen ihrer Leichtigkeit, sondern besonders wegen ihrer kühlen Anmutung und ihres seidigen Falls.

Fotos: Kapok-Kontor, Rottenburg [2]

Hanfstoff, Hanfblätter und Hanfsamen

Hemd aus Hanfgarn.

Hanf – Spezialist für Grobes und Feines

Hanf ist quasi der kleine Bruder von Flachs. Wie im richtigen Leben ist dieser meist einfacher zu handhaben und unkomplizierter in der Aufzucht. So ist das auch bei Hanf, der auf eine fast ebenso lange, erfolgreiche Kulturgeschichte zurückblicken kann wie der große Bruder. Sein schlechter Ruf basiert auf der berauschenden Wirkung eines Inhaltsstoffes, des THC, des Cannabinoids *Tetrahydrocannabinol*. Der für Textilien angebaute Nutzhanf besitzt davon jedoch weniger als 0,3 % und kann daher ausschließlich mit seinen positiven Fasereigenschaften „berauschen".

Archäologen wurden auch beim Hanf zunächst in China fündig. Glaubt man alten Schriften, wurde Hanf (*Cannabis sativa L.*) in China schon seit Langem genutzt. Er lieferte ihnen nicht nur wohlschmeckende und nahrhafte Samen, auch die Stängel mit ihren besonders langen und nahezu unverwüstlichen Fasern wusste man schon früh zu schätzen. Zudem finden sich Quellen, wo Hanf als Heilmittel gegen Malaria, Rheuma und viele andere Erkrankungen beschrieben wird.

Über Indien und die antiken Hochkulturen im heutigen Irak trat der Hanf seinen Weg um die Welt an. In Europa sind die ältesten Funde ca. 5.500 Jahre alt und stammen aus dem Raum Tübingen. Den Ursprung verorten Forscher in Zentralasien. Aus der Gegend des heutigen Litauen stammen Funde von Hanfsamen ca. 2500 v. Chr. und eines Fadens um ca. 2300 v. Chr. Auch Griechen und Ägypter kleideten sich oft mit Hanf; wie der Geschichtsschreiber *Herodot* (450 v. Chr.) zu berichten wusste. Hanf, Nessel und Flachs waren lange Zeit die wichtigsten Faserpflanzen Europas für Bekleidung. Immer wieder liest man in der antiken Literatur jedoch von Hanf als Heil- und Arzneimittel. So wurden vom Mittelalter bis in die Neuzeit aus Hanf Mittel zur Linderung der Wehen und nachgeburtlichen Schmerzsymptome gewonnen.

Der Hanf und die Hamburger Reeperbahn

Reep ist der niederdeutsche Begriff für Seil. Die Reeperbahn in St. Pauli in Hamburg heißt also „Seilerbahn". Und das kam so: Um die langen und schweren Taue – aus Hanf – in lange Bahnen legen, drehen und anschließend teeren zu können, brauchten die Handwerker viel Platz. Sie fanden ihn auf einer schnurgeraden 300 Meter langen Allee, die sich im 17. und 18. Jahrhundert noch vor den Toren der Stadt befand, die heutige Reeperbahn. Vor allem der Bergbau und die Schifffahrt brauchten die dort hergestellten Seile und Taue. Mit dem Zeitalter der Industrialisierung begann das alte Handwerk der Reepschläger auszusterben – und die Hamburger Reeperbahn wurde zum berühmten Rotlicht- und Vergnügungsviertel.

Fotos: l.: Hempro International; r.: Eskymaks/Fotolia

Industrieller Anbau von Hanf (Cannabis sativa L.)

Johann Gutenberg druckte 1455 seine berühmte Bibel auf Hanfpapier.

HANF – DIE VIELSEITIGE NUTZPFLANZE

Auch nach der Antike blieb Hanf in Europa eine wichtige Nutzpflanze. Kaiser *Karl der Große* erwähnte ihn 812 in seiner Landgüterverordnung, nahm ihn jedoch nicht in die Liste der als verpflichtend anzubauenden Pflanzen auf. Ohne die robuste und widerstandsfähige Hanffaser, die enorme Zugkräfte aushält und beinahe verrottungsfest ist, wären viele mittelalterliche Waffen wie etwa der Langbogen, dessen Sehnen aus Hanf bestanden, nicht anzufertigen gewesen.

Einen weiteren Siegeszug nahm Hanf im 13. Jahrhundert über die *Mauren* in Spanien nach Europa – als Rohstoff für feines Papier. Neben Lumpen, die zumindest zum Teil aus Hanf bestanden, wurde Hanf der wichtigste Rohstoff für die Papierproduktion.

Nachdem Ende des 13. Jahrhundert eine erste Papiermühle in Nürnberg entstanden war, druckte *Johann Gutenberg* 1455 seine berühmte Bibel auf Hanfpapier. Auch die amerikanische Unabhängigkeitserklärung von 1776 ist darauf gedruckt. Der erste amerikanische Präsident, *George Washington*, baute selbst im großen Stil Hanf an.

Ohne Hanf müsste die Geschichte der Entdeckungen und der Schifffahrt neu geschrieben werden. Seile und vor allem das Segeltuch waren aus Hanf. Die Faser ist sehr widerstandsfähig gegenüber Salzwasser und nimmt weit weniger Wasser auf als Baumwolle. Segel aus Baumwolle wären bei Regen so schwer geworden, dass die Masten brechen konnten. Leinen taugte auch nicht als Ersatz, da es bei Kontakt mit Wasser in wenigen Monaten verrottet wäre. Venedig festigte seine Vormachtstellung als bedeutende See- und Handelsmacht im Mittelalter nicht zuletzt durch die hohe Qualität der Seilerei. Die Einfuhr von Sisalfasern und der für Bauern rentablere Tabakanbau brachte den Anbau von Hanf bis zum Ersten Weltkrieg praktisch zum Erliegen.

Manilahanf von der Banane

Manilahanf hat nichts mit Hanf zu tun. Vielmehr wächst z.B. auf den Philippinen und auf Borneo eine Bananensorte *(Musa textilis)*, von der die Blätter und Staudenfasern genutzt werden. Auch in Japan und Afrika wachsen sogenannte Faser- oder Textilbananen. Die gewonnenen Fasern sind sehr fest und dienen zur Herstellung von Geweben und Seilen.

Die Textilkennzeichnungsverordnung lässt Fasern der *Musa textilis* unter dem Begriff „Manila" zu.

Manilahanf wird aus einer Bananenpflanze gewonnen.

Faserhanf braucht vom Keimen bis zur Ernte etwa 110–115 Tage.

ANBAU: NUR FÜR LEGALEN GEBRAUCH

Die textile Grobfaser Hanf gehört zur Familie der *Cannabiceae* (Hanfgewächse) und ist ein naher Verwandter des Hopfens. Fasern liefert die Sorte *Cannabis sativa L.*, eine einjährige Pflanze, die etwa 4 m hoch wird und nach vollendeter Samenbildung abstirbt.
Zu den Hanfgewächsen gehören auch langlebige und größere Pflanzen. Die nepalesischen Hanfbäume können bis zu sieben Jahre alt werden, da man ihre Samenbildung unterdrückt.
Die EU hat 25 Sorten mit THC-Gehalten unter 0,3 % für den Hanfanbau erlaubt. Sie besitzen im Gegensatz zu anderen Sorten einen hohen Faseranteil von 30–40 %. Vom Beginn des Keimens bis zur Ernte braucht der Faserhanf etwa 110–115 Tage. Die Aussaat erfolgt Anfang bis Mitte April, die Ernte ab Mitte August. Optimal wächst Hanf bei Temperaturen zwischen 19–25 °C. Er benötigt gute und „nährstoffreiche" Böden. Das schnelle Wachstum – die Pflanze kann täglich 4–6 cm wachsen – entzieht dem Boden Wasser und Nährstoffe. Wer konventionell anbaut, gleicht das mit Kunstdünger aus. Sonst ist Hanf anspruchslos.
Die lange Pfahlwurzel kann in trockenen Perioden auch aus tieferen Bodenschichten Wasser ziehen. Ein dichter Pflanzenbestand beschattet bereits Ende Mai vollständig den Boden und schützt so vor dessen Aus-

Cannabis – Droge oder nachwachsender Rohstoff?

1937 begann in Amerika die Hanfprohibition. Große amerikanische Öl- und Pharmakonzerne fürchteten das riesige ökonomische Potenzial der Hanfpflanze. Um ihre eigenen Interessen durchzusetzen und ihre Märkte der Zukunft zu sichern, wurde mit allen legalen und illegalen Mitteln gekämpft, um die multifunktionelle Kulturpflanze zu verunglimpfen und langfristig zu verbieten.
In Abstimmung mit Konzernen wie *DuPont* (Patent auf Holzzellstoff) und mit dem Engagement von *Harry J. Anslinger*, dem Vorsitzenden des *Federal Bureau of Narcotics (FBN)*, nahmen die Zeitungen des amerikanischen Zeitungstycoons und erklärten Rassisten *Wiliam Randolph Hearst jr.* mit gezielten Pressekampagnen sehr erfolgreich Einfluss auf das Verbot von Hanf. Kritiker warfen *Hearst* vor, mit seiner Kampagne gegen das Marihuana nicht die Menschheit vor der „gefährlichsten Droge seit Anbeginn der Menschheit" schützen zu wollen, sondern wirtschaftliche Interessen zu schützen. *Hearst* war Waldbesitzer und Papiermühlen-Magnat und der Hanf wurde zu einer übermächtigen Konkurrenz.
Marihuana (weibliche Hanfblüten) und Haschisch (das Harz), wurden von großen Teilen der Bevölkerung in den USA konsumiert. Das gab *Hearst* und seinen Freunden aus Industrie und Politik die Möglichkeit, mit ihrer Hetze die Latinobevölkerung, die Schwarzen, aber auch weiße Musiker, Künstler und Intellektuelle zu kriminalisieren. Der Einfluss derselben Lobbyisten führte im Laufe der Jahre auch international zu Ächtung und 1961 zum Verbot von Cannabis, nachdem die *WHO* Hanf 1954 jegliche therapeutische Wirkung abgesprochen hatte.
Es folgten Jahrzehnte der Lügen und Verleumdungen, rassistische Hetzkampagnen und Gefängnisstrafen für Hunderttausende von Amerikanern. Dies hat sich bis auf den heutigen Tag kaum geändert. Der Anbau THC-armer Faser-Hanfpflanzen für die Faserproduktion ist seit 1989 in der EU gesetzlich legalisiert und reglementiert. Die Legalisierung des Anbaus und des Besitzes von Hanf wird in den USA bundesstaatlich geregelt. In Deutschland ist der Anbau von Nutzhanf in landwirtschaftlichen Betrieben erlaubt und unterliegt strikten Auflagen.

Hanf als Medizinprodukt

Cannabis kann jedoch viel mehr. Gut dokumentiert und nachgewiesen ist die Wirksamkeit des Cannabis in der Schmerztherapie, bei Multipler Sklerose, Übelkeit, Erbrechen und Kachexie (krankhafte Abmagerung). Viele Studien weisen auf das arzneiliche Potenzial von medizinischem Cannabis bei gewissen Krebsformen, psychiatrischen Symptomen (z. B. Schlafstörungen, Angststörungen, ADHS, bipolaren Störungen, schizophrenen Psychosen, endogenen Depressionen), entzündlichen Schmerzsyndromen (z. B. Colitis ulcerosa, Arthritis), sowie bei Autoimmunerkrankungen (z. B. Morbus Crohn) hin. Die medizinische Anwendung von Cannabis und Cannabinoiden wird derzeit intensiv erforscht.

Hanf als Rauschmittel

Die getrockneten, meist zerkleinerten harzhaltigen Blütentrauben und blütennahen, kleinen Blätter der weiblichen Pflanze werden Marihuana oder umgangssprachlich Gras genannt und nach dem Trocknen konsumiert. Das extrahierte Harz wird auch zu Haschisch oder Haschischöl weiterverarbeitet. In Deutschland ist Cannabis die am häufigsten konsumierte illegale Droge. Hauptsächlich psychoaktiv ist das Cannabinoid THC. THC beeinflusst u. a. das zentrale Nervensystem und ist vorrangig für beruhigende, entspannende und übelkeitsreduzierende Wirkungen bekannt.

Hanfgewinnung und -verarbeitung

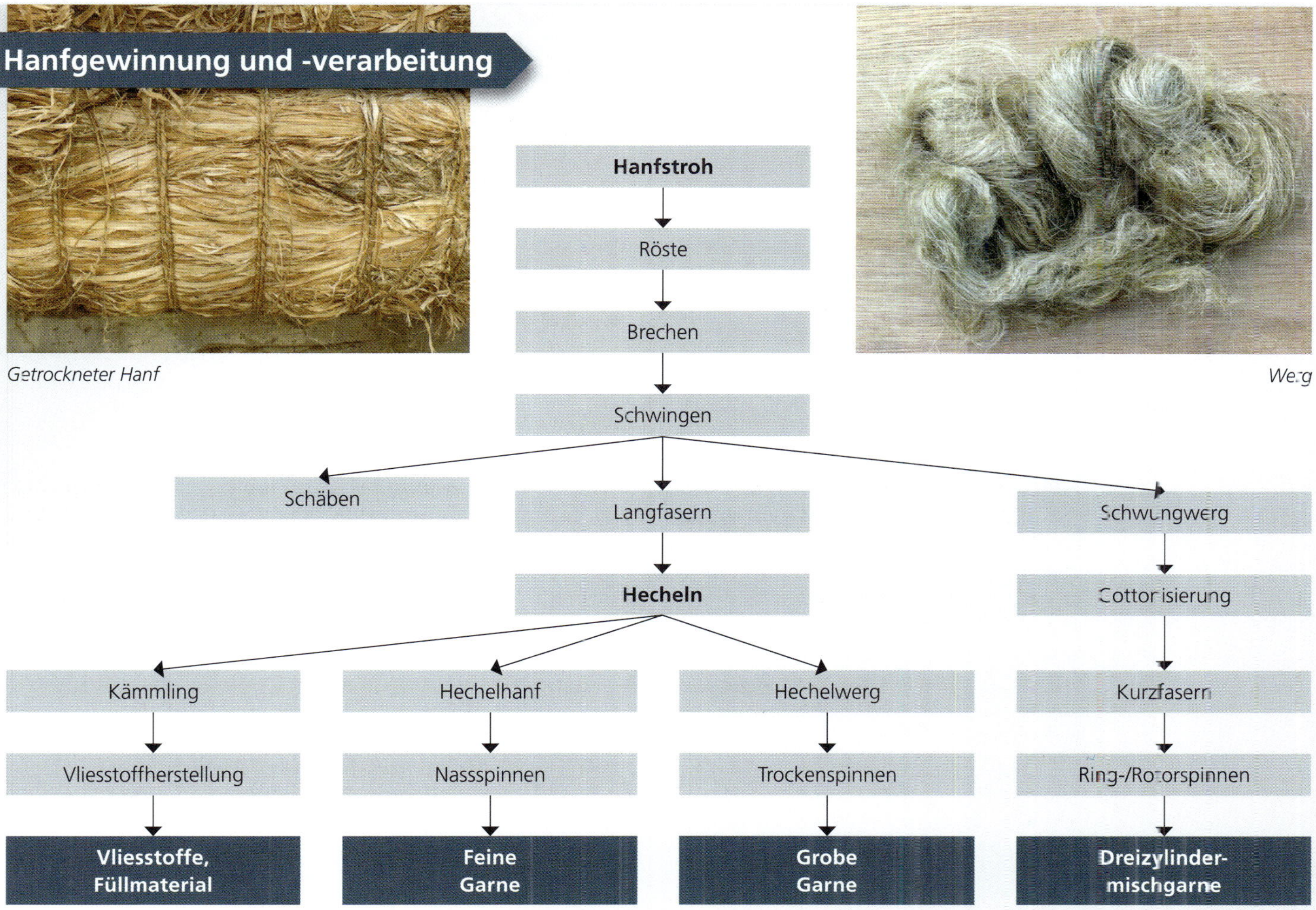

Getrockneter Hanf

Werg

trocknung. Zudem haben unerwünschte Kräuter keine Chance. Herbizide, Pestizide und Fungizide sind unnötig und auch Schädlinge traten bisher kaum auf, ein ökologisches Plus selbst beim konventionellen Anbau. Hanf ist zweihäusig, es gibt männliche und weibliche Hanfpflanzen. Die weiblichen Pflanzen haben eine längere Vegetationszeit und bilden dickere und festere Faserzellen als männliche Pflanzen, die wiederum mehr Fasern erzeugen. Die Fasern der männlichen Pflanzen liefern feine Garne, die der weiblichen werden für gröbere Stoffe und Seile verwendet. Heute werden meist die Fasern beider Geschlechter gemeinsam verarbeitet, was einen Kompromiss hinsichtlich der Faserqualität bedeutet. Inzwischen züchtet man allerdings auch einhäusige Pflanzen.

Die weltweiten Anbauflächen für Nutzhanf werden auf etwa 80.000–100.000 Hektar geschätzt, von denen etwa 80 % auf Asien (vor allem China und Nordkorea) entfallen. 3/4 der Produktion wird für die Fasergewinnung angebaut, das restliche Viertel wird zur Samengewinnung hauptsächlich als Lebensmittel oder Tierfutter genutzt. Im Jahr 2017 wurden EU-weit ca. 30.000 ha Nutzhanf angebaut, die größte Anbaufläche seit 10 Jahren, mit einem steigenden Anteil für die Samenproduktion. Nutzhanf wächst heute in mindestens 13 Mitgliedsstaaten. Der Anteil am Weltfasermarkt liegt jedoch nach wie vor bei weniger als einem Prozent, eine Folge des frühen Verbots zum Anbau.

BIO-ANBAU: SINNVOLL IN DER FRUCHTFOLGE

Da die Hanfpflanze von Natur aus genügsam ist, eignet sie sich gut für die ökologische Landwirtschaft. Bio-Bauern verzichten ganz auf künstlichen Stickstoffdünger und setzen auf Fruchtwechsel. Zunächst pflanzen sie, eventuell sogar mehrmals, Leguminosen (bodenverbessernde Pflanzen) an, bevor sie Hanf aussäen. Dessen tiefe Wurzeln lockern den Boden, und im Schatten der Hanfblätter entwickelt sich guter Humus. So leistet Hanf nicht nur als Rohstofflieferant gute Dienste, sondern auch als Vorfrucht für den Boden und damit für diejenige Frucht, die ihm anschließend auf demselben Acker folgt.

GEWINNUNG: ZWEI MÖGLICHKEITEN

Die Hanfernte zur Fasergewinnung erfolgt im Regelfall zur Blütezeit der männlichen Pflanzen. Durch Brechen und Walzen der Stängel werden die Hanffasern vom Rest der Pflanze getrennt, dieser Prozess wird als Faseraufschluss bezeichnet. Dabei wird das Hanfstroh in Fasern und Schäben getrennt. Je nach Länge der so gewonnenen Fasern unterscheidet man zwischen

- dem Langfaseraufschluss und
- der Kurzfaser- oder Gesamtfaserlinie.

Bei der Herstellung von Langfasern handelt es sich um das aufwendigere traditionelle Aufschlussverfahren, das vorwiegend für die textile Verwendung hochwer-

Robustes Hanfgewebe macht einen Rucksack langlebig.

Hose aus Hanfgarn

tiger Fasern eingesetzt wird, während die Kurzfaserlinie vor allem aufgrund des Verzichts auf die Wasserröste und die Parallellage des Strohs sowie durch die weitgehende Automatisierung die kostengünstigere Alternative zur Gewinnung von Fasern für technische Anwendungen ohne den Anspruch der Verspinnbarkeit ist.

Langfaseraufschluss

Der traditionelle Langfaseraufschluss wird heute nur selten und vor allem in Osteuropa, in China und Indien betrieben. Das Hanfstroh wird dabei nach der Ernte zur Fasergewinnung parallel ausgelegt (Längsfaser) und getrocknet. Der Trocknung folgt eine Wasserröste und eine erneute Trocknung auf dem Feld. Das immer noch parallel liegende Stroh wird anschließend gebrochen und über das Schwingen und Hecheln des Strohs werden die Langfasern gewonnen, die als spinnbare Fasern eine Länge von 15 cm bis 1,5 m haben sollten. Als Nebenprodukte fallen Schäben aus dem gebrochenen Holzkern sowie Werg und Superkurzfasern bzw. Staub an.

Die Langfaseraufbereitung verursacht hohe Kosten. Der hohe Arbeitsaufwand und der teure Maschineneinsatz machen diese Aufbereitung in Ländern mit hohen Personalkosten unrentabel. Hinzu kommen die ökologische Belastung durch die Wasserröste und die geringe Nutzrate der Fasern.

Kurzfaser- oder Gesamtfaserlinie

Kurzfasern werden in modernen Aufschlussanlagen produziert und für die technische Nutzung optimiert. Als Vorbehandlung für den Faseraufschluss der Kurzfaser- und Gesamtfaserlinie wird das Hanfstroh auf dem Feld gekürzt und geröstet und danach in Rund- und Quaderballen gepresst. Eine Wasserröste wie bei der traditionellen Langfaseraufbereitung entfällt.

Die Ballen werden in Wirrlage (Wirrfaser) einer Faseraufschlussanlage zugeführt und geöffnet. Das Stroh wird anschließend gebrochen, um eine Trennung von Fasern und Holzkern zu ermöglichen. In mehreren Schritten werden die Holzbestandteile als Schäben von den Fasern getrennt, wobei das teilentholzte Stroh in immer kleinere Faserbündel aufgelöst wird. Eine weitere Auflösung und Verfeinerung der Faserbündel zu Einzelfasern erfolgt über weitere Auflöseeinheiten. Durch die sehr starken mechanischen Beanspruchungen während der Auflösung kommt es zwangsläufig zu Schädigungen der Hanffasern, die je nach Reife- und Röstgrad unterschiedlich stark ausfallen können. Im Durchschnitt liegen die Faserverluste als Superkurzfasern oder Staub bei 20–25%. Werg fällt als Nebenprodukt nicht an, da alle Fasern zu Kurzfasern verarbeitet werden.

Durch **Cottonisieren** (→ *Abschnitt „Cottonisieren", S. 28*) können diese Kurzfasern wie Baumwolle versponnen und mit ihr gemischt werden.

Fotos: Hempro International [2]

Segel und Taue aus robuster Hanffaser

EIGENSCHAFTEN: NO. 1 IN SACHEN FESTIGKEIT

Hanffasern haben von allen pflanzlichen Fasern die höchste Festigkeit. Sie sind widerstandsfähig gegen Mikroorganismen und verrotten praktisch nie. Klassisch ist daher der Einsatz für Seile, Segeltuch und Taue. Die Langfasern sind fein, glatt und glänzend. Wie Leinen können die Textilien viel Feuchtigkeit aufnehmen, ohne sich nass anzufühlen. Auch Hanf isoliert kaum und ist wenig elastisch, also knitteranfällig. Durch den natürlichen Schutz der Hanffaser gegen Schädlinge, Pilze und Mikroorganismen sind Textilien aus Hanf nicht schadstoffbelastet und eignen sich für das direkte Tragen auf der Haut – selbst für Allergiker.

TIPP Einsatz von Hanf

- **Papierindustrie** – für Edelpapiere, Banknoten, Zigarettenpapier etc.
- **Automobilindustrie** – für Formpressteile aus naturfaserverstärkten Kunststoffen
- **Bauwirtschaft** – überwiegend als Dämmmaterial und zur Abdichtung
- **Lebensmittelbranche** – hauptsächlich Samen und Öle
- **Landwirtschaft** – als Vorfrucht, Tierkraftfutter und Einstreu (Schäben)
- **Chemieindustrie** – als Bio-Kunststoffe, technisches Öl, in Pflanzenölfarben und als Tensid-Lieferant, neuerdings als „flüssiges Holz" in Verbindung mit Lignin
- **Textilindustrie** – bisher vor allem eingesetzt für:
  - Oberbekleidung für Damen und Herren
  - Taschen, Beutel und Rucksäcke
  - Teppiche
  - Füllmaterial in Kissen, Steppdecken etc.

Aus Hanfsamen wird Öl gepresst, die Fasern werden zu feinem und robustem Gewebe verarbeitet.

EINSATZ: GROSSES POTENZIAL

Moderne Hanfbauern unterscheiden vier verschiedene Teile der Pflanze mit wirtschaftlicher Bedeutung:

- Die **Samen** – Hanfsamen sind nicht nur lecker, sie sind auch gesund. Auch aus den Samen gepresstes Hanföl hat viele Freunde. Aber selbst der Presskuchen, die Samenreste nach der Ölgewinnung, sind kein Abfall. Sie finden z. B. in der Viehzucht als Futtermittel Verwendung.
- Die **Fasern** – Hanffasern sind wegen ihrer Langlebigkeit und Schädlingsresistenz als Dämmstoff gefragt. Auch für die Herstellung von Textilien und von Papier eignen sie sich. Je nach Länge der Faser entstehen aus ihnen grobe Vliese oder feinste Stoffe.
- Die **Schäben** – Schäben sind die Reste der verholzten Pflanzenteile, die sich nicht zur Fasergewinnung verwenden lassen. Dennoch sind sie kaum weniger wertvoll. Hanfschäben finden vor allem als Tiereinstreu Verwendung. Besonders Pferde, aber auch Kleintiere lieben die besonders absorptionsfähige Einstreu aus Hanf. Ein weiteres ökologisch bedeutsames Plus ist die leichte Kompostierbarkeit.
- Die **Blätter** – Blatt und Blüte der Hanfpflanze können heute zu „ätherischen Hanfölen" veredelt werden. Diese Wasserdampfdestillate finden dann als Geschmacksstoffe in Lebensmitteln oder als Geruchsstoff in z. B. Waschmitteln Verwendung.

Garne und Stoffe aus Ramie

Anbau der Ramiepflanze Boehmeria nivea

Ramie – die fernöstliche Schönheit

Die Pflanze heißt auch „Chinagras", „chinesische" oder „indische Nessel". Das verrät, dass Ramie in Asien beheimatet ist. Die Faser wird deshalb auch „Leinen des Fernen Ostens" genannt, auch wird sie in China seit Jahrtausenden verwendet. Sie ist sehr hochwertig mit überzeugenden Eigenschaften, bei uns allerdings rar und wegen der aufwendigen Verarbeitung teuer.

Ramie ist eine krautige Pflanze, gehört zur Familie der Brennnesselgewächse und kann 20–25 Jahre ertragreich sein. Als Wildpflanze ist sie in vielen Ländern Ost- und Südostasiens zu finden, sogar in Höhenlagen bis 1.700 m. Hauptanbaugebiete sind China, Brasilien, Indonesien, die Philippinen und Laos, aber auch Länder der ehemaligen UdSSR und die USA. Ramie wird vor allem in den Anbauregionen genutzt und nur in geringeren Mengen exportiert. Hauptimporteure sind Japan, Deutschland, Frankreich und Großbritannien.

Blattunterseite der Boehmeria nivea

EINE PFLANZE – ZWEI ARTEN

Für die Fasergewinnung sind zwei Arten wichtig,

- die *Boehmeria nivea* mit weißfilziger Blattunterseite (nivea lat. für die Schneeweiße), auch weiße Ramie genannt und
- die *Boehmeria tenacissima* mit grüner Blattunterseite, genannt grüne Ramie.

Die Ramie schätzt gut drainierte, sehr nährstoffreiche und luftige, lockere Böden. Gegen Krankheiten und Schädlinge ist sie weitgehend resistent und verdrängt während ihrer Entwicklung mögliche Unkräuter. Als ursprünglich subtropische bzw. tropische Pflanze ist sie frostempfindlich, ihr Anbau hierzulande nur eingeschränkt möglich. In warmen Regionen kann bis zu achtmal geerntet werden. Die Pflanzen werden bis zu 2,5 m hoch.

Die Fasern machen bis zu 15 % der Pflanze aus und sind 60–260 mm, in Ausnahmen auch 600 mm lang. Faserbündel können eine Länge von bis zu zwei Metern erreichen. Ramiefasern gehören damit zu den längsten und festesten pflanzlichen Fasern überhaupt. Ihr Zelluloseanteil beträgt 86 %. Die Faserbündel sind jedoch in der Bindeschicht unzusammenhängend verteilt. Der sie umhüllende und verbindende Faserleim ist besonders zäh, was die Gewinnung spinnbarer Fasern enorm erschwert. Geerntet wird zur Grünreife, vor der Samenbildung, da die Fasern sonst zu holzig würden. 100 kg Pflanzenmaterial ergeben rd. 1–3 kg Fasern.

Die Faser ist besonders weiß, vergleichbar mit gebleichter Baumwolle und hat einen seidenartigen edlen und waschbeständigen Glanz. Mit den anderen Bastfasern wie Leinen und Hanf teilt sich die Ramiefaser jedoch auch die geringe Elastizität und hohe Knitteranfälligkeit.

AUFBEREITUNG UND VERARBEITUNG

Für die Aufbereitung werden zunächst die Rindenteile, in denen sich die Fasern befinden, von den Holzbestandteilen getrennt (*Entrinden* oder *Dekortieren*).

TIPP **Einsatz von Ramie für Bekleidung und Technik**

- In Mischungen mit Baumwolle, Wolle, Seide in der Konfektion für Damen und Herren
- In Mischungen mit Polyester als Tropenkleidung
- Handstrickgarne in Mischungen mit anderen Naturfasern
- Hand- und Geschirrtücher
- Interessant für Heimtextilien, Transportbänder und Treibriemen
- Faserabfälle gehen in die Produktion von Banknoten oder Dokumentenpapieren
- Erste Versuche als Bio-Kunststoff mit Sojaproteinen als Bindemittel

Die traditionelle koreanische Tracht Hanbok wird aus prachtvoll glänzenden Ramiestoffen gefertigt.

Die entrindeten Baststreifen werden getrocknet und teilweise als „Chinagras" vermarktet. Sie enthalten noch einen großen Anteil des pektinartigen, gummiähnlichen Belages. Dieser ist größtenteils wasserunlöslich und muss entfernt werden, bevor die Faser zu feinem Garn versponnen werden kann. Diesen Vorgang nennt man *Degummierung*. Sie kann nicht von Mikroorganismen erledigt werden, eine „normale" bakterielle Röste ist also nicht möglich. Die Fasern werden vielmehr mit stark verdünnten Laugen oder milden Säuren und Kalk, die die Fasern nicht beschädigen, sanft herausgelöst, danach getrocknet, gebrochen, geschwungen und nach Bedarf gehechelt (→ *Abschnitt „Hecheln", S. 27*).

Ramie – vom Rohstoff bis zum Gewebe (zu sehen im Wülfing-Museum in Radevormwald-Dahlerau).

Obwohl die Ramiefaser äußerst hochwertig ist, kann sie aufgrund ihrer relativ aufwendigen Verarbeitung, die nach wie vor nicht vollständig automatisierbar ist, auf dem Textilmarkt preislich nicht mit anderen Naturfasern konkurrieren. Mitte des 19. Jahrhunderts erlangte die Ramiefaser im Zuge der sich in Europa entwickelnden Fasernesselindustrie einige Bedeutung, wurde dann aber schnell von der Baumwolle und den aufkommenden synthetischen Fasern verdrängt.

EIGENSCHAFTEN: LEICHT, SEIDIG UND HALTBAR

Die Faser ist äußerst fest, in etwa dreimal so fest wie Leinen. Im Griff ist sie etwas härter als Baumwolle. Als reine Faser liefert Ramie leichte, seidige Gewebe, die Leinen ähneln und ideal für Sommerbekleidung sind. Die koreanische Nationaltracht Hanbok ist traditionell aus Hanf oder Ramie gewebt. Durch den notwendigen chemischen Aufschluss bekommen die Fasern einen starken Glanz. Ramie ist sehr saug- und quellfähig und haltbar, aber noch weniger elastisch als andere Naturfasern und daher anfällig fürs Knittern, allerdings weniger als Leinen. Außerdem ist sie sehr leicht. Sie ist kochfest und lässt sich gut färben.
Meist wird Ramie anderen Textilfasern beigemischt, um so den Glanz und die Stärke zu verbessern und z. B. das Schrumpfen zu verringern. Ihre Hauptmischungspartner sind Seide und Wolle, seltener Leinen.

Brennnesseln siedeln sich gerne auf gesunden Böden an.

Brennnessel – ökologisch ein Star, ökonomisch ein Mauerblümchen

Blühende Brennnessel

Die Fasernessel ist eine enge Verwandte der „großen Brennnessel" *Urtica dioica* und war schon im 18. Jahrhundert ein Wirtschaftsfaktor. Betrachtet man Hanf als den kleinen Bruder des Flachses, so ist die Brennnessel sozusagen die nordische Halbschwester von Ramie, biologisch aus einer zweiten Pflanzenfamilie. *Albertus Magnus* (1200–1280, Bischof von Regensburg) erwähnt sie sogar schon um 1250 und wäre vermutlich nicht verwundert, wenn er sie mehr als 750 Jahre später immer noch als textile Faser wiederträfe.

Vermutlich hat jeder schon einmal in seiner Jugend die unliebsame Bekanntschaft mit der Brennnessel gemacht: Wenn man die Blätter berührt, brechen die Nesselhaare ab und die Haut juckt und brennt anhaltend, daher der Name. Doch wer sich „beißende" Kleidung vorstellt, liegt glücklicherweise falsch. Genutzt werden nur die Fasern im Stängel – und wie sie am besten gewonnen werden können, ist seit einigen Jahren wieder Gegenstand der Forschung. Obwohl als Pflanze ökologisch vorbildlich, fristet die Faser ein Nischendasein.

NESSELFASERN SIND ALTE BEKANNTE

Brennnesseln sind altbekannte Faserpflanzen. Schon in der Bronzezeit haben Menschen aus den Fasern der Brennnessel Kleidung produziert, wie Wissenschaftler der Universität Kopenhagen herausgefunden haben. Die Forscher untersuchten das Gewand eines Toten aus einem fast 3.000 Jahre alten Grabhügel auf der dänischen Insel Fünen. Der Leichnam war in einen Stoff aus Brennnesselfasern eingewickelt. Weil das Grab gewaltige Ausmaße hatte, muss es sich beim Toten um eine bedeutende Person gehandelt haben. Die Wissenschaftler analysierten zudem die Herkunft des Stoffes. Die Ergebnisse deuteten darauf hin, dass das Brennnesseltuch aus Kärnten oder der Steiermark stammen könnte.

Nach historischen Quellen wurden Nesselfasern jedoch erst in den 20er-Jahren des 18. Jahrhunderts in

Nesseltuch …

… hat mit dem Stoff aus der Brennnessel nichts mehr zu tun. Als die Baumwolle das Nesselgewebe verdrängte, hat sich der Name übertragen. Daher besteht der heutige „Nesselstoff" aus 100 Prozent Baumwolle.

Fotos: l.: LianeM/Fotolia ; o.: R.-Andreas Klein/Fotolia

Der Brennnesselpabst

Gustav Bredemann (geb. 15. Juni 1880; gest. 20. November 1960) war ein deutscher Agrarwissenschaftler und Botaniker und gilt als Pionier der Brennnessel-Forschung, mit der er sich seit 1919 beschäftigte. Die von ihm selektierte und gezüchtete Fasernessel (*Urtica dioica convar. ‚Fibra'*) besaß gegenüber der Wildnessel einen mehr als dreimal so hohen Fasergehalt.
Alle heute angebauten Fasernesseln stammen mehr oder weniger direkt von dieser Züchtung ab. Die Ergebnisse seiner jahrzehntelangen Brennnessel-Forschung und das gesamte Wissen über diese Pflanze hat er in der 1959 erschienenen Monografie „Die Große Brennnessel, Urtica dioica L. – Forschungen über ihren Anbau zur Fasergewinnung" zusammengefasst.

Die nach ihm benannte **„Methode Bredemann"** ist ein bis heute angewendetes Verfahren zur Bestimmung des Fasergehaltes in Faserpflanzen, das er 1922 entwickelte.

Gewebe aus Brennnesselfasern

Deutschland kommerziell genutzt. Im 18. und 19. Jahrhundert intensivierte sich ihre Nutzung auch in Dänemark. Hochwertige Textilien, die aus dieser Zeit erhalten sind, legen davon Zeugnis ab. Weitere Forschungen gab es vor allem im Deutschland des 20. Jahrhunderts, als Hindernis erwies sich jedoch vor allem das Fehlen einer praktikablen Methode, um die Fasern vom Rest der Pflanze zu trennen.
Wie andere heimische Pflanzen auch verdrängte die Baumwolle auch die Brennnessel. Zwischen den Weltkriegen errang die Faser durch den Einbruch der Baumwollimporte wieder mehr an Bedeutung, eine Nessel-Anbau-Gesellschaft sollte sich ab 1920 um Anbau und Vermarktung kümmern. Der Name des Botanikers *Gustav Bredemann* ist untrennbar mit der Nesselforschung verbunden (*→ Kasten „Der Brennnesselpabst", oben*).
1940 wurden in Deutschland auf 200 ha Anbaufläche 100 t reine Fasern gewonnen und zu Textilien verarbeitet. Nessel galt als das „Leinen der armen Leute". Auch Uniformen für Soldaten bestanden aus diesem Material. Der Begriff „Nesseltuch", unter dem wir heute ein leinwandbindiges Baumwollgewebe verstehen, stammt aus dieser Zeit.

ANBAU: EIN FALL FÜR PIONIERE

Anders als die ostasiatische Halbschwester Ramie, die Wärme braucht, um zu wachsen, eignet sich die Fasernessel für den Anbau außerhalb tropischer, subtropischer sowie polarer Gebiete. Ihr Anspruch ist vor allem eine gute Wasser- und Stickstoffversorgung. Lehmige Böden werden bevorzugt, zu hohe Sandanteile führen zu minderwertigeren Qualitäten. Da die Pflanzen extrem wüchsig sind (Höhe ca. 2,5 m) und dichte Bestände bilden, ist wie bei Ramie eine Unkrautbekämpfung ebenso wenig notwendig wie eine Schädlingsbekämpfung. Die Fasernessel erbringt im Gegensatz zur Wildform, die lediglich 5 % Fasern liefert, zwischen 15–18 % an Fasermaterial. Die Pflanzen können etwa 10–15 Jahre Fasern liefern.
Nach der Ernte trocknet das Nesselstroh auf dem Feld. Die nächsten Schritte ähneln denen bei anderen Bastfasern. Um die Fasern aus den pflanzlicher Kittsubstanzen zu lösen (Röste), werden Wasser, mechanischer Faseraufschluss oder Chemikalien sowie ausgewählte Bakterien verwendet. Ein Thema der Forschung ist die Nachbehandlung mit Enzymen. Die einzelnen Nesselfasern ähneln der Baumwolle und sollen mit üblichen Maschinen für Baumwolle, Leinen und Ramie weiterverarbeitet werden können.

EIGENSCHAFTEN: GUT ZUR HAUT

Das Brennnesselgewebe kann viel Feuchtigkeit aufnehmen, ohne nass zu wirken – Hersteller sagen sogar mehr als Baumwolle. Die Textilien glänzen, sind weich, reißfest und langlebig. Die Faser ist wärmend, pflegeleicht, hautfreundlich und gut färbbar.

EINSATZ

Da das Angebot an Nesselfasern (noch) nicht groß ist, kommen sie vor allem in Mischgeweben mit Baumwolle vor. Als Vlies eignen sie sich für einen technischen Einsatz, beispielsweise als Innenverkleidung von Autotüren oder Verpackungsmaterial.

Jute (*Corchorus capsularis*)

Kenaf (*Hibiscus cannabinus*)

Jute und ähnliche Fasern

Je gröber die Fasern desto weniger kommen sie für Bekleidungstextilien infrage. So geht es auch der Jute, die obwohl nach der Baumwolle mengenmäßig zweithäufigste Pflanzenfaser im Weltmarkt – meist für technische Zwecke, Heimtextilien, Teppichwaren oder auch Accessoires – eingesetzt wird. Daher wird Jute gerne mit zwei weiteren Bastfasern aus der Familie der Malvengewächse vergesellschaftet: Kenaf und Roselle. Sie werden wegen ihrer Ähnlichkeit in Art und Verwendung im Fasermarkt nicht unterschieden.
Allen drei Pflanzenarten gemein sind die krautige Art und eine beachtliche Wuchshöhe von 1,5–3 m bei Jute, 2–3 m bei der Roselle und bis zu 4 m bei Kenaf.

- Die **Roselle** (*Hibiscus sabdariffa*) heißt auch Sabdariff-Eibisch, Sudan-Eibisch, Afrikanische Malve oder Karkade. Sie ist eine Pflanzenart aus der Familie der Malvengewächse (*Malvaceae*) und im Südosten Asiens beheimatet.
- **Kenaf** (*Hibiscus cannabinus*) stammt aus dem afro-asiatischen Raum. Ihre Hauptanbaugebiete liegen in Indien, China und Südostasien.
- Bei **Jute** (*Corchorus capsularis* und *Corchorus olitorius*) werden zwei Arten zur Fasergewinnung genutzt. Sie stammt ursprünglich aus den Ländern des Mittelmeerraumes und kam von dort nach Asien, insbesondere nach Indien und Pakistan. Jute benötigt ein immerfeuchtes, tropisches Klima

ANBAU UND GEWINNUNG: BASTFASERN VON MALVENGEWÄCHSEN

Die Fasern befinden sich bei allen Bastfasern in den Stängeln. Sie werden abgeschnitten oder gerauft. Wie Hanf und Flachs werden sie über einen Röstvorgang aufgeschlossen (→ *Abschnitt „Rösten", S. 27*). Üblich sind Tau- und Wasserröste.

Die Fasern unreif geernteter Stängel bei der Jute lassen sich zu feineren Garnen verspinnen als die Fasern der ausgereiften Stängel. Nach der Röste können die Fasern manuell abgeschält werden, da sie nicht in einer Faserleimmatrix eingeschlossen sind. Sie werden gewaschen (Schwemmen) und durch Brechen und Hecheln vom restlichen Holz (Schäben) befreit.
Eine hochwertige Nutzung der holzigen Bestandteile ist bei allen drei Faserlieferanten nicht bekannt. Faserabfälle aus der Fasergewinnung werden jedoch zur Papierherstellung verwendet. Die Jute wird zur besseren Verspinnbarkeit noch eingeweicht und geschlagen, gequetscht und getrocknet und mit einem mineralölhaltigen Öl „gebatscht", das im weiteren textilen Prozess zwar ausgewaschen wird, sich aber beim Einsatz in naturfaserverstärkten Kunststoffen als negativ erweist.

TIPP Einsatz von Jute, Roselle und Kenaf

Textilindustrie

- Gürtel, Sohlen- und Absatzverkleidungen bei Schuhen
- Dekostoffe, Wandbespannungen
- Tischdecken und Vorhänge
- Lampenschirme
- Teppiche bzw. deren Untergewebe und Matten
- Taschen und Beutel

Technische Anwendungen

- Papierherstellung
- Bio-Polymere
- Composites mit Naturfaservliesen
- Dämm- und Füllmaterialien
- Futtermittel
- Einstreu für Nutztiere
- Lebensmittelindustrie (Roselle)

Roselle (Hibiscus sabdariffa)

GUT FÜRS GROBE

Man kann es drehen und wenden wie man will: Das Haupteinsatzgebiet für diese Fasern sind Seile, Gurte und Sacktuche, auch wenn die Jute aufgrund ihrer Farbe die „goldene Faser" genannt wird. Den guten optischen Eindruck bei Jute schmälert auf jeden Fall auch ein spezifischer, nicht als angenehm empfundener Geruch, der auch mit der Zeit nicht viel schwächer wird. Alle juteähnlichen Fasern sind wenig elastisch, lassen sich aber gut färben und bedrucken. Sie sind natürlich abbaubar und damit gleichzeitig wenig verrottungsfest und fäulnisanfällig.

VERBORGENE BESONDERHEITEN

Während des Wachstums bindet 1 Tonne Kenaf etwa 1,5 Tonnen CO_2 und weist damit eine der höchsten CO_2-Absorptionsraten überhaupt innerhalb der Pflanzenwelt auf.

Roselleblüten werden zur Herstellung von Süßspeisen, Limonaden, Marmeladen oder Likören verwendet. In getrockneter Form werden sie im Sudan und Ägypten als Tee genutzt, der als „Karkadeh" bezeichnet wird. In Senegal und Mali wird der Tee kalt mit viel Zucker serviert. In Senegal und Burkina Faso ist das Getränk unter dem Namen „Bissap", in Mali unter „Dableni" und in Kamerun unter „Folleré" bekannt und ist in beiden Ländern ein Nationalgetränk. In Trinidad und Tobago werden die Blütenkelche mit Zucker, Nelken und Zimt eingekocht und der resultierende Sirup als Grundlage für Erfrischungsgetränke verwendet. Die Pflanze heißt dort „sorrel".

Da die Jute mengenmäßig alle technisch genutzten Naturfasern dominiert, beeinflusst sie maßgeblich die Preise der anderen Naturfasern. In den letzten Jahren wurde eine Fülle neuer Produkte mit hoher Wertschöpfung für Jutefasern entwickelt: Heimtextilien, Verbundwerkstoffe, Geotextilien, Papier, technische Textilien, Chemieprodukte und Modeartikel.

Leinsamen und Leinenstoffe, aber auch Textilien aus importiertem Sunn und Jute wurden neben dem ältesten Backgammonspiel der Welt im bronzezeitlichen (2700–2300 v. Chr.) Schahr-e-Suchte im Iran, einem UNESCO Weltkulturerbe gefunden.

GEPA – more than a „Jutebeutel"

„GEPA – The Fair Trade Company" mit Sitz in Wuppertal ist der größte europäische Importeur fair gehandelter Lebensmittel und Handwerksprodukte aus den südlichen Ländern der Welt. *GEPA* steht für *Gesellschaft zur Förderung der Partnerschaft mit der Dritten Welt*. Das Unternehmen will mit dem Fairen Handel die Lebensbedingungen der Menschen verbessern, die aufgrund regionaler und nationaler Wirtschafts- und Sozialstrukturen ihres Landes sowie der Weltwirtschaft benachteiligt sind. Dazu gehören u. a. die Zahlung fairer Preise, die Vorfinanzierung auf Anfrage durch die Produzenten (damit z. B. Saatgut gekauft werden kann), langfristige Handelsbeziehungen, Beratung bei der Produktentwicklung und Exportabwicklung sowie die Förderung biologischer Landwirtschaft. Mit Unterstützung der GEPA und anderer Organisationen konnten schon viele Ziele erreicht werden, wie z. B. verbesserte Strom- und Wasser- und Gesundheitsversorgung, Verminderung der Kinderarbeit und Errichtung von Schulen und Bildungseinrichtungen. Dazu kommen die Verbesserung der Produktqualität (biologischer Anbau), die Einführung eines Mitspracherechts der Produzenten, geregelte Arbeitszeiten mit Pausen und mehr Arbeitsmöglichkeiten.

Begonnen hat der Faire Handel 1959 in den Niederlanden: Die Stiftung *Steun voor Onderontwikkelde Streken (S.O.S.)* wird gegründet. 1967 startet *S.O.S.* mit dem Handel von Produkten aus der sogenannten Dritten Welt. Zwei Jahre später wird im niederländischen Breukelen der erste Weltladen eröffnet. Anfang der 1970er-Jahre gründen sich in Deutschland, Österreich und der Schweiz Tochterunternehmen von *S.O.S.* 1973 wird in den Niederlanden der weltweit erste fair gehandelte Kaffee verkauft; die ersten Dritte-Welt-Läden entstehen auch in Deutschland. 1975 wird als deutsche Tochtergesellschaft der Stiftung *S.O.S.* der Verein *Gesellschaft für Handel mit der Dritten Welt* gegründet, der Vorläufer der *GEPA*. Zu dieser Zeit gibt es zehn Weltläden in Deutschland. 1978 findet in Hamburg die Eröffnungsveranstaltung zur Aktion *„Jute statt Plastik"* statt. In diesem Zusammenhang wird die Jutetasche von *GEPA* eingeführt und millionenfach verkauft. Inzwischen ist der „Jutebeutel" durch Nachfolgeprodukte aus fair gehandelter Baumwolle aus ökologischem Anbau ersetzt worden.

1988 wird in den Niederlanden das *Max-Havelaar-Gütesiegel* für Fairen Handel eingeführt. Um neue Käuferschichten anzusprechen und den Handelspartnern mehr Absatzmöglichkeiten zu bieten, weitet die *GEPA* den Vertrieb zunehmend auch auf Bio- und Naturkostläden, den Lebensmitteleinzelhandel, Großverbraucher und Versandhandel aus. Die Entwicklung des Siegels *„TransFair"*, von der *GEPA* aktiv unterstützt, ist ebenfalls Teil der Strategie zur Handelsausweitung. 1989 entsteht die *International Federation for Alternative Trade (IFAT)* als Weltverband alternativer Importorganisationen, der 1998 etwa 100 Fair-Handels-Organisationen angehören. Im Folgejahr wird die *European Fair Trade Association (EFTA)* als Zusammenschluss von elf alternativen Importorganisationen gegründet.

Gesellschafter der *GEPA* sind:

- *Bischöfliches Hilfswerk Misereor der Katholischen Kirche*,
- *Arbeitsgemeinschaft der Evangelischen Jugend (aej)*,
- *Bund der Deutschen Katholischen Jugend (BDKJ)*,
- Kindermissionswerk *„Die Sternsinger"* (seit Oktober 2004),
- *Brot für die Welt* (seit Mai 2007).

Die GEPA ist Mitglied der *World Fair Trade Organization (WFTO)* und der *European Fair Trade Association (EFTA)*. Sie ist registrierter *FLO (Fair Trade Label Organisation)*-Importeur sowie Lizenznehmer bei *„TransFair"* und *„Naturland"*. Als Mitglied im *Forum Fairer Handel* beteiligt sich die *GEPA* an der Organisation der *Fairen Woche*.

Fotos: l.: noppharat/Fotolia; r.: Robert Kneschke/Fotolia

Die Samen der Pappel produzieren einen zarten Flaum.

Aus Samenhaaren der *Calotropis gigantea* wird Akon hergestellt.

Von Akon bis Yucca – alles Natur

Nicht alle Pflanzen, von denen man Fasern gewinnen kann, liefern auch Fasern für Bekleidung. Sei es, dass diese Fasern zu kurz und damit nicht verspinnbar sind oder sei es, dass diese Fasern so grob sind, dass man sie nicht (er-)tragen kann. Dennoch sind alle ein Geschenk der Natur, das eine Erwähnung verdient, weil es andere textile Potenziale neben der Kleidung vorhält. Manche sind im Wortsinn Exoten, andere haben sich schon in Notzeiten als Alternative bewährt.
Eine Einteilung dieser Fasern aus biologischer Sicht zeigt Verwandtschaften auf und gibt Hinweise auf ihre Verwendungsmöglichkeiten. Oft ist ihre Nutzung schon Jahrtausende alt und immer ist sie dem Bestreben der Menschen entsprungen, nach Lösungen für seine Urbedürfnisse wie Essen, Trinken, Kleiden im direkten Umfeld zu suchen.

SAMENHAARE

Akon [AN], Samenhaare der Seidenpflanzengewächse *Calotropis gigantea* und *Calotropis procera*. Die Bastfasern der Pflanze werden für Seile, Fischernetze oder Papier verwendet. Die Samenfasern werden als Akon z.B. als Rettungswestenfüllungen eingesetzt und sind für textile Anwendungen geeignet.

Baumwolle [CO] (→ *Abschnitt „Baumwolle – beliebt, bekannt, bedeutend", S. 19*), Samenhaare verschiedener Gossypium-Arten.

Pappelflaum, Samenfasern der Pappeln. Sie sind reine Zellulosefasern und besitzen keine Stickstoffatome, enthalten somit keine Proteine. Daher sind sie hypoallergen und werden für Allergiker empfohlen. Pappelflaum besteht aus extrem feinen Hohlfasern. Als die weltweit feinsten hohlen Textilfasern (→ *Kapitel „Kapok – die Daune des Regenwaldes", S. 30*) weisen sie eine hohe Wärmeisolation und eine sehr gute Fähigkeit zur Wasserdampfaufnahme und -abgabe auf. Ein Unternehmen hält ein Patent auf die Verwendung und nutzt sie als Füllware von Bettdecken und Winterjacken.

Sonnengelb blüht die Crotalaria juncea.

WEICH-, STÄNGEL- ODER BASTFASERN

Flachs [LI], Bastfaserbündel aus dem Stängel verschiedener *Linum*-Arten (→ *Abschnitt „Leinen – knittrig by nature", S. 24*).

Hanf [HA], Bastfaserbündel aus dem Stängel von *Cannabis sativa*-Arten (→ *Abschnitt „Hanf – Spezialist für Grobes und Feines", S. 32*).

Jute [JU], Bastfaserbündel aus den Stängeln von *Corchorus capsularis* und *Corchorus olitorius* (→ *Abschnitt „Jute und ähnliche Fasern", S. 42*).

Kenaf [KE] (Bimli, Gambo, Javajute), Bastfaserbündel der Stängel des *Hibiscus cannabinus* (→ *Abschnitt „Jute und ähnliche Fasern", S. 42*).

Raffia (Raphia, Bambuspalme), Raffia ist eine Gattung der Palmengewächse (*Arecaceae*). Die Arten sind vorwiegend im tropischen Afrika beheimatet. Die Blätter von *Raphia regalis* (wächst an Hängen im feuchten, tropischen Regenwald) gelten mit bis zu 25 m Länge als die größten im Pflanzenreich. Die Arten haben in Afrika eine wirtschaftliche Bedeutung. Aus den Fiederblättchen werden Fasern gewonnen, die lokal für eine Fülle von Gegenständen verarbeitet werden, wie z. B. Körbe und Seile. Sie werden auch als Gartenschnüre und als Webmaterial exportiert. Die Blattstiele einiger Arten werden wie Bambus im Haus- und Möbelbau verwendet (daher auch die Bezeichnung Bambuspalme). Die Blattspreiten dienen zum Dachdecken. Durch Anzapfen der Sprossspitzen wird Palmwein gewonnen. Teile des Samens und des Stammes sind essbar.

Fasern der Bambuspalme (Raffia)

Ramie [RA], Bastfaserbündel aus den Stängeln der Nesseln *Boehemeria nivea Hook* und *Urtica nivea* (→ *Abschnitt „Ramie – die fernöstliche Schönheit", S. 38*).

Rosella [JS], Bastfaserbündel der Stängel von *Hibiscus sabdariffa* (→ *Abschnitt „Jute und ähnliche Fasern", S. 42*).

Sunn [SN], Bastfaserbündel der Stängel von *Crotalaria juncea*, einer Hülsenfrucht, die in Indien und Westafrika zu Hause ist. Sunn wird auch *Bombay-* oder *Ostindischer Hanf* genannt. Die Faser ist weicher und weniger fest als Hanf. Genutzt wird sie für Seile, Schnüre, Netze und Säcke.

Urena [JR] *(Aramina, Kongojute)*, Bastfaserbündel der Stängel des als Unkraut eingestuften Malvengewächses *Urena lobata*. Sie ist weltweit in den Tropen heimisch. In einigen Ländern, wie Brasilien und Kongo, wird sie wegen ihrer Bastfasern gezielt angepflanzt. Aus den Fasern, in Brasilien *Aramina* genannt, werden u. a. Sackleinwand und Schnüre hergestellt. Urena gehört zu den Juteähnlichen.

Fotos: o.r.: suparat1983/Fotolia; m.r.: imickle82/Fotolia

Agavenernte in Mexiko

Sisalhandschuhe für die Massage

HARTFASERN

Diverse Agavenfasern:
Hennequen [HE], Gefäßbündel oder Bastfaserstränge aus den Blättern der Agavenart *Agave fourcroydes Lem.*, die vor allem in Mexiko, El Salvador und Kuba angebaut wird. Der Einsatz entspricht dem des Sisals.

Maguey, die Fasern der *Agave Cantala,* einer Züchtung aus Südostasien.

Sisal [SI], Gefäßbündel oder Bastfaserstränge aus den Blättern der *Agave sisalana,* die in Mexiko beheimatet ist. Die Pflanze wächst gut in heißem Klima, sogar in Wüsten. Die Faser ist elfenbeinfarbig und glänzend. Sie kann bis zu 1 m lang werden und ist sehr reiß- und scheuerfest sowie elastisch, nimmt Feuchtigkeit nur schwer auf und widersteht Salzwasser. Dennoch ist sie gut färbbar. Sisal wird in Brasilien, China, Kuba, Kenia, Haiti, Madagaskar und Mexiko kultiviert und für Bindfäden und Seile genutzt, für Teppiche (auch als Exportprodukt), daneben Matten und Wandbehänge sowie als Matratzenfüllstoff. Im technischen Einsatz verstärkt Sisal Verbundmaterialien.

Fasern anderer Pflanzengattungen:
Alfagras [AL] (Esparto), Blätter der Grasart *Stipa tenacissima.* Es heißt auch Halfagras und gehört der Familie der Süßgräser und der Gattung Federgräser an. Es wächst vor allem im westlichen Mittelmeergebiet. Das Gras wird 60–150 cm hoch. Die Blätter entfalten sich nur während der Vegetationsperiode. Alfa wird für Flechtarbeiten (Hüte, Schuhe, Taschen, Matten), Seile und die Herstellung von hochwertigem Papier (Alfapapier) eingesetzt.

Caroá, Curauá, Fasern aus den Blättern verschiedener Bromelienarten, Ananasgewächse, Hauptvorkommen Brasilien. Ihre Eignung für die Herstellung von Faserverbundwerkstoffen wird als sehr aussichtsreich eingeschätzt. Sie könnten glasfaserverstärktes Nylon in bestimmten Anwendungen im automobilen Innenbereich ersetzen. Sie wurden bisher für Fischnetze und Seile verwendet.

Fiqué [FI] (Mauritius-Faser), Gefäßbündel aus den Blättern der agavenähnlichen *Fourcroya gigantea Vent.*

Manila [AB] (Albacá), Gefäßbündel aus den Blattscheiden der tropischen Faserpflanze *Musa textilis Née* (Faserbanane). Sie stammt ursprünglich von den Philippinen, wird jedoch heute aufgrund ihrer Nutzung in weiten Teilen Süd- und Südostasiens sowie in Mittel- und Südamerika kultiviert. Die bis zu zwei Meter langen Hartfasern der Abacáblätter finden vor allem Verwendung für die Produktion von salzwasserresistenten Schiffstauen und Fischnetzen. Die Pflanze ist bis zu 15 Jahre für die Fasergewinnung nutzbar. Vor allem für

TIPP Ersatzfasern in Not- und Kriegszeiten

- **Brennnessel,** Fasern einer Varietät der Urtica dioica, Faseranteil 3–5% (siehe Kapitel Brennnessel).
- **Ginster,** Fasern aus den Stängeln der Ginsterpflanze Cytisus scoparius („Besenginster") oder des Spartium junceum („Binsenginster"), Faseranteil 6–7%. Die Sträucher kommen im Mittelmeerraum vor. Als Textilfaser wurde sie während des Krieges mit anderen Fasern gemischt und verarbeitet.
- **Hopfen,** Fasern aus den Stängeln der Hopfenpflanze, Faseranteil 9–10%.
- **Lupine,** Fasern aus den Stängeln der Lupine, Faseranteil 5–6%.
- **Rohrkolbenschilf,** Fasern aus den Blättern und den Fruchtständen des Rohrkolben-schilfs, Faseranteil 25–30%.
- **Weidenbast,** Rindenfasern der Weiden, Faseranteil 15–20%.
- **Roggen- und Weizenstroh**, Fasern aus dem Stroh dieser Getreidesorten, Faseranteil 2%.
- **Torf,** Fasern aus Weiß- und Grautorf, Faseranteil unbekannt.

Die vielseitig verwendbare Kokosnuss

Foto: Alex Staroseltsev/Fotolia

die Verarbeitung zu Naturfaser-Verbundwerkstoffen speziell für die Automobilindustrie werden die Fasern zu Garn versponnen und auf Garnrollen aufgewickelt exportiert. Der größte Teil der Faserproduktion wird jedoch zu Pulpe verarbeitet und für spezielle Zellstoffprodukte wie Papier für Teebeutel, Zigarettenpapier, Wursthüllen, Banknoten (aktuell nur in Japan) und industrielle Filter genutzt. Weitere Einsatzgebiete sind Hängematten, Teppiche und Transmissionsriemen.

Phormium [NF] (Neuseelandfaser), Gefäßbündel aus den Blättern der Flachslilie *Phormium tenax Forst.* Die Faserbündel sind 60–100 cm lang und gelblich-weiß; sie werden durch mechanische Behandlung der Blätter gewonnen und dann gebleicht. Sie sind weniger reißfest und stärker verholzt als Manila und Sisal, werden aber für ähnliche Zwecke verwendet.

Yucca, Fasern aus den Blättern der *Yucca filamentosa* und *gloriosa*. Die Yucca oder Palmlilie ist mit den Agaven verwandt und gehört zur Familie der Spargelgewächse. Einige wenige sind in den feuchteren Regionen der mexikanischen Küstenebene und den östlichen USA weit verbreitet. Die Heimat der *Yucca gloriosa* und *filamentosa* liegt in den südöstlichen USA. Die Fasern, die aus den Blättern gewonnen werden, dienen der Erzeugung von Kleidung, Seilen, Matten und Körben. Auch eine medizinische Nutzung ist bekannt. Die Früchte der Yucca gloriosa werden roh oder gekocht gegessen, junge Blütenstände wie Spargel zubereitet. Auch die Saponine enthaltenden Wurzeln werden gekocht gegessen. Sie können auf Grund ihrer Saponine aber auch als Seifenersatz dienen.

FRUCHTFASERN

Kapok [KP], Fruchtfasern des „Wollbaumes" *Ceiba pentandra* (→ *Kasten „Kapok – die Daune des Regenwaldes", S. 30*). Die Fasern entspringen der Innenwand der Fruchtkapseln, nicht den Samen.

Kokos [CC], Gefäßbündel der *Cocos nucifera.* Zentrum der Kokosfaserindustrie ist Sri Lanka. Aus der faserigen Fruchtrinde unreifer Früchte werden Kokosfasern gewonnen, die zu Garnen versponnen werden können. Sie werden zur Röste (→ *Abschnitt „Leinen – knittrig by nature", S. 24*) mehrere Monate im Wasser gelagert. Danach werden die Fasern traditionell durch Klopfen gelöst (heute maschinell) und noch feucht nach Farbe und Feinheit sortiert. Sie bestehen zu 45% aus Lignin und zu 44% aus Zellulose. Damit haben sie den höchsten Anteil von Lignin aller Pflanzenfasern. Diese Kokosfasern werden unter dem Namen Coir gehandelt. Sie dienen nach Verspinnen zur Herstellung von Seilen, Matten, Teppichen und Wandverkleidungen. Alle Kokosfasern (auch grobe) können im Fahrzeugbau, für Fußmatten, Hüte, Körbe, Teppiche, Matratzenfüllungen, kunsthandwerkliche Arbeiten und zur Wärmedämmung verpresst werden. Die Kokospalme wird in vielen tropischen Ländern „Baum des Himmels" genannt, weil alle Teile der Pflanze für den Menschen nutzbar gemacht werden können, als Nahrungsmittel, zur Werkzeugherstellung und als Bau- oder Brennmaterial.

TIERISCHE FASERN

Von kuschelig bis kühl

Man kann sich gut vorstellen, wie die Menschen früher Kulturen auf Wild- und Nutztiere als ihre Fleischlieferanten geschaut haben und dabei dachten: So geschützt wäre ich auch gerne. Manche Tiere gaben ihre Wolle freiwillig ab, indem sie diese verlieren, sobald es wärmer wird, wie z. B. das Kamel. Anderen muss die begehrte feine Unterwolle ausgekämmt werden, um sie zur Verarbeitung in genügender Menge zu gewinnen. Die restlichen Woll- und Haarlieferanten von Angora bis Yak werden geschoren. Für Seide müssen manche Tiere sterben, damit man ihre feinen Fäden nutzen kann.

Tierische Fasern – Überblick

Die Übersicht der tierischen Fasern ist geordnet nach DIN 60001 (Faserarten).

Tierische Fasern

- Wollen und feine Tierhaare
  - Wolle von Schafen
  - Feine Tierhaare (Alpaka, Lama, Kamel, Kaschmirziege, Angoraziege, Angorakanin, Vikunja, Yak, Guanako, Cashgoraziege, Biber, Fischotter)
- Grobe Tierhaare
  - Rinderhaar (vor allem Haare des Yaks), Rosshaar, Ziegenhaar
- Seiden
  - Maulbeerseide, Tussahseide, Muschelseide

Das *Textilkennzeichnungsgesetz* nennt vornehmlich die weichen verspinnbaren Haare von Schafen **„Wolle"**. Im weiteren Sinne werden damit auch die von anderen Säugetieren gewonnenen spinnfähigen Haare bezeichnet, wie z.B. von Ziegen, verschiedenen Kamelarten, Angorakaninchen oder dem Wildrind Yak. Zur Unterscheidung werden sie häufig mit einem tierspezifischen Vorsatz versehen (z.B. Angora-Wolle) oder ausdrücklich als **„Haar"** deklariert.
Für seltene und damit teure Tierhaare hat sich die Bezeichnung **„Edelhaar"** durchgesetzt. Dazu zählen Alpaka, Guanako, Kamel, Lama und Vikunja, alles sogenannte Kamelartige, unterteilt in Altweltkamele – das sind die mit einem oder zwei Höckern – und Neuweltkamele, die auf dem amerikanischen Kontinent leben.

Wolle und Tierschutz ist eine Kombination, die irgendwie nicht gut zusammen passt. Auch schon unsere frühen Vorfahren haben, obwohl der Bibeltext erst Jahrtausende später entstand, „sich die Erde untertan" gemacht. Milch und Fleisch, aber auch Fell, Leder und Wolle lieferten die domestizierten Tiere schon vor Urzeiten. Die Lebensspanne der Produzenten von Milch und Wolle war zwar etwas länger als die der reinen Fleisch-, Fell- und Lederlieferanten, aber irgendwann landeten alle Exemplare dieser Spezies als nahrhafte Speise unweigerlich im Kochtopf, was ihren Tod immerhin rechtfertigte.

MENSCHEN WOLLEN IMMER MEHR

Zucht und Selektion kannten die alten Kulturen ebenfalls schon sehr früh. Hinweise auf züchterische Erfolge zu einem zusammenhängenden Vlies und damit höherem Wollertrag bei Schafen werden auf das 6.–5. Jahrtausend v.Chr. in Mesopotamien verortet. Archäologische Funde (von Tierknochen, Textilien sind nur in Ausnahmefällen erhalten) belegen, dass spätestens im vierten vorchristlichen Jahrhundert auch außerhalb Mesopotamiens Schafzucht betrieben wurde. Und ab der Bronzezeit war diese auch in Europa bekannt. Das Schaf ist also ein treuer Kulturbegleiter seit vielen Jahrtausenden und kommt erst durch unseren unstillbaren Hunger nach immer mehr und immer feineren Wollen in diesem Jahrtausend ins Gerede. Umstände der Tierhaltung und inakzeptable Methoden der Ungezieferbehandlung (→ *Kasten „Mit Mulesing gegen Blowfly strike", S. 56*) rufen Tierschutzorganisationen wie *PETA* auf den Plan und veranlassen Modefirmen zu berechtigten Boykotten gegen solche Vorgehensweisen, leider mit derzeit noch marginalem Erfolg. Die Zukunft muss zeigen, ob wir es uns weiterhin leisten wollen, mit unseren Nutztieren zugunsten von Profit und Vermassung so rücksichtslos umzugehen. Im Lebensmittelbereich ist das Umdenken schon weiter gediehen und zeigt Effekte.

TÖTUNG WIRD IN KAUF GENOMMEN

Beim *Maulbeerspinner* – und den als *Byssus* benannten goldfarbenen Haltefäden der *Edlen Steckmuschel* – nehmen wir grundsätzlich den Tod des Tieres in Kauf um an das gewünschte Fasermaterial zu gelangen – auch dieses bereits seit Tausenden von Jahren. **Tussahseide** vom *japanischen Eichenseidenspinner (Antheraea yamamai)* ist eine Wildseide. Er hat sich allen Zuchtversuchen bislang erfolgreich erwehrt. Hier werden die Kokons eingesammelt, wenn sich die Larve bereits einen Weg ins Leben geknabbert hat. Folge sind kürzere Faserabschnitte anstelle des zusammenhängenden natürlichen Endlosfadens der Maulbeerseide. Hier tötet man die Larven ab, um das Zerbeißen des Kokons zu verhindern.

Der japanische Eichenspinner nach dem Schlüpfen aus seinem Kokon.

Fotos: l.: A.KaZaK/Fotolia; r.u.: Marco Uliana/Fotolia

Moschusochse

Tschiru

Edle Steckmuschel

Auch die **Edle Steckmuschel** *(Pinna nobilis)* wird „geerntet“, um an die Seidenfäden zu kommen, mit denen sich die riesige Muschel am sandigen Untergrund des Mittelmeeres festhält. Sie wird fast einen Meter lang und steckt mit ihrer spitzen Seite im Sand. Bis sie wegen Überfischung und Wasserverschmutzung auszusterben drohte und daher von der EU zu einer geschützten Art erklärt wurde, war sie auch kulinarisch sehr begehrt.

GIER GEHT NICHT VOR TIER

Ein besonders skrupelloser Fall ist die Jagd auf **Shahtoosh**, die Unterwolle des *Tschiru (Pantholops hodgsonii)*, des feinsten Haares aus dem Tierreich. Die vom Aussterben bedrohte Tibetantilope wird für die Wollgewinnung getötet. Es braucht die Wolle von drei bis fünf Tieren für nur einen Schal. Die Jagd auf die Tschirus ist illegal und seit 1975 verboten, dennoch leben auch heute noch rd. 30.000 Menschen vom Schwarzhandel und der Textilproduktion aus Mangel an Arbeitsalternativen. Auf dem Schwarzmarkt wird ein Shahtoosh-Schal für mehr als 15.000 Euro angeboten. Der Vertrieb wird jedoch streng verfolgt und hart geahndet.

Doch es gibt auch positive Neuentdeckungen im Bereich der Wolle. Als **Quiviut** oder **Qiviut** wird die Unterwolle des *Moschusochsen (Ovibos moschatus)* bezeichnet. Sie wird von der etwa 200 Personen starken Inuit-Genossenschaft *Oomingmak* verarbeitet. Die Wolle ist sehr hochwertig, da sie im Gegensatz zu Schafwolle bei keiner Temperatur im Wasser schrumpft. Sie gehört zu den feinsten Fasern, die ein Säugetier besitzt.

Die Wolle des Moschusochsen wird erst seit relativ kurzer Zeit genutzt. Im Jahre 1953 begann der Anthropologe *John J. Teal Jr.* mit der Erforschung. Moschusochsen können nicht geschoren werden. Ihre warme Unterwolle kann nur einmal im Jahr ausgekämmt oder an Scheuerplätzen sehr aufwendig gesammelt werden. Ein ausgewachsener Ochse bringt nur etwa 2–3 kg Quiviut. 1964 wurde eine Moschusochsenfarm gegründet und 1968 begann man damit, die Menschen in der Verarbeitung der Wolle auszubilden. Daraus entstand 1969 eine Kooperative, die ebenso wie die Farm in Palmer (Alaska) auch weiterhin besteht.

Grobe Tierhaare vom Rind, die Oberhaare des Yak oder Ziegenhaar sind für Bekleidungstextilien nicht von Bedeutung, sondern gehören zu den klassischen Füllmaterialien für Matratzen oder Kissen.

Sind und waren Pflanzenfasern eher das Material für die notwendigen Kleidungsstücke (von besonders feinen, seltenen und edlen historischen Varianten einmal abgesehen), so sind und waren die tierischen Fasern immer emotional besetzt. So zaubern die leuchtenden Seidenfarben ein Lächeln ins Gesicht und lädt Wolliges zum Kuscheln und Streicheln ein. Doch nur wenn wir Menschen als Verbraucher unserem Auftrag zu mehr Nachhaltigkeit bei nachwachsenden Rohstoffen in Flora und Fauna nachkommen, können wir dieses sinnliche Erleben auch in der Zukunft noch mit gutem Gewissen genießen.

Fotos: l.o.: iStock.com/multilisks; r.o.: Nikki/Fotolia; l.u.: iStock.com/scubaluna

Rohwolle

Schurwoll-Strickmütze

Wolle – wunderbar weich & wohlig wärmend

Die Dienste, die das Schaf dem Menschen bis heute leistet, verdienen Anerkennung. Die geduldigen Tiere mit dem wolligen Fell zählen zu den ältesten Haustieren überhaupt und wurden schon vor 9.000 bis 11.000 Jahren gehalten. Sie liefern Fleisch, Milch, Haare und Wollfett, sind genügsam und robust, intelligent und sanftmütig, waren in biblischen Zeiten und danach sogar Zahlungsmittel und arbeiten heute vielerorts als „Rasenmäher" und Landschaftspfleger.

Aus Wolle lässt sich vieles machen: vom rustikalen Pulli bis zum feinen Anzug, von der warmen Unterwäsche bis zum modischen Hut. Unter „Wolle" sind in diesem Kapitel die Fasern vom Fell des Schafs zu verstehen. Als die Menschen begannen, Wolle zu nutzen, sammelten sie die ausgefallenen Haare beim natürlichen saisonalen Fellwechsel oder zupften die bereits abgestoßenen Haare vom Fell der Tiere ab. Noch weit vor Geweben stellten sie daraus Filze her – das taten beispielsweise Chinesen, Babylonier und Ägypter bereits vor 7.000 Jahren. Ziemlich früh in der Menschheitsgeschichte war auch die Idee geboren, Fasern zu einem Faden zu verdrillen und dafür Geräte zu nutzen; entsprechende, in etwa 6.000 Jahre alte Funde sogenannter „Spinnwirteln" gibt es u. a. in Griechenland. Das Spinnrad kam erst deutlich später: Es wurde zwar um das 9. Jahrhundert in Indien schon benutzt, vermutet wird allerdings, dass die Römer bereits ein Spinnrad kannten, das Wissen darum aber in der Folgezeit verloren ging. Gegen Ende des 12. Jahrhunderts gelangte es über den Orient nach Europa, wo es in der Epoche des Hochmittelalters im 14. Jahrhundert überall verbreitet war, nachdem man es im 13. Jahrhundert in fast allen Handelsmetropolen Europas für viele Zünfte verboten hatte. Ob man damit die Qualität der handgesponnenen Garne schützen wollte oder ob es andere Gründe hatte, lässt sich nicht mehr nachvollziehen. Ab dem 16. Jahrhundert war die Entwicklung jedoch unaufhaltsam und mit den ersten mechanischen Spinnrädern im 18. Jahrhundert war die industrielle Revolution des Spinnprozesses angestoßen.

Keine durch archäologische Funde belegten Daten gibt es auf die Frage, wann zum ersten Mal geschoren wurde. Dafür mussten die Menschen schon stabiles Werkzeug kennen, und so haben die Schafe entweder bereits den Menschen der Bronzezeit (ca. 2800 bis etwa 800 v. Chr.) ihr gesamtes Haarkleid (Vlies) abgegeben oder erst in der darauf folgenden Eisenzeit.

HALTUNG: MEHR ALS 1 MILLIARDE SCHAFE WELTWEIT

Schafe, so wie wir sie kennen, stammen vermutlich vom wild lebenden Armenischen Mufflon (*Ovis gmelini*) ab. Es sind wiederkäuende Pflanzenfresser, die in Herden leben. Heute gibt es weltweit mehr als eine Milliarde Schafe, die jährlich etwa 1,1 Mio. t Fasern liefern. Zu den führenden Wollnationen zählen Australien (etwa ein Fünftel der Gesamtmenge) und inzwischen mindestens gleichauf China, danach Neuseeland, in Europa vorwiegend Großbritannien, gefolgt von Spanien und Russland. Auch in Deutschland gibt es noch Schafzucht zur Wollerzeugung. Die Produktionsmenge liegt bei rd. 8.000 Tonnen. Die Qualität ist jedoch mit Merinowolle

Fotos o.: iStock.com/fotolinchen; r.: Stetson by F. W. Schneider

Merinos werden für einen hohen Ertrag faltenreich gezüchtet, was jedoch das Einnisten von Schädlingen begünstigt.

aus Australien, Tasmanien und Neuseeland nicht konkurrenzfähig, weil nicht weiß genug und viel zu grob. In Deutschland wird seit den 50er-Jahren des vergangenen Jahrhunderts daher Schafzucht vorwiegend zur Fleischproduktion betrieben.
Wolle macht laut Statistik ca. 1 % der Weltfaserproduktion aus. Der tatsächliche Prozentanteil dürfte jedoch etwas höher sein, weil in vielen Ländern Wolle für den Eigenbedarf genutzt wird, was in keiner Statistik auftaucht.

ANKUNFT DER SCHAFE IN EUROPA

Während in früheren Zeiten das Schaf ein Allrounder war und sowohl Wolle als auch Milch und Fleisch lieferte, begann der Mensch schon vor Jahrtausenden, Tiere entweder für die Nahrungsmittel- oder für die Wollproduktion zu züchten. Domestizierte Schafe hielten sich zuerst die Menschen in Vorderasien – spätestens um das siebte vorchristliche Jahrtausend. Es scheint allerdings, dass sich erst im Laufe des sechsten und fünften Jahrtausend vor Christus auf züchterische Weise ein Vlies herausgebildet hat und noch lange Zeit Schafe für die Erzeugung von Milch und Fleisch zeitgleich mit den Wollschafen existierten. Im vierten Jahrtausend vor Christus wurde die Wollnutzung des Schafes weit über die Grenzen Mesopotamiens bekannt. Von den Sumerern wurden Urkunden des dritten vorchristlichen Jahrtausends gefunden, die Wolle und Milch als wichtigste Erzeugnisse der Schafhaltung anführen. Wolle stellte dann bereits eine eigenständige Nutzungsausrichtung der vorderasiatischen Schafhaltung dar.
In Europa dauerte es noch zwei Jahrtausende, bevor die Nutzung und Zucht von Schafen verbreitet auftrat. Griechen und Phönizier züchteten um das Jahr 1000 Schafe in Europa und von den Römern ist bekannt, dass sie in Westeuropa, vor allem in ihrer Provinz Spanien Schafzucht betrieben. Es ist daher nicht eindeutig nachzuweisen, ob die berühmten Merinoschafe erst nach 711 mit den Mauren ins Land kamen oder ob sie durch Kreuzungen aus den römischen Beständen entstanden sind.
Der Stern von Spanien als Lieferland hochfeiner Wollen ging im 14. Jahrhundert auf, als sich Grundbesitzer aus allen Teilen des Landes zu einer *Mesta* genannten Vereinigung zusammenschlossen, um von der Krone und den Klöstern große Weideflächen zu pachten. Diese Vereinigung wurde vom *König Ferdinand V.* mit besonderen Privilegien ausgestattet. Man regelte Streitigkeiten über einen eigenen Gerichtshof und legte die Wanderwege zwischen den Sommer- und Winterweiden fest. Diese Wanderung gab den Schafen ihren Namen. „Merino" heißt übersetzt „unstet" oder „Wanderer". Diese Unterscheidung gebrauchte man gegenüber den sogenannten Standschafen, die nicht der Mesta unterstanden. Später wurde die Bezeichnung „Merino" zum Synonym für die edelsten spanischen Wollen, auch der der Standherden.
Der Ruf der besonderen Qualität der spanischen Merinowollen führte dazu, dass Spanien zu einer Zeit, als die Wollen meist direkt im eigenen Land verarbeitet und genutzt wurden, Wolle in erheblichem Maße vorwiegend nach England und in die Niederlande exportierte, was als Nebeneffekt der Krone hohe Ausfuhrzölle einbrachte. Spanische Wollwäschereien konnten damals schon bis zu 1 Mio. Tonnen Wolle jährlich waschen. Die Ausfuhr lebender Schafe war bis Anfang des 19. Jahrhunderts bei Todesstrafe verboten. Durch Geschenke von Merinoschafen an andere europäische Fürstenhäuser oder als Schmuggelware unter dem Vorwand des Reiseproviants überschritt eine Anzahl von Merinoschafen schon seit dem frühen 18. Jahrhundert die Grenzen Spaniens. Nach Aufhebung des Verbots gelangten die Schafe in die Überseepro-

Foto: Australian Wool Innovation

Cheviotschafe

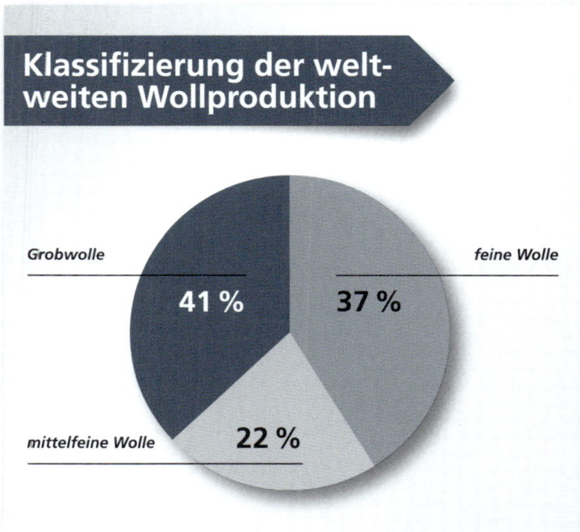

Crossbredschafe

vinzen (Australien, USA, Südafrika, Argentinien), die heute zu den Hauptlieferanten feiner Wollen gehören. Damit verlor Spanien die Vorherrschaft in der Produktion von Merinowollen.

ZÜCHTUNGEN, SCHAFRASSEN UND WOLLFEINHEITEN

Der Weltmarktanteil von Merinowolle liegt derzeit bei rd. 40 %. In Australien stellen Merinos 80–90 % der Schafpopulation. Merino steht für die feinsten Wollqualitäten sowie den höchsten Wollertrag pro Schaf. Kann man von einem Landschaf ca. 3–3,5 kg Wolle erhalten, so bringt die Schur eines **Merinoschafes** ca. 10 kg Wolle auf die Waage. Zweitertragreichstes Schaf in Australien ist das **Romney-Schaf**, das es in zwei Schuren pro Jahr auf insgesamt 10 kg Wolle bringt. In Neuseeland ist eine Eigenzüchtung der Hauptwirtschaftsfaktor: das **Corriedale-Schaf**, das es immerhin auf 7,7 kg in guter Qualität bringt. Es ist weltweit nach den Merinos die zweithäufigste Art.
Folgendes sind die wichtigsten drei Sorten Wollschafe mit jeweils charakteristischen Unterschieden:

Merinoschafe

Große, meist weiße Schafe mit länglichem, bewollten Kopf und leicht hängenden Ohren. Merinos werden extrem faltenreich gezüchtet, um die mit Wolle bewachsene Hautoberfläche zu vergrößern. Die Wolle ist stark gekräuselt (hochbogig), weich, kurzstapelig (bis 100 mm), leicht und sehr elastisch, was zu Vorteilen in Griff und Volumen führt. Sie gilt daher als nicht kratzend. Merinowolle gehört zu den Feinwollen mit einem Faserdurchmesser von 14,5 bis 23,5 μ (Mikrometer) und ist damit die bevorzugte Wolle für Bekleidungstextilien. Kommerziell werden Merinofasern bis zu einer Feinheit von bis zu 16,5 μ (super fine merino wool) eingesetzt, was zu einer extrem feinen und hochwertigen Ware führt. Den Weltrekord für die Feinheit hält eine Merinowolle aus Neuseeland mit 11,8 μ (menschliches Haar 30 μ), erworben von der italienischen Luxusweberei Loro Piana.

Crossbredschafe

Die Kreuzung aus Merino- und Grobwollschafen ergibt eine mittelstapelige, mittelfeine Wolle. Die Crossbredwolle ist nicht so weich und weniger stark gekräuselt als Merinowolle. Sie ist normalbogig. Die Faserfeinheit beginnt bei etwa 24 μ und liegt mit ihren Werten zwischen der von Merinowolle und den Grobwollen, weshalb sie auch „Mittelwolle" genannt wird. Die Faserlänge variiert zwischen 120–150 mm. Unter den Schafwollen hat sie die größte Bedeutung. Einsatzgebiete sind überall dort, wo Textilien sportlich und strapazierfähig sein dürfen.

Cheviotschafe

Die Bergschafe kommen ursprünglich aus England und Schottland (von den *Cheviot Hills* im schottischen Bergland). Cheviotwolle ist eine langstapelige, grobe und derbe, eher glänzende Wolle. Sie ist kaum gekräuselt (flachbogig), hat relativ lange Fasern (150–170 mm), kann als Kleidungsstück kratzen und gehört zu den Grobwollen ab ca. 30 μ. Sie wird vor allem für Teppiche und rustikale Möbelbezugsstoffe verwendet, früher auch für wetterfeste Herrensakkos.

Fotos: r.o.: duncanandison/Fotolia; r.u.: iStock.com/Paulina Lenting-Smulder

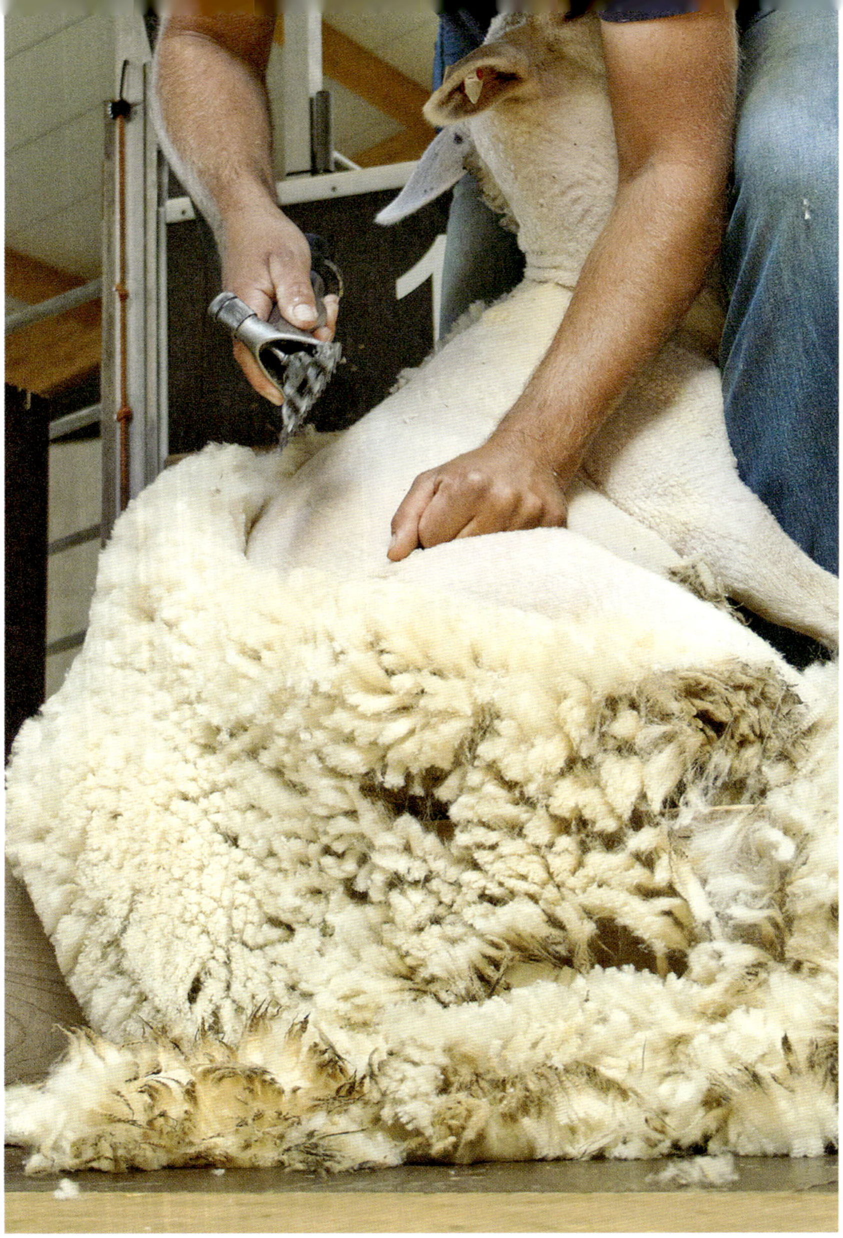

Das Haarkleid sollte möglichst zusammenhängend als Vlies gewonnen werden.

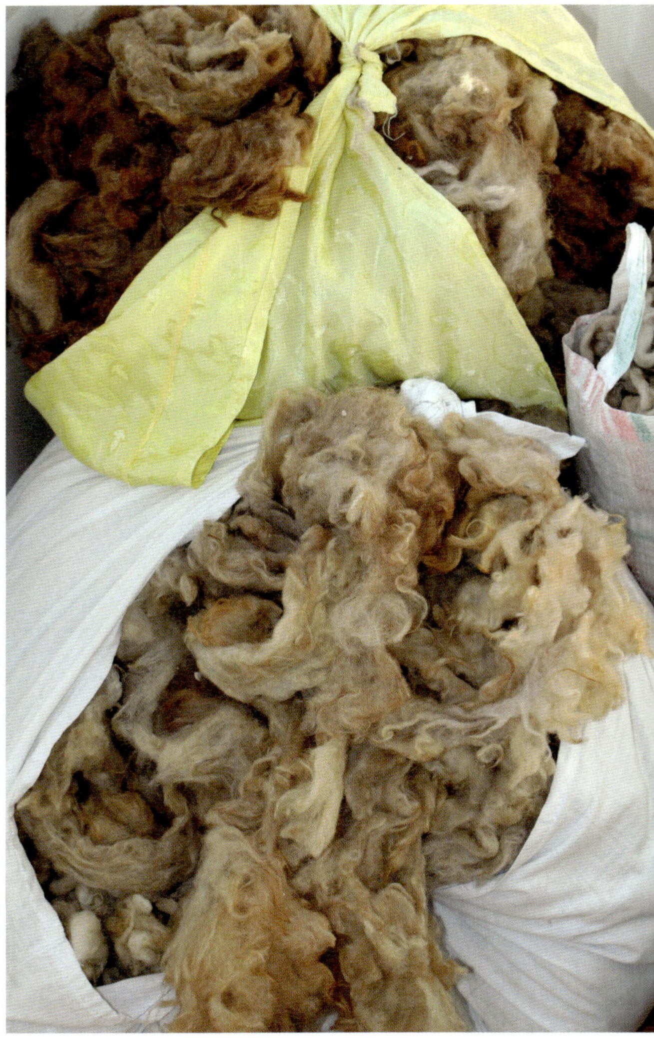

Rohwolle wird vorgewaschen transportiert.

SCHEREN FÜR DIE SCHURWOLLE

Der übliche Weg, um an hochwertige Wolle zu kommen, ist die Schur. Nur sie darf auch **Schurwolle** genannt werden. Wolle von toten Tieren, sei es durch Krankheit oder durch Schlachtung gestorben, ist minderer Qualität und darf sich nur „Wolle" nennen.

Schafe werden heute in aller Regel mit elektrischen Schermaschinen geschoren, normalerweise einmal im späten Frühjahr, wenn die Lämmer schon stabiler sind. Dabei wird das Haarkleid möglichst zusammenhängend und äußerst vorsichtig als Vlies gewonnen. Etwa 40 bis 50 % des Vliesgewichts machen Wollfett (Lanolin), Schmutz und Pflanzenreste aus.

Lambswool nennt man die Wolle von der ersten Schur eines maximal sechs Monate alten Lammes. Sie ist kurz und wenig fest, aber wegen ihrer besonderen Feinheit und Weichheit sehr begehrt und wird oft für Strickwaren verwendet.

Nach dem Scheren erfolgt das Sortieren nach Qualität. Schulter-, Hals- und Seitenwolle sind wertvoller als die Wolle von Kopf, Bauch und Füßen. Die Kriterien sind in erster Linie die Feinheit der Fasern, dann Kräuselung, Faserlänge, Verunreinigung und Farbe.

Ist die Wolle noch nicht gewaschen, heißt sie **Roh-, Schweiß-** oder **Schmutzwolle**. Sie wird für den Export vorgewaschen, schließlich soll die Fracht per Schiff, z.B. von Australien nach Europa, für Wolle und nicht für Fett und Schmutz bezahlt werden. Beim Kunden angekommen, kommt die Lieferung vor der Weiterverarbeitung erneut in die Wollwäscherei; danach heißt sie **„fertig Wolle"** oder **„fabrikgewaschene Wolle"**. Wenn die Wolle immer noch Verschmutzungen ent-

Sonderfall Reißwolle

Hierbei handelt es sich um ein Recyclingprodukt aus Alttextilien, vor allem aus gewirkten oder gestrickten Abfällen. Dabei wird wollhaltige, getragene Kleidung maschinell zerrissen und mit Abfällen aus der Textilproduktion vermischt. Weil die gewonnenen Fasern kurz sind, lassen sich daraus nur Streichgarne herstellen. Mischungen von recycelter Wolle mit Schurwolle sind grundsätzlich verboten.

Früher lebten vom Altkleiderrecycling ganze Industrien, heute werden Altkleider meist in Drittweltländer verkauft, sodass dieser Industriezweig fast verschwunden ist. Unter dem Aspekt der Ressourcenschonung werden heute jedoch schon wieder Konzepte erdacht und Vertriebsstrategien eruiert.

Verarbeitung von Rohwolle: Wollwäsche (l.) und Transport der gewaschenen Wolle.

Fotos: Australian Wool Innovation [2]

hält, wird sie „karbonisiert". Dazu wandert sie in ein Bad mit verdünnter Schwefel- oder Salzsäure (was der Wollfaser nichts ausmacht) und trocknet anschließend im Carbonisierungsofen. Dabei verkohlen die pflanzlichen Reste. Klopfmaschinen entfernen danach die Asche. Die Wolle ist dann bereit für den nachfolgenden Spinnprozess.
In dem von Fett und Verschmutzungen gereinigten Vlies, das jetzt fast um die Hälfte leichter ist, sind alle Fasern noch wild verteilt. Bevor das Material weiter versponnen werden kann, muss es aufgelockert und gekämmt werden – man nennt diesen Vorgang *Kardieren, Kardätschen* oder *Krempeln*. Das daraus entstehende Vorgarn, *Kardenband*, wird mit anderen Kardenbändern zusammengeführt und verstreckt. Erst danach beginnen die eigentlichen Spinnprozesse. Wolle kann auch schon nach dem Auflockern gefärbt werden. Das nennt man *Flockefärbung*. Sie ist gleichmäßiger und tiefer als alle anderen Färbeverfahren. Flockegefärbte Wolle lässt sich allerdings schwerer weiterverarbeiten als ungefärbte Wolle.

WOLLE UND UMWELT: BELASTETE ABWÄSSER – LÄSTIGE FLIEGEN

Da die Schafe in den riesigen *Sheep stations* in Australien oder Neuseeland weitgehend sich selbst überlassen sind, können sie von einer ganzen Reihe von Schädlingen gequält werden. Abhilfe schaffen routinemäßige Tauchbäder oder Duschen, sogenannte *Sheep Dips*, bei denen das Wasser Insektizide enthält. Für den Menschen sind die verwendeten Substanzen hochgiftig. Erkenntnisse, wie der Organismus des Schafs darauf reagiert, werden nicht publiziert. Diese Mittel bleiben in der Wolle – das ist Sinn der Sache. Sie sind also auch nach der Schur noch im Vlies vorhanden, ebenso wie die Chemikalien, die während des Transports Motten- und Käferbefall verhindern sollen.
All diese Substanzen werden bei den Wäschen in der Wollvorbereitung herausgelöst. Wollwäschereien müssen daher strenge Vorgaben einhalten, damit die ent-

Mit Mulesing gegen Blowfly strike

Australien ist das Land der Fliegen. Glaubt man Einwohnern und Reisenden, ist die Unzahl dieser Plagegeister, die gezielt Körperöffnungen ansteuern, der Hauptmakel dieses faszinierenden Landes. Menschen tragen gegen diese Attacken entsprechende Kleidung und Kopf-/Hutkonstruktionen, die eng am Hals abschließen – Schafe können das nicht. In einigen Landstrichen Australiens werden die Schafe auf den weitläufigen Weiden von einer besonderen Spezies von Schmeißfliegen, Blowfly genannt, attackiert, die für ihre Eiablage die Wärme und Feuchtigkeit der Hautfalten suchen, angezogen durch den Fäkalgeruch der Analregion. Die Merinoschafe mit ihrer eigens gezüchteten, extrem faltenreichen Haut sind daher für einen sogenannten **Blowfly strike** (Schmeißfliegenbefall) besonders anfällig.
Die Art *Lucilia sericata* (Goldfliege) legt ihre Eier vor allem im Bereich der Schulter, des Rückens und der Hinterbeine in der Afterregion ab. Die Larven dringen hier in die Haut ein und wandern fressend durch das Bindegewebe. Wenn nichts dagegen unternommen wird, kommt es beim Schaf durch ausgeschiedene Giftstoffe zu Lähmungserscheinungen und der Tod tritt ein.

Eingriff mit Folgen

Um ihren kostbaren Schafbestand zu erhalten, wenden die Schaffarmer eine äußerst blutige und schmerzhafte Methode an, die den Befall verhindern oder wenigstens begrenzen soll. Die Schafe werden hierzu gewaltsam auf den Rücken geworfen. Mit einer scharfen Schere wird ein großes v-förmiges Hautstück ohne irgendeine Betäubung oder Desinfektion unter dem Schwanz weggeschnitten und der Schwanz gleichzeitig am dritten Schwanzwirbel abgetrennt. Dann lässt man die Tiere mit den blutenden Wunden wieder zur Herde. Eine Nachsorge findet nicht statt. Man erhofft sich dadurch eine große Fläche straffen und glatten Narbengewebes, in das die Fliegen ihre Eier nicht mehr legen können. Neuere Untersuchungen zeigen, dass der Fliegenbefall aber häufig schon während der Wundheilungszeit gerade dort wieder ansetzt, da Schmeißfliegen auch Aasfresser sind.
Dokumentationen der weltweit aktiven Tierschutzorganisation *PETA (People for the Ethical Treatment of Animals)* haben diese brutalen Methoden mit Videoaufnahmen einem breiteren Publikum zugängig gemacht. Neben dem **Mulesing**, das nach seinem Erfinder *John W. H. Mules* benannt ist, hat *PETA* auch die schmerzhaften Kastrationsmethoden (durch Abschneiden der Hoden ohne Betäubung oder durch Absterben lassen mittels eines straffen Gummibandes) angeprangert und per Video nachgewiesen, wie sich das rüde Scheren im Akkord auf den Umgang mit den Schafen auswirkt, die nicht nur geschlagen und getreten wurden, sondern mit Schnittwunden übersät waren. Auch die Methode des Markierens von Jungtieren durch einen Ohrclip wurde gerügt. Da Schafe in der Lage sind, sich bis zu 200 Gesichter ihrer Herde und dazu etliche menschliche Gesichter aus ihrem Umfeld zu merken, flüchteten sie über viele Monate vor ihren Peinigern.

Boykott gegen Brutalität

Eine große Anzahl an Unternehmen hat sich daraufhin nach alternativen Wolllieferanten umgesehen, die mulesing-frei arbeiten. *PETA* hat etwa 34 international renommierte Modefirmen und über 3.000 Handelsunternehmen in den USA und Europa zu einem Boykott gegen die Anwendung von Mulesing überzeugen können. Dazu gehören u. a. *Next, Hugo Boss, Adidas, Abercrombie & Fitch, Timberland, H&M, C&A, American Eagle, Liz Claiborne* und *Perry Ellis International.*
Seit 2010 haben sich die australischen Schafzüchter verpflichtet, nach Einführung einer alternativen wirksamen Methode auf Mulesing zu verzichten. Für die Übergangszeit und bis andere schmerzfreie Methoden ausgereift sind, wurde beschlossen, die Tiere vor dem Eingriff zu betäuben. Das inzwischen praktizierte **Clip-Mulesing**, bei dem den Tieren die Hautfalte am After mittels eines Clips so stark abgeklemmt wird, dass sie abstirbt und abfällt, wird von Tierschützern wie auch vom Handel aber als ebenso inakzeptabel bezeichnet, da es zwar nicht so blutig ist wie das chirurgische Mulesing, aber große Schmerzen über einen langen Zeitraum bei den Merinos verursacht.

Veränderung braucht Zeit

Langfristiges Ziel ist die Züchtung von Schafen mit wieder faltenärmerer Haut, die Schmeißfliegen weniger Nischen bietet. Bis eine solche Schafrassenneuzucht zur Verfügung steht, werden aber wohl Jahrzehnte vergehen.
Viele Textilunternehmen beziehen ihre biologisch oder konventionell erzeugte Wolle inzwischen aus Ländern, wo klimatisch bedingt keine Blowfly-Plagen vorkommen, wie z. B. Neuseeland, Südafrika oder Südamerika, hier insbesondere aus Patagonien – oder auch aus europäischer Erzeugung, wenn es nicht feinste Merinowollen sein müssen. Nur der Druck der Öffentlichkeit und der ökonomische Druck durch Boykott wird zur vollständigen Aufgabe des Mulesing und einem breiteren Angebot „human" erzeugter Wolle führen.

stehenden stark verunreinigten Abwässer nur intensiv vorgereinigt in die Kläranlagen gelangen.
Eine besondere Plage für die australischen Merinoschafe mit ihren überdimensionierten Hautfalten ist die Schmeißfliege *Blowfly*. Die in Australien immer noch praktizierte Methode *Mulesing* (→ *Kasten „Mit Mulesing gegen Blowfly strike, oben*) ist überaus drastisch und traumatisierend für die Tiere und zudem nicht einmal erfolgreich. In Neuseeland wurde das Verfahren verboten, auch weil es dort klimatisch bedingt den Fliegenmadenbefall kaum gibt.

BIO-WOLLE: GANZHEITLICHES KONZEPT

Wie bei der Erzeugung von tierischen Bio-Lebensmitteln macht schon die Haltung der Bio-Schafe einen großen Unterschied zur konventionellen Wollproduktion aus, erstreckt sich aber durch den gesamten Produktionsprozess der Bio-Wolle bis zum Endverbrau-

Schafzucht in Australien

cher. Dass sich Massentierhaltung und ökologische Methoden gegenseitig ausschließen, kann man sich vorstellen. Deshalb sind es auch eher die kleineren Produktionsländer, die sich mit der Erzeugung von Bio-Wolle beschäftigen.

Das Zauberwort heißt **kontrolliert biologische Tierhaltung (kbT)**. Sie beginnt bereits bei der Auswahl der Rassen, was im Ökolandbau vor allem alte Nutztierrassen bedeutet, die robust und an die Klima- und Lebensbedingungen der Region angepasst sind. Für zertifizierte Betriebe werden artgerechte Fütterung und artgerechte Haltung vorgeschrieben, zum Beispiel geringere Besatzdichten, größere Ställe und das Verbot, Schafe anzubinden. Die Tiere behalten Hörner und Schwänze (beide werden im konventionellen Bereich kupiert) und werden einzeln geschoren. Auf den Einsatz von Pestiziden wird bei Schurwolle aus *kbT* verzichtet. Dem Parasitenbefall beugen die Ökoschafhalter dadurch vor, dass sie kleinere Gruppen auf größerer Fläche halten und somit den Schädlingen die Vermehrung zumindest erschweren. Selbst im Massenproduktionsland Australien gibt es Schafhaltung aus kontrolliert biologischer Tierhaltung. *Australische Schafwolle kbT* wird von der *National Association of Sustainable Agriculture Australia Ltd.*, kurz *NASAA*, kontrolliert. Sie verbietet das „Mulesing“ zwar nicht grundsätzlich; es wird aber nur in Ausnahmen gestattet, wenn Maßnahmen wie das Scheren der Afterregion nicht erfolgreich sind.

Bio-Wolle ist bisher noch eher selten zu finden. Aber Initiativen wie *ZQ Merino* in Neuseeland oder *Ovis 21* in Patagonien (Argentinien) garantieren mulesingfreie

Wolle, die unter nachhaltigen Bedingungen erzeugt wurde. Wollprodukte, die das GOTS-Zertifikat *(Global Organic Textile Standard)* tragen, erfüllen die derzeit härtesten Umweltkriterien. Vliese, ganze Felle, zum Beispiel für Babys oder Rheumakranke, gibt es hingegen häufiger in Bio-Qualität. Hersteller, die Bio-Wolle verarbeiten, rüsten die Wolle auch nur mit Verfahren aus, die den Bio-Kriterien nicht entgegenstehen. Der Konsument muss daher selbst durch sehr achtsames Waschen Sorge tragen, dass das gute Stück lange schön bleibt.

AUFBAU: ÄHNLICH DEM MENSCHLICHEN HAAR

Ein dichtes Haarkleid schützt Tiere vor allem vor den Unbilden des Wetters und vor Verletzungen der Haut.

Foto: Australian Wool Innovation

Die Wollfaser, nicht von Menschen erfunden – von der Natur geschaffen

Der Aufbau der Wollfaser ähnelt dem menschlichen Haar, ist aber ungleich komplizierter.

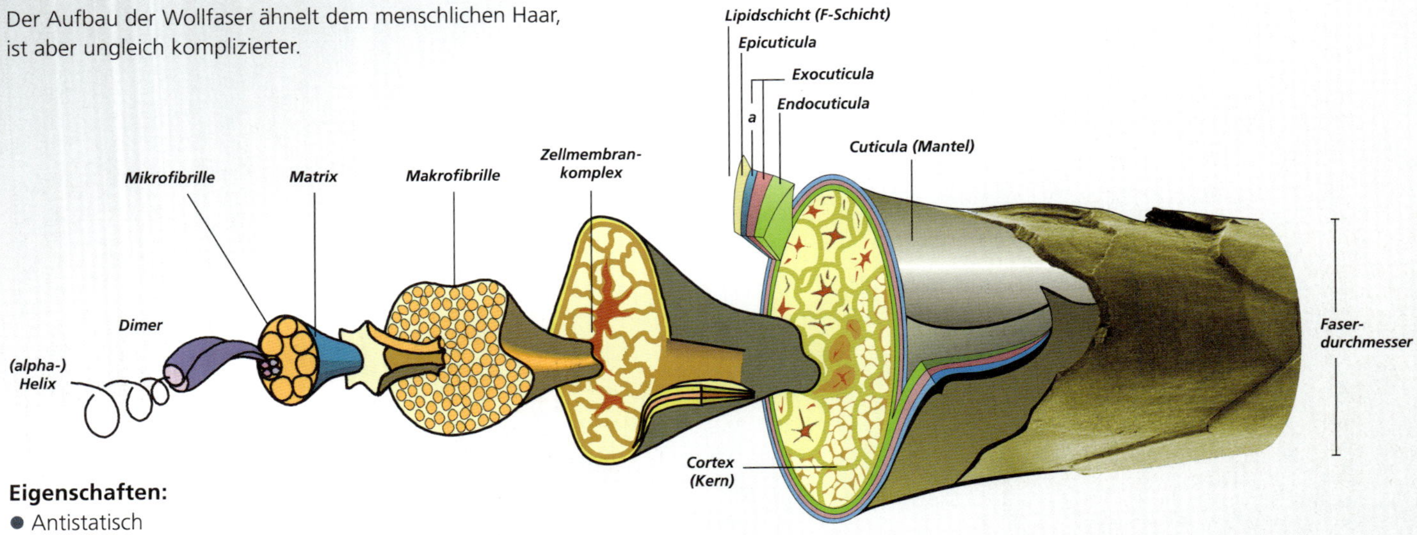

Eigenschaften:

- Antistatisch
- Dauerhafte Bügelfalten
- Langlebig
- Wasserabweisend
- Fleckunempfindlich
- Geruchsneutralisierend
- Knitterunempfindlich
- Elastisch
- Hohe Feuchtigkeitsaufnahme
- Flammhemmend/Feuerbeständigkeit
- Farbecht
- Geräuschdämmend
- Atmungsaktiv
- Isolierend
- Kontrolliertes Filzen
- Hervorragender Griff und Fall
- Besonders weich und komfortabel
- Bindet Schweiß (Transpiration)

Quelle: CSIRO, Australia.

Das galt auch für die ersten Menschen. Wolle erfüllt diese Anforderungen sehr gut, auch dann noch, wenn sie nicht mehr angewachsen ist, sondern für Bekleidung versponnen, verwebt oder verstrickt wurde. Der Aufbau der Wollfasern ähnelt dem der menschlichen Haare (als Reste unseres früheren Fells), ist jedoch viermal so fein und gilt vom Aufbau her als die komplizierteste aller Fasern. Doch es lohnt sich, die Haarstruktur genauer zu betrachten, kann sie doch die Eigenschaften der Wolle erklären. Bestehen alle zellulosischen Fasern aus Zuckermolekülketten, so werden alle tierischen Fasern aus Eiweißmolekülketten gebildet.

> *Würde eines Tages berichtet, dass eine Textilfaser entdeckt worden sei, die unter freiem Himmel oder in einfachen Gebäuden mit geringem Energieverbrauch und ohne gefährliche Abfallprodukte erzeugt werden kann, dazu noch in verschiedenen Feinheiten und Längen, unser Interesse wäre geweckt. Würde weiter bekannt, die Faser sei leicht zu veredeln, zu färben und mit anderen Fasern zu mischen, sei giftfrei und hautfreundlich, elastisch, lärmdämmend, wärme- und feuchtigkeitsausgleichend, schmutz- und wasserabstoßend, schwer entflammbar, leicht zu reinigen und fast knitterfrei, wiederverwendbar und hundertprozentig biologisch abbaubar, welchen Namen würden wir dieser Faser geben? Wahrscheinlich würde man von einer Wunderfaser sprechen.“*
>
> **Kerstin Gustafsson und Alan Waller, schwedische Wollexperten**

Die Spindelzellschicht, *Cortex* genannt, bildet den Faserstamm. Es winden sich spiralförmig zwei verschiedene Zellarten, *Ortho-* und *Paracortex*, umeinander, die eine geringfügig verschiedenartige chemische Zusammensetzung haben und für die Kräuselung der Wolle und die Elastizität verantwortlich sind. Die *Orthocortex* quillt bei Feuchtigkeit mehr auf als die *Paracortex*.

Eine *Cortexzelle* besteht aus mehreren *Fibrillenbündeln*, den *Makrofibrillen*. In ihnen sind zahlreiche *Mikrofibrillen* enthalten. Eine *Mikrofibrille* wird wiederum aus elf *Protofibrillen* gebildet. Eine *Protofibrille* besteht aus meist zwei Doppelspiralen, die aus zwei umeinander gewundenen, spiralförmigen Eiweißketten (Helices) bestehen. Die äußere Schicht bildet die dreischichtige Schuppenzellenschicht, die *Cuticula*. Die Schuppen sind sehr fein und dachziegelartig in eine Richtung angeordnet. Sie sind für die Filzfähigkeit der Wolle verantwortlich, aber auch für deren gute Knittererholung. Je gröber die Wolle ist, desto weniger ausgeprägt ist die Schuppenstruktur. Bei Wollen anderer Säugetiere ist die Schuppenschicht häufig nur schwach ausgeprägt oder gar nicht vorhanden. Edelhaare sind zudem meistens Hohlfasern.

Illustration: CSIRO

Schurwolle: Basis auch für das moderne Country-Outfit.

Du, der Du aus Lammwolle bist,
von zehn Fingern sorgfältig gelegt,
mit 1000 Wassertropfen bespritzt,
von starken Pferden auf den Wiesen gewalkt,
Du, teurer Schatz unseres Heimatlandes,
werde nicht so löchrig wie ein Sieb
werde so weiß wie Schnee,
so stark wie Stein,
so soll es sein!

Filzerspruch aus der Mongolei

Filzpantoffeln

EIGENSCHAFTEN: WARM, WEICH, WASSERABWEISEND

Vor allem die dauerhafte Kräuselung ist typisch für Wolle. Kurze Fasern sind feiner und stärker gekräuselt. Je krauser die Fasern sind, desto besser und feiner lassen sie sich ausspinnen. Die daraus gefertigten Stoffe sind elastisch. Wolle knittert nicht. Die Kräuselung begünstigt auch den Lufteinschluss im fertigen Textil. Da Wollwaren, bezogen auf ihr Gesamtvolumen, bis zu 85 % aus Luft bestehen können und Luft die beste Isolation ist, halten sie Körperwärme zurück – kurz gesagt: Wolle wärmt wunderbar. Aber nicht nur das. Isolation wirkt quasi „in beide Richtungen". Was gegen Kälte hilft, wirkt auch gegen Hitze, die durch den isolierenden Lufteinschluss draußen gehalten wird. Beim Schaf dringen Sonnenstrahlen nur knapp 1,5 cm in das dicke Vlies ein. Dadurch ist das Tier sehr gut gegen Temperaturschwankungen geschützt. Das Wärmerückhaltevermögen ist einzigartig für Wolle.

Zudem kleben Wollgewebe selbst dann nicht auf der Haut, wenn sie feucht ist, denn es liegen immer nur einzelne Härchen auf, die als Abstandshalter wirken, zwischen denen sich ein weiteres Luftpolster bildet. Deshalb kann nach dem Schwitzen die gefürchtete Verdunstungskälte nicht entstehen. Die Cuticula hat die Eigenschaft, nur Wasserdampf, aber kein flüssiges Wasser ins Faserinnere durchzulassen. Sie ist darüber hinaus hydrophob, was Wasser abperlen lässt. Alles hat jedoch Grenzen: Bei einem höheren Feuchtegehalt der Luft und nach Aufnahme einer bestimmten Feuchtigkeitsmenge wird ein Sättigungsgrad erreicht, der

Walken, Filzen, Kochen

Die Schuppen der Wollfaser spielen noch eine andere wichtige Rolle: Sie ermöglichen das **Filzen**. Dazu braucht es (mindestens) drei Faktoren:

- Feuchtigkeit,
- Wärme und
- Druck.

Durch Feuchtigkeit quellen die Fasern auf – die Schuppen rücken auseinander. Durch Bewegung und Druck werden die einzelnen Fasern gebogen, die Schuppen verhaken sich und bleiben dort. Durch Einwirkung von Lauge, das sind normale Waschmittel, quellen die Fasern noch stärker auf. Wärme wiederum verändert die Eiweißstrukturen dauerhaft, wenn etwas verfilzt ist, lässt es sich deshalb nicht mehr rückgängig machen. Bei der Herstellung von Filz ist das erwünscht. Man nennt den Vorgang **Walken**.

Filzen ist eine der ältesten Kulturtechniken, um gut wärmende, zusammenhängende Stoffbahnen herzustellen, die sich auch noch als wasserabweisend erwiesen, was sie für Kopfbedeckungen und Umhänge prädestinierte. Walkstoffe sind aus Skandinavien (Vadmal), den Alpenländern (Loden) und von den Britischen Inseln (England, Irland) seit vielen Jahrhunderten bekannt. Moderne Walkstoffe nennt man meist „gekochte Wolle". Für den Filzeffekt genügt ein Anteil von 20 % Wolle, was eine große Vielfalt an Gewichten und Optik durch kreative Entwicklungen hervorbringt. Auch beim Fixieren einer Bügelfalte können diese Eigenschaften genutzt werden.

Im Alltag ist die Filzfähigkeit von Wolle eher unerwünscht. Wollpullover filzen gerne unter den Achseln, auch dies ist ein irreversibler Zustand. Ein Zuviel an Wärme, Feuchtigkeit, Druck und Waschmittel kann bei der Pflege den Filzprozess in Gang setzen. Deshalb gilt: Den Anweisungen des Pflegeetiketts unbedingt Folge leisten. Wolle bei Handwäsche nie im Wasser liegen lassen, niemals wringen und nicht an einer Heizquelle trocknen. Gewebtes sollte hängend, Maschenware liegend trocknen. Nur per Pflegeetikett nachweislich „filzfrei" und „waschmaschinenfest" ausgerüstete Wollartikel dürfen in die Maschine und eventuell in den Trockner.

Strick-Set aus feiner Schurwolle.

Pflegeanleitung für Wollartikel

den Feuchteaustausch mit der Umgebung nicht mehr zulässt. Die Oberfläche der Wolle ist dann durchgängig benetzbar. Die Faser kann mehr als 30% ihres Eigengewichtes an Feuchtigkeit aufnehmen, ohne sich klamm anzufühlen. Außerdem wirkt Wolle geruchsneutralisierend. Wer mit Wollsocken wandern geht, weiß dieses aus Erfahrung zu schätzen.
Auch Schmutz weist die Schuppenschicht in Verbindung mit dem Restwollfett der Faser ab.

VEREDELUNGEN: GUTES NOCH BESSER MACHEN

Die Nachteile, die speziell das Verfilzen mit sich bringt, können durch Ausrüstungsverfahren, sogenannte Veredelungen (→ *Kapitel „Ausrüsten", S. 172*), eingedämmt oder verhindert werden. Andere Verfahren unterstützen die Vorteile.
Auch mit Fasermischungen lassen sich Nachteile ausgleichen – so verbindet z. B. die Kombination aus Merino und Seide (Merinosilk) den wärmenden Charakter der Wolle mit dem Glanz und der Coolness der Seide. Interessanterweise genügt bei Mischungen jedweder Faserarten miteinander dem „kleineren Mischungspartner" ein Anteil von 15%, um das Regime in der Mischung zu übernehmen und sich bei Optik, Griff und Eigenschaften durchzusetzen. Beimischungen unter 5% sind eher ein Verkaufsargument, als dass sie spürbar würden – ausgenommen sind dabei die Elastane, die bereits ab 1% erlebbare Elastizität liefern können.

EINSATZ FÜR DEN BEKLEIDUNGSBEREICH

Es gibt praktisch kein Kleidungsstück aus der Alltagsbekleidung für Damen und Herren, das es nicht aus Wolle gibt oder das man zumindest daraus machen könnte – von der Nachtwäsche vielleicht einmal abgesehen bzw. dem Blusen- und Hemdenbereich, wo Wolle eher saisonal auftaucht.

TIPP Einsatz von Wolle

Klassiker im Bekleidungsbereich sind:
- Anzüge, Kostüme, Hosen, Röcke
- Mäntel, Jacken
- Trachtenmode, besonders Janker, häufig aus gewalkter Wolle (Loden)
- Strickwaren jeglicher Art
- Krawatten
- Mützen, Kappen und Hüte

Aus dem Heimtexbereich:
- Decken
- Vorhänge
- Möbelbezugsstoffe
- Teppiche

Qualitätssiegel Woolmark

Woolmark	Woolmark Blend	Wool Blend
Woolmark (das Wollsiegel) sind eingetragene Warenzeichen der *AWI (Australian Wool Innovation Ltd.)*, die festgelegte Qualitätsmerkmale voraussetzen und per Lizenzvertrag an Hersteller vergeben werden. Die Woolmark (das Wollsiegel) garantiert die Verwendung erstmals verarbeiteter reiner Schurwolle. Sehr beliebt ist die Untermarke Cool Wool, sie soll mit ihrem Namen Sommerlichkeit assoziieren. Hierfür werden sehr hochgedrehte Garne verwendet, die bildlich gesprochen einen gitterähnlichen Effekt im Gewebe erzeugen (ihre Oberfläche ist besonders glatt) und durch die hohe Drehung eine noch höhere Rücksprungfähigkeit haben, d. h. praktisch überhaupt nicht knittern. Die Gewebe sind auch besonders leicht. Einziger Wermutstropfen: Aufgrund der hohen Rücksprungkraft lassen sich Bügelfalten schwer fixieren, weshalb auf Zusatz von Harzen zurückgegriffen werden muss oder rundgebügelte Formen präferiert werden.	Woolmark Blend (Combi-Wollsiegel) garantiert, dass das Produkt 50–99 % neue Wolle enthält.	Das Logo gibt an, dass das Produkt 30–49 % neue Wolle enthält. Der Mischungspartner mit dem höheren Anteil muss auf gar keinen Fall minderer Qualität sein, so könnte z. B. Seide den Hauptanteil stellen oder Cashmere als dritter Mischungspartner zu einem sehr hochwertigen Garn hinzukommen.

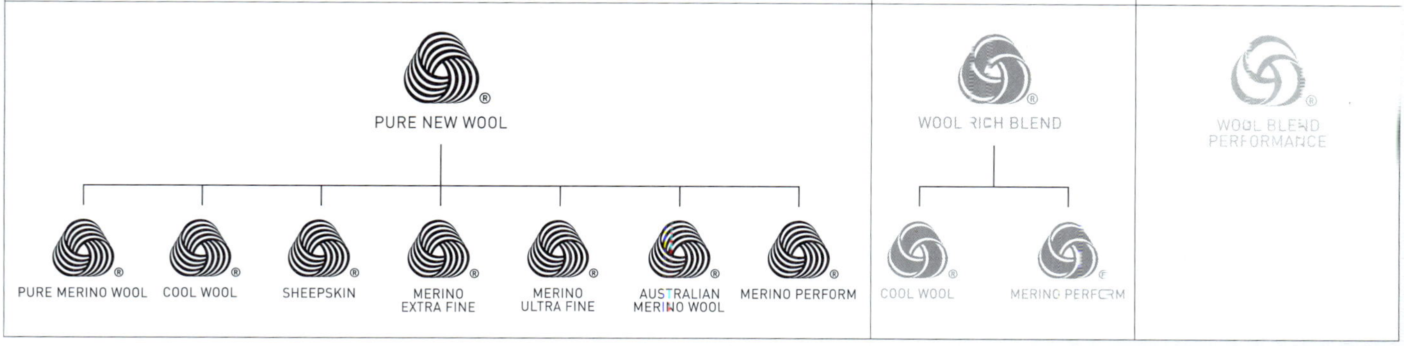

KENNZEICHNUNG: KLARHEIT FÜR VERBRAUCHER

Die *AWI (Australian Wool Innovation Ltd.)*, der Zusammenschluss von mehr als 27.000 australischen Wollfarmern, ist über ihr Tochterunternehmen *The Woolmark Company Pty Ltd.* Lizenzgeber des bekannten *Wollsiegels* mit dem stilisierten Piktogramm eines Wollknäuels (→ *Kasten „Qualitätssiegel Woolmark", oben*). Beides sind Non-Profit-Organisationen, die neben Forschung und Entwicklung und der landwirtschaftlichen Unterstützung ihrer Mitglieder auch das weltweite Marketing für Schurwolle in den Händen haben. Nur die Lizenznummer in Verbindung mit dem entsprechenden Zeichen garantiert, dass drin ist, was drauf steht. Mit dem dahinter stehenden Qualitätsversprechen soll dem Verbraucher Sicherheit gegeben werden. In diesem Zusammenhang haben sich einige wolltypische Begriffe eingeführt, deren Definition man für seine Einkaufsentscheidung kennen muss.

Super 100 (Supercento), Super 120 und feinere Verwandte

Unter diesen Begriffen versteht man besonders feine Sorten der Merinowolle. Die Bezeichnung bezieht sich auf eine veraltete Maßeinheit, die *Nummer metrisch (Nm)*. Sie gibt mit der Ziffer an, wie viele Meter lang ein Faden mit 1 g Gewicht ist. Höhere Zahlen zeugen also von größerer Feinheit und damit vom geringeren Gewicht des Endproduktes (in sehr vielen Quellen steht es genau umgekehrt, ist aber trotzdem falsch). So wiegen beim *Supercento* 100 m 1 g, bei einem *Super 150* jedoch schon ganze 150 m nur 1 g, also die Hälfte mehr an Fadenlänge bei gleichem Gewicht.

- Bei einem *Supercento* hat die Wollfaser einen Durchmesser von 18–19μ,
- bei *Super 120* geht man von 16–17μ aus,
- *Super 150* müsste zwischen 13–14μ liegen und
- die bisher feinste Wolle mit dem Durchmesser von 11,8μ ergäbe eine *Super 250*-Qualität.

Da diese Bezeichnungen nicht geschützt sind, überschlagen sich die Anbieter feiner Wollstoffe mit immer höheren Superzahlen. Nachzuweisen, ob es stimmt, ist schwierig, was zu der Vermutung Anlass gibt, das dabei gelegentlich geschummelt wird, denn der Anteil extrem feiner Wollen an einer Jahresernte ist verschwindend gering.

Schurwolle

Neue und unbeschädigte Wolle, die durch eine Schur vom Schaf gewonnen wurde, wird als Schurwolle bezeichnet. Sie darf nicht bereits in einem anderen Fertigtextil verarbeitet gewesen sein.

Reine Schurwolle

Produkte mit dieser Bezeichnung dürfen maximal 0,3 % andere Fasern enthalten (produktionsbedingt), 2 % für antistatische Wirkung und maximal 7 % für sichtbare Ziereffekte (z. B. reinseidene Zierfäden).

Reine Wolle

Der Begriff *Reine Wolle* darf auch für Produkte verwendet werden, die zu 100 % aus wiederverwerteter Wolle oder Reißwolle bestehen. Die Qualität ist mit Produkten aus Reiner Schurwolle nicht zu vergleichen.

Kostbarste Mäntel aus Cashmere, Vikunja und Guanako

Edelhaare – Kostbares von Alpaka bis Yak

Um die feinen Haare der kamelartigen Tiere aus Wüste und Anden, den Ziegen aus der Himalajaregion oder den Rindern aus arktischen Gebieten zu gewinnen, muss der Mensch erfinderisch sein. Nur das in Käfigen gehaltene Angorakaninchen lässt sich brav viermal im Jahr scheren. Alle Edelhaare tun das, was die Natur von ihnen erwartet: Sie halten ganz besonders warm – erst das Tier und dann den Menschen. Dazu sind sie echte Luxusprodukte, denn sie sind rar, besonders und entsprechend kostbar.

Das Textilkennzeichnungsgesetz erlaubt es, das Haar von Alpaka, Guanako, Lama, Vikunja und Kamel, von Kaschmir- und Mohairziege, Angorakanin, Biber und Fischotter als Wolle zu bezeichnen. Eingebürgert hat sich jedoch die „Ehrenbezeichnung" Edelhaar, die sehr gut beschreibt, um was es sich dabei handelt. Nicht aufgeführt, aber auf keinen Fall zu vergessen, sind Moschusochse und Yak, ebenso wie das Schaf nahrung- und kleidungliefernden Hausgenossen der Menschen, die unter ihren langen Zotteln feinste Härchen für noch feinere Textilien verbergen.

Den Anfang der Edelhaarlieferanten macht die Gruppe der Neuweltkamele, die höckerlosen Verwandten der Trampeltiere aus der Alten Welt, die aus den Andenregionen Mittel- und Südamerikas stammen. Alle ihre Haare sind wesentlich feiner und damit leichter als Schurwolle mit einem Vielfachen des Wärmekoeffizienten:

Alpakas in den peruanischen Anden.

ALPAKA [WP]

Das Alpaka ist ein kleinerer Vertreter der Neuweltkamelfamilie. Neuere DNA-Untersuchungen haben ergeben, dass das Alpaka wahrscheinlich vom *Vikunja* (→ *Abschnitt „Vikunja", S. 64*) abstammt. Es lebt vor allem in den südamerikanischen Ländern Peru, Bolivien und Chile selbst in den extremen Höhen der Anden von etwa 6.000 m und wird als Nutztier ebenso wie das Lama seit ungefähr 3000 v. Chr. gehalten. Allerdings stand beim Alpaka schon immer die Wolle im Vordergrund. Die Kultur der Inka kannte die Zucht großer Herden. Ein Alpaka-Mantel signalisierte schon damals Wohlstand. Doch die Eroberer aus Europa setzten hier wie überall, wo sie auftauchten, das ihnen Bekannte durch: Sie führten Schafe ein und interessierten sich nicht für die Nutztiere der eingeborenen Bevölkerung. So wurde das Alpaka zum Nutztier der armen, indianischen Bevölkerung degradiert und fast ausgerottet. Erst mit der Unabhängigkeit der Staaten Südamerikas erkannte man erneut den Wert des Alpakas. Die Zucht wurde wieder aufgenommen und die Wolle in alle Welt exportiert. Heute gibt es etwa drei Millionen Alpakas, vorwiegend im südlichen Peru, dem westlichen Bolivien und Chile (ca. 80 %). Doch ansehnliche Herden stehen heute auch in den USA, Australien und Neuseeland. Größter Abnehmer von Alpakahaar ist China (50 % der Weltproduktion). Selbst in Deutschland werden ca. 2.000 Alpakas gehalten, die wirtschaftliche Bedeutung ist aber noch entsprechend gering.

Die Tiere werden in der Regel einmal jährlich geschoren, in kälteren Regionen nur alle zwei Jahre. Der Faserertrag liegt bei 3–6 kg pro Tier und Jahr, davon sind jedoch nur etwa 1–3 kg für feines Alpakagarn nutzbar. Die Fellfarben reichen von reinweiß über beige zu allen Braun- und Rotbrauntönen bis hin zu Grauabstufungen und tiefschwarz. Es gibt außerdem mehrfarbige, gescheckte Tiere in vielen Variationen. Die Lebenserwartung eines Alpakas liegt zwischen 20 und 25 Jahren.

Eigenschaften

Top-Qualitäten sind **Royal-Alpaka** und **Baby-Alpaka.** Die Bezeichnungen stehen für Qualitätsklassen und hängen von den Feinheiten ab. So muss Royal-Alpaka feiner als 19 μ und Baby-Alpaka darf maximal 22,5 μ sein. Der Name leitet sich davon ab, dass man bei der ersten Schur eines Alpakas in der Regel diese Feinheiten erhält. Der Anteil von Alpakafaser mit dem Gütesiegel „Baby-Alpaka" beträgt lediglich 4 % des Weltaufkommens von ca. 4.000 Tonnen.

Guanako in Torres del Paine N.P. (Chile).

Es gibt zwei Alpakatypen, das *Huacaya* und das *Suri*. Das *Huacaya*-Alpaka hat eine feine, gleichmäßig gekräuselte Faser und einige Grannenhaare (Deckhaare). Das *Suri*-Alpaka hingegen hat keine Kräuselung in der Faser, das Haar bildet gelockte, gerade Strähnen, die am Tier herabhängen.

Einsatz

- Feine Strickwaren
- Feine Wollstoffe, auch Mischung mit anderen Fasern
- Decken, Teppiche, Bettwaren

GUANAKO (HUANAKO) [WU]

Das etwas größere Guanako ist verwandt mit dem Vikunja. Es ist ein wild lebendes Tier und kommt vor allem im westlichen und südlichen Südamerika vor. Es kann in Höhen bis zu 4.000 m leben. Auch Guanakos wurden wegen ihrer Wolle bejagt, doch standen sie laut *WWF (World Wide Fund For Nature)* nie direkt am Rande der Ausrottung. Dennoch gingen ihre Bestände stark zurück und aus Teilen Südamerikas sind sie ganz verschwunden.

Eigenschaften

Die Wolle ist sehr fein und langfaserig und meist hellbraun oder weiß.

Einsatz

- Sehr feine Wollstoffe, z. B. für Maßkleidung, Designerkleidung

Fotos: o.: Pakhnyushchyy/Fotolia; r.: Henner Damke/Fotolia

Weißes Lama

Vikunjaherde in den Anden.

LAMA [WL]

Alte Lexika nennen es „Schafkamel" oder „Kamelschaf", doch tatsächlich hat das Lama mit Schafen nichts zu tun, sondern gehört ebenfalls zur Familie der Neuweltkamele und ist ein domestizierter Verwandter des Guanakos. Sie sind in den Anden Südamerikas beheimatet und dienten den Menschen schon seit Jahrtausenden vor allem als Lastenträger. Aber Lamas lieferten auch Fleisch, Milch und Leder, zudem dienten ihre Exkremente als Brennstoff. Zur Zeit der spanischen Eroberung Südamerikas gab es über zehn Millionen Lamas. Ab diesem Zeitpunkt wurde das Tier von den eingeführten Pferden und Schafen verdrängt. Es wird angenommen, dass der Bestand in den hundert Jahren, die auf die Eroberung folgten, um etwa 90 % zurückging. In Südamerika werden heute etwa drei Millionen Lamas gehalten, vorwiegend wegen ihres Fleisches und ihrer Wolle. In unzugänglichen Regionen der Anden wird es immer noch als Lasttier verwendet. Inzwischen züchtet man Lamas auch außerhalb Südamerikas. Selbst in Europa werden Lamas gezüchtet und die Wolle geschoren und verarbeitet.
Es gibt einfarbig weiße, braune und schwarze Lamas sowie solche, die in diesen Farben gemustert sind. Auch gepunktete Lamas kommen vor.
Lamafell besteht aus zwei Schichten: den groben Grannenhaaren und einer feineren Unterwolle, die eine Faserdicke von 20-30 μ aufweist. Neben der Schur kann man Lamafasern auch durch Ausbürsten gewinnen. Erhält man durch Schur ein Gemisch aus Unter- und Oberfell, aus dem die Grannenhaare anschließend entfernt werden müssen, erhält man durch Ausbürsten fast reine Unterwolle. Geschoren werden die Tiere meist nur einmal in zwei Jahren, damit sie in ihrer rauen Umwelt geschützt bleiben. Die Ausbeute beträgt 3–8 kg verspinnbares Material.

Eigenschaften

Lamawolle ist hochwertig und hält sehr gut warm. Sie kommt in über 20 Naturfarben vor. Die Wolle ist jedoch etwas lichtempfindlich und wegen ihrer Zartheit bei Kleidermotten sehr beliebt.

Einsatz

- Hauptsächlich für qualitativ hochwertige Florgewebe für Mäntel und Jacken
- Leichte Decken

VIKUNJA [WG]

Es ist das kleinste und schlankste Kleinkamel in Südamerika. Sein Verbreitungsgebiet sind die Hochanden Ecuadors, Perus, Boliviens, Argentiniens und Chiles. Es kommt hier in Höhen zwischen 3.500 und 5.500 Metern vor. An das Leben in diesen Höhen sind sie dadurch angepasst, dass der rote Blutfarbstoff durch die oval geformten Blutplättchen im Vergleich zu anderen Tieren eine höhere Sauerstoffaffinität hat. Eine weitere anatomische Besonderheit sind die unteren Schneidezähne, die wie bei Nagetieren ständig nachwachsen – etwas Einzigartiges bei Paarhufern.
Sein Fell ist wesentlich feiner als das verwandter Arten und so dicht, dass es wie eine Isolierschicht gegen die Kälte wirkt.
Das Vikunja wurde nie domestiziert. Wenn auch genauere archäologische Beweise nicht vorliegen, sicher ist, dass die Inka Vikunjas zu Zehntausenden in Gatter trieben, deren Wolle zur ausschließlichen Verwendung durch hohe Adlige schoren und die Tiere dann wieder freiließen. Die Spanier schossen Vikunjas in großer Zahl ab und vergifteten oft auch deren Wasserstellen, um Platz für Weideland zu schaffen, und bejagten sie erst wesentlich später wegen des kostbaren Fells.
Das Vikunja ist, mit Ausnahme einiger Populationen in Argentinien, Bolivien, Chile und Peru im *Washingtoner Artenschutzübereinkommen (WA)* der *CITES, Anhang I* gelistet. Das bedeutet, dass weder die Tiere noch ihre Produkte international gehandelt werden dürfen. Die ausgenommenen Populationen sind in Anhang II gelistet und daher nur mit behördlicher Genehmigung international handelbar.

Fotos: l.: Jouiou/Pixelio; r.: JFBRUNEAU/Fotolia

Hauskamel Trampeltier

Eigenschaften

Die Wolle der Vikunjas gilt als seltenstes und teuerstes Edelhaar der Welt. Die Fasern sind weiß, zimtfarben oder rötlich.

Einsatz

- Stoffe für exklusive Kleidung

KAMEL [WK]

Kamelhaar wird vom zweihöckerigen Kamel, dem Trampeltier, gewonnen. Trampeltiere leben hauptsächlich in den Steppengebieten Ost- und Zentralasiens, in Afrika und als Fresskonkurrent einheimischer Tiere und ausgesprochene Landplage in Australien. Domestiziert wurden Kamele vermutlich schon im 3. Jahrtausend v. Chr. In den Emiraten nachweislich seit 2600 v. Chr., anscheinend zunächst als Milchlieferant. Die Nutzung von Fleisch und Leder sowie eine Verwendung der Wolle entwickelten sich später.

Bis etwa 1500 v. Chr. wurden fast ausschließlich Esel als Transporttiere im Verbreitungsgebiet der Kamele genutzt. Für die Nutzung des Kamels als Lasttier musste erst ein geeigneter Sattel entwickelt werden, der die Last auch bei der wiegenden Bewegung des Kamels halten und gleichmäßig auf dem Rücken des Kamels verteilen konnte. Zwischen 1300 und 100 v. Chr. entwickelten nomadisch lebende arabische Ethnien einen für das Kamel angepassten Tragesattel für ein durchschnittliches Packgewicht von etwa 250 kg. Diese Sattelform ist seit mehr als 2.000 Jahren nahezu unverändert in Gebrauch.

Das Kamel ist physisch ein Ausnahmetalent. Eine Besonderheit sind seine roten Blutkörperchen, die nicht rund, sondern oval sind. Dadurch können sie in kürzester Zeit sehr viel Wasser aufnehmen (kolportiert werden 200 Liter in 15 Minuten) ohne eine „Überwässerung" des Körpers. Bei den Neuweltkamelen bewirkt die ovale Form eine bessere Sauerstoffaffinität für ein Überleben in Höhen über 5.000 Metern. Außerdem ist die Körpertemperatur der Kamele variabler als die der meisten anderen Säugetiere. Sie kann um 6–8 °C schwanken, wodurch das Schwitzen deutlich reduziert ist.

Altweltkamele haben Höcker, die entgegen der allgemeinen Vermutung nicht als Wasser-, sondern als Fettspeicher fungieren. Geschrumpfte Höcker sind also ein Signal für einen schlechten Ernährungszustand. Als Kamelhaar wird das gelblich bis rötlich-braune Fell des in Asien und Afrika beheimateten Kamels bezeichnet. Es hat wie das Lama zwei verschiedene Haarsorten. Das *Grannenhaar* (Deckhaar) ist schlicht und grob, während das *Flaumhaar* (Unterhaar) gekräuselt und fein ist. Die Haare werden weder geschoren noch ausgekämmt, sondern fallen im Frühjahr büschelweise aus. Im textilen Bereich findet fast ausschließlich das wertvollere, leicht und gut verspinnbare Flaumhaar Verwendung. Schätzungsweise gibt es zurzeit 19 Millionen Tiere weltweit. Kamelhaar wird inzwischen auch durch Schur, neben dem Abwurf des Haarkleides im Frühjahr, gewonnen. Ein erwachsenes Kamel liefert 5–10 kg Haare pro Jahr.

Eigenschaften

Das Flaumhaar ist von rotgelber bis sandbrauner Farbe. Die Haare des Baby-Kamels (bis zu einem Jahr alt) sind fast weiß und noch weicher als das Haar der erwachsenen Tiere. Baby-Kamelhaar ist sehr kostbar.

Einsatz

- Feine Stoffe für Mäntel, Anzüge, Jacken und Sakkos
- Seltener Strickwaren wie Pullover
- Schals
- Besonders beliebt ist das Material für Decken

Foto: Kolt-Handke/Pixelio

Angoraziegen

Kaschmirziegen

Zwei Ziegenarten liefern besonders beliebte Edelhaare, wobei die eine für extreme Strapazierfähigkeit bekannte Wolle liefert, die andere den Stoff, aus dem textile Träume sind: die Angora- und die Kaschmirziege. Ein ganz neues Tier ist die Cashgora-Ziege, die alle Vorzüge beider Edelhaararten vereinigen soll.

MOHAIR [WM]

Mohair werden die Haare der *Angoraziege* genannt. Diese sind die spezifisch leichtesten Naturfasern. Der Ausdruck *Mohair* entstammt der arabischen Sprache, womit ein Stoff aus Haaren bezeichnet wird.

Die Haare des *Angorakaninchens* werden als *Angora* (→ *Abschnitt „Angora", S. 69*) verkauft, nicht aber diejenigen der gleichnamigen Ziege.

Die Angoraziege war vor dem Auftauchen der Türken in Kleinasien nicht bekannt. Der genaue Ursprung liegt im Dunklen. So gibt es Thesen über einen vorbiblischen anatolischen Ursprung, genauso plausibel erscheint den Wissenschaftlern ein Import aus zentralasiatischen Regionen. Die Angoraziege sei im 13. Jahrhundert mit einwandernden Nomaden aus Turkestan oder durch Handel nach Anatolien gelangt. Ihr Name leite sich von ihrer frühen Kultivierung im Raum Ankara, dem damaligen Angora ab. Nach einem kurzen Exportverbot des türkischen Sultans und dessen Aufhebung im selben Jahr 1838 hätten die Erzeuger zur schnellen Nachfragebefriedigung lokale kurdische Ziegen eingekreuzt, was sich jedoch extrem qualitätsmindernd ausgewirkt haben soll.

Die nässeempfindlichen und daher für das mitteleuropäische Klima wenig geeigneten Ziegen wurden bereits 1838 ins warme Südafrika und wenige Jahre später ins sonnige Kalifornien exportiert. 1885 gab es in Kalifornien bereits einen Bestand von 100.000 Angoraziegen. Heute leben in Südafrika schätzungsweise 850.000 Ziegen, die 60 % aller Mohairfasern liefern. An zweiter Stelle der Halter steht Texas/USA mit 200.000 Tieren. Die Weltproduktion von Mohairwolle liegt bei 15.000 Tonnen.

Die reinweiße Ziege hat langes, seidiges und lockig herabhängendes Haar, das nicht gekräuselt ist. Der mittlere jährliche Wollertrag beträgt etwa 2,5 kg bei zweimaliger Schur. Die Qualität von Mohair wird je nach Alter der Ziege und damit Dicke der Haare eingeteilt, je jünger das Tier, desto feiner ist das Haar. Die Kategorien sind:

- **kid,**
- **young goat** und
- **adult.**

Als besonders edel gilt Kidmohair, die erste und zweite Schur innerhalb des ersten Lebensjahres der Ziege; es ist wegen der geringen Ausbeute sehr teuer.

Eigenschaften

Mohairhaare sind besonders leicht und isolieren gut, ihre Reißfestigkeit ist erheblich höher als die der Merinowolle. Wie diese hat die Mohairfaser eine schuppige Oberfläche. Weil die Faser dünner ist, ist sie feiner im Griff und hat den charakteristischen Lüster (Glanz). Zudem lassen sie sich gut färben, nehmen Feuchtigkeit gut auf, sind elastisch und somit knitterfrei.

Einsatz

- Typisch sind Stolas, Schals und Mützen
- Sommerliche Stoffe in Mischung mit Schurwolle für Herrenanzüge, auch Abendbekleidung
- Handstrickgarne
- Haltbare Velours-Bezugsstoffe für Möbel
- Teppiche
- Decken

KASCHMIR (CASHMERE) [WS]

Echtes Kaschmirhaar stammt von der *Kaschmirziege*, die ursprünglich in der Himalaja-Region beheimatet war. Definiert wird die Kaschmirziege über den mittleren Durchmesser der Unterwolle von unter 19 μ. Im Ursprungsgebiet des Himalaja und Pamir sowie deren

Qualitätsstandard für Kaschmir

Ebenso wie die *AWI* sorgen sich im *CCMI (Cashmere and Camel Hair Manufacturers Institute)* die wichtigsten Kaschmirproduzenten um den Qualitätsstandard und die Vermarktung ihrer Edelhaare, aber auch um extra feine Merinowollen. Ihr Ziel ist, die Verbraucher vor Betrug und betrügerischer Werbung zu schützen. Ihre Definition von Kaschmir endet bei maximal 19 μ mit einer tolerierten Abweichung von 24 %.

Fotos: l.: William Halstead Ltd.; r.: iStock.com/hbtomas

Cashgoraziegen

Randgebieten kommt diese schlappohrige und gehörnte Ziege in den Farbschlägen grau, weiß, schwarz und braun vor. In Europa werden dagegen fast ausschließlich weiße Tiere gezüchtet, da sich die weiße Wolle beliebig einfärben lässt. Kaschmirwolle ist deutlich feiner als die dünnste Schafwolle und gehört zu den feinsten Tierhaaren überhaupt.

Die Tiere werden in den Industriestaaten geschoren, ansonsten wird die Unterwolle ausgerupft oder ausgekämmt. Jährlich können zwischen 150 und 200 Gramm Wolle je Tier gewonnen werden. Genutzt wird das feine Unterhaar, „Tiflit“ genannt, das meist ausgekämmt wird. Im Inneren der Haare sind lufthaltige Zellräume (Lumen) und das macht die Faser nicht nur gut isolierend, sondern auch außerordentlich leicht.

China ist die führende Nation der Kaschmirproduktion (ca. 9.000 t Rohkaschmir); aus der Mongolei (ca. 4.500 t Rohkaschmir) kommen die feinsten Fasern. Weitere Produzenten sind Australien, Indien, Iran, Pakistan, Neuseeland, Türkei und die USA. In Europa ist Schottland führend.

Eigenschaften

Textilindustrie und Verbraucher schätzen das luxuriöse Material wegen der Wärme und schmeichelnden Weichheit. Aus Kaschmir gibt es Oberbekleidung ebenso wie Unterwäsche. Weil Kaschmir eine relativ glatte Oberfläche hat, neigt es zum Pillen.

Einsatz

- Feinste Stoffe für Damen- und Herren-Businesskleidung
- Feinste Strickwaren
- Schals und Tücher
- Edel-Loungewear
- Lifestyleprodukte für Interiorbedarf
- Decken

Pashmina – ungeschützt und leicht zu fälschen

Das Wort „Paschmina“ stammt aus einem persischen Dialekt und bedeutet „Wolle“ oder „aus Wolle gefertigter Schal“. Die einzige Wolle, die im Himalajagebiet bekannt war, war Kaschmir, sodass hierdurch der Zusammenhang erklärbar ist. Es hat sich zunächst im nepalesischen und nordindischen Sprachgebrauch, später auch international als Bezeichnung für ca. 70–90 cm breite, etwa 200 cm lange, traditionell gewebte Tücher aus verschiedenen Materialien durchgesetzt. Pashmina ist keine Bezeichnung für eine besonders seltene Kaschmirwolle, die angeblich von der Chyangraziege aus dem Himalaja stammt, oder von einer besonders zarten Stelle am Tier. Das Textilkennzeichnungsgesetz kennt nur Kaschmir als Faser. Wenn also in einem Produkt „100 % Paschmina“ steht, ist es eine Fälschung. Bei den in Nepal gefertigten Paschmina-Schals handelt es sich allerdings um besonders feine Garne, die die Schals und Tücher fast gewichtslos erscheinen lassen. Ihre unnachahmliche Weichheit ist besonders spürbar, wenn naturfarbenes, ungefärbtes Kaschmir verwendet wurde. Neben 100 % Kaschmir ist die Mischung 70 % Kaschmir/30 % Seide üblich. Die Preise dafür beginnen bei 100 Euro und können weit darüber hinaus gehen.

Was in den leuchtendsten Farben zu Preisen um und unter 20 Euro angeboten wird, sind Tücher im Paschmina-Stil. Die besseren Tücher sind aus Wolle und Seide gefertigt, haben meist einen angenehmen Glanz und Griff, sind aber nicht gerade federleicht. Die ganz günstigen sind häufig aus Viskose, manche sind ganz aus synthetischen Chemiefasern. Wem es nur um den Look geht und ein bisschen Wärme um Hals und Schultern, ist damit gut bedient. Er oder sie sollten aber nicht glauben, dass es sich um Schnäppchen von echten Paschmina-Schals handelt. Da diese auch heute noch in Nepal und Nordindien in Handarbeit hergestellt werden, sind Preise deutlich unter 100 Euro nicht zu realisieren. Der berühmte „Ringschal“ – man kann einen Paschmina ohne Probleme durch einen Fingerring ziehen – ist kostbar und soll auch etwas Besonderes bleiben.

CASHGORA [WC]

Ist die Kreuzung australischer Buschziegen mit der Mohairziege, eine Neuzüchtung, die dem Schafzüchter *Fred Moylan* erstmals in Neusüdwales in Australien gelang. Weitere Kreuzungen wurden in Neuseeland vorgenommen. Anderen Quellen nach gab es bereits 1826 in Frankreich eine Kreuzung. Es entstand eine neue Ziegenrasse.

Die Kreuzung brachte eine mattglänzende, feine, lange, feste und weiße Faser hervor, die sich gut färben lässt. Die Ziege wird ein- bis zweimal im Jahr geschoren. Ziel ist es einerseits, die Vorteile beider Fasern zu kombinieren und ihre Nachteile zu korrigieren und andererseits, größere Mengen dieser besonderen und begehrten Fasern zu gewinnen. Das Haar von der Cashgoraziege gleicht bei Länge und Festigkeit dem Mohair, hinsichtlich Glanz, Feinheit und Weichheit dem Kaschmir, liegt aber bei der Feinheit genau zwischen den beiden Vorbildern und ist somit als Cashmereersatz nicht ganz zu verwenden. Cashgora hat allerdings von Mohair die Strapazierfähigkeit geerbt, was sie zu einem begehrten Luxusmaterial macht. Erfreulicherweise ist auch der Preis deutlich niedriger als der von Kaschmir. Die tatsächliche Jahresproduktionsmenge von Cashgorafasern ist nicht bekannt, ebenso wenig wie die genaue Anzahl von Cashgoraziegen.

Einsatz

- Überwiegend luxuriöse Designerkleidung
- Neuerdings auch hochwertige Strickwaren

Foto: iStock.com/tassapon

Moschusochse

Yak

Der Name des Moschusochsen täuscht: Er ist keine Rinderart, sondern mit Antilopen und Ziegen verwandt. Lediglich der Yak ist ein Rind und seit Urzeiten Hausgenosse der Menschen in sehr kalten und hohen Bergregionen:

MOSCHUSOCHSE

Der Moschusochse (Bisamochse oder Schafsochse) gehört in die Verwandtschaftsgruppe der Ziegenartigen. Die Tiere sind Bewohner der arktischen Tundren und heute ursprünglich nur noch in Grönland, Kanada und Alaska zu finden. 1974 wurde jedoch in Nordsibirien auf der Taimyr-Halbinsel eine Herde Moschusochsen aus Kanada und Alaska wieder erfolgreich angesiedelt. Der Bestand wird heute auf 3.000–4.000 Tiere geschätzt. Kleinere Herden leben auch in Norwegen und Schweden.

Die ältesten Fossilien der Moschusochsen wurden in Deutschland gefunden und stammen aus der Mindeleiszeit (vor 400.000–320.000 Jahren). Ihr Verbreitungsgebiet erstreckte sich über die nördlichen Teile Eurasiens und Nordamerikas, das sie vor etwa 500.000 Jahren über die Beringstraße erreichten. In besonders kalten Zeitabschnitten zogen sie sich weit nach Süden zurück und gelangten bis nach Ungarn, Frankreich und vermutlich sogar Nordspanien. Am Ende der Würmeiszeit (vor 115.000–10.000 Jahren) gingen vor allem die Bestände der eurasischen Vorkommen zurück, vermutlich durch das Verschwinden der Mammutsteppen und trockenen Tundren verursacht.

Das Aussterben der eurasischen Moschusochsen fällt zeitlich mit dem der letzten Mammuts auf der nordsibirischen Wrangelinsel zusammen. Im Norden von Nordamerika und in Nordostgrönland überlebten die Moschusochsen dagegen bis in die Gegenwart.

Das dichte, 5 cm lange Unterfell aus feiner Wolle liegt unmittelbar auf der Haut. Es bedeckt das ganze Tier außer an Hufen, Hörnern und einer kleinen Stelle zwischen Nüstern und Lippen; sein Wechsel erfolgt in den Monaten Mai bis Juli. Darüber liegt eine Schicht grober Schutz- oder Grannenhaare, die wesentlich länger (45–62 cm) sind und vor allem Hinterteil, Bauch, Flanken und Kehle bedecken. Deshalb nennen die *Inuit* die Moschusochsen in ihrer Sprache Inuktitut *„Umimmaq"*, d. h. „Tier mit Fell wie ein Bart" (von *umik* „Bart").

Die Unterwolle der Moschusochsen zählt zu den feinsten natürlichen Fasern. Bezogen auf ihr Gewicht ist sie achtmal wärmer als Schafswolle und so weich wie die Unterwolle der Kaschmirziegen. Die einzelne Faser hat einen Durchmesser von ca. 10–20 Mikrometern und gehört damit zu den feinsten Fasern, die ein Säugetier besitzt.

Einsatz:

- Feine Schals und Strickwaren

Defintion von Textilfasern

Das *Textilkennzeichnungsgesetz (TextilKennzG)* definiert mit einer Tabelle im Anhang 1 die *Liste der Bezeichnungen von Textilfasern* und schafft damit folgende rechtliche Grundlage:

Nummer	Bezeichnung	Beschreibung der Fasern
1	Wolle	Faser vom Fell des Schafes (Ovis aries) oder ein Gemisch aus Fasern von der Schafschur und aus Haaren der unter Nummer 2 genannter Tiere
2	Alpaka, Lama, Kamel, Kaschmir, Mohair, Angora (-Kanin), Vikunja, Yak, Guanako, Cashgora, Biber, Fischotter, mit oder ohne zusätzliche Bezeichnung „Wolle" oder „Tierhaar"	Haare nachstehender Tiere: Alpaka, Lama, Kamel, Kaschmirziege, Angoraziege, Angorakanin, Vikunja, Yak, Guanako, Cashgoraziege, Biber, Fischotter
3	Tierhaar, mit oder ohne Angabe der Tiergattung (z. B. Rinderhaar, Hausziegenhaar, Rosshaar)	Haare von verschiedenen Tieren, soweit diese nicht unter den Nummern 1 und 2 genannt sind

Die Fasern unter Nummer 2 werden in der Praxis auch „feine Haare" oder Edelhaare genannt.

Diese Haare **unter Nummer 3** werden in der Regel nicht für Textilien genutzt, die für Menschen bestimmt sind. Rosshaar wird z. B. zur Polsterung von Möbeln/Matratzen verwendet – und sogar für Geigenbögen.

Fotos: l.: Photohunter/Fotolia; r.: Rudolpho Duba/Pixelio

Angora-Unterwäsche und Schal

YAK [WY]

Er gehört zu den Rindern und wird wegen seiner grunzenden Laute auch Grunzochse genannt. Ursprünglich lebte er in der Himalaja-Region und im tibetischen Hochland. Wild lebende Tiere sind inzwischen selten geworden und stehen unter Artenschutz. Außerhalb Chinas und Tibets gibt es wahrscheinlich keine wilden Yaks mehr. Wie bei vielen Tieren, die Naturfasern liefern, wird der Yak dort, wo er lebt, vielfältig genutzt. Als Nutztiere sind Yaks domestiziert und in Zentralasien zu finden. Sie sind Last- und Reittier – selbst bei den mittlerweile hoch technisierten Himalaja-Expeditionen spielen sie noch immer eine große Rolle. Sie geben (rosafarbene, sehr fettreiche) Milch, Wolle, Leder und Fleisch. Der getrocknete Kot findet als Brennstoff Verwendung, zumal in hohen Lagen oft gar nichts anderes verfügbar ist.

Feinwolle findet sich in allen Körperregionen und macht über 80 % der Behaarung aus. Beim Haarwechsel verliert der Yak überwiegend das Wollhaar. Die Wolle wird sowohl durch Schur als auch durch Kämmen gewonnen. In der Regel kämmen die Hirten die Tiere in den Wochen vor einer geplanten Schur aus, damit nicht zu viel Feinwolle verloren geht. Dies reduziert auch die Notwendigkeit, die Tiere sehr früh zu scheren, um nicht zu viel der Feinwolle zu verlieren, da sie ab dem Beginn der Sommerzeit vom Yak natürlich verloren wird. Dabei kommen je Tier etwa 3 kg Wolle zusammen. Sie ist grau, rötlich, braun und/oder meliert. Besonders wertvoll ist die Feinwolle weißer Yaks, die sich leicht färben lässt. Sie wird bei den Nomaden im Westen Tibets als „Kulu" bezeichnet.

Einsatz

- Feine Strickwaren
- Accessoires wie Schals, Ponchos, Stolas
- Handstrickgarne

Angorakaninchen

Auch Nager können feine Wollhaare produzieren, so das auf Wollproduktion gezüchtete Angorakanin oder der Biber. Selbst die Haare des Fischotters, eines Vertreters der Marderfamilie waren schon begehrt. Jetzt steht der Fischotter unter Schutz und ist in vielen Regionen nicht mehr zu finden:

ANGORA [WA]

Das Angorakaninchen (Angorakanin, auch Seidenhase, Kaschmirkaninchen, Rupfhase) stammt vom domestizierten Kaninchen der Alten Welt ab und hat eine Besonderheit: Sein Haar wächst doppelt so schnell wie beim normalen Kaninchen. Die Langhaarigkeit des Angorakaninchens beruht auf einer Mutation. Als Züchtung ist das Tier anfällig gegen Krankheiten. Die intensive Haltung in halbdunklen Ställen und Einzelkäfigen bedarf peinlichster Sauberkeit, um unverworrene Wolle zu erhalten. Die Tiere werden bis zu viermal im Jahr geschoren. Der Ertrag eines erwachsenen Angoras kann bei bis zu 1,5 kg Fasern im Jahr liegen. Mit dem Durchmesser von 14–16 Mikron gehört Angora zu den feinsten Tierhaaren. Es ist sogar noch leichter als Kaschmir. In den Fasern befinden sich viele mit Luft gefüllte Hohlräume (Markkammern). Das bedeutet zum einen sehr wenig Gewicht, zum anderen bestes Warmhaltevermögen. Da reines Angorahaar aber oft als zu warm empfunden wird und die Textilien zudem wenig dicht sind, wird Angora meist mit anderen Fasern, speziell Merino, gemischt. Angorawolle kann 60 % seines Eigengewichts an Feuchtigkeit aufnehmen, deshalb ist die Faser gut einzufärben.

Angorawolle kommt aus diversen europäischen Ländern, auch aus Deutschland. China liefert jedoch ca. 90 % des gesamten weltweiten Angebots an Angorafasern. Das Land ist jedoch in Verruf geraten, weil statt zu scheren, Lebendrupf stattfindet, bei dem den um Hilfe schreienden, fest in einem Gerät fixierten Kaninchen die Haare mit der Wurzel ausgerissen werden, um möglichst viel Haar pro Tier zu erhalten. Die Tierschutzorganisation *PETA* hat davon Videos publiziert, nach deren Erscheinen etliche Textilunternehmer die Verträge mit chinesischen Erzeugern gekündigt haben, darunter *H&M* und *C&A*.

Einsatz

- hochwertige Unter- und Gesundheitswäsche
- als Mischungspartner mit anderen Wollen in Strickwaren
- Handstrickgarne, meist in Mischungen

Fotos: l.: Medima; r.: iStock.com/Sucek

Biber

Der legendäre City-Hut aus Hasenhaarfilz von Borsalino über Manufactum (www.manufactum.de).

Fischotter

BIBER [WB]

Biber gehören zur Ordnung der Nagetiere. Sie sind die zweitgrößten lebenden Nagetiere der Erde. Die Familie besteht heute aus einer einzigen Gattung (*Castor*), die sich in zwei Arten aufteilt:

- **Europäischer Biber** (*Castor fiber*), auch **Eurasischer Biber** genannt, und
- **Kanadischer Biber** (*Castor canadensis*).

Historische Quellen legen nahe, dass Biberfell schon von *Alexander dem Großen* (356–323 v. Chr.) geschätzt wurde. Auch *Karl der Große* trug Biberfelle als Pelzkleidung. Interessante Handelsware wurden sie jedoch erst im Mittelalter. Die besten Pelze wurden für Kleidungsstücke verwendet, minderwertigere oder beschädigte dienten zur Filzhutproduktion.

Biberhaar kommt vom Unterfell der Tiere und wird durch Scheren der Pelze gewonnen. Sie waren das unverwüstliche Material des berühmten Kastorhutes (→ *Kasten „Hutgeschichten", rechts*). Der seit dem 17. Jahrhundert existierende kanadische Handelsgigant *Hudson's Bay Company*, der 2015 die Kaufhauskette *Kaufhof* übernahm, führt den Biber als Wappentier und nannte sein Handelshaus in London „Beaver-House".

Einsatz

- Nur Filzhüte

FISCHOTTER [WT]

Das Mardertier sollte nur aus historischen Gründen erwähnt werden, weil er ein vom Aussterben bedrohtes, geschütztes Tier ist, das nicht aus kommerziellen Gründen bejagt werden darf. Heute gewähren ihm nationale Gesetze wie das Naturschutzgesetz ebenso Schutz wie internationale Vereinbarungen. Beim *Washingtoner Artenschutzübereinkommen (WA)* ist der Fischotter im *Anhang I* geführt. Das bedeutet, dass weder die Tiere noch ihre Produkte international gehandelt werden dürfen.

Zu seiner Dezimierung beigetragen hat neben seinem beliebten Fell die Tatsache, dass man in früheren Zeiten Fischotter zu den Fischen zählte, die von Christen am Fastentag Freitag gegessen werden durften. Darüber hinaus wurde sein Unterfell geschoren und ebenso wie das Biberunterhaar zur Produktion von Filzhüten verwandt.

TIPPS zu den Abkürzungen

Abkürzungen der Materialien tierischen Ursprungs in alphabetischer Reihenfolge:

HA	Haar	**WL**	Lama
HR	Rinderhaar	**WM**	Mohair
HS	Rosshaar	**WO**	Wolle
HZ	Hausziegenhaar	**WP**	Alpaka
SE	Seide	**WS**	Kaschmir
WA	Angora	**WT**	Fischotter
WB	Biber	**WU**	Guanako/ Huanako
WC	Cashgora	**WV**	Schurwolle
WG	Vikunja	**WY**	Yak/Jak
WK	Kamel		

Fotos: l.: gila/PIXELIO; r.o.: manufactum; r.u.: Andreas-Zöllick/PIXELIO

Hutgeschichten: Von Borsalinos, Stetsons und Kastorhüten

Ein Italiener in Paris

Giuseppe Borsalino wurde 1834 in Alessandria, Italien, geboren. Nach einigen Lehr- und Aushilfsjahren fand er eine Anstellung beim Hutmacher und „Melonen"-Spezialisten *Berteil* in der *Rue du Temple* in Paris wo er sich in sieben Jahren zu einem hoch qualifizierten Hutmachermeister ausbilden ließ. Nach Italien zurückgekehrt eröffnete er zusammen mit seinem Bruder *Lazzaro* seine erst Werkstatt in einem Hinterhof der *Via Schiavina* in Alessandria. Hier beginnt die Erfolgsgeschichte und entsteht der Stoff der Legende. Um seinen Betrieb in die Zukunft zu führen, importiert er Maschinen aus England, die die Hutmacherei revolutionieren sollten. Die Legende besagt weiter, dass er bei einem Besuch der Battersby Hutmanufaktur in London sein Taschentuch in einen „Teertopf" getaucht habe und so das englische Geheimnis für die Fertigung perfekter Bowlerhüte nach Italien gebracht habe.

Als *Giuseppe Borsalino* 1900 stirbt, übernimmt sein Sohn *Teresio* und steigert die Hutproduktion innerhalb weniger Jahre von 2.800 Stück pro Tag auf die Rekordzahl von 2 Mio. Hüten im Jahr 1920. In diesem Jahr gewinnt das Unternehmen den Grand Prix auf der Weltausstellung in Paris. In der Zusammenarbeit mit dem ebenfalls ausgezeichneten Maler, Illustrator und Grafiker *Marcello Dudovich* erringen die Werbefotos einen Spitzenrang in ihrer Zeit. Es gibt kaum einen Filmstar von Weltrang oder einen hochrangigen Politiker, der keinen Fedora trägt, das klassische superleichte Modell aus Biberhaar mit Seidenfutter und klassischem Ripsband. Sogar ein Film mit *Alain Delon* trug den Namen Borsalino, der den Namen des Schauspielers lebenslang untrennbar mit dem Hut verband.

Heute ist Borsalino eine kleine, aber sehr feine Hutmanufaktur, die noch immer auf traditionelle Weise individuelle Hüte aus edelsten Materialien fertigt, längst nicht mehr nur aus Biber oder Kanin, aber immer auf höchstem Niveau. Es gab und gibt kaum ein berühmtes Haus zwischen New York und Tokyo, das keine Borsalinos verkauft, und heute tragen die Reichen und die Schönen aus aller Welt wieder ihren Borsalino. 2007 zu ihrem 150. Geburtstag schrieb die Manufaktur in ihre Festpublikation: In der Vergangenheit haben wir Generationen neuer Stile kreiert – heute kreieren wir den Stil der neuen Generationen.

Auf der anderen Seite des Großen Teichs …

John Batterson Stetson wurde am 5. Mai 1830 in East Orange, New Jersey geboren. Sein Vater, *Stephen Stetson,* war ein erfolgreicher Hutmacher, der die „No Name Hat Company" betrieb. Sie war für ihre hervorragende Qualität bekannt und der junge *John B.* lernte das Handwerk von Kindesbeinen auf. Man erzählte sich, dass die No Name Company Hüte für *George Washington* fertigte. 1860 ging *John B.* nach Westen, um Linderung für seine Tuberkulose zu finden, aber er suchte auch sein Glück beim Goldschürfen am Pike's Peak. Gegen die Unbilden der Natur baute er ein wasserdichtes Zelt aus verfilztem Biberpelz und entwickelte einen ersten Hut, der seinen Kopf schützen sollte. Das war das Urmodell des „Boss of the plains", ein Westernhut, der zum Eckstein des Stetson Hutgeschäftes werden sollte und noch heute produziert wird.

Als Beweis, dass sein Hut besser war als die Konkurrenz, schickte er jedem Händler im Südwesten der USA einen „Boss of the plains" mit der Aufforderung zu, davon doch ein Dutzend zu bestellen. So kam es, dass Stetson im frühen 20. Jahrhundert die größte Hutfabrik der Welt führte. Auftrieb für den Erfolg bekam das Unternehmen auch durch seine prominenten Träger wie *Buffalo Bill, Calamity Jane* und andere.

1925 waren in 25 Fertigungsbetrieben 5.400 Menschen beschäftigt, die 3,3 Mio. Hüte im Jahr produzierten. 10.000 Einzelhändler und 150 Großhändler sorgten für den Verkauf, davon bereits mehr als 1.100 außerhalb der USA.

Nach dem Zweiten Weltkrieg musste „Mann" schon Hut tragen, wenn man etwas darstellte. Die Reihe von berühmten Stetson-Trägern ist endlos. 1955 produzierte das Unternehmen den aufwendigsten und kostbarsten Hut der Welt. 43 Arbeiter arbeiteten mehr als ein Jahr an seiner Fertigstellung des Hutes, der damals 1.500 USD wert war: Er war aus Biberhaar, mit einer doppelten Schnur aus Sterlingsilber und einem goldenen Longhorn Stierkopf geschmückt. Er wurde in Australien, Kolumbien, Deutschland, Mexiko, Neuseeland und Japan gezeigt.

An einem kalten Morgen leitete 1961 ein berühmter Mann den Niedergang der Hut-Ära ein. *John F. Kennedy* hielt seine Rede im Freien und ohne Hut. Der Hut wurde damit vom „Muss" zum freiwilligen Accessoire degradiert, was das Aus für die meisten Hutfabriken bedeutete. 1965, zu seinem 100. Jubiläum, schrieb der damalige Präsident des Unternehmens in die Festschrift: „Ich glaube, dass man ohne große Übertreibung sagen kann, dass Amerika unter einem Stetson groß geworden ist …" 1980 schloss die letzte eigene Fertigung und Stetson stellte sein Geschäft in ein Partnerschaftskonzept um, sodass Stetsons für die jeweiligen Märkte der Welt im traditionellen Geist noch weiter produziert werden.

Der Kastorhut als Prestigeobjekt

Nicht ohne Grund ist der Biber (Castor) das Wappentier der Hutmacher. Die Verwendung des Haarfilzes geschorener Biberfelle für Kopfbedeckungen in Europa reicht bis ins 16. Jahrhundert zurück und wurde im 17. Jahrhundert durch den Fellimport holländischer Siedler aus Nordamerika verstärkt. Um 1780 trugen erstmals englische Landadlige den schwarzen Filzhut mit hohem, zylindrischem Kopf und mehr oder weniger breiter Hutkrempe, gefertigt aus dem weichen Unterhaar des Biberfells.

Das Biberhaar verfilzt sehr gut, ist leicht und wasserundurchlässig und man sagt dem Material eine außergewöhnliche Haltbarkeit nach. Einer historischen Quelle nach sollen Kastorhüte „so dauerhaft gewesen sein, dass man sie, wenn sie abgetragen waren, nach La Rochelle zurückschickte, wo sie für den Verkauf nach Spanien aufbereitet wurden. Aber auch von dort kehrten sie nach La Rochelle zurück, um dieses Mal für Brasilien zurechtgemacht zu werden. Schließlich sollen die gleichen Filzhüte als Tauschware der Portugiesen an der afrikanischen Negerküste gelandet sein!".

Das edle Material sollte nicht dadurch heruntergesetzt werden, dass „Creti und Pleti" oder reiche Emporkömmlinge diese Hüte ebenfalls trugen. Kastorhüte galten im 17. Jahrhundert als so kostbar, dass man „ganze Castorhüte", also solche aus 100% Biberhaarfilz, sogar dem ersten Stand zu tragen verbot. In der Danziger Ordnung von 1642 heißt es, „vornehmen Bürgern, Kaufleuten, so in Grosso handeln und dergleichen Standespersonen" seien „kostbare Castorhüte" untersagt. Die Stettiner Kleiderordnung von 1634 hatte bereits verfügt: „Gantze Kastor-Hüte […] sein in allen Ständen gäntzlich abgethan."

Bei einem halben Kastorhut bestanden nur 50 % des Filzes aus Biberhaaren, entsprechend gab es auch Viertelkastorhüte. Diese halben Kastorhüte ließ die Stadt Braunschweig 1630 für den ersten Stand zu. Den anderen Ständen wurden sie bei Geldstrafe ausdrücklich verboten.

Später wurde die auch „Biberhut" oder „hoher Hut" genannte Kopfbedeckung zum Gesinnungszeichen der Französischen Revolution und fand in allen westlichen Ländern Verbreitung. Damenhüte wurden mit zusätzlicher Verzierung geschmückt, beispielsweise mit Federn. Ab 1830 verdrängten Seidenhüte den Kastorhut und es entstand der wesentlich niedrigere Zylinder.

Auch in der damaligen Literatur wird der „Castorhut" immer wieder erwähnt von *Clemens von Brentano* über *Freiherr von Knigge* und *Fontane* bis *Dostojewski*. Am Frankfurter Römerberg gab es unter der Nr. 32 sogar ein Barockhaus mit dem Namen „Englischer Castorhut", es wurde bei einem Straßendurchbruch 1904/05 jedoch abgerissen.

Auch heute noch sieht man in Tokio Geishas in Kimonos aus kostbarer Seide.

Seidengewebe

Seide – Synonym für Verführung

Noch immer beschwört allein der Begriff die Vorstellungen vom Vornehmen, von Kostbarkeit und Überfluss herauf. Seide ist ein teures Material, das seinen Preis wert ist. Nicht so kuschelig wie Wolle und nicht so anspruchslos wie Baumwolle ist sie wie eine Liebkosung auf der Haut und schmeichelt ihrem Träger. Seide ist ein ganz besonderer Stoff und steht für Prestige schlechthin.

Um die Seide ranken sich viele Legenden. Chinesische Kaiser vor einigen Tausend Jahren, der edle teure Stoff und die geheimnisvolle Entstehung der Fäden selbst liefern perfekte Zutaten für Geschichten, die die Fantasie anregen. Lehrte eine „Gottheit" die Menschen, Seide zu gewinnen? War es eine Kaiserin, die Raupen beim Verspinnen beobachtete und der ein Kokon in die Teetasse fiel, worauf sie Fäden gewinnen konnte? Durch archäologische Funde weiß man, dass es Seide, wie wir sie kennen, mindestens seit dem 3. Jahrtausend v. Chr. gibt und dass sie aus China stammt.

GEHEIMNISVOLLES HANDELSGUT

Schon frühzeitig brachten Händler sie über die *Seidenstraße* (→ *Kasten „Historische Handelswege", S. 73*) nach Westen, die berühmte Karawanenstraße und älteste Handelsverbindung zwischen Asien und Europa. Ihren Namen erhielt sie erst spät, in der Mitte des 19. Jahrhunderts, durch den deutschen Geografen *Ferdinand von Richthofen.* Seide zählte zu den wichtigsten Gütern, galt gar als Zahlungsmittel. Aber auch anderes, wie technisches Wissen, Religionen, selbst Krankheiten wie die schwarze Pest fanden ihren Weg durch die unwirtlichen Regionen, durch Wüsten und Hochgebirge. Die Seidenstraße verband unterschiedliche Kulturen, man könnte sie als die erste Etappe der Globalisierung bezeichnen – und das vor mindestens 2.000 Jahren. Heute wird Seide in vielen Ländern hergestellt, die wichtigsten Erzeuger sind nach wie vor Länder in Asien. Mit fast 90 % ist China wieder der Hauptexporteur von Seide, gefolgt von Indien, Japan, Zentralasien und Brasilien. Weltweit werden jährlich mehrere Hunderttausend Tonnen Rohseide produziert, davon für die textile Nutzung weniger als 0,2 % der gesamten Weltfaserproduktion.

NATÜRLICHE MEISTERSPINNER

Seide ist die einzige tierische Endlosfaser. Sie wird aus den Kokons von Seidenfaltern gewonnen. Verschiedene Schmetterlinge produzieren Seidenkokons, der wichtigste aber ist der von den Menschen schon vor Tausenden Jahren domestizierte *Maulbeerspinner (Bombyx mori).* Aus seinen Eiern schlüpfen die Raupen, die zunächst zwei Millimeter groß sind, aber rasend schnell wachsen, weil sie riesige Mengen der Blätter des Maulbeerbaumes fressen – daher der Name. Etwa einen Monat lang schlemmt sich die Raupe durch die Blätter, häutet sich in dieser Zeit viermal und erreicht das 25-Fache ihrer Ursprungsgröße, hat das 40.000-Fache ihres Schlüpfgewichts an Maulbeerblättern konsumiert und ihr Körpergewicht 10.000-fach gesteigert. Ca. 40 % ihres Gewichts beansprucht die gefüllte Spinndrüse. Sie hat in etwa die Größe eines Mit-

Fotos: l.: Naomi Hasegawa/Fotolia; r.: iStock.com/de-kay; u.: qayyaq/PIXELIO

Rohseide

telfingers. Dann beginnt der nächste Schritt der Entwicklung – die Verpuppung. Die Raupe hat an der Unterlippe eine sogenannte Spinnwarze, die aus zwei Spinndrüsen besteht. Aus ihnen presst die Raupe drei Tage lang pausenlos zwei Fäden. Pro Minute entstehen so 15 m Faden. Sie kleben zusammen und sind vom sogenannten Seidenbast (Seidenleim: Sericin) umhüllt. Sie sind etwa 1.500 m lang. Während des Spinnens bewegt das Tier den Kopf ständig in Form einer Acht – insgesamt etwa 300.000-mal – und baut so den Kokon.

Der Rest ist schnell erzählt. Nach 14–20 Tagen hat sich der Schmetterling entwickelt, scheidet eine Flüssigkeit aus, die die Kokonfäden zerstört, und schlüpft. Die Tiere paaren sich. Zuerst stirbt das Männchen, dann legt nach etwa einer Woche das Weibchen die Eier und stirbt ebenfalls. Der Kreislauf der Natur beginnt von Neuem.

GEWINNUNG: ALLES WIRD VERWENDET

Um unversehrte Seide zu gewinnen, wird die weitere Entwicklung zum Schmetterling unterbrochen. Die Kokons werden in der Sonne oder im Ofen getrocknet, in dieser Zeit stirbt die Raupe ab. Zur Entfernung des Seidenleims werden die Kokons gekocht. Danach kann der Seidenfaden abgehaspelt werden. Rotierende Bürsten fangen den Anfangsfaden. Die beste Qualität der Seide enthält der mittlere Teil des Kokons. Weil die einzelnen Fasern zu dünn wären, werden die Fäden mehrerer Kokons (3–8) lose miteinander verdreht – es entsteht der *Rohseidenfaden*, *Grège* genannt. Dieser kann bereits weiterverarbeitet werden. Um den typischen Seidenglanz zu erhalten, muss die entstandene Rohware allerdings vor dem Färben noch einmal „entbastet", d. h. von den Resten des Seidenleims befreit werden. Die Seide verliert bei diesen Prozessen ca. 20 % an Gewicht, was man früher durch den Zusatz von Metallsalzen (Fachausdruck: „erschweren") größtenteils ausgeglichen hat. Heute benutzt man dafür andere, ungefährlichere chemische Substanzen.

Die äußeren und die stark verklebten inneren Fäden der Kokons sind weniger wertvoll. Diese kürzeren Fadenabschnitte werden zu *Schappeseide*, z. B. für Nähgarn, aber auch zu Modestoffen verarbeitet. Was bei der Produktion von Schappeseide übrig bleibt, nennt man *Bourretteseide*. Die kurzen Fasern haben Knötchen und sind sehr unregelmäßig. Die daraus entstehenden

Historische Handelswege zu Wasser und zu Land

Ein Fernhandel mit chinesischer Seide existierte schon zu Beginn der Zeitrechnung. Zwar gab es in Griechenland die sogenannte *Koische Seide*, die Seide des Pistazienspinners, die *Pamphilia von Kos* zugeschrieben wird, aber diese war den feinen römischen Damen zu grob. Sie wurde durch feinere und dünnere chinesische Seide verdrängt.

Die chinesische Seide gelangte über mehrere Handelsstationen nach Rom. Der Hauptteil des Weges ging über das Meer. Chinesische Händler brachten die Seide zu den Häfen von Sri Lanka, dort übernahmen indische Händler das Geschäft. Arabische und griechische Händler wiederum kauften die Seide an der südwestlichen Küste des indischen Halbkontinents. Von dort ging es zur Inselgruppe Sokotra im nordwestlichen Indischen Ozean. Von Sokotra aus wurde die Seide in der Regel zu dem antiken ägyptischen Rotmeerhafen Berenike gebracht, von wo aus Kamelkarawanen sie anschließend über Land weiter bis zum Nil transportierten, wo die Fracht erneut mit Schiffen bis nach Alexandria gelangte. Hier kauften sie überwiegend römische Händler auf, die die Seide schließlich in das Gebiet des heutigen Italien importierten.

Charakteristisch für diesen Fernhandel war, dass chinesische Händler selten westlich von Sri Lanka in Erscheinung traten, indische Händler nur den Zwischenhandel bis zum Roten Meer übernahmen und römische Händler sich auf den Handel zwischen Alexandria und dem Römischen Reich begrenzten. Griechische Händler hatten dagegen den größten Anteil an diesen Transaktionen und handelten Seide von Indien bis an die italienische Küste. Es dauerte ungefähr 18 Monate, bis Seide vom Süden Chinas die italienische Küste erreichte.

Die Geburt der Seidenstraße

Ein Handel auf dem Landweg, über die Seidenstraße, setzte sich erst im 2. Jahrhundert n. Chr. langsam durch. Der Beginn regelmäßigen Handels über die Seidenstraße wird meist mit ca. 100 v. Chr. angegeben. Man vermutet, dass der chinesische Kaiser *Wu Di* einen Gesandten zum Anknüpfen von Handelsbeziehungen in die Königreiche Zentralasiens geschickt hatte. Dieser Zeitpunkt wird oft auch als Beginn der Öffnung Chinas zum Westen bezeichnet. Diese Handelsroute war deutlich komplexer und der genaue Weg verschob sich entsprechend den jeweiligen politischen Verhältnissen, sodass es in Zentralasien ein ganzes Netz von Karawanenrouten gibt. Typische Umschlagplätze der Seide waren Herat im heutigen Afghanistan, Samarkand (heute Usbekistan) sowie Isfahan im heutigen Iran. Während beim Seehandel griechische Händler eine große Rolle spielten, dominierten jüdische, armenische und syrische Zwischenhändler den Handel über den Landweg.

Neben der Seide wurden auf der Seidenstraße Pelze, Keramik, Porzellan, Jade, Bronze, Lacke und Eisen, Gewürze, Aromastoffe und Medikamente transportiert. Als „Nebenprodukte" verbreiteten sich auch Religion und Kultur. So gelangte der Buddhismus aus Indien über die Seidenstraße bis nach China und Japan, auch das Christentum drang über die Seidenstraße bis nach China vor. Auch Technologietransfer gab es damals schon. So nahm die Kenntnis von Papier, Buchdruck und Schwarzpulver sowie der Steigbügel von China aus über die arabischen Länder ihren Weg nach Europa.

Fotos: l.: Dieter Schütz/PIXELIO; r.: istock.com/Hakule

Schmetterlinge: Die Seidenspinner legen Eier, aus denen winzige Raupen schlüpfen.

Eine Raupe spult aus speziellen Drüsen am Maul einen Kokonfaden ab.

Die Seidenspinnerraupen erreichen nach 21 Tagen die Größe eines Mittelfingers.

Die Raupe beginnt mit dem Verpuppen.

Der Weg der Seide

Textilien sehen nicht wie Seidenstoffe aus, sind gröber und noppiger und ähneln eher Leinenstoffen. Dennoch haben sie ihren eigenen Charme und ein eher sportives und wie von Hand gewebtes Aussehen, was im Auf und Ab der Modetrends immer wieder Interesse findet und unter dem Aspekt der Ressourcenschonung auch nachhaltige Aspekte bedient. Die Reste der Kokons mit den abgestorbenen Raupen werden wegen ihres hohen Proteingehaltes zu hochwertigem Tierfutter.

GEFALTETE EIWEISSSTRÄNGE

Jeder der beiden Fäden der Rohseide hat innen einen Kern aus ungeordneten Molekülen der Eiweißsubstanz Fibroin. Sie haben einen fast dreieckigen Querschnitt und werden von einer dünnen Schicht Sericin zusammengehalten. Um den Kern herum liegt die Faserschicht, zusammengesetzt aus längs ausgerichteten Fibrillenbündeln, die sich ihrerseits aus Mikrofibrillen zusammensetzen. Die Mikrofibrillen liegen in einer „Faltblattstruktur" vor, in der die Molekülketten über Peptidbrücken miteinander verbunden sind, was Elastizität und Festigkeit eines Seidenstoffs erklärt. Der dreieckige Querschnitt der Einzelfasern reflektiert das Licht wie von einem Prisma, was dem Material den typischen Schimmer und Glanz verleiht. Die Sericinschicht, die nach außen ebenfalls von einer Haut umgeben ist, besteht aus wasserlöslichem Eiweiß und enthält Farbpigmente. Deshalb ist die Seide nach dem Waschen reinweiß. Der Kokon der Maulbeerspinner ist weiß bis gelb oder orange-gelb.

Was tun, wenn's juckt

Neurodermitis-Patienten haben es schwer – nicht nur, weil ihre Krankheit äußerst unangenehm und es noch nicht gelungen ist, das Übel an der Wurzel zu packen. Auch der Kauf von Textilien macht ihnen häufig kaum Spaß, können sie doch oftmals vorher nicht wissen, wie ihre Haut reagieren wird.

In den „Empfehlungen für den Textilkauf für Patienten mit Neurodermitis und empfindlicher Haut" der *Hohensteiner Institute* heißt es zu Seide, dass sie in der Regel keine Hautirritationen verursacht. Aber die Kunden sollten nur bastfreie (sericin-freie) Seide kaufen, da *Sericin* (Seidenbast) Allergien verursachen kann.

WILDSEIDE 1.0 – TUSSAHSEIDE VOM JAPANISCHEN EICHENSEIDENSPINNER

Ursprünglich stammt die Seidenspinnerart, deren Seide *Tussah* genannt wird, aus Japan. Im Zuge der kommerziellen Raupenzucht zur Seidenherstellung gelangte sie jedoch auch nach Europa.

Der *Japanische Eichenseidenspinner (Antheraea yamamai)* hat eine Flügelspannweite von 14 Zentimetern und gehört damit zu den größten Schmetterlingen, die auf dem europäischen Kontinent anzutreffen sind. Seinen Namen hat er, weil sich die grünen, etwa 80–90 Millimeter langen Raupen hauptsächlich von Eichenblättern ernähren. Er verschmäht aber auch Blätter vieler anderer Bäume nicht. Auf den Bäumen verspinnen sie sich auch in ihren Kokon, der meist eine leicht bräunliche Farbe aufweist. Die genaue Tönung hängt von der Nahrung ab, welche die Raupe zu sich nahm.

Gewinnung und Verarbeitung

Eichenblattspinner sind nicht domestiziert, Tussahseide gehört zu den Wildseiden. Im Gegensatz zu Maulbeerseide werden die Kokons erst gesammelt und abgewickelt, wenn der Schmetterling den Kokon

Fotos: o.: Ratti Spa Archiv; r.u.: mathisa/Fotolia

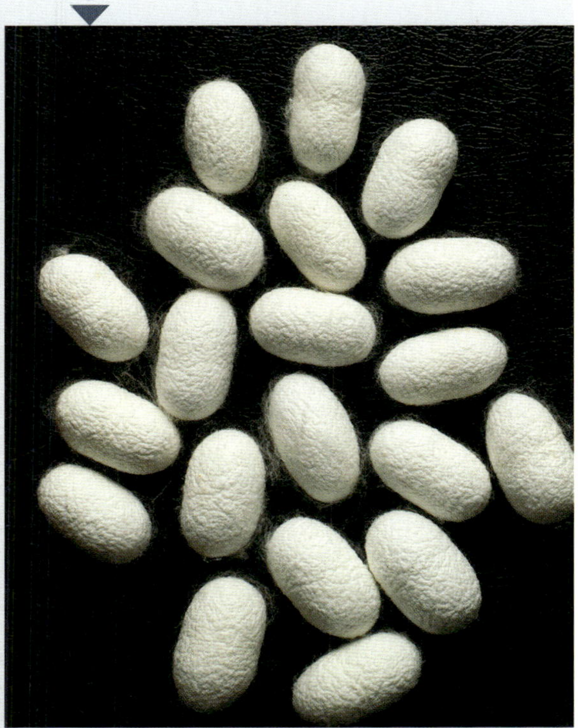

Aus 3.000 Kokons entstehen 250 Gramm Seidenfaden.

verlassen hat. Sie beschädigen beim Schlüpfen den Kokon, weshalb der Seidenfaden nicht mehr in einem Zug abgewickelt werden kann. Stattdessen werden die kürzeren Faserabschnitte der Tussahseide im Kammgarnverfahren verarbeitet. Ihre Gesamtlänge steht mit 1.200–1.400 m der Ausbeute an Maulbeerseide kaum nach. Beim Verspinnen ergeben sich leichte Unregelmäßigkeiten an den Garnen, die zu einer etwas gröberen, geflammten Struktur bei Geweben aus Tussahseide führen.

Im Gegensatz zur reinweißen Maulbeerseide ist der Seidenfaden des Eichenseidenspinners durch Gerbsäure angefärbt. Der Faden ist zudem ein wenig stärker. Der Falter stößt bei der Verpuppung zwei Strahlen aus, in denen das Fibroin und der Seidenleim gemischt sind, deshalb lässt sich das Sericin auch nicht rückstandslos entfernen. Aufgrund ihrer natürlichen Färbung und ihrer starken Verbastung ist Tussahseide auch schwieriger zu bleichen als Maulbeerseide. Sie ergibt daher keine reinweiße Seide, weist aber oft eine natürliche attraktive Goldfärbung auf. Farbstoffe nimmt diese Wildseide ebenso gut an wie Haspelseide. Die Qualität der Seide ist stark abhängig vom Klima und der Nahrung während des Wachstums.

WILDSEIDE 2.0 – FAGARASEIDE VOM ATLASSPINNER

Fagaraseide ist eine Naturseide, die vom *Atlasspinner (Attacus atlas)* geliefert wird, der in ganz Ostasien beheimatet ist und zur Familie der Pfauenspinner gehört. Wie bei der Tussahseide werden die Kokons erst abgehaspelt, nachdem der Falter bereits geschlüpft ist.

Mit einer Flügelspannweite von 25–30 Zentimetern gehört der ostasiatische *Atlasspinner* zu den größ-

Lucca, Krefeld und die Seidenbarone

Den Chinesen war es bei Todesstrafe verboten gewesen, die Seidenraupen oder ihre Eier außer Landes zu bringen. Um das Jahr 550 herum gelang es jedoch angeblich zwei Mönchen, einige Eier zum *Kaiser Justinian I.* nach Konstantinopel zu schmuggeln. Es ist jedoch fraglich, ob die Eier des Seidenspinners diese lange Reise überstanden hätten. Jedenfalls wird dieser Zeitpunkt als Start der Seidenproduktion außerhalb Chinas angenommen.

Rasch etablierten sich in Europa eine Reihe von Regionen als Zentren der Seidenproduktion und der Seidenfärberei. Die norditalienische Stadt **Lucca** verdankte ihren Einfluss und ihre Macht im 13. Jahrhundert beispielsweise der Blüte ihrer Seidenindustrie mit ihren mechanischen, wasserkraftgetriebenen Seidenzwirnmühlen. Die Farbenpracht der Färber aus Lucca galt in Europa als unübertroffen. Politische Unruhen zu Beginn des 14. Jahrhunderts führten dazu, dass sich Textilhandwerker aus Lucca in Venedig niederließen und es dadurch zu einem Know-how-Transfer kam, der aus Lucca wieder eine unbedeutende Provinzstadt machte und den Stern Venedigs aufgehen ließ.

Vom 17. bis 19. Jahrhundert hatte neben Zürich und Lyon auch die Stadt **Krefeld** am linken Niederrhein eine bedeutende Seidenindustrie, die von der Familie *von der Leyen* dominiert wurde. Sie war 1656 wegen ihres mennonitischen Glaubens aus Radevormwald vertrieben worden. *König Friedrich II.* verlieh 1763 der Familie *von der Leyen* Monopolrechte für die Seidenproduktion, was die Konkurrenz aus der Stadt trieb. Etwa 4.000 Bürger, das war die Hälfte der Einwohnerschaft, sollen zu dieser Zeit für die *von der Leyens* gearbeitet haben. Zu den berühmtesten Kunden gehörten neben dem preußischen *König Friedrich II.* auch der französische *Kaiser Napoleon*. Die Stadt Krefeld wird aufgrund der Seidenstoffproduktion während des 18. und 19. Jahrhunderts noch immer als „Samt- und Seidenstadt" bezeichnet.

Es war *Adolf von der Leyen*, der eine ganze Dynastie von Seidenfabrikanten und den Weltruf Krefelds als Seidenzentrum begründete. In diesem Zusammenhang entstand auch der Begriff **Seidenbaron** für Seidenfabrikanten, die es im 18. Jahrhundert zu großem Ansehen und Reichtum gebracht hatten. Sie waren unabhängig und einflussreich, auch politisch. Es war also die ökonomische Leistung, die die Ursache für den Ehrentitel „Seidenbaron" war, nicht die Erhebung in den Adelsstand, wenngleich der Enkel *Adolf von der Leyens* tatsächlich zum Freiherren ernannt wurde.

Nicht nur die Unternehmer waren reich und zeigten sich wohltätig, auch ihre Arbeiter verdienten gut. Typisch für Krefeld sind die wunderschönen historischen Parkanlagen, die Schenkungen reicher Textilfabrikanten zu verdanken sind. Einer der großzügigsten Stifter war dabei der Seidenbaron *Friedrich Heinrich von der Leyen*. Dennoch kam es 1828 auch in Krefeld im Rahmen der wachsenden Unzufriedenheit der deutschen Weber zu Aufständen der Seidenweber. Sie protestierten gegen die Lohnkürzungen der Firma *von der Leyen*.

Zu Beginn des 20. Jahrhunderts hatten sich vor dem Ersten Weltkrieg einige Krefelder Textilunternehmen zu den *Vereinigten Seidenwebereien* zusammengeschlossen. Zwei der Direktoren ließen den berühmten Bauhausarchitekten *Mies van der Rohe* nicht nur das Verwaltungsgebäude der Verseidag, sondern auch ihre Privatvillen bauen. Die Häuser Lange und Esters dienen heute als Museen und Ausstellungsfläche für die reichhaltige und hochklassige Kunstsammlung.

Ein Teil des Unternehmens hat alle Textilkrisen gegen Ende des vergangenen Jahrhunderts überlebt und produziert und vertreibt heute erfolgreich technische Textilien.

Foto l.u.: Rosel Eckstein/PIXELIO

Entschälen und Verzwirnen von Hand

Seidenfabrik

Kokonsortierung

ten Schmetterlingsarten der Welt. Die Raupen des Nachtfalters wachsen bis auf eine Länge von etwa 11,5 Zentimetern heran. Sie tragen eine charakteristische blaugrüne Färbung und pudrige Fortsätze auf dem Rücken, die ihnen ihr typisches Aussehen verleihen. Die Lebenserwartung des Falters ist kurz: Die ausgewachsenen Tiere können keine Nahrung zu sich nehmen und leben daher nur etwa zwei Wochen.

Gewinnung und Verarbeitung

Die Raupen des bräunlichen Schmetterlings spinnen sich zur Metamorphose in einen etwa 3 mal 8 Zentimeter großen Kokon ein. Im Gegensatz zu den Kokons anderer Seidenspinnerarten besteht der Kokon des Atlasspinners nicht aus einem langen Faden, sondern aus vielen kurzen Fäden. Aufgrund der sehr kurzen Fasern des Kokons kann die Seide nicht in einem Zug abgehaspelt werden, sondern muss vor der weiteren Verarbeitung erst zu einem einheitlichen Garn versponnen werden. Fagaraseide erhält dadurch eine eher raue Oberflächenstruktur, wirkt gröber als Maulbeerseide und besitzt weniger Glanz.

Fagaraseide ist bräunlich gefärbt und etwas dicker als die Naturseide anderer Seidenspinnerarten. Ihre wirtschaftliche Bedeutung ist allerdings eher gering, da sie nur mit sehr geringer Ausbeute gewonnen wird. Verarbeitet wird Fagaraseide vor allem in der Schappespinnerei, einem Verfahren, bei dem der Mittelteil des Kokons genutzt wird.

BIO-SEIDE: AUFWENDIG UND SCHWIERIG IN GERINGEN MENGEN

Bei Bio-Seide geht es nicht nur um die Tiere, sondern vor allem um ihre Nahrung, die biologisch kontrolliert angebaut werden muss. Es gibt Projekte in China, in denen Maulbeerbäume kontrolliert biologisch angebaut werden. Das heißt, dass keine Pestizide eingesetzt werden. Das kann zu großen Ausfällen führen, denn die Blätter sind für andere Insekten ebenfalls attraktiv. Zudem sagt man, dass die Raupen im konventionellen Bereich hormonell behandelt würden, um größere Kokons zu spinnen – dies verbietet sich bei der Öko-Zucht von selbst. Bisher gibt es daher nur geringe Mengen kontrolliert biologisch gewonnener Seide auf dem Markt.

Im englischen Sprachraum gilt die meist in tropischen und subtropischen Wäldern „gesammelte" Wildseide als Öko-Seide, „Organic Silk" genannt. Die Begrün-

TIPPS zur Pflege von Seide

Ob ein Seidentextil in die Waschmaschine darf, hängt nicht nur vom Rohstoff ab, sondern auch von der Verarbeitung und der Ausrüstung. Deshalb gilt hier besonders: Pflegehinweise genau beachten.

- Spezielles Seidenshampoo verwenden, auf keinen Fall ein Waschmittel nehmen, das Bleichmittel enthält.
- Im Handwaschbecken drei bis fünf Minuten in lauwarmem Wasser einweichen. Dunkle und bedruckte Seide nur kurz in kaltes Wasser legen, nicht einweichen.
- In der Zeit den Stoff leicht hin- und herbewegen, nicht drücken oder wringen.
- Mit kaltem Wasser gut ausspülen. Beim letzten Spülbad einen Teelöffel Essig hinzugeben.
- Die Seide zum Vortrocknen kurz in ein trockenes Handtuch einrollen.
- Liegend trocknen, bis sie „bügelfeucht" ist. Niemals in die Sonne legen, auch das schädigt Seide.
- Auf links bügeln, mäßige Temperaturen, nicht mit Wasser einsprengen (Flecken).

Fotos: Windsor

Seidenkrawatte

TIPPS Einsatz von Seide

- Kostbare Kleider, Blusen
- Verführerische Dessous
- Skiunterwäsche
- Abendgarderobe für Damen und Herren
- Edle Herrenhemden
- Schals, Tücher, Krawatten, Hüte, Handtaschen
- Dekostoffe, Lampenschirme, Teppiche, Tapeten
- Bettwäsche
- Technische Anwendungen: Fallschirme, Seile, kugelsichere Westen

Seidene Dessous

dung: Zum einen werden die Tiere nicht getötet, zum anderen kann die Wildsammlung zum Erhalt der Wälder beitragen, wenn sie nachhaltig durchgeführt wird, sowie zum Einkommen der einheimischen Bevölkerung.

LEICHT, SCHÖN UND UNFASSBAR STARK

Folgende Eigenschaften zeichnen die Seide aus: Sie verfügt über eine geringe Dichte, ist somit leicht und bequem. Sie hat eine hohe Formbeständigkeit. Durch ihre hohe Feinheit (12–25 μ) isolieren Seidenstoffe gut, so halten sie im Winter warm und im Sommer kühl. Sie nimmt Farbstoffe sehr gut auf (Seidenmalerei, Färben) und hat einen unnachahmlichen Glanz und Schimmer.

Außerdem hat sie höchst beeindruckende physikalische Eigenschaften. Sie ist die stärkste bekannte Naturfaser (wird derzeit nur von Spinnenseide getoppt, die neuerdings auch synthetisiert wird). Ihre Zugfestigkeit liegt mit 350 Mpa im Bereich hochfester Stähle. Daneben ist ihre Elastizität die höchste aller Naturfasern (auch hier liegt die Spinnenseide vorn, wird aber für Bekleidungszwecke nicht genutzt). Des Weiteren kann sie rd. 1/3 des Eigengewichts an Feuchtigkeit aufnehmen. Der Wärmerückhaltungskoeffizient liegt bei 88 %. Schwer entflammbar ist sie noch dazu.

Viele Menschen können sich sofort vorstellen, was mit „seidig" gemeint ist: die charakteristische Glätte und Feinheit der Textilien, die sich weich und fließend auf der Haut anfühlt. Seide wird auch von Personen vertragen, die empfindlich oder allergisch auf Textilien reagieren. Die gute Aufnahmefähigkeit von Flüssigkeiten hat auch ihre Schattenseiten. Zwar wird das bei Dessous als angenehm empfunden, auch weil sie schnell trocknet. Allerdings gibt Schweiß unschöne Flecken, speziell unter den Achseln. Futterstoffe können das zumindest weitgehend verhindern. Vorsichtig muss man mit Parfüm und Deodorants sein, sie dürfen nicht in direktem Kontakt mit dem Textil kommen – es könnte Schaden nehmen. Weil Seide so viel „kann", kommt sie auch bei technischen Anwendungen zum Einsatz.

Wissenswertes über Seide

Hätten Sie gewusst,

- dass ein Seil aus Seide mehr Gewicht tragen kann als ein gleich dickes Seil aus Metall?
- dass ein halbes Kilogramm Raupen im Laufe seines Lebens bis zu 12.000 kg Maulbeerblätter frisst?
- dass ein Seidenspinner vom Schlüpfen bis zur Verpuppung das 40.000-Fache seines Körpergewichtes in Form von Maulbeerenblättern verzehrt?
- dass der Seidenspinner nach dem Schlüpfen sein Körpergewicht (0,45 g) innerhalb von 4 Wochen um das 12.000-Fache steigert?
- dass der Seidenspinner 4 Wochen nach dem Schlüpfen seine Größe um das 25-Fache gesteigert hat?
- dass ein Seidenspinner bis zu 15 m pro Minute spinnen kann?
- dass die Länge eines Kokonfadens (in Ausnahmefällen) mehr als 4.000 m erreichen kann?
- dass man über 25 Maulbeerbäume benötigt, um ca. 3 kg Seide zu gewinnen?
- dass für die Gewinnung von 1 Kilogramm Rohseide bis zu 10 kg an Kokons benötigt werden?
- dass man für ein Kleid aus Seide fast 70 kg Maulbeerblätter benötigt?

CHEMIEFASERN

Ressourcen reloaded

Die Entwicklung von Chemiefasern, seien sie zellulosischen Ursprungs oder ein Produkt der Erdölchemie, kann man als eine Art Demokratisierungsprozess verstehen. Als sie einer breiten Käuferschicht zur Verfügung standen, gab es nicht mehr nur Schönes, Edles und Teures für wenige, sondern Schönes, Schmückendes und Praktisches für alle. Begehrte Naturfasern wie Seide oder Wolle waren die Blaupausen und der Ansporn für die Entwicklung der „Polys". Heute ist nicht mehr die Nähe zum Original, sondern die Fülle der Eigenschaften und Nutzungsoptionen der Maßstab von Forschung und Entwicklung.

Stapelfasern und Polyestergranulat

Weltbevölkerung und Faserverbrauch

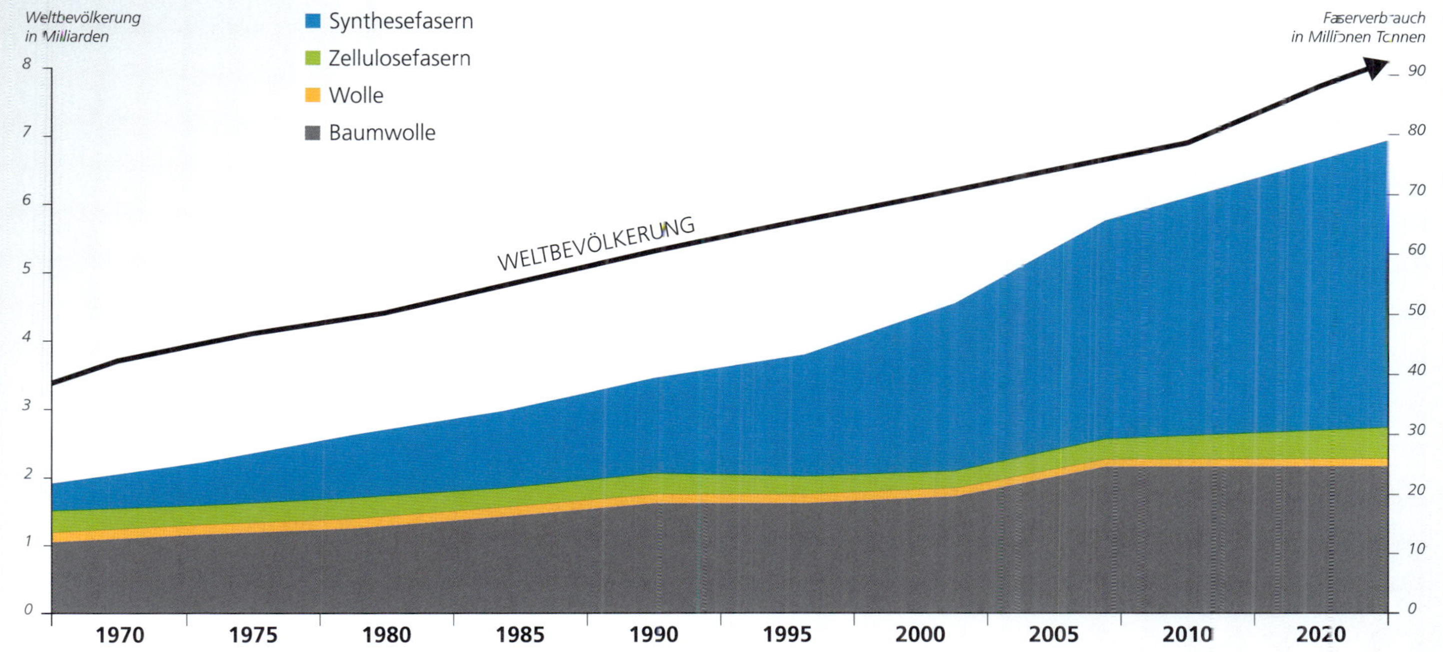

Quellen: CIRFS, Fiber Economics Bureau.

So einen richtig guten Ruf haben sie nicht, die synthetischen, im Labor und nicht von Mutter Natur erzeugten Fasern. Wie so oft im Leben ist es die Unkenntnis, der Mangel an Verständnis, der uns die Nase rümpfen und zunächst einmal vorsichtshalber auf Distanz gehen lässt. Chemie, die Wissenschaft von den Stoffen und ihren Eigenschaften, ist den meisten von uns ein Buch mit mindestens sieben Siegeln. Fängt man an zu diskutieren und stellt die These in den Raum: „Alles um uns herum, unsere ganze Welt, wir Menschen nicht ausgenommen, sind Chemie“, erntet man als erstes ungläubiges Staunen. So hat man das Ganze bisher nicht betrachtet: Der Mensch als Gebilde von Atomen und Molekülen, die miteinander in Wechselwirkung stehen und zusammen mehr sind als nur die Summe ihrer Reaktionsgleichungen? Darauf folgt meist eine Armada von „Ja, aber“ Sätzen, denn vom Bild der persönlichen Einzigartigkeit möchte sich niemand freiwillig verabschieden. Muss auch niemand! Jeder Mensch ist ein Individuum mit seiner eigenen Chemie, auch wenn diese nach allgemeingültigen Naturgesetzen funktioniert.

ÄNGSTE WEICHEN TATSACHEN

Der Reflex: „Chemie – Igitt, Hilfe, Angst“ ist unbegründet, aber tief verwurzelt. Man argwöhnt sofort Gefahr durch Umweltbelastung, Raubbau an der Natur, Verschwendung von Ressourcen und Gefährdung der Gesundheit von Mensch und Tier. All diese Schlagworte treffen sehr präzise auf den großtechnischen Anbau von Baumwolle zu (→ *Kapitel „Baumwolle – beliebt, bekannt, bedeutend“, S. 19*). Bis man gerade pflanzliche Naturfasern für den Einsatz in Textilien gewinnt, muss eine große Vielzahl von Prozessen durchlaufen werden, von denen etliche alles andere als umweltverträglich sind. Chemiefasern verursachen diese Probleme hinsichtlich Flächenmanagement, Anbau und Gewinnung nicht, sie liegen quasi im Augenblick ihres Entstehens – beim Spinnprozess – als Reinform vor: clean, schnell und in jeder erdenklichen Menge und Variation. Dabei werden diese unvorstellbaren Fasermengen aus einem verschwindend geringen Teil

- der Erdölgewinnung für **synthetische Chemiefasern** bzw.
- des Holzeinschlags der Welt für **zellulosische Chemiefasern** gewonnen.

Lediglich 0,8 % der Welterdölförderung und 0,2 % des weltweiten Holzeinschlags werden pro Jahr für die Chemiefasern benötigt.

Mit diesen vergleichsweise geringen Mengen konnte auch der wachsenden Weltbevölkerung Rechnung getragen werden. Der Anteil von Chemiefasern am weltweiten Faserverbrauch liegt derzeit bei 75 % (Quelle: *Industrievereinigung Chemiefaser e. V.*, 2016).

Eine gute Kennziffer für die Notwendigkeit von Chemiefasern und die Möglichkeiten des Anbaus von Naturfasern erhält man durch die Gegenüberstellung von Flächen und Einwohnerzahlen. Man hat ermittelt, dass jede Person, die sich ausschließlich mit Naturfasern kleiden möchte, etwa 1 ha fruchtbares Ackerland benötigen würde. Die Bundesrepublik Deutschland hat eine Grundfläche von 35,71 Mio. ha. Ungefähr die Hälfte davon wird aktuell landwirtschaftlich genutzt.

Polyester-Filamente: Als Filament wird allgemein eine einzelne Faser beliebiger Länge bezeichnet, praktisch von unbegrenzter Länge, jedoch von mindestens 1000 m Länge.

Foto: Travira/Thomas Einberger

Wir haben jedoch eine Bevölkerung von mehr als 80 Mio. Menschen. Es wäre also gar nicht möglich, Naturfaserkleidung und Nahrung für alle auf deutschem Ackerland zu produzieren, zumal wir auch jetzt schon Lebensmittel importieren. Die riesige Lücke zwischen Traum und Wirklichkeit ließe sich nicht schließen. Wir alle brauchen Chemiefasern – sonst wären wir nackt.

MEHR GEMEINSAMKEITEN ALS UNTERSCHIEDE

Alle Fasern werden von langen, miteinander vernetzten Molekülketten gebildet, die Natur- ebenso wie die Chemiefasern, schließlich war der Bauplan der Natur Vorbild für die Faserforschung gewesen. Sie alle – zumindest diejenigen, die für Textilien eingesetzt werden – zählen zu den *organischen Fasern* (*Glas- und Mineralfasern* wären die anderen Alternativen).

- Bei den *natürlichen Pflanzenfasern* und den *zellulosischen Chemiefasern* sind es Poly-Saccharide (poly = viel; Saccharide = Zucker).
- Bei den *Fasern tierischen Ursprungs* sind es Poly-Proteine (Proteine = Eiweiße).

Die synthetischen Polys sind vielgestaltiger, sie unterscheiden sich durch die Art der Erzeugung (Polyaddition, Polykondensation, Polymerisation), aber auch durch die unterschiedlichen Ausgangsstoffe. Lange Ketten bilden sie alle. Geschenkt wurden uns alle Ausgangsstoffe von derselben Kraft: der Sonne. Sie ist der

Das 20. Jahrhundert – Geburtszeit der Chemiefasern

Keine Regel ohne Ausnahme. Die meisten Chemiefasern sind in der ersten Hälfte des 20. Jahrhunderts entstanden. Das gilt für alle synthetischen Chemiefasern. **Künstliche Seide** aus Zellulose konnte *Hilaire Bernigaud Graf von Chardonnet de Grange* bereits 1884 herstellen.

Als es dem deutschen Chemiker *Hermann Staudinger* **1925** gelingt, nachzuweisen, dass Naturfasern aus **kettenförmigen Makromolekülen** (makro = groß) bestehen, schafft er damit die Basis für die Entwicklung der modernen Chemiefasern.

Es dauerte dann noch ein Jahrzehnt, aber dann ging es Schlag auf Schlag mit der Entdeckung der Chemiefasern. Unter der Leitung von *Dr. Wallace Hume Carothers* gelingt einer Gruppe amerikanischer Wissenschaftler **1935** die synthetische Herstellung eines spinnfähigen Polyamids: **Nylon.**

Bei einem Unternehmen der *IG Farben* lässt diese Entwicklung dem diplomierten Chemiker *Dr. Paul Schlack* keine Ruhe. Er will eine vergleichbare Faser erschaffen, ohne die Patentrechte der Amerikaner zu verletzen. Dieses gelingt ihm erstmals im Januar **1938**. Er nennt sie **Perlon.** Die Eigenschaften seiner Faser sind die gleichen wie beim Nylon, doch während dieses – chemisch *Polyamid 6,6* genannt – abwechselnd aus zwei unterschiedlichen Molekülen besteht, hängen im Perlon (*Polyamid 6* genannt) immer die gleichen Moleküle aneinander. Bis zu den ersten Nylons (Strümpfen) vergehen jedoch noch weitere fünf Jahre.

1939 entdeckte *Dr. Otto Bayer* den Ausgangsstoff für die **Polyacrylfaser**, Polyacrylnitril. Dieses verweigerte sich allen Lösungsversuchen, bis **1941** der deutsche Chemiker *Herbert Rein* ein passendes Lösungsmittel gefunden

Spulengatter mit Filamentgarn

Ohne Sonne – keine Fasern

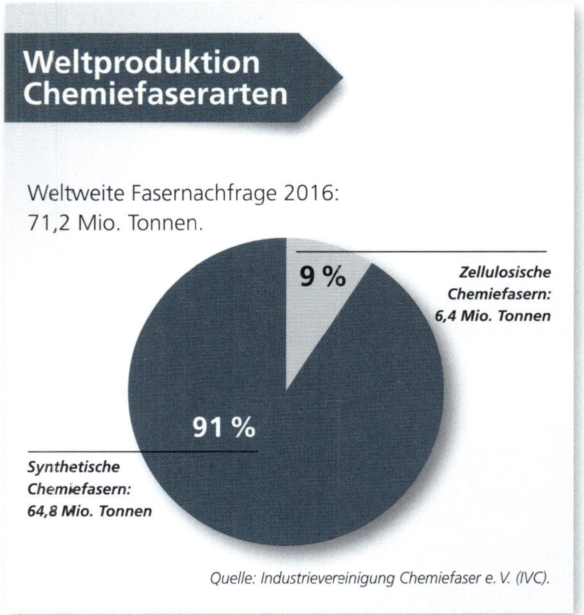

Energielieferant für die Pflanzen (Fotosynthese), deren Fasern wir gewinnen. Sie lässt Haare wachsen und hilft der Raupe, Eiweißvorräte für ihre Fadenbildung anzulegen. Sie hat die Lebewesen wachsen lassen, die zu unserem Erdöl wurden und lässt die Bäume wachsen, die den Rohstoff für Zellulose liefern: Ohne Sonne – keine Fasern, denn ohne Sonne gäbe es gar kein Leben auf der Erde.
Der entscheidende Unterschied zwischen *natürlichen Pflanzenfasern* und *Chemiefasern* ist, dass man sie in Zusammensetzung, Aufbau und Aussehen gestalten kann und sie dadurch unzählige Einsatzoptionen erhalten: Manmade Fibres – Fasern von Menschen erdacht und gemacht.

hatte. Wie beim Polyamid verlief die Entwicklung bei der Polyacryl-Faser in Deutschland, den USA und Japan praktisch zeitgleich.
In Deutschland wurde die Polyacrylfaser **1942** im Zweiten Weltkrieg entwickelt, sodass die USA mit ihrer ersten Faser **1950** im Markt vorne lagen. In Deutschland wurden Polyacrylnitril-Fasern seit **1954** von der *Bayer AG* als erstem Produzenten in Europa großtechnisch hergestellt.

Der englische Chemiker *John Rex Whinfield* und sein Assistent *Dickson* erhielten **1941** ein Patent für **Polyesterfasern**, das während des Krieges jedoch geheim gehalten wurde. **1947** entwickelte er daraus eine vermarktbare Faser. Polyester als potenzielle Textilfaser entdeckt hatte schon *Carothers*, der die Forschung daran aber wegen der geringeren Hitzebeständigkeit zugunsten des Polyamids aufgegeben hatte. *Whinfield* gelang die Stabilisation des Polymers.

1937 synthetisierte eine Forschergruppe um *Dr. Otto Bayer* in den Laboratorien der *I.G. Farben* in Leverkusen zum ersten Mal **Polyurethane**. Die erste **Elastanfaser** (enthält 85 % Polyurethan) kam aber erst **1958** auf den Markt.

1938 muss ein kreatives Jahr gewesen sein, denn in diesem Jahr entdeckte der amerikanische Chemiker *Roy Plunkett* das **Teflon**. Die Legende will es, dass der 28-jährige *Plunkett* verliebt gewesen sei und deshalb am Abend seinen Arbeitsplatz verlassen habe, ohne einen Druckbehälter mit Tetrafluorethylen in die Kühlung zu stellen. Am nächsten Morgen stellte er fest, dass nichts aus dem Behälter herauskam. Die Druckmessgeräte zeigten keinen Überdruck mehr an. Eigentlich hätte der Inhalt entwichen sein müssen, aber als man ihn nachwog, zeigte er noch das gleiche Gewicht wie am Vortag. Als er den Behälter öffnete und genauer untersuchte, entdeckte er ein weißes, wachsartiges Pulver, das sich vorher nicht im Behälter befand. Das *Tetrafluorethylen* im Behälter hatte sich durch Polymerisation in *Polytetrafluorethylen* (PTFE = *Teflon*) umgewandelt, einen wächsernen Feststoff mit erstaunlichen Eigenschaften wie Korrosionsresistenz, geringer Oberflächenhaftung und hoher Hitzebeständigkeit, worauf er mit Datum **1. Juli 1939** ein Patent erhielt.

Holz ist der natürliche Rohstoff für die Produktion von Zellulose.

Zellulosische Chemiefasern – Holz hoch zwei

Es gibt zwei Familien von zellulosischen Chemiefasern. Zur einen gehören **Viskosefasern** mit den Verwandten *Modal* und *Lyocell*, zur anderen **Acetatfasern,** zu denen auch **Triacetat** gehört. Acetat- und Triacetatfasern sind quasi Cousins und Cousinen der Viskose. Da sie nicht nur aus Holzzellstoff bestehen, zählen sie zu den Viskosederivaten. Die positiven Eigenschaften dieser Fasern ähneln stark denen der natürlichen Pflanzenfasern, jedoch fast ohne deren Schattenseiten, stattdessen mit weiteren wünschenswerten Aspekten.

Wegen der gemeinsamen Basis Zellulose und den damit verbundenen bekleidungsphysiologischen Eigenschaften ähneln sich Viskose- und Baumwollfasern. Wegen der viel größeren Variationsmöglichkeit in der Fasergeometrie (Länge, Kräuselung, Feinheit, Querschnittsform) übertrifft die Viskose aber in vielen Anwendungen die Baumwollfasern. Bedeutend für die Verarbeitung und damit für die Verwendung ist auch, dass Viskose wie alle Chemiefasern als Endlosfaser (Filament) hergestellt werden kann, wogegen alle Pflanzenfasern naturgegeben nur als Stapelfaser (Spinnfaser) vorliegen.

Alle zellulosischen Chemiefasern sind eigentlich „Regeneratfasern", d. h. ihr Rohstoff – die Zellulose – muss für den Spinnprozess aufgearbeitet, sprich gelöst werden und wird dann wiedergewonnen (= regeneriert). Als Ausgangsmaterial für Viskosefasern dient Zellstoff aus Holz von Buchen, Fichten, Eukalyptus, Pinien, Bambus oder Ähnlichem. Im Unterschied zu Papierzellstoff ist die Kettenlänge der Zellulosemoleküle für die Fasergewinnung kürzer und die Reinheit höher.

Im Vergleich zu den synthetischen Chemiefasern, die 90 % des weltweiten Chemiefaseraufkommens (54,4 Mio. t) stellen, ist der Anteil der zellulosischen Chemiefasern mit lediglich etwa 10 % (5,9 Mio. t) recht überschaubar. Trotzdem begegnen sie uns im Bekleidungsbereich auf Schritt und Tritt.

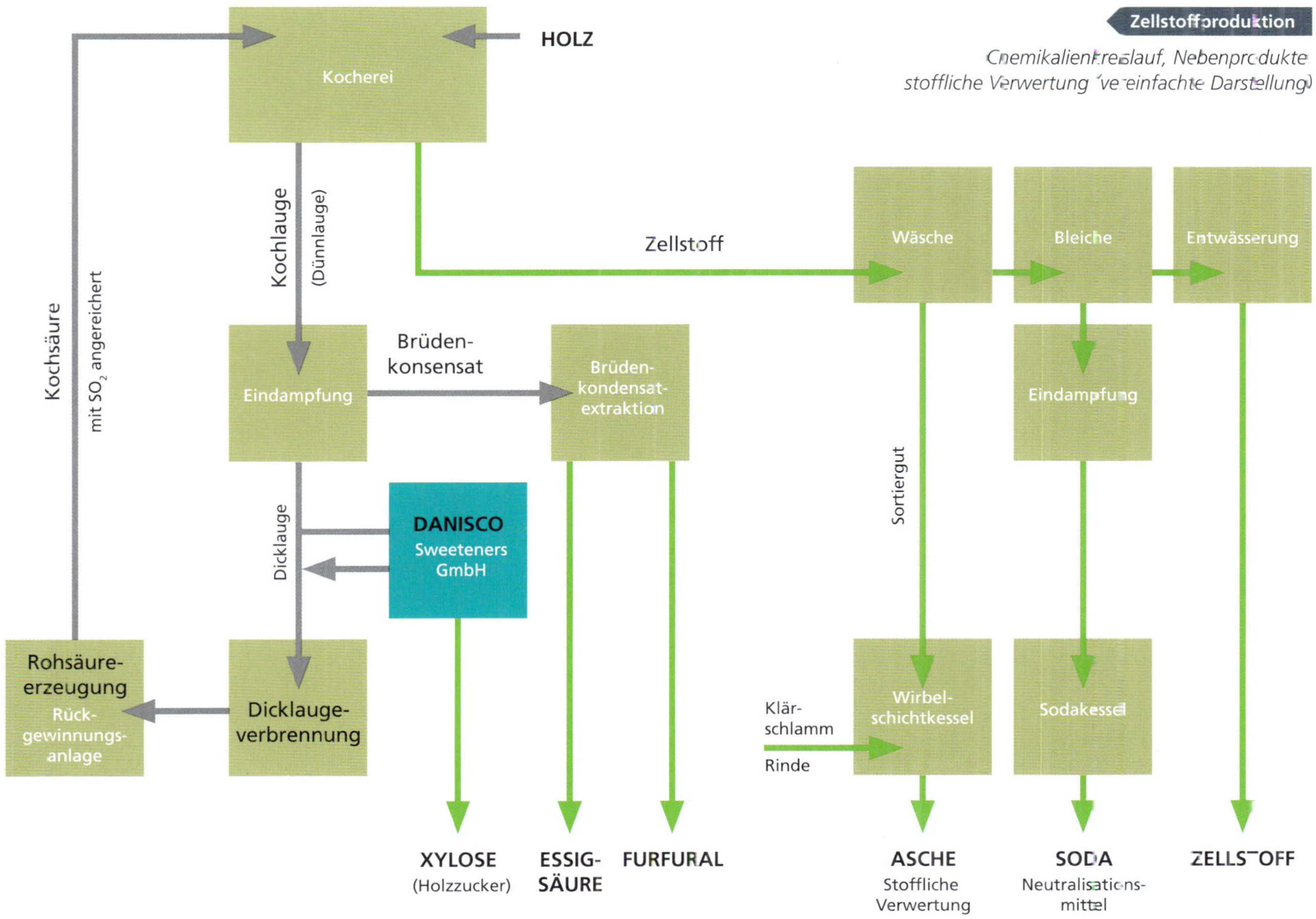

Quelle: Lenzing AG.

1. VISKOSE – DAS SPINNVERFAHREN

Im ersten Schritt zur Herstellung von Viskose (Abk. CV) werden von den gefällten Bäumen Blätter und Rinde entfernt, die Stämme werden zersägt und in kleine Stücke gehackt. Das Holz wird anschließend entweder in sauren oder alkalischen Lösungen mehrere Stunden gekocht, bis ein Brei aus Wasser und Zellstoff vorliegt. Dabei trennen sich die nicht zellulosehaltigen Bestandteile der Stämme ab, wie z. B. Lignin, Wachse, Farbstoffe oder Harze. Der reine Zellstoff wird danach entweder sofort weiterverarbeitet oder in Platten gepresst und getrocknet.

Der Spinnprozess (→ *Schaubild „Viskosefaserherstellung“, S. 85*) läuft dann folgendermaßen ab: Die ersten Schritte bereiten die Spinnlösung vor. Der aus Holz gewonnene Zellstoff wird zerkleinert, alkalisiert (mit Natronlauge behandelt) und muss dann vorreifen. Das bedeutet, dass in dieser Zeit bereits einige chemische Reaktionen ablaufen. Im Anschluss wird der Zellstoff gelöst, gefiltert und muss noch einmal nachreifen. Dann ist die Spinnlösung fertig. Ab diesem Schritt teilt sich das Verfahren in die Herstellung von Viskosefilamenten oder Viskosespinnfasern. Beide werden jedoch nass, d. h. in ein Fällbad hinein gesponnen.

Beim Filamentgarn wird das Spinnmaterial erst gewaschen und entschwefelt, danach gebleicht, aviviert (mit einem seifenähnlichen Weiterverarbeitungshilfsmittel getränkt), getrocknet und aufgewickelt. Bei der Herstellung von Spinnfasern werden die gesponnenen Fi-

Bäume, wie hier der Buchenwald, werden quasi in Plantagen für die Zellulosegewinnung gezüchtet.

Fotos: Lenzing AG

Holz als Rohstoff

Mehr als 50 % stoffliche Nutzung des Holzes in der Zellstoffproduktion

lamente verstreckt, um ihre Festigkeit (durch das Ordnen der Bausteine in der Molekülkette) zu erhöhen. Vor dem Waschen und Nachbehandeln werden sie in die gewünschten Längen geschnitten. Zum Abschluss werden sie in einer Trommel getrocknet und dann in Ballen zur Weiterverarbeitung verpresst.
Je nach Verwendungszweck kann man der Viskose bereits in der Spinnlösung verschiedene Substanzen zusetzen, wie z. B. Mattierungsmittel oder Farbpigmente. Diese sogenannte Spinndüsenfärbung (eigentlich falsch, weil de facto Spinnlösungsfärbung) ist sehr gleichmäßig und haltbar. Unterschiedliche Eigenschaften kann man der Viskose auch durch die Wahl des Faserquerschnittes mitgeben, indem man die Düsen nicht rund, sondern z. B. dreieckig oder sternförmig wählt. Verstreckt man die Faser nach dem Spinnen besonders stark und wählt eine andere Zusammensetzung des Fällbades, kräuselt sich die Viskosefaser. Man nennt diesen Vorgang Texturieren. Das ist bei Viskose möglich, da sie eine sogenannte Kern-Mantel-Faser ist (der Kern hat eine ungeordnete, amorphe Struktur, der Mantel besteht aus orientierten Molekülketten). Durch den mechanisch/chemischen Vorgang des Texturierens entsteht ein neuer, unterschiedlich dicker Fasermantel.

Eigenschaften: Wie es Euch gefällt

Je nachdem, was mit der Viskosespinnfaser in der Weiterverarbeitung geschehen soll, werden bestimmte Qualitätstypen gefertigt.

Bambus – Etikettenschwindel und Irreführung

Was haben Pandabären und Menschen gemeinsam? Sie lieben Bambus. Der Bär frisst ihn, der Mensch fertigt daraus alle möglichen schönen Dinge. Bambus hat ein ganz besonderes Flair: Möbel z. B. wirken leicht und luftig, erinnern an Sonne und Ferien (wozu Strandmatten aus Bambus gehören). Unzähligen jungen Leuten spendet ein preiswertes Bambusrollo Sichtschutz für die ersten eigenen vier Wände.
Im Garten sieht die Pflanze zart und exotisch aus und wächst bei guten Bedingungen so schnell, dass man meint, zuschauen zu können (Die Sorte *Dendrocalamus giganteus* legt in der Wachstumsphase täglich um die 70 cm zu). Um Bambus ranken sich viele Mythen, und hierzulande ist „Lucky Bamboo" ein beliebtes Geschenk, das Glück bringen soll (allerdings ist dies gar kein Bambus, sondern ein Schössling von Drachenbäumen). In Asien dient Bambus als Baumaterial für Häuser und Brücken, als Gerüstmaterial beim Hochhausbau sowie als Grundmaterial für Gerätschaften im Haushalt und bei der Feldarbeit, sogar als Viehfutter. Manche Arten haben auch für Menschen essbare Früchte und Schösslinge.

Vermutlich, weil das Image des Bambus so positiv besetzt ist, befinden sich Produkte im Markt, bei denen Bambus als „Naturfaser" bezeichnet und als Material „Bambus" angegeben wird. Das ist nicht zulässig und zudem eine bewusste Irreführung der Kunden. Der Zellstoff vieler Hölzer wird zu *Viskose* verarbeitet, und nach Auflösung für den Spinnprozess ist nicht mehr feststellbar, welche es waren. Somit ist die Angabe „xx % Pinie" ebenso unzulässig wie „xx % Bambus". Man macht immer wieder Versuche, Bambusfasern aus den Halmen zu gewinnen, die sich für die textile Verarbeitung eignen, hat aber bisher noch keine Erfolge erzielt.
„Natürliche Bambusfasern kommen lediglich für grobe Textilien infrage", bestätigt *Dr. Jinhe Fu* vom *Internationalen Netzwerk für Bambus und Rattan (International Network for Bamboo and Rattan, Inbar)* in Peking gegenüber der Zeitschrift „Biowerkstoff-Report".

Im Internet und in Werbepublikationen von Kaufhäusern werden Textilien „aus Bambus" beworben, dass sie besonders weich und hautfreundlich seien. Das sind Eigenschaften guter Viskose und hat nichts mit Bambus zu tun. Die Behauptung, diese Fasern wirkten antibakteriell und deodorierend und würden deshalb für Socken eingesetzt, sei eine reine Werbeaussage und wissenschaftlich nicht begründbar, so Mitarbeiter des *Nova-Instituts*, das im Bereich nachwachsender Rohstoffe Marktforschung betreibt und beratend tätig ist.

TIPP Einsatz von Viskose in der Bekleidung

Viskose wird gern in Mischungen mit Baumwolle, Wolle, Leinen oder anderen Chemiefasern für Damen und Herrenoberbekleidung verwendet.

- Als Viskosekrepp- oder Crêpe Georgette-Druckgrund für Blusen und Kleider
- Strick- und Wirkwaren (auch mit Elastan)
- Nachtwäsche
- Babywäsche
- Futterstoffe (aus Filamentgarnen)

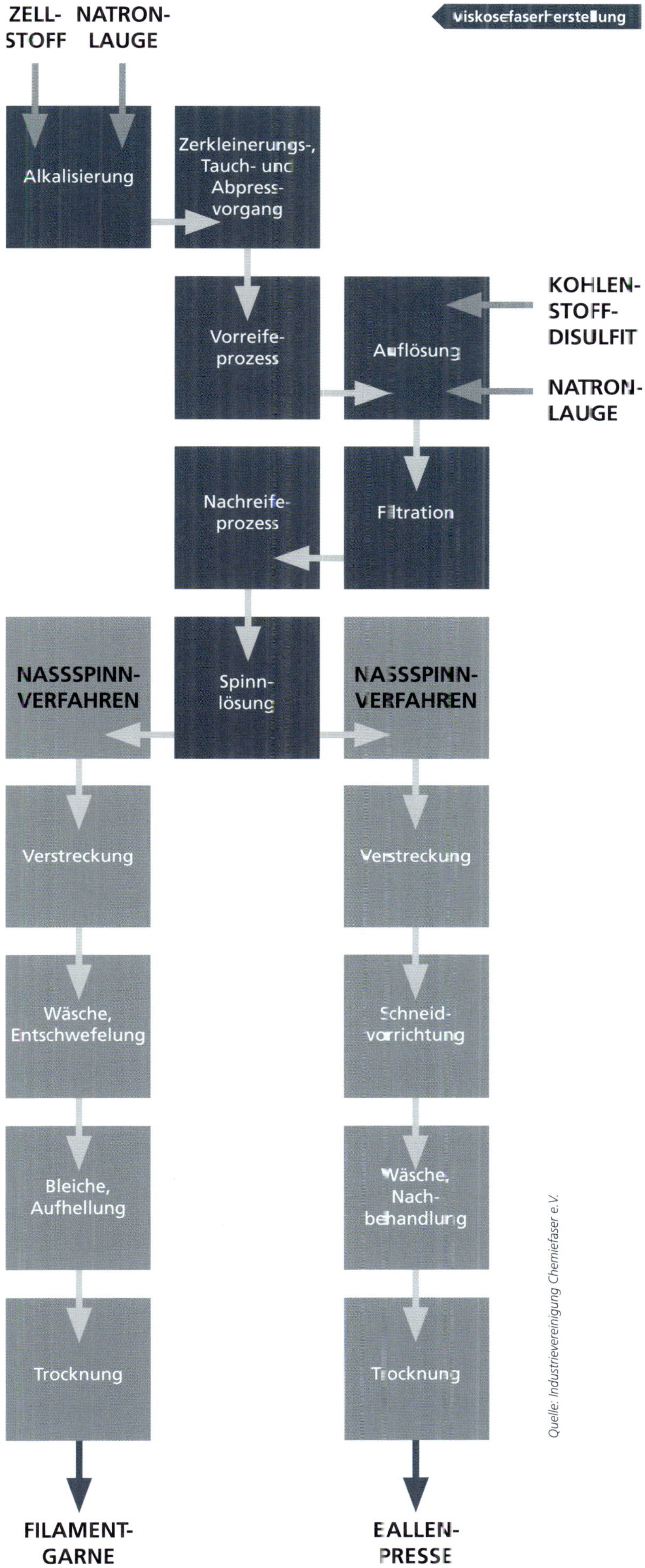

Quelle: Industrievereinigung Chemiefaser e.V.

- Soll Viskose mit Baumwolle gemischt werden, so ist der **B-Typ** (Baumwolltyp) gefragt: Feinheit, Faserlänge und Glätte sind wie bei der Pflanzenfaser.
- Der **W-Typ** ähnelt der Wolle und wird mit ihr gemischt,
- der **V-Typ** wird eigens für die Vliesstoffherstellung produziert,
- der **T-Typ** für Teppiche.

Im Unterschied zur Baumwollfaser hat Viskose im Faserkern kürzere Moleküle. Sie ist deshalb nicht so fest wie Baumwolle, nimmt aber mehr Feuchtigkeit (z. B. Schweiß) auf. Die feuchte bzw. nasse Faser quillt allerdings auf und lässt dann wenig Luft durch. Auch trocknet sie langsam. Zellulose ist anfällig für Mikroorganismen. Einerseits können bei falscher Behandlung Stockflecken entstehen, andererseits bauen die Kleinstlebewesen das Material am Ende seines Lebenszyklus auf natürliche Weise ab.

Viskose ist gut dehnbar, aber wenig elastisch – sie kann stark knittern. Im nassen Zustand ist sie wenig formbeständig. Die Textilien gehen in die Breite und verkürzen sich in der Länge. Um sie einlaufsicherer zu machen, kann Viskose mit Kunstharz ausgerüstet werden, wodurch sich allerdings die Feuchtigkeitsaufnahme reduziert. Ihre Reißfestigkeit ist, vor allem im nassen Zustand, deutlich geringer als Baumwolle, auch ist sie wenig scheuerfest. Für die Textilpflege bedeutet diese Eigenschaft, dass Viskosetextilien nur sanft gewaschen werden sollten. Zudem ist Viskose sowohl gegenüber Säuren als auch gegenüber Laugen (Waschmittel) wenig beständig. Oft empfehlen die Hersteller deshalb die chemische Reinigung. Wer ein Kleidungsstück erwerben möchte, das direkt auf der Haut getragen und öfters gewaschen werden soll, sollte daher die Pflegehinweise vor dem Kauf beachten. Viskose benötigt Feinwaschmittel und sollte nicht zusammen mit Jeans oder Kleidungsstücken mit Reißverschluss gewaschen werden, weil sie speziell im nassen Zustand mechanisch leicht beschädigt werden kann. Auch sollte man wie bei allen knitterempfindlichen Materialien die Waschtrommel nur zur Hälfte füllen und für den Schleudervorgang eine niedrige Drehzahl wählen. Viskose sollte feucht gebügelt werden.

Foto: Lenzing AG

Cupro und die Bemberg-Seide

Das Kupfer-Ammoniak-Verfahren, mit dem **Cupro** (Abk. CUP), auch Kupferseide oder Kupferfaser, erzeugt wird, ist eine der ältesten Methoden, künstliche Fasern herzustellen. **1857** entdeckte der Chemiker *Mathias Eduard Schweizer*, Professor in Zürich, dass sich Zellulose in Kupferoxid-Ammoniak löst. Das hatte noch keine Auswirkungen auf eine industrielle Herstellung, bis 1892 *Dr. Max Fremery* und *Johann Urban* in einem kleinen Betrieb in Oberbruch bei Aachen die Produktion von Kohlefäden für elektrische Glühlampen aufnahmen und die Zellulose mit Kupferoxid-Ammoniak aufbereiteten. Bis **1899** hatten sie ihr Verfahren perfektioniert, sodass es auch zur Herstellung brauchbarer Fäden für Textilien einsetzbar war und so wurde am 19. September 1899 in Elberfeld (seit 1929 ein Stadtteil von Wuppertal) die *Vereinigte Glanzstoff-Fabriken AG* gegründet, deren Stammwerk weiter in Oberbruch bei Aachen beheimatet war.

Parallel dazu begannen **1900** in Wuppertal-Oberbarmen die Entwicklungsarbeiten zur Kupfer-Kunstseidenproduktion der *J. P. Bemberg AG*, als deren Ausgangsstoff ab 1908 die *Linter* genannten, nicht verspinnbaren kurzen Samenhaare der Baumwollsamen dienten. Ein neues, von Edmund Thiele **1901** bei der *J. P. Bemberg* entwickeltes Streckspinnverfahren machte es möglich, aus diesem Rohstoff ein Garn zu produzieren, das als **Bemberg-Seide** bekannt wurde und in seiner Feinheit der Naturseide entsprach, aber noch eine größere Festigkeit als Viskose-Kunstseide aufwies.
Anfang der **1930**er-Jahre begann *Bemberg* internationale Niederlassungen u. a. in Italien, Bemberg S.p.A., Mailand, Frankreich, Japan, im Vereinigten Königreich und den Vereinigten Staaten, Beaunit Mills Inc., New York, zu gründen. Neben den amerikanischen und japanischen Schwesterfirmen ist *Bemberg-Italia* heute der einzige europäische Hersteller von Cupro.

Bemberg ist nicht nur ein Synonym für Cupro, sondern auch für jahrzehntelange feststehende, heute überholte Begriffe wie **Kunstseide, Bemberg-Seide, Bemberg-Taft, Bemberg-Futter** und **Bemberg-Strümpfe**. Der erste echte Boom für Cupro kam durch Kooperationen mit der Strumpfindustrie. Die *„Bemberg Seidenstrümpfe"* wurden zum ersten demokratischen Luxus der Modegeschichte, mehr als 20 Jahre vor dem ersten Verkauf von Nylons in den USA. Die von *Bemberg* hergestellte Kupferkunstseide hatte gegenüber der Viskose bei der Strumpfherstellung wesentliche Vorteile: Sie war feiner, hatte einen matten naturseidenähnlichen Glanz und war sehr gut färbbar. *Bemberg-Seide* wurde zum Inbegriff für Damenstrümpfe aus Kunstseide, nicht zuletzt durch die Werbekampagnen, für die bekannte deutsche Schauspielerinnen, unter anderem *Marlene Dietrich*, engagiert wurden.

Als nach dem Krieg die Amerikaner mit Polyamidfasern (Nylon, Perlon) auf den Weltmarkt kamen, war es schlagartig vorbei mit der Nachfrage. Der technologische Sprung ließ alles Vorhergegangene alt und überholt erscheinen. Der Höhenflug der Bemberg-Seide fand ein abruptes Ende, Cupro verlor gegen Polyamid, Vergangenheit gegen Zukunft.

Shirts aus Modal von der Lenzing AG

2. MODAL – DIE UNTERSCHIEDE

Ein ähnliches Produkt wie Viskosefasern sind Modalfasern (Abk. CMD). Sie bestehen ebenfalls zu 100% aus natürlichem Zellstoff, dessen Ausgangsstoff entrindetes und anschließend zur Trennung vom *Lignin* (Holzfaserleim) in streichholzgroße Stücke zerkleinertes Eukalyptus-, Pinien- oder Buchenholz ist. Ausgangsstoff für Modalfasern hingegen ist stets nur Buchenholz. Durch einen etwas unterschiedlichen Prozess erreicht man bei den Modalfasern höhere Faserfestigkeiten und verbesserte Fasereigenschaften. Außerdem besitzt die Modalfaser eine noch höhere Feuchtigkeitsaufnahme als Viskose, trocknet aber schneller. Leicht verändert (modifiziert, daher Modal) sind die Spinnbedingungen, und das Fällbad enthält weitere chemische Zusätze. Dadurch wird erreicht, dass die Einzelfasern eine einheitliche Beschaffenheit haben, d. h. Mantel und Kern die gleiche Struktur und Dichte. Zudem ist der Polymerisierungsgrad der Moleküle höher. Das führt zu einer höheren Formbeständigkeit, auch im nassen Zustand.

Eigenschaften: immer ein guter Partner
Modal nimmt gut Feuchtigkeit auf, ist fein, weich und glänzend, hautsympathisch und atmungsaktiv, pflegeleicht und formbeständig. Modal gibt es überwiegend als Spinnfasern. Länge, Kräuselung und Feinheit werden den Fasern angeglichen, mit denen Modal gemischt werden soll. Außerdem lässt sich die Faser wie Baumwolle merzerisieren. Da Modal aus heimischem Buchenholz hergestellt wird, werden auch ökologische Aspekte bedient.

TIPP Einsatz von Modal in der Bekleidung

(In der Regel in Mischung mit anderen Fasern)
- Hemden-, Blusen- und Kleiderstoffe
- Feine Maschenware
- Jersey-Tag- und Nachtwäsche
- Sport- und Freizeitbekleidung
- Bettwäsche und Frottierwaren
- Futterstoffe

Foto: Elisabeth Grebe/Lenzing AG

Vom Holz zur Lyocellfaser

Produktionsablauf

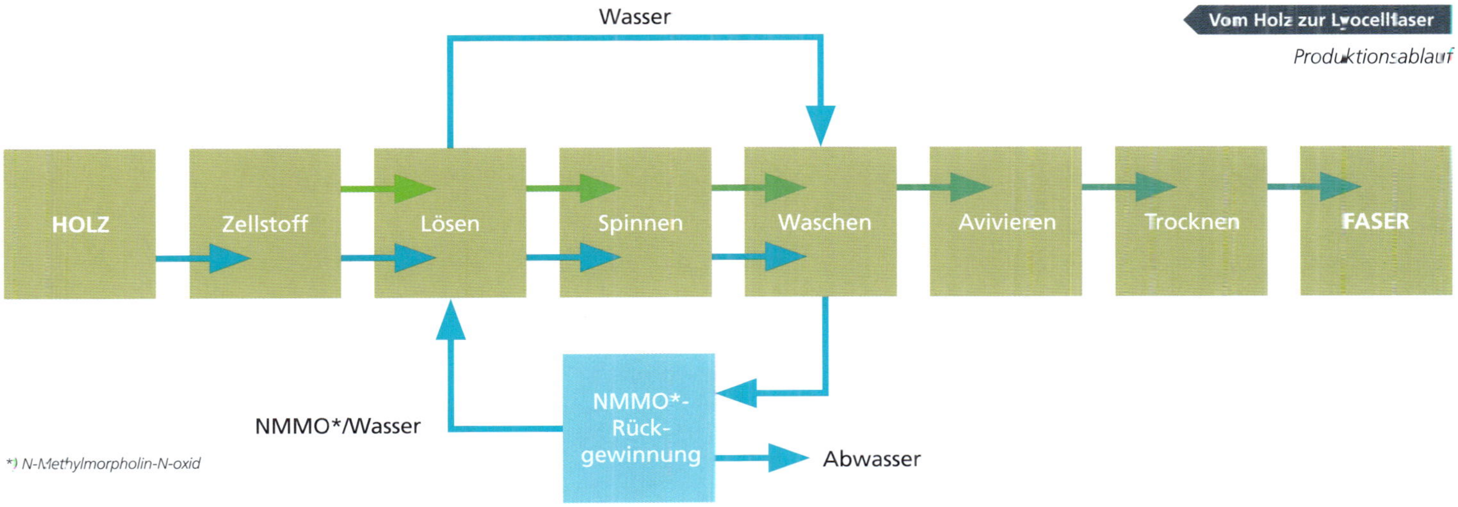

*) N-Methylmorpholin-N-oxid

Quelle: Lenzing AG.

3. LYOCELL – DIE SPITZENFASER UNTER DEN ZELLULOSISCHEN

Lyocell (Abk. CLY) gehört ebenfalls zu den Chemiefasern auf der Basis von Zellulose. Als Rohstoff wird meist Holzzellstoff verwendet. Anders als bei den verwandten Fasern wird hier ein Lösungsmittelspinnverfahren verwandt, bei welchem die Zellulose direkt ohne Ausbildung eines Derivates in einem organischen Lösungsmittel aufgelöst und die Lösung ohne viele Zwischenschritte versponnen wird. Es handelt sich um das organische Lösungsmittel *NMMO (N-Methylmorpholin-N-oxid)*, das nicht giftig ist. Es entsteht eine zähe Spinnlösung, die gefiltert und durch Spinndüsen gepresst wird.

Die Filamente gelangen erst nach einem vorgeschalteten Luftspalt ins Fällbad, das auch aus einer NMMO-Lösung besteht. Das NMMO wird in einem geschlossenen Kreislauf direkt aus dem Prozess zurückgewonnen, das Wasser aus der Lösung für den Waschprozess verwendet. Aus diesen Gründen zeichnet sich der Herstellungsprozess für Lyocellfasern durch eine hervorragende Umweltverträglichkeit aus.

Lyocell wird von der Lenzing AG unter dem Markennamen TENCEL™ angeboten.

Eigenschaften: fester, besser, atmungsaktiv

Die Lyocellfasern übertreffen in den Festigkeiten (trocken und nass) sowie in der Dimensionsstabilität die Standardtypen aller anderen Zellulose-Regeneratfasern, weisen ihnen gegenüber eine geringere Dehnung aus. Die Fasern sind weiß und intensiv glänzend, lassen sich gut färben und zeigen eine hohe Farbbrillanz. Die textilen Eigenschaften sind vergleichbar mit denen langstapeliger Baumwolle.

Das bedeutet auch, dass Textilien bei der Wäsche nicht schrumpfen. 60 °C Wäsche ist erlaubt. Lyocellgewebe sind wenig elastisch und knittern. Eine Merzerisierung ist möglich. Wie Viskose sind sie anfällig für Stockflecken und können biologisch abgebaut werden. Die Faser verfügt noch über eine Besonderheit. Sie weist eine einzigartige Fibrillenstruktur (ähnlich Baumwolle, feinste Molekülbündel im Faserinnern) auf. Die Struktur ermöglicht die sogenannte Fibrillation. So nennt man das örtlich begrenzte Abspalten sehr feiner Faserteile längs der Faserachse unter gleichzeitiger Einwirkung von Mechanik und Feuchtigkeit. Dadurch kann man Fasertypen von unterschiedlichem Aussehen und Griff herstellen. Von der Fibrillation sind auch Wärmerückhaltevermögen und Luftdurchlässigkeit abhängig. Kanälchen zwischen den einzelnen Fibrillen regeln die Aufnahme und Abgabe von Feuchtigkeit und sorgen somit für einen optimalen Feuchtigkeitstransport. Luft als Isolator kann sich an den abstehenden Fibrillen anlagern.

Der NMMO-Prozess ermöglicht durch Zugabe von Additiven in die Spinnlösung die Herstellung von z. B. bioaktiven, absorbierenden oder thermoregulierenden Lyocellfasern.

TIPP Einsatz von Lyocell in der Bekleidung

- In allen bei den anderen zellulosischen Chemiefasern genannten Bereichen, mit einem Schwerpunkt bei Freizeit und Sport.
- Besonders sind Denimstoffe mit Lyocellanteil, leicht und mit unerwartet elegantem Fall.

Foto: Michael M. Vogl/Lenzing AG

Faserstraße

4. ACETATFASERN – DIE ETWAS ANDERE FAMILIE

Diese Fasern bestehen im Gegensatz zu Viskose und Modal, die nach dem Spinnprozess aus reiner Zellulose bestehen, aus einer Zellulose-Verbindung mit Essigsäure. Diese Fasern nennt man daher *Zellulosederivate* (Abkömmlinge von Zellulose). Sie bilden sozusagen den Übergang zu den synthetischen Chemiefasern. Zwar ist immer noch Zellulose die Ausgangssubstanz, aber auf dem Weg zur Löslichkeit und Verspinnbarkeit entsteht über die Acetylierung der Zellulose mit Essigsäure (Veresterung) dauerhaft ein Stoff, den es so in der Natur nicht gibt: *Cellulosetriacetat*. Dieses wird in Wasser gefällt, gewaschen und getrocknet.

Um Acetatfasern zu gewinnen, wird das Cellulosetriacetat in Aceton gelöst. Bei diesem Vorgang wird die Verbindung von Zellulose mit Essigsäure zum Teil wieder rückgängig gemacht. Man erhält ein körniges Material, das gewaschen, gepresst und getrocknet wird. Triacetatfasern erhält man mit dem Lösungsmittel *Dichlormethan*. Dieses Verfahren ist erst seit 1960 bekannt. Da an der Acetylierung nichts verändert wird, erklären sich die etwas anderen Eigenschaften im Vergleich zu Acetat.

In beiden Fällen wird das Trockenspinnverfahren angewandt. Statt in ein Fällbad wird das Spinnmaterial durch Spinndüsen in einen 3–6 m hohen Spinnschacht gepresst, in dem warme Luft wirbelt. Dadurch verflüchtigen sich die Lösungsmittel Aceton bzw. Dichlormethan (sie werden aufgefangen und in den Prozess zurückgeführt). Es entstehen feste Filamente, die keine weitere Behandlung brauchen und sofort aufgespult werden können.

Eigenschaften von Acetat und Triacetat

Zunächst die Gemeinsamkeiten: Acetat und Triacetat sind weich, fein, haben ein geringes Gewicht und sind pflegeleicht. Durch die hohe Elastizität der Faser sind Stoffe aus diesen Fasern formbeständig, Falten können sich aushängen. Griff und Glanz beider Materialien erinnern an Seide, selbst das knirschende Geräusch, das beim Reiben von Seidenstoffen gegeneinander entsteht – der sogenannte „Seidenschrei" wird imitiert. Deshalb wurden Acetat und Triacetat lange Zeit als *Kunstseide* bezeichnet, was das Textilkennzeichnungsgesetz allerdings heute nicht mehr erlaubt.

Stoffe aus Acetat und Triacetat haben einen edlen, seidenähnlichen Glanz und fallen elegant. Sie nehmen wenig Feuchtigkeit auf und trocken schnell. Acetat ist bei 30 °C im Schonwaschgang der Maschine waschbar. Allerdings ist es sehr hitzeempfindlich, deshalb ist der Wäschetrockner tabu und es darf nur mit niedrigen Temperaturen gebügelt werden. Triacetat dagegen ist hitzebeständiger. Stoffe aus diesem Material können problemlos plissiert werden. Schleudern ist möglich.

TIPP Einsatz von Acetat und Triacetat in Bekleidung

Die Fasern werden entweder alleine oder in Mischungen mit Natur- oder anderen Chemiefasern verarbeitet.

- Kleider- und Blusenstoffe
- Abendkleider
- Edle Futterstoffe

Foto: Lenzing AG

Spinnenseide als Vorbild aus der Natur

Regeneratfasern 2.0

HYBRID-MODELLE UNTER DEN FASERN

Wenn man etwas Natürliches, das im Überfluss vorhanden ist, mit einer ebenso simplen wie effektiven Logistik vor dem Entsorgen retten kann und daraus sinnvolle und vermarktbare neue Produkte macht, dann hat man den Nachhaltigkeitsgedanken mehr als gut verstanden. So geschieht es mit der nicht vermarktbaren Milch, aus der Fasern, Kosmetik und Biokunststoffe entstehen. Wenn man des Weiteren aus Algen, die ebenfalls im Überfluss im Meer vorhanden sind, Wirkstoffe entwickelt, die Fasern zum Wohle empfindlicher Menschenhaut beigegeben werden, dann ist das eine intelligente Lösung aus dem Bereich nachwachsender Rohstoffe. Und wenn man den Spinnen die Zusammensetzung ihrer Seide abschaut, diese nachbaut und den Spinnvorgang nachbildet, um daraus ein Material zu entwickeln, das ein Leistungsprofil zwischen Edelstahl und Kautschuk zeigt, dann hat die Bionik ein Material für die Zukunft hervorgebracht, dessen Anwendungspotenzial so groß ist, dass man es derzeit noch gar nicht erfassen kann. QMILK®, SeaCell™ und AMSilk sind Beispiele für Forschergeist gepaart mit unternehmerischer Risikobereitschaft, die Mut machen, über den fachlich vorgegebenen Rahmen hinaus zu denken.

FASZINOSUM SPINNENSEIDE

Wegen seiner hohen Belastbarkeit ist Spinnenseide seit Menschengedenken ein sehr begehrter Rohstoff. Schon vor Tausenden von Jahren sollen Fischer in Papua-Neuguinea die wasser- und reißfesten Spinnennetze bestimmter Arten zum Fang kleiner Fische benutzt haben. Spinnenseide ist aber nicht nur mechanisch außerordentlich stabil. Sie löst beim Menschen keine Allergien aus und hemmt Krankheitserreger. Deshalb deckten schon die Griechen in der Antike Wunden mit Spinnenseide ab.

Sie ist nur zwei Mikrometer dünn, extrem elastisch und trotzdem reißfest. Ihre Zugkraft ist so hoch wie bei Spezialstählen. Hitze macht ihr nichts aus, Pilze und Bakterien aber auch nicht: Sie ist so glatt, dass diese sich auf ihr gar nicht niederlassen können. Wenn Spinnenseide nass wird, zieht sie sich um dreißig Prozent zusammen, wenn sie trocken wird, dehnt sie sich wieder aus. Ermüdungserscheinungen gibt es dabei keine. Natürliche Spinnenseide ist ein herausragendes faserartiges Biomaterial, welches – bezogen auf das Gewicht – über eine mit Stahl vergleichbare Reißfestigkeit (→ *Abschnitt „Seide – Synonym für Verführung", S. 72*) und einer mit Gummi (300–400 %) vergleichbare Dehnbarkeit verfügt. Aus der Kombination dieser beiden Eigenschaften ergibt sich eine Zähigkeit, die zwei bis dreimal so hoch ist wie die der Synthetikfasern Nylon oder Kevlar. Spinnenseide ist außerdem leicht, nicht immunogen und vollständig biologisch abbaubar. Außerdem ist sie extrem zellverträglich und kann Zellen gerichtet wachsen lassen.

Bislang war und ist die Gewinnung von Spinnenseide recht archaisch. Die Spinne wird „gemolken". Dazu spannt man die Spinne in eine Vorrichtung ein, sodass sie nicht weglaufen kann. Dann fängt man das Ende des Spinnfadens und haspelt ihn ab. So dünn wie der Spinnenfaden ist, ist das ein mühsames Geschäft, trotzdem existieren heute noch historische Beispiele von Kleidungstücken aus reiner Spinnenseide. Aktuell werden goldene Radnetzspinnen in der Medizinischen Hochschule Hannover für die Wissenschaft gemolken. Die Eigenschaften der Spinnenseide sollen für die Versorgung großflächiger Wunden, als Hilfskonstrukte für die Regeneration von Nerven oder in der Implantattechnik genutzt werden.

Einem Forscher aus Bayreuth ist es im Rahmen eines Forschungsprojektes der *Technischen Universität München (TUM)* gelungen, Bakterien die Produktion von Spinnenseidenproteinen „beizubringen" und diese nach Konstruktion einer dem natürlichen Spinnkanal der Spinnen nachempfundenen Spinnvorrichtung in Faserform zu gewinnen. Daraus entstand das Spin-off-Unternehmen *AMSilk*. Dort erforscht man die Herstellung neuartiger Hochleistungsfasern aus biotechnologisch hergestellten, von natürlicher Spinnenseide abgeleiteten Biopolymeren. *AMSilk*®-Hochleistungsfa-

Algen bilden die Grundlage für die SeaCell™-Faser.

Textilien aus der Milchfaser QMilk®.

sern aus Spinnenseidenproteinen kombinieren hohe Reißfestigkeit und Dehnbarkeit mit chemischer Modifizierbarkeit, geringer Dichte und Biokompatibilität. Dabei wird der Fokus der Forschung besonders auf Anwendungsgebiete gelegt, in denen Hochleistungsfasern aus Spinnenseide einen signifikanten Vorteil gegenüber herkömmlichen Synthetikfasern besitzen. Das Produktportfolio umfasst inzwischen Lösungen für die Implantattechnik, zur Wundversorgung, für funktionelle Kosmetik und die Hochleistungsfasern *Biosteel®*.

VON DER ALGE ZUR FASER

Die kristallklaren Fjorde Islands, wo das Meer noch rein und von der Schifffahrt nicht umweltbelastet ist, bilden die Heimat eines Rohstoffs, dem Zukunftsforscher noch Großes voraussagen: Meeresalgen. Bekannt sind Heilwirkung und Nährwert von den Thalasso-Behandlungen und als Hülle beim Sushi.

Auch wenn es fast unerschöpfliche Vorkommen von Meeresalgen gibt, so eignen sie sich dennoch nicht zur direkten Regeneration zu zellulosischen Chemiefasern. Die sogenannten „Algenfasern" enthalten fein gemahlene Braunalgen *(Ascophyllum nodosum)* in einem Anteil, der die speziellen Eigenschaften dieser Pflanzen bis ins textile Produkt zur Verfügung stellt. Sie sind besonders reich an Vitalstoffen wie Mineralien und Spurenelementen.

„Dadurch wirken die Algen hautschonend, pflegend und unterstützend gegen vorzeitige Hautalterung", so das Unternehmen *Smartfiber AG*, das diese Faser zum Patent angemeldet hat. „Die Algen in *SeaCell™* mit ihren hautpflegenden Substanzen sind fest in die Faser eingebracht. Die Vitalstoffe der Algen werden beim Tragen durch die natürliche Hautfeuchtigkeit freigesetzt. Dadurch entsteht ein einzigartiges Wohlgefühl. Diese Wirkung bleibt auch nach mehreren Waschgängen permanent in der Zellulosefaser erhalten. Qualität ist Trumpf bei *SeaCell™*: Die Faser erfüllt die Erfordernisse nach *STANDARD 100 by OEKO-TEX®*, ist zugelassen für Babyprodukte und von mehreren unabhängigen Instituten auf ihre Hautfreundlichkeit geprüft."

Im Handel findet man diese Fasern in Oberbekleidung, Unterwäsche und Socken, aber auch Heimtextilien, Bettwäsche und für den Reitsport.

AUS MILCH WERDEN FASERN

QMilk® ist eine Faser tierischen Ursprungs. Dieser Rohstoff ist kein Lebensmittel! Diese Frage klärt das junge Start-up-Unternehmen gleich zu Beginn ihrer Produktbeschreibung. Die Firma *Qmilch IP GmbH* entwickelte ein Biopolymer aus dem Milcheiweiß Kasein. Dieses wird aus Rohmilch hergestellt, die nicht mehr verkehrsfähig ist und nach gesetzlichen Regelungen nicht als Lebensmittel verwendet werden darf. 2 Mio. t dieser Milch werden in Deutschland jährlich (teuer) entsorgt! Obwohl die entsorgte Milch nicht mehr für den Verzehr geeignet ist, enthält sie sehr wertvolle Bestandteile und ist ein äußerst kostbarer Rohstoff, der großes Potenzial für technische Zwecke bietet.

QMilch verwertet damit einen Rohstoff, der unvermeidbar anfällt und bisher nicht genutzt wurde. Ungenutzte Milch entsteht täglich, nicht nur in Deutschland. Es ist die Vision des Unternehmens, den Milchmarkt weltweit durch einzigartige Konzepte zu revolutionieren. Die Entwicklung eines logistischen Systems zum Sammeln der nicht verkehrsfähigen Milch einschließlich geeigneter Behälter gehört dazu.

Da die Unternehmensgründerin *Heike Domaske* nicht nur Mikrobiologin, sondern auch Modedesignerin ist, entstanden aus dem Kaseinbiopolymer Fasern und in Folge eine ganze Kollektion an Kleidungsstücken mit Zusatznutzen (u. a. antiallergen, extrem hautverträglich). Eine Kosmetiklinie wurde entwickelt, daneben auch mit wachsendem Anteil technische Anwendungen.

Die Eigenschaften des Werkstoffs ähneln denen von PVC, aber ohne dessen umweltbelastende und krankmachende Rahmenbedingungen. Das Unternehmen arbeitet daran, PVC einmal ganz ersetzen zu können.

Pullover aus synthetischen Chemiefasern

Synthetics sind wichtiger Bestandteil in moderner Wäsche.

Synthetische Chemiefasern – was uns umgibt

Es nützen weder Naserümpfen noch verächtliche Kommentare, synthetische Chemiefasern sind allseits so präsent in unserem Alltag wie sonst keine anderen textilen Fasern. Sie sind so vielgestaltig, wie wir sie wünschen, und so funktionell, wie wir sie brauchen. Sie kleiden uns nicht nur, sondern umgeben uns in unserem häuslichen Umfeld in einem stets unterschätzten Umfang. Menschlicher Forschergeist hat sie erschaffen, nach dem Bauplan der Natur, aber mit Eigenschaften, die er selbst bestimmt hat.

Weltweit werden rd. 71 Mio. t an Chemiefasern produziert. Der europäische Anteil an dieser unvorstellbar großen Menge ist auf unter 5 % geschrumpft, Tendenz weiter fallend. Der asiatische Anteil hat annähernd 90 % erreicht. Ebenfalls 90 % beträgt die Quote für die synthetischen Chemiefasern. Die zellulosischen erbringen die restlichen 10 %. Die Topfaser ist immer noch **Polyester**, weil sie in den meisten unterschiedlichen Einsatzgebieten vertreten ist. Platz zwei belegte über Jahre die **Polyacrylfaser**, deren Stern aber langsam zu sinken beginnt. Die Fasern von Platz drei und vier, **Polyamid** und **Polypropylen**, legen deutlich an Bedeutung zu und sind auf dem Weg zu Platz zwei.

ES GEHT NICHT MEHR OHNE

Versuchen wir uns einmal vorzustellen, was wäre, wenn wir die omnipräsenten Kunststoffe und die synthetischen Chemiefasern nicht hätten. Bei den Damen bei der untersten Bekleidungsschicht begonnen, fehlte erst einmal der BH, denn ohne Elastan und ohne schnelltrocknende Synthetics müsste man auf Baumwolle zurückgreifen – das war bis in die 50er-Jahre des vergangenen Jahrhunderts Standard. Bei den Slips wird es schwieriger. Wie hindert man diese am Rutschen, wenn an Bund und Beinansatz das Elastan fehlte? Dann kommt klassisch die Bluse, gerne aus Baumwolle, Seide, Leinen, allerdings nicht mit dem haltbaren Polyesterfaden genäht, möglicherweise ein kurzfristiges Vergnügen. Rock oder Hose wären auch aus Naturfasern (knittern, bügeln schwierig), mit den Nahtproblemen der Bluse. Die Reißverschlüsse wären wieder aus Metall, Knöpfe aus teurem Naturmaterial wie Perlmutt oder Steinnuss. Strümpfe oder Strumpfhosen gäbe es nicht, denn die sind aus Polyamid. Alternativ müsste etwas Gestricktes aus Wolle oder Baumwolle her – da müssten sich die Designer etwas sehr Originelles einfallen lassen, damit diese Variante attraktiv ausschaute. Mäntel oder Jacken sind natürlich aus Naturfasern und nicht wetterfest. Imprägnierungssprays wären nämlich auch verboten.

Um den Bogen noch weiter zu ziehen, hilft ein Blick in die Wohnumgebung. Vor den Fenstern gäbe es nur blickdichte Baumwollgardinen anstelle der transparenten Polyesterstores von heute und vermutlich keine Vorhänge oder wenn ja, dann aus Baumwollsamt oder schwerer gewebter Wolle. Raffrollos, Plissee- und andere Rollos wären wegen überwiegend synthetischer Materialien gestrichen, Holz- oder Bambusjalousien böten eine Alternative. Teure Teppiche kämen wieder aus Nepal, Indien und dem Iran und wären aus Wolle

Synthetische Fasern, pur oder in Mischungen mit Baumwolle, fördern Elastizität und Funktionen wie Atmungsaktivität und Schweißdurchlässigkeit für Sportbekleidung.

Weste mit Fellimitat aus Polyester

mit oder ohne Seide. Die preisgünstigen, modernen, vielfarbigen Tuftingteppiche gäbe es keinesfalls, die sind meist aus Polypropylen.

Diese Kette könnte man unendlich weiterziehen, ob Badekleidung oder Babybedarf, ob bei Sitzen in Bussen und Bahnen (Unterkonstruktion und Bezüge), ob beim Wandern oder anderen Sportarten, ein Leben ohne Kunststoffe und moderne synthetische Chemiefasern ist gar nicht mehr denkbar und aufgrund mangelnder Landfläche für den Anbau von Faserpflanzen oder die Haltung von faserliefernden Tieren weltweit nicht realisierbar. Wenn man in die Betrachtung noch die Kunststoffe einbezieht, die uns im Alltag umgeben, wird es noch gruseliger. Hier seien nur die Stichworte Computer, Smartphone, Fahrzeuge in die Runde geworfen, um festzustellen, dass wir uns weit in die Vergangenheit zurück katapultieren würden, wenn wir generellen Verzicht übten.

Synthetics auf einen Blick

Es ist nicht möglich, alle Synthetics über einen Kamm zu scheren. Die Eigenschaften der späteren Gewebe können über die Herstellung modelliert werden.

- **Glanz, Griff, Elastizität, Volumen, Fähigkeit der Feuchtigkeitsaufnahme** und **Farbeindruck** sind von der Düsenform und dem Faserquerschnitt abhängig. Beim Nass- und Trockenspinnverfahren werden die Fasern meist aus runden Spinndüsen gepresst, der Faserquerschnitt kann unterschiedlich sein und die Faseroberflächen sind meist glatt und wenig strukturiert. Beim Schmelzspinnverfahren (PA, PES, PP) wird eine Düse eingesetzt, die einen Faserquerschnitt ergibt, wie er für die spätere Verwendung günstig ist. Die Faser kann Hohlräume und/oder eine strukturierte Oberfläche bekommen.
- **Faserlänge:** Der Traum der „Erfinder", eine endlose Faser herzustellen, wurde wahr. Es gibt Garnfäden mit 1.000 km Länge, und Grenzen setzen lediglich die Aufwickelungstechniken. Werden kurze Stapelfasern gewünscht, schneidet man die Filamente auf eine gewünschte Länge.
- **Faserfeinheit:** Die Spannbreite liegt zwischen weniger als 0,3 dtex bei den Supermikrofasern bis zu mehr als 7 dtex bei groben Fasern. 1 dtex bedeutet, dass 10.000 Meter 1 Gramm wiegen. Es können sehr leichte textile Flächen hergestellt werden.
- **Färbung:** Die synthetische Rohfaser ist meist weiß. Man kann Farbstoffe zur Spinnmasse geben und so die Fasern anfärben.

Ausschnitt aus einer Polyamidmolekülkette (Nylon)

Sportbekleidung mit Elastan

VORURTEILSFREI FAKTEN VERGLEICHEN

Man muss ja nicht gleich mit den Interessensvertretern der chemischen Industrie in das Lied einstimmen, Chemiefasern seien ressourcenschonend, weil sie wenig Landfläche für ihre Produktion benötigten und nur einen ganz geringen Anteil am fossilen Brennstoff Erdöl für sich beanspruchten. Außerdem seien die Wasserverbräuche für die Herstellung von Chemiefasern geringer als bei der hochgelobten und als natürlich empfundenen Baumwolle, die ganze Landstriche verändere und zudem noch ein gehöriges Paket an Insektiziden, Fungiziden und Herbiziden benötige, bevor man sie ernten könne. Auch täte man keinem Tier etwas zuleide wie bei der Wollgewinnung mit all ihren schrecklichen Auswüchsen. All das stimmt und ist dennoch nur ein Teil der Wahrheit, denn die für die Herstellung von Chemiefasern eingesetzten Chemikalien und Hilfsmittel bergen andere Gefahren und dürfen ohne sorgfältige Rückgewinnung, Aufbereitung oder Filterung auch nicht in die Umwelt gelangen, weil sie humanökologisch nicht verträglich und einige davon sogar krankheitsauslösend sein können.

Beide Seiten haben für sich genommen Recht, die Verteidiger der Naturfasern und die Befürworter der Chemiefasern. Wir als Verbraucher haben unsererseits das Recht – aber auch die Pflicht – Gefährdungspotenziale emotionslos gegeneinander aufzurechnen und dann auf Fakten basierend unsere Entscheidungen zu treffen – nicht nur für uns in diesem Moment – sondern für die Zukunft folgender Generationen und unseres gesamten einzigartigen und wunderbaren Planeten Erde.

VOM MONOMER ZUM POLYMER

Bevor aus vielen Monomeren neue Polymere (mono=einzeln, poly=viel) werden konnten, haben sich die Textilforscher des vergangenen Jahrhunderts die Kohlenstoffverbindungen und den molekularen Aufbau sowie das Vorkommen der einzelnen chemischen Elemente bei den Naturfasern ganz genau angeschaut, um deren Struktur, Bindungskräfte und Wechselwirkungen zu verstehen und infolge dessen „nachbauen" zu können.

Das geschieht überwiegend nach folgenden drei Reaktionsmechanismen:

- **Polymerisation.** Es verbinden sich viele gleichartige Monomere zu einem Polymer. Damit dies möglich wird, müssen die Monomere eine Doppelbindung zwischen zwei Kohlenstoffatomen ($CH_2{=}CH_2$) aufweisen. Außerdem braucht es für das Ingangsetzen der Reaktion einen Katalysator (ein Stoff, der eine chemische Reaktion ermöglicht, aber selbst nicht mit den anderen Stoffen reagiert), der dafür sorgt, dass sich diese Doppelbindungen lösen und somit reaktionsfähig werden. Dieser Vorgang kann sich beliebig oft wiederholen, je nachdem, wie lang die Molekülketten werden sollen.
  Durch Polymerisation entstehen *Polyamid (Nylon 6 oder Perlon), Polyacryl* und *Polypropylen.*
- **Polykondensation.** Es verbinden sich verschiedenartige Monomere zu langen Ketten, die an beiden Enden eine reaktionsfähige Atomgruppe besitzen. Dabei entsteht ein Nebenprodukt (meist Wasser). Durch Polykondensation entstehende Polymere sind *Polyester* und *Polyamid (Nylon 6.6)*
- **Polyaddition.** Es verbinden sich zwei gänzlich verschiedene Arten von Monomeren zum Polymer. Dabei entsteht kein Nebenprodukt.
  Eine Polyadditionsfaser ist *Elastan.*

Mikrofasertuch

Mikrofaserstrumpfhose

VON DER SPINNMASSE ZUM FADEN

In diesem Zusammenhang bedeutet „spinnen" die Entstehung des Mono- oder Multifilaments als Vorstufe zur Garnherstellung aus der Spinnmasse. Beim „Verspinnen" von Naturfasern ist man schon einen Schritt weiter und nennt den Prozess der Garnherstellung aus den vorhandenen Naturfasern „spinnen".

Der Spinnprozess bei den Chemiefasern sieht „in der Versuchsaufstellung" sehr ähnlich aus. Er verläuft bei zellulosischen und synthetischen Chemiefasern analog und wird von folgenden Einrichtungen beeinflusst:

- **Spinnmasse** (Spinnlösung bei den Regeneratfasern): In dieser honigartig zähen Flüssigkeit liegen die chemischen Bausteine so vor, wie sie für die Herstellung der Filamente gebraucht werden. Es ist quasi die „Ursuppe" der Chemiefasern. Ihr können Zusätze, wie z. B. Mattierungsmittel, Farbpigmente (Spinnfärbung) oder auch Pigmente für den UV-Schutz, zugesetzt werden.
- **Spinnpumpe:** Mit ihr wird die Spinnmasse dosiert. Hier wird eingestellt, wie schnell und in welcher Menge die Spinnmasse die Spinndüse passieren soll.
- **Spinndüse:** Sie sieht ein bisschen so aus wie eine moderne Wellnessdusche, meist rund oder ringförmig. Form und Anzahl der Lochung beeinflussen Eigenschaften wie Glanz, Griff, Elastizität, Volumen, Feuchtigkeitsaufnahme und Farbeindruck. Die Feinheit der Lochung der Spinndüse ermöglicht zusammen mit der Verstreckung die Herstellung von Mikrofasern, die 10-mal dünner als ein mensch-

Auf ein Wort: Mikrofasern

Mikrofasern sind im Grunde nur ein Sonderfall der ganz normalen *synthetischen Chemiefasern*. Das Besondere an ihnen ist ihre sehr hohe Feinheit. Galt früher der Seidenfaden als das Maß aller Dinge (10.000 m wiegen 1 g, das ist 1 dtex (→ *Lexikon „Dezitex (dtex)", S. 145*), so sind Mikrofasern deutlich feiner: zwischen 0,1 und maximal 1 dtex (Fasern mit weniger als 0,3 dtex heißen „Supermikrofasern"). Knapp drei Kilogramm eines solchen Fadens würden ausreichen, um die Welt am Äquator zu umwickeln.

Ausgangsstoffe sind oft dieselben wie bei den „dickeren" Geschwistern, wie z. B. bei Polyester oder Polyamid oder Mischungen aus beiden, allerdings sind Spinnmasse und vor allem der Spinnprozess verändert. Die Spinngeschwindigkeit muss für die Herstellung von Mikrofasern sehr schnell sein, sodass sich die Kettenmoleküle fast vollständig parallel orientieren.

Mikrofasern sind in etwa dreimal feiner als durchschnittliche Baumwolle, sechsmal feiner als Wolle und sechzigmal feiner als das menschliche Haar. Mikrofaserstoffe sind daher sehr leicht und dicht. Dies bedeutet eine vielfach höhere Anzahl von Luftkammern und kleinste Poren, die die Thermoregulierung des Körpers begünstigen. Diese sind kleiner als Wassertropfen – das macht das Gewebe wasserfest –, aber größer als Wasserdampf, der durch die Poren passieren und entweichen kann. So bleibt das Kleidungsstück „atmungsaktiv". Die Feinheit der Stoffe aus Mikrofaser weist Wind ab.

Mikrofasern werden für Gewebe, aber auch sehr oft auch für Fleecestoffe verwendet. Alle Arten von Mikrofaserstoffen sind strapazierfähig, trocknen schnell und sind so pflegeleicht wie ihre Ausgangsstoffe. Sie vertragen die Waschmaschine, aber keinen Weichspüler und auch keinen Trockner (was auch nicht nötig ist). Weil ihre bekleidungsphysiologischen Eigenschaften physikalisch bedingt sind, bleiben sie auch nach dem Waschen erhalten.

Moderne Oberflächenstrukturierungen, z. B. durch mechanische Verfahren (wie etwa schmirgeln, sanden), sind möglich. Daher findet man sie bei der Alltagskleidung ebenso wie in funktioneller Sportkleidung (oder als Putztuch für viele Zwecke im Haushalt).

Spinndüse mit austretendem Filament

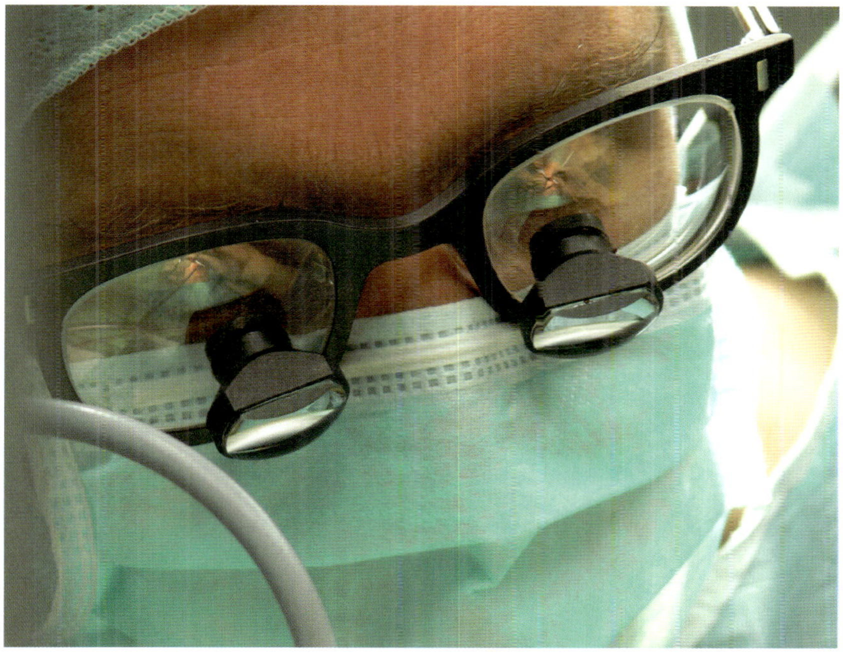

Mundschutz Polypropylen-Vlies mit hoher, nahezu 100%iger Bakterienfiltereffizienz

liches Haar sind und für hochfunktionelle Textilien eingesetzt werden. Es gibt allerdings auch Mikrofasern, die durch Splitten des Ausgangsmaterials entstehen. Sie sind ganz besonders fein.

- **Spinnbad/Fällbad:** Die noch weichen Filamente fallen in ein Bad aus verschiedenen Chemikalien, in dem sie „koagulieren", sprich fest werden. In diesem Bad befindet sich auch die Abzugsvorrichtung für die Filamente, von wo aus sie zur Weiterverarbeitung geleitet werden.
- **Verstreckung:** Bereits während des Spinnens oder als separater Prozessschritt können die noch weichen Filamente verstreckt werden. Das bedeutet, dass zum einen die Fasern dünner und länger und zum anderen die noch reaktionsfreudigen Kettenmoleküle in Längsrichtung parallel geordnet werden. So werden die Filamente feiner und weicher, aber auch fester und strapazierfähiger.

Die drei(-einhalb) Spinnverfahren

- **Trockenspinnverfahren:** Die ersponnenen Filamente verfestigen sich in einem Warmluftkanal. Gleichzeitig verdampft das Lösemittel der Spinnmasse/-lösung.
- **Nassspinnverfahren:** Das Medium, in dem sich das Filament festigt und koaguliert, ist das Fällbad.
- **Schmelzspinnverfahren:** Hierbei werden die Ausgangsstoffe für die Spinnmasse geschmolzen und dann durch die Spinndüse gepresst. Koagulation im Kaltluftkanal ähnlich dem Trockenspinnverfahren.
- **Spinnvliesherstellung:** Dabei werden die noch weichen Filamente wirr auf einem Transportband abgelegt, wo sie erstarren und miteinander eine flächige Verbindung eingehen. Wenn man auf größere Feinheit der Filamente Wert legt, werden sie auf das Transportband geblasen, wodurch sie schneller fest werden, sodass höhere Produktionsgeschwindigkeiten gefahren werden können. Diese Vliese begegnen uns in der Bekleidung meist als Einlagenstoffe.

DIE WICHTIGSTEN SYNTHETISCHEN CHEMIEFASERN IN KÜRZE

Polyester (PES)

Herstellung: Polyester entsteht durch Polykondensation bei hohen Temperaturen und im Vakuum. Die Fasern werden nach dem Schmelzspinnverfahren ersponnen. Polyester wird als Filament, auch als Mikro- und als Stapelfaser für Bekleidungstextilien verwendet. Zur Familie gehören das PET (Polyethylenterephthalat) für Getränkeflaschen und das Polycarbonat, das für Brillen, Handygehäuse und als Glasersatz verwendet wird.

Eigenschaften: Polyesterfasern sind ebenso nass- wie trockenfest und beständig gegen Laugen und Säuren. Polyester ist reiß-, aber nicht scheuerfest. Sie übertreffen bei der Elastizität, insbesondere mit ihrer hohen Rücksprungfähigkeit, alle anderen Synthesefasern. Sie knittern kaum. Ihre Dehnbarkeit ist geringer als die der Polyamide. Die Lichtbeständigkeit von PES ist gut. Polyesterfasern nehmen wenig Flüssigkeit auf und trocknen schnell. Elektrostatische Aufladung ist möglich. Spezielle PES-Fasern transportieren aufgrund anderer Faserquerschnitte die Feuchtigkeit besser als ihre „Geschwister" mit rundem Faserquerschnitt. Außerdem macht die andere Fasergeometrie die Fasern besonders weich und hautfreundlich. PES ist beständig gegen Pilze und Fäulnisbakterien, kann also nicht verrotten (Fluch und Segen gleichermaßen). Von allen Synthetics, die zu Bekleidungszwecken genutzt werden, hat PES die höchste Hitzestabilität. Polyester ist die am häufigsten eingesetzte Synthetikfaser.

Verwendung: Polyester ist eine äußerst vielseitige Faser. Man findet es in allen Arten von Stoffen für Damen- und Herren-Oberbekleidung. Wegen der hohen Hitzestabilität können der Kleidung gewünschte und dauerhafte Falten gegeben werden, z. B. als Bügelfalte oder Plissee. Polyesterfasern sind ideale Mischungspartner mit anderen Fasern, Natur- oder Synthetik. Klassisch ist die nichtfilzende Mischung

Fotos: l.: Industrievereinigung Chemiefaser e. V. (IVC), Michael Bührke/PIXELIO

Polyamidfasern machen viel mit und sehen gut aus. Wie alle Chemiefasern sind sie haltbar und pflegeleicht. Auch wenn sie nur die zweithäufigste Chemiefaserklasse sind, so begegnen sie durch Dessous und Strümpfe zumindest den Frauen meist häufiger als der Konkurrent Polyester.

45% Wolle/55% Polyester für Hosen, Röcke, Anzüge. Bei einem Anteil von 65% Polyester wirken die Stoffe wie Wolle/Seidemischungen. Bei Textilien mit baumwolligem Charakter beträgt der Anteil von Polyester selten mehr als 50%, z. B. für Hemden- und Blusenstoffe. Jeansstoffe werden leichter und pflegeleichter durch die Beimischung von ca. 20% PES.

Pflege: Die meisten PES-Textilien sind pflegeleicht. Sie können in der Maschine gewaschen werden. Aber Achtung: Bei zu hoher Temperatur kann die Wäsche knittern. Unbedingt die Pflegekennzeichnung beachten! Polyester braucht nur leicht angeschleudert zu werden und wird, feucht aufgehängt, schnell und glatt trocken. Im Trockner sollte eine niedrige Temperatur gewählt werden, um ungewollte Verformungen zu vermeiden. Meist erübrigt sich das Bügeln. Sollte es notwendig sein, Einstellung Seide wählen und mit einem feuchten Tuch bügeln.

Polyamid (PA)

Herstellung: Polyamidfasern für den Bekleidungssektor teilen sich in zwei Kategorien:

- *Polyamid 6 (Perlontyp)*, entstanden durch Polymerisation sowie
- *Polyamid 6.6 (Nylontyp)*, gewonnen durch Polykondensation.

Beide Fasertypen werden mit dem Schmelzspinnverfahren hergestellt. Die Fasern werden häufig spinngefärbt, weil diese Färbung sehr haltbar ist. Nachdem die Masse aus der Spinndüse herausgetreten ist, kühlt sie im Kaltluftstrom ab und wird auf die drei- bis vierfache Länge verstreckt.

Eigenschaften: Polyamide können 3,5–4,5% an Feuchtigkeit aufnehmen. Das ist gegenüber den meisten Naturfasern wenig, im Vergleich zu anderen Synthetics aber recht viel. Polyamid läuft nicht ein, trocknet rasch und ist nass ebenso stabil wie trocken. Es ist scheuer-

Die Erfolgsstory der Nylons

Nur wenige Jahre nach der Erfindung der Polyamidfaser entdeckte der amerikanische Chemiekonzern DuPont das ungeheure Potenzial der „Nylons" (Nylon-Strümpfe). Beflügelt durch den rasend schnellen Verkauf einer Testmenge von 4.000 Paaren innerhalb von drei Stunden wurden am **15. Mai 1940** in ausgewählten Geschäften US-amerikanischer Metropolen fünf Millionen Paar „Nylons" angeboten. Der Verkauf löste eine bislang nicht gekannte Hysterie unter den Damen aus, die sich, nachdem sie ein Paar ergattert hatten, noch vor den Geschäften auf den Bordsteinen sitzend, sofort ihre neuen Strümpfe überstreiften. Trotz der gewaltig erscheinenden angebotenen Menge gingen dennoch viele Kundinnen leer aus. Im historischen Rückblick ging dieser denkwürdige Tag der Ruhmesgeschichte der synthetischen Chemiefasern als **„N-Day"** (Nylon-Day) in die Geschichtsbücher ein.

Hochelastischer Schwimmanzug aus Polyamid und Elastan

Polyacryl: Fein, weich, leicht und kuschelig wie Wolle, aber waschbar, strapazierfähig und sehr viel preisgünstiger.

beständig, neigt aber sehr zur Pillingbildung (Knötchen durch Reibung auf dem Textil). PA verträgt große mechanische Belastungen wie Knicken und Biegen, knittert kaum, unliebsame Falten hängen sich rasch wieder aus. PA ist unempfindlich gegen Motten, Laugen, Seewasser und ist fäulnisfest. Das heißt auch: Natürliches Verrotten ist nicht möglich. Gegen konzentrierte Säuren ist PA empfindlich. Sie laden sich stark elektrostatisch auf. Die Lichtbeständigkeit ist schlecht, ebenso die Hitzeverträglichkeit.
Perlon (PA 6.6) unterscheidet sich in seinen Eigenschaften praktisch kaum von *Nylon (PA 6)*, Nylon hat allerdings durch seinen frühen Siegeszug als nahtloser Strumpf (→ *Kasten „Die Erfolgsstory der Nylons", links*) einen bekannteren Namen.
Verwendung: Sportbekleidung, Feinstrümpfe, Damenwäsche, Miederwaren, Bade-, Sport- und Freizeitbekleidung, Futterstoffe, Kleiderstoffe, Blusenstoffe, Wetterschutz- und andere Funktionsbekleidung, aber auch Schirme oder Nähgarn. Polyamidfasern werden gerne sowohl mit Natur- als auch mit anderen Chemiefasern gemischt.
Pflege: Die Hinweise des Herstellers sollten unbedingt beachtet werden. Je nach Kleidungsstück wird manchmal nur Handwäsche bis 30 °C empfohlen, ein anderes Mal Maschinenwäsche bei höheren Temperaturen, ob es nun ein zarter BH oder ein rustikaler Wetterschutzparka ist. Möglichst nicht oder nur sanft und kurz schleudern. Am besten nach dem Waschen tropfnass aufhängen (eventuell kurz in ein Frottierhandtuch einrollen und so vortrocknen). Bügeln ist in der Regel nicht notwendig; wenn gebügelt wird, dann sehr vorsichtig mit geringer Temperatur (Pflegeetikett!).

Polyacryl (PAN), Modacryl (MAC) und andere Acrylfasern

Herstellung: Alle Acrylfasern werden durch Polymerisation hergestellt und im Nass- oder Trockenspinnverfahren ersponnen. Die Spinnmasse muss dazu in einem Lösungsmittel gelöst sein. Modacryl ist (modifiziertes, in seinen Eigenschaften verändertes) Polyacryl. Da die Modifikationen bereits bei der Herstellung geschehen, sind sie dauerhaft. Acrylfasern können auch als Hohlfasern hergestellt werden. Sie erhalten dadurch ein künstliches Lumen in der Faser, das sowohl besser Feuchtigkeit aufnehmen als auch Luft als Isolator speichern kann. Aus Polyacryl entstehen fast ausschließlich Spinnfasern. Sie haben einen wollähnlichen Griff und werden deshalb oft mit Wolle (50/50 %) gemischt.
Eigenschaften: Sie ähneln denen von Polyester. Neben der wollähnlichen Anmutung haben sie wenig Gewicht, gute Licht- und Chemikalienbeständigkeit und sind pflegeleicht. Sie sind jedoch hitzeempfindlich und können sich elektrostatisch aufladen. Modacryl ist eine inhärent flammhemmende, selbstverlöschende Faser, die bei Entzündung nicht schmilzt und nicht tropft und in Verbindung mit Baumwolle verkohlt.
Acrylhohlfasern haben ein Feuchtigkeitsaufnahmevermögen von bis zu 35 %. Sie quellen allerdings nicht auf und geben die Feuchtigkeit schneller wieder ab. Ihre Sauggeschwindigkeit entspricht der der Baumwolle.
Verwendung: Polyacrylfasern werden rein und in Mischungen u. a. für folgende Zwecke eingesetzt: Maschenwaren, Oberbekleidungsstoffe, Pelzimitationen. Modacryl wird wegen seiner speziellen Eigenschaften

Brokatstoff

Polypropylen wird bei funktioneller Sportwäsche zum Schweißtransport von der Haut nach außen eingesetzt.

sowohl für Babykleidung (US-Gesetzgebung) als auch für Schutzkleidung verwendet. Acrylhohlfasern werden vor allem für saugfähige und warme Unterwäsche eingesetzt.
Pflege: Da Polyacryl pflegeleicht ist, lässt es sich in aller Regel problemlos in der Maschine waschen. Es trocknet schnell und braucht meist gar nicht gebügelt zu werden.

Polypropylen (PP)

Herstellung: Polypropylen entsteht durch Polymerisation und wird im Schmelzspinnverfahren zu Filamentgarnen, Spinnfasern, Monofilen, Folienbändchen und Spinnvliesen ausgesponnen. Neben Polyesterfasern gehört PP heute weltweit zu den am stärksten expandierenden Kunststoffen. PP-Fasern sind die leichtesten Chemiefasern.
Eigenschaften: Die Faser selbst kann kein Wasser aufnehmen, wird aber wegen seiner guten Kapillarwirkung (Flüssigkeit wird von der textilen Fläche aufgesaugt und an den Fasern entlang an die Außenluft geleitet) eingesetzt. Diese Fähigkeit basiert auf der großen Oberflächenspannung der Faser, die größte von allen Chemiefasern. PP ist zu 100 % nassfest, hat aber auch trocken eine hohe Festigkeit. Als Spinnfaser ist auch die Scheuerfestigkeit gut. Wegen seiner Leichtigkeit schwimmt Polypropylen. Es ist beständig gegen Säuren, Basen und Lösungsmittel, aber empfindlich gegen UV-Licht. PP kann nicht verrotten, aber verbrannt werden. PP ist pflegeleicht.
Verwendung: Polypropylen wird hauptsächlich für funktionelle Sportunterwäsche (guter Schweißtransport) und Outdoorbekleidung eingesetzt. Die aktuelle Produktionsmenge weltweit liegt bei 5 Mio t PP für Faseranwendungen.

Sonderfall Lurex: Metallisch glänzende Fäden

Sie signalisieren Luxus, peppen Unifarbenes auf, wirken mal edel, mal schrill: Metalleffekte in Textilien. Allerdings sind vor allem echtes Gold und Silber heute in modischer Kleidung nicht mehr zu finden. Sie werden durch synthetische „Nachfolger" ersetzt, die weicher, preiswerter und elastischer sind und sich vor allem besser pflegen lassen.

Echte Gold- und Silberfäden finden sich im sogenannten *Brokat*, einem schweren, festen, jacquardgemusterten Stoff, der zu seiner Zeit aus Seide bestand. Da er in Atlasbindung hergestellt wird, hat er einen vom Lichteinfall abhängigen Glanz, den die Metallfäden noch verstärken. Die Träger wirken wie in flüssiges Gold und Silber gekleidet. Gold- und Silberbrokat gab es wahrscheinlich so lange, wie es Seidengewebe gibt. In Museen finden sich wunderbare Exemplare aus allen Winkeln der Erde, die auf das 12. Jahrhundert und früher datiert werden. Sie waren immer für höfische Kleidung gedacht. Kein Wunder, dass ab dem Mittelalter kirchliche (diese bis in die Jetztzeit!) und politische Würdenträger Brokat trugen, um Macht und Wohlstand zu demonstrieren. Auch Bänder, Borten und Posamente (Quasten und Troddeln), die als Zierwerk eingesetzt wurden, waren manchmal mit Edelmetallfäden durchsetzt.

Metallglänzende Folienbänder sind unter der Bezeichnung *Lurex* ein Begriff. Es handelt sich dabei um Bänder aus *Polypropylen, Polyester, Polyamid* oder *Triacetat*, die mit feinen Metallfolien beklebt, mit Metallstaub beschichtet und mit Kunstharzlack überzogen sind. Meist ist die Basisfarbe silbern, kann aber durch andersfarbigen Lack variiert werden. Neu sind Hologrammfolien als Lurexfäden, die Dreidimensionalität vorgaukeln.

Hosen aus Polyurethan sehen aus wie Lederhosen, sind aber elastischer.

Sonderfall Polycolon

Eigenschaften und Verwendung: Polycolon ist eine auf Basis Polypropylen (PP) veredelte Langstapelfaser, die in Reinform oder Mischung mit anderen Textilfasern zu Funktionsgarnen (Kammgarne) verarbeitet wird. Durch das geringe Eigengewicht, die gute Scheuerfestigkeit, die nicht vorhandene Wasseraufnahme und die guten Pflegeeigenschaften wird Polycolon häufig im Sportfunktions-, Outdoor-, Strumpf- und Unterwäschebereich eingesetzt. Das Material ist bis 95 °C in der Waschmaschine waschbar. Textilien aus oder mit hohem Polycolonanteil werden oft als Basis-Schicht im Zwiebelschalenprinzip eingesetzt oder auf der Innenseite des Baselayers sowie in Socken plattiert eingestrickt. In der Mischung, z. B. mit Wolle, können tragephysiologisch sich ergänzende Effekte erzielt werden.

Polyurethan (PUR)

Herstellung: Polyurethan entsteht durch Polyaddition. Dabei wird zwischen linearen und vernetzten Polyurethanen unterschieden, wobei im textilen Bereich nur lineare PUR-Typen zum Einsatz kommen. Als Beschichtung oder zunehmend als Lederimitat werden auch vernetzte PUR-Arten eingesetzt. Das Geheimnis ist das Vorhandensein kristalliner (fester) und verknäulter (amorpher) Bereiche in der Molekülkette. Da das „Verknäultsein" für die Molekülstruktur energetisch günstiger ist als der gestreckte Zustand, kehrt die Faser nach einer Dehnung immer sehr schnell in den „verknäulten" Zustand zurück. Das ermöglicht die hohe Elastizität.
Eigenschaften: Die hervorstechendsten Eigenschaften von Fasern auf Polyurethanbasis sind die hohe Elastizität (700 % Dehnung) und ebenso die hohe Rücksprungkraft. Als Schaum für Beschichtung von Funktionskleidung oder als Lederimitat ist die Atmungsaktivität bei hoher Wasserundurchlässigkeit gefragt. Textilien werden teils rückseitig beschichtet, um den textilen Charakter des Oberstoffs in der Optik beizubehalten.
Einsatz: Im Bereich der Bekleidung kommt PUR überwiegend als Elastanfaser, als Beschichtungsmaterial und für Kunstleder vor. Heute gibt es kaum ein Kleidungsstück, das nicht zumindest einen 1–2%igen Elastananteil enthält.

Sonderfall Elastan (PUE/EL):

Herstellung: Elastan wird durch Polyaddition gewonnen und im Trockenspinnverfahren zu Elastanfilamenten ausgesponnen. Es ist ein Block-Copolymer aus einem Hartsegment, das zu mindestens 85 % aus Polyurethan bestehen muss sowie einem Weichsegment (je nach Hersteller Polyester oder Polyether). Das Urethan bildet dabei die kristallinen, gestreckten Abschnitte, die sich längs aneinanderlagern und gegenseitig anziehen. Die geknäult vorliegenden Weichsegmente ermöglichen die hohe Dehnung und Rücksprungkraft.
Eigenschaften: An erster Stelle steht die sehr hohe Elastizität. Die Filamentfasern können sehr fein sein, sie sind beständig gegenüber Licht, kosmetischen Ölen, Seewasser und Schweiß, was sie für Bademoden prädestiniert und können – je nach Herstellerhinweis und Mischungspartner– bei relativ hohen Temperaturen gewaschen werden (bei Baumwollunterwäsche teilweise bis 95 °C).
Einsatz: Elastan wird überall dort eingesetzt, wo hohe Dehnbarkeit und Formstabilität gewünscht sind
Pflege: Sie richtet sich nach den Fasern, mit denen Elastan verarbeitet wurde. Pflegekennzeichen immer genau beachten.

PELZ

Kostbares Geschenk der Natur

Duffelcoat aus Curly Lamb

Das Tragen von Pelzen ist eine der ältesten Bekleidungsarten der Menschen. Die Felle der Beutetiere und der Verteidigungsjagd wurden von Anbeginn zum Wärmen, aber auch zum Präsentieren genutzt. Der beste Jäger hatte die schönsten Felle und war daher eine hochgestellte und geachtete Persönlichkeit. Dieses Signal wussten Würdenträger in Politik und Klerus schon immer zu nutzen. Auch heute ist Pelz etwas Besonderes und Kostbares für den besser gefüllten Geldbeutel. Sich in einen Pelz hinein schmiegen zu dürfen, hat seinen Preis, ein schlechtes Gewissen gehört nicht dazu.

Das Tragen von Pelz ist heute ein Spiel mit vielen Regeln und bei Weitem kein unbelastetes Vergnügen. Darf ich Pelz tragen? Kann ich das unbedenklich tun? Welchen Pelz sollte ich meiden und bei welchem muss ich mir keine Sorgen machen? Werden für meinen Luxus Tiere gequält oder sind das auch nur Horrorszenarien übermotivierter Tierschützer? Sind die Bilder gequälter pelziger Kreaturen die Regel oder doch die verdammenswerte Ausnahme? Wer nach Beantwortung all dieser Fragen noch unschlüssig bleibt, sollte vielleicht lieber zum Webpelz greifen. Wer dies alles bedenkt und sich an kompetenter Stelle, wie z. B. beim *Deutschen Pelz Institut (DPI),* schlau macht und sieht, wie eng solche Organisationen mit dem Naturschutz und dem Artenschutzübereinkommen verzahnt sind, darf sein sinnliches Vergnügen am kuscheligen Fremdhaarkleid bedenkenlos genießen.

PELZE UND ARTENSCHUTZ

Für den Rückgang von Arten gibt es viele Gründe. Insbesondere die Arten, die nicht zu kommerziellen Zwecken genutzt werden, gehen zurück oder werden an den Rand der Ausrottung gedrängt. Man könnte den Eindruck gewinnen, was der Mensch nicht nutzt, das tötet er, und sei es indirekt, indem der Lebensraum der Tiere beschnitten wird. Umgekehrt wird auch ein Schuh daraus, wie im Falle des 2009 von der EU empfohlenen Handelsverbots von Robbenfellen und deren Produkten. Dagegen klagt das Land Kanada, weil die sich übermäßig vermehrenden Robben – es gibt mittlerweile rd. 9 Millionen Tiere im Nordatlantik – die Fischbestände, insbesondere den Kabeljau, derart de-

Foto: Windsor

EU-Artenschutzverordnung

Die **Verordnung (EG) Nr. 338/97** ist eine Artenschutzverordnung der Europäischen Gemeinschaft. Sie regelt den internationalen Handel mit Exemplaren und Produkten gefährdeter Tier- und Pflanzenarten zur Gewährleistung einer nachhaltigen Nutzung.
Die *EU-Artenschutzverordnung* setzt das *Washingtoner Artenschutzübereinkommen (WA)* und relevante Punkte von zwei europäische Richtlinien (*FFH-Richtlinie* und *Vogelschutzrichtlinie*) um.
Dem Grad der Schutzbedürftigkeit entsprechend gibt es innerhalb der *EU-Artenschutzverordnung* vier Listen, die auch als „Anhang" bezeichnet werden.

Anhang A enthält die im *Anhang I* des *WA* aufgeführten Arten, nämlich solche, die von der Ausrottung bedroht sind, oder Arten, die durch den Handel beeinträchtigt werden, sowie Arten, die nach Ansicht der Europäischen Union im internationalen Handel so gefragt sind, dass jeglicher Handel das Überleben der Art gefährden würde. Deswegen ist hier jeder Handel streng verboten, auch der unter Privatpersonen. Dazu zählen Gepard, Jaguar, Leopard, Europäischer Luchs, Ozelot und Südamerikanischer Fischotter. Aber auch Tiere, die für die Pelzbranche nicht relevant sind, wie z. B. spezielle Kleinaffen für wissenschaftliche Forschung, Bären, Wale, diverse Landschildkröten, Alligatoren. Total geschützte Pflanzen sind u. a. bestimmte Kakteen-, Orchideen, Euphorbien- und Aloe-Arten außer Aloe vera, Edelweiß.

Anhang B enthält Arten des *Anhangs II WA*, deren Vorkommenssituation moderater ist, und lässt eine geordnete wirtschaftliche Nutzung unter behördlicher Kontrolle zu. Daneben aber stehen Arten, die international in solchen Mengen gehandelt werden, dass das Überleben der Art oder von Populationen in bestimmten Ländern gefährdet sein könnte. Beispiele dafür sind Cap-Seal (Seebären), Feuerlandfuchs, Argentinischer Graufuchs, Guanaquito (das Jungtier des Guanako), Nordamerikanischer Otter. Dazu führt die europäische Regelung auch Kleinfleckkatzen, spezielle Papageien, Greifvögel, Eulen, Krokodile, Warane, Riesenmuscheln und Steinkorallen auf.
Exemplare von Arten, die in den *Anhängen A* oder *B* der EU-Verordnung aufgeführt sind, dürfen nur nach vorheriger Erteilung einer Einfuhrgenehmigung sowie begleitet von einem Ausfuhrdokument des Ausfuhrlandes gehandelt werden.

Anhang C umfasst Arten, die mit einer Einfuhrmeldung der Zollbehörde des Einfuhrstaates gehandelt werden dürfen, für die aber einzelne Herkunftsländer Exportgenehmigungen vorschreiben, wie z. B. Leierantilope oder Königsgeier.

Anhang D enthält Arten, die zwar handelsrelevant sind, aber noch nicht unter die internationalen Schutzkategorien fallen. Bei diesen Arten rechtfertigt der Umfang der Einfuhren in die Europäische Union eine mengenmäßige Überwachung, um aus den sich so ergebenden Zahlen gegebenenfalls eine Unterschutzstellung herzuleiten. Man spricht hier von Monitoring. Die deutsche Pelzbranche steht voll zu den Bestimmungen des *WA* und der *Bundesartenschutzverordnung*.

zimieren, dass der Fischfang massiv darunter leidet. Auch darf man nicht vergessen, dass Kanada mit dem Robbenfang und dem Handel mit Produkten etwa 35 % seiner Staatseinnahmen rekrutiert hat. Hier spielen also rein politische bzw. ökonomische Gründe eine Rolle, nicht ausschließlich Populationsgründe oder das Artenschutzübereinkommen.
Die Pelzbranche hatte sich schon früh selbst Schutzprogramme auferlegt, etwa 1816, als die Trapper darüber klagten, dass die Biber immer kleiner blieben. Selbst die Rettung der gefleckten Katzen, wie Ozelot oder Leoparden, ging auch auf Initiativen der Pelzbranche zurück. Das 1987 gegründete *Deutsche Pelz Institut* mit Sitz in Frankfurt ist Sprecher sämtlicher in den Verbänden organisierten Unternehmen – vom Pelztierzüchter über den Fellgroßhändler und den Pelzkonfektionär bis zum Kürschner und Pelzfachhandel. Das *DPI* hat sich Leitlinien zum Tier- und Artenschutz wild lebender Tierarten auferlegt. Aufzucht und Haltung sowie Tötung orientieren sich demzufolge an den Bedürfnissen der Tiere und stehen unter Kontrolle von Veterinären. Ob Farmer, Züchter, Jäger oder Trapper, alle unterliegen den Gesetzen, Verordnungen und Ausführungsbestimmungen zum Tier- und Artenschutz.

WASHINGTONER ARTENSCHUTZ-ÜBEREINKOMMEN (WA)

Die *Convention on International Trade in Endangered Species of Wild Fauna and Flora (CITES)* ist eine internationale Konvention, die einen nachhaltigen, internationalen Handel mit den in ihren Anhängen gelisteten Tieren und Pflanzen gewährleisten soll. Die Konvention wird nach dem Ort der Erstunterzeichnung am 3. März 1973 in Washington, D.C. auch *Washingtoner Artenschutzübereinkommen (WA)* genannt.
Das *WA* schützt mehr als 8.000 Tier- und 40.000 Pflanzenarten. Es regelt den internationalen Handel mit gefährdeten Arten frei lebender Tiere und Pflanzen. Die einzelnen Bestimmungen sind in Artikeln festgelegt, zu denen Listen oder Anhänge gebildet worden sind, je nach dem Grad der Schutzbedürftigkeit (→ *Kasten „EU-Artenschutzverordnung", oben*). Diese Anhanglisten werden alle zwei Jahre auf der *WA*-Vertragsstaatenkonferenz aktualisiert. Bis heute sind 174 Staaten dem Übereinkommen beigetreten.
Seit 1984 setzt die *Europäische Union* das *WA* einheitlich und für alle EU-Staaten verbindlich um. 1997 und zuletzt 2008 traten weitere Überarbeitungen in Kraft. Wie beim *WA* gilt auch in der EU: Die Artenschutzregelungen gelten für lebende oder tote Tiere und Pflanzen, ihre Entwicklungsformen sowie alle Teile davon oder aus ihnen gewonnene Erzeugnisse (wie etwa Elfenbein, ausgestopfte Tiere, Schmuck, Gürtel- und Handtaschen aus Schlangen- oder Krokodilleder). In Deutschland ergänzt das Bundesnaturschutzgesetz das *WA*-Abkommen, darüber hinaus verschärft die Bundesartenschutzverordung das Gesetz noch zusätzlich. Ihr unterliegen alle wild lebenden heimischen Säugetiere mit Ausnahme von Nutria, Marderhund, Bisam oder Waschbär. Dem Jagdgesetz unterliegen Rotfuchs, Marder, Wiesel, Rehe sowie Hirsche.
1999 verabschiedete der Ständige Ausschuss des *Europäischen Übereinkommens zum Schutz der Tiere in land-*

Fuchspelzmütze und -kragen

Foto: Marro / Fotolia

Fellgewinnung aus Schadensbegrenzung

Zum kaum noch beherrschbaren ökologischen Albtraum hat sich die massenhafte Vermehrung des *Possums (Fuchskusu)* in Neuseeland entwickelt, weil das putzige Beuteltier, das Jungwälder und Vogeleier auffrisst und unter den Rindern Tuberkulose verbreitet, keine natürlichen Feinde hat. Angesichts der dramatischen Entwicklung hat sogar der *WWF (World Wide Fund For Nature) Neuseeland* zugestimmt, Pelztierjäger auf Possums anzusetzen. Das missfällt Naturschützern in Übersee – aber diese sind auch selbst nicht betroffen.

Possum (Fuchskusu)

Ein Beispiel unter vielen für die Notwendigkeit der Bejagung aus Gründen der Schadensbegrenzung ist die Zerstörung des Mississippi-Deltas durch *Nutrias* und *Bisamratten*. Zu Millionen fressen diese Tiere das Marschland und die Sümpfe kahl. Die abgestorbenen Pflanzenwurzeln können die Erde nicht mehr festhalten. Am Ende bleibt nur Schlamm, der in den Golf von Mexiko geschwemmt wird. So geht ständig Land verloren. Andere Säugetier- und Vogelarten können nicht überleben. Fischer und Landwirte erleiden große Einbußen.

Persianermantel

wirtschaftlichen Tierhaltungen eine neue Empfehlung für Pelztiere. Diese ist in Deutschland Gesetz und bildet die Grundlage für die Kontrolle durch Amtstierärzte. Für alle Arten von Fellwaren, die dem WA-Abkommen der EU-Verordnung unterliegen, werden CITES-Bescheinigungen für Ein- und Ausfuhr vorgeschrieben. Selbst wer unwissentlich im Ausland artgeschützte, interessante Souvenirs einkauft, könnte spätestens beim Zoll erhebliche Probleme bekommen. Auch hier gilt: Unwissenheit schützt vor Strafe nicht.

WOZU DIENEN FALLEN?

Auch das Fangen der Wildtiere in Fallen unterliegt strengen Regelungen nach dem internationalen Fallenfangabkommen, dem alle Länder angehören, die mit Fallen fangen, was vorwiegend außerhalb Europas so ist. Die Pelzbranche hat die Entwicklung neuer tiergerechterer Fallensysteme gefördert. Fallenfang dient ursächlich nicht der Fellgewinnung, sondern der Kontrolle von Wildtierbeständen, die, weil nachtaktiv, anders gar nicht gejagt werden können. Nur 10 % der in Fallen gefangenen Wildtiere nutzt die Pelzwirtschaft. Wichtig zu wissen: Nur kleine und mittelgroße Tiere können mit Fallen gefangen werden, die sie sofort töten. Das ist so vorgeschrieben. Für jede Tierart ist eine bestimmte Fallenart definiert und nur für diese Tiere bekommt ein Trapper seine Lizenz und kann das Fell dann auch verkaufen. Ohne „Plombe" wird heute kein Fell mehr verkauft. Tiere, die z. B. zur Regulierung der Wildpopulation umgesiedelt werden, werden mit Lebendfallen gefangen.

WOHER KOMMEN DIE PELZFELLE?

Der größte Teil der Pelzfelle kommt, nach Angaben des DPI, aus Pelztierfarmen, nämlich 47 %, wobei in Deutschland ausschließlich Nerze (derzeit in nur noch acht Farmen mit etwa 80.000 Tieren) gezüchtet werden. Aus Weide und Stallhaltung stammen 38 %. Die freie Wildbahn liefert 15 % (→ *Kasten „Quelle der Felle", o.r.*). Der Grund für die Jagd ist das „Wildlife-Management", das entscheidet, wann Tierpopulationen zur Erhaltung des ökologischen Gleichgewichts beschränkt werden müssen, weil etwa Rotfüchse oder Wildkaninchen, ebenso wie Wildschweine und neuerdings Waschbären Schaden in den Wäldern, auf den Feldern und auch in den Wohngebieten in Stadt und Land anrichten würden. Man spricht daher auch von Schadensbegrenzung (→ *Kasten „Fellgewinnung aus Schadensbegrenzung", o. l.*).

Wichtig zu wissen ist auch, dass Nerze und Füchse, die seit mehr als 100 Generationen in Farmen gehalten werden, domestiziert sind und mit den Verwandten aus der freien Wildbahn nur noch wenig gemeinsam haben. Ohne Futter, Pflege und Gehege können diese Tiere in der freien Natur nicht überleben. Züchter legen schon im eigenen Interesse großen Wert auf das Wohlbefinden der Tiere, wozu auch gehört, dass man sie beschäftigt. Denn Vernachlässigung rächt sich im sichtbar schlechteren Fell.

Weltweit gibt es über 6.000 Pelztierfarmen, die meisten davon in Skandinavien. Der Hauptanteil der Nerze kommt aus Dänemark. Wie in vielen anderen Bereichen auch, hat sich China einen Platz in der Weltspitze erobert und belegt Platz zwei in der Pelzproduktion.

Quelle der Felle

Laut dem *Deutschen Pelz Institut e. V.* kommt fast die Hälfte der Felle aus Pelztierfarmen.

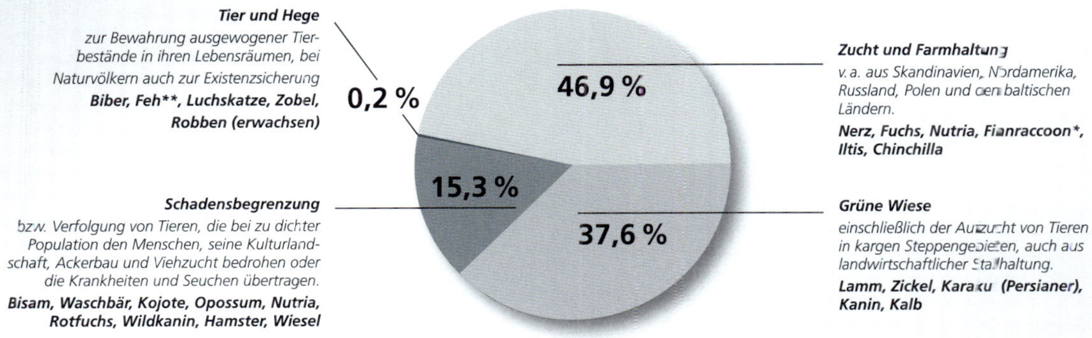

* Die als „Finnraccoon", „Russischer", auch „Chinesischer Waschbär" („Russian" oder „Chinese Raccoon") bezeichneten Felle stammen nicht vom Waschbären, sondern vom Marderhund.
**Russisches Eichhörnchen (Anm. d. Red.)

Quelle: Die Quelle der Felle, Deutsches Pelz Institut, 2015.

LABELING FÜR MEHR VERTRAUEN

Echt Pelz

Seit 2003 tragen viele europäische Pelzwaren ein Label, das neben dem Hinweis „Echt-Pelz" die handelsübliche Bezeichnung in deutscher und englischer Sprache sowie die zoologische Bezeichnung des verarbeiteten Tieres in lateinischer Sprache aufweist. Dies, so das *DPI*, sei Teil einer freiwilligen Selbstverpflichtung der europäischen Pelzverbände mit dem Ziel, die Produkttransparenz für die Verbraucher zu erhöhen. Pflegeempfehlungen ergänzen diesen Nachweis.

Origin Assured

Die *International Fur Trade Federation, (IFTF)* hat gemeinsam mit allen Auktionshäusern der Welt zwei Labels entwickelt:

- **Origin Assured Farmed Fur** – gesicherte Herkunft aus Pelzfarmen
- **Origin Assured Wild Fur** – gesicherte Herkunft aus Wildfang

Diese Zeichen gibt es seit 2006. Sie sollen Vertrauen bei den Konsumenten schaffen. Sie garantieren, dass der Pelz aus Ländern stammt, in denen ein Tierschutzgesetz oder eine dementsprechende Verordnung erlassen ist und definierte Standards eingehalten und kontrolliert werden. Dennoch: Immer wieder machten und machen Tierschützer darauf aufmerksam, dass gerade Nerze nicht artgerecht leben und grausam umgebracht werden, z. B. durch Vergasen oder Elektroschock. Tatsächlich aber, so unterstreicht das DPI, finde eine schnelle, nicht quälende Tötung durch Kohlenmonoxid statt. Das funktioniert nur bei Kleintieren wie Nerzen. Füchse und Schafe werden, so heißt es, nach gesetzlicher Vorgabe per Elektroschock getötet.

GESETZLICHER TIERSCHUTZ

Im August 2002 wurde der Tierschutz in der Bundesrepublik zum Staatsziel erhoben. Im Grundgesetz Artikel 20a heißt es seither: *„Der Staat schützt auch in Verantwortung für die künftigen Generationen die natürlichen Lebensgrundlagen und die Tiere im Rahmen der verfassungsmäßigen Ordnung durch die Gesetzgebung und nach Maßgabe von Gesetz und Recht durch die vollziehende Gewalt und die Rechtsprechung."*
Nachgezogen hat im Jahr 2006 die *Tierschutz-Nutztierhaltungsverordnung*. Mit der dritten Änderung des Gesetzes von 2001 kam der Abschnitt 5 hinzu, der die *Anforderungen an das Halten von Pelztieren* beschreibt. So sieht die Verordnung größere Platzvorgaben für die Tiere vor. Ferner sollen die Böden teilweise planbefestigt (keine Gitterböden wegen Fäkalentsorgung) und die Haltungseinrichtungen mit Rückzugs- und Beschäftigungsmöglichkeiten ausgestattet werden. Für Nerze sollen auch Schwimmbecken eingerichtet werden, was mit einem langen Vorlauf und nach vielen ambivalenten Versuchen ab 2017 stattfinden muss.

ORIGIN ASSURED FARMED FUR

ORIGIN ASSURED WILD FUR

Vielleicht sollte man die Tiere selbst fragen, wie sie leben wollen. Tatsächlich können sie sich selbst äußern. Die moderne Stressbiologie macht dies möglich. Sie stellt den Empfindungen des Menschen eine objektive Bewertung gegenüber.
Der Verhaltensforscher *Prof. Dr. Knud Erik Heller* von der *Universität Kopenhagen* hat daran intensiv geforscht. Nerze sind seit Langem das Objekt intensiver Forschungen. Sie haben ihren Schwerpunkt in Skandinavien, wo es auch die weltweit größte Zahl an Pelztierfarmen gibt. Nach den Erkenntnissen von *Prof. Heller* lässt sich das Empfinden von Tieren nicht vom (menschlichen) Gefühl her beurteilen. Den Laien mag es erstaunen, dass sich „weder die Gehegegröße noch die aus Gründen der Hygiene eingeführten Drahtgeflechtböden" nennenswert auf das Stressniveau der Tiere auswirkten. Wichtig hingegen sei die Verfügbarkeit eines Nestkastens, in den sich die Tiere zurückziehen können und in dem Nerze etwa 72 % ihrer Zeit verbringen.

Vom Pelztier zum Pelzträger

Kürschnerarbeit ist Handarbeit und Pelzverarbeitung eine lange Kette manueller Schritte. Das Kürschnerhandwerk trägt daher seinen Namen zu Recht. Erfahrung, Geduld, Kreativität und ästhetisches Empfinden sind gefragt. Daneben aber auch eine hohe Toleranz gegenüber den olfaktorischen (geruchsbedingten) Begleiterscheinungen, deretwegen man in früheren Zeiten dieses Handwerk meist an die Flussufer am Rande von Besiedlungen verbannte.

Von „Zurichtung" spricht man, wenn Rohfelle zu dauerhaften Pelzfellen gemacht werden. Und der erste Schritt dahin ist nicht angenehm: Die Rohfelle müssen entfleischt werden. Die anhaftenden Fleischreste bestehen aus Eiweiß und Fett – und diese organischen Stoffe sind außerordentlich anfällig für die Zersetzung durch Luft und Bakterien. Kurz gesagt: Es stinkt gewaltig. Obwohl im Mittelalter und auch im Christentum diese Tätigkeit als „unrein" galt – schließlich ging es um tote Tiere – genoss das Kürschnerhandwerk dennoch hohes Ansehen. Schließlich stellte es kenntnisreich und mit viel Fingerspitzengefühl Artikel her, die dem Käufer Luxus und Prestige versprachen.

Foto: Andrey Kiselev/Fotolia

Rauchwaren sind Felle

Auch wenn mancher (Raucher) an Zigarette oder Zigarre denkt – Rauchwaren haben damit nichts zu tun. Es sind zugerichtete, gegerbte, noch nicht (in der Regel zu Pelzbekleidung) verarbeitete Tierfelle.
In der Kürschnersprache bezeichnet „rauch" ein volles, weiches Fell, „nicht rauch" ist ein flaches, glattes Fell. Die Rauche ist also der Winkel des Haares zum Leder.

Pelzniederlage von Heinrich Lomer in Leipzig. Aus einer Veröffentlichung des Jahres 1905.

GESCHICHTE DES KÜRSCHNER-HANDWERKS

Bereits in der jüngeren Steinzeit war Pelz ein wichtiges wärmendes und schmückendes Kleidungselement, bereits damals im Zusammenspiel mit Textilien aus Fasern, Bast und Wolle. Schon die älteste erhaltene Pelzbekleidung des *Ötzi* (→ *Kasten „Ötzis Jungsteinzeitdress", S. 8*) weist fortgeschrittene, heute noch verwendete Elemente und Techniken auf.
Seit dem 9. Jahrhundert ist das Wort „Kursina" (althochdeutsch und altsächsisch: Pelzrock) belegt. Davon haben sich die Handwerksbezeichnungen „Kürsner" und „Kursener" abgeleitet. Als eines der ersten Handwerke schlossen sich die Kürschner zu Zünften zusammen. Die ältesten bekannten Satzungen stammen aus Frankreich aus der Zeit um 1160. Oft wurden auch gemeinsame Zünfte mit anderen Handwerken gegründet, wie z. B. mit den Weißgerbern, den Handschuhmachern oder den Schneidern. Ursprünglich gerbte der Kürschner seine Felle selbst.
Die Kürschnerei ist ein Saisongewerbe. Im Herbst und Winter werden die größten Einnahmen erzielt. Deshalb nutzte man die warmen Monate zum Zurichten (Gerben) der Felle. Um der Kleidung eine möglichst hohe Haltbarkeit und Widerstandsfähigkeit gegen Schädlingsbefall zu verleihen, boten die Kürschner früher ihren Kunden in den Sommermonaten den Service, die Pelzwaren zu schwefeln und zu lüften.
Mit der Zeit entwickelte sich eine Arbeitsteilung, bei der Stückwerker und Tafelmeister beschäftigt wurden. Zum Gerben der Felle war der Kürschner auf fließendes Wasser angewiesen. Die Redensart „jemandem schwimmen die Felle weg" zeugt noch davon. Der Umgang mit Fellen toter Tiere war der Grund dafür, dass die Kürschnerei zu den unreinen Handwerken gerechnet wurde. Durch die starke Geruchs- und einige Lärmbelästigung (beim Klopfen der Pelze) waren die Kürschner häufig gezwungen, sich an den Fließgewässern am Rand der Städte niederzulassen. Vereinzelt mussten die Felle in einem speziellen von der Zunft verwalteten Hof zubereitet werden. Jedoch durften die Kürschner im Gegensatz zu den Gerbern ihre Tätigkeit meist innerhalb der Stadtmauern verrichten. Man wies sie nur an, ihre Beize zu einem fließenden Gewässer zu tragen, damit in der Stadt „kein groß Gestancke" gemacht werde.

Die Arbeit mit der Nadel wurde meist im Wochenlohn, die Zurichtung häufig im Stücklohn bezahlt. Ab etwa der Mitte des 19. Jahrhunderts trennten sich die beiden Hauptprozesse endgültig, es gab jetzt die Bankkürschner (Zurichter) und die Nadelkürschner. Die (Nadel-) Kürschner spezialisierten sich bald noch einmal in Halbfabrikatehersteller und die Kürschner für die fertige Pelzbekleidung. In den kleinen Werkstätten arbeiteten neben der Meistersfrau ursprünglich fast ausschließlich männliche Gesellen.
Der gestiegene Bedarf an Pelzen und deren wachsende Beliebtheit sorgten dafür, dass der Pelzhandel zu einem entscheidenden Wirtschaftsfaktor wurde. Berühmtes Beispiel ist die Stadt Leipzig, im Jahre 1671 Veranstaltungsort der damals ersten Rauchwarenmesse der Welt. Die Messeprivilegien waren bereits um das Jahr 1500 erteilt worden. Sie entwickelte sich zum Zentrum des deutschen, für eine gewisse Zeit sogar zum Zentrum des globalen Pelzhandels. Bis zum *Ersten Weltkrieg* betrug der Wirtschaftsanteil des Pelzhandels am Steueraufkommen der Stadt noch über 40 %.
Im 18. Jahrhundert waren die Messen in Leipzig (Brühl), Frankfurt am Main und Braunschweig Hauptmärkte des deutschen Rauchwarenhandels. Breslau und Groß-Glogau waren Zentren für Rauchwaren aus Russland, Polen und Böhmen.

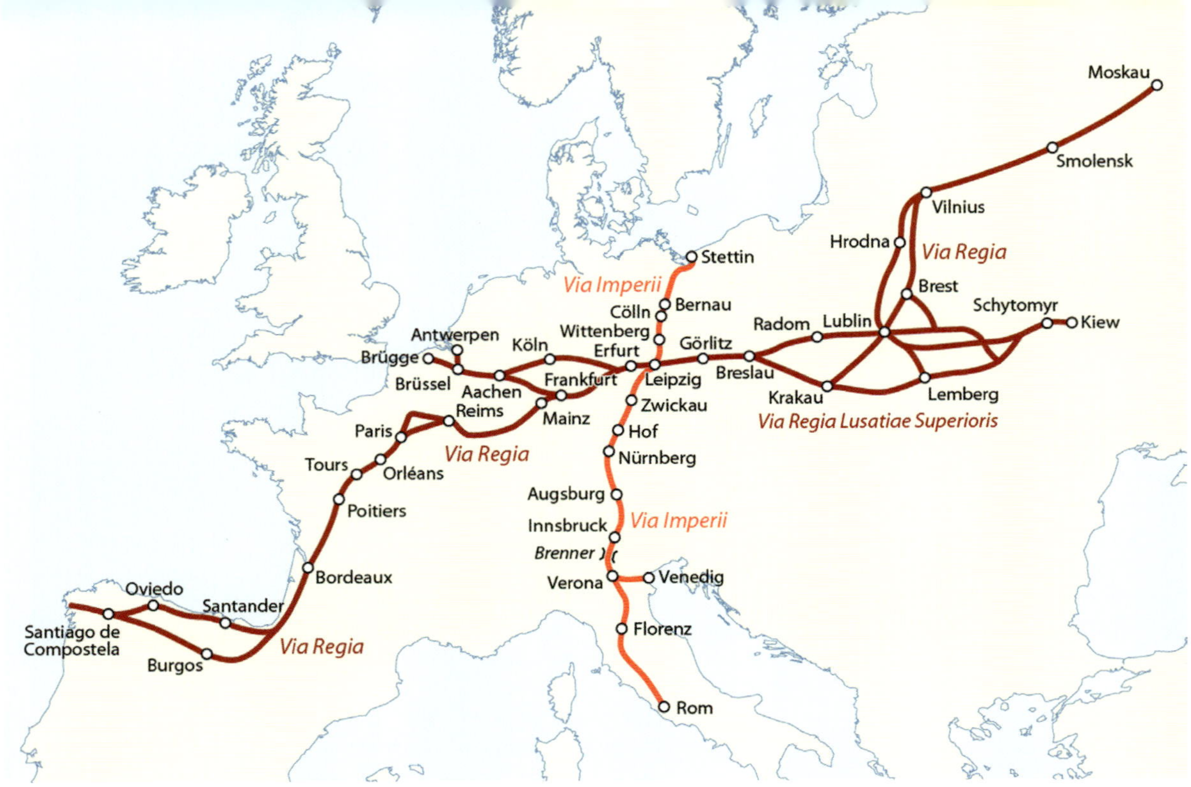

Handelswege Via Regia und Via Imperii

Geschichte des Pelzhandels

Ebenso wie das Kürschnerhandwerk gehört auch der damit verbundene Pelzhandel zu den ältesten Gewerben überhaupt. Schon in uralten Zeiten wurde mit Fellen, die dem damaligen Menschen zur Bekleidung dringend nötig waren, getauscht und gehandelt. Viel später erst beginnt der richtige Handel mit Fellen durch berufsmäßige Händler; jedoch noch nicht durch spezialisierte Pelzhändler.

Im 6. Jahrhundert v. Chr. führten die Phönizier Pelze in Britannien ein, um sie gegen metallische Gegenstände einzutauschen. Händler führten in der Römischen Zeit und ebenfalls im 9. Jahrhundert Pelze in London ein. Die Phönizier verdienen wohl als erste die Bezeichnung Pelzhändler, denn sie brachten – neben Bernstein, blondem Frauenhaar und anderen Seltenheiten – vor allem Pelzwerk aus dem rauen Norden in den Mittelmeerraum. Der Geschichtsschreiber *Tacitus* erwähnt, dass römische Kaufleute edle Felle vom Land der Skythen (Reiternomaden aus dem heutigen Südrussland und der Ukraine) und Germanen erwarben. Die Germanen selbst erhandelten mit zunehmendem Wohlstand Felle im benachbarten Skandinavien und in Russland.

Das 12. und 13. Jahrhundert bedeutete eine große Zäsur im Wirtschaftsleben. Mit dem Entstehen der Zünfte begann der Aufstieg auch beim Kürschnerhandwerk und mit ihm der Pelzhandel. Die von den Kreuzzügen heimkehrenden Ritter brachten u. a. Beispiele überaus prächtiger, mit edlen Pelzen geschmückter Kleidung in ihre Heimat mit. So verlangten auch deutsche Kunden nach ausländischen edlen Fellen, die der Kürschner beschaffen musste. Schritt für Schritt übernahm die deutsche Hanse den ganzen Rauchwarenhandel. Lübeck wurde so für mehrere Jahrhunderte der größte deutsche Rauchwarenumschlagplatz.

EINE ERFOLGREICHE VERBINDUNG

Während im Norden die reiche Hanse zur wichtigsten Handelsorganisation heranwuchs, hatte sich im Mittelmeer aus Seefahrern, die in Genua und Venedig ansässig waren, eine italienische Handelskolonie gebildet. Ihre mächtige Handelsflotte brachte aus dem Orient außer Gewürzen und Edelsteinen, schönen Brokaten und ähnlichen Luxusgütern natürlich auch edle Pelze mit. Die Venezianer und die Hanse waren bemüht, sich mit ihren Produkten zu ergänzen, und unterhielten eine Verbindung zueinander. Venedigs Absatz nach Norden ging über den Brennerpass und von da über die alten Handelsstraßen über Augsburg und Nürnberg in die großen nordischen Hansestädte. Dadurch konzentrierte sich in Augsburg und Nürnberg der erste innerdeutsche Rauchwarenhandel. Aber auch Regensburg, das schon im 12. Jahrhundert einen regen Handel trieb, hatte sich durch seine Lage an der alten Verkehrsstraße Richtung Osten als feste Größe im Fellhandel etabliert. Ein großer Teil der Ware aus diesen bayrischen Städten wurde nach Leipzig gebracht, das allerdings erst später seinen Weltruf erlangte. Die Stadt Leipzig lag ideal an der Kreuzung der Handelswege *Via Regia* (von Paris nach Nowgorod) und der *Via Imperii* (von Bergen nach Rom).

KALTE LÄNDER – WARME PELZE

Es ist leicht erklärlich, dass in den kälteren Regionen der Pelzbedarf und mit ihm die Vorliebe für Pelzwerk und die Bedeutung von Pelzhandel und Kürschnerhandwerk stärker ist als in wärmeren Zonen. In einem kalten Gebiet ist Pelz nicht nur ein unentbehrliches Bekleidungsmaterial, sondern wurde auch in der Wohnung als Teppich, Wandbehang usw. benutzt. Dazu kam, dass edle Pelze schon immer als Zeichen der Würde galten. Das machte Felle jeglicher Art zu äußerst wichtigen Handelsartikeln. So war im nördlichen Russland der Beruf des Pelzhändlers und Pelzjägers eines der wichtigsten Gewerbe. Besonders der Zobeljäger war gegen Ende des 17. Jahrhunderts eine über die Grenzen des Landes hinaus bekannte und bewunderte Abenteurergestalt.

Die Hudson's-Bay-Company-Story

Fort Vancouver, ehemaliges Hauptquartier der HBC (1845)

Die wohl bedeutendste Pelzhandelsgesellschaft ist die *Hudson's Bay Company (HBC)*. Sie wurde am 2. Mai 1669 von Engländern gegründet, nachdem das Gebiet um die Hudson Bay im heutigen Kanada von ihnen in Besitz genommen worden war. Das Ziel der Gesellschaftsgründung war die Ausbeutung des großen Pelzreichtums dieses Landes. Die *HBC* wurde mit nie da gewesenen Privilegien von *Charles II.* ausgestattet, wuchs zu unvorstellbarer Macht und Größe heran. Trotz aller Anfeindungen blieb die *HBC* ihrem Wahlspruch treu, den sie im Wappen führt: »Pro pelle cutem« (Für ein Fell wage ich meine Haut!).

Die *Hudson's Bay Company* ist das älteste eingetragene Unternehmen in Kanada und zählt zu den ältesten heute bestehenden Unternehmen der Welt. Von ihrem damaligen Hauptquartier in *York Factory* an der Hudson Bay aus kontrollierte sie für mehrere Jahrhunderte den Pelzhandel in großen Teilen Nordamerikas. Auf der Basis ihres Netzwerkes von Handelsposten entstanden später die offiziellen Behörden im westlichen Kanada und den USA. Das *Rupertsland*, in dem die Gesellschaft der größte private Landbesitzer war, benannt nach dem ersten Direktor der Gesellschaft, *Prinz Ruprecht von der Pfalz*, umfasste 3,9 Millionen km² im Wassereinzugsgebiet der Hudson Bay – mehr als ein Drittel des heutigen Kanada – und erstreckte sich bis in den nördlichen Mittleren Westen der USA. 1821 fusionierte die *Hudson's Bay Company* mit der North West Company aus Montreal. Ihr gemeinsames Territorium wurde durch eine Lizenz um die Nordwest-Territorien erweitert. Es reichte nun im Norden bis zum arktischen Ozean und im Westen bis zum Pazifik.
Das Handelsmonopol der Gesellschaft war bis Mitte des 19. Jahrhunderts faktisch gebrochen. Wegen der früheren Monopolbestrebungen, der Unterdrückung jeglicher Konkurrenz und dem quasi-staatlichen Auftreten wird das Kürzel *HBC* von Kanadiern spöttisch-ironisch auch als „Here Before Christ" (gab es schon vor Christus) persifliert. 1869 erklärte sich die Gesellschaft bereit, ihr kanadisches Gebiet, vor allem *Rupertsland*, in der sogenannten „Deed of Surrender" an Kanada abzutreten. 1870 wurde das Handelsmonopol abgeschafft und der Handel in dieser Region für jeden Unternehmer geöffnet. Die Gesellschaft verlor *Rupertsland* durch Verkauf an die kanadische Regierung.

Während des Niedergangs des Pelzhandels entwickelte sich das Unternehmen zu einer Handelsgesellschaft, die lebenswichtige Güter an die Siedler im kanadischen Westen verkaufte. Die Läden der *Hudson's Bay Company* waren Handelsstützpunkte, die in ganz Nordkanada errichtet worden waren. Heute sind die Warenhäuser unter der Marke „Hudson's Bay" in ganz Kanada präsent.

2015 hat die *Hudson's Bay Company* die Warenhauskette *Kaufhof* des deutschen Handelskonzerns *Metro Group* erworben. Die Veräußerung umfasst das in Deutschland vor allem unter *Galeria Kaufhof* sowie in Belgien unter *Galeria Inno* operierende Warenhausgeschäft mitsamt der dazugehörigen Immobilien.

AUFBRUCH IN DIE NEUE WELT

Mit dem Beginn des 16. Jahrhunderts brachte die Entdeckung Amerikas eine gewaltige Veränderung in den Rauchwarenhandel. Der Hunger nach edlem Pelzwerk und Gold war wohl die wesentlichen Triebfeder, die zur Eroberung der Neuen Welt geführt hat. Englische, französische und russische Pelzjäger haben die nördlichen Teile der Erde erobert. Das ging nicht ohne Blutvergießen vonstatten. Erbitterte Kämpfe wurden geführt, und der Pelzjäger war immer auch ein verwegener Abenteurer und Kämpfer, dessen Ruf sich auch in der Literatur niederschlug.
Die Geschichte des gesamten Jahrhunderts kündet vom heißen Ringen um den Besitz der pelzreichsten Gebiete in Kanada und anschließenden Ländern. Die meisten Einwanderer entschieden sich daher für den einträglichen Pelzhandel als Gewerbe. Zahlreiche Expeditionen, von finanzstarken Großkaufleuten unterstützt und von abenteuerlustigen Pelzjägern und verwegenen Händlern gebildet, überschwemmten den neuen Erdteil. Mit Alkohol als Bezahlung und Lockmittel zogen die Händler schließlich die indianische Bevölkerung als Pelzjäger, Fährtensucher und Fallensteller heran.

LEIPZIG – WELTMETROPOLE DES RAUCHWARENHANDELS

Mit dem 17. Jahrhundert hatte Frankreich durch den Verlust Kanadas seine Vormachtstellung im Pelzhandel eingebüßt. England besaß längst in London eine Rauchwaren-Metropole, die hauptsächlich von Kanada beliefert wurde. In Deutschland war seit dem *Dreißigjährigen Krieg* ein trauriger Niedergang im Pelzhandel und Pelzhandwerk zu verzeichnen. Die Messen, die schon zur Glanzzeit der Hanse einen wichtigen Stützpunkt des Handels bildeten, gewannen erst mit dem Ende des 17. Jahrhunderts wieder an Bedeutung. Von mehreren bedeutenden Messestädten erwarb sich Leipzig in der Folge die überragende Vormachtstellung im Pelzhandel, die es bis zum *Zweiten Weltkrieg* behielt.
Während die früher bedeutenden Rauchwarenmärkte Lübeck, Hamburg, Glogau, Breslau und Danzig ihre alte Bedeutung nicht wiedergewannen, erstand ein Jahrhundert nach dem *Westfälischen Frieden* die *Leipziger Messe* wieder in voller Blüte. Russische Kaufleute, die bis dahin ihre Geschäfte über Danzig betrieben hatten, erschienen zum ersten Mal auf der Leipziger Messe. So konnte Leipzig russisches und sibirisches Pelzwerk weiter vertreiben. Die russischen Händler verkauften nicht nur ihre Ware, sondern kauften auch amerikanische Pelze ein, die dann ihren Weg bis in das Herz von Asien fanden. Leipzig verband zwei riesige Pelzexportländer miteinander – Amerika und Russland! Auch dies war eine starke Basis für den bis in unsere Zeit reichenden Erfolg.
Nach dem *Zweiten Weltkrieg* entwickelte sich Frankfurt am Main durch die Abwanderung der Leipziger Rauchwarenhändler als neuer Handelsplatz und ist heute auch Sitz des *Deutschen Pelz Instituts (DPI)*.

Foto: Lt. Henry Warre/Wikipedia (gemeinfrei)

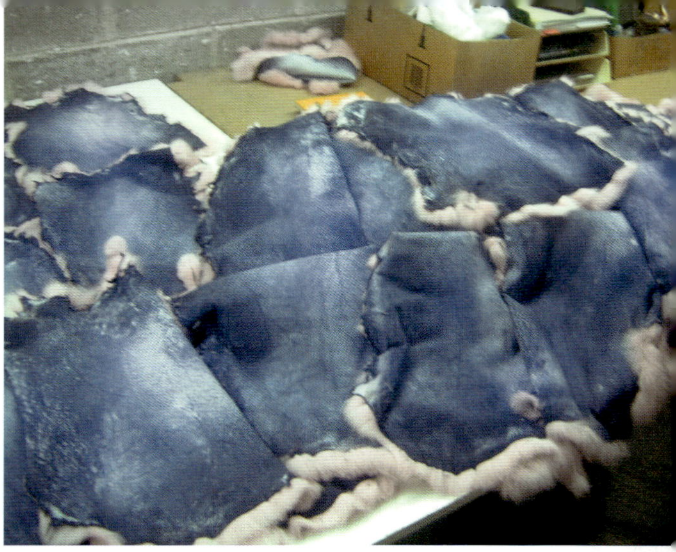

Gefärbte, geschliffene Kaninfelle mit jeansblauer Fleischseite, als Kontrast zum blassrosa Haar.

Zur Vorbereitung für die Weiterverarbeitung beim Kürschner oder in der Industrie werden die fertig gegerbten Felle getrimmt. Bei diesen Lammpelzen wird alles Überflüssige, wie zum Beispiel Füße, weggeschnitten.

Schleifmaschinen schleifen bei diesen blau vorgefärbten Kaninfellen die Fleischseite glatt. Danach werden in einer zweiten getrennten Fassfärbung die Fleischseiten gefärbt.

Pelzverarbeitung

Insgesamt spricht man von etwa 130 Einzelschritten, die nötig sind, um vom Fell zum tragbaren Pelz zu gelangen.

PROZESSE FÜR SCHÖNHEIT UND HALTBARKEIT

- **Weichen:** Die getrocknet gelieferten Felle werden in einem Wasserbad geschmeidig.
- **Entfleischen:** Von der Lederseite der Felle wird maschinell oder von Hand das noch vorhandene Gewebe entfernt.
- **Waschen:** Die Rohfelle werden von Schmutz und natürlichen Fetten gereinigt.
- **Pickeln:** Die Felle kommen in eine Lösung aus Kochsalz und Säure, die das Gerben vorbereitet.
- **Gerben:** Dies ist der entscheidende Prozess der Konservierung, in dem die natürlichen verwesungsanfälligen Substanzen chemisch in haltbare Stoffe umgewandelt werden. Meist werden Mineralsalze oder synthetische Gerbstoffe verwendet (siehe „Gerben" im Kapitel Leder). Möglichst kleine Mengen verschiedener Gerbstoffe bewirken die beste Qualität geschmeidigen Leders.
- **Fetten:** Um das Pelzleder dauerhaft elastisch zu halten, werden tierische oder synthetische Fette zu gesetzt.
- **Trocknen:** Durch Zentrifugieren, Pressen und anschließendes Trocknen wird das Wasser entfernt.
- **Läutern:** In großen Tonnen, die sich langsam drehen und mit speziellen Sägespänen gefüllt sind, wird überschüssiges Fett, vor allem aus dem Haarkleid, entfernt, der Pelz aufgelockert und ein optimaler Feuchtigkeitsgrad eingestellt.
- **Strecken:** Maschinen ziehen die Pelze längs und quer und geben ihnen so die ursprüngliche Form zurück.
- **Dünnschneiden:** Auf der Lederseite werden maschinell letzte Substanzen, auch zu dicke Lederstellen, entfernt.
- **Bäkeln:** Das Leder wird vollends gesäubert und geglättet.
- **Anbrachen:** In diesem Schritt werden eventuelle Beschädigungen unsichtbar repariert.

KONSERVIERUNG

Das **Gerben** ist ein Prozess, in dem viele Chemikalien zum Einsatz kommen. Diese haben in früheren Zeiten Gewässer und Luft ungefiltert verschmutzt. In Deutschland und im übrigen Europa wurden inzwischen viele der Substanzen ausgetauscht, um den nationalen Umweltgesetzen und EU-Richtlinien zu entsprechen und die Ressourcen zu schonen. Moderne Maschinen tragen ein Übriges zum Umweltschutz bei, indem z. B. Schadstoffe in geschlossenen Systemen behalten und umweltfreundlich entsorgt werden. Darüber hinaus nutzt man die entstehende Abwärme u.a.

Auch per Siebdruck lassen sich viele Muster auf das Haar von Kaninplatten bannen.

Ein Strukturmuster im Fell? Kein Problem für den Laser. Er fräst Wellen, Streifen oder Embleme in acht Minuten in eine Platte.

Ob Batik, Raubtier, Karo oder Galonstreifen im Zickzack – dem Design sind speziell bei Kanin dank moderner Technik kaum Grenzen gesetzt.

für die Trocknungsprozesse. Computergesteuerte Dosieranlagen garantieren den minimalen Einsatz potenziell schädlicher oder auch nur teurer Substanzen auf ein Minimum und reduzieren damit gleichzeitig die Kosten, denn die Betriebe müssen hohe und damit kostenintensive Umweltauflagen bedienen.

VEREDLUNG

Bevor der Pelz zum Nähen geht, kann er noch weiter veredelt werden:

- **Schönen:** So nennt man das sanfte Aufhellen des natürlichen Farbtons.
- **Färben:** Verleiht dem Fell beliebige Farbtöne. Sollte man das Fell bleichen müssen, bevor es den neuen Farbton erhält, greift dieses die Haarstruktur an und erfordert gelegentlich einen zusätzlichen Gerbvorgang, um eine haltbare Färbung vornehmen zu können.
- **Drucken:** Meist per Siebdruck auf Plattenware, wie z. B. Kanin.
- **Beidseitig unterschiedliche Bearbeitung:** Für reversibles Tragen oder kontrastierende modische Effekte.
- **Entgrannen:** Für einen kurzen geschlossenen Pelzflor werden die längeren und steiferen Grannen entfernt.
- **Scheren:** Geschoren werden Pelze, um sie leichter zu machen, für eine geschlossene Oberfläche, unter modischen Aspekten oder aus Haltbarkeitsgründen (z. B. Haaren beim Kanin).

Preisgünstigere Felle wie Kanin werden gerne für modische Artikel gefärbt. Dabei kann man die Lederseite und die Fellseite unterschiedlich färben und behandeln. Sie werden auch oft zu Platten zusammengefügt, damit man sie wie ein Textil weiterverarbeiten kann. Wenn es der Kunde will und es die Mode verlangt, kann aus einem scheuen Kanin auch ein wilder Leopard, ein Zebra oder Tiger werden, indem man dieses Tierfellmuster darauf druckt. Mit modernen Laserverfahren lassen sich zudem die Oberflächen mustermäßig bearbeiten, um natürliche Strukturen zu erzielen oder für geometrische Muster in 3-D. Aus unterschiedlich gefärbten oder gemusterten Fell- und Lederseiten lassen sich z. B. Fellwesten ausarbeiten, bei denen das Fell nach innen getragen und nur an den Kanten sichtbar wird, oder man nutzt sie für reversible Teile. Unterschiedliche Farben von Fell- und Lederseite werden in getrennten Fassfärbungen erzielt.

Fotos: Fried. Wilh. Schwelmann Leder, Offenbach

Prozesse der Pelz- und Lederbearbeitung

Bild 1
Damit Felle oder Leder später ihren butterweichen, geschmeidigen Griff behalten, wird das Fett der Blößen in Entfettungsmaschinen teilweise reduziert. Zugleich wird dadurch traniger Geruch ausgeschlossen.

Bild 2
Zum Trocknen werden die Blößen in die Ausreckmaschine gespannt und gereckt, womit sie zugleich vergrößert werden. Früher nagelten die Gerber die Stücke auf Holz.

Bild 3
Archaisch wirken diese Fässer, in denen Leder oder Felle bis heute noch traditionell gegerbt und auch gefärbt werden. Hier handelt es sich um Fassfärbung. Das heißt um Anilinfärbung, bei der die Farbe das Fell komplett durchdringt.

Bild 4
Moderne Technik ist dennoch mit im Spiel. Denn der Färbeprozess im Fass wird bei der Anilinfärbung von Computern gesteuert.

Bild 5
Auf hochmodernen Anlagen werden anilingefärbte Felle in den Spritzkanälen zur Farbfixierung mit einem Finish versehen. Rund 80 Prozent der eingelieferten Felle weisen Verletzungen von der Weide, von Insektenstichen auf, die nur durch eine zusätzliche Pigmentierung auf dem Spritzband kaschiert werden können. Darüber hinaus bewirkt die Oberflächenpigmentierung Schutz gegen UV-Einstrahlung und farbliche Abweichungen.

Bild 6
Kaninfelle trocknen auf dem modernen Trockenlaufband bei rund 30 Grad. Sehr ökologisch, weil man dabei die Abwärme der im Raum befindlichen Maschinen nutzt.

Bild 7
Die fertig gefärbten Lederfelle lagern auf Böcken.

Bild 8
Um die Größe der Felle (in Fuß) zu ermitteln, werden sie per elektronischer Fotozelle vermessen.

Fotos: Friedr. Wilh. Schwemann Leder, Offenbach

Beim Blockwork werden Pelzstreifen aneinander genäht um große Pelzflächen, z. B. für einen Mantel (Bild rechts), zu erzielen.

PELZVERARBEITUNG: MODISCH LEICHT UND KREATIV

Längst sind die Pelzproduzenten in der Lage, mit neuen Techniken „Pelz am Meter" herzustellen und damit über die natürlichen Fellgrößen hinaus mit Pelz kreativ arbeiten zu können. Eine der bedeutendsten Techniken dafür ist **Blockwork**, d.h. gleichgroße, rechteckige Fellstücke werden zusammengenäht und ergeben Meterware in beliebiger Länge und Breite. Das geht auch mit Pelzresten in Patchwork-Manier.

Eine weitere Technik ist die abwechselnde Verarbeitung von Pelzstreifen in Kombination mit anderen Materialien, wie z.B. Leder. Pelz wird zu einem Ganzjahresprodukt, indem er mit leichtgewichtigen Materialien kombiniert wird. So werden bei der **Netztechnik** Pelzstreifen als Netz, z.B. auf Chiffon oder Organza, genäht.

Bei leichtgewichtigen Pelzen sind nicht nur Pelzart und Fellqualität entscheidend. Für einen hauchdünnen, transparenten oder fedrigen Look spielen auch Verbinde-, Schnitt- und Nähtechniken eine wichtige Rolle. Eine Methode, das Gewicht (z.B. bei Fuchsfellen) um die Hälfte zu reduzieren, ohne die natürliche Schönheit des Fells zu verändern, ist die „Airgalon-Technik" von Saga. Hier werden regelmäßige „Löcher" in das Fell gestanzt, um das Fell „luftiger" und leichter werden lassen.

Auch Pelz als gesponnenes Garn ist heute eine Tatsache. Fuchswolle ist das Ergebnis aus der Kombination von überschüssigen Fuchshaaren mit Kaschmir-Wolle verarbeitet zu einem luxuriösen Gewebe – erstmals 2000 von Fendi eingesetzt. Ebenfalls superleicht ist Pelzstrick. Hier wird das Fell zu feinen Streifen geschnitten, als Endlosband vernäht und dann mit dicken Nadeln verstrickt oder auch geflochten.

KONFEKTIONIEREN VON PELZEN

Das ist Feinarbeit an der Nähmaschine. Viele Pelze werden „ausgelassen" verarbeitet, indem sie diagonal in 4–6 mm breite Streifen geschnitten und wieder zusammengesetzt werden. Dadurch entstehen lange, schmale Streifen, die ohne störende Quernähte von der Schulter bis zum Saum eines Mantels verarbeitet werden können. Außerdem verbessert diese Technik den Fall, der Pelz beginnt zu „fließen". Pelz ist nicht Textil und das Nähen von Pelzen folgt ganz anderen Gesetzen als denen von Kleidung aus Stoff.

Die Felle müssen den jeweiligen Schnitten gemäß sortiert werden. Nähte verlaufen meist analog der Fellkonturen bzw. der ausgelassenen Streifen. Nahtzugaben gibt es nicht und in Form bügeln ist ebenfalls nicht möglich. Das macht auch eventuelle spätere Änderungen zur Spezialarbeit der Kürschner.

Die wesentlichen Unterschiede zur Textilkonfektion beim Pelznähen:

- **Fehler sind nicht erlaubt.** Verschneiden wird teuer, weil das kostbare Material damit verloren ist und passender Ersatz schwer zu beschaffen.
- In der Pelzschneiderei werden **keine Nahtzugaben** gemacht, da die Fellteile Kante gegen Kante gesetzt werden. Ändern kann nur der Kürschner, der das passende Fellmaterial oder „Füllmaterial", wie z.B. Leder, finden muss.
- Pelz ist vom Grundsatz her **nicht elastisch**. Das Recken der Felle fixiert diese in der gereckten Form. Bei empfindlichen Fellen wird zudem noch mit Stoff verstärkt, um das Dehnen beim Tragen ganz zu verhindern. Auch aus diesem Grund muss mit äußerster Präzision genäht werden.
- Pelz kann **unterschiedliche Hautdicken** haben, die man auch in der Bearbeitung speziell bei größeren Fellen nicht ganz ausgleichen kann. Er fällt daher anders als Bekleidung aus Stoff.
- Der **Tragekomfort** hängt nicht zuletzt mit dem Gewicht eines Pelzes zusammen.

Pelzbesatz bei Jacken

Ein Hauch von Pelz für jedermann

PELZBESATZ

Was eignet sich für Pelzbesatz (Kragen, Kapuzen, Manschetten, Accessoires etc.)? Überwiegend sind es Schädlinge, die zum Schutz von Natur und Landwirtschaft dezimiert werden müssen, die man als Besatz und für Accessoires einsetzt.

Bei manchen Tierpopulationen reicht das jedoch bei Weitem zur Eindämmung nicht aus:

- **Blaufuchs:** Naturfarbe grau. Für Besatz häufig auch gefärbt. Mittellanges, dichtes Haar. Kommt nur aus Farmaufzucht vor allem in Skandinavien, aber auch Kanada, Polen, Tschechien. Farmhaltung nach strengen Tierschutzgesetzen und modernen Ergebnissen der wissenschaftlichen Verhaltensforschung.
- **Kojote:** Wildfell. Prärie- oder Steppenwolf. Wird in den USA als Schafräuber verfolgt.
- **Possum** (zoologisch: Fuchskusu): Nur aus der Wildnis. Felle grau bis braun, immer klein gekräuselt. Mehr als 80 Millionen Possums bevölkern Neuseeland, verbreiten u.a. die Rindertuberkulose, entlauben in Eilgeschwindigkeit ganze Wälder und Obstplantagen. Regierung und *WWF Neuseeland* rufen seit Jahren um Hilfe: „Unser Land wird kahl gefressen, kauft Possumfelle!"
- **Rotfuchs:** Zu seinen Naturfarben gehören alle Schattierungen von Rot, je nach Herkunft unterschiedlich, ebenso die Haarlänge. Immer festes Grannenhaar (Deckhaar). Überträgt Seuchen auf Tiere und Menschen. Kommt außer in der Arktis weltweit vor.
- **Silberfuchs:** Praktisch nur aus Zucht. Sehr langes, festes, aber trotzdem weiches Deckhaar. Größtes Zuchtland Finnland, aber auch USA, Kanada, Polen. Farmhaltung wie beim Blaufuchs nach strengen Tierschutzgesetzen.
- **Toscana- und Tibetlamm:** Langes, weiches, gekräuseltes Haar, viele Naturfarben, aber für Besatz meist eingefärbt. Felle von Tierhaltung auf der grünen Wiese zur Fleischgewinnung in Europa und von den kargen Gebirgshängen Asiens.
- **Waschbär:** Kommt ursprünglich aus der Wildnis. Fellfarbe grau, braun, beige; mittellanges, festes Deckhaar. Der Waschbär wird mit speziellen Fallen (EGG-Traps) gefangen, die ausschließlich Waschbären fangen können. Lebt gerne in der Nähe des Menschen und räumt deren Mülltonnen auf der Suche nach Nahrung aus.

INNENFUTTER

Pelze für die Verarbeitung als Innenfutter:

- Biber
- Bisam
- Hamster
- Kanin
- Karakul/Persianer
- Nerz
- Nutria
- Tiliki (Nerzreste)
- Palmera (Fuchsklauen)
- Wiesel
- Zobel

TIPP für ältere Pelze

- „Ererbte Pelzschätze", deren Fell- und Lederqualität noch einwandfrei ist, kann ein Kürschner in hochmodische Teile umarbeiten. Die Vielfalt der Möglichkeiten ist beeindruckend und beschränkt sich nicht auf die Form. Wertvoller Pelz bekommt so immer wieder eine neue Chance.

Bisam

Chinchilla

Pelztiere von A bis Z

Das Tragen von Pelz ist ein Genuss. Man streichelt unwillkürlich über das weiche Fell, sobald man einen Pelz in der Hand hält. Traditionsgemäß ist Pelz zu tragen ein Zeichen von Macht, Stand und Einfluss und auch heute noch von dieser Aura umgeben. Damit Pelz so wunderbar weich und umhüllend ist, haben kundige Kürschner viel Handarbeit geleistet. Im Westen bleibt Pelz ein Luxusartikel, in kalten Weltgegenden ist er ein überlebensnotwendiges Kleidungsstück zu marktverträglichen Preisen.

Luft ist der beste Isolator, das wissen die tierischen Lieferanten der Pelze auch zu schätzen. Deshalb schließen meist längere Deckhaare das feine Unterfell nach außen ab und schützen es vor Wärmeverlust und Feuchtigkeit. Darum sind auch Winterfelle in der Regel dichter und voluminöser als Sommerfelle.

BIBER

Der in Europa geschützte Biber ist in Teilen seines ursprünglichen Lebensraums Nordamerika zur Landplage geworden. Er verwandelt Straßen in Seen und staut unkontrolliert Flüsse. Er hat ein dunkelbraunes, längeres, starres Haar, wird von Trappern unter Einhaltung der strengen Regeln des multilateralen Fallenfangabkommens gefangen. Das Leder ist relativ schwer und muss tief geschliffen werden. Heute wird die Haarseite meistens gerupft oder geschoren verwendet. Das ergibt dann eine samtige Oberfläche.

BISAM

Der Bisam (Bisamratte) stammt ursprünglich aus Nordamerika und ist heute über Europa und Asien und z. T. auch in Südamerika verbreitet. Die Bezeichnung „Ratte" ist falsch, denn der Bisam gehört zur Familie der Wühlmäuse. Wie Biber und Nutria ist der Bisam ein Tier, das sich viel im Wasser aufhält. Daher ist das Fell besonders dicht und besitzt eine weiche, wasserabweisende Unterwolle. Anders als die anderen beiden Nagetiere haben Bisams keine Schwimmhäute zwischen den Zehen, sondern tragen Schwimmborsten. Sie vergrößern die Fußfläche, was das Einsinken im Schlamm erschwert und den Antrieb beim Paddeln verstärkt. Das Winterfell ist seidig weich und dicht bis sehr dicht. Das Sommerfell weicht nur wenig vom Winterfell ab. Es ist im Ganzen etwas heller und matter und hat weniger Deckhaare. Die Färbung ist dunkelbraun bis schwarzbraun, kann aber auch rötlich, gelblich und hellbraun sein. Bisams können sich gut an ihre Umgebung anpassen und haben viele Nachkommen.

CHINCHILLA

Chinchillas, fälschlicherweise als „Wollmäuse" bezeichnet, gehören zu den Nagetieren und dabei wiederum zu den Stachelschweinen. Sie werden auch als Haustiere gehalten. Es gibt Kurzschwanz- und Langschwanzchinchillas, wobei vor allem Letztere zu wirtschaftlichen Zwecken gehalten werden. Die natürliche Lebenswelt der Chinchillas sind die südamerikanischen Anden. Hier finden sie ein Klima mit großen Schwankungen zwischen Tages- und Nachttemperatur sowie geringer Feuchtigkeit vor. Dementsprechend hat sich das Fell entwickelt. Das Fell ist dicht, fein und weich, blaugrau oder bräunlich gefärbt, durch Zucht weitere Farben.

Eine Besonderheit ist, dass die Haare in Büscheln aus einer Haarwurzel mit bis zu 60 Haaren pro Wurzel wachsen. Wegen der feinen Haarstruktur und des dünnen Leders werden Chinchillafelle hauptsächlich für Abendpelze, Stolen und Besätze verwendet. Der Pelz ist sehr teuer, jedoch nicht sehr strapazierfähig.

FEH

Asiatisches (russisches) Eichhörnchen. Insbesondere Überpopulationen werden bejagt. Sehr leichtes Fell,

Fuchs

Iltis

mit seidigem Deckhaar, aus Russland meist grau. Rückenfelle werden zu Mänteln, Jacken und Besätzen verarbeitet, grau mit weißer Wamme (Bauchseite) werden die Felle zu Platten vernäht und meist als Innenfutter verwendet, gelegentlich auch in Mantelfarbe gefärbt. Das sibirische Eichhörnchen hat einen grauen Rücken und eine weiße Bauchseite.

FUCHS

Es gibt viele verschiedene Füchse mit den verschiedensten Haarvariationen in Farbe, Haarlänge und Struktur. Fuchs steht auf der Beliebtheitsskala der Pelze auf Platz zwei. Der **Rotfuchs** kann viele Farben zwischen Rot und Silber haben. Die silberne Färbung kommt bei der Wildform allerdings selten vor. Er kommt in den meisten Teilen Eurasiens, Nordamerikas, Nordafrikas und in Australien vor. Unter natürlichen Bedingungen sind Rotfüchse über lange Zeit hinweg nachts, morgens und abends aktiv und können große Entfernungen zurücklegen. Sie ernähren sich hauptsächlich von Fleisch. Die Behaarung ist kurz bis lang, seidig bis grob, zumeist dicht, die Unterwolle fein und weich und im Allgemeinen dicht, mit den längsten Haaren am Rücken. Das Fell der Rotfüchse wird zu allen Arten von Pelzbekleidung und zu luxuriösen Decken verarbeitet.
Bekannt und begehrt sind auch die Pelze des **Polarfuchses**, dessen gebräuchlicher Name bei wirtschaftlicher Nutzung **Blaufuchs** ist. Er kommt in der gesamten Nordpolarregion vor und ist besonders an das Leben unter kalten klimatischen Bedingungen angepasst. Hauptsächlich ernährt er sich von Lemmingen und anderen Nagetieren.
Seit Mitte des 20. Jahrhunderts werden Füchse in großem Umfang in Pelztierfarmen aufgezogen. In Farmen gehaltene **Rotfüchse** nennt man **Goldfüchse**. Inzwischen kommen die meisten Fuchsfellvarianten aus Farmhaltung. So wird der Blaufuchs vorwiegend in Skandinavien gezüchtet, Hauptproduzent ist Finnland. Der Silberfuchs wird neben Skandinavien auch in Nordamerika und Russland gezüchtet. Die größte Menge der Felle aller Fuchsarten werden als Besatz verwendet.

HAMSTER

Leichtes Fell mit lebhafter Färbung, wird meist zu Platten verarbeitet und als Mantelfutter, insbesondere auch für Herrenmäntel, genutzt. Beste Felle: Maihamster. Herbstfelle sind kleiner und von schwächerer Fellqualität. Hamster kommen aus osteuropäischen Ländern, in denen sie gejagt werden, weil sie den Bauern Probleme bereiten. In Deutschland fällt der Hamster unter die *EU-Artenschutzverordnung*.

HERMELIN

Weißes Winterfell des großen Wiesels, seit dem frühen Mittelalter der repräsentative Pelz für Kaiser und Könige. Wird heute nur noch selten verarbeitet. Erkennbar an den schwarzen Schweifspitzen, die mittig verarbeitet werden.

ILTIS

Iltisse gehören zu den Mardern. Sie stammen aus dem europäisch-asiatischen Raum und leben in der Natur in offenen Waldgebieten und im Hügelland. Das Tier ist nachtaktiv und verbringt den Tag im Bau, im Sommer auch draußen und bleibt trotzdem meist inaktiv. Iltisse ernähren sich von Vögeln, kleinen Säugetieren und Insekten. Die domestizierte Form ist das Frettchen, das seit Jahrhunderten zum Fangen oder Jagen von Kaninchen usw. genutzt wird. Seine Anatomie weicht durch den etwas kleineren Kopf von der des wilden Iltisses ab. Viele Frettchen sind Albinos (weiß, weil das Tier keine Pigmente produziert). Iltisse benutzen zur Markierung des Reviers ein übel riechendes Sekret der Analdrüse. Er wird daher auch „Stinkmarder“ genannt. Frettchen produzieren weniger Geruchsstoffe.

Fotos v.l.: Helga Schmadel/PIXELIO; L. ruttoo2/PIXELIO

Kaninchen

Kojote

KANIN

Das Europäische Wildkaninchen hat ein erdgraues Fell und wird im Rauchwarenhandel als Wildkanin bezeichnet. Da die Haltbarkeit der Pelze eher gering ist, haben die zwar preiswerten, meist aber heftig haarenden Kaninjacken der 1960er- und 1970er-Jahre die gesamte Fellart in Misskredit gebracht. Heute ist Kanin immer noch ein günstiger Pelz, der häufig in modischen Einfärbungen angeboten wird. Wird er geschoren, „haart" er nicht. Aus dem Fell werden oft Besätze und Accessoires gefertigt (zum Beispiel Ohrenschützer). Ein großer Teil der Felle geht in die Haar- und Filzhutindustrie.

KOJOTE

Präriewolf aus Nordamerika. Wird als Schafräuber verfolgt. Langhaariges, graues Fell mit schwarzer Rückenzeichnung. Echte Wölfe sind heute fast überall geschützt. Dieser wilde Wolfshund aus Nordamerika hat ein rustikales, festes Fell, das eher als Besatz geeignet ist. In den Siebziger Jahren wurde es häufig als Männerpelz verwendet.

Fotos: o.: Huber/PIXELIO; m.: Peter van Nostrand/Fotolia

10 Mythen und Missverständnisse

Warum Pelz ambivalent gesehen wird

Pelz ist zu einem wesentlichen Bestandteil der Mode geworden und dies nicht nur im Bereich der Haute Couture, sondern auch im Sektor der Prêt-à-porter-Fashion. Seit 1998 wächst der internationale Pelzumsatz Jahr für Jahr. Trotz dieser offensichtlichen Popularität des Pelzes scheinen sich doch einige Mythen über die Pelzbranche hartnäckig zu halten.

IFTF (International Fur Trade Federation) hat die häufigsten Falschinformationen neu aufbereitet und liefert hilfreiche Begründungen, warum diese nicht stimmen. Im Wesentlichen handelt es sich um zehn Behauptungen, die es zu entkräften gilt. Das *Deutsche Pelz Institut* als nationale Interessensvertretung mit Sitz in Frankfurt erläutert diese Beispiele:

MYTHOS 1:
Tiere werden auf Pelztierfarmen schlecht behandelt

Dies ist FALSCH, denn jeder Tierbesitzer weiß, dass der Zustand des Haarkleides einer der ersten und deutlichsten Hinweise dafür ist, ob ein Tier gut gehalten wird. Der Lebensunterhalt eines Pelztierzüchters hängt davon ab, ob es ihm gelingt, seinen Tieren das bestmögliche Futter und gute Gehegesysteme zu beschaffen und ihnen eine optimale Pflege angedeihen zu lassen. Schließlich muss die Tötung der Tiere artgerecht, schnell und schmerzlos sein.

Millionen von Dollars werden in objektive wissenschaftliche Forschung investiert, um einen optimalen Standard zum Wohlergehen der Pelztiere sicherzustellen.

MYTHOS 2:
Die Pelzbranche ist nicht gesetzlich reguliert

Dies ist FALSCH, denn die Pelzbranche ist streng reguliert durch staatliche, nationale und internationale Gesetze und Verordnungen. Dazu kommen noch bracheninterne Verhaltenskodizes. Die Verordnungen decken das ganze Spektrum ab – vom Wohlergehen der Tiere bis zu Fragen des Umweltschutzes.

Die Pelzbranche engagiert sich auch weiterhin zusammen mit Regierungen dafür, dass Gesetze auf den Weg gebracht werden, die Grausamkeiten gegenüber Tieren zu bekämpfen – zwar auf Grundlage unabhängiger und wissenschaftlich erwiesener Best Practice zum Wohlergehen von Pelztieren.

Weitere Informationen zu speziellen Gesetzen und Verordnungen zu Pelzen finden sich auf *www.wearefur.com*.

Synthetischer Pelz ist nicht nachhaltiger als Echtpelz.

MYTHOS 3:
Synthetische Pelze sind nachhaltiger als echte Pelze

Dies ist FALSCH, denn synthetische Pelze werden aus Produkten hergestellt, die auf Erdöl aufbauen und aus nicht nachwachsenden Ressourcen abgeleitet werden, während echte Pelze aus nachwachsenden Ressourcen entstehen und eine Lebensdauer von 20–30 Jahren haben.

MYTHOS 4:
Die Pelztierhaltung schadet der Umwelt

Dies ist FALSCH, denn Untersuchungen haben gezeigt, dass Pelz der Umwelt stark nutzt. Echte Pelze sind biologische, nachwachsende Ressourcen. Farmnerze werden mit den Überresten der fisch- und fleischverarbeitenden Industrien der menschlichen Nahrungskette gefüttert, sie recyceln damit Nebenprodukte, die ansonsten kostenintensiv entsorgt werden müssten.

Außer Pelzen liefern z. B. Farmnerze auch feine Öle für die Hautpflege und für wasserundurchlässige Lederoberflächen, biologische Kunstdünger, Biotreibstoffe und andere Produkte. Biotreibstoffe, die von Farmnerzen erzeugt werden, stellen bereits deren zweite Generation dar und sind schon wesentlich umweltfreundlicher als es die erste Generation noch war. Darüber hinaus werden die Tierkörper von Farmnerzen zum Erhitzen und bei der Produktion von Zement benutzt.

MYTHOS 5:
Die Pelzbranche handelt mit Hauskatzen und Haushunden

Dies ist FALSCH, denn es gibt in Europa und Nordamerika Gesetze, die den Handel mit Fellen von Hauskatzen und Haushunden verbieten. Darüber hinaus haben die Mitglieder des internationalen Pelzverbandes IFTF lange vor diesem Verbot eine weltweite, freiwillige Verzichtserklärung hinsichtlich des Gebrauchs von Fellen von Hauskatzen und Haushunden unterzeichnet. Davon abgesehen ist der Pelz einer Hauskatze oder eines Haushundes für die Produktion von Pelzbekleidung ungeeignet. Es gibt genügend Alternativen von Tieren, die speziell zu diesem Zweck gezüchtet werden. Die Pelzbranche unterstützt alle Regierungen, die gegen eine Falschetikettierung von Pelzprodukten vorgehen und führt diese Gesetzgebung durch.

MYTHOS 6:
Die Pelzbranche handelt mit vom Aussterben bedrohten Tierarten

Dies ist FALSCH, denn Tiere der freien Wildbahn sind reichlich vorhanden. Der Fallenfang gehört zu Maßnahmen von Hege- und Schutzprogrammen zur Erhaltung der Wildbestände. In den Ländern, in denen Pelztierarten stark vertretene Beutetiere sind, müssen diese wegen der Gesundheit des Ökosystems bejagt werden. Die Pelzbranche hält sich an das Prinzip der nachhaltigen Nutzung des Umweltschutzes, was von Umweltschützern nicht infrage gestellt wird.

Tatsächlich ist die International Fur Trade Federation seit 1985 Mitglied mit Stimmrecht der *International Union for the Conservation of Nature and Natural Resources (IUCN)* und unterstützt Naturschutzprojekte des *IUCN*. Darüber hinaus haben die Pelzbranche und ihre Mitglieder das *Washingtoner Artenschutzübereinkommen (WA)* seit den Anfängen in den 1970er-Jahren ermutigt und unterstützt.

MYTHOS 7:
Wildtiere, die in Fallen für die Pelzbranche gefangen werden, leiden tagelang in nicht normierten Fallen

Dies ist FALSCH, denn man sollte daran denken, dass die Mehrzahl der Tiere, die mit Fallen gefangen werden, nicht wegen ihres Pelzes, sondern zur Kontrolle von Schädlingen oder der Umwelt bejagt wird. Trotzdem müssen alle Fallen – für welchen Zweck sie auch immer eingesetzt werden – einem artgerechten Standard entsprechen, der verlangt, dass das Tier auf der Stelle und schnell getötet wird. Dies ist Teil der Vereinbarung über artgerechte Fallenfangstandards *Agreement on International Humane Trapping Standards (AIHTS)*, die die Pelzbranche mit auf den Weg gebracht hat. Die Routen der Pelztierjäger müssen innerhalb eines Tages, nachdem die Fallen gestellt wurden, überprüft werden. Die Pelzbranche fordert derzeit die EU auf, das *AIHTS* zur Anwendung zu bringen.

MYTHOS 8:
Die Jungtiere der Robben werden ihres Pelzes wegen zu Tode geprügelt

Dies ist FALSCH, denn es ist seit 1985 verboten, die Jungtiere der Robben, auch unter den Namen *Whitecoats* und *Bluebacks* bekannt, in Kanada, dem größten Erzeuger von Robbenfellen und -fleisch, zu bejagen. Über 90 % aller Robben werden von trainierten Schützen bejagt, die Gewehre einsetzen. Robben werden nach genau festgelegten Quoten gemäß den Populationsbeständen bejagt. Die jährliche Robbenjagd wird von unabhängiger Seite aus beobachtet.

IFTF unterstützt die Bemühung zur Schaffung internationaler Jagdstandards für alle Robben, die aus welchen Gründen auch immer bejagt werden. Dazu zählen auch die Robben, die zur Erhaltung der Fischbestände bejagt werden und nicht nur diejenigen, die kommerziell gehandelt werden.

MYTHOS 9:
Und schließlich behaupten einige Menschen, dass Pelztiere bei lebendigem Leib gehäutet würden

Dies ist FALSCH, denn solche Grausamkeiten sind in allen pelzproduzierenden Ländern illegal. Die Pelzbranche ermutigt alle Regierungen, entsprechende Gesetze zur Anwendung zu bringen. Ein Tier zu häuten wäre nicht nur unvorstellbar sadistisch und unmoralisch, es wäre auch unnötig schwierig und gefährlich und würde eine schlechte Fellqualität zur Folge haben. Tatsächlich muss das Tier mehrere Stunden vor dem Häuten bereits tot gewesen sein, bevor mit dem Pelzen begonnen werden kann.

MYTHOS 10:
Tierrechtsorganisationen wie *PETA* sorgen und kümmern sich stets für die Tiere, die sie aufgenommen haben

Dies ist FALSCH, denn die nicht gewinnorientierte Organisation *Center for Consumer Freedom* hat online Dokumente veröffentlicht, die zeigen, dass *PETA* fast 96 % der angenommenen Haustiere während des Jahres 2011 getötet hat. Im Durchschnitt sind das 37 Haustiere pro Jahr.

Trotz jahrelangem Aufschrei der Öffentlichkeit hält *PETA* an ihrem Euthanasieprogramm fest. Die Tierrechtsgruppe begründet ihr Programm damit, dass es der humanste Weg sei, um die Tiere von ihrem Leiden zu erlösen und sie niemals ein Geheimnis darum gemacht hätten.

Foto: marwalk / PIXELIO

Karakullamm

Weitere Lammfellarten

- **Borregos:** Lammfell aus Südamerika für Kleidung und Pelzdecken, häufig geschoren, sodass schöne Moirés am Haargrund sichtbar werden.
- **Calayos:** Leichte Ware von kurzhaarigen Lämmern aus Südamerika.
- **Chekiang:** Chinesische Lammfelle, seidig weiches, glänzendes, dichtes rauches (großer Abstandswinkel zum Leder) bis flaches Haar.
- **China Curly Lamb:** Ebenfalls aus China, lockiges Lamm mit mittellangem Haar
- **Merinoschaf:** Größere spanische Schafrasse mit besonders leichtem Leder und weichem Haar, für Shearling (Scheren von Lammfell) besonders geeignet.
- **Mongolenlamm:** Langhaarige Lämmer mit leicht gedrehtem Haar
- **Tibetlamm:** Gedrehtes 9–10 cm langes, korkenzieherartiges Haar; darf nur mit CITES-Papieren gehandelt werden.
- **Vikinglamm:** Gekräuseltes Fell skandinavischer Gotlandschafe

LAMM

Felle aller Altersstufen für Pelzzwecke werden traditionell vom Rauchwarenhandel als „Lamm" bezeichnet. Es gibt gelockte, gewellte, geflammte und glatthaarige Felle, die sich auch nach Schafrasse und Herkunft unterscheiden. Wegen der großen Strapazierfähigkeit, den vielfältigen Möglichkeiten der Fellveredlung und des Preises gehören sie zu den begehrtesten Fellarten für die Konfektion überhaupt. Sie werden zu Bekleidung jeglicher Art verarbeitet, aber auch „pur" für Babys und in der Krankenpflege, als Sofa- oder Sesselauflage, als Autositzbezüge oder Läufer verkauft.

Persianer

Persianer ist ein besonderer Pelz vom Karakul, einer Steppenschafrasse aus der Familie der Fettschwanzschafe, die ursprünglich in Usbekistan beheimatet war. Der Fettspeicher des Schwanzes macht die Tiere anpassungsfähig an ihr eher karges Lebensumfeld. Genutzt wird vor allem das Fell junger Lämmer. Bis zu einem Alter von zehn Tagen hat es haltbare, gleichmäßige, geschlossene Locken. Das Haar ist von seidiger, feiner Qualität. Danach öffnen sich die Locken und das Fell wird langhaarig. Persianer ist ein begehrtes Fell und galt bis etwa in die 1980er-Jahre als klassischer „deutscher" Pelz.

Swakara

Neben Russland und Afghanistan (in beiden Ländern unter der Bezeichnung Bukhara) ist heute Namibia eines der Hauptzuchtländer dieser Schafe aus freier Weidehaltung. Die namibischen Felle heißen **Swakara**, von ehemals Südwest-Afrika-Karakul, manchmal wird die veraltete Bezeichnung „Breitschwanzpersianer" gebraucht. Das kann zu Verwechslungen mit dem Fell zu früh geborener Lämmer führen.
Swakara haben als Zuchtergebnis in der Regel keine Locken mehr, sondern ein anliegendes, gewelltes (moi-

Lammfell – ein besonderer Fall

Bei Lammpelz geht alles verkehrt herum. In den allermeisten Fällen wird Lammpelz mit dem Haar zum Körper getragen – kuscheliger und wärmer geht es nicht! Wer sich edle Pelze nicht leisten kann oder will, aber trotzdem die Vorzüge von Pelz zu schätzen weiß, der wird womöglich zu einem Kleidungstück aus Lammfell greifen. Lammfelle kommen aus der Weidehaltung der Tiere und können zudem mit dem guten Argument punkten, das Tier im Ganzen für den Menschen nutzbar zu machen: zur Ernährung und zum Schutz gegen Kälte. Auch die Ängste, frühgeborenen Lämmer widerfahre Böses, kann der Experte beruhigen. Diese Lämmer, die in der kalten Zeit zur Welt kommen, erfrieren in den ersten Tagen nach der Geburt. Mit dem Ankauf dieser Felle gleicht der Pelzhändler die finanziellen Verluste aus, die der Züchter sonst hinnehmen müsste. So kommen Verbraucher ohne schlechtes Gewissen in den Genuss der feinlockigen, noch nie geschorenen Felle.

Man findet im Handel auch die Bezeichnung Pelzvelours, weil die Lederseite der Felle in der Regel fein geschliffen wird und damit einen samtigen Velours-Charakter erhält. Um sich von Imitaten abzuheben, sieht man auch häufig die Bezeichnung „gewachsenes Fell". Für modische Artikel und auch um Feuchtigkeit besser abzuweisen, kann das Leder „nappiert" werden. Das bedeutet, dass es mit einer (seiden-)glänzenden Lackschicht überzogen wird, die jedoch die natürliche Atmungsaktivität des Fells nicht negativ beeinflusst.

Mit der Fellseite können viele Veredlungsschritte vollzogen werden, wie zweifarbiges Zurichten von Leder und Fell, Scheren, Kämmen, chemisches Kräuseln, Snowtop-Behandlung (vorsichtiges Bleichen der äußersten Haarspitzen), Lasern oder Bedrucken. Letzteres ist selbstverständlich auch für die Lederseite möglich.

Lammpelz hat viele Gesichter, ist dabei aber immer eins – angenehm warm und wohlig schützend.

Marderhund

Nerz

riertes) Haar. Russland liefert die klassische gelockte Ware und Afghanistan den meist etwas geringer bewerteten, im Haarbild etwas offeneren Karakul. Heute werden die flachen moirierten Swakara aus Namibia bevorzugt.

Sur

Normalerweise ist das Karakul schwarz. Andere Farben sind in der Natur selten, können aber durch Zucht entstehen. Aus Russland kommen zum Beispiel die braunen Sur-Persianer, die strapazierfähige Wolle haben. Bei Silber-Sur sind die Haarspitzen cremefarben, hellgelb oder weiß; bei Golden-Sur tiefgelb.
Der Preis dieser Felle kann leicht das Zehnfache dessen betragen, was man für beste schwarze Karakulfelle zahlen muss. Karakul wird auch gefärbt angeboten.

Breitschwanz-Persianer

Breitschwanz, auch Breitschwanz-Persianer oder Karakul-Breitschwanz genannt, heißen die Felle von Schafen, die zu früh oder tot geboren werden.

MARDERHUND

Der aus Ostasien stammende Marderhund wurde in der ersten Hälfte des 20. Jahrhunderts in Nordwestrussland eingeführt und verbreitete sich in ganz Ost- und Nordeuropa. Die Züchtung begann in den 1970er-Jahren.
Der Marderhund wird fälschlich auch als „Finnracoon" bezeichnet (finnischer Waschbär), wegen der ähnlichen Gesichtszeichnung wie der Waschbär, mit dem er aber nicht verwandt ist. Man nennt ihn auch *Tanuki* oder *Seefuchs*. Der Marderhund ist ein Allesfresser. Studien aus Südfinnland und Russland ergaben, dass Marderhunde etwa 50 % mehr Jungtiere als Rotfüchse werfen.
Der Marderhund hat beigefarbenes, festes, steifes Fell mit schwarzen Haarspitzen, was die Ausnutzung der Sonnenwärme auch bei Minustemperaturen ermöglicht. Sommer- und Winterfell sind gleich gezeichnet, das Winterfell ist aber deutlich dichter.

NERZ, MINK

67–77 % aller weltweit verarbeiteten Felle stammen von Nerzen. Sie stehen an erster Stelle der Pelzhitliste. Nerze gehören zu den Mardern und sind Raubtiere. Sie stellen wenige Ansprüche an ihren natürlichen Lebensraum und halten sich in der Nähe von Gewässern auf. An Wasser sind sie mit Schwimmhäuten und dichtem, wasserabweisendem Fell gut angepasst. Gefressen werden hauptsächlich Wassertiere, aber auch Kaninchen, Ratten, Mäuse und Wühlmäuse. Nerze sind nachts aktiv, teils auch morgens oder abends. Wenn genügend Futter zur Verfügung steht, leben sie über zwei Drittel der Zeit in ihren Höhlen. Die wegen ihres Felles gehaltene Art stammt aus Nordamerika und ist nicht sehr eng verwandt mit dem europäischen Nerz, der nahezu ausgestorben ist.
Die Haare sind mittellang, fein und weich. Es gibt keinen Unterschied zwischen Ober- und Unterhaar. In seiner ursprünglichen Grundfärbung ist das Fell braun (mit weißen Stellen an Kinn, Kehle und Bauch). Durch Züchtungen gibt es viele Farbvarianten: Schwarz, Dunkel-, Mittel- und Hellbraun, Beige, Weiß, Weiß mit schwarzer Fellmitte, Braungrau, Zartblau und Zartviolett. Nerz wird für vielfältige Pelzbekleidung, naturell oder gefärbt, sowie für Pelzdecken und im Schmuckbereich verwendet.

Handelsnamen für Nerz

- **Blackglama:** Markenname für fast schwarze Nerzfelle aus kontrollierter Farmhaltung an den großen Seen in Nordamerika.
- **Saga-Nerz:** Güte- und Herkunftsbezeichnung für Felle aus Farmen in Finnland, Norwegen und Schweden, die nach neuesten Erkenntnissen der Verhaltensforschung betrieben werden.

Fotos: l.: Rudolpho Duba/PIXELIO; r.: Anna Wójtowicz/Wikimedia (CC BY-SA 3.0)

Biberratte (Nutria)

Opossum

Possum

NUTRIA

Auch Sumpfbiber oder Biberratte genannt, in der Pelzbranche jedoch immer *Nutria*, ist ursprünglich ein südamerikanisches Nagetier. Jedoch haben sich in mehreren Ländern Populationen aus von Pelztierfarmen entlaufenen Tieren gebildet. Nutrias ernähren sich in erster Linie von Pflanzen. Wild leben sie in Sümpfen und an den Ufern von Seen und an langsam fließenden Flüssen. Dem Leben im Wasser sind sie gut angepasst, da sie über Füße mit Schwimmhäuten und hoch am Kopf liegende Nasenlöcher verfügen, die ihnen das Atmen beim Ruhen im Wasser erleichtern. Sie haben ein dichtes Fell, das dunkelbraun, grau- oder rötlichbraun ist und von langen, groben Haaren, den Grannen durchsetzt ist. Im Gegensatz zu fast allen übrigen Pelztieren ist das Fell an der Bauchseite besser als auf dem Rücken (die Milchdrüsen befinden sich auf den Rückenseiten). In der Regel werden die Grannen entfernt (gerupft) oder das Fell geschoren.

OPOSSUM, amerikanisches

Starres weiß, grau, dunkles, langhaariges Fell der Beutelratte. Es hat im Unterschied zum australischen/neuseeländischen Beuteltier mit ähnlichem Namen einen langen, nackten, geringelten Schwanz. Kommt in Nordamerika vor.

POSSUM, neuseeländisches, australisches

Stark strapazierfähiges Langhaarfell. Possums (*Fuchskusu*) haben sich in Neuseeland mangels natürlicher Feinde sehr stark ausgebreitet. Die Beuteltiere werden mit allen Mitteln und Unterstützung von Tierschutzorganisationen gejagt. Sie entlauben in kürzester Zeit ganze Berge und Obstplantagen und sind eine akute Bedrohung für die einheimische Flora und Fauna.

WASCHBÄR

Typisch für den Waschbären sind die sich über Augen und Schnauze hinziehende schwarze, weiß umränderte Maske und der geringelte Schweif. Sein ursprüngliches Verbreitungsgebiet sind Wälder im Westen und Süden Kanadas, der USA und Mexiko. Mittlerweile haben die nachtaktiven Tiere auch die Städte erobert, wo sie von Müll leben und dafür sehr geschickt Tonnen umwerfen. Die Behaarung ist fein bis mittelfein, glänzend und dicht. Die Unterwolle ist nicht allzu dicht. Die Färbung reicht von gelblich-grau über bräunlich-grau, dunkelgrau und schwarzgrau bis nahezu blauschwarz (selten). Das Fell gilt als strapazierfähig. Waschbärfelle werden zu Mänteln, Jacken oder Mützen, beispielsweise auch zu den typischen Trappermützen, verarbeitet.

Fotos: l.o.: wandersmann/PIXELIO; r.o.: nicolaselowe/Fotolia; r.u.: sommai/Fotolia

Waschbär

Zobel

ZIEGE UND ZICKEL

Ziegenfelle werden eher selten für Pelze genutzt, weil das Haar relativ schnell brechen kann. Langhaarige Sorten werden daher manchmal geschoren angeboten. Das Fell von nur wenigen Wochen alten Ziegen heißt Zickel und zeigt weiches, seidiges Haar mit nur geringem Unterhaar. Die Farben sind weiß, grau, braun, schwarz oder gescheckt. Die Hauptmengen kommen aus Europa, Indien, China, Arabien und Afrika. Die Trageeigenschaften der meisten Arten sind schlechter als bei Lammfellen, weil die Haare leichter brechen und zudem auch ausfallen können.

ZOBEL

Der Zobel gehört zur Familie der echten Marder und wurde über Jahrhunderte wegen seines schönen Pelzes verfolgt. Er wird – neben dem Chinchilla – als „König der Pelze" bezeichnet. Angeblich wurde Sibirien nur deshalb erschlossen, um an die Felle zu kommen. Ursprünglich lebten die Zobel überall im Norden von Europa und Asien, wo es Wälder und Wasser gab. Heute kommen sie westlich des Urals nicht mehr vor und werden vor allem in Russland in Zobelfarmen gezüchtet (aus Kanada kommt Kanadischer Zobel, eigentlich ein Fichtenmarder). Ansonsten gilt Hegejagd mit streng geregelten Quoten und Schonzeiten. Die sehr dichte Behaarung ist mittellang, feinseidig und außerordentlich weich. Selbst die Fußsohlen des Zobels sind behaart. Die Färbung ist vorwiegend braun von tiefdunkel bis hell- und braungelb, auch gelb-grau. Feinste Felle sind fast olivfarben. Der edelste „Kronenzobel" hat silberne Haarspitzen. Zobel zählt zu den kostbarsten Pelzarten und wird von allen Pelzarten am dritthäufigsten genutzt.

Königliche Mützen aus Baribal

Jeder Londontourist kennt (und fotografiert) die *Königliche Garde* mit ihren roten Jacken und den riesigen Pelzmützen, genannt „bearskin" (Bärenfellmütze). Zum ersten Mal sollen sie im Jahr 1768 erwähnt worden sein.
Sie werden aus dem Fell des „Baribals" (Amerikanischer Schwarzbär) gefertigt, der bis zu 2 m groß werden kann. Amerikanische Schwarzbären besiedeln dichte bis offene Wälder sowie Grasland in Kanada, den USA und Nordmexiko. Sie sind typische Allesfresser, ernähren sich in erster Linie aber pflanzlich und bereichern ihre Menüs mit Insekten, Kleinsäugern, Fischen und Karibus. Das Fell ist meist schwarz, kann aber auch zimtfarben, selten rotgrau bis blaugrau und silbergrau sein. Das Haar ist feiner als das anderer Bärenarten, glänzend und dicht. Das Leder ist fein.

Beim *CITES* sind Baribals im *Anhang II* gelistet. Die Bestände des Amerikanischen Schwarzbären sind laut *WWF (World Wide Fund For Nature)* weitgehend stabil oder sogar anwachsend. Dennoch gibt es regionale Gefährdungen durch Holzeinschlag, Wilderei oder den Straßenverkehr. Der *WWF* und *TRAFFIC (Trade Records Analysis of Flora and Fauna in Commerce, internationale Artenschutzorganisation)* setzen sich dafür ein, dass der Handel mit dem Bariba streng überwacht sowie die illegale Tötung der Bären unterbunden wird.

LEDER

Feels like second skin

Jacken aus geknautschtem Leder

Ebenso wie Pelz ist Leder ein archaisches Bekleidungsmaterial, das seit den Anfängen menschlicher Zivilisationen zum Schutz des Körpers genutzt wird. Anders als Pelz haftet Leder allerdings kein Statuswert an, dient aber durchaus der Imagebildung. Leder hat hohen praktischen Nutzen und viele erstaunliche Eigenschaften. So haben Rüstungsteile aus mehreren Schichten Leder schon viele Todesfälle im Kampf verhindert und vor dem Hitzetod unter einer Rüstung bewahrt. Leder heute hat viele Gesichter, von denen unsere Ahnen zu ihrer Zeit noch keine Ahnung hatten.

Die Ähnlichkeit mit unserer eigenen Haut macht einen Großteil des Reizes aus, das Leder als Bekleidungsmaterial heute noch umgibt. Leder wird assoziiert mit Natur und Natürlichkeit, obwohl es nicht „naturbelassen" verwendet werden kann und viele durchaus nicht nur „natürliche" Schritte braucht, bevor es diesen Eindruck vermittelt.

Leder wird auch mit Erotik in Zusammenhang gebracht und verhilft als Fetischkleidung in Lack und Leder der Fantasie auf die Sprünge. Daneben wird Leder mit kerniger Männlichkeit verbunden, denkt man an den wilden Westen und seine Cowboys bzw. Indianer oder moderner an die Kutten genannten Jacken und Westen Motorradclubs. Auch ein echter Rocker braucht als Jacke seine nietenbeschlagenen Schauobjekte, um unter seinesgleichen wahrgenommen zu werden.

Weniger martialisch ist das Signal bei den alpenländischen Trachten, zu denen die „Krachlederne" (Hose) gehört, ein derbes Teil, das früher von Generation zu Generation vererbt wurde. Auch die dazugehörigen Janker sind und waren gelegentlich aus Leder oder zeigten Lederapplikationen.

Leder atmet also vorwiegend Testosteron. Und wenn eine Frau mit diesen Signalen spielt, dann traut sie sich etwas – nicht nur als Biker- oder Rockerbraut. In jüngerer Zeit assoziiert man Lederbekleidung auch mit Fans und Bands der Heavy-Metal-Szene.

Moderne Damenlederjacke im Biker-Stil

Krachlederne

LEDER OHNE SCHADSTOFFE

Immer wenn bei der Nutzung durch den Menschen Tiere ins Spiel kommen, werden Vorbehalte laut und Diskussionen pendeln zwischen emotional gestützten Vorurteilen und mangelndem Fachwissen. Das gilt insbesondere für Pelz, aber kaum weniger für Leder. Die lederproduzierenden Unternehmen und ihre Verbände versuchen Klarheit in die Sachlage zu bringen und sorgen aus höchsteigenem Interesse dafür, dass ihre Mitgliedsfirmen auf Basis der deutschen, EU und weltweiten Gesetzgebung agieren. In der Regel gehen sie mit Selbstverpflichtungen sogar über die Minimalanforderungen auf freiwilliger Basis noch weit hinaus. Die Beurteilung bleibt jedoch jedem Verbraucher selbst überlassen, wenn nicht Label oder Prüfnormen Sicherheit geben.

Echte Schadstoffe aus der Lederherstellung sind seit vielen Jahren aus deutscher und europäischer Produktion verbannt. Ausländische Hersteller müssen sich zwar auf die Einhaltung vorgegebener Grenzwerte verpflichten, dennoch können bei der schieren Menge an Importware nur Stichproben genommen werden und diese bringen auch Verstöße ans Tageslicht. Selbst wenn die Produktion der Lederwaren noch einwandfrei war, so können die für den Transport in See- und Land-Containern verwendeten Antifouling-Chemikalien die erlaubten Grenzwerte schon gelegentlich überschreiten. Um als Verbraucher sicherzugehen, hilft eine sehr schlichte Kontrolle: Stinkt es penetrant und beißend, dann kauft man es entweder erst gar nicht oder man lüftet die Ware so lange an der frischen Luft, bis der Geruch verschwunden ist. Das gilt gleichermaßen auch für textile Importprodukte. Bei Produkten aus Deutschland oder Europa kann man sichergehen, dass alles mit rechten Dingen zugegangen ist und ein gesunder Mensch nicht gefährdet ist.

SG-ZEICHEN IST EINE HILFE

Sicherheit für die Verbraucher will das „**Schadstoffgeprüft-Zeichen**" für Lederwaren geben. Das SG-Zeichen wird vom *Prüf- und Forschungsinstitut Pirmasens e. V. (PFI Germany)* in Kooperation mit der *TÜV Rheinland LGA Products GmbH* und der *SGS Institut Fresenius GmbH* vergeben. Nur solche Produkte erhalten das Label, die den Anforderungen an Grenzwerte und Schadstoffparameter des SG-Prüfkriterienkatalogs entsprechen – sie liegen in der Regel weit unter den gesetzlichen Vorgaben. Damit sind nach heutigem Stand der Erkenntnis keine Gefahren für die Gesundheit zu befürchten. Das SG-Zeichen sagt z. B. aus, dass:

- Farbstoffe, die krebserzeugende Amine abspalten können,
- kanzerogene und allergisierende Farbstoffe
- Chrom-VI-Verbindungen und
- Tributylzinnverbindungen (TBT) nicht nachweisbar sind und
- der Gehalt an Formaldehyd unterhalb der Deklarationsgrenze der Kosmetikverordnung liegt,
- der für Lebensmittel festgelegte Summengrenzwert für Pestizide nicht überschritten wird und
- die Gehalte an PCP und weiteren Chlorphenolen weit unterhalb des Grenzwerts der Chemikalienverbotsverordnung liegen.

SG SCHADSTOFFGEPRÜFT

Abfälle aus der Olivenernte für ökologische Gerbung

Seit 2012 gibt es ein Gerbeverfahren, das Extrakte aus Olivenblättern als nachhaltige Alternative zur Chrom-/Mineralsalzgerbung und zur FOC-Gerbung mittels erdölbasierter organisch-synthetischer Reaktivgerbstoffe anwendet. Der durch wässrige Extraktion gewonnene Olivenblattextrakt beinhaltet natürliche Gerbstoffe, die den Einsatz konventioneller chemischer Gerbstoffe deutlich verringern. Das innovative Verfahren ist unter dem Namen *Wet-green* ® patentiert und findet bereits in der Branche Anwendung.

Olivenleder im Vintage-Look

Die Blätter fallen bei der Olivenernte an und können sinnvoll verwertet werden statt sie wie üblich zu verbrennen. In Europa werden heute ca. 12.000.000 t Oliven im Jahr geerntet. Bei der Olivenernte und beim Rückschnitt der Bäume fallen ca. 10 % des Erntegewichts an Blättern an. Nur daraus wird der pflanzliche Wirkstoff extrahiert.

Der Gerbstoff wurde vom Darmstädter Unternehmen *N-Zyme BioTec* entwickelt und nutzt den natürlichen Abwehrstoff der Oliven gegen Schädlinge. Daraus entstand das weltweit einzige Biotechnologie-Unternehmen mit eigener Gerberei. Die mediterran duftenden Premiumleder werden bereits in der Feintäschnerei, für Designermöbel und in den *BMW*-Elektrofahrzeugen *i3* und *i8* eingesetzt.

Der Gerbstoff kann sogar noch mit weiteren Qualitätsmerkmalen punkten. Da er nicht korrosiv ist und daher keine *REACH*-Anmeldung erfordert, ist auch die Logistik vereinfacht. Metalle und chemisch-synthetische Reaktivgerbstoffe fehlen ganz, sodass Säuren, Salze und Syntane eingespart werden. Das Pickeln entfällt aufgrund der neuen Gerbmethode ebenfalls komplett, sodass das Material direkt nach dem Beizen dem Gerbvorgang zugeführt werden kann. Abfallstoffe der Lederherstellung können ebenfalls der Wertschöpfungskette wieder zugeführt werden. So bilden ein umweltfreundlicher patentierter Gerbstoff und ein nachhaltiges Gerbverfahren die Grundlage für ökologische Leder. Sie zeichnen sich dem Unternehmen zufolge durch

- sehr gute Festnarbigkeit,
- dichte Faserstruktur,
- gute Auszehrung/Färbbarkeit,
- hohe Formstabilitat,
- ausgezeichnete Prägbarkeit,
- erstklassiges Millverhalten sowie
- gute Fixierbarkeit aus.
- Das Schrumpfverhalten gilt als ausgezeichnet.

Würde die gesamte weltweit aufkommende Menge an Reststoffen aus der Olivenernte genutzt, wäre es theoretisch möglich, 40 % der Weltlederproduktion mit dem Olivengerbstoff zu gerben. Die Forschungs- und Entwicklungsabteilung arbeitet unterdessen bereits an weiteren Substituten für die Lederverarbeitung, um langfristig ökologisch bedenkliche Chemikalien und erdölbasierte Polymere durch nachhaltige und unbedenkliche Substanzen bzw. Biopolymere zu ersetzen.

Faire Alternative zum Original: Krokoprägung auf Lammnappa.

GENUSS OHNE REUE?!

Liegt dem Verbraucher das Tierwohl am Herzen, dann wird ihn beruhigen, dass über 95 % der Leder von Rindern, Kälbern, Schafen, Ziegen und Schweinen als Nebenprodukt der Lebensmittelindustrie entstehen und somit eine Mehrfachnutzung der Schlachttiere vorliegt. Diese Tiere stammen überwiegend aus Massentierhaltung, was dazu führt, dass man keine industriell hergestellten Bioleder findet, denn selbst wenn Herstellung und Verarbeitung die Bezeichnung „bio“ und „nachhaltig“ verdienen, sind Herkunft und Haltungsbedingungen der Tiere selten nachweisbar. Es gibt inzwischen jedoch ernst zu nehmende Ansätze, Leder biologisch einwandfrei zu gerben und zuzurichten (→ *Kasten „Abfälle aus der Olivenernte“, l.*). Die Regel ist jedoch der unter Einhaltung aller Umweltvorschriften und Schonung der Ressourcen inklusive des Wassers sensibel gesteuerte Prozess der Lederherstellung und -bearbeitung mit geeigneten Chemikalien. Diese können synthetischen oder pflanzlichen Ursprungs sein – bleiben aber auch dann „Chemikalien“, sodass z. B. pflanzliche Gerbung wegen ihrer Wirkung auf das Leder und nicht wegen biologischer Vorteile gewählt wird.

Ebenso wie beim Pelz schützt das *Washingtoner Artenschutzübereinkommen (WA)* der *CITES* exotische Tiere vor der Ausrottung durch Ledergewinnung. Wer die Krokohandtasche nicht aus Prestigegründen braucht (oder von der Großmutter geerbt hat), kann heute von den technischen Finessen der Oberflächenbehandlung und -gestaltung von Leder profitieren und den täuschend ähnlichen Look ohne schlechtes Gewissen und zu einem marktkonformen Preis genießen.

Fotos: l.: leder-info.de; r.: Friedr. Wilh. Schwemann Leder

Beutel aus Kalbsleder mit Rindsprägung

Ledermütze

Lederstiefel

Altbekannt – aber niemals out

Leder ist ein großartiges Material. Es fühlt sich gut an, es atmet, es folgt den Bewegungen und kann eine Unzahl an Farben, Oberflächenstrukturen und Zurichtungen zeigen. Leder hat etwas, was seinen Träger gut aussehen lässt. Gutes Leder kann nicht preiswert sein, dafür sind viel zu viele Arbeitsgänge und die Erfahrung mit dem Material nötig.

Leder bringt in Schuhform gebracht Frauenherzen zum Schlagen und als teure It-Bag Männer mit schmalem Geldbeutel zum Schwitzen. Leder ist ein emotionales Material, das Menschen seit Jahrtausenden begeistert.

Nicht nur für die Pelzgeschichte auch für den Nachweis steinzeitlicher Lederbearbeitung taugt das Beispiel der Gletschermumie *Ötzi*, da seine Kleidung aus unterschiedlichen Arten unterschiedlich bearbeiteter Leder und Felle bestand. Man konnte feststellen, dass zur Gerbung Fett und Rauch verwendet worden waren. In Armenien fand man sogar einen Lederschuh in kupferzeitlichen Schichten, der nach Radiokohlenstoffdatierung mindestens 300 Jahre älter als *Ötzis* Kleidung sein soll.

Lederne Gegenstände waren weit vor Christus auch in Ägypten, in Mesopotamien und bei den Israeliten in Gebrauch. Pflanzliche Gerbung war schon im 4. Jahrtausend v. Chr. im alten Ägypten bekannt. Der Sarkophag von *Ti*, einem reichen Ägypter, der in der Zeit zwischen 2850 v. Chr. und 2700 v. Chr. starb, zeigt Szenen aus der Gerberei.

Aufschwung erfuhr die Lederproduktion in der Zeit des Römischen Imperiums. Für die Ausrüstung der Legionäre wurde viel Leder verwendet. Von Roms Hafen Ostia aus regelte eine Zunft der Leder- und Hautverkäufer die Produktion. Der Handel mit Leder war neben anderen auch einer der Gründe für die *Punischen Kriege*. Karthago als Zwischenhandelsplatz zwischen den Märkten Nordafrikas und des Mittelmeers hielt das Monopol für den Lederhandel in Europa und im Mittelmeerraum. Vom 3. Jahrhundert v. Chr. an stand der Lederhandel dann unter römischer Aufsicht mit Produktionsschwerpunkten in Südfrankreich und Spanien. Dies bestätigen archäologische Funde.

Jahrhunderte nach dem Ende des Römischen Reichs übernahm *Karl der Große* die Gesetzgebung hinsichtlich der Lederherstellung und deren Handel und belegte gleichzeitig einige Produkte mit einer Steuer. Vom Mittelalter bis ins 18. Jahrhundert war die Lederherstellung in Vorderasien und Nordafrika sehr viel weiter fortgeschritten als in Europa. Erst 1749 wurde die erste Fabrik für Saffianleder (→ *Lexikon, S. 135*) im Elsass errichtet. Die Herstellung einzelner Lederarten war als Spezialisierung auf deren Herstellung in Deutschland lange Zeit einzelnen Regionen oder Städten vorbehalten.

Fotos: l.o.: Anthoni Crown, l.u.: Stetson by F. W. Schleifer, r.: Peter Kaiser

Strauß

Stachelrochen

EIN BESONDERES MATERIAL

Für die Herstellung von Leder kann im Prinzip jede tierische Haut verwendet werden. Nicht alle zeigen dieselbe Qualität. Von allen weltweit verarbeiteten Häuten stammen über 95 % von Rindern, Kälbern, Schafen, Ziegen und Schweinen als Nebenprodukt der Lebensmittelindustrie. Insbesondere Rinderhäute lassen sich für die unterschiedlichsten Verwendungen einsetzen.

Exoten als Modeerscheinung

Die Schuh- und Handtaschenproduzenten und andere Modebranchen schätzen jedoch auch exotische Quellen. Dazu gehören Krokodile, Wild (Hirsch, Reh, Elch), Bison, Büffel, Känguru, Strauß, diverse Fische (z. B. Aal- und Rochenleder) und Schlangen. Diese Modeerscheinung führte bei einzelnen Arten fast zur Ausrottung. Seit den 1970er-Jahren werden auch in Deutschland Strauße gezüchtet, deren Fleisch und Leder vielseitig eingesetzt werden kann. Straußenleder gilt als sehr fein und sehr haltbar. Känguruleder wird oft für Motorradhandschuhe verwendet, für die es aufgrund seiner Stärke und Dehnungsfähigkeit eher geeignet ist als festere Rindsleder.

Hund und Katze

In der Vergangenheit wurde auch die Haut von Hunden und Katzen zu Leder verarbeitet. Hundeleder wurde vom Mittelalter bis zur Moderne im Bereich verschiedener Drucktechniken angewendet, bei denen der Auftrag von Druckerschwärze auf den Druckstock mit einem Ledertampon aus Hundeleder erfolgte. Die Begründung: Da die Haut von Hunden nicht von Schweißdrüsen durchsetzt ist, ist Hundeleder poren-

Pirmasens und die Schlabbe: Auf- und Abstieg mit Schuhen

Ein besonderes Beispiel für die Entwicklung der deutschen Lederindustrie liefert Pirmasens. Diese Stadt in Rheinland-Pfalz galt lange als die deutsche Schuhmetropole schlechthin. Wie das kam? Ende des 18. Jahrhunderts löste der *Landgraf Ludwig IX. von Hessen-Darmstadt* in dem Städtchen Pirmasens seine Garnison auf. Die arbeitslosen Soldaten machten aus der Not eine Tugend und aus ihren Uniformen „Schlabbe", womit die Menschen der Region einfache Schuhe bezeichnen. Das war der Grundstein, aus dem sich im 19. Jahrhundert eine beachtliche Schuhindustrie samt eigener Messe entwickelte.

Als sich aber mit Beginn der 1970er-Jahre ausländische Schuhimporte in Deutschland rasant ausbreiteten, war Pirmasens nicht in der Lage, sich gegen diese Konkurrenz zu wehren. Ein Niedergang ohnegleichen begann, begleitet von bis heute überdurchschnittlich hoher Arbeitslosigkeit von 14–19 %. Zwischen 1970 und 2005 verlor Pirmasens 25 % der Bevölkerung, sodass man sogar von einer sterbenden Stadt und einer verratenen Region sprach. Nur wenige Schuhfabriken haben überlebt, darunter *Peter Kaiser*, Deutschlands älteste Schuhfabrik, 1838 gegründet.

Redewendungen rund um Häute, Felle und Pelze

- **Das geht auf keine Kuhhaut:** Meint, dass etwas unmöglich oder sehr absonderlich ist. Mit Leder hat diese Redewendung nichts zu tun. In antiken Zeiten wurde Pergament aus Häuten gefertigt – und mancher Text ging eben nicht auf eine (einzige) Kuhhaut.
- **Jemandem ans Leder wollen:** Ankündigung oder Wunsch, jemanden anzugreifen. Das hat möglicherweise damit zu tun, dass Leder umgangssprachlich die menschliche Haut meint.
- **Jemandem das Leder gerben:** Wer das sagt, will, jemanden verprügeln, wobei – wie oben – mit Leder die menschliche Haut gemeint ist.
- **Vom Leder ziehen:** Ohne Hemmungen das sagen, was man schon lange loswerden wollte – das kann auch eine Angeberei sein. Die Redewendung stammt vermutlich aus der Zeit, als Männer noch Degen trugen, dessen Scheide oft aus Leder gefertigt war.
- **Ein dickes Fell haben:** Wer es hat, hält eine Menge aus und ärgert sich bei verbalen Angriffen nicht (oder nicht so schnell). Hier ist „Fell" ein Synonym für die menschliche Haut, ebenso wenn jemanden „das Fell juckt". Er hat Aggressionen, die er loswerden muss.
- Wer **den Pelz aufteilt, bevor der Bär erledigt ist,** der freut sich zu früh.
- **Wasch mir den Pelz, aber mach mich nicht nass!** beschreibt ein Ding der Unmöglichkeit.
- Wem **Felle davon schwimmen,** der verliert etwas sicher Geglaubtes. Früher war Leder- und Pelzverarbeitung an Flüssen angesiedelt. Und da schwamm schon mal etwas davon.

Kuhfell

frei. Noch Anfang des 20. Jahrhunderts war es für bestimmte Artikel, wie bspw. Handschuhe, sehr begehrt. Die Wikinger trugen Katzenfelle, wie einige Fundstücke aus dem 11. Jahrhundert zeigen. Sie wurden im Mittelalter in ganz Europa gehandelt. Gerade französische und englische Kürschner schätzten damals Katzenleder als besonders geschmeidiges Material für Handschuhe. Inzwischen unterliegen in Europa Hunde- und Katzenfelle einem Handelsverbot.

LEDER IST VIELSEITIG

Leder ist kein reines Bekleidungsmaterial. Es wurde schon früh auch für Möbel oder zur Einrichtung sowie für Gebrauchsgegenstände, häufig Hüllen und Futterale, Eimer und Becher genutzt. Die Indianer bauten daraus ihre Tipis und die Tundravölker ihre Jurten. Nicht nur Sofas und Sessel, Tischplatten und Sekretäre waren mit Leder bezogen. In Schlössern und Herrenhäusern findet man teils kunstvoll bemalte Wandbespannungen und Paravents aus feinem Leder. Die Verwendung als Einband von wertvollen Büchern hat sich bis heute erhalten.

Leder ist besonders für stark beanspruchte Kleidung geeignet. Schon die Cowboys, die es wahrscheinlich wegen seiner hohen Reißfestigkeit und der Resistenz gegen Wind und Wetter bevorzugten, wussten das Material zu schätzen. Auch in der Fliegerei und bei den ersten Automobilisten trug man Jacken und Helme aus Leder. Noch heute ist sehr hochwertige Motorradbekleidung aus Leder gefertigt – wegen der Abriebbeständigkeit.

Von der Frühzeit des Automobilbaus bis heute wird Leder für Sitzbezüge und Innenausstattungen hochwertiger Fahrzeuge eingesetzt. Teil- oder Volllederausstattungen sind für gewöhnlich aufpreispflichtige Sonderausstattungen. Aufgrund der hohen Beanspruchung hinsichtlich Kälte, Wärme, Nässe und UV-Einstrahlung bestehen hier besondere Anforderungen, speziell hinsichtlich der Dehnbarkeit, Abriebfestigkeit, Lichtbeständigkeit und Schweißechtheit nebst einer geringen Brennbarkeit. Das prädestiniert Leder auch für die Ausstattung von Jachten.

LEDER ALS WIRTSCHAFTSGUT

Die deutsche Lederindustrie umfasst über 100 Lederhersteller, darunter ca. 35 industriell arbeitende Betriebe mit etwa 2.500 Beschäftigten. Damit ist Deutschland der drittgrößte Lederproduzent in Europa, hinter Italien und Spanien. Der Branchenumsatz beträgt rd. 500 Mio. Euro. 70 % des Umsatzes werden im Export erzielt. Das Hauptproduktfeld sind Leder für die Premiumbereiche der Auto- und Möbelindustrie, aber auch für hochwertige Schuh-, Täschner- und Sattlerwaren.

Aktuell wurden in Deutschland 8 Mio. m^2 Flächenleder produziert. 75 % davon wurden von Abnehmern im Auto- und Möbelbereich verarbeitet, 15 % im Schuhsektor, 10 % dienten zur Herstellung von hochwertigen Lederwaren und Reitsportartikeln. Auch für eine Vielzahl technischer Anwendungen wird Leder immer noch verwendet.

Rohleder

Lederherstellung

Bevor aus Tierhäuten Kleidung, Täschnerwaren und Schuhe werden können, muss das Leder einen langen Prozess an Behandlungen durchlaufen. Man spricht von insgesamt 40 Arbeitsgängen, die zusammengefasst im Kasten rechts schematisch dargestellt werden.

GERBEN – DER WICHTIGSTE PROZESS

Gerben ist der zentrale Verarbeitungsschritt in der Ledergewinnung. Nach dem Gerben ist das Leder „fertig", aber noch roh. Nach dem Färben sieht es auch fertig aus, auch wenn noch einige Prozessschritte folgen. In beiden Bereichen ist die Erfahrung des Spezialisten gefragt, der die passenden Mittel und Methoden für das gewünschte Endergebnis einsetzen kann.

Bei allen Säugetieren besteht die Lederhaut überwiegend aus Kollagen, und das wiederum setzt sich aus Ketten von Eiweißmolekülen zusammen. Kollagen bildet ein dreidimensionales Geflecht: das Bindegewebe. Ohne Gerbung würden Mikroben dieses Kollagen zersetzen und verderben, im trockenen Zustand würde das Leder hart und brüchig werden. In beiden Fällen wird das Material unbrauchbar. Beim Gerben reagieren die Gerbstoffe mit dem Kollagen: Sie dringen in die Fasern ein und bilden neue Querverbindungen. Das Leder bleibt haltbar und stabil.

Die am häufigsten benutzten Verfahren dauern etwa 24 Stunden. Traditionelle Grubengerbung kann einige Monate in Anspruch nehmen.

Pflanzliche Gerbstoffe

Gerbstoffe aus Pflanzen waren die ersten Hilfsstoffe der Menschen, Leder haltbar und geschmeidig zu machen. Heute sind vor allem Extrakte aus der Rinde von *Mimosa*-Bäumen (aus Südafrika, Brasilien und Indien), das *Quebracho*-Holz (auch Bitterrinde genannt und in Südamerika vorkommend) sowie von den Fruchthülsen des *Tara*-Strauches (ein Johannisbrotgewächs, vor allem aus Peru und Indien) üblich. Außerdem werden zur pflanzlichen Gerbung Holzextrakte des südeuropäischen *Kastanienbaumes* oder Wurzelextrakt der *Rhabarberpflanze* (in großen Plantagen bspw. in Ostdeutschland angebaut) verwendet. Entscheidend sind die Gerbsäuren, chemisch gesehen Polyphenole, die sich an bestimmten Stellen des Kollagens anlagern.

Selbst mit Obstsäuren kann man gerben. Der britische Schuhhersteller *Clarks* hat sich 2014 ein Gerbverfahren mit Gerbstoffen aus Apfelschalen und Apfeltrester, einem Nebenprodukt der Ciderproduktion (Apfelschaumwein) im Südwesten Englands, patentieren lassen.

Laut *Prof. Günter Reich*, Chemiker und langjähriger Direktor des *Deutschen Leder Instituts*, werden die Pflanzen für den Einsatz in der Lederherstellung entweder in Kulturen angebaut *(Mimosa)* oder die Ernte erfolgt nach festgelegten Quoten *(Quebracho)*. *Reich* hält das Weltaufkommen der entsprechenden Pflanzen für steigerungsfähig, aber alleine nicht für ausreichend, um alle Lederwaren pflanzlich gerben zu können, zumal es sich für Veloursleder nicht eignet.

Synthetische Gerbung

Auch hier sind Phenole entscheidend für die Gerbung, es handelt sich dabei um synthetisch hergestellte Substanzen: *Syntane* (synthetic tanning, engl. für Synthetische Gerbung). Sie werden sowohl für die Gerbung an sich als auch für die Nachgerbung von Chromleder eingesetzt.

Chromgerbung (Wet-Blue-Verfahren)

Dieses Verfahren wird für über 90% aller Leder angewendet. Hierbei verbindet sich Chrom dauerhaft mit Seitenketten des Kollagens. Für das Gerben werden in Deutschland und Europa nur dreiwertige Chromverbindungen genutzt (Chrom-III-Oxid), die gesundheit-

Die wichtigsten Stationen der Lederherstellung

Lagern und Sortieren
In gekühlten Räumen wird die Rohware gelagert.

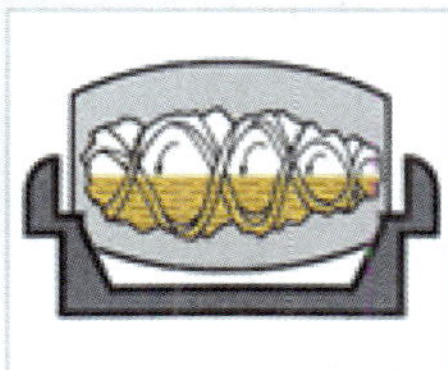

Weichen & Äschern
Durch das Weichen wird die Rohware von Schmutz und Konservierungssalz befreit und erhält ihren ursprünglichen Wassergehalt zurück. Durch Zugabe von Kalk und Schwefelverbindungen lösen sich im Äscher die Haare, sowie die Epidermis von der Haut und die Hautfasern werden für die Bindung der Gerbstoffe vorbereitet.

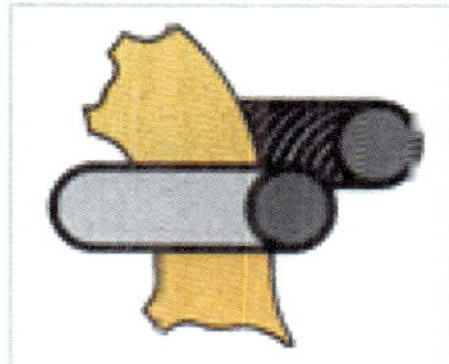

Entfleischen und Spalten
Beim Entfleischen werden Gewebe-, Fleisch- und Fettreste mit scharfen Messerwalzen entfernt. Um ein gleichmäßig dickes Narbenleder von bestimmter Stärke zu erhalten, wird das Leder gespalten. Das dabei anfallende Spaltleder kann u. a. zu Veloursleder weiterverarbeitet werden.

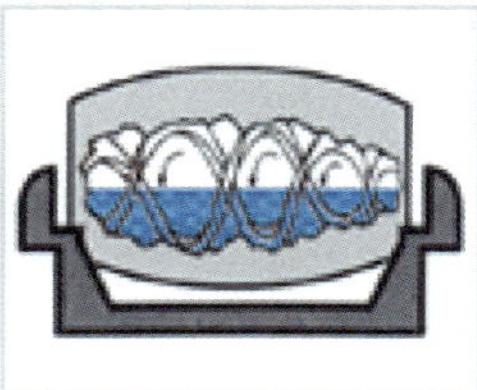

Beizen, Pickeln, Gerben
Beim Beizen und Pickeln wird das Fell mit Säure und Salz für die Gerbung aufbereitet. Während des Gerbens nehmen die Hautfasern die Gerbstoffe auf. Damit ist aus der rohen Haut Leder geworden.

Abwelken
Die nassen Leder werden durch Abwelken entwässert.

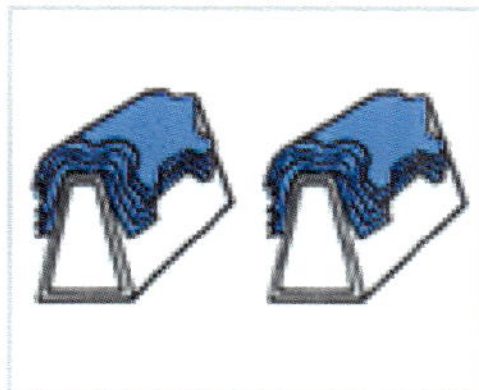

Sortieren
Die Leder werden nach verschiedenen Qualitätskriterien sortiert.

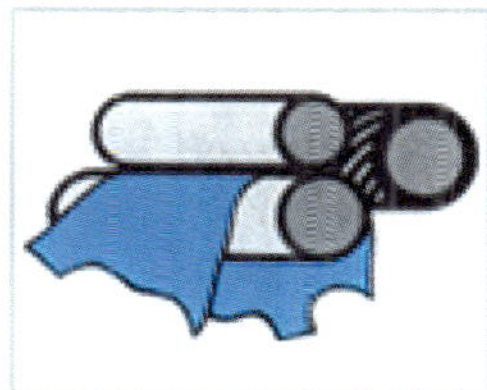

Falzen
Das Narbenleder wird auf eine gleichmäßige Stärke gebracht. Auf der Rückseite werden Unebenheiten entfernt. Anschließend wird das Leder zu Färbepartien zusammengestellt.

Neutralisieren, Füllen, Färben und Fetten
Die aus der Gerbung stammende Säure wird zunächst neutralisiert. Es folgen je nach Ledertyp eine Füllung und das Färben mit wasserlöslichen Farbstoffen.
Durch die Zugabe von Fetten wird schließlich die für das Fertigleder geforderte Weichheit und Elastizität erzielt.

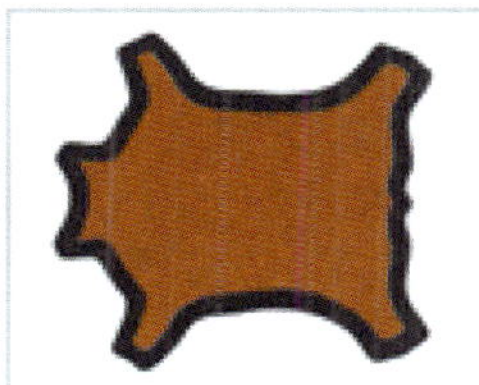

Trocknen
Zwei Methoden werden zum Trocknen des Leders angewandt: das Vakuumtrocknen, bei dem die Feuchtigkeit abgesaugt wird und das Hängetrocknen, bei dem die Leder durch Trockenöfen gefahren werden.

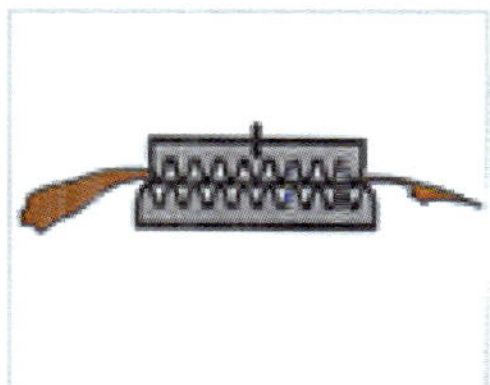

Stollen
Um das Leder nach dem Trocknen weich zu machen, wird es maschinell gewalkt (gestollt) und in weiteren Arbeitsgängen für die Zurichtung vorbereitet.

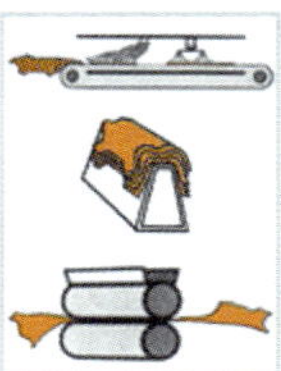

Zurichten
Hier erhält das Leder in einer abschließenden Oberflächenbehandlung sein endgültiges Aussehen. Durch Grundieren, Farbauftrag, Appretieren, Pressen und Bügeln wird dem Leder, je nach den Kunden- und Verbraucherwünschen, eine glänzende oder matte, ein- oder mehrfarbige, glatte oder genarbte Oberfläche gegeben. Die Kunst des Zurichtens besteht darin, auf das Leder hauchdünne Schichten aufzubringen, ohne dass die Optik und die geschätzten Eigenschaften wie Geschmeidigkeit und Atmungsfähigkeit beeinträchtigt werden.

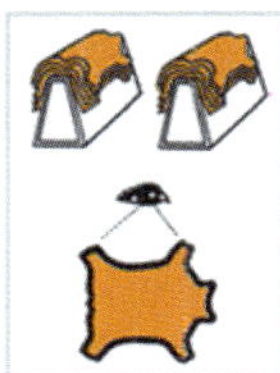

Kontrolle
Zwischen allen Arbeitsgängen wird immer wieder die Qualität geprüft. Die Endkontrolle stellt sicher, dass die einzelnen Fertigungspartien in allen Anforderungen dem Ledertyp bzw. der Mustervorlage entsprechen. Dabei werden auch die Leder nach verschiedenen Qualitätsmerkmalen sortiert.

Versand
Die Leder werden elektronisch vermessen, verpackt und gehen in den Versand.

Gefärbter Ochsenfrosch

Gefärbte Pythonhäute

lich und ökologisch als unbedenklich gelten (Im Gegensatz zu *Chrom VI*, das schon in kleinen Mengen giftig ist und Allergien auslösen kann und z. B. in Asien noch zum Gerben verwendet wird). Das Leder wird haltbar und bekommt eine blaue Farbe, weshalb man von *„Wet Blue"* spricht. In dieser Phase ist das Leder fertig gegerbt, aber weder durchgefärbt noch zugerichtet. Bei diesem Verfahren werden etwa 75 % des Chroms ausgenutzt, in modernen Anlagen liegt der Nutzungsgrad sogar noch deutlich darüber. Zudem kann man Chrom auch aus dem Gerbeprozess zurückgewinnen.

Wet-White-Verfahren (Alaungerbung)

Gilt als Alternative zur Gerbung mit Chrom und wurde erst Ende des 20./Anfang des 21. Jahrhunderts entwickelt. Dabei werden andere Metallsalze als Chrom für die Vorgerbung genutzt: *Aluminium, Titan, Zirkon, Aldehyde* oder spezielle *Syntane*.

Die Gerbung mit Aluminiumsalzen nennt man auch *Alaungerbung*. Es entsteht ein gelblich-weißes Leder, das Wet White genannt wird. Zur Nachgerbung dienen *Pflanzengerbstoffe, Syntane* oder *Polymergerbstoffe*, die jeder für sich nicht genügend Gerbkraft hätten.

Das *Wet-White*-Verfahren wird häufiger angewandt, seit die Eigenschaften von *Glutaraldehyd (1,5-Pentandial)* bekannt sind. Dieser Stoff macht zusätzlich das Leder weich und ist unbedenklich, wenn die Vorschriften für die maximale Arbeitsplatzkonzentration berücksichtigt werden, färbt das Leder allerdings stärker gelb. *Glutaraldehyd* ist giftig und verursacht schwerwiegende Augen-, Nasen-, Hals- und Lungenreizungen, die mit Kopfschmerzen, Benommenheit und Schwindel einhergehen. *Glutaraldehyd* ist vor allem für Wasserorganismen stark giftig. Wie immer macht aber auch hier die Dosis das Gift, wie der Gelehrte *Paracelsus* (*Theophrastus Bombastus von Hohenheim*, vermutlich geboren 1493 in Egg, Kanton Schwyz, verstorben 24. September 1541 in Salzburg) schon herausgefunden hatte. Er verstarb im Übrigen an einer Quecksilbervergiftung. Die *Glutaraldehyd*-Gerbung wird auch „Relugan-" oder „Medizinal-Gerbung" genannt und bspw. für Lammfelle (z. B. in der Krankenpflege) verwendet.

Sämischgerben (Fettgerbung)

Als Sämischleder (Chamoisleder) werden Leder bezeichnet, die nicht durch Gerben mit Gerbstoffen hergestellt werden. Vielmehr wird *Fischöl* oder *-tran* mechanisch in das Material eingearbeitet, wobei nur Rauleder so behandelt werden kann. Das Fett oxidiert im Innern der Haut, es entstehen *Aldehyde*, die konservieren.

In Deutschland werden häufig die Häute von Huftieren (Hirscharten und anderes Wild, Schaf, Ziege) sämisch gegerbt, vor allem für den Trachtenbereich. Insgesamt liegt jedoch der Anteil von Sämischgerbung an allen Verfahren lediglich bei rd. 1 %.

Die Farbe des Leders vor der eigentlichen Färbung lässt in der Regel erkennen, welches Gerbverfahren angewandt wurde.

- Pflanzliche Gerbung färbt das Leder bräunlich,
- Trangerbung gelblich,
- Alaungerbung weiß und
- Chromgerbung silbergrau (Wet Blue).

Besonderer Service: Ledergeruch

Viele Menschen mögen den Geruch von Leder. Laut Lederzentrum hängt er von der Gerbung ab: Die früher verwendeten pflanzlichen Gerb- und Rückfettstoffe gaben dem Leder einen besonderen Duft, mussten aber in vielen Bereichen der Chromgerbung Platz machen. „Das Ergebnis dieser Gerbart ist mehr oder weniger geruchsneutral. Die Leder haben nur noch einen schwachen Eigengeruch. Einige der früher eingesetzten geruchsgebenden Stoffe sind heute sogar verboten. Insbesondere einige Nitro-Moschusverbindungen, die den Geruch von Leder stark prägten", so das Lederzentrum.

Für Kunden, die geruchsneutrale Leder haben oder bei denen alte Leder nicht mehr nach Leder riechen, hat das Lederzentrum einen Ledergeruch von einem Parfümeur kreieren lassen: die Leather Essence. Sie wird mit einem Schwämmchen auf das beiliegende, pflanzlich gegerbte Lederstück aufgetragen oder direkt auf ein Leder. Die Geruchsintensität soll von der aufgetragenen Menge, der Luftzirkulation und der Temperatur abhängen. Je wärmer, desto stärker entfaltet sich der Geruch.

FÄRBEN – DER ENTSCHEIDENDE SCHRITT ZUR OPTIK

Die Möglichkeiten des Färbens richten sich nach der Art der Gerbung. Bei den einzelnen Farbstoffen, die für Lederfärbung geeignet sind, trifft das *Lederzentrum*, Rosdorf bei Göttingen, folgende Unterscheidungen:

Saure Farbstoffe

Das sind Salze von *Farbsulfosäuren*, die mit basischen Komponenten des Leders Verbindungen eingehen und leicht in das Leder einziehen; möglich für chromgegerbte, pflanzlich gegerbte und pflanzlich-synthetisch kombinationsgegerbte Leder.

Substantive Farbstoffe

Sie färben Chromleder direkt, also ohne Zusatz von Säuren; für vegetabil gegerbte Leder sind sie nicht so gut geeignet. Sie bestehen ebenfalls aus Salzen von Farbsulfosäuren, haben jedoch ein höheres Molekulargewicht. Sie dringen nicht ins Lederinnere ein, sondern befinden sich auf der Oberfläche des Leders.

Basische Farbstoffe

Nur für vegetabil gegerbte Leder geeignet. Sie sind Salze organischer Farbbasen und reagieren mit den pflanzlichen Gerbstoffen in der Hautfaser. Die Färbung ist intensiv, aber nicht so lichtecht wie bei sauren und substantiven Farbstoffen.

Schwefelfarbstoffe

Geeignet für sämisch und synthetisch gegerbte, nicht für chrom- und pflanzengegerbte Leder.

Foto: Dinkelacker

Ledergürtel

Entwicklungsfarbstoffe

Azofarbstoffe und deren Metallkomplexe. Sie sind wasserlöslich. Nach der Bedarfsgegenständeverordnung von 1996 dürfen mit bestimmten Azofarbstoffen behandelte Leder wegen ihrer Gesundheitsschädlichkeit (können Allergien und eventuell Krebs auslösen) nicht mehr verkauft werden, wenn diese Leder nicht nur zum vorübergehenden Hautkontakt vorgesehen sind.

Natürliche Farbstoffe

Werden wieder mehr als früher nachgefragt, sind jedoch in der Herstellung sehr aufwendig. Zudem sind die Farbauswahl und die Haltbarkeit der Färbung geringer als bei den synthetischen Varianten. Bekannte Substanzen in dieser Kategorie sind *Indigo, Krapprot, Rotholz, Gelbholz, Blauholz* oder *Fisettholz (Perückenstrauch).*

EIGENSCHAFTEN

Wie sich ein Leder verhält, wird stark von der Tierart, der Gerbung und der Zurichtung bestimmt. Auch kommt es darauf an, wie sorgfältig es gepflegt wird.

- **Haltbar und robust:** Das bewährt sich besonders bei schützender Lederbekleidung, bei Möbeln und Accessoires wie Gürtel, Handtaschen oder Geldbörsen.
- **Geschmeidig und robust:** Das sind Eigenschaften, die Lederschuhe auszeichnen.
- **Feuchtigkeitsaufnahme:** Da Leder bis zu 30 % seines Eigengewichts an Feuchtigkeit aufnehmen kann, dabei dennoch seinen trockenen Griff behält und dank der Poren auch Wasserdampf nach außen hindurch lässt (atmet), ist es ein ideales Material für Schuhe.
- **Besondere Optik:** Lederwaren geben dem Outfit oft erst den besonderen Pfiff.
- **Weich und anschmiegsam:** Diese Eigenschaften machen sich z. B. Handschuhhersteller zunutze.
- **Isolation:** Die mit Luft gefüllten Zwischenräume des kollagenen Fasergeflechts wirken isolierend, d. h. wärmend.

Derby

Kennzeichnung

KENNZEICHNUNG FÜR KLEIDUNG AUS UND MIT LEDER

Die Kennzeichnung von nichttextilen Teilen tierischen Ursprungs ist eine der wenigen Neuerungen der *europäischen Textilkennzeichnungsverordnung*. Diese Vorschrift zielt auf Leder und Fell ab. Da keine Mindestmengen angegeben sind, müssen selbst Lederetiketten und Knöpfe aus Horn gekennzeichnet werden. Die Vorschrift gilt jedoch nur für Textilerzeugnisse. Lederjacken oder Pelzmäntel müssen also nach wie vor nicht gekennzeichnet werden, da sie nicht zu mindestens 80% aus Textilfasern bestehen. Zu Lederwaren gibt die Verordnung keine Hinweise. Hilfreich wäre eine nachvollziehbare Kennzeichnung, die dazu dient, eine Lederart eindeutig zuzuordnen und daraus die Behandlung bei Reinigungsproblemen und zur Pflege herzuleiten. Nach Angabe des *Lederzentrums* ist lediglich ca. ein Drittel der im Handel vertriebenen Lederbekleidung mit einem Pflegeeinnäher versehen. Bei weniger als einem Prozent erfährt der Verbraucher, um welche Lederart es sich handelt.

Das *Deutsche Institut für Gütesicherung und Kennzeichnung e. V. (RAL)* hat Normen aufgestellt.

- Demnach darf mit **„Leder“**, **„Echt Leder“** oder einem Ausdruck, der auf Leder oder auf eine Lederart hinweist, nur ein Material bezeichnet werden, „das aus der ungespaltenen oder gespaltenen tierischen Haut bzw. dem Fell durch Gerben unter Erhaltung der gewachsenen Fasern in ihrer natürlichen Verflechtung hergestellt ist“.
- Bei Leder mit einem Oberflächenüberzug, z. B. aus Kunststoff, Folie oder Lack, darf die aufgebrachte Schicht nicht stärker als 0,15 mm sein. Bei stärkerer Zurichtung oder Beschichtung gelten die Bezeichnungsvorschriften für Leder mit Beschichtung. Wortverbindungen mit dem Begriff Leder sind nur für die handelsüblichen Bezeichnungen **„Lederfaserstoff“** oder **„Kunstleder“** zulässig.
- Bei Produkten aus Kunstleder oder mit Kunstlederbestandteilen sind die genauen **Kunststoffsorten** anzugeben.

KENNZEICHNUNG BEI SCHUHEN

Die *Textilkennzeichnungsverordnung* gilt auch für die textilen Teile von Schuhwaren. Allerdings muss nur wärmendes Futter entsprechend gekennzeichnet werden. Auch um die Schuhe selbst hat sich die EU mit einer Richtlinie gekümmert. Die Begründung: *„Die Kennzeichnung von Schuherzeugnissen und ihren Bestandteilen trägt dazu bei, den Verbraucher zu verantwortungsvollerem Handeln zu veranlassen, die Industrie zu schützen und das ordnungsgemäße Funktionieren des Binnenmarktes sicherzustellen.“*
An mindestens einem Schuh eines jeden Paares müssen Angaben über das Obermaterial, das Futter und die Decksohle sowie die Laufsohle gemacht werden.

Materialkennzeichnung

Für die Kennzeichnung sind einheitlich festgelegte Piktogramme oder schriftliche Hinweise möglich.

- Das gilt für Material, das 80 % der Fläche von Schuhoberteil, Futter und Decksohle des Schuherzeugnisses und mindestens 80 % des Volumens bzw. der Masse der Laufsohle ausmacht.
- Entfallen auf kein Material mindestens 80 %, so sind Angaben zu den beiden Hauptmaterialien des Schuherzeugnisses zu machen.
- Das Etikett muss lesbar, haltbar und gut sichtbar sein. Der Hersteller ist für die Anbringung des Etiketts und die Richtigkeit der Angaben verantwortlich. Auf dem Etikett dürfen auch ergänzende Angaben gemacht werden.

Symbol	Bezeichnung	Erklärung
	OBERMATERIAL	Oberes, äußeres Material.
	FUTTER UND DECKSOHLE	Obere und untere Materialien, die im Schuhinneren verarbeitet sind.
	LAUFSOHLE	Kontaktmaterial zum Fußboden, welches sich abnutzt. Das für diese Bereiche angegebene Material muss 80 % der Fläche und des Volumens ausmachen. Sind mehrere Materialien verarbeitet (z. B. Leder und Textil als Obermaterial), müssen die Hauptmaterialien angegeben werden.
	LEDER	Häute und Felle, deren Faserstruktur nicht verändert wurde. Leder, die aufgelöst oder gemahlen wurden und verklebt und zu Bahnen verarbeitet wurden, sind kein „Leder“. Eine aufgetragene Farb- oder Folienschicht darf nicht dicker als 0,15 mm sein.
	BESCHICHTETES LEDER	Leder mit einem Farbauftrag oder einer Folie dicker als 0,15 mm, jedoch nicht mehr als 1/3 der Gesamtstärke. Ist der Auftrag stärker als 1/3, dann ist es Kunstleder.
	TEXTIL	Sämtliche natürliche und synthetische Textilien.
	SONSTIGES MATERIAL	Alle Materialien, die nicht unter die oberen Gruppen fallen, z. B. Gummi oder Kunststoff.

Foto: Lloyd Shoes

LEXIKON Lederarten

Aal-Leder

Gefärbte Teju-Eidechse

Aal-Leder. Eines der aktuellen Fischleder. Wegen der Form des Aals entsteht durch Aneinanderfügen der Häute das markante Streifenmuster. Aal-Leder ist dünn, aber strapazierfähig.

Alligatorleder. →Reptilienleder, →Krokodilleder.

Altgegerbtes Leder. Vorwiegend mit Eichen- und Fichtenrinde in der Grube gegerbtes Leder. Auch *lohgegerbtes Leder* genannt.

Anilinleder. Das Leder wird in ein Farbstoffbad gehängt und durch alle Lederschichten gefärbt. Die Oberflächenstruktur des Leders bleibt sichtbar, daher werden in der Regel nur Häute ohne Beschädigung verwendet. Anilinleder sind teure und wertvolle Leder. Die Lederoberfläche wird bei reinem Anilinleder nicht versiegelt und ist deshalb meist sehr empfindlich gegenüber Verschmutzungen, Wasser und Ausbleichungen. Nach der *DIN-Norm 68871* wurde Anilin von der Liste der Lederfarben gestrichen, gilt als krebserregend und wurde durch andere Farben ersetzt.

Antikleder. Man unterscheidet: Zum einen jedes *sehr alte Leder* (über Optik und Zustand erkennbar). Zum anderen kann das Aussehen von Leder durch Färben, Bedrucken, Wischen oder Besprühen *auf alt getrimmt* und so eine Leder-Patina vorgetäuscht werden. Drittens geprägte alte Stühle.

Antilopenleder. Seltenes Leder mit samtiger Struktur, das in der Regel als Veloursleder verarbeitet wird. Es wird meist im Bekleidungsbereich eingesetzt.

Baby-Calf. engl. →*Kalbsleder*, dessen Narben glatt oder fein gekrispelt und ohne Prägung sind. Baby-Calf wird durch Glanzstoßen oder Bügeln glänzend.

Biberlamm. Schaf- oder Lammfell mit kurzer, feiner Wolle, das in der Wolle gegerbt, gefärbt und zugerichtet wird. Die Wolle bekommt einen wetterbeständigen Glanz.

Borkeleder. Leder, das nach der Gerbung nicht weiter bearbeitet wurde.

Boroso-Leder. →*Haileder.*

Boxkalb. (engl. Boxcalf). Glattes, sehr schmiegsames Kalbsleder mit hoher Reißfestigkeit.

Brushleder. Glänzendes Glattleder, narbenseitig zugerichtet und mit Polierwachs überzogen.

Buckelochsenleder. →*Kips.*

Cariboo. →*Rentierleder.*

Chagrinleder. →*Pressnarbenleder.*

Chamoisleder. Griffiges, weiches Leder, das mit Tran oder Fischöl gegerbt wird. Stammt es vom Schaf, wird es in erster Linie als Fenster- oder Putzleder verwendet. Chamoisleder aus echten Wildfellen werden zu Trachtenkleidung verarbeitet. Auch Sämischleder genannt.

Chesterfield-Leder. →*Wischleder.*

Chevreau. Feines, zartes Ziegen- oder Zickelglattleder. Meist chromgegerbt, hat eine leuchtende Oberfläche und eine feste Struktur. Chevreau ist eine der edelsten Ledersorten für Bekleidung, Handschuhe und Schuhe.

Chevretten. Andere Bezeichnung für →*Lammleder.*

Chicken/Hen Leather. Robustes Leder aus Hühnerhaut. Die Region um die Beine weist ein ähnliches Muster wie Reptilleder auf. Für Lederkleinteile wie Portemonnaies oder Uhrarmbänder.

CITES-Zertifikat. Erteilt durch *Convention on International Trade in Endangered Species of Wild Fauna and Flora (CITES)*. Gewährleistet, dass die verarbeitete Haut exotischer Tiere nicht gegen das *Washingtoner Artenschutzübereinkommen (WA)* verstößt und für den Export freigegeben ist.

Color-Finish. Lederfärbung, bei der deckende, schützende Pigmentfarben aufgetragen werden.

Cordovan. Pferdeleder aus den Hinterflanken schwerer Kaltblüter.

Crustleder. Leder, das nach der Gerbung gespannt und gewalkt, aber nicht zugerichtet wurde.

Doubleface. Naturgewachsenes Schaf- oder Lammfell, das mit der Wolle nach innen getragen und für warme Kleidung, winterliche Schuhe, Stiefel und Handschuhe verwendet wird. Wird auch als →*Pelzvelours,* Lederpelz oder gewachsenes Lammvelours bezeichnet.

Durchgefärbte Leder. Werden nach der Gerbung wie Textilien in einem Bad gefärbt. Der Farbstoff zieht vollständig ein. Anilinleder.

Ecraséleder. (frz. für quetschen, zermalmen). Aus den Häuten von Kapziege oder Kalb hergestellte Leder. Schrumpfen beim Gerben und bekommen erhöhte Narben, die in der Zurichtung vollständig abgeflacht werden. Vertiefungen erscheinen als helle Äderchen.

Eidechsenleder. Leder aus der Haut von Eidechsen. Es wird zur Herstellung von Handtaschen und Schuhen eingesetzt, seltener als Bekleidungsleder. Die Artenschutzfahne *(CITES)* gibt Auskunft.

Elchleder. Leder aus echten Elchfellen. Meist trangegerbt und für Hosen, Jacken und Kostüme.

Exotenleder. Sammelbegriff für Leder aus den Häuten von Krokodilen, Schlangen oder Eidechsen. Exotenleder ist sehr wertvoll. Beim Kauf muss man darauf achten, dass es sich nicht um geschützte Arten handelt. Die Artenschutzfahne (*CITES*-Zertifikat) gibt Auskunft.

Fahlleder. Pflanzlich gegerbte und gefettete Leder. Meist in naturfahlgelben Tönen.

Fantasieleder. Leder, das von allen Tieren stammen kann und durch fantasievolle Bearbeitung der Oberfläche wie Bedrucken oder Prägen seinen Namen erhalten hat. Reptilprägungen, eine Variante von Fantasieleder, sind von echtem Exotenleder kaum zu unterscheiden.

Feinleder. Sammelbegriff für alle besonders leichten und geschmeidigen Lederqualitäten aus Kalb- und Ziegenfellen oder den Häuten exotischer Tiere. Auf unterschiedlichste Weise zugerichtet.

Fell. Allgemeine Bezeichnung für Tierhaut mit Haaren. In der Lederfachsprache bezeichnet man als Fell die Haut kleinerer Tiere, z. B. Schaf, Lamm, Ziege oder Kalb.

Fensterleder. Fleischspaltleder, meist vom Schaf, die sämisch gegerbt wurden. Meist als „Waschleder" zum Fensterputzen angeboten. Heute auch als Bekleidungsleder.

Fettleder. Glattleder oder Rauleder, die überdurchschnittlich mit Fetten oder Wachsen ausgestattet wurden. Fettleder sind sehr wasserdicht, aber empfindlich gegenüber Gebrauchsspuren.

Fischleder. Auch aus den Häuten von Fischen wie Aal, Hai, Lachs, Karpfen, Perlrochen, Dorsch, Seewolf und Stör lassen sich Leder herstellen. Sie haben eine interessante schuppige Struktur und gelten als sehr elastisch und reißfest. Fischleder findet man zunehmend als Modeartikel.

Fleischseite. Die raue Rückseite des Leders.

Fleischspalt. Der untere Teil einer gespaltenen (in mehrere Schichten zerlegten) Haut. →*Spaltleder.*

Flexibelspalt. Geschmeidiges, biegsames Unterleder, aus Fleischspalt von Rindshäuten.

Folienleder. Leder, dessen Oberfläche mit einer Kunststofffolie oder einem Film aus Kunststoff beschichtet wurde. Die Eigenschaften des Leders bleiben dabei weitgehend erhalten.

Futterleder. Flexibles Leder vom Schaf, Kalb, Rind oder Schwein, das als Lederfutter in Lederwaren,

Perlhai

Gelasertes und besticktes Lammnappa

Metallisiertes Lammnappa

Schuhen oder für orthopädische Zwecke verwendet wird.

Gedecktes Leder. Auf die Lederoberfläche werden feine lösliche Farbpigmente aufgetragen (Pigmentfärbung).

Gekrispeltes Leder. Geschmeidiges Leder mit leicht gekräuselter Oberfläche

Geschliffenes Leder. Unterschieden wird nach dem Schliff auf der Narbenseite (Nubuk), der sehr fein ist, und dem auf der Fleischseite, der etwas gröber ist (Velours). Die so geschliffenen Leder werden als Rauleder (fälschlich manchmal als Wildleder) bezeichnet.

Glattleder. Sammelbegriff für alle Leder, deren Narbenseite nach außen verarbeitet ist. Je nach Zurichtung mit matter oder glänzender Oberfläche, reagieren unterschiedlich auf Schmutz und Nässe.

Haarschaf-Leder (Cabretta). Leder von Schafen, die keine Wolle, sondern Haare tragen. Die Narbung von Haarschafen ist feiner und fester als von Wollschafen.

Haileder. →*Boroso-Leder*. Sehr raues Leder vom Hai, das mit zahlreichen winzigen Hautzähnchen besetzt ist. Es wird für Schuhe, Gürtel, Armbänder und Trommelfelle verwendet.

Haut. (engl. hide) In der Fachsprache der Lederhändler die Haut von großen Tieren wie Rindern, Büffeln aber auch Schweinen. Die Haut von Säugetieren wird in Oberhaut, Lederhaut und Unterhaut eingeteilt. Für die Lederherstellung ist vor allem die Lederhaut interessant.

Hirschleder. Griffiges, kräftiges Leder vom Hirsch. Früher wurde es hauptsächlich als Wildleder für Trachtenkleidung verwendet. Heute auch für modische Kleidung.

Hirschnappa. Exklusives, wertiges Leder, das sich durch besondere Geschmeidigkeit auszeichnet.

Hunting. Rauleder aus Kalbfellen, schweren Ziegenfellen oder Rindshäuten, das auf der Fleischseite zugerichtet ist.

Hydrophobiertes Leder. Durch Einlagerung spezieller Substanzen in das Leder wird es wasserabweisend gemacht. Dennoch bleibt das Leder wasserdampfdurchlässig.

Juchtenleder. Pflanzlich gegerbtes, weich zugerichtetes, gefärbtes, wasserdichtes Rinds- oder Kalbsleder. Früher in Nachahmung des echten russischen Juchtenleders mit Birkenteeröl imprägniert, wodurch es seinen einzigartigen Duft erhielt.

Kalbsleder. Leder aus den in seiner Struktur festeren Fellen eines jungen Tieres des Rindes, meist südamerikanischer oder europäischer Herkunft. Kalbsleder ist besonders fest und gleichmäßig und gehört daher zu den hochwertigsten Ledern.

Kalbsnappa. Leder mit fester Hautstruktur und hoher Strapazierbarkeit.

Kalbsvelours. Kalbsleder mit einem samtartigen Schliff auf der Fleischseite.

Kips. Häute asiatischer Großrinder, auch *Zebu* oder *Buckelochse* genannt.

Knautschlack. Geschmeidiges, weiches Lackleder mit zerknitterter oder faltiger Oberfläche. Auch Knitterlack. Knautschlacke können, wie alle Lackleder, einfach mit klarem Wasser abgewaschen werden.

Korrigierte Narben. Die Narbenschicht des Leders wird mehr oder weniger entfernt und die Lederoberfläche durch verschiedene Techniken neu gestaltet.

Krokodilleder. →*Alligatorleder*, →*Reptilienleder*.

Lackleder. Mit einem spiegelglatten, glänzenden Film (→*Folienleder*) überzogenes Leder, vor allem von Rind, Kalb oder Ziege. Sein typisches Aussehen erhält es durch das Auftragen mehrerer Schichten von Firnis oder Lack mit oder ohne Farbzusätze. Lackleder sind wasser- und luftdicht.

Lamacalf. Kein Leder vom Lama, sondern stark genarbtes, chromgegerbtes, gekrispeltes Rindsleder.

Lammfell. Fell von kurzwolligen Schafen oder Lämmern

Lammfellfutter. Wird in der Wolle gegerbt und zugerichtet und stammt von kurzwolligen Schaf- oder Lammfellen.

Lammleder. Aus Lammfellen hergestelltes Leder. Für Bekleidung und Handschuhe verwendet.

Lammnappa. Je nach Lammrasse ist in den Häuten mehr oder weniger viel natürliches Hautfett eingelagert, was unterschiedliche Qualitäten ergibt. Hochwertiges Lammleder weist nur wenig Hautfetteinlagerungen auf und zeigt ein besonders feines und gleichmäßig strukturiertes Nappabild.

Mastkalbleder (Mastbox). Kräftiges, anschmiegsames Leder aus großen Kalbfellen.

Mattleder. Je nach Zurichtung und Art der Gerbung matt wirkendes Glattleder.

Metallisiertes Leder. Ein Leder mit glänzendem Überzug, durch Aufbringen von Metallfolien oder Metallpuderfärbungen mit klarer Decklackschicht. Modeartikel und für Autopolster.

Nappalanleder. →*Doubleface* oder →*Pelzvelours* mit Sprühbeschichtung auf der Fleischseite. Durch nachträgliches Pressen wird ein Glattledercharakter erzeugt. Nappalanleder sind sehr weich, aber auch sehr abriebempfindlich.

Nappaleder. Ursprünglich ein weiches, vollnarbiges Leder aus Schaf- oder Ziegenfellen für Handschuhe oder Bekleidung. Heute bezeichnet man als Nappaleder alle griffigen, elastischen, vollnarbigen, tuchweichen Leder jeglicher Rohwarenarten und für alle Verwendungszwecke.

Narben (der m.). Oberfläche der Haut nach dem Entfernen der Haare. Die Poren der einzelnen Haare sind deutlich sichtbar. Je nach der Feinheit der Poren wird in feinnarbiges und grobnarbiges Leder unterschieden. Narbungen können natürlich herausgearbeitet oder künstlich eingeprägt werden.

Narbenseite. Die zur Haarseite gerichtete glatte, genarbte Oberfläche der Haut. Das Narbenbild ist bei jedem Leder unterschiedlich und einzigartig. Die Narbung kann durch Prägen und Färben sehr variabel gestaltet werden.

Narbenspalt. Oberer Teil einer gespaltenen Haut.

Naturleder. Meist sehr offenporige Glattleder, pflanzlich gegerbt und sehr strapazierfähig.

Nubuk. (Engl. Nubuck) Festes, auf der Narbenseite leicht geschliffenes bzw. aufgerautes Leder mit samtiger Oberfläche. Nubuk ist dadurch weich im Griff und hat eine hohe Atmungsaktivität, ist aber auch empfindlich gegenüber Verschmutzungen und Verspeckungen.

Peccary-Leder. Schweinsleder aus den Häuten südamerikanischer Nabelwildschweine, durch das Leben in freier Wildbahn oft mit Narben und Schrunden versehen. Gilt als Qualitätsbeweis. Peccary-Leder wird zu den Schweinsledern gezählt und für sehr weiche Handschuhe verarbeitet.

Pelzvelours. Auf der Fleischseite geschliffenes Fell, meist von Schaf oder Lamm, bei dem die Wollseite zum Wärmen nach innen verarbeitet ist.

Pferdeleder. Leder aus den Hinterflanken schwerer Kaltblutpferde. Es gehört zu den sehr teuren Ledern, da geeignete Pferde sehr selten sind und nur ein Stück Flanke in der Größe eines DIN-A5- oder DIN-A3-Blattes verwendbar ist. Pferdeleder wird für edle Schuhe verwendet.

Porc. Engl. Begriff für Leder vom Hausschwein. Meist verwendet man bei modischer Bekleidung den Begriff „Porc", bei Handschuhen und Schuhen „Schweinsleder".

Fotos: l.: leder-info.de; m.+r.: Friedr. Wilh. Schwemann Leder

Schrumpfleder aus Lammnappa

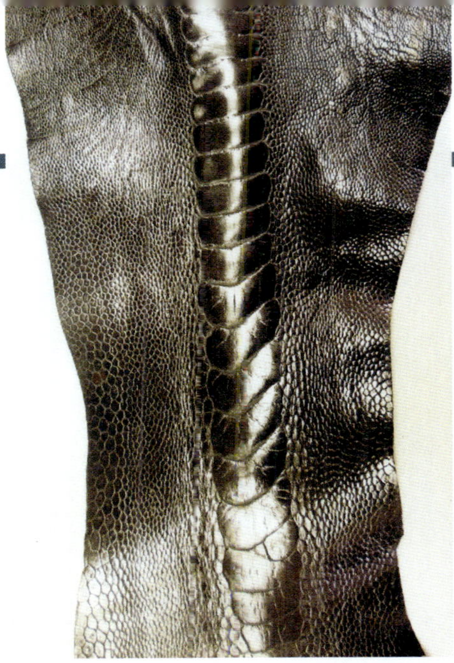

Straußenbein

Ziegenvelours

Pressnarbenleder. Auf das Leder wird ein Narbenbild gepresst oder geprägt, das die natürliche Narbenstruktur, z. B. von Reptilienleder, nachahmt oder ein Fantasiemuster.

Pull-up-Leder (nicht zu verwechseln mit PU-Ledern). Rindsleder, die ihren Charakter durch spezielle Verarbeitung behalten. Durch Gebrauch (knicken, dehnen, abschürfen) bildet sich Patina.

PU-Spalt. →*Folienleder*. Mit Deckschicht aus Polyurethan (PU) versehen.

Rauleder. Sammelbegriff für Leder mit samtartig zugerichteter Oberfläche. Unterschieden wird zwischen narbenseitig bearbeitetem Leder und fleischseitig bearbeitetem Leder.

Rehleder. Leder vom Reh, das meist sämisch gegerbt wird.

Rentierleder. Haltbares Leder vom Rentier, das meist sämisch gegerbt wird und zu den echten Wildledern gehört. In Kanada wird die wild lebende Art der Rentiere *Cariboo* genannt.

Reptilienleder. Leder von Reptilien wie Schlangen, Krokodilen oder Alligatoren. Sie werden meist zur Herstellung wertvoller Schuhe, Handtaschen und Accessoires verwendet.

Rindshaut. Haut eines ausgewachsenen Rindes.

Rindsleder. Lederarten vom Rind, etwa Stier- oder auch Kuhleder, die sich nur wenig in Narbung und Griff voneinander unterscheiden. Rindsleder ist dank der Massenhaltung von Rindern preiswert.

Saffianleder. Mit der Pflanze *Sumach* gegerbtes Ziegenleder mit einem charakteristischen Narbenbild. Echter Saffian knirscht bei Bewegung, wurde nach der marokkanischen Stadt *Safi* benannt.

Sämischleder. Mit Fett oder Tran gegerbtes, weiches, geschmeidiges, samtartiges Leder, vor allem aus Hirsch-, Reh- oder Gamshäuten. Auch Waschleder, lässt sich waschen, ohne hart zu werden.

Samtleder. Leder, dessen Fleischseite geschliffen wurde. Mit samtartigem Charakter.

Schafsleder. Leder vom Schaf. Je nach Rasse gibt es große Unterschiede in der Hautqualität. Schafsleder ist in seiner Struktur dem Ziegenleder ähnlich, jedoch weniger wertvoll.

Schlangenleder. Reptilleder. Meist von der Python oder Seeschlangen (*CITES*-Zertifikat).

Schrumpfleder. Leder, dessen Narbenschicht durch eine besondere Gerbung schrumpft und dessen Narben dadurch von Falten und Rillen durchzogen ist.

Schweinsleder. Leder aus Häuten des Haus-, Nabel- oder Wasserschweins.

Schweinsvelours. Schweinsleder mit veloursartigem Oberflächenschliff.

Semi-Chromleder. Leder, das pflanzlich vorgegerbt und mit Chromsalzen nachgegerbt oder umgekehrt mit Chromsalzen vor- und pflanzlich nachgegerbt wird. →*Chromleder*

Skiver. Dünnes Narbenspaltleder von Schaf, Lamm oder Ziege. Wird zur Herstellung von Bekleidung und Krawatten sowie als Futter für Schuhe und Lederwaren eingesetzt.

Softy-Leder. Sehr weiches und anschmiegsames Leder.

Spaltleder. Spalten ist das Zerlegen einer Haut oder eines Felles über die gesamte Fläche in mehrere Schichten. Die so gewonnenen Schichten heißen *Narbenspalt* (Außenspalt) und *Fleischspalt* (unterer Spalt). Bei schweren Häuten fällt auch *Kernspalt* (Mittelspalt oder Zwischenspalt) an. Leder aus Fleischspalt oder Mittelspalt muss mit dem Zusatz „Spalt" gekennzeichnet sein, da dieses Spaltleder in der Regel qualitativ nicht so hochwertig ist wie der Narbenspalt.

Straußenleder. Hochwertiges weiches Glattleder vom Vogel Strauß mit noppenartigem Narbenbild. →*Foto S. 126*

Suede-Leder. Auch →*Veloursleder* oder *Dänischleder* genannt.

Toad-Leather. Auch *Cane Toad Leather,* exklusives Leder von der *Aga-Kröte „Bufo Marinus"* für Büro-Accessoires oder Lederkleinteile. Ähnelt entfernt Straußenleder.

Unzugerichtetes Leder. Nach der Gerbung noch nicht behandeltes Leder, feucht oder trocken.

Vachette. Narbenspalt einer Rindshaut, deren Fleischseite abgespalten wurde, bzw. das daraus hergestellte Leder. Wird für Auto-, Koffer-, Möbel-, Taschen- oder ASA-Leder verwendet. Bekannt durch die Koffer und Handtaschen von *Louis Vuitton*.

Veloursleder. Leder, das von der Narbenseite (Nubuk) oder von der Fleischseite (Velours) angeschliffen oder geschmirgelt ist. Es ist besonders weich und geschmeidig. Natürliche Fehler des Leders sind verborgen. Veloursleder kann von fast allen Tieren stammen.

Veloursspalt. Aus dem Fleischspalt von Häuten oder Fellen. Die Oberfläche ist samtartig.

Voll-Leder. Dickes Leder aus Narben- und Fleischseite. Für die Herstellung von Bekleidung, Taschen und Schuhen wird es gespalten.

Vollnarbiges Leder. Leder mit vollem, natürlichem Narben, nach Entfernung der Epidermis.

Vorgegerbtes Leder. Angegerbtes Leder, das noch nachgegerbt werden muss

Waschbares Leder. Ein Leder, das durch spezielle Verfahren gewaschen werden kann und dabei seine Farbe und Geschmeidigkeit behält.

Waschleder. →*Fensterleder*

Waterproof-Leder. Leder, das durch Gerben, Nachfetten oder andere wasserabweisende Zusätze (Imprägnierung) dauerhaft wasserabweisend ist.

Wet-Blue-Leder. Chromgegerbtes, feuchtes Leder, weder durchgefärbt noch zugerichtet. →*Crustleder*

Wet Look. Auf das Leder wird in zwei Schichten ein Überzug aufgetragen, sodass das Leder glänzt und aussieht, als sei es feucht.

Wet-White-Leder. Synthetisch gegerbtes Leder weder durchgefärbt noch zugerichtet

White Crush. „Rohweißes" Leder, weder durchgefärbt noch zugerichtet für *Garment Dye.*

Wildleder. Sehr anschmiegsames, samtiges Rauleder aus den Fellen von Wildtieren wie Hirsch, Elch, Reh oder Gemse. Es kann auf der Fleischseite oder auf der abgestoßenen Narbenseite zugerichtet werden. Oft wird der Ausdruck fälschlich für alle Arten Rauleder verwendet.

Wischleder. Auf ein helleres, oberflächengegerbtes Leder wird maschinell oder per Hand eine dunklere Farbe aufgewischt, sodass das Leder zweifarbig erscheint. Auch →*Chesterfield-Leder*

Wollschaf-Fell. In der Wolle gegerbte und zugerichtete Schaf- oder Lammfelle.

Zebu-Leder. Leder vom →*Buckelochsen* oder →*Kips.*

Ziegenleder. Das Leder der Ziege ist fein, leicht und geschmeidig, dabei aber sehr widerstandsfähig, wasserabweisend. Ein relativ preiswertes Leder.

Ziegenskiver. Gegerbter Narbenspalt des Ziegenfelles.

Ziegenvelours. Ziegenleder, das auf der Fleischseite veloursartig zugerichtet ist.

Fotos: l.+m.: Friedr. Wilh. Schwemann Leder; r.: leder-info.de

TEXTILVERARBEITUNG

Von der Faser über den Faden zur Fläche

Auf dem Weg zum Kleidungsstück legen die Rohmaterialien einen langen Weg zurück. Liegen Pelze und Leder nach der Gewinnung schon als quasi nähfertige Fläche vor, so müssen die natürlichen und synthetischen Fasern erst einmal in diese Form gebracht werden. Davor haben die Götter der Textilverarbeitung den Schritt der Fadenerzeugung gesetzt. Hier entscheidet sich, ob mit diesem Schritt das Ende des Verarbeitungsprozesses erreicht ist und die Faser als Näh- oder Stickfaden zur Verfügung steht oder ob daraus Stoffe entstehen sollen, die in verschiedenen Techniken gefertigt werden können. Ausnahme sind die Nonwovens, zu denen Fasern oder Filamente verbunden werden, ebenfalls auf sehr verschiedene Weise, je nach Einsatz im Innenleben eines Kleidungsstücks.

Foto: warloka79/Fotolia

Blick in eine Spinnerei

Foto: Australian Wool Innovation

Die Experten streiten sich immer noch: Ist ein Faden oder Garn bereits ein Textil oder wird es erst zu einem, wenn daraus eine wie auch immer geartete Fläche entsteht? Für den Verbraucher ist diese Frage akademisch, denn wenn er nicht selbst zu Nadel, Faden und Stoff greift, um sich mit seiner Nähmaschine Kleidung zu schneidern, wird er in der Regel erst mit dem Endergebnis – dem fertigen Kleidungsstück – konfrontiert. Tatsache ist, dass die Sache mit der Kleidung ab diesem Zeitpunkt beginnt, für den Laien unübersichtlich zu werden. Ab dieser Stufe der Verarbeitung regiert die Kreativität. Eine Kreativität, die sich der zur Verfügung stehenden Arbeitsmittel bedient, um danach einen bestimmten Effekt zu zeigen, eine Optik oder Haptik oder Farbigkeit, die sich der Textilgestalter ausgedacht (oder der Kunde gewünscht) hat. Diesen Prozess nennt man Entwicklung. An dessen Endpunkt kann ein fotorealistischer Druck auf hauchfeinem Chiffon, ein derber Denimstoff mit gezielt angebrachten Zerstörungen oder ein kuscheliger Cashmerepulli stehen. Die Wege dahin sind vorgeschrieben, denn das Rad wird nicht mit jedem Textil neu erfunden. Die Formel dafür lautet: Empirie (Erfahrung) plus Technologie (Maschinen und Verfahren) plus ein Schuss Hysterie = Mode. Wer das Business kennt, weiß, dass eine gehörige Portion Chaos und Phasen der Verzweiflung zum Konzept systemimmanent dazugehören.

QUALITÄT VON ANFANG AN

Der Informationstechnologie sei Dank, wird dieser Teil des Entstehungsprozesses immer kleiner und weicht Klarheit durch prozessbegleitende und gesicherte Fakten. Wichtig ist, dass alle relevanten Informationen vom ersten Schritt an gesammelt und dokumentiert werden, um die Vorgänge zu systematisieren und damit wiederholbar zu machen. Wer möchte z. B. schon eine Jacke tragen, bei der Ärmel, Kragen und Korpus unterschiedliche Strukturen und Farbtöne haben, weil niemand festgehalten hat, was zusammen gehört? Das passiert in der Regel nicht, weil schon in

Blick in einen Websaal

frühindustrieller Zeit die Parameter auf Warenbegleitzetteln festgehalten waren, die den nachfolgenden Stufen alle notwendigen Informationen vermittelten und mit jeder Verarbeitungsstufe ergänzt wurden. Das geschieht in unserer vernetzten Welt heute alles virtuell und mit einer Fülle von Zusatzinformationen und Entscheidungshilfen. Nostalgie ist da nicht angebracht. Die Welt der Textilien und der Mode war Treiber der Industrialisierung und ist früher und fleißiger Nutzer der Informationstechnologie mit dem Ergebnis, dass Qualitätsversprechen auch gehalten werden – von der Faser über die Fläche zum fertig konfektionierten Kleidungsstück, das zur richtigen Zeit genau wie geordert im richtigen Laden ankommt.

AB JETZT WIRD'S BEWEGT

Große Produktionshallen mit unendlich langen Reihen fast eigenständig arbeitender Maschinen kennzeichnen die weiterführenden Prozesse der Verarbeitung.

In den **Spinnereien** und **Zwirnereien** wird aus Fasern ein Garn. Das kann aus einer Faserart sein oder aus mehreren, reine Naturfaser oder gemischt. Für Effekte können Garne miteinander verzwirnt werden, glatt oder mit Noppen, mit kleinen Schlaufen, bunt oder einfarbig, matt oder glänzend, leicht strubbelig oder seidenglatt, dick, dünn oder gekonnt ungleichmäßig, ganz so wie es das Endergebnis erfordert.

Auch in den **Webereien** ist es fast menschenleer. Die mechanischen Ungetüme, die unter Absonderung eines gewaltigen Lärms (Ohrenschützer sind Pflicht) längs und quer laufende Fäden verkreuzen, arbeiten so schnell, dass das Auge dem Vorgang kaum folgen kann. Je einfacher der Stoff, umso schneller können die Maschinen arbeiten. Elektronische Fadenwächter lösen eine Warnlampe aus, wenn es eine Unregelmäßigkeit gibt, die der Weber beseitigen muss. Ein bisschen Handarbeit muss also immer noch sein. Ansonsten arbeiten die Maschinen so lange, wie sie „Futter", sprich Schuss- und Kettfäden, haben. Bei Mustern, die auf Jacquardmaschinen entstehen, geht es ein bisschen langsamer voran, aber auch weitgehend eigenständig, es sei denn … siehe oben.

Deutlich ruhiger, aber nicht weniger schnell geht es bei den **Wirkern** und **Strickern** zu. Bei den Flachstrickmaschinen sausen die Fäden auch von rechts nach links und werden den Nadeln vorgelegt. Bei den Rundstrickmaschinen geht es immer im Kreis und aus diesem heraus wächst ein immer länger werdender Schlauch, aus dem später je nach Durchmesser Strümpfe, Pullover oder T-Shirts werden.

Multicolor-Strick

HEISSE SACHEN UND STARKE GERÜCHE

Die nachfolgenden Prozesse sind so etwas wie die Hexenküche der Textilindustrie. Gefärbt wird mit hohen Temperaturen und intensiv riechenden Chemikalien. Farben, Fixier- und andere Hilfsmittel duften nicht nach Rosen. Aus den geöffneten Färbemaschinen dampft es gewaltig. Bei hohen Außentemperaturen sind diese Arbeitsplätze kein angenehmer Ort. Auch bei den meisten Ausrüstungsprozessen spielen hohe Temperaturen eine wichtige Rolle, seien es beheizte Walzen oder geschmolzene Substanzen, mit denen beschichtet wird oder „Backöfen" zur dauerhaften Fixierung von Bügelfalten. Auch das Absengen abstehender Faserspitzen verströmt Hitze. Was (als Textil) schön werden will, lässt Menschen auch immer ein wenig leiden. Dennoch überwiegt bei den meisten Textiliten – das sind Menschen, die ihre Arbeitskraft der Textilherstellung verschrieben haben – eher die Leidenschaft gepaart mit einer hohen Leidensfähigkeit angesichts der Notwendigkeit unangenehmer Begleiterscheinungen. Wenn dann eine dicke Rolle fertigen Stoffs den Betrieb verlässt, steckt in jedem einzelnen ein Quäntchen Herzblut und ein gerüttelt Maß Erfahrung von allen am Prozess beteiligten Arbeitern, aber auch Stolz und Zufriedenheit mit dem perfekten Produkt.

Von roten Fäden und Seemannsgarn

Im Alltagsdeutsch ist es egal, ob es sich um Garne oder Zwirne handelt, man spricht vom Faden. Und da gibt es eine ganze Reihe Redewendungen:

- **Alle Fäden fest in der Hand haben/halten:** Die Redensart meint, dass man den Überblick nicht verliert und ein Projekt straff lenkt. Das war und ist in der Realität des textilen Handwerks bei vielen Aufgaben absolut wichtig, weil sonst schnell ein Durcheinander entsteht.
- **Den Faden verlieren:** Man sagt es, wenn man etwas erzählt und ganz plötzlich nicht mehr weiß, an welcher Stelle der Geschichte man eigentlich ist. Als möglichen Ursprung dieser Redensart erzählt die Website GEOlino.de eine griechische Sage nach: „Sie handelt von Monstern und der Liebe und geht in der Kurzform so: Ariadne, die Tochter vom König Minos auf Kreta, war in Theseus verliebt. Dessen Herz schlug auch für die Holde. Allein der Vater hatte eine fiese Aufgabe für jeden, der Heiratspläne mit seiner Tochter schmieden wollte. Der Freier musste in ein finsteres Labyrinth steigen und dort das stierköpfige Monster Minotaurus töten. Viele hatten sich daran schon versucht, waren aber bedauerlicherweise entweder dem Monster oder dem Labyrinth zum Opfer gefallen. Aber die schlaue Ariadne gab Theseus ein rotes Wollknäuel. Das konnte der Held auf seinem Weg ins Labyrinth abrollen und nach getaner Metzgerarbeit wieder nach draußen verfolgen. Theseus hat den Faden also nicht verloren, konnte also seine Geliebte für sich gewinnen. Allerdings nur für kurze Zeit – aber … Aber das ist eine andere Geschichte."
- **Roter Faden:** Wenn er sich durch etwas hindurchzieht, z. B. durch ein Buch, eine Sendung oder eine Rede, dann wird durchgängig klar, was das Ziel ist. Die Redewendung kann ebenfalls von der griechischen Sage (→ „Den Faden verlieren") kommen, denn der Faden, den Ariadne ihrem Geliebten Theseus gab, soll rot gewesen sein.
- **Nach Strich und Faden:** Das ist eine Qualitätsaussage und bedeutet, etwas gut, gründlich, nach allen Regeln (der Kunst) und vollständig zu tun bzw. getan zu haben. Heute wird sie meist im negativen Sinn gebraucht, z. B. nach „Strich und Faden betrügen" oder „jemanden nach Strich und Faden verprügeln". Aber auch dabei hat man sein Bestes gegeben. Der Begriff stammt aus dem Weberhandwerk: Strich steht für die Webart des Werkstücks, Faden für einen gebrochenen Faden, der das Muster und/oder die Haltbarkeit negativ beeinflussen kann. Der Stoff wurde nach dem Webvorgang nach Strich und Faden geprüft, daraufhin nämlich, dass kein Fadenbruch stört.
- **Da beißt die Maus keinen Faden ab:** Etwas ist unabänderlich (heutzutage oft verkürzt in „Aus die Maus"). Möglicherweise liegt der Ursprung der Redensart in der Tiergeschichte „Der Löwe und das Mäuschen" des altgriechischen Fabeldichters Aesop. Darin rettet eine Maus einen gefangenen Löwen, indem sie das Netz zernagt, in dem er gefangen gehalten wurde. Eine andere Erklärung ist, dass ein Schneider so sparsam mit dem Stoff seiner Kunden umgeht, dass nicht einmal ein Mäuschen etwas zum Beißen findet.
- **Geduldsfaden:** Wenn er reißt, hat man etwas lange ausgehalten und kann sich jetzt nicht mehr beherrschen. Möglicherweise kommt der Begriff von den Vorgängen beim Spinnen: Hier wird, z. B. beim Spulen, der Faden stark strapaziert und wenn es zu viel ist, dann reißt der Faden.
- **Seidener Faden:** Wenn etwas am seidenen Faden hängt (oft in Verbindung mit einem Menschenleben), dann ist ein schlechter Ausgang eher wahrscheinlich als ein guter. Hier wurde mit dem Seidenfaden offenbar ein dünner Faden gemeint, der reißen kann. Damit verkennt der Volksmund allerdings die Realität: Ein seidener Faden ist äußerst haltbar.

Das Spinnen steht am Anfang der textilen Produktionskette. In armen Regionen geschieht dies wie von Alters her von Hand.

SPINNEN & ZWIRNEN

Mit dem Spinnen fängt alles an

Diesen Satz kann man zeitlich historisch, aber auch chronologisch für den textilen Verarbeitungsprozess verstehen. Fasern alleine reichen nur zum Filzen (nur bei Wolle) oder für Vliese, die sogenannten Nonwovens. Alles andere muss erst zum Faden werden, bevor es dann zu den Stoffen geht. Handspinnen ist mühsam und langwierig, deshalb waren die ersten Textilmaschinen auch mechanische Spinnmaschinen. Sie öffneten das Tor zur industriellen Revolution. Heute stehen Automaten an ihrer Stelle und produzieren eine große Vielfalt unterschiedlicher Fäden für jeden erdenklichen Zweck.

Kulturgeschichtlich war Spinnen eine brillante Idee: Fasern werden so miteinander verdreht, dass stabile und lange Garne entstehen. Mit diesen kann man weben und stricken und damit Stoffe herstellen, mit Mustern und Farben variieren, verschiedene Kleidungsstücke herstellen und sich „schön machen". Vermutlich waren Spinntechniken den Menschen schon vor 11.000 Jahren in der Jungsteinzeit bekannt, als sie von Jägern und Sammlern zu sesshaften Bauern wurden. Die ersten Spinnergebnisse, grobe Garne, dürften ausschließlich ein Werk der Hände, d.h. ohne mechanische Hilfsmittel, gewesen sein. Nach heute gültiger DIN 60900 ist Garn ein Sammelbegriff für alle linienförmigen textilen Gebilde, also sinngemäß ein langes, dünnes Gebilde aus einer oder mehreren Fasern. Es ist ein textiles Zwischenprodukt, welches zu Geweben, Gestricken, Gewirken und Stickereien verarbeitet werden kann oder auch zum Nähen sowie zur Herstellung von Seilen verwendet wird.

Handspindel

Spinnrad

Historische Spinnverfahren

Der Weg zur Erfindung von Hilfsmitteln war kurz. Das einfachste ist die Handspindel. Die Handspindel (archäologisch *Spinnwirtel*) stellt die ursprünglichste Form des Werkzeuges zum Verspinnen von Fasern dar. Sie besteht aus einem stabförmigen Schaft mit einem *Wirtel* (auch *Spinnwirtel, Wirtelstein* oder *Wörtel* genannt) als Schwungmasse. Funktionstypisch sind seine rotationssymmetrische Form, ein mittiges Loch senkrecht zur Rotationsebene, das groß genug ist, einen Spindelschaft hindurch zu stecken, sowie eine gewisse Größe und Gewicht, die für möglichst lange, gleichmäßige, taumelfreie Rotation sorgen. An einem ungeordneten Faserknäuel oder -ballen, z. B. geschorene Wolle oder Flachs, hängt die (Fall-)Spindel an dem sogenannten Vorfaden. Das sind von Hand zusammengedrehte Fasern, mit denen der Anfang gemacht wird. Eine Hand gibt den Impuls, damit sich die hängende Spindel dreht – wichtig ist ein gleichmäßiger Rhythmus. Die andere Hand oder ein Docken hält den Faservorrat. Die Spindel zieht die Fasern aus dem Knäuel, ihr Schwung verdreht die Fasern zu einem Garn, das durch das Gewicht der Spindel gleichzeitig gestreckt wird – ebenso einfach wie genial.

Handspindeln können verschiedene Formen haben und aus unterschiedlichen Materialien bestehen. Archäologen fanden einen Spinnwirtel aus Bernstein, ein Zeichen der hohen Wertschätzung dieses Gerätes. Wichtig ist, dass Größe und Gewicht zur Faser passen: Ist die Spindel zu schwer, kann das entstehende Garn abreißen. Eine Handspindel kann überall hin mitgenommen und problemlos eingesetzt werden; für Menschen, die sich auf Wanderschaft befinden (heute noch die Nomaden), ist dies ein großer Vorteil gegenüber Geräten wie dem Spinnrad.

Als *Wirtel* wird auch in heutigen Ringspinnmaschinen das Teil bezeichnet, über das die Spindel angetrieben wird. Der Schaft (Stab der Handspindel) alleine wird manchmal auch als Spindel bezeichnet.

MECHANISCHER FORTSCHRITT

Das Spindelspinnrad gelangte gegen Ende des 12. Jahrhunderts aus dem orientalischen Raum nach Europa, angeblich wurde es in Deutschland zum ersten Mal in einer Zunftvorschrift der Stadt Speyer im Jahre 1298 erwähnt. Die Tuchweberzunft war wenig begeistert von diesem Verfahren und verbot es entweder ganz oder ließ es lediglich für die (mechanisch weniger beanspruchten und gröberen) Schussfäden (das Quersystem) zu. Spinnen war ganz überwiegend Frauenarbeit – so wie es in armen und wenig industrialisierten Ländern noch heute der Fall ist. Das Spinnrad wurde zunächst mit der Hand und später mit einer Trittvorrichtung angetrieben und übernahm das Ziehen, die Finger drehten die Fasern. Sehr produktiv war dies nicht, und sogar das Universalgenie *Leonardo da Vinci* (1452–1481) dachte darüber nach, wie das Spinnen verbessert werden könnte.

Doch erst Ende des 18. Jahrhunderts machte die Technik mit der ersten Spinnmaschine, „Spinning Jenny" (→ *Kasten „Die Spinnmaschine und der mechanische Webstuhl", S. 142*), den wesentlichen Sprung. Sie wies zwar noch viele Merkmale des traditionellen Spinnrads auf und nutzte die menschliche Kraft für den Antrieb, verfügte aber bereits über acht Spindeln gleich-

Die Spinnmaschine und der mechanische Webstuhl

Der industriellen Revolution wird in weltgeschichtlicher Sicht eine ähnliche Bedeutung zugemessen wie dem Übergang vom Nomadentum der Jäger und Sammler zur Sesshaftigkeit der Bauern in der Jungsteinzeit. Die benachteiligten proletarischen Schichten verloren zwar durch den Niedergang der Heimarbeit kurzfristig ihre Arbeitsplätze, gewannen im weiteren Verlauf der industriellen Revolution aber an Lebensqualität im Rahmen der neuen Arbeitsverhältnisse. Zudem wurde erstmals eine große innerstaatliche soziale Ungleichheit als Problem begriffen. Breitere Bevölkerungsschichten waren in die Lage, sich einen relativen Wohlstand zu erarbeiten. Zum Ende des 19. Jahrhunderts wurde in Deutschland der Arbeiterschutz verbessert.
Zwei Kleidergarnituren waren im 18. Jahrhundert für das einfache Volk noch ein Luxus. Die kostengünstigere und gleichzeitig produktivere Textilherstellung versprach den Produzenten aber Möglichkeiten zur Absatzsteigerung. Bis zur Mitte des 18. Jahrhunderts wurde der größte Teil der aus den Kolonien nach England importierten Baumwolle in Heimarbeit verarbeitet: Damit war die ganze Familie beschäftigt. Doch die Weber konnten mehr Garn verarbeiten, als vier Spinner(innen) in derselben Zeit von Hand herzustellen vermochten. Das erhöhte sowohl die Nachfrage als auch den Preis von Garn.

Die Entwicklung einer Spinnmaschine 1764 durch *James Hargreaves*, der sie **„Spinning Jenny"** (Jenny umgangssprachlich für engine = Maschine) benannte, markiert den Anfang der technologischen Revolution in England. Sie wurde noch mit Muskelkraft bewegt.

Hargreaves „Spinning Jenny" im North Mill Museum in Belper/England

Fünf Jahre danach entwickelte *Richard Arkwright* die mit Wasserkraft betriebene **Waterframe**.

Der Techniker *Samuel Crompton* kombinierte 1779 die Spinning Jenny mit der Waterframe und konnte mit seiner Weiterentwicklung, der **Mule Jenny,** noch viel feineres Garn herstellen. Anfangs in England durch Patente geschützt, wurde die Waterframe 1783 durch Industriespionage für die deutsche Textilfabrik *Cromford* (sie gilt als ältestes Textilunternehmen im kontinentalen Europa) kopiert, vom Elberfelder Geschäftsmann *Johann Gottfried Brügelmann* im selben Jahr in Ratingen gegründet. Von dort aus verbreitete sich das mechanisierte Spinnen über den europäischen Kontinent, später bis in die USA. Die Produktion wurde nochmals enorm gesteigert, als die Dampfmaschine die Wasserkraft ablöste.

Die **Dampfmaschine** wird allgemein als wichtigste Maschine der Industriellen Revolution und zugleich als ihr Symbol angesehen. Sie ersetzte mit der Zeit zunehmend die wesentlich unbeständigeren bzw. leistungsärmeren herkömmlichen Antriebskräfte, die auf dem Einsatz von Menschen und Tieren sowie auf der Nutzung von Wind und Wasser beruhten.

Mit der Steigerung der Produktivität durch die mechanischen Spinnmaschinen konnte ein einzelner Spinner zu Beginn des 19. Jahrhunderts so viel Garn erzeugen wie 200 Arbeiter vor deren Erfindung. Das bedeutete aber gleichzeitig das Ende der Heimindustrie. Durch die industrielle Fertigung sank der Preis des Garns enorm. Als Ergebnis steigerten die billig gewordenen Baumwolltextilien den Absatz in England und machten in den 30er-Jahren des 19. Jahrhunderts mehr als die Hälfte der englischen Exporte aus.

1830 entwickelt der Engländer *Richard Roberts*, einer der findigsten Maschinenbauer seiner Zeit, die erste vollständig selbsttätige, also ohne menschliche Antriebskraft arbeitende und nur mit Wasser- oder Dampfkraft zu betreibende **„Selfacting Mule"** (deutsch: „Selfaktor"). Die hochkomplexe Spinnmaschine, die noch bis ins 20. Jahrhundert im Einsatz war, hatte eine um etwa 20 % höhere Produktionsleistung als alle bis dahin bekannten Spinnmaschinen, war aber auch teurer und brauchte mehr Antriebsenergie, die in der Frühzeit der Dampfmaschine noch relativ knapp war. Ein weiteres Problem war, dass zur Einstellung, Bedienung und Wartung der neuen Selfaktoren qualifizierte Arbeitskräfte erforderlich waren und keine billigen Arbeitskräfte genutzt werden konnten.

Selfaktorspinnmaschine im Spinnereimuseum in Neuthal/Schweiz

Die Weberei blieb wohl auch wegen des traditionellen Missverhältnisses zwischen Garnmengenzulieferung und Verbrauch durch den Weber gegenüber der technischen Entwicklung in der Spinnerei lange zurück, bis der Londoner Pfarrer *Edmond Cartwright* 1784 den **mechanischen Webstuhl** erfand. Zu dessen endgültiger Durchsetzung sollte allerdings noch ein halbes Jahrhundert vergehen. Die Handweber leisteten aus Angst um Beruf und Existenz erbitterten Widerstand, bis hin zum Niederbrennen von Fabriken. Dennoch konnten sie den Fortschritt nicht aufhalten und Industrielle und Konsumenten, die von den neuen Produktionsweisen profitierten, behielten schließlich die Oberhand.

Garnhülsen

zeitig. Die Arbeit wurde anspruchsvoller und effektiver. Mit der ersten Spinnmaschine „Waterframe“, die 1769 zum Patent angemeldet wurde, kam dann die Wasserkraft als Antrieb ohne Menschenkraft ins Spiel: Anstatt Muskeln trieben nun Wasserräder die Spinnmaschinen an. Spinnereien mit dieser Technik mussten daher an Wasserläufen stehen. Entwicklung und Einsatz von Maschinen auch für die Textilherstellung schritten schnell voran und führten im 18. und vor allem im beginnenden 19. Jahrhundert zu einem neuen, dem industriellen Zeitalter. Die „industrielle Revolution“ ist vor allem in England sehr eng mit der Textilherstellung verbunden, brachte aber auch große Not.

SPINNEREI UND ZWIRNEREI HEUTE

Am Prinzip des Spinnens und Zwirnens hat sich seit den Tagen der Handspindel nichts geändert: Die Fasern werden miteinander verdrillt und verfestigt. Je nach Rohstoff und gewünschtem Endprodukt läuft der Prozess nach folgendem Schema ab:

Vorarbeiten

- Lockern der Faserflocken
- Mischen der Fasern
- Reinigung (entfällt bei Chemiefasern)
- Ordnen der Fasern („Krempeln“ bei Wolle, „Kardieren“ bei Baumwolle)
- Nachfetten der Fasern („Schmälzen“)
- Auskämmen feinster Faserteile und Glätten des Kammzugs („Kämmen“)

Verstrecken zum Vorgarn (Spinnkabel)

Dieser Vorgang wird mehrfach wiederholt, bis alle Fasern parallel in Längsrichtung liegen, danach geordnetes Ablegen ohne Verzug.

Feinspinnen

Eigentliches Verspinnen

Aufwinden auf geeignete Garnträger

Auf Hülsen („Kopse“) oder Spulen o.ä.

Das Spinnverfahren richtet sich nach: Faserart, Faserstruktur, Faserlänge (Stapellänge), Faserfeinheit, Bogigkeit (Kräuselung), Bausch etc. und späterer Verwendung.

Industrielle Revolution und Kinderarbeit

Durch den Einsatz von Maschinen veränderte sich die Geschwindigkeit der Prozesse. Stoffe und Kleidung wurden immer billiger, weil die ganze Kette von der Baumwollernte über Baumwollentkörnung, Spinnerei und Weberei mechanisiert wurde. Viele selbstständige Weber konnten mit ihrem Handwerk nicht mehr konkurrieren und verloren ihr Auskommen. Sie mussten nun als abhängige Lohnarbeiter in Textilfabriken zur Arbeit gehen. Die Arbeiterschicht bzw. das Proletariat (Prekariat) war entstanden.

In der Fabrik wurde arbeitsteilig gearbeitet. Fachmannschaft und Spezialisierung wurden immer weniger nachgefragt. **Fabrikarbeiter** erhielten daher sehr niedrige Löhne, weil man sie leicht durch andere Arbeitslose ersetzten konnte. So konnte es vorkommen, dass ein ehemaliger Weber statt zu weben bspw. den ganzen Tag Tuchrollen schleppen oder Spindeln wechseln musste. Das machte die Fabrikarbeit eintönig. Aus Armut mussten selbst Kinder in der Fabriken arbeiten gehen, die ihren Eltern zu Zeiten der Heimarbeit jedoch auch schon regelmäßig zur Hand gehen mussten.

In der Textilindustrie arbeiteten damals schon sechsjährige Kinder. Sie konnten leicht unter Maschinen kriechen oder mit ihren kleinen Händen geschickt Fäden anknoten – und das für einen 14-Stunden-Tag. **Kinderarbeiter** verdienten nur einen Bruchteil dessen, was ein Erwachsener bekam. Auch deshalb war Kinderarbeit bei den Unternehmern sehr beliebt. Das Leben eines Fabrikarbeiterkindes war sehr schwer: Der Arbeitstag begann bereits um fünf oder sechs Uhr morgens und endete erst um sieben oder acht Uhr abends. Die Kinder waren oft sehr krank. In den Fabrikhallen atmeten sie ständig verpestete Luft ein, was sie noch schlechter vertrugen als die Erwachsenen. Sie arbeiteten bei wenig Licht an lauten Maschinen und standen dadurch unter Dauerstress. Die Kinderarbeiter litten an körperlicher Schwäche, Wachstumsstörungen und Schwindsucht. Eine Schulbildung im heutigen Sinne bekamen sie nicht. Nach einem langen und harten Arbeitstag gingen sie für eine oder zwei Stunden in die Abendschule, wo sie vor lauter Erschöpfung nichts mehr aufnehmen konnten. Erst um zehn Uhr abends kamen sie nach Hause, wo ihnen die erschöpften Eltern nur ein karges Mahl bieten konnten.

In Europa sind solche Zustände zum Glück Geschichte. In den armen Ländern der Welt, besonders in Asien sind sie leider immer noch Alltag, damit wir im reichen Westen preiswerte Waren kaufen können. Das Kinderhilfswerk *Unicef* kämpft ebenso wie *Terre des Hommes* und andere Organisationen gegen Kinderarbeit, damit sie gesund an Leib und Seele und gut ausgebildet zur Zukunft ihrer Heimatländer werden können.

Hotelbettwäsche aus feinem Kammgarngewebe

Tweed – ein klassischer Streichgarn-Bekleidungsstoff

Jeans – ein typisches Erzeugnig aus ringgesponnenem Garn

Die wichtigsten Spinnverfahren

Es gibt eine relativ große Anzahl von Spinnverfahren, die den Textilfachleuten bekannt sein sollten, aber deren Namen man im Alltag jedoch kaum begegnet, da man als Verbraucher ja ausschließlich mit dem fertigen Produkt in Kontakt kommt. Designer, Produktmanager und Einkäufer in Konfektion und Handel sollten allerdings die wichtigsten kennen und ihre Ergebnisse, um den Qualitätslevel des Endprodukts verstehen und steuern zu können.

STREICHGARN

Das Streichgarnverfahren wird zur Erzeugung weicher, voluminöser und haariger Garne eingesetzt. Es eignet sich für mittel- bis kurzstapelige Fasern jeglicher Provenienz und Mischung, die nur mechanisch in Einzelfasern aufgelöst, aber nicht gekämmt werden. Textilien aus Streichgarnen haben eine rustikale Optik und sind meist weich und wärmend. Sie kommen sowohl für gewebte Stoffe als auch Maschenware zum Einsatz.

KAMMGARN

Das Kammgarnspinnverfahren ergibt glatte, strukturarme und stärker gedrehte Garne aus langstapeligen Fasern (feinste Wollen und Baumwollen, hochwertige Mischungspartner bei den Chemiefasern). Sie bedürfen einer längeren Vorbereitung durch mehrere Kämm- und Verstreckvorgänge, wodurch die Fasern vereinzelt und parallelisiert sowie von zu kurzen Fasern befreit werden. Kammgarne sind besonders hochwertig und gleichmäßig und lassen sich sehr fein ausspinnen. Sie werden nur für hochfeine Gewebe eingesetzt.

RINGSPINNVERFAHREN

Mit diesem Verfahren, das seinen Namen der ringförmigen Fadenführung beim Aufwickeln verdankt, werden Streich-, Kamm- und wegen der Streckwerkskonstruktion Dreizylindergarne hergestellt. Das Ergebnis sind meist feine Garne. Ringgesponnene Garne werden oft für Denim eingesetzt.

SIROSPUN™-VERFAHREN

Dieses Scheinzwirnverfahren wurde eigens für Schurwollgarne vom Internationalen Wollsekretariat entwickelt. Die Garne werden auf einer Ringspinnmaschine mit Zusatzeinrichtungen erzeugt und können sehr feine Garne mit Eigenschaften von Zwirnen herstellen, die sie auch als Kettfäden (mechanisch beim Weben stärker belastetes Längsfadensystem) geeignet machen.

Fotos: l.: Public Domain/Wikimedia; r.o.: Fotoaraf/Fotolia; r.u.: Klicker/PIXELIO

LEXIKON Fasern, Fäden, Garne & Zwirne

Bändchengarn. Garne aus gewebten Litzen oder gestrickten Schläuchen. Auch flache Filamente.

Bouclézwirn. Gekräuselter Effektzwirn, bei dem ein Anteil Knoten, Schlaufen, Schlingen (→*Loopzwirn*) oder Locken bildet.

Chemiefaser. Auf chemischem Wege gewonnener Faserstoff auf Basis von Kettenmolekülen, aus natürlichen Rohstoffen, synthetisiert wie alle Zellulosefasern, oder vollsynthetisch im Labor gewonnen.

Core-spun-Garn. Ein Kern (Seele, Stehfacen), meist synthetisch, wird in gestrecktem Zustand z. B. von Naturfasergarnen vollständig umhüllt, für diverse Effekte.

Crêpe-Garn, Kreppgarn. Sehr hochgedrehte Garne aus Zellulosefasern, vorwiegend als Kettgarne.

Denier (den). (→*Titer*). Veraltete, lediglich bei Feinstrumpfwaren gebräuchliche textile Gewichtseinheit. 9.000 m eines Fadens/Filaments in Gramm. Z. B. 15 den: 9.000 m dieses Garns wiegen 15 g.

Dezitex (dtex). Textile Gewichtseinheit. 10.000 m eines Fadens/Filaments in Gramm. Z. B. 300 dtex: 10.000 m dieses Garns wiegen 300 g. Je kleiner die Zahl, desto feiner das Material. Mikrofasern liegen bei ≤ 1,2 dtex. Ultra-Mikrofasern, sogar weit darunter.

Effektgarn. Eigentlich meist Effektzwirne. Garne aus produktionstechnisch vorgegebenen, regelmäßig oder unregelmäßig strukturierten Fäden. Z. B. →*Bouclézwirn*, →*Noppengarn*, Raupenzwirn etc.

Endlosfaser. →*Filament*. Korrekte Bezeichnung für ein in der Länge unbegrenztes, linienförmiges Gebilde natürlichen oder synthetischen Ursprungs.

Faden. Ein in seiner Länge nicht begrenztes, linienförmiges Gebilde, das nicht mehr verzogen werden kann. Oberbegriff für alle Garne und Zwirne.

Faser. Ein in seiner Länge begrenztes (→*Spinnfaser, Stapelfaser*), linienförmiges Gebilde. In der Natur vorkommend oder auf synthetischem Wege erzeugt (Chemie- oder Synthesefaser).

Filament. Natürliche (z. B. Seide) oder chemisch gewonnene Endlosfaser. Chemie-Endlosfasern, die nur aus einem einzigen Filament bestehen, nennt man Monofilamente.

Fil d'écosse. Ein aus regelmäßig gesponnenen, gasierten und gekämmten, Baumwollgarnen hergestellter, merzerisierter zweifädiger Zwirn.

Flammengarn. Garne mit uneinheitlichen Fadenstärken. Es entsteht durch unterschiedliche Fadenspannungen und -stärken. Man findet sie häufig auch als Matt-Glanz-Effekte. Sie werden u. a. durch Kombination unterschiedlicher Materialien wie Baumwolle oder Wolle mit Viskose erreicht.

Flocke. Unverarbeitete Rohfasern. Flockefärbung ist die hochwertigste Färbemethode.

Frottee-Zwirn zeigt Schlingen und Noppen. Zweistufige Zwirne, bei denen beim zweiten Verzwirnen der sogenannte Gegen- oder Haltefaden die Struktur festigt.

Garn. Endloses fadenförmiges Gebilde.

Garnfeinheit (→*Titer*). Garnnummer (→*Nummer metrisch*). Textile Längeneinheit in tex, dtex oder den. Ergibt sich jeweils aus der Relation der Länge zur Gewichtseinheit.

Glitzer-Garn, Sparkling. Chemiefasern mit unregelmäßigem Faserquerschnitt ohne Metallisierung.

Hohlfasern. Fasern natürlichen Ursprungs (z. B. Kapok) oder Chemiefasern mit einem oder mehreren (Mehrkanalhohlfaser) Hohlräumen im Faserinnern. Begünstigt sowohl die Feuchtigkeitsaufnahme als auch das Anlagern isolierender Luftschichten.

Jaspé. Garn aus mindestens zwei verschiedenfarbigen Vorgarnen, schwach gedreht. Der Effekt ist deutlicher als bei Melangen oder Vigoureux.

Jaspé-Mouliné. So nennt sich ein Zwirn aus Jaspé- und einfarbigem Garn.

Kammgarn. Garn aus meist sehr feinen, vor dem Spinnprozess durch immer feineres „Auskämmen" fast bis zur Vereinzelung parallelisierte Fasern (Wolle, Baumwolle) für glatte und feine Garne.

Kammzug. Vorprodukt im Kammgarn-Spinnprozess.

Kompaktgarn. Nach dem Kompakt-Ringspinnverfahren hergestellter hochwertiger Einfachfaden mit glatter, kammgarnähnlicher Oberfläche. Oft preislich attraktive Alternative zu Vollzwirnen bei Hemden.

Kreppgarn. Überdrehte Garne, die sich beim Herstellungsprozess unregelmäßig zusammenziehen. Die damit hergestellten Gewebe heißen „echter Krepp". Sie haben eine unruhige, fein strukturierte Oberfläche und einen trockenen, sandigen Griff.

Kurzstapelige Fasern. Je kürzer eine Faser, desto schwerer ist sie verspinnbar. Kann nur für gröbere Garne eingesetzt werden.

Langstapelige Fasern. Je länger die Faser, desto feiner ist sie und umso feiner kann das (Kamm-)Garn werden.

Loopzwirn. Bouclé-Effektzwirn mit deutlichen Schlingen.

Lurex. Effektgarn aus einem metallisierten und einem glasklaren Polyester-Film.

Melange. Mischung von zwei oder mehr verschiedenfarbigen Flocken. Sie entstehen, wenn unterschiedlich eingefärbtes Fasergut so stark durchmischt („Faser-Intim-Mischung") wird, dass man nach dem Verspinnen die einzelnen Fasern nicht mehr erkennen kann.

Mikrofaser. Sammelbegriff für Chemiefasern ≤ 1,2 dtex.

Mouliné. Zwirn aus zwei oder mehr verschiedenfarbigen Garnen. Auch weiche Zwirnung.

Noppengarn, Knotengarn, Raupenzwirn. Während des Spinnprozesses werden entweder Noppen eingestreut oder durch Kombination verschiedener hart gedrehter Garne durch Stoppen Knoten erzeugt.

Nummer metrisch (Nm). Textile Gewichtseinheit aus der Länge in Metern durch Gewicht in Gramm. Seit 1967 offiziell durch das →*Tex-System* ersetzt.

Metallfasern (MTF). Endlosfäden aus Metall. Für Glanz- oder Crash-Effekte.

Plastische Effekte. Während des Spinnprozesses können Effekte erzeugt werden, indem z. B. die Fasern für das Vor- oder Feingarn ungleichmäßig zugeführt werden oder die Fasern verschiedene Dicke haben. Hauptsächlich entstehen besondere Effekte jedoch durch das Zwirnen. Diese Effekte unterstreichen die Optik von Stoffen oder Maschenware.

Ringspinnen. Effektiver Kammgarnspinnprozess (Name wegen ringförmiger Fadenabführung) meist für Baumwoll- oder Leinengarne Einsatz u. a. für Denim.

Spinnen. Fadenbildungsprozess. Verbindung einzelner Fasern und Filamente zu in der Länge unbegrenzten, linienförmigen Gebilden (Fäden) durch Verdrehung (Z- oder S-Richtung) umeinander unter Verzug.

Spinnfasern, Stapelfasern. Von Natur aus in der Länge begrenzte (z. B. Baumwolle, Leinen, Kaschmir, Wolle) oder für den Spinnvorgang und zur eventuellen Mischung mit anderen Fasern in definierte Längen geschnittene endlose Chemiefasern.

Splitfaser. Splittet nach dem Ausrüsten zu Mikrofasern.

Streichgarn. Nur grob vor dem Spinnprozess ausgerichtete Fasern. Ergibt leicht unregelmäßige, voluminösere Garne für gröbere Stofftypen.

Supergekämmte Baumwolle. Aus langstapeligen Baumwollen sehr fein „ausgekämmte" Baumwollgarne.

Tex-System. Internationales Maßsystem zur Feinheitskennzeichnung von Fasern, Garnen etc. Es gibt das Gewicht in Gramm pro 1.000 m an.

Titer. Textiles Gewichtssystem. Ergibt sich aus dem Gewicht in Gramm mal festgelegter Länge durch Länge in Metern.

Two-ply, *dt.* ***Vollzwirn.*** Besteht aus mindestens vier Garnen bei zwei- und mehrfacher Zwirnung. Sehr glattes, feines Garn für hochwertige, dichte Baumwollgewebe. Bluse, Hemd.

Ultra-Mikrofasern. Mikrofasern ≤0,1 dtex.

Vigoureux. Kammzug, der diagonal oder kreuzweise bedruckt wird. Für mehrfarbige, einheitliche Melangen. Beim vigoureux können bereits die einzelnen Fasern verschiedenfarbig sein, während der Effekt bei Melangen durch verschiedene einfarbige Fasern erzielt wird.

Z-Draht, S-Draht. Angabe der Drehrichtung bei Garnen und Zwirnen. Z = Rechtsdraht, S = Linksdraht.

Zwirn. Garn aus mehreren parallel liegenden miteinander verdrehten (gezwirnten) Fäden.

Buntweberei

WEBEN

Unterschätzte Technologie

Jahrtausende bevor die Menschen lernten, Gefäße aus Ton herzustellen, waren sie in der Lage zu weben. Das Bedürfnis, sich zu kleiden, war ein stärkerer Technologietreiber als die Notwendigkeit, Nahrung aufzubewahren. Weben stellt Stoffe auf die einfachste und schnellste Weise her. Man braucht dafür ein Längsfadensystem, die Kette, eine Spannvorrichtung für diese Kette, eine Fadenführung zum Heben und Senken der einzelnen Kettfäden sowie ein Gerät zum Eintrag des Querfadensystems, den sogenannten Schuss. Durch die Verkreuzung beider Systeme entsteht ein Textil. Der Rest ist Kreativität.

Je ein Kettfaden und ein Schussfaden verkreuzen sich im rechten Winkel zueinander, wobei immer abwechselnd der eine und dann der andere oben liegt und – voilà – die Leinwandbindung ist geboren. Seit der Jungsteinzeit, in der die Menschen zu siedeln begannen und ihr Nomadentum zugunsten produzierender Wirtschaftsweisen wie Ackerbau und Viehzucht aufgaben, kennt man dieses Prinzip. Nachgewiesen wurde die Kenntnis der Webtechnik jedoch schon vor 32.000 Jahren. Konnte man noch quasi im (Vorbei-)Gehen spinnen und Bänder auf leicht zu transportierenden Rahmen weben, zum Weben von Stoffbahnen brauchte man einen festen, dauerhaft wettergeschützten Platz. Bis zum Beruf des Webers war es allerdings noch ein paar Jahrtausende hin. Gewebt wurde auf dem aus Holz gebauten Webstuhl – zunächst nur ein größerer Webrahmen – zum Eigenbedarf. Das geschah in Zeiten, in denen man nicht auf dem Feld arbeiten und die Tiere nicht draußen weiden konnten, also vorwiegend im Winter und in der knappen Freizeit.

Links und oben: Alte Webstühle

Am Anfang stand der Gewichtswebstuhl

Als Gewichtswebstuhl bezeichnet man einen stehenden Webrahmen, bei dem die senkrecht herunterhängenden Kettfäden an ihrem Ende mit Gewichten beschwert sind, um die zum Weben nötige Spannung zu erhalten. Diese Gewichte waren meist aus Ton und haben sich im Boden erhalten, sodass diese Form des Webstuhls archäologisch nachgewiesen und recht exakt datiert werden konnte. Ein Gewichtswebstuhl besteht aus einem rechteckigen Rahmen, an dessen oberen Ende seitlich jeweils eine Halterung für den meist drehbaren Warenbaum, die Vorrichtung zum Aufwickeln des fertigen Stoffs, angebracht ist. An diesem werden die Kettfäden nach dem Schären (bezeichnet das parallele Aufwickeln der Kettfäden auf dem Kettbaum) befestigt. Die Webfächer werden mithilfe von Litzenstäben gebildet. Als Fach wird der Platz für den Eintrag des Schussfadens bezeichnet. Es entsteht, indem die Kettfäden abwechselnd durch miteinander verbundene Litzen (Hubhilfen mit einem Öhr) gefädelt werden, mithilfe derer man die Kettfäden heben oder senken kann. Der Schussfaden wird als Vorrat auf eine flache Leiste gewickelt und manuell eingebracht und danach mit einem Webschwert nach oben angeschlagen. Im alten Ägypten bevorzugte man die umgekehrte Webrichtung.

Mit dem senkrecht stehenden Gewichtswebstuhl konnte man nur relativ kurze Gewebestücke herstellen, die durch die Höhe des aufgestellten Rahmens begrenzt war. Abhilfe versprach der horizontal angeordnete Webstuhl, der einen größeren Kettfadenvorrat auf der unverarbeiteten Seite und eine Aufwickelvorrichtung für größere Längen des fertigen Gewebes ermöglichte. Die älteste Abbildung eines horizontalen Webrahmens wird auf etwa 4400 v. Chr. datiert und ist als Ritzzeichnung auf der Innenseite einer ägyptischen Keramikschale erhalten. Ein weiterer Grabfund aus dem sogenannten *Mittleren Reich* (2137–1781 v. Chr.) in Ägypten, das zeitlich in etwa mit der Frühbronzezeit in Mitteleuropa übereinstimmt, zeigt in einer Modellszene das Weben mit horizontalen Webrahmen.

DAS MECHANISCHE ZEITALTER

Es dauerte noch einmal doppelt so lange, bis durch die Erfindung von mechanischen Ernte- und Entkörnungsmaschinen für Baumwolle und die Mechanisierung der Spinnerei mit der damit verbundenen Produktivitätssteigerung die Notwendigkeit entstand, auch den Webprozess zu mechanisieren. Diese entstand wohl erst deshalb so spät, weil es schon immer mehrere Spinner gebraucht hatte, um dem Weber genügend Garn für seine Arbeit zu liefern und erst die zunächst wasserkraft-, dann dampfgetriebenen Spinnmaschinen einen Überschuss an Garn produzierten. Deshalb vertrat der promovierte, englische Pfarrer und Erfinder *Edmund Cartwright* im Jahr 1784 die Meinung, dass als Antwort auf diese zu erwartende Überproduktion an gesponnenen Garnen ein mechanischer Webstuhl erfunden werden müsse. Daraufhin konstruierte und baute er gemeinsam mit einem Schreiner und einem Schmied einen solchen vollmechanisierten

Webautomat

Webstuhl, bei dem das Heben oder Senken der Schäfte, das Eintragen des Schusses mit dem Werfen des Schiffchens (schiffsförmiger Schussgarnvorrat) durch das Fach und das Anschlagen der Lade als Nachfolger des Webschwertes, einem gemeinsamen Antrieb übertragen wurde. Diesen Webstuhl nannte er *Power Loom*. 1785 meldete *Edmund Cartwright* dafür das britische Patent an. In den folgenden drei Jahren kamen weitere Patente zur Verbesserung dieses im Grundpatent angemeldeten Webstuhls hinzu. Sie dienten z. B. als Einrichtung zum mechanischen Abstellen der Maschine bei Kett- oder Schussfadenbrüchen, zur Regulieren der Spannung des Kett- und des Warenbaumes sowie zum mechanischen Schützenwechsel (Schütze ist der Name für das Weberschiffchen bei einer automatisierten Webmaschine). 1788 installierte er eine Dampfmaschine als Antriebsaggregat.

Die Erfindung setzte sich allerdings nicht so schnell durch, wie es ihr Erfinder gehofft hatte, denn durch diese Technik wurden sehr viele Arbeitsplätze vernichtet. Die Weber standen auf und in der Folge kam es zur Maschinenstürmerei, wobei viele Webstühle zerstört wurden. Insbesondere der schlesische Weberaufstand von 1844 verdeutlichte das soziale Elend in dem niedergehenden Familienhandwerk, wie es der Dichter *Gerhart Hauptmann* in seinem Buch *„Die Weber"* anschaulich darlegt.

DER BINÄRE CODE – ZUM WEBEN ENTWICKELT

Leistungssteigerung war das Leitwort der damaligen Zeit. Um, wie wir heute neudeutsch sagen würden, den Output wesentlich zu verbessern, erfand der französische Seidenweber *Joseph-Marie Jacquard* eine Fachbildevorrichtung, die nach ihm benannt wurde. Über mehrere Entwicklungsstufen erreichte er 1808 das Optimum seiner Idee. Durch den Aufbau oberhalb des Webstuhls konnten die Kettfäden dem Muster entsprechend beliebig ausgehoben werden. Die jeweiligen Webmuster waren auf den sogenannten Jacquardkarten (Lochkartensysteme) festgehalten, die sich bereits eines Vorläufers des binären Codes bedienten. Sie zeigten abwechselnd für jeden Kettfaden separat gestanzte Löcher oder geschlossene Stellen. Gewünschte Muster im Gewebe wurden mechanisch abgetastet. Fiel eine Nadel auf eine ausgestanzte Stelle, hob sich der davon gesteuerte Kettfaden. Traf die Nadel auf eine geschlossene Stelle, blieben diese Fäden unten: 1 oder Loch = Aktion, 0 bzw. kein Loch = keine Aktion – ein früher binärer Code.

So waren diese Lochkartenwebstühle nicht nur einer der wichtigsten Beiträge zur Industrialisierung, sondern auch der Grundstein zur Entwicklung der Steuerungstechnik bis hin zum modernen Computer. Heute erfolgt die Steuerung von Jacquardmaschinen natürlich vollelektronisch.

Selbstverständliches Leinen

Im Kapitel „Leinen – Edles mit langer Geschichte" wurde die Redewendung „ins Blaue fahren" dadurch erklärt, dass in früheren Zeiten die blauen Blüten des Flachs zu sehen waren, wenn man irgendwohin aufs Land fuhr. Der Name „Leinwand" für eine Bindungsart beim Weben zeugt erneut von der Selbstverständlichkeit des Leinens in früheren Zeiten: Etwas anderes kam gar nicht auf den Webstuhl. Die gewebten Leinenbahnen wurden wie Wände zum Bleichen in die Sonne gehängt. Auch im Bereich der Malerei hat sich der Begriff „Leinwand" erhalten: Sie dient als Malgrund.

Qualitätskontrolle

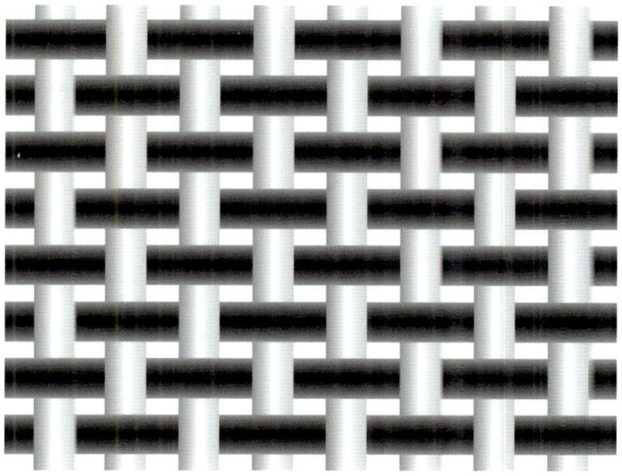

Leinwandbindung

TIPP Merkmale der Leinwandbindung

- Der Stoff sieht auf beiden Seiten gleich aus
- Dicht und fest
- Gute Scheuerfestigkeit
- Gute Haltbarkeit
- Relativ geringe Drapierbarkeit

Die drei Grundbindungen

Als Basis vieler Muster gibt es drei Grundbindungen plus den Sonderfall der Jacquardmusterung. Aus diesen und Kombinationen daraus rekrutieren sich bis heute alle Muster gewebter Stoffe. Das sind im Folgenden:

LEINWANDBINDUNG

Leinwandbindung (Tuch- oder Taftbindung) ist die einfachste der drei Grundbindungsarten und das archaische Webmuster schlechthin. Kettfaden und Schussfaden verkreuzen sich an den sogenannten Bindungspunkten im Verhältnis 1:1. Das erste Fach bildet sich z. B. aus allen ungeradezahligen Fäden. Der Schuss verläuft von links nach rechts. In der nächsten Reihe bildet sich das Fach aus allen geradzahligen Kettfäden. Der Schuss verläuft nun in Gegenrichtung von rechts nach links. So wechseln sich Fäden regelmäßig in ihrer Lage ab. Was beim ersten Schusseintrag oben lag, liegt beim zweiten unten usw., bis der Stoff fertig ist.

Die Fachbildung erfolgt mittels der Schäfte. Das sind kammartige Rahmen, durch die die Kettfäden hindurch gefädelt sind. Bei der Leinwandbindung genügen zwei, einer für die ungeradzahligen, einer für die geradzahligen Kettfäden. Damit das Ganze mehr Halt bekommt, wird jeder Schussfaden durch Lade oder Riet (ebenfalls kammähnlich) an das fertige Gewebestück angeschlagen, bevor der nächste Schuss eingetragen wird.

Heute ist es nicht mehr das Weberschiffchen oder der Schütze, der den Schussfaden transportiert, da man mit einem geringen Schussfadenvorrat nicht produktiv weben könnte. Der Schussfaden kommt von einer großen Spule, die an der Seite der Webmaschine sitzt und automatisch gewechselt wird. Die Arbeit des Schützen übernehmen Projektile, die ihren Namen aufgrund der Geschwindigkeit, mit der sie durch das nur noch wenige Millimeter große Fach geschossen werden, auch verdienen. Hochmoderne Webstühle für besonders feine Stoffe aus Synthetics verzichten ganz auf Schussgarnträger, sondern arbeiten mit Hochdruck und Luft (Airjet) oder Hochdruck und Wasser (Waterjet), um den Schussfaden von einer Seite zur anderen zu tragen. Drei oder vier Meter Arbeitsbreite können so leicht erreicht werden.

Varianten der Leinwandbindung

- **Ripsbindung:** Darunter versteht man eine längs- oder querlaufende, gerippte Oberflächenstruktur. Beim Kettrips oder Querrips wird die Anzahl der Kettfäden pro Zentimeter so stark erhöht, dass die Schussfäden vollkommen darunter verschwinden. Das Gewebebild wird in Farbe und Material nur vom Kettmaterial bestimmt.
- Beim **Schussrips** oder **Längsrips** wird das Gewebebild in Farbe und Material nur vom Schussmaterial bestimmt. Dies erreicht man dadurch, dass mehrere Schussfäden gleichzeitig in das Fach eingeschossen werden.
- **Panamabindung:** Das Gewebe hat ein würfelartiges Aussehen. In einem Fach werden nicht nur einzelne, sondern zwei oder auch mehrere jeweils parallel verlaufende Kett- und Schussfäden verwebt.

Musterkarten für Oberhemden

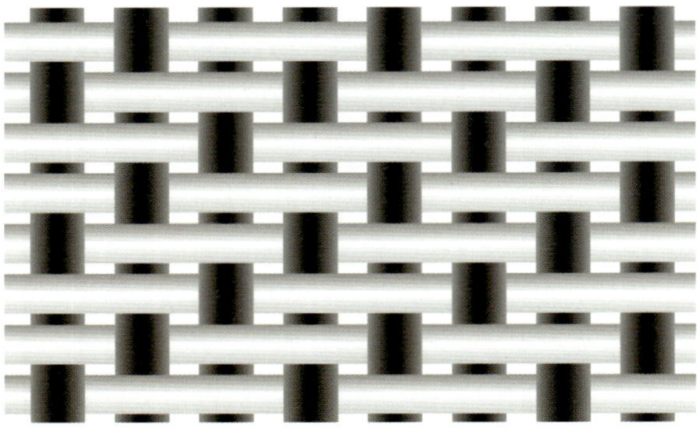

Köperbindung

KÖPERBINDUNG

Köperbindung ist die zweite, wichtige Bindungsart. Hier geschieht die Verkreuzung nicht wie bei der Leinwandbindung 1:1, sondern in einem festgelegten Verhältnis, das für das Aussehen verantwortlich ist. Der einfachste Köper hat das Verhältnis 2:1. Das bedeutet, dass sich Kette und Schuss nicht wie bei der Leinwandbindung Faden für Faden verkreuzen, sondern dass das Fach aus den Kettfäden 1,2 dann 4,5 und 7,8 etc. gebildet wird. Beim nächsten Schuss ist das Fach um einen Kettfaden nach rechts versetzt: 2,3 dann 5,6 weiter 8,9 etc. Durch das Versetzen um einen (bei anderen Köpern mehrere) Kettfaden entsteht der typische Köpergrat, die Diagonallinie im Gewebe. Verläuft der Grad aufsteigend von links unten nach rechts oben, spricht man von einem **Z-Grad**. Verläuft er fallend von links oben nach rechts unten, spricht man von einem **S-Grad**. Bilden vorwiegend die Kettfäden die rechte Gewebeseite, heißt der Köper Kettköper. Wird die rechte Warenseite von den Schussfäden dominiert, ist es ein Schussköper. Das Ganze gibt es auch gleichseitig.
Läuft ein Kettfaden über mehrere Schussfäden oder ein Schussfaden über mehrere Kettfäden, so nennt man das Flottierung. Eines der bekanntesten Gewebe in Köperbindung ist Denim, der Jeansstoff. Seine Kette ist blau, der Schuss weiß. Denim ist ein Kettköper.

TIPP Merkmale der Köperbindung

- Je nach verwendeter Bindung und Fadendichte können Köper dicht, glatt und strapazierfähig, aber auch weich und locker sein.

Varianten der Köperbindung

- **Gleichgratköper:** Kett- und Schussfäden verteilen sich gleichmäßig über die Oberfläche (die Anzahl der Ketthebungen und -senkungen im Rapport ist gleich). Bis auf die Richtung des Grats sind beide Warenseiten gleich.
- **Mehrgratköper**: Weist zwei verschieden breite Grate auf. Mehrgratköper gibt es als Kett-, Schuss- und gleichseitige Köper.
- **Breitgratköper**: Weist breite Grate auf, die mindestens aus je zwei Kett- oder Schusshebungen bestehen. Es gibt gleich- und ungleichseitige Breitgratköper.
- **Steilgratköper**: Die meisten Köper haben etwa gleich große Kett- und Schussdichte (also gleich viele Fäden in Längs- und Querrichtung), und die Grate verlaufen daher im Winkel von 45 Grad. Anders beim Steilgratköper: Sie haben eine höhere Kettdichte, dadurch zeigen die Grate einen größeren Winkel. Es sind Kettköper.
- **Flachgratköper**: Haben einen flacheren Winkel als 45 Grad und sind Schussköper.
- **Spitzgratköper** (auch Zickzack-Köper): Entsteht durch Wechsel der Gratrichtung.
- **Fischgratköper**: Eine Variante des Spitzgratköpers. Sie entstehen durch Wechsel der Gratrichtung, wobei beim Wechsel die Bindungspunkte um einen oder mehrere Schüsse verschoben werden.
- **Kreuzköper**: Hier zeigt die Oberfläche keine typischen Grate. Kreuzköper entstehen durch Halbierung des Rapportes (siehe Kasten Fachbegriffe) in Kett- oder Schussrichtung bei gleichzeitigem Wechsel der Bindungsrichtung. Denims werden gerne als Kreuzköper gewebt.

Aufwendige figurative Musterungen entstehen in Jacquard-Webtechnik.

ATLASBINDUNG

Der Atlas (oder Satin) zeigt die geringstmöglichen Verkreuzungspunkte von Kette und Schuss im Rapport. Die Bindungspunkte berühren sich nicht. Das führt zur gewünschten glatten Oberfläche. Das Ganze errechnet sich über die sogenannten Steigungs- oder Fortschreitungszahlen und klingt recht kompliziert. Im Ergebnis gibt es analog dem Köper auch Kett- und Schussatlas, je nachdem welches System die Warenvorderseite bildet. Je größer die Flottierungen sind, umso dichter muss die Wareneinstellung sein.

Sonderfall Jacquard

Die Erfindung des französischen Seidenwebers *Joseph-Marie Jacquard* (1752–1834) verbesserte durch die Einführung der Lochkartensteuerung, die es ermöglicht, pro Schuss jeden Kettfaden beliebig einzeln zu bewegen, die Musterungsmöglichkeiten enorm. Erst durch seine Erfindung wurde das Weben von großen bildhaften Mustern durch die Kombination verschiedener Bindungsarten über die ganze Warenbreite möglich.

TIPP Merkmale der Atlasbindung

- Oberfläche mehr oder weniger strukturlos
- In jedem Falle gibt es eine Vorder- und Rückseite, keine Gleichseitigkeit
- Atlasstoffe sind empfindlich
- Glänzend
- Weicher Fall
- Gute Drapierbarkeit

LEXIKON Weben

Bindung. Begriff für das Prinzip, Fäden miteinander fest zu verbinden (verkreuzen). Beim Weben werden längs orientierte Kettfäden und ein quer orientierter Schussfaden miteinander verbunden und ergeben somit ein Bindungsbild. Die Art der Bindung beeinflusst
- das Aussehen eines Stoffes,
- sein Dehnungsvermögen,
- seine Festigkeit,
- seinen Griff,
- seinen Fall,
- seine Drapierbarkeit,
- seine Struktur,
- seine bekleidungsphysiologischen Eigenschaften.

Bindungspunkte. Die Stellen, an denen sich Kette und Schuss kreuzen. Je mehr Bindungspunkte ein Gewebe hat, umso fester ist es (siehe Leinwandbindung).

Flottierung *(auch Flottung).* So heißt die Fadenstrecke, die bindungslos zwischen den Bindungspunkten liegt (Überdecken mehrerer Kett- oder Schussfäden).

Kette. Längsfadensystem

Rapport. Im Französischen heißt „rapporter" so viel wie „etwas zurückbringen" oder auch „berichten, wiedergeben". Im Textilbereich ist der Rapport die „Mustereinheit": Gemeint sind die Höhe und die Breite, nach denen sich das Muster wiederholt. Beim Bindungsrapport wird angegeben, nach wie vielen Kett- und Schussfäden sich das Bindungsmuster wiederholt. Beim Rapport eines Druck- oder auch Jacquardmotivs wird angegeben, nach wie vielen Zentimetern in Höhe und Breite sich das Motiv wiederholt. Man spricht dabei auch von Höhen- und Breitenrapport.

Schaft. Kammartige Vorrichtung, um die Kette so anzuheben, dass die Querfäden schnell und fehlerfrei durchgeschossen werden können. Je nach Zahl der Kettfäden, die angehoben werden, entstehen Muster. Oft sind viele Schäfte nötig.

Schuss. Querfadensystem

Warenseite. Die rechte Warenseite ist die Seite, die bei Bekleidung nach außen zeigt und sichtbar ist: die Schauseite. Die linke Warenseite ist in der Regel – es sei denn man verfolgt einen gewissen Designeffekt – nach innen verarbeitet.

Fotos: Jacques Britt

MASCHENWARE

Weiche Maschen – hoher Komfort

Maschenware hat sich eher unauffällig ein großes Terrain in der Modewelt erobert. Mit der Lockerung der Dresscodes in der Arbeitswelt vollzog sich der Austausch steifer Blüschen durch bequemere Shirts, ersetzt manche Strickjacke den Blazer und wärmt der edle Cashmere-Pulli unter dem Sakko Herz und Seele mancher Manager. Im Freizeit- und Sportbereich ist sogar der Hauptanteil der eingesetzten Materialien gestrickt oder gewirkt. Maschen sind immer bequem und stehen deshalb wie kein anderes Material für Chic mit maximalem Komfort.

Foto: Bianca

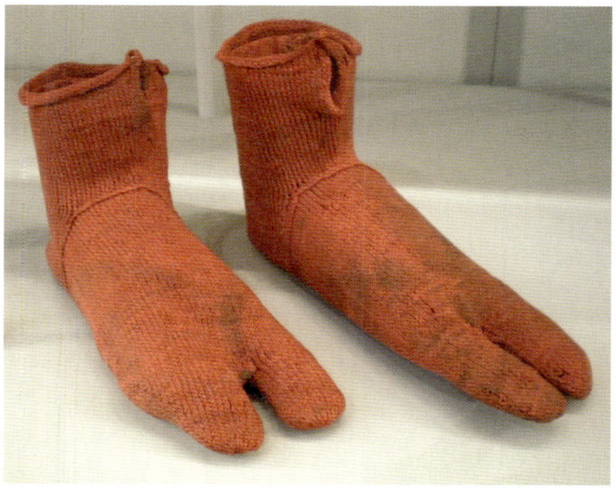

Die nadelgebundenen Socken aus Ägypten (geschätzt auf das 3.–5. Jahrhundert n. Chr.) sind ausgestellt im Victoria and Albert Museum, London.

Altarbild „Unserer Lieben Frau" von Meister Bertram

Anfänge des Strickens

Über die Anfänge des Strickens gibt es mehr Vermutungen als klare Beweise. Manche Historiker wollen die Strickkunst in Nordeuropa auf das Knüpfen von Fischernetzen zurückführen. Eine Wollhaube von der Insel Jütland aus dem 11. Jahrhundert v. Chr. stellt den bislang ältesten Fund „gestrickter" Bekleidung dar. Über das genaue Herstellungsverfahren gibt dieser Fund allerdings keine Auskunft. Andere Theorien verorten die Quelle der Strickkunst in Vorderasien, wo man im syrischen Gebiet des Euphrats bei Ausgrabungen Strickarbeiten aus dem 2. und 3. Jahrhundert n. Chr. fand. Auch in Ägypten wurden Überreste von Strickarbeiten entdeckt, die auf die Zeit des 4. bis 6. nachchristlichen Jahrhunderts datiert wurden. Im europäischen Raum fand man in einem Frauengrab in Thüringen zwei knöcherne Stricknadeln aus der Zeit um etwa 300 n. Chr.

Mit dem Niedergang der antiken Kulturen geriet das Stricken etwa ab dem 5. Jahrhundert auch in Europa in Vergessenheit. Es wird vermutet, dass die Strickkunst durch die in Spanien eindringenden Mauren wieder nach Europa zurückgebracht wurde. Als Beispiel für deren hoch entwickelten Fertigkeiten gelten gemusterte Kissenbezüge aus dem späten 13. Jahrhundert, die man in den Gräbern der kastilischen Königsfamilie entdeckte.

Die Entstehung des Rundstrickens für Beinlinge, Strümpfe und Hosen vermuten Wissenschaftler in der Zeit des Hochmittelalters. Das *Meister Bertram* zugeschriebene Altarbild *„Unserer Lieben Frau"* gilt als früher, aber zuverlässiger Beweis. Es zeigt Maria, die mit vier Nadeln ein Kleid des Jesuskindes strickt.

STRICKEN ALS GEWERBE

Die ersten handwerklichen Stricker werden im Paris des 13. Jahrhunderts erwähnt. In den nächsten Jahrhunderten werden immer wieder Strickergilden in Paris, den Niederlanden und Barcelona genannt. Die Nürnberger Hosen- und Strumpfstricker tauchen im Jahr 1600 erstmals in einer Urkunde auf. Für die Anerkennung des Handstrickens als Handwerk zeichnen wohl überwiegend die Pariser Handstricker verantwortlich, die zu einer der sechs wichtigsten Handwerkergilden aufgestiegen waren.

Die erste Kulierwirkmaschine, mit der Strümpfe maschinell (aber handbetrieben) flachgestrickt werden konnten, entsprang 1589 dem Erfindergeist eines englischen Pfarrers, *William Lee*. Pfarrer waren damals gebildete Leute, sodass einige seiner Amtskollegen später im Bereich der Mechanisierung von Spinnerei und Weberei aktiv wurden. Die Strumpfwirkmaschine gilt als erstes Aufleuchten der industriellen Revolution des 18. Jahrhunderts in England. Zunächst erlitt die Kulierwirkmaschine jedoch dasselbe Schicksal wie andere Textilmaschinen. Sie wurde in England verboten, da *Königin Elizabeth I.* die Arbeitslosigkeit der Handstricker befürchtete. In Frankreich war man weniger protektionistisch. So ging *Lee* nach Rouen, wo er seine Maschine erfolgreich vermarkten konnte. Dort erhielt er unter *König Heinrich IV.* auch ein Patent, das ihm in England verweigert worden war, und eröffnete eine Wirkwarenmanufaktur. Sein Glück währte allerdings nicht lange. Nach dem Tod des Königs wurde sein Patent missachtet. Lee starb in Verzweiflung. Sein Bruder ging zurück nach England.

Grundbindungen der Maschenware

UNTERSCHIEDE ZUM WEBEN

Anders als beim Weben, bei dem man immer zwei Fadensysteme braucht (Kette und Schuss), sind Stricken und Wirken mit einem einzigen Faden möglich, indem Maschen gebildet werden. Zur Maschenware gehören Strickwaren und Wirkwaren. Gemeinsam ist ihnen, dass sie im Vergleich zur gewebten Ware besser dehnbar und elastischer sind. Optisch sind Strick- und Wirkwaren kaum voneinander zu unterscheiden. Der Unterschied liegt in der Technik der Maschenbildung an der jeweiligen Maschine, den Flachstrick- bzw. Flachwirk- sowie Rundstrick- und Rundwirkmaschinen (Letztere sind heute nicht mehr im Gebrauch). Während bei der Strickmaschine die Maschen wie von Hand nacheinander mit einzeln beweglichen Nadeln gebildet werden, sitzen bei der Wirkmaschine die Nadeln fest nebeneinander auf dem sogenannten Nadelbarren. Sie werden gemeinsam bewegt.

STRICK- UND KULIERWIRKWARE

Strick- und Kulierwirkwaren gehören zur Einfadenware und sind in der Optik und den Eigenschaften nicht voneinander zu unterscheiden. Kulierwirkware ist allerdings billiger in der Herstellung, aufwendige Muster sind nicht möglich. Strick- und Kulierwirkware ist in der Regel weich und schmiegsam, sehr dehnfähig, elastisch und knitterarm. Allerdings kann locker gearbeitete Maschenware ihre Form verlieren sowie ausleiern und, z. B. an den Knien, ausbeulen. Ein glattes Futter in Hosen, Röcken und Kleidern ist daher oft sinnvoll. Je nachdem, wie die Seiten eines Gewirks aussehen, kann man

- Rechts/Links (RL),
- Rechts/Rechts (RR),
- Links/Links (LL) und
- Rechts/Rechts gekreuzt (RRG)

unterscheiden.

RL (Rechts/Links)

Die eine Seite zeigt nur rechte Maschen, die andere nur linke, wie beim handgestrickten Teil. Der Stoff wird *Single Jersey* genannt (engl. single = einzeln) oder, wenn er schwerer ist, *Heavy Jersey* (engl. heavy = schwer). Im DIY-Bereich spricht man in der Stricktechnik von *glatt rechts*.

Merkmale: Wenig elastisch in der Querrichtung, Ränder neigen zum Einrollen, Einlaufgefahr.

Einsatz: Dünne Pullover, Polos, Hemden, Blusen, Kleider, T-Shirts, Unterwäsche. Abwandlungen sind RL-Pikee (z. B. Polohemden), RL-Futter, RL-Plüsch (z. B. Nicki) und RL-Luntenflor (z. B. Pelzimitate). Sweatshirt-Stoffe, die nicht nur für Sweatshirts, sondern z. B. auch für Jogging-Mode eingesetzt werden, sind ein RL-Futtertrikot. D. h. sie haben eine glatte, rechtsgestrickt wirkende Oberseite durch den feinen Deckenfaden, innen liegt ein voluminöser Futterfaden. Hochwertige Qualitäten verbinden den feinen Deckenfaden mit dem Futterfaden.

RR (Rechts/Rechts)

In einer Reihe wechseln sich rechte und linke Maschen ab, daher zeigen beide Warenseiten das gleiche Muster. Optisch dominieren die rechten Maschen (die linken sind auf der Warenrückseite sichtbar), es entstehen Rippen. Diese Rippen können auch breiter werden, wenn zwei rechten Maschen zwei linke folgen (Doppelripp).

Strickt man selbst, verwendet man die Begriffe wie *1er-Rippe* (1 M r./1 M l.) oder *2er-Rippe* (2 M r./2 M l.). Letzteres findet häufig Einsatz als Bündchen beim Sockenstricken.

Merkmale: Elastisch in der Querrichtung.

Einsatz: Pullover, Westen, Unterwäsche (als „Feinripp" bekannt), Socken, für Bündchen (an Pullovern, Socken etc.)

Interlock-Jersey

LEXIKON Maschenware

Bindung. So heißt auch bei der Maschenware das Prinzip, wie die Maschen miteinander kombiniert werden. Bei der Herstellung von Maschenware wird die Bindung dadurch erzeugt, dass eine Masche durch eine andere hindurch gezogen (gehängt) wird und so Halt bekommt. Für das Stricken – egal, ob per Hand oder maschinell – ist kennzeichnend, dass die Maschen nacheinander gebildet werden. Der Faden verläuft in Querrichtung.

Einfadenware. Es wird mit einem Faden gearbeitet. Beim Stricken entsteht Strickware, beim Wirken Kulierwirkware. Sie kann aufgetrennt werden, und es können Laufmaschen entstehen.

Kettenwirkware. Der Maschine wird eine Fadenkette in Längsrichtung zugeführt und durch Maschen miteinander verschlungen. Das Material kann nicht aufgetrennt werden, Laufmaschen können so gut wie nicht entstehen. Schäden erzeugen Löcher. Beim Kettwirken spricht man auch von Trikot-, Tuch- oder Satinbindung.

Masche. So nennt man eine Fadenschlaufe, die in andere Maschen eingehängt (mit der Nadel durch die Masche der vorherigen Reihe hindurch gezogen) und so stabil mit vier Bindungsstellen verbunden ist.

Rechte Masche. Dabei wird die neue Schlaufe von hinten kommend nach vorn durch die Schlaufe der vorherigen Reihe gezogen (d.h., der quer laufende Teil des Fadens liegt hinten).

Linke Masche. Hier wird der Faden von vorn nach hinten durchgezogen, wobei der quer laufende Teil vorn zu liegen kommt.

Maschenreihe. Bezeichnet nebeneinander angeordnete Maschen (Querrichtung).

Maschenseite. Wie beim Weben kann die Ware unterschiedliche Seiten – rechte Seite (R) und linke Seite (L) – haben. In der Regel ist die rechte Seite auch hier die Seite, die nach außen zeigt. Ein Stoff, der nur aus rechten Maschen besteht, sieht auf der Rückseite wie ein Stoff aus ausschließlich linken Maschen aus.

Maschenstäbchen, Stäbchen. Bezeichnet in der Häkeltechnik übereinander angeordnete Maschen (Längsrichtung).

Teilung. Die Bezeichnung für die Feinheit der Maschenware. Es gibt grobe, mittlere und feine Teilungen, je nach Zahl der Maschen bzw. Nadeln, die auf eine Maßeinheit (englischer Zoll) gehen. 3er- bis 5er-Teilung sind grobe Maschen, etwa für sportliche Outdoorpullover. 6er- bis 10er-Teilungen ergeben mittelfeine Gestricke oder Gewirke, alles darüber gilt als Feinstrick. Man spricht auch von Gauge als Einheit der Teilung.

LL (Links/Links)

Hier wechseln sich eine Reihe mit rechten Maschen und eine Reihe mit linken Maschen ab. Beide Warenseiten sehen gleich aus. Es dominiert das Bild der linken Maschen (Querrippe); nur wenn das Textil gespannt ist, sieht man die Reihe der rechten Maschen. Als *kraus rechts* wird dieses Maschenmuster beim Handstricken bezeichnet. Durch das Stricken von ausschließlich rechten Maschen in der Hin- und Rückreihe entsteht das typische Querrippenmuster.

Merkmale: Elastisch in der Längsrichtung (Vorsicht beim Aufhängen, besonders nach dem Waschen – das Kleidungsstück kann sich auslängen).

Einsatz: Pullover, Strickjacken, Strampelhöschen.

RRG (Rechts/Rechts gekreuzt)

Zwei RR-Waren werden bei der Herstellung so miteinander verstrickt, dass auf jeder Seite (auch bei Dehnung) nur rechte Maschen zu sehen sind. Das Gewirk trägt den Namen *Interlock*.

Recht aufwendig ist diese Strickart beim DIY-Stricken umzusetzen. Die als *Doubelface* bezeichnete Technik wird dann eingesetzt, wenn bei Mustern beide Strickseiten zu sehen sind, z.B. bei einem Schal in Norweger-Muster.

Merkmale: Begrenzt dehnfähig, wenig elastisch, Ränder rollen nicht ein (deshalb einfachere Verarbeitung), haltbarer und formstabiler als RL, RR und LL.

Einsatz: Sport- und Freizeitbekleidung, T-Shirts, Blusen, Unterwäsche.

Variation: Man kann auch unterschiedliche Faserarten miteinander kombinieren, z.B. auf der Außenseite Baumwolle und auf der Innenseite eine synthetische Faser, die Feuchtigkeit rasch weitergibt (Funktionswäsche). Die Maschen sind so gebildet, dass auf der Außenseite nur die Maschen des Außenmaterials sichtbar sind. Man nennt das auch plattierte Ware.

DIY – eine Modeerscheinung

Do it yourself – mach es selbst! Diese Aufforderung scheint für die Generation Social Media ein Weckruf gewesen zu sein. Plötzlich befinden sich coole Jungs und Mädels, die noch vor Kurzem eher nackt als mit der falschen Marke bekleidet in die Öffentlichkeit gegangen wären, an der Spitze einer Handarbeitsbewegung. Ausgerechnet Häkelmützen begründeten einen Trend, der zu einem Selbstläufer in Europa geworden ist.

Zwei smarte Jungs aus Hof an der Saale haben aus den Selbstgehäkelten ein Start-up-Unternehmen gegründet, dessen Erfolg das Umfeld der Beiden wohl am meisten erstaunt hat. Im Online-Shop gingen in einem Jahr etwa 20.000 Boshis (japanisch für Mützen und im Unternehmensnamen **Myboshi** das Signalwort) über den virtuellen Ladentisch. Inzwischen gibt es schon mehrere Bücher mit Häkelanleitungen, die ebenfalls wie warme Semmeln laufen. Was aus Langeweile und einem privaten Wettbewerb bei einem Japanbesuch begann, ist inzwischen ein Hype geworden, dem sogar therapeutische Wirkung in Sachen Cool-down zugeschrieben wird. Die beiden Gründer bezeichnen es als Sucht und hörten gar nicht mehr auf zu häkeln.

Nach der Unternehmensgründung kam der große Durchbruch mit dem Online-Konfigurator, mit dem sich jeder Kunde auf der Webseite sein eigenes Mützendesign erstellen kann, Lieblingsfarben inklusive. Beim Häkeln haben die Jungunternehmer inzwischen tatkräftige Hilfe. Ältere Damen aus der Region produzieren Boshis-on-Demand, spätestens nach zwei Wochen im Briefkasten und ab ca. 40 Euro teuer. Die Bestellungen kommen aus fast ganz Europa. Im Selbermach-Trend ist die Spitze des Eisbergs noch lange nicht erreicht.

KETTENWIRKWARE

Kettenwirkware spielt für die Bekleidung eine geringere Rolle als Strick- und Kulierwirkware. Sie kann durch große Produktionsmengen kostengünstig hergestellt werden, ist weniger elastisch und dehnbar als Strick- und Kulierwirkware. Die Oberfläche ist meist geschlossen und glatt, was daher kommt, dass hier im Gegensatz zur einfädigen Kulierwirkware die Mehrfadentechnik verwendet wird. Damit können sich keine Laufmaschen mehr bilden.
Merkmale: Das Material ist formstabil und haltbar und – je nach Faser – maschinenfest. Es gibt verschiedene Bindungen wie Trikot, Tuch, Satin.
Einsatz: Kettenware findet sich bei Unter- und Nachtwäsche, Babybekleidung, Socken und Strümpfen, Pullovern und Strickjacken, Mützen, Schals, Sport- und Freizeitbekleidung.

Variationen

- **Charmeuse:** Für Futter- und Einlagestoffe, Damenunterwäsche.
- **Kettenwirkfrottier:** Eine Polkette bildet Schlingen; für Dekostoffe, Bettwäsche.
- **Wirkplüsch:** Hier werden die Schlingen der Polkette aufgeschnitten, was eine flauschige Oberfläche ergibt; für Strand-, Freizeit- und Sportbekleidung, Damenoberbekleidung.
- **Raschelspitze:** Durchbrochene und spitzenartige Stoffe; für Miederwaren, Damenwäsche, Braut- und Abendmode, Gardinen. Raschelspitze ist fein und trotzdem fest und entsteht auf einer speziellen Raschelmaschine.

HÄKELWARE

Im Unterschied zur glatten Stricknadel hat die Häkelnadel an ihrer Spitze einen Haken. Mithilfe dieses Hakens ist es möglich, den Faden durch bereits gearbeitete Maschen zu ziehen und damit ein zusammenhängendes Maschengebilde zu erzeugen. Häkelware wird in aller Regel als Handarbeit erzeugt (→ *Kasten „DIY – eine Modeerscheinung", o.*). Das Produkt ist meist fest, wenig dehnbar und wenig elastisch. Maschinell hergestellt werden kann ein Häkelgalongewirk. Hier werden die Maschenstäbchen mit einem Schussfaden verbunden.

Luft dekorativ umgarnt

Spitze, gemeint ist eine „durchbrochene textile Fläche", so die nüchterne Definition, ist tatsächlich spitze, nämlich ein ganz besonderes Textil, das in früheren Zeiten längst nicht allen Menschen zu tragen erlaubt war oder das man sich als einfacher Arbeiter niemals hätte leisten können. In alten Zeiten bezeugten Spitzen den Wohlstand ihrer Besitzer und dienten vielfach als Schmuckelemente für die Kleidung. Auch heute noch zieren Spitzen, meist Spitzenborten, Blusen, Kleider, Damenwäsche, Bett- und Tischwäsche, Taschentücher u. Ä.. Als Meterware gefertigt werden Spitzen zu Blusen, Tuniken, Kleidern, Schleiern, Tischdecken oder zu Handschuhen verarbeitet. Selten handelt es sich bei all diesen Produkten um Alltagsware. Spitzen sind stets die „Begleitmusik" für den besonderen Anlass – oder eine besondere Vorliebe im Modetrend. Es gibt verschiedene Herstellungstechniken:

Häkeln

Bekannt ist die *Irische Häkelspitze*, die im 19. Jh. der verarmten irischen Landbevölkerung ein Zubrot einbrachte. Bei der sogenannten *Csetneker Spitze* werden erst einzelne Teile gehäkelt, dann auf einen mit der Skizze des Spitzenmusters versehenen Untergrund geheftet und mustergetreu zusammengehäkelt. Erfinder der *Csetneker Spitze* war ein Geschwisterpaar aus Csetnek in Ungarn, das Ende des 19. Jahrhunderts die Tradition der irischen Spitzenherstellung übernahm und mit ungarischen Motiven anreicherte.

Klöppeln

Klöppeln ist eigentlich eine Flechttechnik. Die Spitzen entstehen aus vielen bis sehr vielen Fäden. Das Garn ist auf Holzspulen, den Klöppeln, aufgewickelt. Durch Kreuzen, Drehen etc. entsteht das Muster, das meist nach einer Vorlage, dem sogenannten Klöppelbrief, gefertigt wird.
Vermutlich stammt sowohl die Klöppel- als auch die Nähspitze aus dem Orient, wo sich Vorläufer in Gräbern aus antiker Zeit fanden. In Europa war anfangs Venedig führend, woher die angeblich schönsten Klöppelspitzen (um 1600) stammen.
Im Barock und Rokoko waren die Niederlande (Zentrum Brüssel, heute Belgien) und Frankreich Zentren der Spitzenproduktion. Noch heute sind *„Brüsseler Spitzen"* ein Begriff. Das sächsische Erzgebirge wurde ebenfalls bekannt für Klöppelspitze. Um die Mitte des 16. Jahrhunderts soll *Barbara Uttmann,* Witwe eines Annaberger Bergherren und ökonomisch denkende Frau, den Erzgebirglern das Klöppeln beigebracht haben, da viele Menschen nach dem Niedergang des Silberbergbaus arm geworden waren. Spitzen aus dem Erzgebirge erlangten mit der Zeit weltweit einen guten Ruf.

Nähen

Aus der Notwendigkeit, den Rand gewebter Stoffe gegen Ausfransen einzunähen, entwickelten sich Zierstiche, aus denen in weiterer Folge die Nähspitze entstand. Diese Art der Spitze wird auch *„genähte Spitze"* oder *„Nadelspitze"* genannt.

Sticken

Für Stickspitze wird Stoff per Hand oder maschinell bestickt, wobei der Stickgrund anschließend ganz oder teilweise entfernt wird. Werden dazu Chemikalien benutzt, wird die Spitze *Ätz-* oder *Luftspitze* (erfunden in Plauen) oder *Guipure* genannt. Wird der Stickgrund mit der Schere entfernt, entsteht *Spachtelspitze*.

Wirken

Die meisten Spitzen werden heute auf Kettenwirk- bzw. Raschelmaschinen hergestellt und *Raschelspitzen* genannt. Sie sind interessant für feminine und festliche Kleiderstoffe, z. B. Brautmoden und für Gardinen aller Art.

(1) Spitzenborten; (2) Tattoo-Spitze; (3) Elastische Spitze

FÄRBEN

Farben – eine Symphonie des Lichts

Farbe ist viel mehr als unterschiedliche Wellenlängen des sichtbaren Lichts, wie Physiker sie erklären. Farbe ist in allem, was uns umgibt. Mit Farbe kann man Stimmungen ausdrücken. Sie sind bestimmten Empfindungen zugeordnet. Mit etwas Farbe kann man jedes triste Outfit und jede triste Wohnumgebung auffrischen. In der Liebe macht es eine rosa Brille und wir genießen den Zauber der Blauen Stunde zwischen Tag und Abend. Farbe ist für Menschen essenziell. Und in der Bekleidung gibt es sie für jedermann erst seit dem 19. Jahrhundert, vorher war sie nur den Eliten vorbehalten. Daher sehnen wir uns nach Farben und Mustern mehr als nach bestimmten Formen und Schnitten.

Färberwaid (Isatis tinctoria)

Aller Anfang war naturfarben. Frühe Kleidung fürs Volk zeigte die Farben, die das Material hergab und das waren zunächst überwiegend beige und grünliche Töne bei Pflanzenfasern und verschiedene Braunvarianten, vielleicht mit etwas Schwarz vom schwarzen Schaf bei der Wolle.

Welchen Eindruck müssen die bunten Kleider der Reichen beim Volk gemacht haben? Heute ist eine solche Wirkmacht unvorstellbar. Wenn der Fürst mit großem Tross durch das Land zog oder eine königliche Jagdgesellschaft durch die Wälder streifte, war das eine einzige Präsentation von Stand und Macht alleine durch ihre farbige und prächtig verzierte, gemusterte Kleidung.

Die alten Ägypter, die für fast alles in der Textilgeschichte herhalten müssen, haben schon vor etwa 4.000 Jahren Farben hergestellt, aus Mineralien das *ägyptische Blau,* mithilfe von Essig aus tödlich giftigem Blei das *Bleiweiß*. Es wurde u.a. zum Schminken verwandt und zum Kolorieren der Hieroglyphen. Zum Färben von Kleidung taugte das alles noch nicht und der Gesundheit war es mehr als abträglich.

FARBEN AUS DER NATUR

Bis Ende des 19. Jahrhunderts dauerte es, dass Textilien entweder gar nicht gefärbt, gebleicht oder durch die Naturstoffe ihre Farbe bekamen. Bekannt sind z.B.

- die **blauen** Töne, die mit Waid oder Indigo erzielt werden können, oder
- **Purpur**, das aus Purpurschnecken entsteht.
- Blätter konnten zur Herstellung **grüner** Nuancen dienen,

Das blaue Wunder Indigo

Indigo (von griech. indikón „das Indische“, nach der Heimat Ostindien) ist ein tiefblauer, ins violett spielender Farbstoff und Namensgeber für den Farbton Indigo. Er kann sowohl aus der **indischen Indigopflanze** *(Indigofera tinctoria)* als auch aus dem **Färberwaid** *(Isatis tinctoria)* gewonnen werden. Bereits in vorchristlicher Zeit finden sich Indigopflanzenarten in Indien, Ostasien und Ägypten. In Europa war der Farbstoff aus der indischen Indigopflanze bis zum 12. Jahrhundert selten und wurde nur in kleinen Mengen importiert.

Färberwaid wurde im Mittelmeerraum und Westeuropa bereits seit der Antike zum Färben genutzt. Indigo war noch im Mittelalter die einzige bekannte blaue Farbe in Europa. Vom 12. bis zum 17. Jahrhundert wurde Färberwaid in Thüringen in großen Mengen angebaut. Dabei wurde der aus dem Waid gewonnene Brei zu sogenannten Waidkugeln getrocknet und nach Bedarf, vorwiegend in den Wintermonaten, mit Urin angefeuchtet und nach Zugabe von Pottasche vergoren.

Die **Indigopflanze** aus Indien lieferte jedoch im Vergleich zu Färberwaid die dreißigfache Farbstoffmenge, sodass der Anbau in Europa zunehmend unrentabel wurde.

Die Pflanzen selbst enthalten kein Indigo, sondern einen Stoff, der zunächst durch Gärung umgewandelt werden muss. Durch anschließende Oxidation an der Luft entsteht aus dem gelben Vorprodukt der blaue Indigo. Dieses Verfahren nennt man Küpenfärbung. Hierbei muss jeweils der Farbstoff erst mithilfe von Reduktionsmitteln in einen wasserlöslichen Zustand überführt werden. Die gewünschte Farbe wird durch Oxidation an der Luft erzeugt. Die Färbung ist danach wasserfest.

1870 gelang dem deutschen Chemiker *Adolf von Baeyer* erstmals die vollsynthetische Herstellung von Indigo. Der Chemiekonzern *BASF* und die *Hoechst AG* patentierten und entwickelten das Verfahren weiter. Ab 1904 wurde ein sehr viel besseres Verfahren mit sehr guten Ausbeuten entwickelt. Die synthetische Herstellung von Indigo verdrängte die mühsame Gewinnung aus Pflanzenmaterial vollständig. Zudem sprechen die Vorteile der synthetischen Indigogewinnung für sich: Die Ergebnisse sind farbkräftiger, die Dosierung ist leichter, dazu entfallen Ernteabhängigkeiten ebenso wie wechselnde Farbqualitäten.

Die Redewendung vom *blaumachen* lässt sich jedoch nicht auf die notwendige Wartezeit für die Oxidation zurückführen, wie man gelegentlich liest. Sie dauerte lediglich etwa eine Stunde und konnte durch andere Arbeiten problemlos ausgefüllt werden.

Hohe Echtheiten – ein Zeichen von Qualität

Die Farbechtheit wird durch verschiedene Kriterien definiert, die während oder nach dem Färbeprozess ständig überprüft werden. Diese Echtheiten geben Auskunft darüber, wie sich die Färbung beim Gebrauch und nach dem Waschen verhält. Geprüft werden folgende Echtheiten:

- **Reibechtheit:** Sie sagt aus, wie gut die Farbe bei mechanischer Beanspruchung auf dem Textil hält. Man unterscheidet zwischen der Nass- und der Trockenreibechtheit. Ausgenommen sind Kleidungsstücke, denen man im Laufe der Zeit den Gebrauch ansehen soll, für den sogenannten „Used Look". Ein Beispiel dafür sind Jeans, von denen die Kunden erwarten, dass die Farbe vor allem an den stärker strapazierten Stellen nachlässt. Der „Vintage Look", der aussehen soll wie schon getragen, oftmals gewaschen oder Second Hand gekauft, wird mittels raffinierter Färbe- und Waschverfahren bereits der Neuware mitgegeben. Der Look wird auch gerne mit Reminiszenzen an den Retro-Stil der 20er- oder 50er-Jahre kombiniert.
- **Waschechtheit:** Hier geht es um die Widerstandsfähigkeit gegenüber Temperaturen und Waschmitteln (→ *Abschnitt „Waschen, Reinigen & Pflegen", S. 408*).
- **Schweißechtheit:** Schweiß ist eine wässrige Lösung, die verschiedene Bestandteile enthält, die auf die Textilien einwirken. Ist die Schweißechtheit gering, kann das Textil sich verfärben oder andere Stoffe (z. B. die Unterwäsche) anfärben. Werden durch Schweiß chemische Verbindungen im Textil gelöst, kann das zu Reaktionen mit der Haut führen (Sekundärreaktion).
- **Lichtechtheit:** Sie bezieht sich auf die Stabilität der Farbe unter Lichteinfluss. Manche Farben können verblassen oder sich im Ton verändern. Neben Kleidungsstücken (speziell Bademoden, Outdoor) ist das ein besonders wichtiges Kriterium für Vorhänge, Gardinen, Teppiche und Polsterstoffe im Wohnbereich sowie bei allen Textilien, die im Automobilbereich zum Einsatz kommen, z. B. Autositzbezüge oder textile Innenausstattung von Fahrzeugen.

- die Wurzeln von Krapp und die Blätter des Hennastrauchs zur **Rotfärbung**,
- Rinden für **Brauntöne**,
- verschiedene Hölzer für **Gelb-** und **Rotnuancen**.

Die Entdeckung Südamerikas brachte auch Schwung in die Färbung mit Pflanzen, denn die dortige Flora bot völlig neue Möglichkeiten. Heute sind Färbemethoden aus pflanzlichen und tierischen Stoffen bei der industriellen Produktion nicht mehr üblich. Denn Naturfarben können die heutigen Ansprüche an die geforderten Echtheiten (→ *Kasten „Hohe Echtheiten", l.*) nicht erfüllen und sind nur in begrenzten Mengen verfügbar.
So war die Triebfeder zur Entwicklung synthetischer Farbstoffe Ende des 19./Anfang des 20. Jahrhunderts denn nicht allein der Forschergeist. Die vervielfachte Produktivität in der Textilfertigung erforderte Farbstoffe, die stets in großen Mengen verfügbar waren, um den gestiegenen Bedarf der neuen Industrien befriedigen zu können. Die ersten industriell hergestellten und genutzten Farbstoffe waren *Mauvein*, ein leuchtend blaues Violett, und *Bismarckbraun*.

Rohe, ungefärbte oder vollständig ungemusterte Stoffe kommen für Kleidung höchst selten zum Einsatz. Ausnahme bilden diejenigen Stoffe, die für das Färben am fertig genähten Teil, Garment Dyeing, zum Einsatz kommen.

Mauvein wurde 1856 von dem damals nur 18-jährigen *William Henry Perkin* entdeckt und ist ein Anilinfarbstoff aus der Gruppe der Teerfarbstoffe. Ausprobiert haben soll Perkin ihn erstmals an einer weißen Bluse seiner Schwester, die dann in leuchtender Malvenfarbe erstrahlte.

Bismarckbraun oder **Vesuvin** ist ein Farbstoff aus der Reihe der basischen (kationischen) Azofarbstoffe, der 1863 von *Carl Alexander von Martius* als der erste Diazofarbstoff entdeckt wurde. Er nannte ihn nach *Otto von Bismarck,* dem Reichsgründer und ersten Kanzler des Deutschen Reichs. Zudem fand er auch einen nach ihm selbst benannten Farbstoff für Wolle, das **Martiusgelb**.

WANN KOMMT DIE FARBE AUFS TEXTIL?

Der Zeitpunkt, wann ein Textil farbig wird, kann schon ganz früh in der Produktionskette, z. B. bei der Produktion der Faser selbst, oder auch sehr spät im Produktionsverlauf beim fertig konfektionierten Kleidungsstück liegen.

Es gibt folgende Möglichkeiten:

- **Spinn- oder Flockefärbung** (Fasern),
- **Garnfärbung,**
- **Stückfärbung**, Färbung von Meterware, wie z. B. Gewebe, Gewirke, Gestricke etc.,
- **Garment Dyeing**, Färbung fertig konfektionierter Teile, wie z. B. Socken, Strümpfe, Strickwaren, Oberbekleidung für Damen und Herren, Lederkleidung.

Da Textilfärbung immer im wässrigen Medium, der sogenannten Flotte erfolgt, sind Fasern, die viel Feuchtigkeit aufnehmen können, wie die meisten Naturfasern und zellulosischen Chemiefasern, leichter färbbar. Synthetische Chemiefasern, wie z. B. Polyester, die ein geringeres Wasseraufnahmevermögen haben, benötigen zum Teil „Transporthilfen" für die Aufnahme der Farbstoffe, sogenannte „Carrier", die heute kritisch beurteilt werden.

Ein weiteres Färbemedium ist die Dispersion, so bezeichnet man die feinste Verteilung eines Stoffes in einem anderen, hier der Farbpigmente in Wasser. Nach der Färbung müssen die Farben im Textil fixiert werden. Das geschieht in der Regel durch Dampf, Temperatur, Druck und/oder weitere Chemikalien. Welche davon und in welcher Kombination miteinander eingesetzt werden, hängt vor allem von der Faser ab. Nicht immer ist eine zusätzliche Fixierung notwendig.

Farbe ist das Erste, was der Mensch an einer Person, der Natur oder einem Gegenstand wahrnimmt. Deshalb spielt die Mode mit kaum einem anderen Gestaltungsmittel so wie mit den Farben.

Farbstoffe

Farben sind reflektiertes bzw. absorbiertes Licht. Das für den Menschen sichtbare Lichtspektrum liegt im Bereich von 380 bis 790 nm. Trifft weißes Licht auf einen Körper, wird der Lichtstrahl teilweise reflektiert und teilweise absorbiert. Durch die Absorption kurzwelliger Anteile (ab 380 nm) enthält die zurückgeworfene Strahlung vorwiegend langwellige Anteile (bis 790 nm) und der Farbeindruck Rot entsteht. Werden vorwiegend langwellige Anteile bis 790 nm absorbiert, nimmt das menschliche Auge die Farbe Violett aus dem reflektierten Licht wahr.

Farbstoffe absorbieren spezifisch einen begrenzten Teil des sichtbaren weißen Lichts und reflektieren den nicht absorbierten Teil des weißen Lichts. Es wird die Komplementärfarbe, das ist die im Farbspektrum gegenüberliegende Farbe des wahrgenommenen Lichts, vom Farbstoff absorbiert. Soweit die Farbtheorie.

Farbstoffe charakterisieren sich jedoch durch weitere Eigenschaften. So sind die Farbeigenschaften von Farbstoffen begründet

- im Molekülaufbau des Farbstoffs selbst,
- in seinen Molekül- und Atomschwingungen,
- in der Konzentration des Farbstoffs sowie
- in seinem Bindungszustand am oder im jeweiligen Medium.

Art und Weise der Bindung des Farbstoffs wird dabei vom Substrat (Textil, Papier, Kunststoff, Lack) mitbestimmt.

Zum Färben und Drucken werden heute synthetisch hergestellte Farben verwendet, die man folgendermaßen unterteilt:

EINFACHE DIREKTFARBSTOFFE (SUBSTANTIVFARBSTOFFE)

Anwendung: Sie ziehen aus einer wässrigen Lösung (Färbeflotte) in die Faser ein.

Eigenschaften: Einfaches und preiswertes Verfahren, aber nur mäßige Wasch-, Schweiß- und Lichtechtheiten, die durch Nachbehandlung verbessert werden können.

Eignung: Alle zellulosischen Natur- und Chemiefasern.

SÄUREFARBSTOFFE

Anwendung: Sie brauchen eine Flotte mit niedrigem pH-Wert („sauer") und ziehen wie die Substantivfarbstoffe auf die Faser auf.

Eigenschaften: Leuchtende Farben.

Eignung: Natürliche Proteinfasern (Wolle, Seide) und alle Polyamide.

Wichtig: Zu den Säurefarbstoffen zählen auch Azofarbstoffe, von denen die meisten in Deutschland und der EU verboten sind, weil sie krebserzeugend sein können. Manche Azofarben sind sogar als Lebensmittelfarbstoff zugelassen. Azofarbpigmente sind ungiftig und können für Druckfarben verwendet werden.

METALLKOMPLEXFARBSTOFFE

Anwendung: Zählen teilweise zu den Säurefarbstoffen, enthalten komplexartig gebundenes Chrom, Kobalt oder Kupfer als Zentralatom. In der Regel handelt es sich um Azofarbstoffe.

Eigenschaften: Die heute verwendeten Farbstoffe sind ökologisch unbedenklich und erzeugen ein höheres Nassechtheitsniveau als metallfreie Säurefarbstoffe. Im Farbstoff selbst ist nur noch ein äußerst geringer Rest an freiem Metall (vor allem Chrom) enthalten, der sich später auf der Faser nicht mehr nachweisen lässt.

Eignung: Natürliche Proteinfasern (Wolle, Seide) und alle Polyamide.

Moderne Färbe- und Drucktechnik: Das Farbspektrum ist groß.

KATIONISCHE (BASISCHE) FARBSTOFFE

Anwendung: Sie brauchen eine Flotte mit hohem pH-Wert („basisch"), ziehen auf die Fasern auf bzw. gehen mit Polyacryl eine chemische Verbindung ein.
Eigenschaften: Bei Polyacryl hohe Brillanz und gute Echtheitswerte, bei anderen Fasern leuchtend, aber nur mäßige Beständigkeit.
Eignung: Vor allem für Polyacryl.

REAKTIVFARBSTOFFE

Anwendung: Sie brauchen ebenfalls ein Milieu mit hohem pH-Wert und gehen mit den Fasern eine feste chemische Verbindung ein.
Eigenschaften: Hohe Echtheitswerte, die Farbstoffe sind fest an die Faser gebunden.
Eignung: Vor allem für zellulosische Chemiefasern.

ENTWICKLUNGSFARBSTOFFE

Anwendung: Es kommen nacheinander zwei Komponenten auf das Färbgut. Erst dort entwickelt sich die eigentliche Farbe.
Eigenschaften: Satte Farbtöne mit z. T. hoher Brillanz. Die Farben haften gut, haben eine gute Lichtechtheit und können bisweilen sogar Kochtemperaturen aushalten.
Eignung: Vor allem für zellulosische Fasern.

KÜPENFARBSTOFFE

Anwendung: Küpenfarbstoffe sind nicht wasserlöslich und werden erst mithilfe eines Reduktionsmittels (Sauerstoffentzug = „Reduktion") wasserlöslich gemacht. Die dann sichtbare Färbung ist völlig anders als im Endzustand, sie kann sogar weiß sein. Nach der Färbung geschieht der umgekehrte Vorgang (Sauerstoffzufuhr = „Oxidation"). Durch Trocknung an der Luft erhält das Textil den gewünschten Farbton des Küpenfarbstoffes. Zwei prominente Beispiele dafür sind Indigo und Purpur.
Eigenschaften: Der Prozess ist vergleichsweise teuer. Farben sind besonders licht-, wasch-, reibungs- und kochecht. Sie vertragen auch Chlor und Schweiß.
Eignung: Alle zellulosischen Fasern, aber auch tierische Naturfasern.
Namensherkunft: „Küpe" wurde früher der Färbebottich genannt, heute bezeichnet der Begriff das Farbbad, die Flotte.

DISPERSIONSFARBSTOFFE

Anwendung: Die Farbstoffe sind nicht in Wasser löslich, sondern darin sehr fein verteilt („Dispersion"). Sie „wandern" in das Faserinnere und werden dort in der Molekülstruktur „gefangen". Dafür muss die Molekularstruktur chemisch „aufgeweitet" werden. Dispersionsfarbstoffe werden auch oft im Textildruck eingesetzt.
Eigenschaften: Gute Echtheiten, Möglichkeit der Bicolorfärbung (bi = zwei; color = Farben), weil bei Mischungen von Polyester mit Baumwolle nur der synthetische Anteil eingefärbt wird
Einsatz: Fast ausschließlich für hochwertige Polyester.

PIGMENTFARBSTOFFE

Anwendung: Farbpigmente lösen sich schwer oder gar nicht in Lösungsmitteln und in den Fasermaterialien. Sie werden bei synthetischen Chemiefasern häufig der Spinnmasse (Spinnfärbung) zugesetzt. Ansonsten werden sie beim Textildruck verwendet, wobei Hilfsmittel (z. B. Kunstharze) dazu dienen, die Farbpigmente am Stoff zu fixieren.
Eigenschaften: Bei Spinnfärbung sind die Werte der Echtheit gut. Da beim Druck die Farbpigmente auf dem Stoff liegen und kaum in den Stoff eindringen, zeigt nur die rechte Seite das klare Druckmuster. Das Verfahren ist relativ preiswert. Der Griff des Textils kann etwas härter sein. Durch die Beschichtung der Stoffe mit den Pigmenten ist die Feuchtigkeitsaufnahme reduziert. Brillante Farben, hohe Lichtechtheit, mäßig gute Wascheigenschaften
Einsatz: Zum Bedrucken aller Fasern möglich.

Foto: Tim Reckmann/PIXELIO

Geprägter Samt

Färbeverfahren

Im Grunde unterscheidet man zwei Verfahrensarten:

- Das **kontinuierliche Verfahren** ist in den weiteren Ausrüstungsprozess eingebunden.
- Das **diskontinuierlich Verfahren** hingegen dem weiteren Arbeitsprozess vorgeschaltet.

DISKONTINUIERLICHES VERFAHREN

Das diskontinuierliche Verfahren ist quasi die klassische Variante. Dabei wird das Textil für eine bestimmte Zeit in einen Färbebottich mit der Farbflotte und anderen Hilfsmitteln gebracht und bei unterschiedlichen Temperaturen gefärbt, so wie man es seit Jahrtausenden kennt. Die Farbe zieht in der Zwischenzeit auf das Textil auf (wird für Garn, Flocke und Stückfärbung angewandt). Überschüsse an Farbe und Hilfsmitteln werden ausgewaschen. Ein Fixierungsprozess kann sich in einem separaten Arbeitsgang anschließen.

KONTINUIERLICHES VERFAHREN

Beim kontinuierlichen Verfahren wird die Farbflotte mit Walzen (Foulards) in das Textil gepresst und dadurch gleichmäßig verteilt (funktioniert nur bei Meterware). Die Fixierung schließt sich unmittelbar und ohne Unterbrechung des Warendurchlaufs an diesen Prozess an.
Eine Variante ist das Schaumverfahren, wobei die Farbflotte mit Druckluft aufgeschäumt wird, bevor sie auf das Textil aufgebracht wird. Das Verfahren ist sparsam und wirkungsvoll.

MUSTERN OHNE FARBE

Sogenannte unifarbene (einheitlich einfarbige) Stoffe, werden im Anschluss an das Färben den weiteren Ausrüstungsverfahren zugeführt (→ *Kapitel „Ausrüsten", S. 172*) und sind danach für die Konfektion bereit. Wenn es noch etwas mehr sein soll als eine Farbe, können die Stoffe noch mit Mustern versehen werden, falls das Textil nicht schon von seinem Herstellungsprozess her gemustert ist (→ *Kapitel „Weben", S. 146*).
Eine Möglichkeit sind Prozesse zur Oberflächenstrukturierung, die eigentlich den Ausrüstungsverfahren näher sind als dem Textildruck. Da sie aber dem Textil keine funktionellen Eigenschaften verleihen, sondern nur der Optik dienen, seien sie hier erwähnt. Auch sie spielen mit der Brechung des Lichts.

PRÄGEN, GAUFRIEREN, SCHEREN

In der Textilindustrie werden unter anderem Kleidung und Heimtextilien geprägt, meist um eine besondere Optik durch Imitation bestimmter Oberflächenstrukturen oder Muster zu erzielen, die eine hochwertigere Herstellung vorgeben.
Beliebt sind **Prägungen** für Dekostoffe oder Bettwäsche, die ein Moiré- (Wasserschlierenstruktur) oder großflächiges Jacquardmuster nachstellen. Heimdecken aus Fellimitat bekommen die Optik ausgelassener Edelfelle oder Haarwirbelstrukturen wie beim Breitschwanzfell verliehen. Samte oder Velours, z. B. für Blazer, können Webstrukturen oder Ledernarbungen zeigen. In der Lederverarbeitung selbst wird Rindleder dadurch das Aussehen von Reptilienleder (z. B. Krokodil, Eidechse oder Straußenleder) gegeben. Oder man versieht Leder für Polstermöbel mit einer Narbenprägung, um ein gleichmäßiges, flächigeres Erscheinungsbild zu erreichen.
Das Prägen oder **Gaufrieren** wird auf einem Kalander, einer Trockenausrüstungsmaschine mit mehreren, meist übereinander angeordneten Stahlwalzen, vorgenommen. Eine der Walzen aus Stahl ist mit einem Muster graviert. Die Gegenwalze ist mit einer weichen Oberfläche aus Gummi oder Filz versehen. Um die Prägung dauerhaft zu machen, wird die Stahlwalze erhitzt und, je nach Material, mit mehr oder weniger großem Druck gegen die Gummiwalze gepresst, während die Ware zwischen den Walzen durchgeführt wird und so das Muster bzw. die Struktur der gravierten Stahlwalze aufgeprägt erhält. Mit Steuerung von Temperatur und Druck können unterschiedliche Ergebnisse erzielt werden. Die Prägungen auf der Stahlwalze können positiv, also erhöht, oder negativ (vertieft) sein und damit Prägungen nach dem Hochdruck- oder Tiefdruckverfahren erzielen.
Eine weitere Möglichkeit der Oberflächengestaltung, jedoch nur bei Velours, Samt und Fellimitaten, ist das mustermäßige **Scheren**. Hierbei werden die Polfäden unterschiedlich lang geschnitten und erzeugen dadurch einen optischen Effekt.

Foto: Schiffer Harry/Wikimedia

Beim kontinuierlichen Färben (Färben ohne Unterbrechung) finden die Prozesse überwiegend in geschlossenen Einheiten statt, schädliche und heiße Dämpfe werden abgesaugt.

DRUCKEN

Augenschmaus und Farbenspiel

Drucken nennt man die Musterungsverfahren, bei denen mehr als nur die Grundfarbe des Stoffes am Farbeffekt beteiligt ist. Drucken kommt von Aufdrücken mustermäßig geordneter Farben. Manche lagern sich nur an der Oberfläche an, andere durchdringen den Stoff, wieder andere zerstören ihn gezielt. Druck kann verschwommen sein wie beim Ikat oder fotorealistisch scharf wie beim Digitaldruck. Drucke spiegeln Trends und Mode wider, wie es keine Unifarbe alleine je könnte. Druck ist der Glitter auf dem (Mode-)Bild.

Paisley-Druck für ein Casual-Hemd

Foto: Jacques Britt

Tischbänder im Reservierungsdruck

Eine Inderin beim Bedrucken eines Saristoffes

Beim Textildruck kommen viele Farben ins Spiel, üblicherweise auf die Stoffbahn, aber man kann auch Garne oder Webketten bedrucken, um bestimmte Effekte zu erzielen. Meist wird es sich um platzierte Muster handeln, die nach dem vorgegebenen Rapport (dem Wiederholungsverhältnis) auf der Stoffbahn exakt wiederkehren, Meter für Meter. Denn in der Textilindustrie geht es auch immer um Mengen, was frühe Druckverfahren mit hohem manuellen Anteil ins Kunsthandwerk verschoben hat.
Am Anfang war das **Model,** der Druckstock. Dieses Model ist ein meist kunstvoll geschnitzter oder mit eingelassenen Messingblechen gemusterter Holzblock, der mit Farbe bestrichen und auf das Textil aufgedrückt bzw. mit einem Hammer abgeklopft wurde. Er hatte an seinen Kanten Rapportstifte zur Orientierung und zum gleichmäßigen Ansetzen auf dem Stoff. Kleine Kinder lernen im Kindergarten häufig den Kartoffeldruck kennen, der nach demselben Prinzip verfährt.

SARIDRUCK

Die schönsten Druckmodel, die man heute noch finden kann, stammen vom Saridruck aus Indien. Sie sind wunderbar detailreich geschnitzt. Das Prinzip ist seit Urzeiten gleich: Musterelement um Musterelement, Farbe um Farbe müssen separat gesetzt werden, um Vielfarbigkeit zu erreichen.

RESERVIERUNGSDRUCK

Eine ebenfalls ursprünglich asiatische Variante ist der **Reservierungsdruck**. Hier bedruckt man alles, was weiß bleiben oder eine andere Farbe bekommen soll als der Untergrund mit Wachs. Nach dem Färben des Stoffes sind die mit Wachs reservierten (frei gehaltenen) Stellen weiß. Wo es weiß bleiben soll, lässt man das Wachs auf dem Stoff. Dort wo die erste Färbung erhalten bleiben soll, wird neues Wachs aufgetragen usw. Insgesamt ein sehr mühevolles Verfahren, das viel Erfahrung voraussetzt, aber fast unendlich viele Möglichkeiten der Musterung bereitstellt. Oft wird anstelle des Aufbringens von Wachs per Model auch frei Hand mit einem feinen Gerät oder mit dem Pinsel gearbeitet. Dann heißt es **Reservierungstechnik** oder in der Originalsprache **Batik.**

Rapport & Versatz

Wer Rapport kennt, muss auch Versatz verstehen. Muster und Motive setzen sich nicht immer regelmäßig über- und nebeneinander wie die Kacheln im Schwimmbad oder die Kästchen im Rechenheft. Die regelmäßige Wiederkehr eines Rapports kann auch ein Element in der Gesamtmusterung sein, das (allerdings genauso regelmäßig) um einen Teil der Wiederholungsrate zur Seite oder nach oben verschoben (versetzt) sein kann. Das nennt man Versatz. Es gibt Drittel-, Viertel- oder Halbversatz und noch viele andere denkbare Varianten. Der Versatz bewirkt einen flächigeren Eindruck, eine gleichmäßigere Verteilung und vermeidet den „Rechenkästcheneffekt".

Rapport & Versatz	Modelanordnung	Druckergebnis
RAPPORT OHNE VERSATZ (RECHENKÄSTCHEN-EFFEKT)		
HALBVERSATZ		

Rotationsfilmdruckmaschine

Standarddruckverfahren

Für alle Druckverfahren außer dem Digitaldruck gilt: Je Farbe ein eigenes Druckmedium, auch für feinste Konturen. Es gibt auch Farben, die durch die Addition von Druckfarben übereinander entstehen, aber als Regel gilt pro Farbe ein Medium. Dabei unterscheidet man verschiedene Prinzipien:

- **Auf-/Direktdruck:** Die Farbpaste kommt direkt auf die Ware; diese kann vorgefärbt sein.
- **Pigmentdruck:** Eine Variante des Direktdrucks. Hier wird das Muster mit einer Mischung aus Kleber und Farbpigmenten auf die Ware gebracht.
- **Ätzdruck:** Die Ware ist vorgefärbt. Es wird nicht die Farbe, sondern eine Ätzpaste als Muster auf den Stoff aufgebracht. Die Ätzpaste löst die Farbe mustergetreu auf. Das Muster erscheint weiß auf farbigem Grund.

TIEFDRUCK

(Rouleaux- oder Walzendruck)

Das älteste maschinelle Druckverfahren. Es braucht dazu Walzen (frz. rouleaux) und Druckzylinder, „Presseur" (frz. presser = eilen, drücken). Das Muster ist auf einer Kupferwalze vertieft eingraviert oder eingeätzt, daher der Name „Tiefdruck". Die Farbe wird auf die gravierte Walze so aufgebracht, dass sie von den Vertiefungen, dem Muster, aufgenommen wird, der Rest wird abgestreift. Während die Stoffbahn zwischen der gemusterten Walze und dem Presseur hindurchläuft, überträgt sich das Muster auf den Stoff. Für jede Farbe ist eine eigene Kupferwalze nötig.

Besonderheiten: Tiefdruck wird heute noch immer industriell genutzt. Er eignet sich für sehr feine Muster. Er ist sehr schnell, allerdings wegen der Gravurarbeiten teuer, auch wenn die Kupferwalzen aufgehoben und mehrfach neu graviert werden können.

SCHABLONEN- ODER SIEBDRUCK

(heute auch Filmdruck)

Der nächste technische Fortschritt in der Mechanisierung ist ein Verfahren, das leicht modifiziert heute am gebräuchlichsten ist. Es gibt den Flachfilmdruck, bei denen die Druckschablonen in Rahmen nebeneinander angeordnet sind – ein Verfahren, das für die textile Großindustrie viel zu langsam ist, weil sich die Rahmen für den Warentransport immer wieder heben und senken müssen. Zudem beansprucht das Verfahren viel Platz, je vielfarbiger die Muster sind, desto mehr Platz wird benötigt.

Das Rotationsfilmdruckverfahren gleicht diesen Mangel durch eine platzsparende Bauart und rationellere Arbeitsweise aus. Beim Rotationsfilmdruck werden die Schablonen zu Hohlzylindern geformt, so lassen sich auf kleinerer Arbeitsfläche größere Rapporte (entsprechend einer Walzenumdrehung) und mehr Farben

Foto: Farbo Siegling GmbH

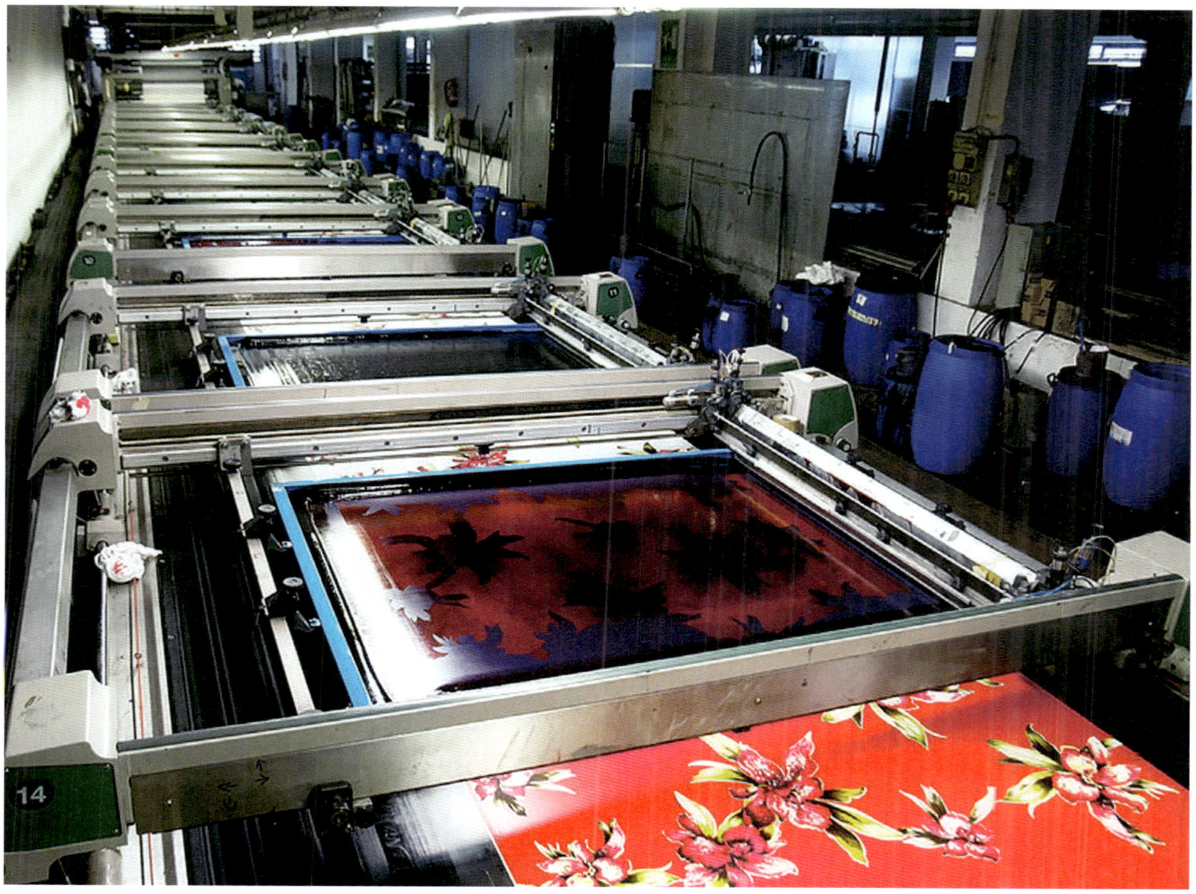

Flachfilmdruckmaschine

Florale Druckmotive erzeugen sommerliches Flair.

Nahaufnahme einer französischen Kupferwalze

realisieren als in der Flachfilmdruckerei. Die Farbe wird automatisch und exakt dosiert in den Hohlzylinder hineingegeben und von einem walzenförmigen Rollrakel durch das Sieb in den Stoff gepresst. Die Ware wird dabei kontinuierlich weiterbewegt.

Besonderheiten: Heute kommen die Muster auf fotochemischem Wege auf die Schablone. Das Schablonenmaterial (früher die Gaze) wird mit einer lichtempfindlichen Schicht überzogen (vergleichbar der Beschichtung eines Negativfilms) und anschließend dem Muster entsprechend belichtet. Die belichteten Stellen werden in einem speziellen Bad herausgelöst. Eine weitere Methode ist die Herstellung der Schablonen mittels Lasertechnik. Aus Stabilitätsgründen werden heute Metallgewebe oder feinst perforierte Metallsiebe für die Rotationsschablonen eingesetzt.

Fotos: o.: Moreno Soppelsa/Fotolia; l.u.: Marco Desscouleurs/Fotolia; r.u.: Elegante

Hochleistungsdigitaldrucker können fast jeden Farbton und jedes Muster drucken.

Besondere Druckverfahren

FLOCKDRUCK

Der Stoff wird gemäß dem Muster zunächst mit einem Haftmittel bedruckt. Mit einer elektrostatischen Einrichtung werden dann Kurzfasern (Flocken) auf das Textil geschossen, die sich durch die elektrostatische Aufladung senkrecht ausrichten. Wird für Sporttrikots (z. B. Rückennummern), aber auch Meterware eingesetzt.

TRANSFER-/THERMOSUBLIMATIONS-DRUCK

Dabei wird das Muster mit Spezialfarbstoffen auf ein Transferpapier (oder eine Folie) gedruckt. Dieses wird mittels einer heißen Walze auf den Stoff gepresst. Dadurch werden die Farbstoffe zunächst gasförmig und sublimieren (übertragen sich) dann auf den Stoff. Anfänglich war das Verfahren nur für synthetische Fasern geeignet, inzwischen sind die verwendeten Tinten auch für Mischungen geeignet.

FLEX-/FLOCKFOLIEN-TRANSFERDRUCK

Beim Flex- und Flockfolien-Transferdruck wird das Druckmotiv aus speziellen, einfarbig bedruckten Kunststofffolien geschnitten und dann auf das Textil übertragen. Neben Baumwollgeweben können auch Polyester, Polyamid, Viskose sowie Mischungen und Maschenware bedruckt werden. Da mit dieser Drucktechnik lediglich Motive ohne Farbverlauf gedruckt werden können, eignet sie sich besonders für den Druck von Schriftzügen, Piktogrammen, Logos und ähnlichen Motiven. Mehrfarbige Drucke sind möglich, jedoch steigen die Kosten wegen des gleichen Aufwandes pro Farbe mit jeder zusätzlichen Druckfarbe relativ stark an. Gegenüber anderen Textildrucktechniken sind diese Drucke sehr farbecht und eignen sich zur Produktion von Einzelstücken bzw. Kleinserien. Im Handel ist diese Drucktechnik zumeist bei T-Shirts oder aktiver Sportkleidung sowie Corporate und Promotion Wear zu finden.

Sonderfall Kettdruck

Der Name erklärt schon die Besonderheit dieses Musterungsverfahrens. Im Gegensatz zu allen anderen Druckverfahren wird hier nicht das fertige Gewebe, sondern bereits die Kette, aus der das Gewebe entstehen soll, bedruckt. Diese Stoffe waren im 18. und 19. Jahrhundert bei europäischen Adelshäusern äußerst beliebt.

Im Gegensatz zu den **Ikat-Stoffen,** wie die südostasiatische Variante genannt wird, die grafische Musterungen bevorzugt, wurden in Europa die Ketten meist mit floralen Motiven bedruckt. Man nannte diese Stoffe **Chiné.** Im Französischen bedeutet „chiner" eigentlich so viel wie „ein Muster einweben", eine etwas irreführende Bezeichnung.

Der durch das Bedrucken der Kette erzielte Effekt ist, dass die Motive durch den einfarbigen Schuss verwischt (→ *Foto „Chiné-Stoff", S. 171*) und dadurch verwunschen und wie in die Länge gezogen wirken, was ihnen eine gewisse Verspieltheit und Weichheit verleiht, eine Erklärung für die große Begeisterung in der Zeit der Romantik.

Ein Chiné-Stoff (à la Francaise), wie man ihn an europäischen Höfen im 18. Jahrhundert schätzte.

Kinder lieben coole Druckmotive.

DIGIFLEXDRUCK

Beim Digiflexdruck wird eine bedruckbare Flexfolie mit einer speziellen Tinte bedruckt und ausgeschnitten. Danach wird das Motiv auf eine Übertragungsfolie aufgebracht und mit einer Transferpresse unter Druck und Hitze auf das Textil übertragen. Dieses Verfahren weist gegenüber herkömmlichen Transferfolien eine äußerst hohe Qualität auf.

DIGITALDRUCK

Das funktioniert im Prinzip genauso wie auf Papier. Der Computer sendet die Druckdaten an den Digitaldrucker, einen Tintendrucker, der das Motiv direkt auf den Stoff druckt. Um die Anforderungen an die mit traditionellen Verfahren zu erreichende Farbvielfalt zu erfüllen, arbeiten diese Drucker mit anfänglich mindestens vier, heute meist sechs bis zwölf Farben.

Zunächst nur auf Synthetics möglich, wurden inzwischen verschiedene Tinten entwickelt, mit denen sich auch zellulosische Chemie- oder Naturfasern bedrucken lassen. An der Verbesserung der Farbechtheiten wird ständig weiterentwickelt.

Interessant ist der Digitaldruck auch für das Bedrucken fertig konfektionierter Kleidungsstücke (s. u. DTG = Direct to Garment) oder das Drucken exklusiver und schnell veränderbarer Kleinserien bis hin zu individuellen Designer-Einzelstücken.

TEXTIL-DIREKTDRUCK, DTG (DIRECT TO GARMENT)

Mit einem an den PC angeschlossenen Tintendrucker werden spezielle, meist wasserbasierte Pigmenttinten direkt auf das fertige Textil gedruckt und anschließend mit Hitze dauerhaft fixiert. Der Druck ist angenehm weich im Griff, weist gute Wasch- und Farbechtheiten sowie hohe Detailtreue auch bei fotorealistischen Druckmotiven auf.

Im Gegensatz zum Thermosublimationsdruck eignen sich vor allem Textilien aus reiner Baumwolle und Mischungen mit bis zu 50 % Polyesteranteil.

Nanotechnologie macht Kleidung z. B. wasserabweisend.

AUSRÜSTEN

Alleskönner und Spezialisten

Geht es beim Färben und Drucken vorrangig um die Optik des Textils, so können Textilien in der Ausrüstung in ihren Eigenschaften verändert und verbessert werden, weshalb diese Vorgänge auch Veredelung genannt werden. Verbraucher erwarten heute von ihrer Kleidung, dass sie etwas „kann", also funktionelle Eigenschaften besitzt. Mängel auszugleichen und Schönheit zu erhalten, sind daher die Hauptziele der Textilausrüstung.

So schön sie auch sind, Mängel haben die Naturfasern alle, ob pflanzlichen oder tierischen Ursprungs. Leinen knittert, Baumwolle läuft ein, Wolle filzt und Seide bekommt schnell hässliche Wasserflecken. Am liebsten hätte der Verbraucher Natur pur mit den Eigenschaften der synthetischen Chemiefasern, denn auch die zellulosischen Chemiefasern zeigen Defizite gegenüber ihren synthetischen Verwandten. Ganz lassen sich diese Wünsche nicht realisieren, aber Mängel auszugleichen und negative Effekte zu reduzieren, das gelingt den Textilveredlern schon zu einem erstaunlichen Maße.

Weist der eingenähte Pflegehinweis in der Kleidung die Waschbarkeit des Textils aus, sollte besonders bei hautnah getragener oder Baby-Kleidung das neu erstandene Teil vor dem ersten Tragen unbedingt gewaschen werden. Damit werden nicht nur gefährdende Stoffe (→ *Kasten „Formaldehyd in Bekleidung", S. 173)* entfernt, sondern auch alle harmlosen, aber unnötigen Produktionshilfsmittel, Farbüberschüsse oder Ablagerungen.

Auch die Veredlungsverfahren haben eine Geschichte und die älteren Verfahren hatten mehr praktischen als funktionellen Nutzen. Baumwolle als ursprünglich häufigstes Fasermaterial musste am Einlaufen gehindert werden und sollte die Hausfrau beim Bügeln nicht vor unlösbare Aufgaben stellen. So ist das Sanfor®-Verfahren, bei dem die Baumwollstoffe großtechnisch – als Stoffbahn durch Dehnen und Stauchen – vorgekrumpft wurden, eines der ältesten und bewährtesten Ausrüstungsverfahren. Es wurde vom Amerikaner *Sanford L. Cluett* (1874–1968) in den 1920er-Jahren entwickelt. Hier geht es noch „mit rechten Dingen zu", denn bei diesem Verfahren kommen ausschließlich Feuchtigkeit, Hitze und Druck zum Einsatz, keine Chemikalien.

Formaldehyd in Bekleidung

Die Wirkungen von Formaldehyd auf den menschlichen Organismus sind lange bekannt. Im Jahr 2004 änderte die *Internationale Agentur für Krebsforschung (IARC)* der *Weltgesundheitsorganisation (WHO)* die seit 1995 bestehende Einstufung von Formaldehyd von „Verdacht auf krebserregende Wirkung" auf „krebserregend für den Menschen". Karzinogen (krebserzeugend), mutagen (zellverändernd) oder reproduktionstoxisch (Beeinträchtigung der Fortpflanzungsfähigkeit, Schädigung des Kindes im Mutterleib) eingestufte Stoffe („CMR-Stoffe") gelten als besonders gefährlich und müssen durch weniger gefährliche Stoffe ersetzt werden. Die WHO-Studie veranlasste das *Bundesinstitut für Risikobewertung (BfR)*, die krebsauslösenden Risiken von Formaldehyd neu zu bewerten. Seit 2006 sieht das *BfR* aufgrund der Ergebnisse der eigenen Studie die krebserzeugende Wirkung von Formaldehyd bei Aufnahme über die Atemluft (z. B. durch ausgasende Holzverbundstoffe) als hinreichend belegt an. Der Effekt sei konzentrationsabhängig: *„Bei Raumluftwerten von oder unterhalb von 124 µg/m³ Formaldehyd ist praktisch keine krebsauslösende Wirkung mehr zu erwarten. Bei wiederholter, deutlicher Überschreitung dieses Wertes können gesundheitliche Risiken bestehen."* Rechtsverbindlich ist Formaldehyd seit dem 1. April 2015 im *Anhang VI* der *Verordnung 2008/1272/EG* über die Einstufung, Kennzeichnung und Verpackung von Stoffen und Gemischen in der *Kategorie 1B* eingestuft: „wahrscheinlich karzinogen beim Menschen".

Im Bereich von Textilien (Bekleidung) gilt bei freiwilligen Schadstoffprüfungen im Rahmen eines Prüfsiegels (etwa *Toxproof* oder *Öko-Tex 100)* eine Bestimmungsgrenze von 16 mg/kg (16 ppm). Dies ist zugleich der Grenzwert für Baby-Bekleidung. Für hautnah getragene Kleidung gelten 75 mg/kg, für andere Textilien 300 mg/kg. Der zulässige „Grenzwert" in Deutschland liegt bei 1500 mg/kg (1500 ppm). Dies ist aber kein echter Grenzwert, da laut *BedGgstV (Bedarfsgegenständeverordnung)* bei „Textilien mit einem Massengehalt von mehr als 0,15 % an freiem Formaldehyd, die beim bestimmungsgemäßen Gebrauch mit der Haut in Berührung kommen und mit einer Ausrüstung versehen sind", nur folgender Hinweis angebracht werden muss:

„Enthält Formaldehyd. Es wird empfohlen, das Kleidungsstück zur besseren Hautverträglichkeit vor dem ersten Tragen zu waschen".

Allerdings liegt die Einhaltung dieser Vorschrift in der Eigenverantwortung der Verbraucher, der über die genauen Hintergründe nicht immer ausreichend informiert ist.

Das Ausrüsten von Stoffen macht Bekleidung funktional.

MECHANISCHE, THERMISCHE UND CHEMISCHE VERFAHREN

Man unterscheidet drei oder, wenn man so will, zweieinhalb Gruppen der Ausrüstung, denn die thermischen Verfahren sind eine Untergruppe der mechanischen Verfahren. Textiltechniker rechnen auch Färben und Drucken den chemischen Ausrüstungsverfahren zu. Auch Bleichen, Merzerisieren (Glanzerhöhung von Baumwolle durch Behandlung mit Natronlauge) sowie die Produktion von Ausbrennern (ein Ätzdruckverfahren) und das Gaufrieren (→ *Kapitel „Drucken", S. 166*) werden zu dieser Gruppe gezählt. Sie alle bedienen vorrangig optische Kriterien – die Verbesserung der Dimensionsstabilität, z. B. durch Merzerisation, ist ein erfreuliches Add-on.

Folgende Ausrüstungsverfahren zählen zu den:

- **Mechanischen Ausrüstungen:** Schmirgeln, Scheren, Rauen, Sengen, Beschichten, Walken, Tumbeln, Krumpfen, Kalandrieren, Gaufrieren
- **Thermischen Ausrüstungen:** Gasieren (identisch mit s.o. Sengen), Fixieren, Plissieren
- **Chemischen Ausrüstungen:** Färben, Drucken, Bleichen, Ausbrenner, Merzerisation, Fleckenschutz, UV-Blocker, Ex-Pollution-Chlorfrei, Antistatik, antimikrobielle Ausrüstung, Anti-Odor, Anti-Smoke, bügelfrei, flammhemmend, waschmaschinenfest, Hochveredeln
- **Nanoausrüstung:** Nanoausrüstung ist ein Sonderfall und beschreibt nur die Teilchengröße der eingesetzten Substanzen (Größenordnung nano = 10^{-9}; → *Kasten „Nanotechnologie", S. 179*).

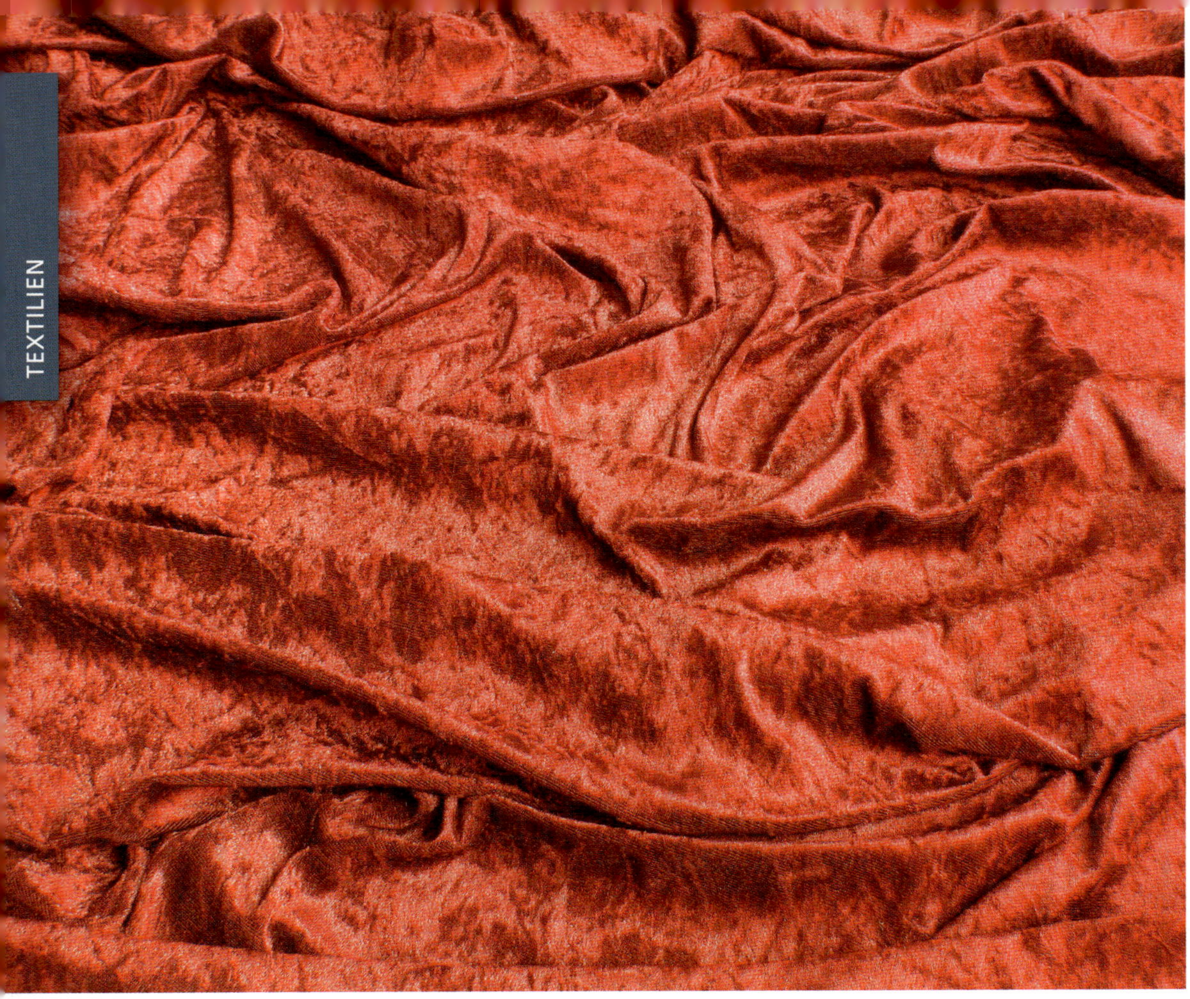

Gerauter Samt

Mechanische und thermische Ausrüstungsverfahren

Viele der Ausrüstungsverfahren sind in die Fertigungskette eingebunden und stellen kein Finish, also keine Endausrüstung, sondern Zwischenschritte dar. So werden die meisten Stoffe vor dem Färben gasiert oder gesengt. Dabei werden die überstehenden Härchen auf dem Stoff „weggebrannt", indem die Ware mit hoher Geschwindigkeit z. B. mit glühenden Metallkörpern in Berührung gebracht, durch nichtleuchtende Gasflammen (Bunsenbrennerprinzip) gezogen oder an hocherhitzten Keramikkörpern (indirektes Strahlensengen) vorbeigeführt wird. Dadurch erhält das Produkt eine besonders glatte und klare Optik, die Ware wirkt eleganter und griffiger. Die Neigung zum Anschmutzen wird ebenso wie die Pillingbildung (Bildung von Faserknötchen an der Warenoberfläche) reduziert. Um eine Schädigung von Synthesefasergeweben zu vermeiden, werden sie vor dem Prozess benetzt und der feuchte Stoff gesengt. Bei Polyestergeweben und Mischgeweben mit hohem Polyesteranteil würden sich an den Sengstellen dunkle Schmelzknötchen bilden, weshalb diese meist nach dem Färben gesengt werden.

OBERFLÄCHENVERÄNDERUNG

Schmirgeln, Scheren und Rauen werden zum Ende des Produktionsprozesses angewandt, um die Warenoberfläche zu verändern.

- **Schmirgeln** ergibt einen Pfirsichhauteffekt.
- **Geraut** werden Textilien mit lang flottierenden Fäden, z. B. Futterware bei Sweatshirts für eine wärmende Innenseite oder Pelzimitate für eine gleichmäßige Haardecke.
- **Geschoren** werden Polgewebe wie Samt oder Cord für ein einheitliches Warenbild oder um breite Cordrippen plastisch herauszuarbeiten oder auch Schlingenware für eine veloursähnliche Oberfläche. Man kann auch mustermäßig scheren (→ *Kapitel „Drucken", S. 166*), um besondere Oberflächenstrukturen zu erzielen.

KALANDRIEREN

Mit beheizten Kalandern, das sind übereinander angeordnete Walzensysteme meist aus Edelstahl, kann man Textilien „glanzbügeln". Das Prinzip ist nicht unähnlich einer Heizmangel. Die Abläufe müssen hinsichtlich der Spaltgröße zwischen den Walzen, der Temperatur und der Durchlaufgeschwindigkeit sensibel gesteuert werden, damit man keine Abrollmarkierungen oder Kantenverpressungen auf dem Textil erzeugt. Das heißt, **Kalandrieren** oder **Kalandern** und geschieht zum Ende des Produktionsprozesses.

Satin glänzt durch Kalandrieren.

Durch Rakelschichtung entsteht das Material für einen „Ostfriesennerz".

BESCHICHTUNG

Beschichten geschieht auf verschiedene Weise, in der Regel immer im Zusammenspiel mit einem beheizten Walzensystem.

Bei der **Rakelbeschichtung** wird die gelöste Substanz, z. B. eine Dispersion oder eine pastöse (dickflüssige) Kunststoffschmelze, mit einem Rakel gleichmäßig auf dem über eine Walze laufenden Textil verstrichen. Das Beschichtungsmittel kann auch aufgesprüht werden oder man verwendet Schäume. Um Textil und Beschichtung fest miteinander zu verbinden, werden die Textilien gemäß der Zusammensetzung der Beschichtung vorbehandelt.

Führt man Folien mit Textilien zusammen und verfestigt diese durch heiße Kalanderwalzen, nennt man den Vorgang **Laminieren**.

Auch eine dem Sublimations- oder Transferdruck ähnliche Beschichtungsmethode gibt es, die **Transferbeschichtung**. Statt des Druckmotivs wird die Beschichtung erst auf einen Papierträger aufgebracht und dann mittels Hitze und Druck per Walzensystem auf das Textil aufgebracht und fixiert. Die Ergebnisse sind weicher als bei der Direktbeschichtung.

Fotos: l.: Thommy Weiss/PIXELIO, m.: Waldemar Peter/PIXELIO, r.: pixamo/Fotolia

Ausrüsten

KOAGULATIONSVERFAHREN

Ein besonderes Verfahren, das immer mehr Bedeutung erfährt, weil aus dem Material immer mehr Schuhe, Handtaschen und Accessoires gefertigt werden, ist das Koagulationsverfahren, auch **DMF-Koagulation** oder **Wet Process** (Nassverfahren) genannt (im Gegensatz zu den vorgenannten Trockenausrüstungsverfahren).

In diesem Prozess liegt das Beschichtungsmittel als pastöse Lösung von Polyurethanharz im Lösungsmittel Dimethylformamid (DMF) vor und wird entweder durch Tauchen oder Rakeln auf das textile Trägermaterial appliziert. Anschließend wird das Textil durch mehrere, im Gegenstrom laufende Wasserbäder geführt. Dabei geht DMF in der wässrigen Phase in Lösung und das Polyurethanharz (wasserunlöslich) bleibt als schwammähnliches Gebilde auf dem Textil zurück. Das Ergebnis sind recht weiche und voluminöse Beschichtungen, speziell zur Herstellung von Kunstledern. Moderne Anlagen gewinnen das Lösungsmittel durch Reinigungsschritte und Destillation fast vollständig zurück, was sowohl arbeitsschutzbedingte als auch ökonomische Gründe hat. Die nachfolgende Trocknung dient ausschließlich zur Verdampfung des Wassers. Die technische Gestaltung einer Koagulationsanlage unterscheidet sich grundsätzlich von den Beschichtungsanlagen. Auf diese Weise hergestellte Beschichtungsqualitäten heißen Koagulat.

Äußerste Sorgfalt mit DMF

Wie mit allen organischen Lösungsmitteln erfordert der Umgang mit DMF äußerste Sorgfalt. Sowohl nach akuter als auch nach chronischer Einwirkung kommt es zu einer Leberzellschädigung (Fetteinlagerungen/Fettleber und Veränderungen des Lebergewebes ohne ausgeprägte Entzündungen). Der Stoff ist in Anlage 6 zu Nummer 30 des *Anhangs XVII* der *REACH-Verordnung (EG) Nr. 1907/2006* als fortpflanzungsgefährdend der *Kategorie 2* gelistet.

WALKEN

Walken ist das mechanische Verfilzen von Wolltextilien unter Einwirkung von Feuchtigkeit und Wärme. Dabei wird Wolle gesteuert verfilzt, um eine geschlossene Oberfläche zu bilden. Das wird bei der Herstellung von Loden, aber auch bei den moderneren gekochten Wollen gemacht. Auch Mischungen mit Wolle lassen sich walken, allerdings weder mit derselben Gleichmäßigkeit noch mit der Dichtheit. Walkloden sind wasser- und winddicht und sind typische Jacken- und Mantelstoffe von Trachten aus dem Alpenraum. Das Verfahren verläuft im Prinzip nach dem Urverfahren von vor etwa 500 Jahren. Nicht nur das "Verfilzen", auch die Art der Herstellung der dafür geeigneten Gewebe ist für das Ergebnis wichtig. Das Wollgewebe wird in handwarmem Wasser (30–40 °C), unter Zugabe von Kernseife, durch Druck und Reibung gewalkt. Dabei verfilzt die Wolle, wird dichter und ca. 40 % kleiner. Erst dann wird der Stoff gefärbt und an der Luft getrocknet. Das Rauen geschieht immer noch mit Naturkarden (Disteln), um keine elektrostatische Aufladung zu erzeugen. Dann werden die abstehenden Härchen abgeschoren und der Loden nass gebügelt. Den letzten Schliff gibt eine Dekatiermaschine mit Dampf und Druck, wodurch der gewünschte Glanz entsteht und ein letzter, leichter Krumpf für Dimensionsstabili-

Foto: BAST

Trachtenjanker in Walkloden

Plissee

tät sorgt. Doch nicht nur Meterware wird auf diese Weise hergestellt. Auch fertig gestrickte Janker können gewalkt werden. Erfahrene Walker kalkulieren dafür das entsprechende Schrumpfverhältnis bei der Produktion mit ein. Der älteste noch produzierende Lodenwalker stammt aus der österreichischen Steiermark und sitzt (seit 1434) in Ramsau am Dachstein.

TUMBELN

Tumbeln kennt jeder vom Haushaltstrockner. Im Prinzip geschieht in der Textilausrüstung auch nichts anderes, wenn auch in größerem Ausmaße. Getumbelt werden Stoffe, um ihnen einen dezenten Used-Effekt (künstliche Gebrauchsspuren) zu verleihen und den Schrumpf leicht zu verbessern. Häufiger als Meterware werden fertig konfektionierte Kleidungsstücke (Jeanshosen und -röcke, Sportswear-Hosen, Sportsakkos u.ä. legere Kleidung) in dem Tumbler gesteckt. Sie wirken dann wie bereits getragen und zeigen den typischen „Nahtkräuseleffekt". Zudem macht das Verfahren die Teile weicher.

GARMENT WASH

Garment Wash ist die Voraussetzung für das Tumbeln von fertig konfektionierter Ware, hier beginnt der Prozess der Nahtkräuselung und Farbüberschüsse werden ausgewaschen. Die mechanische Belastung durch die Waschtrommel (im industriellen Maßstab) und den Tumbler verursacht die gewollten Scheuerstellen an allen Nähten.

Für die Jeansherstellung gibt es als Sammelbegriff für bestimmte Ausrüstungsverfahren eine große Zahl spezieller „Waschungen", um die gerade gefragten modischen Effekte zu erzielen. Diese geschieht meist mit dem fertigen Teil (→ *Kapitel „Jeans", S. 290*).

KRUMPFEN

Krumpfen (→ *Abschnitt „Sanfor-Verfahren", S. 172*) bewirkt durch mechanisches Strecken und Stauchen das gezielte Einlaufen von Stoffen und fixiert diesen Zustand.

FIXIEREN

Fixieren bedeutet, einen Zustand festzuhalten, genau das geschieht bei Textilien beim Trocknen im Spannrahmen, der die genaue Fertigdimension des Textils vorgibt.

- **Thermofixieren** bedeutet, dass bei einer Mischung aus einer Naturfaser mit einer Synthetikfaser der synthetische Anteil während der Passage über beheizte Walzen angeschmolzen und bei Abkühlung (weitgehend unveränderbar) in diesem Dimensionszustand fixiert wird. Doch alles hat Grenzen: Wird das Textil über die Fixiertemperatur hinaus erhitzt, wird auch die Thermofixierung aufgehoben. Daher unbedingt die Pflegeempfehlung des Herstellers auf dem Einnähetikett hinsichtlich der Bügeltemperatur beachten! Thermofixiert werden können nur thermoplastische (durch Hitze verformbare) Synthetikfasern.
- **Plissieren** ist ein spezieller Fixiervorgang. In Wolle und Wollmischgewebe sowie Synthetics werden definierte Falten eingebracht und mit Hitze (und Dampf bei den Wollqualitäten) im Stoff dauerhaft fixiert. Das kann ebenfalls nur mit thermoplastischen Synthetics ohne Zugabe von Chemikalien, meist Kunstharze, sogenannte Resins, funktionieren. Müssen Resins eingesetzt werden, zählt dieses Verfahren dann zu den chemischen Ausrüstungsverfahren.

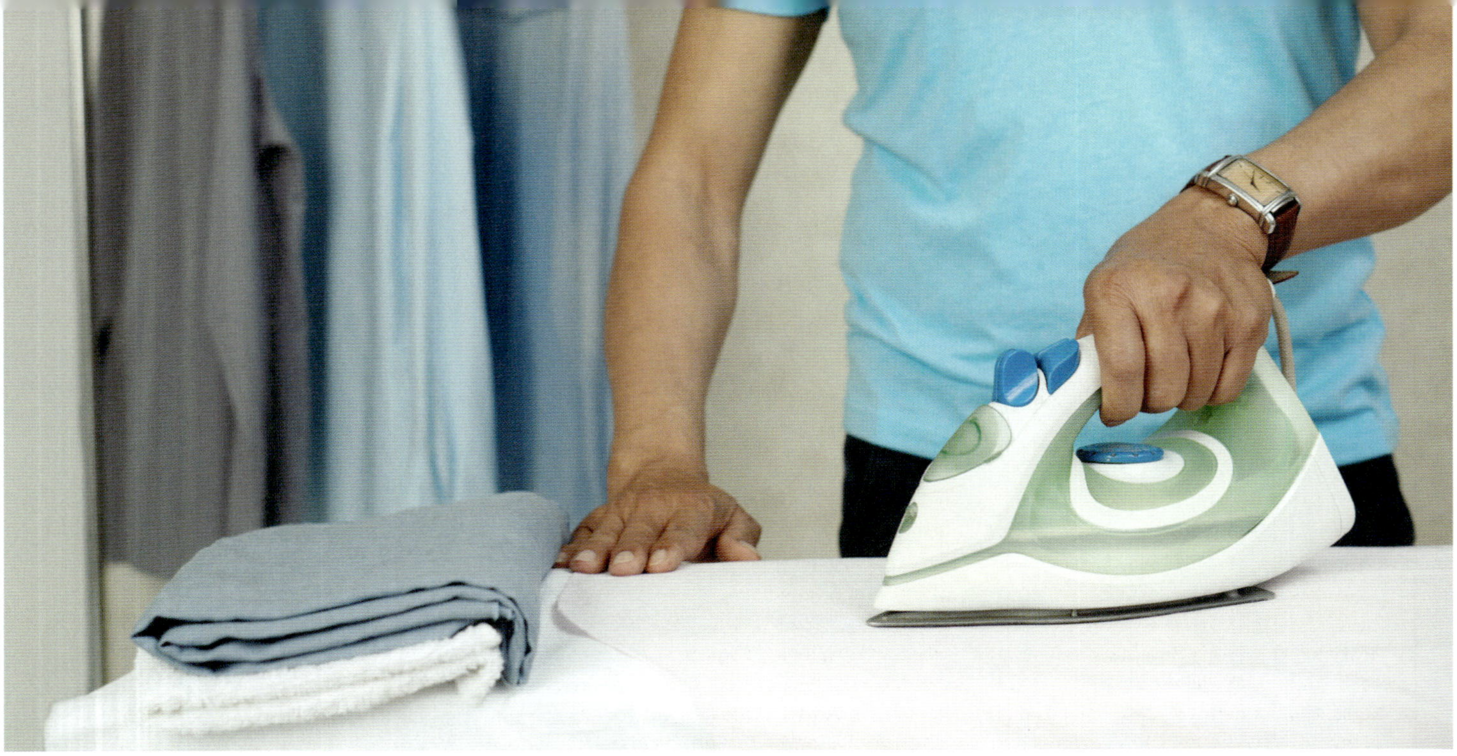

Durch Ausrüstung des Hemdenstoffes entfällt aus zeitaufwendige Bügeln.

Chemische Ausrüstungsverfahren

Chemische Ausrüstungsverfahren dienen meist der Funktionalisierung der Textilien, die ihnen Eigenschaften verleihen, die sie von Natur aus nicht mitbringen oder die durch ihre natur- bzw. strukturbedingten Mängel reduziert sind. Das sind z. B. Knitterneigung, Krumpf oder Fleckenanfälligkeit aufgrund hoher Feuchtigkeitsaufnahme.

KUNSTHARZ (RESIN)

Bügelfrei, waschmaschinenfest, Hochveredlung und Fleckenschutz sind alles Verfahren mit dem Ziel der Pflegeleichtigkeit, bei denen Kunstharze (Resins) zum Einsatz kommen. Sie dienen dazu, die Oberfläche dauerhaft zu glätten und die Einhaltung der Krumpfwerte zu garantieren bzw. die Knitteranfälligkeit zu verringern. Da sie sich chemisch in den Zwischenräumen und Poren der Fasern oder als Füllstoff innerhalb der Textilien anlagern sollen, sind diese in ihrer Atmungsaktivität minimal reduziert. Deshalb kommen diese Ausrüstungen auch für Baumwollstoffe und Mischungen oder Wollstoffe und Mischungen sowie für Stoffe aus zellulosischen Chemiefasern zum Einsatz.

Knitterreduktion

Reinem Leinen kann man den Knitter mit einer Kunstharzausrüstung nicht „austreiben". Die Ware wäre in Aussehen, Griff und Fall kein typisches Leinen mehr. Mischungen mit Baumwolle sind deshalb eher das Mittel der Wahl, wenn es nicht zu extrem „edel knittern" soll.

Flecken- und Nässeschutz

Für den Fleckenschutz „versiegelt" man quasi die Oberfläche des gesamten Textils oder der einzelnen Fasern, damit Flüssigkeiten und anderer Schmutz nicht in die saugfähigen Fasern eindringen kann. Da auch dieses Verfahren die „Textilität" reduziert, wird Fleckenschutz heute meist in Nanotechnologie erzeugt (→ *Kasten „Nanotechnologie", r.*). Der berühmte Lotuseffekt ist eine solche Nanoausrüstung. Die Ausrüstungen zum Fleckenschutz machen gleichzeitig auch wasserabweisend und regenfest.

Bügelfrei

Doch nicht nur Blusen, Oberhemden und Pullover werden pflegeleicht ausgerüstet. Herrenhosen aus Baumwollstoffen werden im Tauchschleuderverfahren mit einer Kunstharzlösung benetzt und anschließender Heißfixierung dauerhaft bügelfrei gemacht, falls gewünscht mit einer akkuraten Bügelfalte.

Bügelfrei 2.0

Diese Ausrüstung ist frei von Kunstharzen und wird mit Flüssigammoniak und einem speziellen Finish erzielt. Sie wurde für Herrenhemden entwickelt.

Hochveredelung

Sammelbegriff für Pflegeleichtausrüstungen.

WEITERE CHEMISCHE VERFAHREN

Maschinenwaschbare Ausrüstung

Ex-Pollution chlorfrei ist die von einem Spinnereiunternehmen patentierte Ausrüstung von Wolle zur Waschmaschinenfestigkeit. Bei den bisher verbreiteten Ausrüstungsverfahren werden die Wollschuppen durch den Einsatz von Chlorverbindungen geglättet und in einem zweiten Schritt mit einem waschbeständigen Film umhüllt.

Dieser Prozess setzt in erheblichem Maße chlorhaltige Verbindungen frei, die sowohl die Umwelt belasten als auch noch auf der Wollfaser nachweisbar sind. *Ex-Pollution chlorfrei* verzichtet gänzlich auf Chlor, und greift auf natürliche Salze als Oxidationsmittel zurück. An die Stelle des Films treten ökologische Polymer-Mikropatches (punktförmig aufgebrachte Miniplättchen).

Das Verfahren erfüllt *bluesign®*, *Global Organic Textile Standard (G.O.T.S.)* und den *Öko-Tex-Standard.*

Nanotechnologie

Nanotechnologie ist ein häufig gehörter Begriff, mit dem man in der Regel jedoch wenig Vorstellungen verbindet. Was man weiß: Nanoteilchen sind unvorstellbar klein. Die Einheit *nano* bezeichnet den 1 Milliardstel (10^{-9}) Teil einer Maßeinheit.

Im Bereich der Textilien wird dieser Begriff im Zusammenhang mit Ausrüstungen verwendet. Ein klassisches Beispiel dafür ist der Lotuseffekt. Von Lotusblättern perlt Wasser in runden Tropfen ab, ohne das Blatt selbst zu benetzen, und nimmt dabei sogar noch Staub und Verschmutzungen mit. Das war das Ziel, das es auf textilen Oberflächen zu erreichen galt. Jahrelang glaubte man, dass dieses Phänomen durch eine wachsartige, extrem glatte Oberfläche verursacht werde. Unter dem Elektronenrastermikroskop dann die große Überraschung: Das Lotusblatt war neben der vermuteten Wachsschicht von unzähligen, mikroskopisch kleinen „Höckern" besetzt, auf denen sich die runden Tropfen bildeten und abrollten. Jetzt erst konnten die Entwicklungen in die richtige Richtung gehen. Man musste etwas finden, was man – für das menschliche Auge unsichtbar wie beim Lotusblatt – auf die Textilien aufbringen konnte, das Flüssigkeiten spurenlos abperlen ließ. Dabei stieß man auf die Nanotechnologie als Lösung.

An Nanopartikeln wurde bereits in anderen Disziplinen (z. B. Lack- und Farbenchemie) geforscht. Da gibt es einmal die Partikel selbst, die in einer Größenordnung von 10 nm bis 100 nm bekannt sind. Daneben gibt es oligo- (= wenige) oder polymere (poly = viel) Substanzen, die man auf ein Trägermaterial aufbringen kann, die weiter zu einer dünnen Schicht („web") im Nanoschichtbereich vernetzen. Diese Partikel können kompakt (kristallin oder amorph = gestaltlos) sein oder als Hohlkörper (Globuli = Kügelchen bzw. Tubuli = Röhrchen) vorliegen, die man mit Wirkstoffen verschiedener Art „beladen" kann.

Diese Nanopartikel können im Spinnprozess synthetischer und zellulosischer Chemiefasern bereits in die Fasermatrix eingebunden oder im Rahmen der Ausrüstung auf die Oberfläche der Fasern (frei oder gebunden) aufgebracht werden, z. B. als Schaumbeschichtung oder Imprägnierung. Auch bei der nachträglichen Ausrüstung können sich die Nanopartikel kovalent, d. h. mittels eines chemisch-physikalischen Vorgangs, fest mit den Fasern verbinden. Die feste Verbindung ist auf jeden Fall dem reinen Anlagern auf der Oberfläche vorzuziehen, sowohl was die Dauerhaftigkeit des gewünschten Effektes anbetrifft, als auch was eine mögliche Gefährdung bedeuten könnte, über die man wegen der relativ kurzen Anwendungszeit noch keine gesicherten Langzeitstudien besitzt. Bei den Bedenken geht es nicht um eine Durchdringung der menschlichen Haut, die ist nach Stand der Kenntnis von heute praktisch ausgeschlossen. Es geht eher um Einatmen bzw. Aufnahme über den Magen-/Darmtrakt von z. B. Silber-, Zink- und Titanoxidpartikeln u. Ä. mit bisher unbekannten toxischen Auswirkungen.

Beispiele für die mit der Nanotechnologie erreichbaren funktionellen Eigenschaften sind neben dem Lotuseffekt (schmutz-, wasser- und ölabweisende Wirkung durch Siliziumdioxid), der UV-Schutz (mittels Zink- und Titanoxiden) oder die antimikrobielle Ausrüstung mit Silbernanopartikeln (→ *Abschnitt „Antimikrobielle Ausrüstung", unten*). Hierfür werden keine Nanohohlkörper eingesetzt.

Nanohohlkörper sind durch die *Phase Change Materials (PCM)* bekannt. Dabei sind die Nanokügelchen mit einer paraffinähnlichen Substanz gefüllt. Diese beginnen durch die Aufnahme von Wärme beim Schwitzen zu schmelzen und nehmen dadurch Energie auf. Bei Abkühlung wird die Substanz langsam wieder fest und gibt nun ihrerseits Energie in Form von Wärme wieder ab. Auf diese Weise soll sowohl Überhitzung als auch zu starke Abkühlung verhindert werden. Diese Materialien werden für Bekleidung und persönliche Schutzausrüstung, Schuhe, aber auch für Bettwäsche, Sitzmöbelpolsterungen und sogar zum Hausbau verwendet. Die Hohlkörper sind stabil und bleiben während des Gebrauchs intakt, bleiben daher wirksam.

Es gibt aber auch Nanohohlkörper in sogenannten Kosmeto-Textilien. Das sind dünnwandige Nanokapseln, die kosmetische Wirkstoffe, wie z. B. Aloe vera oder Duftstoffe (Erdbeerduft bei Kindersöckchen), enthalten und diese durch Reibung mit der Haut oder durch Körperwärme freigeben. Diese Effekte verbrauchen sich mit der Zeit. Bei den Kosmeto-Textilien gelten für die Wirkstoffe neben der Bedarfsgegenständeverordnung zusätzlich die Regelungen der Kosmetikverordnung. Spezielle Richtlinien für die Verwendung von Nanomaterialien gibt es derzeit noch nicht.

Auf den Lotusblättern bilden sich silbrig glänzende Regentropfen (Bildmitte), die Blätter der normalen Seerose (unterer Bildrand) werden komplett vom Wasser benetzt.

UV-Schutz

UV-Schutz auf Textilien wird durch eine Zweikomponentenbehandlung erreicht. Als physikalischen Schutz verwendet man ein Weißpigment wie Titan- oder Zinkoxid plus einen oder mehrere organische UV-Absorber. Dadurch wird nicht nur das Textil selbst vor dem Verblassen geschützt, Textilien, die so behandelt wurden, eignen sich auch für UV-Schutzkleidung. Auch Seifen mit einem Zinkoxid-Gehalt von 0,1–15 Gewichtsprozent eignen sich für die Ausrüstung. Diese Variante hat zudem einen desodorierenden Effekt. Für diese Ausrüstung eignen sich vorwiegend synthetische Textilmaterialien, zellulosische sind weniger geeignet.

Antimikrobielle Ausrüstung

Antimikrobielle Ausrüstung ist da gefragt, wo es um starke Schweißentwicklung geht und Zersetzungsbakterien unangenehme Gerüche produzieren. Es ist seit Langem bekannt, dass Silber helfen kann, diese Gerüche erst gar nicht entstehen zu lassen, z. B. in Sportsocken. Um diese Wirkung zu erreichen, gibt es verschiedene Methoden:

- Bereits beim Zwirnen werden **Silberfäden** um ein Trägergarn gewickelt. Als Nebeneffekt hat der Silberfaden auch eine kühlende Wirkung, wenn er in einem Textil am Körper getragen wird.
- Beim Schmelzspinnen können der flüssigen Polymerschmelze **Silberionen** beigegeben werden. Da-

LEXIKON Färben, Drucken und Ausrüsten

Aged Look. Used Look. Künstlich gealterte Optik, die mit verschiedenen Chemikalien (z. B. Enzymen) oder Schleifpartikeln vorgewaschen werden.

Antifilz. Macht Wollartikel waschfest und schützt vor Pilling. Beim „oxidativen Verfahren" werden die Schuppenkanten der Wollfaser weicher und flacher gemacht. Beim „additiven Verfahren" wird die Faser mit einer hauchdünnen Schicht aus Kunstharz überzogen. Beim „kombinierten Verfahren" bekommt die Wolle nach einer sauren Chlorierung eine Kunstharzbehandlung (Chlor-Hercosett-Verfahren)

Applizieren. Mustermäßiges Aufbringen (Aufsticken, thermisches Verkleben) von textilem oder nicht-textilem Zierrat (Applikationen) wie Pailletten, Patches, Leder, Bänder, Borten, Folien oder Federn.

Ätzen. Das mustermäßige Entfernen von Farbe (z. B. beim Ätzdruck) oder Faserbestandteilen (z. B. beim Ätzsamt) mit ätzenden Pasten. Nur mit zellulosischen Fasern möglich.

Ausbrenner. *Frz.* ***Dévorant.*** Mustermäßiges Entfernen des Zellulosefaseranteils einer Fasermischung. Für partielle Semitransparenz.

Azofarbstoffe. Synthetisch hergestellte Farbstoffe. Sie sind farbstabil, lichtecht und können kräftige Farben haben. Auf Textilien können sie wasch-, reinigungs- und reibecht sein.

Bonding. Durch Hitze, Heißschmelzkleber oder andere wasserfeste Kleber dauerhafte Verbindung zweier unterschiedlicher Textilien.

Brennen, krabben. Fixierung von Wollfäden vor der Verarbeitung mit kochendem Wasser gegen Einlaufen (Krumpfen) und Verfilzen.

Bügelfrei. Durch Kunstharzausrüstung oder Kombination verschiedener Verfahren dauerhaft formstabil, glatt und schrumpfarm gemachte Gewebe.

Carbonisieren, karbonisieren. Reinigen und Entfernen pflanzlicher Bestandteile.

Chintzen. Durch Kunstharzausrüstung dauerhaft glänzend ausgerüstete, dicht gewebte Stoffe.

Coating. Kaschieren. Warenbreites Aufbringen einer Deckschicht, Folie oder Warenabseite mittels Klebstoff oder thermischer Verfestigung.

Crash. Maschinell unregelmäßig geknautschte und durch Kunstharz oder Thermofixierung dauerhaft gemachte Knitterfalten in Synthetics. Waschbeständig, nicht bügelfest.

Crinkle. Engl. Kräuseln. Durch Waschen, Falten und Tumblen in Längsrichtung eingebrachte Knitter, evtl. durch Kunstharzausrüstung haltbar gemacht. Waschbar, aber nicht bügelfest.

Dekatieren. Bügeln von Wolle unter Druck und mit Dampf, um Feuchtigkeit zurückzugeben und den Griff zu verbessern. Verhindert späteres Einlaufen (Krumpfen) und macht Falten dauerhaft.

Délavé. Oberbegriff für vorgewaschene (Garment oder Mill washed) Stoffe. Für volumigeren Griff und reduzierte Einlaufwerte.

Drucken. Aufbringen von Farbe nach unterschiedlichen Verfahren. Gängig sind: Ätzdruck (Mustergemäß partielles Entfernen und neu überdrucken vorgefärbter Ware, sehr echt), Digitaldruck (warenbreit auf den Stoff oder den vorgegebenen Schnitt aufgebrachte Farbtinte, ermöglicht fotorealistische Abbildungen, auch rapportfrei, d. h. ohne Wiederholung des Musters), Flockdruck (Aufbringen eines synthetischen Faserflors auf mustermäßig verteilte Kleberflächen, wenig scheuerfest), Pigmentdruck (mustermäßiges Aufbringen pastenartig verdickter Farbpigmente, bedingt scheuerbeständig), Transferdruck (Übertragen von Farbe und Dessin auf einen Stoff mithilfe eines bedruckten Papiers, vorzugsweise auf Synthetics, auch fotorealistisch und rapportfrei).

Easy Care. Ausrüstungsverfahren für Pflegeleichtigkeit (bügelleicht, fleckgeschützt, bedingt wasserabweisend) von Baumwoll- und Baumwollmischgeweben.

Enzymbehandlung. Filzfreiausrüstung von Wolle mit Enzymen.

Färben. Unterschiedliche, rohwarenabhängige Methoden zur Farbgebung von Fasern, Garnen, textilen Flächen oder fertigen Kleidungsstücken (→*Garment Dyeing*).

Filzen. Walken. Behandlung von Wollstoffen mit Wärme, Feuchtigkeit und Druck für eine geschlossenere, wasserabweisende Oberfläche. Effekt steuerbar. Älteste Kulturtechnik.

Fleckschutz. Setzt unterschiedliche Chemikalien gegen wasser- oder fettlösliche Flecken ein. Heute meist im Nanobereich, Fleckschutz hat meist auch eine flüssigkeitsabweisende (abperlende = repellant) Wirkung.

Garment Dyeing. Färbeverfahren für fertige Kleidung, auch Strickwaren, rohweiß oder gemustert. Ergibt gemäßigten Used Look.

Garment Wash. Waschen fertiger Kleidungsstücke zur Erzielung einer leichten Nahtunruhe, minimal angestoßener Kanten und verbesserter Weichheit.

Gaufrage. Gaufrieren. Prägen. Frz. Knautschen, Knittern. Einpressen eines Musters in eine Stoffoberfläche mittels Hitze und einer gemusterten Prägewalze. Meist nicht waschfest.

Hydrophilieren. Ausrüstung zur Erhöhung der Wasseraufnahmefähigkeit.

Hydrophobieren. Wasser- bzw. flüssigkeitsabweisend ausrüsten.

Imprägnieren. Durch Aufsprühen, Tauchen etc. auf den Stoff aufgebrachte Chemikalien für Wasserabweisung, Fleckschutz etc.

Kalandern. Kalandrieren. Satinieren. Glanzausrüstung. Der Stoff wird unter Druck und Wärme über eine Walze mit sehr glatter Oberfläche geführt. Das ergibt auf dichten Geweben dauerhaften Glanz, auch ohne Kunstharzausrüstungen.

Knitterarmausrüstung. Speziell für die Verbesserung der Knitteranfälligkeit zellulosischer Fasern. Verschiedene Verfahren.

Kunstharzausrüstung. Ausrüstung von Stoffen hauptsächlich aus zellulosischen Fasern mit verschiedenen Kunstharzen auch in Nanofeinheit, die sich mit der Faser und untereinander chemisch verbinden. In der Regel für Schmutz- und Flüssigkeitsabweisung, Bügelleichtigkeit, Permanentausrüstung von Falten.

Laugieren. Nachbehandlung von Geweben mit Crêpe-Garnen, aus zellulosischen Fasern, mit schwachen Laugen ohne Spannung zur Erzielung des Crêpe-Effektes.

Melton-Ausrüstung. Durch Rauen und leichtes Walken verwirrter Faserflor auf der Warenoberfläche. Matt.

Mercerisieren. Merzerisieren. Baumwollgarne werden mit konzentrierter Natronlauge behandelt. Sie erhalten dadurch bleibenden Glanz, erhöhte Festigkeit und besseres Farbaufnahmevermögen. Glanzausrüstung für Stoffe unter hoher Spannung, findet nach dem Färben statt.

Metallisieren. Aufbringen von Metallpulvern oder Umhüllen einer Faser mit einer dünnen Metallschicht für funktionelle Anwendungen.

Mill washed. Engl. Fabrik gewaschen. Für weicheren Griff bei noch unverarbeiteter Meterware.

Moiré. Verziehen gefalteter Stoffe in Kettrichtung unter einem Kalander. Partielles Plattdrücken der Fäden ergibt den wasserlinienartigen Effekt. Auch als Prägung.

Molden. Dauerhaftes thermisches Verformen von hitzeverformbaren synthetischen Materialien. Für Seamlesswäsche und BHs.

Mottenschutz. Eulanisieren. Ausrüstung von unverarbeiteter Wolle gegen Befall mit Kleidermotten.

Nano. Materialien und Substanzen in einer Größenordnung vom Einzelatom bis zu einer Strukturgröße von 100 Nanometern (nm). Ein Nanometer ist ein milliardstel Meter (10^{-9} m). Für hochfunktionelle Ausrüstungen, z. B. zur Wasserabweisung, als Fleck- und UV-Schutz. Bei Verwendung von PCM auch Einbringung von Pflegeprodukten (z. B. Aloe vera) oder verschiedenen Düften möglich, ebenso wie geruchsneutralisierender Substanzen. Keramische Materialien dienen zum Temperaturmanagement.

Peach finish. Feines, mechanisches Schmirgeln für eine pfirsich- oder aprikosenhautähnliche Stoffoberfläche.

Pflegeleichtausrüstung. Kunstharzfrei. Durch sparsamen Einsatz von Chemikalien, die sich mit der Faser chemisch vernetzen, zur „Selbstglättung" zellusosischer Fasern.

Plasmabehandlung. Zur Filzfreiausrüstung. Braucht aber meist noch zusätzlichen Kunstharzprozess für volle Waschbarkeit.

Plissieren. Stoff wird dauerhaft in meist gleiche Falten gelegt. Auch unregelmäßig möglich.

PPT. Abkürzung für ital. *Pronto per tinto,* dt. *Fertig zum Färben.* Bezeichnung für Garment-dyed-Verfahren (→*Garment Dyeing*).

Rauen. Oberflächenbehandlung für einen weichen, voluminöseren und wärmeren Griff.

Relax Finish. Tumblen von Maschenstoffen zur Schrumpfreduzierung.

Repellant. Engl. abperlend. Sammelbegriff für wasser- oder flüssigkeitsabweisende Ausrüstungsverfahren, häufig, aber nicht zwangsläufig als Kunstharzausrüstung.

Sanden. Waschen von Stoffen mit feinstem Sand für einen weichen Griff mit sanftem Oberflächeneffekt.

Scheren. Mechanische Entfernung von Faserenden, die aus der Oberfläche von Stoffen hervorstehen, mithilfe eines Schneidewerkzeugs.

Schleifen. Besonders feine Form des Schmirgelns, für homogene, samtige Oberflächen.

Schmirgeln. Oberflächenbehandlung für einen weicheren Griff von Geweben oder Maschenwaren.

Schrumpfen. Gesteuerte Nutzung des Einlaufverhaltens vorwiegend zellulosischer Materialien, zur Erreichung verbesserter Dimensionsstabilität.

Sengen. Gasieren. Faserhärchen werden mit einer Gasflamme abgebrannt. Für eine glatte, flusenarme Oberfläche. Reduziert Pillingneigung.

Sticken. Musterung von textilen Flächen (auch von Echtleder- oder Lederimitaten) durch ein mustergebendes Nähverfahren mit farbigen Garnen oder Applikationen.

Thermofixieren. Verfestigung von Garnen, Stoffen, Kleidungspartien und gewünschten Effekten durch gezielte Hitzeeinwirkung auf dauerhaft hitzeverformbare Synthetics.

Transparenz. Wechselweise Behandlung von meist Batisten mit Säuren und Laugen für einen durchscheinenden Effekt und gewollt steifen Griff.

Tumbeln. Im Trockner behandeln für weichen, leicht used wirkenden Look. Milder als Waschen.

UV-Schutz. Durch den Einsatz von Pigmenten in Nanofeinheit wird ein unterschiedlich hoher Schutz vor UV-Strahlen erzielt.

Walken. Gesteuerter Verfilzungsprozess von Wolle mittels Wärme, Feuchtigkeit und Druck.

Waschen. Vorwaschen von Rohware oder Fertigteilen für eine entspanntere, leicht getragen wirkende Optik mit gewollter Nahtunruhe in unterschiedlicher Ausprägung.

Wrinkle free. Engl. Faltenfrei. Bügelfrei-, Knitterarmausrüstung für Baumwoll- und Baumwollmischgewebe.

Sportsocken mit antimikrobieller Ausrüstung

mit entstehen synthetische Chemiefasern, die zusätzlich zu ihrer Eigenschaft, Feuchtigkeit schnell abzutransportieren, auch die Geruchsbildung hemmen. Da die Silberionen in der Fasermatrix enthalten sind, werden sie nicht so schnell ausgewaschen, als wenn sie nur an der Oberfläche haften.

- Als dritte, aber nur kurzfristig wirksame Methode kann das fertige Textil mit **bakteriziden Substanzen** behandelt werden. Das hält jedoch nur wenige Wäschen und verliert seine Wirkung relativ schnell.

Bei den antimikrobiellen Mitteln auf Textilien, die Silberteilchen meist im Nanobereich enthalten, ist darauf zu achten, ob diese diffundieren (sich aus dem Textil lösen) oder auf der Ware verbleiben. Erfahrungen, ob das eine Gefährdung für den Menschen darstellt, hat man noch nicht. Daran wird gerade geforscht. Die Befürchtung, die dahinter steht, ist, dass freie Silberionen möglicherweise gegen Antibiotika resistent machen könnten.

Geruchsreduktion

Anti-Smell, Anti-Smoke, Anti-Odor sind Ausrüstungen, die Geruchsmoleküle „fangen". Dabei werden ringförmige Glukosemoleküle (Mehrfachzucker) mit zentralem Hohlraum, sogenannte Cyclodextrine eingesetzt. Dieser Innenraum ist wasserabstoßend, die Außenfläche des Moleküls jedoch polar, sodass Cyclodextrine in der Lage sind, sogenannte „Einschlussverbindungen" mit nichtpolaren organischen Verbindungen zu bilden. Für Nichtchemiker: Sie können Geruchsmoleküle einbinden und dadurch neutralisieren. Diese besonderen Eigenschaften werden für Vorhänge und Teppiche oder auch für Kleidung, z. B. in Restaurationsbetrieben (Küchengerüche, Tabakrauch), eingesetzt. Da die Geruchsmoleküle unterschiedlich groß sind, können die Chemiker die Cyclodextrine in der genau passenden Größe für die jeweiligen Gerüche bauen.

Nachsatz und nachdenkliche Worte

Philippus Theophrastus Aureolus Bombastus von Hohenheim, getauft als *Theophrastus Bombastus von Hohenheim* (geboren vermutlich 1493 in Egg, Kanton Schwyz; gestorben 24. September 1541 in Salzburg), genannt *Paracelsus,* war ein Arzt, Alchemist, Astrologe, Mystiker, Laientheologe und Philosoph – ein Universalgelehrter. Von ihm ist der Satz: „Die Dosis macht das Gift" oder in Langform: „Alle Dinge sind Gift, und nichts ist ohne Gift; allein die Dosis machts, daß ein Ding kein Gift sei." Als Beispiel: Arsen, in sehr kleinen Mengen verabreicht, wurde im Mittelalter gegen diverse Lungenkrankheiten und Asthma eingesetzt. Arsen in hoher Dosierung führt jedoch unweigerlich zum Tod.

Auf die in der Textilherstellung eingesetzten „Gifte" übertragen bedeutet das, dass man sie alle so gering wie möglich dosieren sollte, um keinen Schaden an Mensch und Umwelt anzurichten, und alles vermeiden sollte, das ihre schädliche Seite hervorbringt. Die Rückgewinnung der Substanzen und ihre Anwendung in geschlossenen Systemen hat ihren besonderen Charme und ihre Überzeugungskraft in der Verbindung humanökologischer und ökonomischer Aspekte.

Gerade bei neueren Substanzen und Prozessen sollte man daher mit äußerster Vorsicht vorgehen und sich langsam an eine Idealdosis heran testen. Sind Grenzwerte festgelegt, die in Deutschland und der EU kontrolliert und eingehalten werden, ist eine generalisierte Angst fehl am Platze. Bei allem, was unsere Grenzen von außen her übertritt, sollte jedoch ein Kontrollmonitoring vorzugsweise im Herstellungsland Gefährdungen ausschließen. Bezeichnenderweise sind gefährliche Substanzen in der Regel teurer als weniger gefährliche, sodass bei extremen Billigangeboten besondere Vorsicht geboten ist. T-Shirts zum Preis von Speiseeis und Schuhe zum Preis eines Beef Burgers können nicht gesund gefertigt sein, weder aus Sicht des Verbrauchers noch aus Sicht der Produktionsarbeiter. So etwas sollte es eigentlich überhaupt nicht geben. Solange aber im Niedrigpreissektor keine gesünderen Alternativen auf dem Markt sind, sollte man zumindest die Wahrnehmung dafür stärken, das diese Waren risikobehaftet sein können und die Suche nach alternativen Lösungen auf keinen Fall aufgeben.

GLOSSAR

FÜR STOFFE ALLER HERSTELLUNGS-ARTEN

Affenhaut. Gewebe mit samtartiger Oberfläche, erhält seine velours- oder glattlederartige Oberfläche durch mechanische (Rauen, Scheren) oder chemisch-mechanische Ausrüstungsmethoden.

Ajour, Ajouré. Sammelbezeichnung für durchbrochene Web- oder Maschenware für Bluse, Shirt, Kleid.

Atlas. Hochdichte Gewebebindung, bei der sich die Bindungspunkte nicht berühren (Schussatlas, Kettatlas).

Ätzsamt. Kurzfloriges, weiches Samtgewebe mit dichtem, niedergelegtem Flor auf durchscheinendem Grund. Musterung entsteht durch Entfernen des Faserflors mittels Ätzverfahren.

Ausbrenner. Gewebe in Fasermischung, bei denen ein Faseranteil mittels Ätzverfahren entfernt wird. Für Bluse, Kleid, Accessoires, semitransparent.

Babycord. Mit mindestens 48 Rippen auf 10 cm. Für Blusen und Hemden oder leichte Casualkleidung.

Ballonseide. Tuchbindige Feingewebe aus Natur- oder Chemiefasern. Outdoorkleidung.

Batist. Feines, tuchbindiges Gewebe meist aus Baumwolle oder Leinen. Für Bluse, Hemd, Kleid.

Bedford. Gewebe mit Rippenoptik wie Cotelé. Für Hosen und Sportswear.

Borkenkrepp. Gewebe mit baumrindenartig ausgerüsteter Oberflächenstruktur. Für Blusen, Kleider, leichte Oberteile.

Bouclé. Schwerere Gewebe mit Wollcharakter unter Verwendung von Bouclézwirnen mit Verdickungen und Schlingen.

Bourette. Mattes mit Samenkapseln „verunreinigtes" Gewebe aus Bouretteseide (Naturlook). Für leichte, eher sportive Oberteile.

Breitcord. Cord mit 20 Rippen auf 10 cm.

Brokat. Schweres, jacquardgemustertes Gewebe, oft mit Glanzfäden oder Lurex durchsetzt. Für Fest- und Abendmode.

Broken Twill. Kreuz- oder Mehrgratköper, weicher als Denim.

Bundfutter. Futter im Hosenbund, meist aus Baumwolle oder Viskose. Manchmal auch rutschfeste Bundverarbeitung mit Gummiauflage.

Canvas. Robustes Baumwollgewebe in Tuchbindung für Hosen, Casual- und Workwear.

Chambray. Leichtes Gewebe mit farbigem Schussfaden und weißer Kette in Tuchbindung (Hemdenstoff).

Changeant. Gewebe mit schillerndem Aussehen durch verschiedenfarbige Kett- und Schussfäden. Als Futter oder für Abendmode.

Charmeuse. Querelastische, maschenfeste Kettenwirkware mit seidiger Oberfläche.

Cheviot. Nach dem Wolltyp benannte, unempfindliche Streichgarnstoffe. Für Sakkos, Mäntel, Jacken.

Chiffon. Hauchzartes, schleierartiges Crêpe-Gewebe im Seidenlook.

Chiné. Gewebe mit verschwommenen Musterkonturen, entstehen durch Bedrucken der Kettgarne vor dem Weben. Meist Abendmode.

Chintz. Glänzend durch Kalandern ausgerüstete Gewebe. Für alle Arten von Bekleidung.

Cimbria-Serge. Futter für Damenkleidung, sehr lockere Köperbindung.

Cloqué. Doppelgewebe mit reliefartig strukturierter Oberseite. Elegante Kleidung.

Cloth. Baumwoll-Futtersatin, merzerisiert und rechtsseitig mit Glanz veredelt.

Cord, Rippensamt. Samt, bei dem die Längsrippen erhalten bleiben. Für Sport- und Casualmode.

Cotelé. Feinfädige, längsgerippte Baumwollstoffe. Für Hosen und sportive Mode.

Covercoat. Strapazierfähiger, köperbindiger (Baum-) Wollstoff aus moulinierten Garnen. Für Hosen, Mäntel, Sakkos, Jacken.

Crêpe, Krepp. Familie hochwertiger seidiger Stoffe mit körnigem Warenbild. Über die Crêpe-Bindung (echter Crêpe), hochgedrehte Garne oder Ausrüstung erzielt. Für elegante Kleidung jeder Art.

Crêpe de Chine. Fließender, leichter Seidenstoff in Tuchbindung. Für edle Blusen und Abend.

Crêpe Georgette. Echter Crêpe aus Crêpe-Garnen in Tuchbindung. Für elegante Tages- und Abendmode.

Crêpe lavable. Lavable. Oft aus Viskose als Druckgrund. Für Blusen, Kleider, Röcke.

Crêpe marocain. Schwerer echter Crêpe auch als Futterstoff. Für elegante Tageskleidung.

Crêpe Satin. Weichfallender, fließender Halbkrepp mit je einer glänzenden und matten Gewebeseite (reversibel).

Damast. Großzügig gemusterte unifarbige Jacquardgewebe. Für Tisch- und Hauswäsche, aber auch für Kostüme und Jacken.

Denim. Robustes Baumwollgewebe in Köperbindung für Jeans. Bei Blue Denim sind die Kettfäden indigogefärbt, die Schussfäden bleiben rohweiß.

Donegal. Handwebartiges Streichgarngewebe, ursprünglich aus der irischen Region Donegal. Tweed in Tuchbindung mit farbigen Noppen. Hosen, Jacken, Sakkos, Kostüme und Mäntel.

Doppelripp. Deutlich gerippte Maschenware mit mindestens zwei linken Maschenstäbchen zwischen den rechten Rippenmaschen.

Doubleface. Abseitenware. Doppelgewebe mit zwei unterschiedlichen, reversiblen Warenseiten, uni und/oder gemustert. Jacken, Sakkos, Mäntel. Hochwertig.

Doupion. Frz. für Shantunggewebe.

Dreher. Gruppe von Geweben mit verschlungenen oder verdrehten Kettfäden (poröses Warenbild). Für Blusen.

Duchesse. Hochwertiger, stark glänzender Kettatlas aus Naturseide, Viskose, Acetat oder Polyester-Endlosgarnen. Festliche Damenmode, edles Futter.

Duvetine. Unechter Samt meist aus Schussatlas mit fein geschmirgelter Oberfläche (Pfirsichhauteffekt). Elegante Tageskleidung.

Façonné. Allgemeinbezeichnung für Stoffe mit kleinen geometrischen Bindungsmustern. Oft Matt/Glanz-Effekt.

Fallschirmseide. Federleichtes seidenartiges Gewebe aus Polyamid oder Polyester. Leichte Outdoormode, Sportswear.

Fancy Cord. Cord mit wechselnden Rippenbreiten oder schachbrettartig versetzt aufgeschnittenen Rippen. Für sportive Kleidung.

Feincord. Cord mit 44 bis 50 Rippen auf 10 cm. Meist für Hosen, Röcke, leichte Sakkos.

Feinripp. Feine rundgestrickte Maschenware ähnlich Single Jersey.

Fil-à-Fil. Gewebe in Doppelköper mit treppchenartigen Kleinmustern im Wechsel hell/dunkel. Weitverbreitetes Mikrodessin.

Filz. Mit Wärme, Feuchtigkeit und Druck (Walken) verfestigte Wolle. Älteste textile Kulturtechnik.

Fischgrat. Wollstoffe mit charakteristischem Gratwechsel in Köperbindung. Oft Sakkos, Hosen, Kostüme, Jacken und Mäntel.

Flachstrickware. Handstrickähnliche, reihenweise hin und hergehender Faden zur Maschenbildung. Maschen entstehen hintereinander.

Flanell. Ein- oder doppelseitig geraute Gewebe aus unterschiedlichen Fasern und Gewichten. Tuch– oder köperbindig.

Fleece. Aus Maschenware durch Rauverfahren gebildete Faserpelzware, hochwertig aus Mikrofasern oder mit Beimischung von Naturfasern.

Florgewebe. Auch Polgewebe. Gewebe, bei denen ein drittes Fadensystem neben Kette und Schuss Rippen erzeugt, die aufgeschnitten und gebürstet die samtige Oberfläche ergeben.

Foulard. Frz. Schal. Leichter, weicher Twill aus Wolle oder Seide. Für Kleider, Blusen, Accessoires.

Fresko. Schweres Wollkammgarngewebe ≥ 500g/m in Tuchbindung. Winterliche Herrenmode.

Frisé. Gewebe mit eingebundenen Schlingeneffektgarnen. Für Kostüme, Jacken, Röcke.

Frottiergewebe. Gewebe mit ein- oder beidseitigen Schlingen (mehrere Kettsysteme zur Schlingenbildung). Für Mäntel, Jacken, Sakkos, Kostüme.

Fulgurant. Stark glänzender Seidenatlas. Hochwertiges Mantelfutter, auch für elegante Kleider.

Fully fashioned. Auf der Flachstrickmaschine in der Form des späteren Kleidungsstücks gestrickt.

Gabardine. Ein Kammgarngewebe aus unterschiedlichen Materialien mit steilem Köpergrat. Diagonalbindung.

Genuacord. Mit 21 bis 42 Rippen auf 10 cm. Selten noch als Hosenware.

Glencheck, Prince of Wales Check, Prince de Galle. Wollstoffe mit und ohne Überkaro auf Basis Doppelköper. An den Karokreuzungen entstehen Pepitaflächen. Für Damen- und Herrenmode.

Hahnentritt, Pied de Poule. Tuchbindiges meist zweifarbiges Karomuster mit den typischen „Verlängerungen" an den Ecken (Hahnenfuß).

Halbleinen. Gewebe in einer Mischung mit mindestens 40 % Leinenanteil, oft mit Baumwolle 50 %/50 %. Für Hemden, Blusen und Hosen.

Harris Tweed. Aktuell wieder erneuertes Gütesiegel für Wollgewebe von den Äußeren Hebriden (Inseln Harris und Lewis). Traditionell handgesponnen, handgewebt und naturgefärbt. Für Herrensakkos, -mäntel und –jacken.

Heavy Jersey. Schwerere Maschenware mit mehreren, gleichzeitig verarbeiteten Fäden. Für Shirts, Casual, Sportswear.

Henkelplüsch. Mit speziellen Vorrichtungen als Rundstrickware hergestellte Schlingenware. Sportswear.

Honan. Gewebe aus glatter Japan- und flammiger Wildseide. Elegante Tagesmode.

Hopsack. Schwerer Wollstoff mit panama-ähnlicher Oberseite und angewebter flauschiger Abseite. Herrensakkos, -blazer, -mäntel.

Interlock. Doppelseitige auf beiden Seiten gleichartige Rundstrickware. Shirts jeder Art, Wäsche.

Irish Tweed. Tweedgemusterte Streichgarnstoffe mit Handwebcharakter (Donegal). Für Herrenjacken, -sakkos, -mäntel.

Jacquard. Gewebe mit Bindungskombinationen in frei wählbarer Musterung. Kettfäden werden beim Weben von der Jacquardmaschine je nach Muster einzeln bewegt.

Japonais, Japanseide. Edles, fließend fallendes und glänzendes Gewebe aus Haspelseide. Für elegante Damenbekleidung.

Jersey. Sammelbegriff für gewirkte oder gestrickte Maschenware. Dehnbar, weich, mit dezenter Rippenstruktur. Name von der britischen Kanalinsel Jersey. Shirts jeglicher Art.

Kette. Längsfäden im Stoff.

Kettwirken. Maschenbildendes Wirkverfahren mit einer Kette ähnlich Geweben. Maschen werden gleichzeitig gebildet.

Köper. Bindungsart. Fadenverkreuzung mit Diagonalstruktur (Köpergrad).

Kräuselkrepp. Unechter, durch Schrumpfen erzielter Kreppeffekt.

Kretonne, Cretonne. Schweres Baumwollgrundgewebe (Segeltuch). Für Sportswear.

Kreuzköper. Regelmäßig die Richtung wechselnder (Z, S) Köpergrad (Mehrgratköper).

Krimmer. Der Fellstruktur des Karakulschafes nachempfundener Webpelz.

Leinwandbindung. →*Tuchbindung*.

Liberty. Futter- und Kleidersatin aus stark glänzenden, weich ausgerüsteten Chemiefasern. Z. B. Ärmel hochwertiger Mäntel.

Loden. Strapazierfähiges, wetterfestes Schurwollgewebe aus Streichgarn, klassisch gewalkt. Jacken, Mäntel, Trachtenkleidung.

Madras. Feinfädiges Baumwollgewebe in Tuchbindung mit großzügigen Farbkaros, ursprünglich aus dem indischen Bundesstaat Madras. Herrenhemden, Sportswear.

Makobatist. Batist aus extra-langstapeliger ägyptischer Baumwolle. Für feine Blusen, Taschentücher.

Manchester. Cord mit 21 bis 42 Rippen pro 10 cm. Für Arbeitskleidung, robuste Hosen. Ursprünglicher Cord.

Matelassé. Pikee-ähnliches Hohlgewebe mit Füllschuss und reliefartiger Oberfläche.

Merveilleux. Schwerster, zugleich feinster, glänzender Futtersatin aus Viskose. Meist für Mäntel.

Milanese. Maschenfeste Kettwirkware mit deutlicher Diagonale.

Milano Rib. Doppelflächige „auf Lücke" gestrickte Maschenware. Sehr gleichmäßig.

Moiré. Taftähnlicher Schussrips mit wasserlinienartiger Musterung.

Moleskin. Kräftiges, zugleich feinfädiges Hosentaschenfutter. Verstärkter Schussatlas aus Baumwolle, einseitig geschmirgelt. Auch bei hochwertigen Anzügen.

Musseline. Mousseline. Leichter Kleider- und Blusenstoff in Tuchbindung oft aus Wollkammgarn uni oder bedruckt.

Netz. Sammelbegriff für weitmaschige textile Flächen verschiedener Herstellung.

Nicki, Nicky. Aufgeschnittener Henkelplüsch. Für Sweatshirts, Homewear.

Nonwovens. Engl. für „nicht gewebte" Faserverbünde. Als Einlagen, Basis für Lederimitate oder technische Anwendungen.

Opalbatist. Baumwollbatist mit weichem Griff und durchscheinend milchig-weißem Aussehen. Für Damenblusen.

Organdy. Mit aufwendigem Ausrüstungsverfahren durchscheinend und steif gemachter feiner Baumwollbatist. Für elegante Damenblusen.

Organza. Nach ähnlichem Verfahren wie Organdy hergestellt, jedoch aus Endlosgarnen. Für elegante Damenbekleidung.

Ottoman. Verstärkter Querrips mit feinfädiger Decke. Hosen, Sportswear, Outdoor, Freizeit.

Oxford. Tuchbindiger Karostoff. Herrenmode.

Panama, Natté. Schachbrettartige Kombination aus Längs- und Querrips.

Pannesamt, Spiegelsamt. Auch Kettwirkware. Der Flor wird in eine Richtung gebügelt wird und erhält dadurch eine glänzende Oberfläche. Für elegante Tages-, Fest- oder Abendkleidung.

Papillon. Tuchbindiger Kleiderstoff mit leicht fülligerem Schuss (querbetont). Elegante Damenmode.

Peau de Pêche. Frz. Pfirsichhaut. Fein geschmirgelte Gewebe oder Maschenware.

Pepita. Meist zweifarbiges Blockdessin ähnlich Hahnentritt, jedoch köperbindig.

Perlfang. Schwere, doppelflächige Maschenware mit „perliger" Oberseite.

Pfauenauge. Speziell in der Herrenmode gebräuchliches Kleinmusterung. Punkte werden mit einem rundem oder ovalem Rand umgeben.

Pikee, Piqué. Doppelgewebe aus Baumwolle mit reliefartiger Musterung. Auch Maschenware mit typischer, körniger Struktur (typisch für Polohemden).

Plattierte Ware. Doppelflächige Flachstrickware, bei dem zwei in der Optik und den Eigenschaften unterschiedliche Fäden immer außen oder immer innen liegen, z. B. Seide außen, Wolle innen, Polyester außen, Baumwolle innen. Für die Optik oder Funktion.

Plüschfutter. Frottiergewebeähnliche Futterstoffe für Freizeitkleidung, saugfähig und wärmend.

Pocketing. Kräftiges, tuchbindiges Hosentaschenfutter aus Baumwolle oder Viskosespinnfaser, linksseitig glatt ausgerüstet.

Pongé. Sehr leichtes, feinfädiges reinseidenes Gewebe in Tuchbindung. Für Damenblusen, Fest- und Abendmode.

Popeline, Poplin. Fest gewebtes, aber feines Baumwollgewebe in Tuchbindung. Klassiker für Mäntel und Sportswear.

Raschelware. Maschenware von der Raschelmaschine. Nadeln werden zur Maschenbildung zusammen bewegt. Optik gewebeähnlich. Oft Futter bei Sportkleidung.

Renforcé. Mittelfeines Baumwollrohgewebe in Tuchbindung auch mit Polyester gemischt. Häufig Druckgrundware.

Rips. Ein Gewebe mit ausgeprägten Rippen in Längs- oder Querbetonung. Universell nach Gewicht einsetzbar.

Rundstricken. Maschenbildendes Verfahren auf einer runden Maschine, bei dem ein Schlauch entsteht. Im fertigen Teil verlaufen die Maschenreihen leicht diagonal.

Samt. Gleichmäßiges, schattenwerfendes Florgewebe mit kurzem, dichtem Flor. Der Flor entsteht durch Aufschneiden, Aufbürsten und Schmirgeln. Modeartikel, Party-, Fest-, Abendmode.

Satin. Kettatlas mit glatter, glänzender Oberfläche und geschmeidigem Fall. Für elegante Kleidung.

Scherli. Gewebemusterung mit Effektfäden, deren Verbindungen rückseitig mit Spezialmaschinen abgeschnitten werden. Für Damenblusen und -kleider, auch Herrenhemden.

Scherplüsch. Ähnlich Nicki. Auch hochfloriger Maschenstoff für Tierfellimitationen.

Schuss. Querfäden im Stoff.

Seersucker. Sommerliches Gewebe mit streifenartigen, blasigen Effekten durch Konstruktion, Garne oder Ausrüstung. Für Hemden, Blusen, Kleider, Sportswear

Serge. Köperbindiger, glatter Futterstoff. Meist jedoch Kammgarn-, seltener Streichgarnstoff. Für Anzüge, Röcke und Hosen.

Shantung. Wildseidengewebe mit flammenartiger Unregelmäßigkeiten. Elegante Kleidung.

Shetland. Streichgarnwollstoffe ursprünglich von den Shetlandinseln. Für Herrensakkos, -jacken, -mäntel. Auch Bezeichnung für Strickwaren aus mittelgrober Wolle.

Single Jersey. Einfädiges, maschenbildendes Verfahren, Flachstrickware. Shirts, Tops, Casualmode.

Stricken. Per Hand oder Maschine von einzelnen Nadeln nacheinander gebildete Maschen (Flachstricken, Rundstricken).

Sweatshirtstoff. Innen glatte oder geraute, meist schwerere Interlockware, auch Heavy Jersey. Für Sport, Freizeit, Casual.

Taft. Tuchbindiges Gewebe mit leicht rippigem Charakter, oft als Futterstoff oder für Abendmode.

Taschenfutter. Sehr dichte und feste Gewebe aus verschiedenen Materialien, für Innentaschen von Hosen oder Röcken.

Teddy. Flauschiger Plüsch als Kettsamt. Webpelz. Futter für Outdoor und Sportswear.

Toile. Weichfließender Seidenstoff in Tuchbindung. Elegante Damenkleidung.

Trenkercord. Grober Cord, ähnlich Manchester. Rustikale Herrenhosen, Tracht.

Trikot. Sammelbegriff für einflächige Maschenware. Single Jersey. Auch köperbindige Gewebe mit mehreren Fadensystemen.

Tropical. Feines, knitterarmes Wollkammgarngewebe ≤ 320 g/m in Tuchbindung. Leichte Businesskleidung.

Tuchbindung. 1:1 Verkreuzung von Kett- und Schussfäden.

Tüll. Sammelbegriff für netzartige textile Flächen. Modeartikel.

Tussah. Stoffe aus Seide des Eichenspinners, nicht haspelfähig, daher gröber. Für elegante Damenkleidung.

Tweed. Grober, warmer Wollstoff. Ursprünglich handgewebt mit eingestreuten Noppen. Benannt nach einem Fluss in Schottland. Für rustikale Outdoorkleidung. Abgewandelt und neu interpretiert für Haute Couture (Chanel).

Twill. Engl. Köper. Gewebe mit Diagonalstruktur durch Bindungsart. Sportswear, Jeanswear, Casual.

Velours. Frz. Samt. Auch Allgemeinbezeichnung für geraute oder geschmirgelte Oberflächen, auch bei Leder.

Velvet. Engl. Baumwollkettsamt. In der Regel Schusssamt in Atlasbindung mit samtig ausgerüsteter Oberfläche. Sportive Kleidung.

Velveton. Gerauter und geschmirgelter Schussatlas. Samtimitat. Für sportive Kleidung, Hosen.

Vlies, Nonwovens. Mit verschiedenen Verfahren zu textilen Flächen verfestigte Faserverbünde aus unterschiedlichen Rohstoffen für Einlagen, isolierende Wattierungen oder als Basis von Lederimitaten.

Voile. Gewebe in Tuchbindung. Durchscheinend, im Griff rau.

Waschtaft. Oberbegriff für Futtertaftstoffe aus Viskoseendlosgarnen. Durch Kunstharzausrüstung werden Knitteranfälligkeit und Krumpfneigung begrenzt.

Weben. Alte Kulturtechnik zur Stoffherstellung. Mustermäßige Verkreuzung von längsgerichteten Kettfäden mit quer dazu verlaufendem Schuss in verschiedenen Bindungsarten.

Wevenit. Webstrickware mit Diagonalstruktur. Für konfektionierte, leichte Sakkos, Jacken.

Whipcord. Strapazierfähiger, gabardineähnlicher Steilgratköper aus hart gedrehten Garnen. Für sportive Kleidung.

Wirken. Maschenbildendes Verfahren, bei dem die Maschen durch mehrere Nadeln gleichzeitig gebildet werden.

Zefir. Buntgewebter Batist, meist in Streifen, teils mit kleinen Bindungsmustern (Façonné). Für Bluse, Hemd, Tracht.

KONFEKTION

Ein Business mit Emotionen

Der Titel klingt zweideutig und genauso ist er gemeint. Zum einen handeln die Modeanbieter mit Träumen und setzen auf emotionale Ansprache, zum anderen ist der Umgang mit Mode immer auch persönlich emotionell. Diejenigen, die zur Branche zählen würden, aber nicht mit Haut und Haaren Modemenschen sind, sind entweder nicht mehr in der Branche oder haben keinen Erfolg. So unterscheidet sich auch Mode von Bekleidung. Bekleidung ist das, was man braucht, um durch den Alltag zu kommen – Bedarfserfüllung. Mode ist das, was uns Kleidung kaufen lässt, obwohl der Schrank voll ist und der Verstand Nein sagt.

Mode für jedermann und jedefrau wie wir sie kennen, ist vergleichsweise jung. Es gibt sie erst ab etwa dem 19. Jahrhundert. Bekleidung ist hingegen unvergleichlich älter. Seit es menschliche Gesellschaften gibt, haben sie sich bedeckt – bekleidet. Neuere Studien, die vom Nachweis der Existenz der Kleiderlaus in Abgrenzung zur Existenz der Körperlaus befeuert werden, setzen den Beginn der Bekleidung von bislang 83.000 bis 100.000 Jahren auf 170.000 Jahre zurück. Das Auftauchen der ausschließlich in Kleidern lebenden Kleiderlaus beweist somit indirekt das Tragen von Kleidung. 170.000 Jahre sind eine sehr lange und ereignisreiche Zeitspanne, in der sich Bekleidung vom reinen Schutz zum Kulturträger wandelte.

Mode gab es vor dem Beginn des Industriezeitalters nur für die weltlichen und kirchlichen Eliten. Nur sie hatten Kenntnis von der Herkunft kostbarer Stoffe und konnten sich diese auch herbeibringen, heute würde man sagen: frei Haus liefern lassen. Außerdem konnten sie diese bezahlen. Nicht selten waren kostbare Stoffe aus weitentlegenen Gegenden Geschenke der Könige, Fürsten, Bischöfe untereinander, was gleich-

Foto: Voyagerix/Fotolia

Traders-Büro im 16. Jahrhundert, zu sehen auf einer alten Holzgravur.

zeitig Wertschätzung des Beschenkten mit Weltläufigkeit und Reichtum des Schenkenden verband. Das Wettrennen um das schönste Kleid, den kostbarsten Pelz, die edelsten Schmuckstücke und die modernsten Waffen war eröffnet: Es lebe die Mode, wie wir sie kennen. So richtig in Schwung kam diese seit der Zeit und natürlich zuerst am Hofe *Ludwig des XIV.* Adelige Familien verschuldeten sich, um sich am Schaulaufen zu beteiligen. Sehen und gesehen werden war erfunden. Wer abseits stand, galt nichts und wer nichts galt, bekam auch die Gunst des Königs nicht zu spüren, keine Jobs, keine Titel, keine Vergnügungen.

EIN HALALI DER STOFFBESCHAFFUNG

Das konnte den anderen Königshäusern in Europa nicht verborgen bleiben und in für damalige Zeiten rasend schnellem Lauf, rüschten sich Hof und Adel in St. Petersburg, in Preußen und England auf. Der Stoffhandel in Europa florierte. Er avancierte sogar zu einem der wichtigsten Handelssektoren. Schließlich gab es die edlen Stoffe längst nicht überall. Je kostbarer und ungewöhnlicher sie waren, desto begehrter waren sie. Die mit echten Goldfäden durchwirkten Brokate oder baumwollenen Stoffe aus Venedig, Florenz, Mailand und Genua, die orientalischen Seiden, denen man mystische Eigenschaften zusprach, die edlen Wollgewebe aus England und Flandern, feinste Leinenstoffe aus Westphalen oder dem Elsass, der Handel musste gut organisiert sein, die Macher eng vernetzt. Ein ganz neuer Berufsstand entwickelte sich, den man „Projektemacher" nannte.

Heute würde man sie wohl freiberufliche Produktmanager nennen. Sie lieferten die Ideen und Vorschläge zur aktuellen Mode an alle europäischen Höfe zwischen Paris und St. Petersburg. Man setzte großes Vertrauen in diese jungen, kenntnisreichen Experten, meist aus Oberitalien, dass sie genau wussten, wie das mit dem wichtigen Handelsgut der Textilien geht. Um mitzuspielen, genügte es im Prinzip, ein Schreiben an eine Person zu richten, mit der ein Gönner gut vernetzt war, einen Plan auszuarbeiten, das nötige Geld zu erhalten und dann diese Idee umzusetzen. Die Frage: „Was trägt man diesen Winter in St. Petersburg – oder diesen Sommer in Paris?" konnte nun im Detail beantwortet und zu modischer Realität werden. So hielt im 16. und 17. Jahrhundert auch die Hysterie Einzug in die Mode.

HYSTERIE MIT HARTEN FAKTEN

Heute geht das Sourcing der richtigen Modestoffe mit weniger Tamtam über die Bühne. Aufregend ist es dennoch geblieben, denn es geht darum, das Richtige zum richtigen Preis zu finden und dafür zu sorgen, dass es moderner Logistik sei Dank zum richtigen Zeitpunkt am richtigen Produktionsstandort eintrifft. Hysterie überlässt man dem Hype um Designer und Modehaus bei *Haute Couture* oder *Prêt-à-porter* in London, Paris und New York. Doch auch im heimischen Berlin hypt es zur Modewoche ein bisschen, umweht vom Glanz und Glamour der Stars und Sternchen aus der Promiliste, dem nicht immer ganz gleichwertigen Ersatz für die echten Royals des Absolutismus.

Der olympische Gedanke des „höher, weiter, schneller" bleibt der Mode erhalten, auch wenn es heute nicht mehr um die Gesamthöhe aufgetürmter Perücken oder den Maximalumfang weitschwingender Krinolinen oder die Überlänge von Kleiderschleppen geht. Derzeit ist es interessanter und wichtiger zu beobachten, wie schnell die vertikalen Handelsunternehmen – Firmen mit der Kontrolle über die gesamte Lieferkette vom Entwurf bis zum Handel – in der Lage sind, auf-

Die Verbraucher sind, auch durch die Verfügbarkeit von Internet, immer gut informiert.

gespürte Trends und Tendenzen in die Läden zu bringen und die Spannung über den monatlich rhythmisierten Saisonablauf hochzuhalten. Globale Vernetzung zwischen Kreativen, Einkauf, Produktionsstandorten und Handelsniederlassungen machen Fast Fashion erst möglich. Datensätze schwirren um den Erdball und stellen allen am Prozess Beteiligten die notwendigen Informationen als harte Fakten zur Verfügung. Mode ist heute auch und zunehmend eine Frage der Organisation. Das notwendige Quäntchen Verrücktheit steckt oft in der Risikobereitschaft, die eigene Linie unbeirrt und konsequent durchzuziehen.

DER INFORMIERTE VERBRAUCHER

Die Welt auf einen Klick, der Handel 24/7 verfügbar, Informationen im Überfluss, so sieht die Modewelt zwischen Omnichannel-Angeboten, den 10-Kampf-Spezialisten im Vertrieb, im wirklichen Leben aus. Man informiert sich online und geht mit festen Vorstellungen in den stationären Handel, um zu shoppen, oder man besorgt sich seine Informationen im Handel und bestellt dann online im Internet – alles geht.

Doch das echte Einkaufserlebnis braucht den Kontakt zum realen Teil. Man muss sehen, anfassen und fühlen, sprich sinnlich wahrnehmen, um Mode zu genießen und zu kaufen. Die Dreiteilung in

- Textilproduktion,
- Bekleidungsfertigung,
- Einzelhandel

existiert nicht mehr.

Kollektionen werden auf die Fläche im Handel hin geplant, um Warenbilder zu inszenieren. Modeläden sind zu Projektionsflächen von Stimmungen und Emotionen geworden, die mehr bieten, als nur „Klamotten" zu verkaufen. Gemütliche Sitzplätze, Kaffeeduft oder der Kühlschrank mit einer Biolimonade runden ein Gesamtbild ab. Gut geschultes Verkaufspersonal, das wirklich berät und nicht nur Ware einräumt, macht den großen Unterschied aus, Mode an Mann oder Frau zu bringen. Der Verbraucher ist informiert über die neuen Silhouetten und Proportionen, die aktuellen Farben, Muster und Materialien, die Verkäufer sind die Intendanten im Modetheater und müssen sie immer und immer wieder neu und attraktiv in Szene setzen: Vorhang auf für das Spiel der Mode!

Übrigens: In der Textil- und Bekleidungsindustrie in Deutschland arbeiten etwa 79.000 Beschäftigte. Dazu kommen noch weitere 16.000 im Bereich Leder, Lederwaren und Schuhe. Damit ist dieser Bereich der zweitgrößte Wirtschaftszweig bei den Konsumgütern.

BEKLEIDUNGSGRÖSSEN

Die Körperform ist individuell und von Mensch zu Mensch sehr unterschiedlich. So entsprechen große, kleine, kräftigere oder untersetzte Figuren nicht immer den idealen Proportionen. Konfektionsgrößen berücksichtigen nicht nur die Körperlänge, sondern auch den unterschiedlichen Körperbau von Männern und Frauen. Die Bekleidungsfertigung hat es sich zur Aufgabe gemacht, das Kleidungsstück der Körperform und -größe möglichst genau anzupassen. Bestimmte Maßgruppen werden zusammengefasst und in Tabellen geordnet. Die Größen werden so abgestuft, dass fast jeder Figur eine Größe zugeordnet werden kann. Als Normalgröße bezeichnet man die Größe, die der Mehrzahl der Menschen passt. Hiervon abweichende Körperformen werden in andere Größen eingeteilt, z. B. kurze/untersetzte Größen, schlanke Größen, lange Größen.

Das amerikanische Universalgrößensystem (XS, S, M, L, XL, XXL etc.) entspricht im Wesentlichen den deutschen Normalgrößen, hat aber nicht so viele Abstufungen und ist entsprechend gröber. Diese Universal- bzw. Unisexgrößen werden z. B. für T-Shirts, Hemden oder Pullover verwendet. Die amerikanischen Jeansgrößen verwenden die Maßeinheit „foot" und „inches" (1 foot = 12 inches, 1 inch = 2,54 cm). Die Größenbezeichnung beinhaltet Bundumfang und Schrittlänge und wird durch zwei Zahlen im Inchmaß angegeben (z. B. 30/34).

Konfektionsgrößen

Damen

Normalgröße (L < 170 cm)		34	36	38	40	42	44	46	48	50
Kurzgrößen (L < 164 cm)		17	18	19	20	21	22	23	24	25
Langgrößen (L > 170 cm)		68	72	76	80	84	88	92	96	
Brustumfang	[cm]	78–81	82–85	86–89	90–93	94–97	98–102	103–107	108–113	114–119
Taillenumfang	[cm]	63–65	66–69	70–73	74–77	78–81	82–85	86–90	91–95	96–102
Hüftumfang	[cm]	88–91	92–95	96–98	99–101	102–104	105–108	109–112	113–116	117–121

Herren

Normale Größe		44	46	48	50	52	54	56	58	60	62
International		S	M	L	XL	XXL					
Brustumfang	[cm]	86–89	90–93	94–97	98–101	102–105	106–109	110–113	114–117	118–121	122–125
Bundumfang	[cm]	74–77	78–81	82–85	86–89	90–94	95–99	100–104	105–109	110–114	115–119
Gesäßumfang	[cm]	90–93	94–97	98–101	102–105	106–109	110–113	114–117	118–121	122–125	126–129
Körperhöhe	[cm]	166–170	168–173	171–176	174–179	177–182	180–184	182–186	184–188	135–189	187–191
Kurze Größe (untersetzt)		22	23	24	25	26	27	28	29	30	31
Brustumfang	[cm]		93–96	97–100	101–104	105–108	109–112	113–116	117–120	121–124	
Bundumfang	[cm]		85–88	89–92	93–96	97–100	101–106	107–110	111–114	115–113	
Gesäßumfang	[cm]		101–104	105–108	109–112	113–116	117–120	121–124	125–128	129–132	
Körpergröße	[cm]		166–170	169–173	172–176	175–178	177–180	179–182	131–183	182–184	
Bauchgröße (normal)					51	53	55	57	59	61	63
Brustumfang	[cm]				100–103	104–107	108–111	112–115	116–119	120–123	124–127
Bundumfang	[cm]				102–107	108–111	112–117	118–121	122–125	126–129	130–134
Gesäßumfang	[cm]				108–111	112–115	116–119	120–123	124–127	128–132	133–137
Körpergröße	[cm]				168–172	170–174	172–176	174–178	176–180	178–182	180–184
Lange Größe (schlank)		90	94	98	102	106	110				
Brustumfang	[cm]	88–91	92–95	96–99	100–103	104–107	108–111				
Bundumfang	[cm]	74–77	78–81	82–85	86–89	90–93	94–98				
Gesäßumfang	[cm]	92–95	96–99	100–103	104–107	108–111	112–115				
Körpergröße	[cm]	175–179	178–182	181–185	184–188	186–190	188–192				

Jeans

Inch-Größe	27	28	29	30	31	32	33	34	36	38
Konfektionsgröße **Damen**	34	36	38	38	40	42	42	44	46	
Konfektionsgröße **Herren**				44	46	46/48	48	50	52	54/56

Unisex

Größe	S	M	L	XL	XXL
Damengröße	36/38	40/42	44/46	46/48	48/50
Herrengröße	44	46/48	50/52	54	56

Kinder

Größe		104	116	128	140	152	164	176	188
Länge	[cm]	99–104	111–116	123–128	135–140	147–152	158–164	171–176	183–188
Brustumfang	[cm]	55–57	57–59	61–65	67–71	73–77	79–83	85–89	91–95
Mädchen									
Taillenumfang	[cm]	52–54	54–56	57–59	60–62	63–65	66–68	69–71	72–75
Hüftumfang	[cm]	57–60	61–64	66–70	72–76	79–83	86–90	93–97	100–105
Alter	[Jahre]	bis 4,0	bis 5,8	bis 7,6	bis 9,5	bis 11,5	bis 14,3	–	–
Jungen									
Bundumfang	[cm]	52–55	54–56	57–59	60–62	63–67	68–71	72–75	77–81
Gesäßumfang	[cm]	57–60	61–64	66–70	72–76	79–82	84–88	90–94	96–100
Alter	[Jahre]	bis 3,8	bis 5,5	bis 7,5	bis 9,8	bis 12,0	bis 13,8	bis 16,3	–

BETRIEBSDURCHLAUF

Durchgetaktet bis zum Versand

Der Betriebsdurchlauf eines Kleidungsstückes durch einen Konfektionsbetrieb ist minutiös durchgeplant. Produktionszeiten sind an jedem Teilschritt für das jeweilige Kleidungsstück vorgegeben, ebenso wie die dazwischenliegenden Transportwege und -zeiten, hinterlegt im Computer. Das Nähen selbst ist der zentrale Teil im Gefüge. Bügeln ist ein wichtiger Part für die Passform und den Look. Auch hier geben bei den Bügelautomaten Programme den Ablauf genau vor. Daneben gibt es aber immer noch Bereiche, wie z. B. Handbügelstationen, bei denen Erfahrung und Spezialisierung statt der IT dominieren.

Es sind viele Entscheidungen zu treffen, bis ein Kleidungsstück fertig ist.

Bekleidungsfertigung oder auch Konfektion ist sehr komplex. Der hier vorgestellte Ablauf ist zum besseren Verständnis vereinfacht und idealisiert dargestellt, ohne Eventualitäten und Nebenkriegsschauplätze. Dabei gehen wir von einer guten maschinellen Ausstattung und der Nutzung aktueller IT-Tools aus.

ENTWURF

Alles beginnt mit dem Entwurf eines Kleidungsstückes. Als Beispiel soll es eine klassische Herrenhose sein. Diese wird als Skizze angelegt und dann nach Überarbeitung durch den technischen Produktentwickler (kann auch eine Produktentwicklerin sein, ist geschlechtsneutral zu verstehen) mithilfe eines *CAD*-Programms (*Computer Aided Design* = computergestützte Entwicklung) in einen Schnitt überführt.

ANPROBE MIT AVATAR

Ein Visualisierungsprogramm legt den Schnitt auf einen 3-D-Avatar in der gewünschten Kleidergröße und simuliert einen dafür ausgewählten Stoff. Diese dreidimensionale Ansicht wird zur Diskussion an eine autorisierte Entwicklungsgruppe in die Cloud geschickt. Hier werden Anpassungen an Form, Silhouette und eventuell beim Stofftyp oder der Farbrange vorgenommen. Der geänderte Avatar steht dann zur Abstimmung bereit. Um in die Kollektion aufgenommen zu werden, müssen alle Experten zustimmen.

MATERIALBESCHAFFUNG

Ist der Avatar freigegeben, gehen die Daten in die Beschaffungsabteilung und gleichzeitig in die Produktionsvorbereitung. Auf der einen Seite wird errechnet, wie viel Stoff, Futter, Zutaten wie Knöpfe, Taschen- und Bundfutter und Nähfaden für eine festgelegte Menge an Einzelteilen aufgeteilt auf ein vorher definiertes Größenspektrum gebraucht werden und setzt Einkaufs- oder Logistikaufträge in Gang.

PRODUKTIONSAUFWAND

Auf der anderen Seite wird analysiert, wie der Betriebsdurchlauf sein wird hinsichtlich der eingesetzten Spezialnähmaschinen – bei Hosen z. B. für die langen Seitennähte, den Bund, die Taschen und Patten, die Knöpfe, den Reißverschluss, den Hosenschlitz etc. – sowie beim Zusammenstellen der Teile für die Endfertigung. Für alles gibt es exakte Zeitfenster. Es wird kalkuliert, wann und wie lange gebügelt wird, ob ein Topper eingesetzt werden kann, der Hosen ohne Bundfalten durch Aufblasen und Dampf glättet oder ob Bügelfalten fixiert werden müssen, mit der Presse oder wegen eines empfindlichen Stoffes per Hand. Der Computer errechnet, wie viele Teile wie lange auf einer Pufferstrecke hängend zwischengelagert werden müssen, damit die Bügelstationen ohne Stau arbeiten können. Je nach Betrieb werden auch noch eine oder mehrere Qualitätskontrollen eingeplant sowie die Zeit für eine bestimmte Verpackungsart für den Kunden. Das alles bestimmt die Preiskalkulation. In dieser Phase muss man wissen: Bislang ist noch kein Textil aus dem Lager gekommen und der Produktionsprozess hat noch nicht begonnen.

Computergestützer Zuschnitt

Einzelzuschnitt

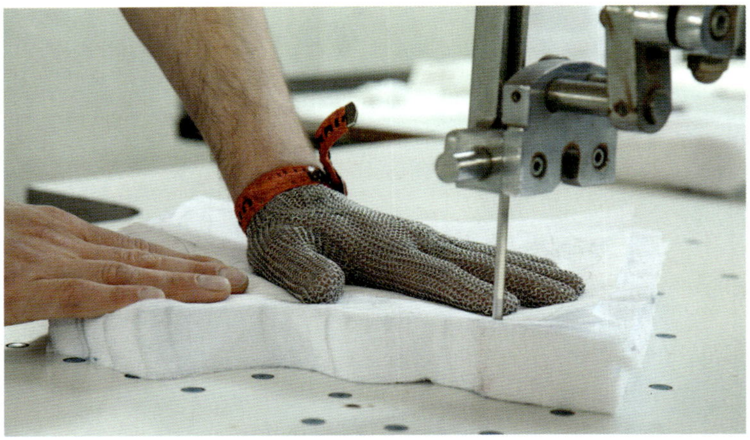

Stapelzuschnitt

Der Betriebsdurchlauf

CAD & ZUSCHNITT

Auch die nächsten Schritte liegen überwiegend in den Händen von Kollege Computer. Je nachdem, ob unsere Hose einzeln oder in Lagen zugeschnitten werden kann, errechnet das Programm ein kosten- und materialoptimiertes Lagenbild. Die einzelnen Schnittteile werden dabei so lange hin- und hergeschoben, bis es laut Programm ideal ist. Meist kann ein Mitarbeiter aus der CAD-Abteilung durch manuelles Nachbessern noch den einen oder anderen Verschnittzentimeter ausmerzen. Das verabschiedete Lagenbild wird an den Cutter, die Zuschneidemaschine, geschickt. Vorausgesetzt wird, dass der gewünschte Stoff am Lager ist und direkt in die Produktion gebracht werden kann.

Stoffbahnen legen

Im Zuschnitt wird der Stoffballen automatisch mithilfe einer Hebevorrichtung in die *Stofflegemaschine*, den *Spreader*, gelegt. Von diesem wird der Stoff ebenfalls automatisch und spannungslos auf den Legetisch gelegt, in einer einzelnen Lage oder in der Anzahl der geeigneten Lagenhöhe. Der Legetisch ist dem Schneidetisch vorgelagert. Manche Stoffe, die in stärkeren Lagenhöhen zugeschnitten werden, werden mit einer unter dem Tisch liegenden Absaugung durch ein Vakuum verdichtet und bekommen eine luftundurchlässige Decklage, die den Lagenstapel in der komprimierten Form hält.
Kleine Inkjetdrucker können die Einzelteile kennzeichnen, damit die Identifikation für das Zusammenführen der Teile erleichtert wird. Das Lagenbild ist inzwischen auf dem Kontrollmonitor am Zuschneidegerät zu sehen.

Schneiden

Der Cutter arbeitet vollautomatisch. Manche sind mit Positionierungshilfen per Laserlicht ausgestattet. Damit man links nicht mit rechts und umgekehrt verwechselt, bekommen die einzelnen Schnittteile einen Knips, das ist ein kleiner Einschnitt an der Stoffkante als Markierung, wo Schnitteile aufeinandertreffen sollen, oder auch zur Kennzeichnung von Falten oder Nahtenden.

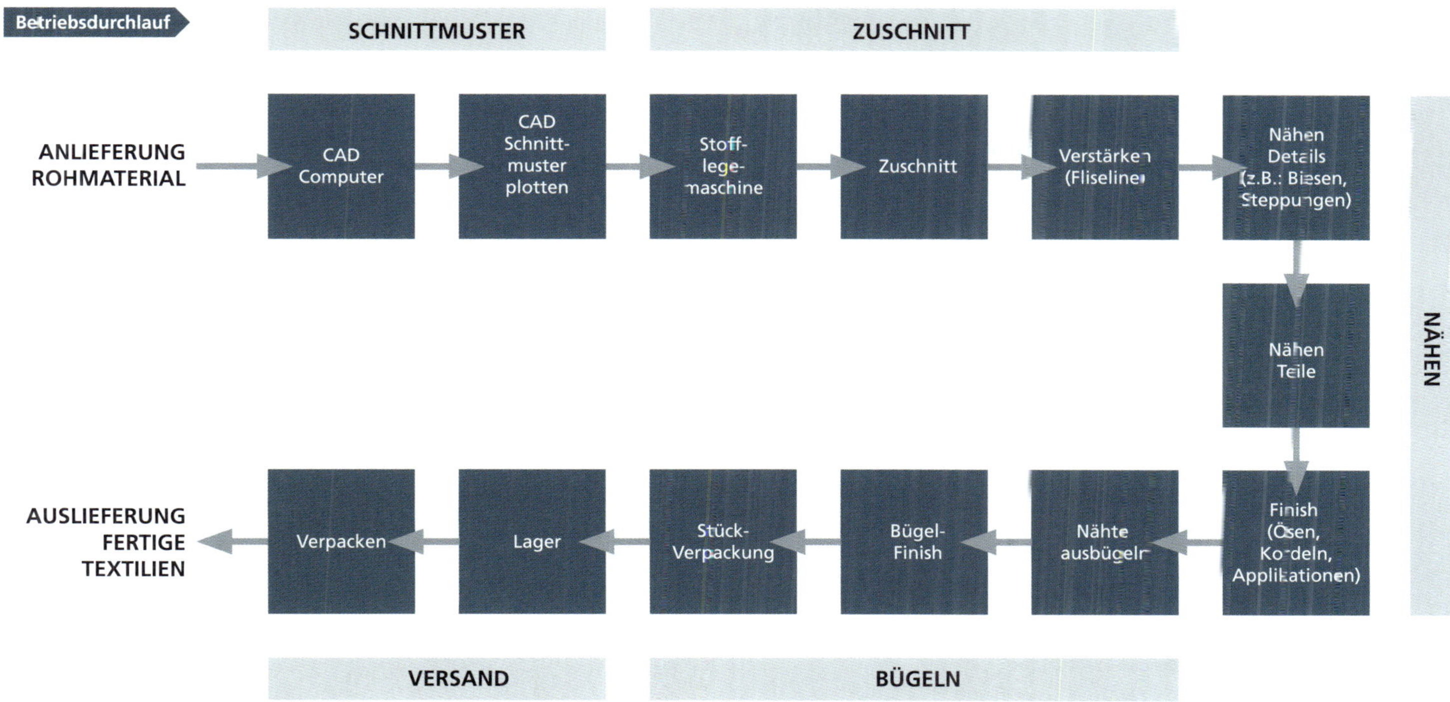

Computergesteuertes Schnittsystem

Nähmaschinen für Steppungen

Geschnitten wird mit verschiedenen Messerformen:

- Beim Einzelzuschnitt ist es in der Regel ein **radförmiges Messer**,
- bei höheren Lagen ein senkrecht geführtes **Bandmesser**.

Leder und Kunststoff kann man auch mit einem Laser- oder Wasserstrahl schneiden.

- Zuschnitt per **Laser** setzt man bei synthetischen Materialien ein. Diese zeigen dann eine feine Schmelzkante.
- Beim **Wasserstrahlzuschnitt** sind die Kanten weich und glatt. Er hat sich aber im Bekleidungsbereich nicht bewährt. Während des Laserzuschnitts können auch *Cut Outs,* mustermäßige und auf das Schnittteil angepasste Ausschnitte, z. B. bei Lingerieartikeln, mit erstellt werden.

Der Zuschnitt erfolgt auf einem Transportband, das sich kontinuierlich weiterbewegt, sodass am Ende des Tisches die fertigen Teile für die Weiterverarbeitung abgenommen werden können. Jedes Teil ist zur exakten Identifikation mit einem Barcode versehen. Dieser wird in den Computer eingelesen und geht jeden Schritt des Teiles durch den Produktionsprozess mit. Mit dieser Methode kann man jederzeit verfolgen, an welchem Arbeitsplatz und damit bei welchem Produktionsfortschritt es sich befindet.

IM NÄHSAAL

Wie in der Folge beschrieben wird, sähe es in etwa aus, wenn eine Schneiderin eine komplette Hose fertigen würde. In der Realität gibt es (fast) für jeden Schritt eine Spezialnähmaschine bzw. eine Nähspezialistin, die genau nur diesen einen Schritt oder diesen bestimmten Teil der Hose, wie z. B. der Bund, bei allen Hosen näht:

1. Abnäher in der Hinterhose nähen und ausbügeln.
2. Paspeltasche einarbeiten und Taschenbeutel schließen.
3. Flügeltaschen nähen und schließen.
4. Vordere Abnäher oder Bundfalten nähen, eventuell ausbügeln.
5. (Teilbaren) Reißverschluss auf Besätze nähen und diese dann an die Hose, an der einen Seite ein Eckenband mitfassen.
6. Seiten und Schrittnaht nähen.
7. Schlaufen aufnähen.
8. Bündchen annähen, an dieses das Bundfutter.
9. Bundlänge abgleichen, ca. 4 cm Einschlag stehen lassen, dann Gesäßnähte und eine Schlitzseite einfassen.

Spezialnähmaschinen für unterschiedliche Arbeitsgänge

Bügeltisch

10. Haken einstanzen.
11. Die eine Schlitzseite mit Futter verstürzen.
12. Schlitz absteppen.
13. Reißverschluss passend zusammensetzen.
14. Die Kreuznaht (das kurze Stück zwischen Schrittnaht und Beginn des Reißers) nähen.
15. Gesäßnaht nähen.
16. Schrittlänge abmessen.
17. Saum. Ist auch umgangssprachlich aus dieser Gegend, versäubern.
18. Stoßband annähen.
19. Saum staffieren.
20. Hose riegeln.

Nicht nur bei einer Hose, sondern bei allen Kleidungsstücken, die mit Knöpfen verschlossen werden, näht man Knopflöcher in verschiedenen Formen mit dem Knopflochautomaten und mit dem Knopfannähautomaten dann den Knopf fest. Für jeden Typ Knopf (Zweiloch, Vierloch, Stegknopf) gibt es Spezialeinrichtungen. Braucht man einen häufigen Wechsel, wählt man Maschinen, die sich ohne viel Werkzeug leicht umstellen lassen. Braucht man z. B. immer dieselben zwei, wird man zwei Spezialmaschinen einsetzen. In der obigen Abfolge ist es schon angedeutet: Manchmal müssen Nähte oder Abnäher gebügelt werden, bevor weitergenäht werden kann. Deshalb ist die Bügelei immer nah bei den Nähmaschinen. Sie arbeitet quasi *„just-in-sequence"* und fügt die gebügelten Elemente nach den Bügelaktionen wieder an der richtigen Position in den Ablauf ein.

QUALITÄTSKONTROLLE

Je nachdem, wie ein Konfektionsbetrieb organisiert ist, finden während oder am Ende des Produktionsdurchlaufs Qualitätskontrollen statt. Zwischendurch zu kontrollieren, am besten an besonders kritischen Stellen im Prozess, macht besonders dann Sinn, wenn gro-

Die Rolle der IT in der Mode

Früher gab es so etwas wie eine unsichtbare Grenzlinie zwischen Konfektion und Handel. Das ist in unserer heutigen Branchensituation nicht mehr denkbar. Erfolg hat mit seiner Marke nur derjenige, der seine Handelspartner in den Informationsfluss mit einbindet. Nur so kann bis auf den Präsentationstisch oder das Regal genau geplant werden.
Ein regelmäßiger Austausch von Daten – **EDI** genannt: *Electronical Data Interchange* – verhindert Warenstaus und Lieferverzögerungen. Ein **ERP**-System (*Enterprise-Resource-Planning*-System = Planungssystem der betrieblichen Einsatzmittel) unterstützt in der Konfektion sämtliche in einem Unternehmen ablaufenden Geschäftsprozesse. Es enthält Module für die Bereiche Beschaffung, Produktion, Vertrieb, Anlagenwirtschaft, Personalwesen, Finanz- und Rechnungswesen usw., die über eine gemeinsame Datenbasis miteinander verbunden sind. Dieses muss mit den IT-Systemen der Handelspartner verbunden werden und mit diesen systematisiert und automatisiert kommunizieren. Das kann von **CRM**-Systemen (*Customer Relationship Management* = Kundenbeziehungsmanagement) unterstützt werden. Dieses bezeichnet die konsequente Ausrichtung einer Firma auf ihre Kunden und die Systematisierung der Kundenbeziehungsprozesse. Die Dokumentation und Verwaltung von Kundenbeziehungen ist ein wichtiger Baustein und ermöglicht ein vertieftes Beziehungsmarketing. Die Pflege der Kundenbeziehungen soll sich maßgeblich auf den Unternehmenserfolg auswirken.

Vernetzt zusammenarbeiten

Eine noch größere Vernetzung aller an der Herstellung und dem Vertrieb von Kleidungsstücken beteiligten Personen und Unternehmen bietet ein **PLM**-System (*Product Lifecycle Management* = Produktlebensdauermanagement). Es erstreckt sich vom Entwurf bis maximal zur Entsorgung eines Kleidungsstücks und erfasst bzw. verwaltet unternehmensübergreifend praktisch alle Daten der textilen Wertschöpfungskette für dieses Produkt.
Vorläufer dieses Konzeptes war das **PDM** (*Produktdatenmanagement*), das seinen Schwerpunkt in der Datenerfassung der Produktent-

Kragen-Bügelmaschine

Lager und Versand

Fotos: l.: iStock.com/AleksandarGeorgiev, r.: iStock.com/morenosoppelsa

ße Mengen gleicher Kleidungsstücke genäht werden. Fällt der Fehler auf, bevor eine große Anzahl von Teilen falsch genäht wurde, kann man frühzeitig eingreifen, auftrennen und ihn beheben. Kontrolliert man erst am Schluss, könnten inzwischen große Posten Fehlerware entstanden sein, die nicht mehr korrigierbar sind und sich deshalb nicht mehr zum vereinbarten Preis verkaufen lassen. Kontrolle verhindert Einnahmeverluste und sichert die Verarbeitungsqualität. Bei der Endabnahme wird kontrolliert, ob alle zu dieser individuellen Hose gehörigen Teile auch in dieser Hose verarbeitet wurden. Bei häufigeren Zwischenkontrollen bestätigen diese Kontrolleure durch eine Markierung die Richtigkeit der Abläufe.

ENDBÜGELN & VERSAND

Sind die Hosen fertig genäht, werden sie endgebügelt oder „gefinished". Hier werden alle sichtbaren Spuren aus dem Nähprozess eliminiert und die Hose versandfertig gemacht. Dafür gibt es sensibel steuerbare Bügelplätze mit programmierbaren Parametern hinsichtlich Dampf und Absaugung, Temperatur und Druck. Sie können zwar aus einer schlecht genähten keine perfekte Hose machen, der Effekt, den das Finishing erzielen kann, ist jedoch enorm und für den Laien immer wieder erstaunlich. Bügeln ist in der Konfektion ein nicht zu unterschätzender Prozess.
Sind die Hosen dann ausgedampft und abgekühlt, gehen sie in die Verpackungsabteilung. Das können schlichte Kunststoffsäcke sein oder Kartons mit Hängestange, ganz wie es der Kunde will. Die im Computer hinterlegte Packliste gibt an, welche Hose in welchem Stoff und welcher Farbe sowie in welcher Menge pro Größe ein Kunde für welchen Standort bekommt. Diese Packlisten werden dem Kunden übermittelt und dem Logistiker ausgehändigt – entweder als gedruckte Liste oder auf elektronischem Weg. Die Ware ist auf dem Weg ins Geschäft.

wicklung auf der Entwurfsseite hatte, in direkter Verknüpfung mit den CAD-Daten.
Ziel all dieser hochkomplexen IT-Systeme ist die Ersparnis von Zeit und Kosten, indem z. B. Entscheidungsprozesse durch die Visualisierungsprogramme anstelle physischer Prototypen und Muster beschleunigt werden, weil deren Erstellungs- und Logistikkosten entfallen. Gleichzeitig wird die *Time-to-Market-Spanne* – die Zeit bis das neu entwickelte Produkt im Handel ankommt – massiv verkürzt. Vertikale Handelsunternehmen, also diejenigen, die sowohl Hersteller als auch Einzelhändler sind, könnten ohne solche Systeme gar nicht existieren.
Einer der Gründe, weshalb *PLM*-Systeme entwickelt wurden, waren die Probleme, die beim Datenaustausch auftraten, als noch jedes Unternehmen für sich einzelne, teils selbstentwickelte Software nutzte. Die Schnittstellen zwischen diesen vielen Insellösungen waren kritische Punkte, die häufig zu Problemen führten und nur unbefriedigende Ergebnisse erbrachten, was kollaboratives Arbeiten massiv behinderte.

Lückenlose Warenverfolgung

Ein weiteres Kürzel sollte man im Rahmen der globalisierten Modewelt kennen: **SCM** (*Supply Chain Management* = Lieferkettenmanagement). *SCM* ist ein prozessorientierter Ansatz, der den Fluss aller Rohstoffe, Halbfertig- und Endprodukte sowie aller im Prozess aufgelaufenen Informationen entlang der Wertschöpfungs- (engl. *Value Chain*) und Lieferkette (engl. *Supply Chain*) vom Rohstofflieferanten bis zum Endkunden umfasst. Ziel dieses Systems, das ursprünglich aus der Logistikplanung kommt, ist auch – ebenso wie *ERP* – die Ressourcenoptimierung für alle an der *Supply Chain* beteiligten Unternehmen. *SCM*-Systeme schließen die Anbindung der Transportmittel und -wege von der Beschaffungsseite bis zum Vertrieb in die Datenerfassung und den -austausch mit ein.
Anbieter von *ERP*- und *SCM*-Systemen konkurrieren miteinander, da jeder aus seiner Sicht Vorteile bei seinem und Nachteile beim anderen System entdeckt hat. Fakt ist, das jedes Unternehmen für sich und seine Partner individuell das richtige auf die speziellen Abläufe angepasste System finden, installieren und durchgängig anwenden muss, um den Nutzen beim Prozessablauf und in der Kasse zu spüren.

NÄHEN

Eine Verbindung fürs Leben

Die Fügetechnik, die aus einem zweidimensionalen Gebilde – dem Textil – einen dreidimensionalen Formkörper – das Kleidungsstück – macht, ist das Nähen. Diesem Prozessbereich widmet man in der Konfektion hohe Aufmerksamkeit, denn die Nahtqualität ist entscheidend für den Gesamteindruck. Ein Kleidungsstück hat viele Nähte mit unterschiedlichen Funktionen beim Gebrauch. Stabil oder elastisch, unsichtbar oder zierend, locker oder fest, der Zweck bestimmt die Art. Der Techniker (oder das voreingestellte Programm) bestimmt dafür die Parameter.

In einem Konfektionsbetrieb gibt es eine große Anzahl an Spezialnähmaschinen und Nähautomaten. Lange Hosen- oder Rocknähte, Knopflöcher oder Knöpfe nähen die Maschinen, ohne dass der Mensch eingreifen muss. Auch Taschen oder Krägen lassen sich teilweise automatisiert nähen. Gesteuert werden diese Maschinen jeweils von einem Programm mit vielen Wahloptionen, das zum entsprechenden Zweck passend die optimierte Lösung einstellt. Bedient werden die Maschinen über kleine Monitore oder Panel, auf denen in vielen verschiedenen Sprachen (je nachdem in welchem Produktionsland gefertigt wird oder immer häufiger nonverbal) die einzelnen Schritte über Touchscreen einstellbar sind.

Verbindungsnaht

Augenknopflöcher

Nähte – komplexer als vermutet

Es sieht für den Laien nicht sehr geheimnisvoll aus, wenn er in einen Nähbetrieb kommt und die Maschinen rattern sieht. Das täuscht! Für eine akkurate und haltbare Naht müssen viele Parameter aufeinander abgestimmt werden. Da ist zunächst einmal die Nähgeschwindigkeit, dann sind es Anzahl und Länge der Stiche pro Zentimeter, das ist die Form der Nadelspitze, die Nadelstärke sowie die Geometrie der Nadel, es sind die Spannungen von Ober- und Unterfaden sowie der Nähguttransport.

Dazu kommt die Auswahl des geeigneten Nähfadens. Es gibt zwar Universalnähfäden für eine sehr akzeptable Breite an Anwendungen, die Anbieter haben allerdings für beinahe jede Nähaufgabe Fäden im Programm, mit denen die gefürchtete Nahtunruhe (alle fehlerhaften Abweichungen von den gewünschten, glatten Nähten) bei fast jedem textilen Material vermieden oder auf ein Minimum reduziert werden kann – und das in weit mehr Farben als der sichtbare Regenbogen zeigt.

NAHTARTEN

Es gibt ein gewisses Grundrepertoire an Nähten und Nähvorgängen, die bei der Fertigung von fast allen Kleidungsstücken vorkommen. Das sind

- Verbindungsnähte,
- Versäuberungsnähte,
- Blindstichnähte,
- auftrennbare Reihnähte,
- Ziernähte sowie
- die Spezialvorgänge für das Nähen von Knopflöchern oder das Annähen von Knöpfen – Letztere beide meist per Automaten, ebenso wie für Riegel zur Nahtendenverstärkung.

KNOPFLOCH IST NICHT GLEICH KNOPFLOCH

Meist sind Hunderte möglicher Formen bei den Knopflochautomaten vorprogrammiert, die durch einen eventuellen Wechsel spezieller Werkzeuge fast unendlich erweitert werden können. Man unterscheidet

- **flache Wäscheknopflöcher** (auch Flachlochknopflöcher genannt), wie sie bei Hemden und Blusen üblich sind.
- **Paspelknopflöcher** werden von zwei schmalen Paspeln eingefasst und bei Jacken und Mänteln verwendet.
- **Augenknopflöcher** haben an der vorderen Seite ein rund gearbeitetes Auge, das dem Knopfstiel Platz lässt. Diese Form wird bei schweren Stoffen eingesetzt, bei denen der Knopf mit einem Stiel angenäht wird.

Sonderfall Sticken

Stickereien sind schon seit Jahren sehr gefragt. Vom schlichten Monogramm bis zu vielfarbigen Stickbildern auf Jacken-, Hemd- und Blusenärmeln und -rücken oder auf Handtaschen – nicht zu vergessen die beliebten Caps. Das wird heute vorprogrammiert auf Ein- und Mehrnadelstickautomaten gefertigt, auf der Meterware vor dem Zuschnitt oder am (halb-)fertigen Teil, das in entsprechende Rahmen eingespannt wird. Mit hunderten von Programmen und individueller Programmierbarkeit sind der Fantasie kaum Grenzen gesetzt. Die angebotenen Garne zeigen jede vorstellbare Schattierung einschließlich metallischer Töne, Neonfarben oder Glitzer. Zusätzliche Vorrichtungen an der Stickmaschine ermöglichen auch das Einbringen von Perlen und Pailletten oder das Applizieren von vorgefertigten Motiven aus Leder bzw. Lederimitat oder Stoff und Filz.

NT = needle thread (Oberfaden) | BT = bobbin thread (Unterfaden) | LT = looper thread (Greiferfaden) | CT = cover thread (Deckfaden)

Die häufigsten Stichtypen

KETTENSTICH

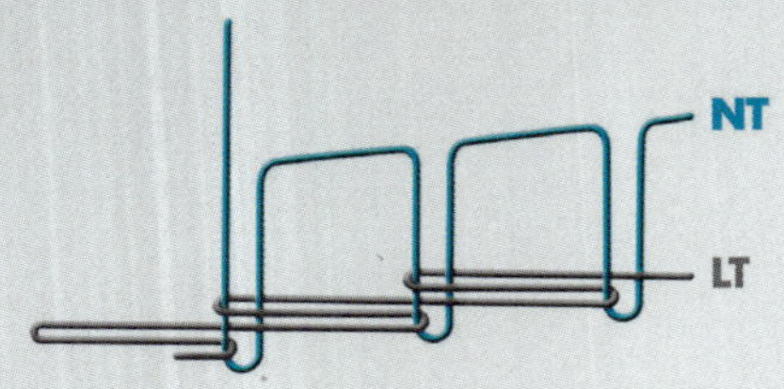

Für Schließnähte sowie für die stark strapazierten Gesäßnähte bei Hosen beiderlei Geschlechts kommt der **Doppelkettenstich** zum Einsatz.

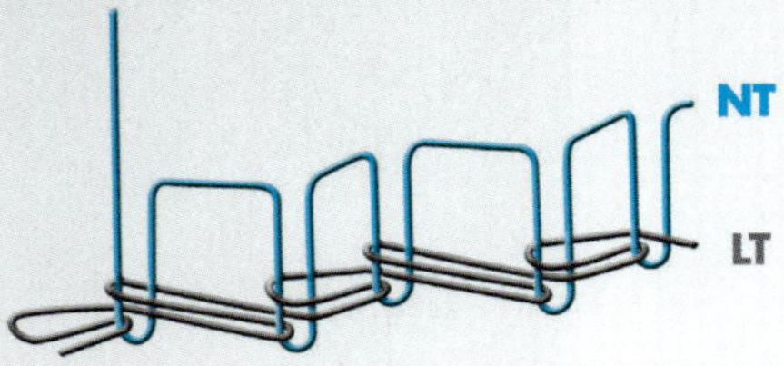

Doppelketten-Zick-Zack-Stich

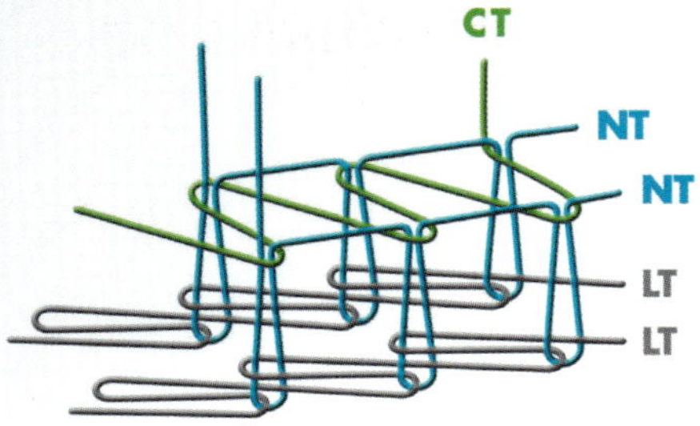

2-Linien-Doppelkettenstich

STEPPSTICH

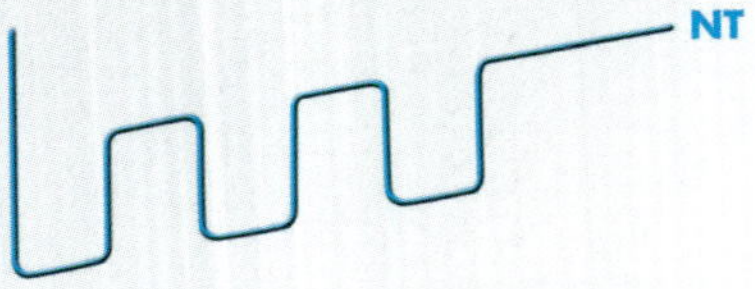

Einfadensteppstich

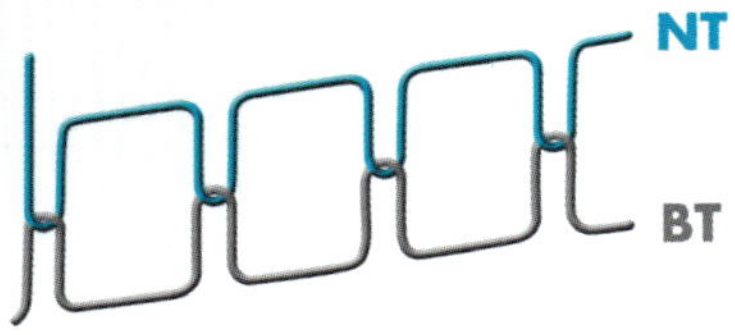

Für Schließ- und Absteppnähte, z. B. bei Bluse oder Hemd sowie bei den robusten Jeans, kommt am häufigsten der **Doppelsteppstich** vor, auch für die Ziernähte.

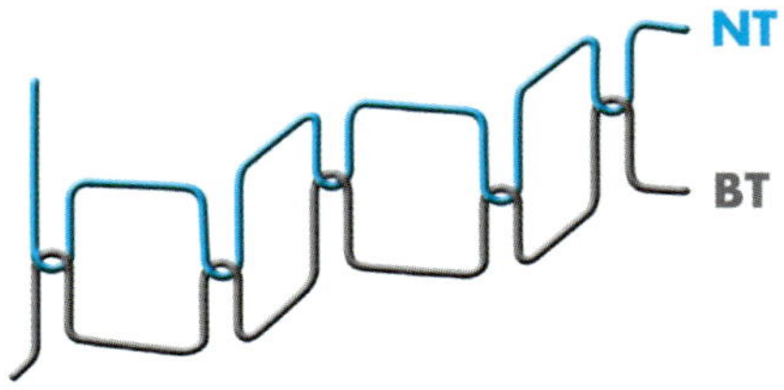

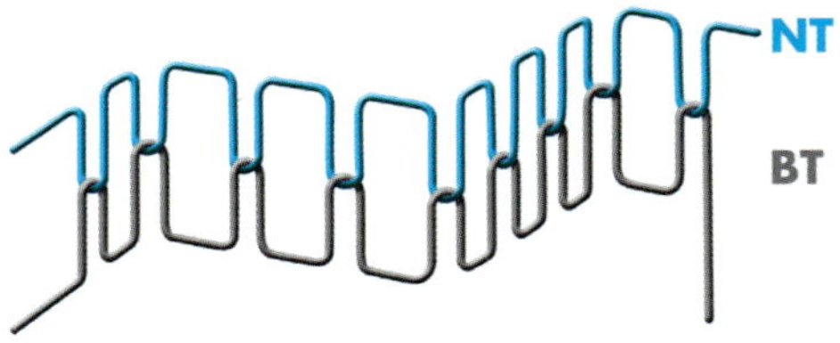

Beim BH muss es elastische Nähte geben, wie z. B. den **Doppelstepp-Zick-Zack-Stich** als Schließnaht.

BLINDSTICH

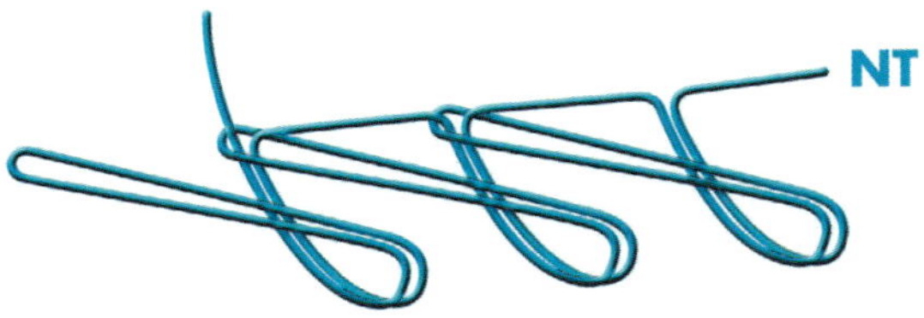

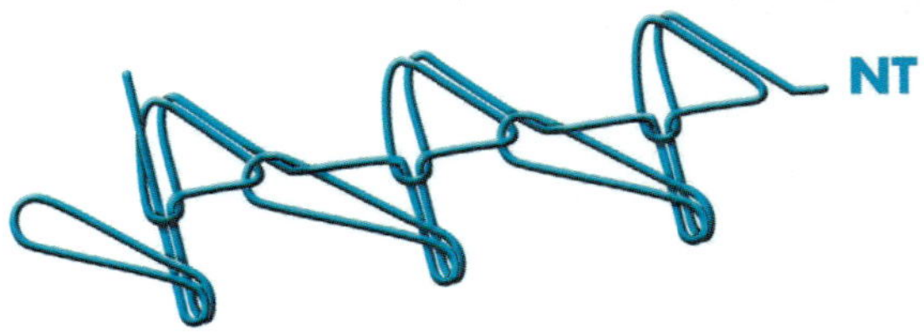

Unsichtbare Nähte, z. B. für Blazer und Jacken und Hosensäume, werden mit **Einfaden-Blindstich** gearbeitet.

KNOPFSTICH

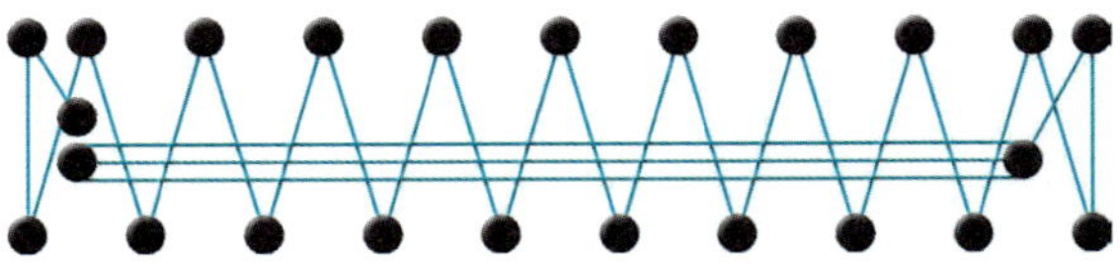

Doppelstepp

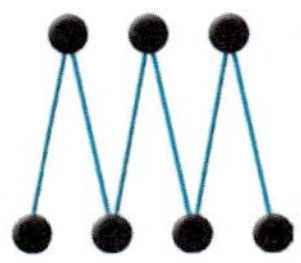

Punktriegel

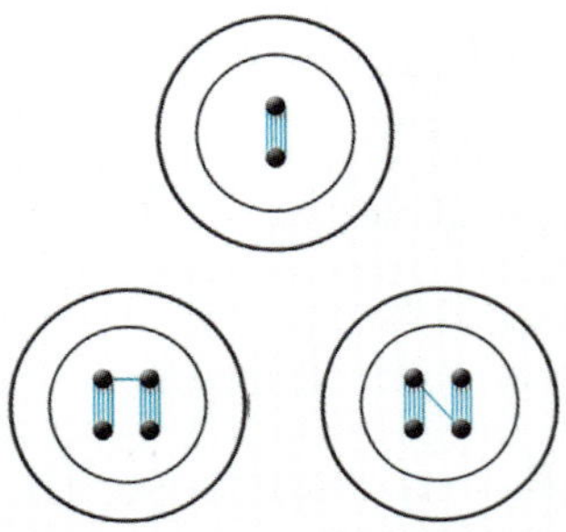

Knopf-Doppelstepp

FADEN-ÜBERWENDLICHSTICH

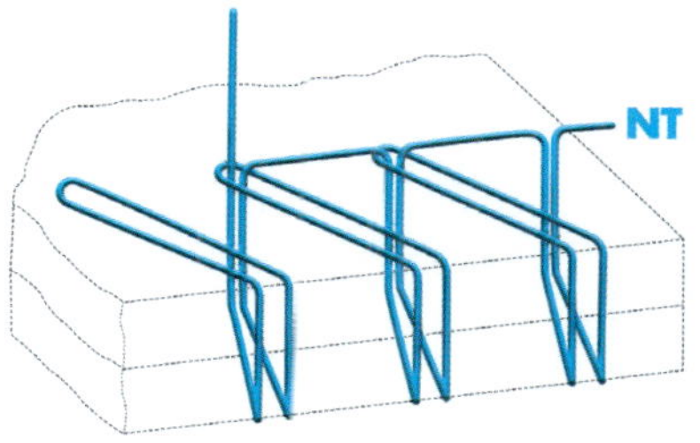

1-Faden-Überwendlichstich

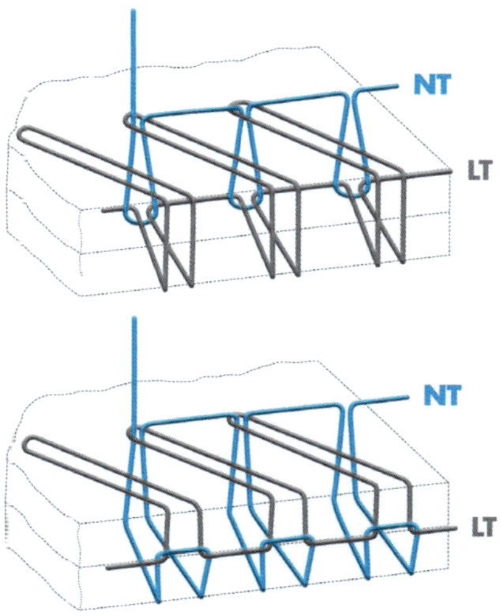

2-Faden-Überwendlichstich

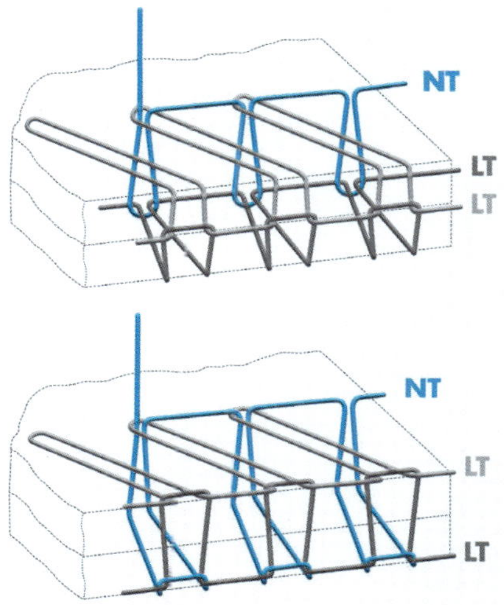

Versäuberungsnähte werden meist mit einem **3-Faden-Überwendlichstich** genäht.

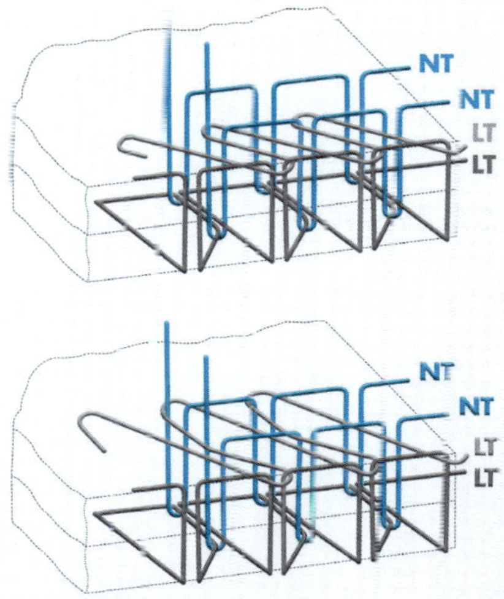

Für zarte Unterwäsche, u. a. aus Maschenware, dient der **4-Faden-Überwendlichstich** auch für Schließnähte.

NADELÜBERDECKSTICH

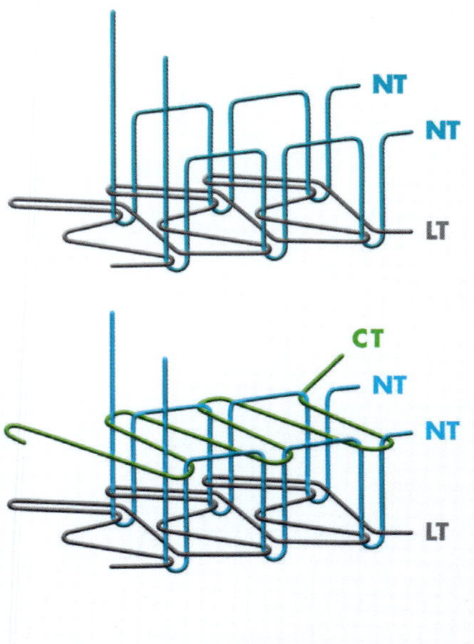

Säume an Maschenware werden häufig mit dem **2-Nadelüberdeckstich** genäht.

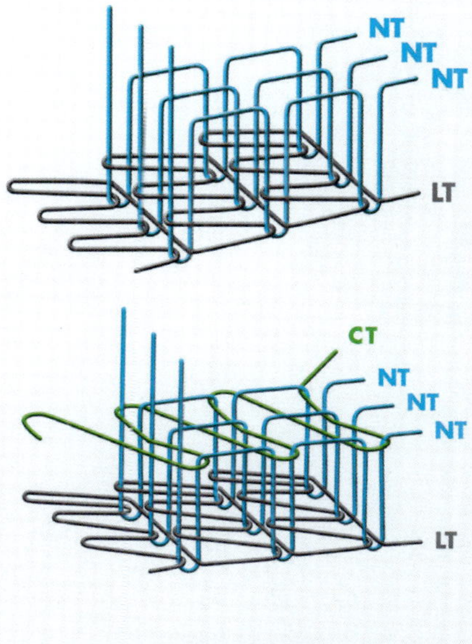

3-Nadelüberdeckstich

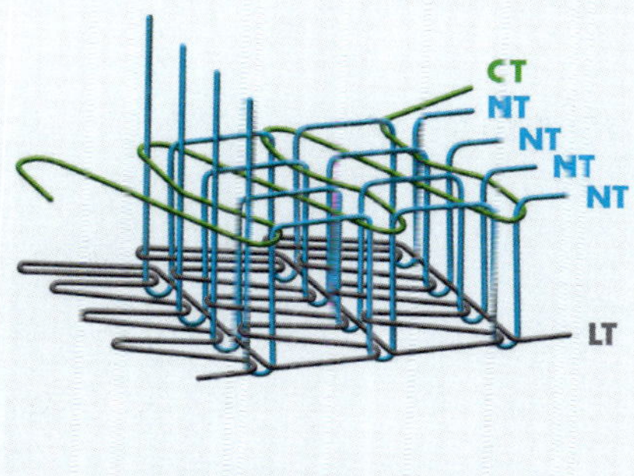

4-Nadelüberdeckstich

VERSCHLUSSMITTEL

Die Wächter von Halt und Form

Selbstverständlich ist die erste Aufgabe von Knöpfen und Verschlüssen jeder Bauart die, Kleidung zu verschließen und zusammenzuhalten. Das konnte man schon vor Tausenden Jahren mit Fibeln, Nadeln, Nestelbändern oder Broschen. Der zunächst mit einer Schlaufe, dann mittels eines Knopflochs befestigte Knopf ermöglichte jedoch erstmals das Tragen enger anliegender und damit körperbetonender Kleidung. So übernahm der Knopf in zweiter Funktion eine tragende Rolle für die Gesamtsilhouette.

In der Antike war der Knopf ohne Knopfloch oder Schlaufe ein Ziergegenstand. Die Verbindung von Knopf und Knopfloch soll man im 13. Jahrhundert in Deutschland erfunden haben. Wie alles, was besser ist als das Vergangene, verbreitete sich die neue Methode in Europa bis zum 14. Jahrhundert rasch und ermöglichte so auch eine ganz neue Mode mit eng anliegender Kleidung, ein Umstand, der in Kürze auf die Spitze getrieben wurde und zu extremen Auswüchsen führte. Heute wird der (geöffnete) Knopf nicht zwangsläufig als erotische Anspielung empfunden oder als Möglichkeit, mit langen Knopfleisten zu prahlen wie in manchen Zeiten der Kostümgeschichte, sondern wird zusammen mit den anderen praktischen Verschlüssen wie Klett- oder Reißverschluss eher als willkommene „Einstiegshilfe" empfunden.

Druckknöpfe

Frackknöpfe

Lochknöpfe

Knöpfe & Knopfformen

DRUCKKNOPF

Er besteht aus zwei kleinen, runden Teilen, einer davon mit einer Vertiefung, der andere mit einem passenden Kopf versehen, zusätzlich ist seitlich ein federndes Element eingebaut. Je eine Hälfte wird an der Verschlussleiste auf die gegenüberliegende Seite des Stoffs genäht oder genietet und zum Schließen zusammengedrückt. Druckknöpfe sind meist aus Metall, seltener aus Kunststoff, gelegentlich aus kunststoffüberzogenem Metall.

Das Prinzip des Druckknopfs gab es schon lange vor unserer Zeitrechnung, so wurde er als Befestigung an den Bronzewagen der berühmten Terrakottaarmee in Xi'an (China) verwendet. Der Erfinder *Heribert Bauer* aus Pforzheim erhielt 1885 ein Patent, die kommerzielle Produktion begann jedoch erst 1903 nach Überarbeitung durch den Kurzwarenfabrikant *Hans Prym* aus Stolberg. Aus rostfreiem Metall hergestellt, ist der Druckknopf in dieser Form bis heute im Handel und dient als quasi unsichtbarer Verschluss von Kleidungsstücken, Taschen und Ähnlichem.

DURCHSTECKKNÖPFE

Ein **Frackknopf** dient zum Schließen eines Hemdes mit zwei Knopflochleisten, z. B. bei Frack- und Smokinghemden. Frackknöpfe werden separat zum Hemd gekauft und auf die restlichen Accessoires abgestimmt. Man findet sie z. B. aus Gold, Silber oder Edelstahl. Die Frontseite kann auf verschiedene Art verziert oder mit Edelsteinen besetzt sein. Klassisch trägt man zum Smoking Onyx und zum Frack Knöpfe mit Perlmutt- oder Brillantenbesatz.

Kugelknöpfe sind ebenfalls Durchsteckknöpfe, mit denen bspw. Kochjacken geschlossen werden. Kugelknöpfe sind meist aus Kunststoff. Die Jacken lassen sich durch die herausnehmbaren Knöpfe besser kochen, bleichen und bügeln.

LOCHKNOPF

Er ist meist scheibenförmig oder geschüsselt, mit oder ohne Zierrand und wird durch die Löcher hindurch an den Stoff genäht. Es gibt ihn als Zwei-, Drei- oder Vierlochknopf vorwiegend für Hemden und Blusen. Er ist leicht maschinell zu befestigen. Bei dickeren Stoffen wird er mit „Stiel" angenäht. Dafür werden erst längere Schlingen genäht, die dann mit dem Nähfaden umwickelt werden. Da z. B. Hemdenknöpfe leicht verloren gehen, gibt es spezielle Maschinen, die den Stiel mit einem thermisch verklebbaren Faden umwickeln, der nach dem Abkühlen fixiert bleibt. Es gibt auch Lochknöpfe, bei denen die Löcher schlitzähnlich lang gefräst sind, um sie bspw. mit einem Stoff- oder Lederband anzunähen.

Links oder rechts herum?

Männer tragen sie traditionell rechts: die Knöpfe an ihrer Kleidung. Die dazu gehörigen Knopflöcher befinden sich entsprechend auf der linken Seite, vom Träger aus gesehen. Das nennt man Links-rechts-Knöpfung. Bei den Damen hingegen ist es exakt umgekehrt (Rechts-links-Knöpfung). Warum das so ist, weiß niemand ganz genau.

Es gibt eine Theorie, die besagt, dass sich Männer ihre Kleidung überwiegend selbst zuknöpften, Damen höheren Standes jedoch von einer Zofe angekleidet wurden, die auch die Knöpfe schloss. Für diese sei es leichter gewesen, die Knöpfe mit der rechten Hand und das Knopfloch mit der linken Hand zu fassen, zumindest wenn sie Rechtshänderin war. Das klingt zwar nachvollziehbar, allerdings widerspricht dem die Tatsache, dass eine allgemeine Rechts-links-Knöpfung bei Frauenkleidung erst ab Mitte des 19. Jahrhunderts nachweisbar ist und da kleideten sich die allermeisten Frauen bereits selbst und ohne die Mithilfe einer Zofe an. Es liegt also nahe, dass die unterschiedliche Knöpfung ein eher willkürliches Unterscheidungsmerkmal zwischen männlicher und weiblicher Kleidung ist.

Knebel

Ösenknöpfe

Zwirnknöpfe

KNEBEL

Knebel sind stab- oder keilförmig und werden durch eine Schlaufe gezogen, damit sind sie vermutlich die älteste Vorläuferform des heutigen Knopfes. Sie können mit Ösen oder Löchern versehen sein, mittels derer sie an den Stoff genäht werden. Sie finden vor allem bei bestimmten Mantelformen und in der Trachtenmode Verwendung.

ÖSENKNOPF

Er ist bereits seit dem Hochmittelalter gebräuchlich und hat auf der Rückseite eine Öse, mit der er an das Kleidungsstück genäht wird. Die Schauseite des Knopfes kann verschiedene Formen zeigen. Meist ist die Öse mit einer Trägerplatte an der Rückseite des Knopfes befestigt, kann aber auch mit dem Knopf aus einem Stück gefertigt sein. Eine Sonderform ist der bezogene Knopf, bei dem eine Trägerbasis mit Stoff oder Leder bezogen wird. Das auf der Rückseite des Knopfes zusammengeraffte Material dient (wie eine Öse) zur Befestigung. Eine weitere Variante sind Knöpfe, die auf der Rückseite eine Art Steg aufweisen, der mittig angeordnet die Bohrung zum Annähen zeigt. Der Ösenknopf eignet sich besonders für dicke Stoffe, indem die Öse als Abstandshalter zwischen Knopf und Trägerstoff dient und der Knopf zugeknöpft flach auf dem Stoff aufliegt. Die Form eignet sich besonders für Verzierungen und Abzeichen (Uniformknöpfe, Klubembleme etc.), Gravuren, Emaille oder (bei bezogenen Knöpfen) Stickerei.

POSAMENTENKNOPF

Posamentenknöpfe werden aus den gleichen Materialien wie Kordeln und Quasten gefertigt, d. h. meist aus mit Seide (oder Kunstseide) umwickelten Strängen. Ein Posamentenknopf kann die Form eines Ösenknopfes annehmen oder die eines flächigen Ornaments, das an einer Stelle einen Knauf bildet, der durch die Schlaufe eines symmetrischen Gegenstücks geführt wird.

ZWIRNKNOPF

Zum Entstehen eines Zwirnknopfes wird Leinen- oder Baumwollgarn sternförmig um einen Metallring geführt, bis sich eine geschlossene Fläche ergibt. Durch diese Fläche hindurch wird der Knopf mit dem Stoff vernäht. Zwirnknöpfe werden mindestens seit dem 18. Jahrhundert fast ausschließlich für Wäsche verwendet, deshalb sind sie meist nur in Weiß zu finden.

Biologisch abbaubare Knöpfe

Der deutsche Hersteller *Hartmann* hat in Kooperation mit dem italienischen Unternehmen *SM* 2014 biologisch abbaubare Knöpfe aus nachwachsenden Rohstoffen wie Zellulose, Lignin sowie pflanzlichen Harzen und Wachsen entwickelt. Sie sollen beständig gegen Waschen und Bügeln sein, sich jedoch im Erdreich bei der Kompostierung zersetzen.

Materialien für Knöpfe

Historisch betrachtet sind verschiedene **Metalle, Horn, Holz (Bambus), Perlmutt, Schildpatt, Stoffe** und **Leder** oder **Glas** die häufigsten Materialien gewesen. Bis auf das Glas, das heute durch transparente **Kunststoffe,** wie z. B. Acryl, ersetzt wird und den Schildpatt, der im Rahmen des Weltartenschutzübereinkommens verboten ist, gibt es diese Materialien modeabhängig nach wie vor. Kunststoffknöpfe dominieren jedoch den Markt.

1897 wurde auf Kaseinbasis der **Milchstein, Galalith** oder das **Kunsthorn** erfunden. Bekannt war der Kunststoff schon aus dem 16. Jahrhundert.

Was heute wie **Horn** aussieht, sind meist Kunststoffe auf Basis von Polyester oder Acetat, was auch für Brillengestelle u. Ä. verwendet wird oder für Schnallen und andere Schließen.

Luxusmaterialien sind echte **Perlmuttknöpfe** aus tropischen Abalone- oder anderen Muscheln und Schneckengehäusen sowie die **Steinnuss**, auch Taguanuss oder Corozonuss genannt. Es ist der Samen der altertümlichen Gattung der Steinnusspalmen (*Phytelephas*). Man nennt ihn auch Pflanzenelfenbein. Steinnusspalmen wachsen in Mittel- und Südamerika, z. B. in Ecuador, jedoch auch in Panama, Kolumbien, Brasilien und Peru, und sind dort bis in eine Höhe von 1800 m anzutreffen.

Knöpfe aus Metall

Knöpfe aus Leder

Knöpfe aus Horn

Knöpfe aus Steinnuss

Knöpfe aus Holz

Knöpfe aus Glas

Knöpfe aus Perlmutt

Alle Fotos: Union Knopf

Verschlüsse

Kunststoffprofilreißverschluss (o.), Metallreißverschluss (u.)

REISSVERSCHLUSS

Der Reißverschluss oder Zip bzw. Zipper, wie es im angelsächsischen Sprachraum heißt, entstand weniger aus Not denn aus purer Bequemlichkeit. Ob die Legende stimmt, dass einer seiner Erfinderväter, *Whitcomb Leonard Judson* aus Chicago, des Schnürens seiner hohen Stiefel überdrüssig gewesen sei, weil er so beleibt war, kann nicht mehr überprüft werden. Tatsache ist, dass die metallenen Schiebeverschlüsse zunächst für Schuhe und grobe Schutzkleidung gedacht waren und in nennenswertem Umfang im *Ersten Weltkrieg* in Uniformen und bei der Lotsenkleidung der US Army eingesetzt wurden. Zaghaften Einzug in die Alltagskleidung nahm die Erfindung erst Mitte der 1920er-Jah-

TIPPS für Reißverschlüsse

- Die erste Regel ist, sie beim Waschen immer zuzuziehen.
- Auch sollten sie regelmäßig von Sand, Schmutz und anderen Fremdkörpern gereinigt werden, vor allem, wenn sie häufig mit Schmutz in Berührung kommen (z. B. bei Schuhen, Stiefeln).
- Anschließend mit einem Silikonspray behandeln.
- Einreiben mit Seife, Wachs oder Grafit kann bei schwergängigen Reißverschlüssen aus Metall helfen. Bei Reißverschlüssen aus Kunststoff sollen auch Haarsprays gute Dienste leisten.

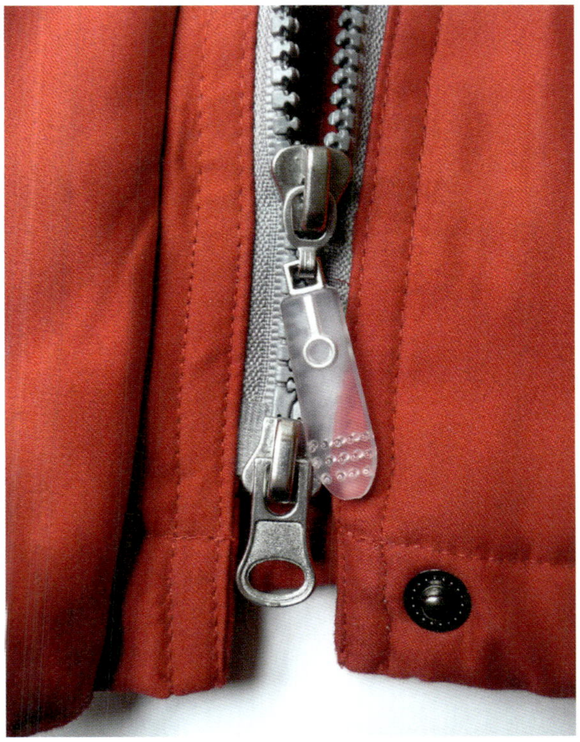

Zwei-Wege-Reißverschluss

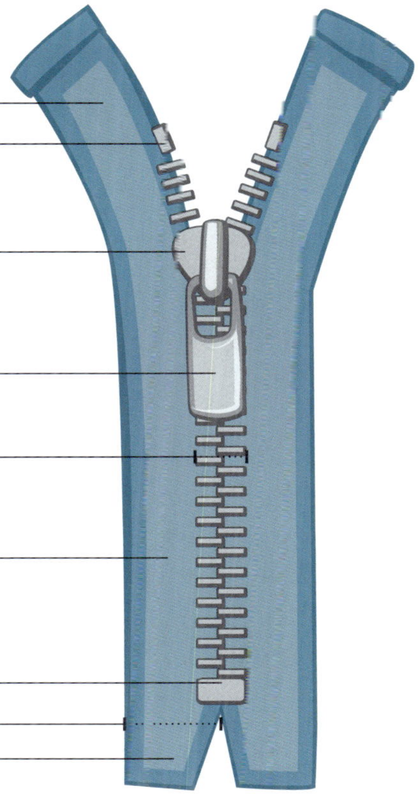

re und in bedeutenderen Mengen Mitte der 30er-Jahre. Man unterscheidet

- **teilbare** und
- **nichtteilbare** Reißverschlüsse.

Eine besondere Form des teilbaren Reißverschlusses ist der Zwei-Wege-Reißverschluss, der sich an beiden Enden öffnen oder schließen lässt. In der Bekleidung ist er vor allem bei Jacken, Anoraks und Mänteln ein praktisches Detail.

Materialien

Aus aktueller Kleidung, besonders bei den Hosen, sind die meist aus pflegefreundlichen **Kunststoffen** hergestellten „Sicherheitstrennverschlüsse" gar nicht mehr wegzudenken.
Metallreißverschlüsse werden eher aus Designgründen z. B. bei Jeans oder Lederkleidung eingesetzt. Ein Knopfverschluss am Hosenschlitz ist allenfalls Unternehmensnostalgie.

Kleine Reißverschlussgeschichte

Neuerungen treten nicht automatisch unmittelbar nach ihrer Erfindung den Siegeszug in die Alltagswirklichkeit an. Auch der Reißverschluss, ein typisches „Kind der Industriellen Revolution" Mitte des 19. Jahrhunderts, erlitt dieses Schicksal. Die Grundkonstruktion hat gleich mehrere Väter und war bei ihrem ersten Patent von **1851** noch nicht wirklich gebrauchstüchtig.
1890 hatte der US-Amerikaner *Whitcomb Leonard Judson* aus Chicago eine erste praktikable Idee, die er in den Jahren **1892, 1893** zum Patent als Verschluss für Schuhe anmeldete, die er auf der Weltausstellung in seiner Heimatstadt präsentierte. Mehr als 10 Jahre später war die erste Produktionsmaschine gebaut, das darauf hergestellte Ergebnis erweis sich jedoch immer noch nicht als praxistauglich.
1912 gelang dem Schweden *Gideon Sundbäck,* dem Schwiegersohn von *Whitcomp Leonard Judson,* dank einiger Verbesserungen ein tauglicher Versuch, nachdem er seine Ideen erstmals im Jahr 1909 in Deutschland hatte patentieren lassen.

1923 erwarb der Schweizer *Martin Othmar Winterhalter* aus St. Gallen das Patent für Europa und ersetzte den ursprünglich aus Kügelchen und Klemmbacken bestehenden Verschluss durch die noch heute üblicher Rinne und Rippe mit dem Schieber. Dieses Produkt erhielt den Namen *RiRi* (für Rinne-Rippe). In seiner Firma gleichen Namens, die zunächst in Wuppertal, danach und bis heute in Mendrisio (Schweiz) angesiedelt ist, wurde dann der erste serienmäßig gefertigte Reißverschluss der Welt produziert.

In der Frühphase wurden Reißverschlüsse in größerem Umfang erstmals 1917 bei wetterfesten Anzügen von Lotsen der US Navy eingesetzt. In Alltagskleidung fand die Umstellung erst ab 1925 und 1935 statt, zunächst ausschließlich als Metallreißverschluss. Kunststoffreißverschlüsse setzten sich nach der Erfindungswelle neuer Kunststoffe ab etwa Mitte der 1950er-Jahre zunehmend durch. Sie können feiner gestaltet werden und sind nicht nur flexibler, sondern verfügen auch über eine hohe Festigkeit.
Weltmarktführer und weltgrößter Produzent von Reißverschlüssen ist das japanische Unternehmen *Yoshida Kōgyō (YKK)* mit Hauptquartier in Tokyo.

Kletten dienten als das natürliche Vorbild für den Klettverschluss (l.).

KLETTVERSCHLUSS

Heute hört man oft die Vokabel „bionisch", wenn die Wirkungsweisen aus der Pflanzen- und Tierwelt für moderne Technik als Vorbild genommen werden (z. B. der Lotuseffekt). Wenn man so will, war der Schweizer Ingenieur *Georges de Mestral* ein sehr früher Forscher in dieser wissenschaftlichen Disziplin. Bei Spaziergängen mit seinen Hunden blieben oft einige Früchte der Großen Klette *(Arctium lappa)* im Fell der Hunde und an seiner Kleidung hängen, die auch bei gewaltsamem Entfernen aus Haaren oder Kleidern nicht abbrachen. Unter dem Mikroskop entdeckte er, dass sie winzige elastische Häkchen tragen. Als er deren Beschaffenheit untersuchte, sah er darin eine Möglichkeit, zwei Materialien auf einfache Art leicht trennbar zu verbinden. Er entwickelte den textilen Klettverschluss und meldete ihn 1951 zum Patent an. Vermarktet wurde der Verschluss unter dem Kunstnamen *Velcro,* aus französisch „velours" für Samt und „crochet" für Haken. Bei seiner Erfindung saßen sowohl die Haken als auch die Ösen auf einem Band. Wir kennen den Klettverschluss, der aus zwei Nylonstreifen besteht, wovon der eine die Häkchen, der andere ungefähr 15-mal so viel Schlaufen auf der Oberseite hat, die zusammengedrückt den Klettverschluss ergeben.

Im Vergleich zum Reißverschluss hat der Klettverschluss viele Vorteile: So ist er einfach zu bedienen, was z. B. für Kinder und Menschen mit Handicaps von großem Vorteil ist. Zudem kann er an Stellen angebracht werden, wo ein Reißverschluss entweder zu schwer oder zu teuer bzw. zu umständlich zu handhaben wäre.

TIPPS für Klettverschlüsse

- Sie müssen regelmäßig mit einer kleinen Drahtbürste oder einem festen Kamm von Fusseln und Fremdkörpern gesäubert werden.
- Achtung auch bei wertvollen Textilien, sie sollten niemals mit einem Klettverschluss in Berührung kommen.
- Wenn sich nach einer Weile die Häkchen auf der Hakenseite des Klettverschlusses zu sehr nach unten biegen, halten sie nicht mehr richtig in den Schlingen der Gegenseite. Dagegen soll helfen, ein paar Mal mit einem geraden Messer gegen den Strich über die Hakenseite des Klettverschlusses zu fahren. Die Haken richten sich wieder auf und der Verschluss hält wieder besser.

Handtasche mit Steckschließe

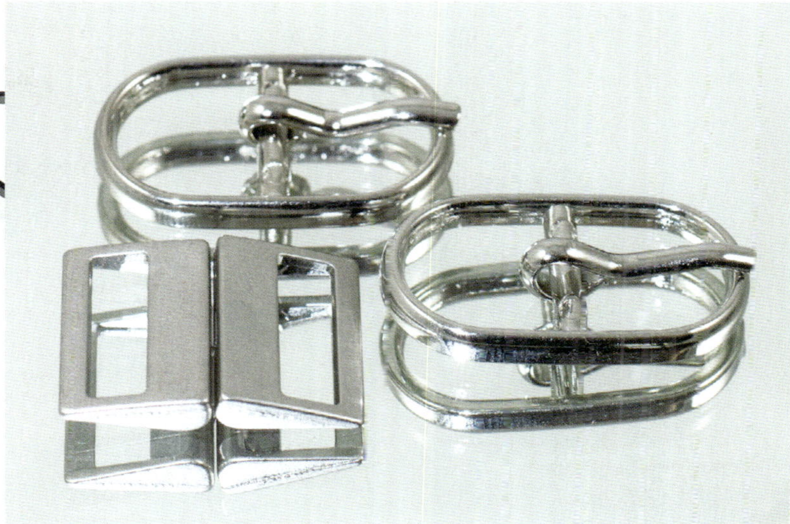

Schnallen und Schließer

Clutch mit Magnetverschluss

MAGNETVERSCHLUSS

Bei Taschen, Rucksäcken und im Outdoorbereich etc. sind Magnetverschlüsse zunehmend beliebt. Hier werden Druckknöpfe in den Stoff oder das Leder eingeschlagen, jeweils gegenüber, meist unter einer Patte oder Lasche mit unterschiedlich gepolten, jedoch nicht allzu starken Magneten. Der Vorteil ist ein schneller und bequemer Verschluss, bei dem man nicht einmal so ganz genau zielen muss, um ihn zu schließen. Die Magneten suchen selbsttätig die optimale Position. Allerdings ist Vorsicht geboten: Verbraucherschützer warnen, dass die Magnetstreifen von z. B. Bank- und Kreditkarten durch Kontakt mit solchen Verschlüssen Schaden nehmen könnten. Auch Träger von Herzschrittmachern sollten vorsichtshalber auf das Tragen von Kleidung mit Magnetverschlüssen verzichten.

SCHNALLEN UND SCHLIESSEN

Sie bestehen aus Metall, Leder, Holz, Kunststoff oder sind stoffbezogen und werden bei Hosenträgern, Gürteln, Bündchen, losen Riegeln etc. eingesetzt. Die Reinigung und Pflege richtet sich nach dem Oberstoffmaterial. Gürtel, die aus dem gleichen Material wie ein Kostüm oder ein Mantel gefertigt sind, sollten immer gemeinsam in die chemische Reinigung gegeben werden, um optische Unterschiede zu vermeiden.

LEXIKON Verschlüsse

Ärmelriegel. Mit Knopf, Schnalle und Ösen oder Klettband versehene Riegel zur Weitenregulierung.

Bandstopper. Mechanische Klemmvorrichtung zum Einhalten einer Raffung.

Gegenknopf. Knopfverschluss an Innenseite von Hosen- oder Rockverschlüssen für sicheren Halt. Bei doppelreihigen Knöpfungen als Halt für den Untertritt.

Klettverschluss. Mit Klettband, bestehend aus einer Velours- und einer Häkchenseite, besetzte Verschlüsse.

Knopfleiste. Angesetzter Stoffstreifen mit Knopflöchern zum sichtbaren Durchknöpfen, überwiegend für Blusen, Hemden, Kleider, Polos.

Kragenriegel. Am Kragensteg oder unter dem Kragen von Mänteln und sportiven Jacken angebrachter Riegel. Mit Knopf-, Haken- oder Schnalle und Ösenverschluss.

Reißverschluss. Auch Zipper, in der Regel bei Hosen und Röcken verdeckt angebracht. An sportiver Kleidung auch Gestaltungsdetail.

Stormflap. Breiter, den Reißverschluss und/oder die Knopfleiste verdeckender Beleg, als Wetterschutz.

Tunnelgürtel. Gürtel, der ganz oder teilweise durch einen vom Oberstoff gebildeten Hohlraum (Tunnel) geführt wird. Auch auf der Innenseite von Kleidungsstücken im Futter.

Tunnelzug. Typisch für Sport- und Freizeitkleidung. An Taille, Saum, Ärmel- oder Kapuzenrand mit Oberstoff verdeckt angebrachte Stoff-, Band- oder Kordelregulierung. Auch als Modedetail.

Verdeckte Knopfleiste. Z. B. bei Blusen, Shirts, auch festlichen Oberhemden mit breitem Beleg abgedeckter Vorderverschluss, meist zum Verdecken von Knöpfen oder Druckknöpfen. Bei funktioneller Kleidung zum Abweisen von Wasser und Wind →*Stormflap* genannt.

Zwei-Wege-Reißverschluss. Reißverschluss an sportlicher Kleidung, aber auch Strickjacken. Lässt sich sowohl von oben als auch von unten öffnen und verstellen.

Einnähetiketten

Label

Applikationen

Etiketten & Applikationen

EINNÄHETIKETTEN

Manches ist Pflicht, anderes ist Kür. In jedem Kleidungsstück finden sich unterschiedliche Arten von Etiketten, oft an Stellen, die kratzen und stören. Einige davon sind notwendiges Übel, wieder andere sind schlichter Zierrat. Wie intensiv und ob überhaupt Etiketten als Dekorationsmittel eingesetzt werden, hängt vom Wandel der Modetrends ab. In der richtigen Dosierung und Abstimmung kann man sie durchaus als Würze des Modecocktails verstehen.

Viele Verbraucher schneiden sie als erstes heraus, wenn sie neu gekaufte Kleidung waschen und tragen – die Einnähetiketten. Dabei wäre es zumindest bei ungewöhnlichen Materialzusammensetzungen oder Stoffarten nicht falsch, die Pflegeanleitungen in der Kleidung zu belassen. Die globale Fertigung hat die Anzahl von Kontrolletiketten etwas inflationiert und manche Marke ist nur allzu stolz auf ihr Logo, das in der Größe halber Postkarten am Kragenrand prangt. Die meisten Einnäher erfüllen allerdings nur die gesetzlichen Vorgaben des Textilkennzeichnungsgesetzes.

BADGES & APPLIKATIONEN

So gibt es sie als schlichte Einnäher für Größen-, Material- und Pflegeangaben, meist unsichtbar im Innenleben von Kleidungsstücken versteckt, aber eben auch für die mehr oder weniger aufwendige Kennzeichnung der Modemarken. Sie können jedoch auch zur noch deutlicheren Identifikation der jeweiligen Marke an prominenter Stelle als Bild-/Textmarke mit dem entsprechenden Logo und Firmenschriftzug in der Hausfarbe des Unternehmens auf dem Kleidungsstück appliziert sein. Dann heißen sie Badges.

Gerade bei Casualwear und Kinderkleidung findet sich noch eine weitere Variante neben denen, die völlig funktionslos der reinen Dekoration dienen – diese gibt es übrigens auch dreidimensional mit plastischen Tierfigürchen – das sind Sicherheitsaufnäher, die mit reflektierenden Materialien oder Fäden zur Verbesserung der Sichtbarkeit in der Dunkelheit gestaltet wurden.

Es ist ein großer Qualitätsunterschied, ob diese Etiketten oder Badges gedruckt oder gewebt werden. Bei

Satinbänder, Perlen, Spitze: Erlaubt ist was gefällt.

Strass- und Metallapplikationen

Besatz mit Spitzen

sehr hochwertigen Herstellern können äußerst feinfädige Webbilder fast fotorealistischen Charakter erreichen. Diese sind sehr teuer und werden nur noch äußerst selten eingesetzt.

STRASS- UND METALLAPPLIKATIONEN

Sie sind seit Jahren aus der Mode nicht mehr wegzudenken: die glitzernden und schimmernden Motivapplikationen aus Strass und Metallplättchen. Unternehmen wie Swarovski aus Wattens in Österreich (das größte und bekannteste Unternehmen in diesem Bereich, aber nicht das einzige) entwickeln jede Saison ein Füllhorn an kreativen Motiven und einzelnen Steinen in immer neuen Formen und Farben. Sie zieren Schönes von Unterwäsche bis Abendkleid und von Schal bis Schuh mit edlem Glanz und Lüster. Mal sind mehr matte Metallplättchen beliebt, mal kann es gar nicht genug Hochglanz geben, mal sind die Steinchen fein wie Sternenstaub und ein anderes Mal groß und glamourös wie Nobelschmuck. Die Variationsbreite ist gigantisch. Die Motive und Einzelsteine bzw. Metallplättchen werden mittels Heißkleber auf dem Untergrund fixiert und überstehen bei ordnungsgemäßer Behandlung dieselben Wasch- und Bügelaktionen wie das Material, auf dem sie angebracht sind, und teilen mit diesem denselben Lebenszyklus.

VERARBEITUNGSDETAILS

Vielfalt liegt im Detail

Falten, Taschen, Kragen und Ausschnitt – erst diese Verarbeitungsdetails geben einem Bekleidungsstück Charakter. Manche Ausführungen sind Dauerbrenner, andere Details kommen und gehen mit den Trends. Auch hier sind der Kreativität der Designer keine Grenzen gesetzt.

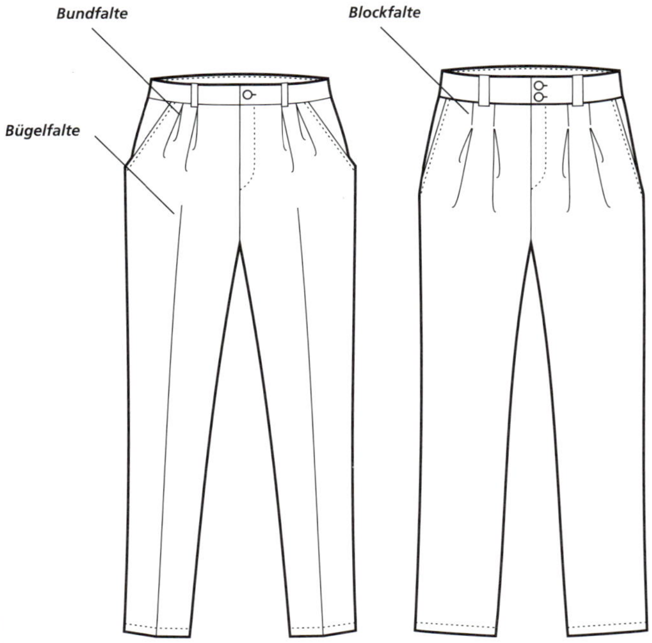

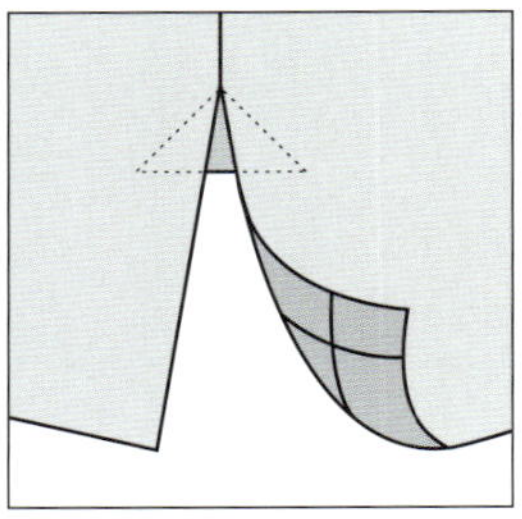

Dior-Falte

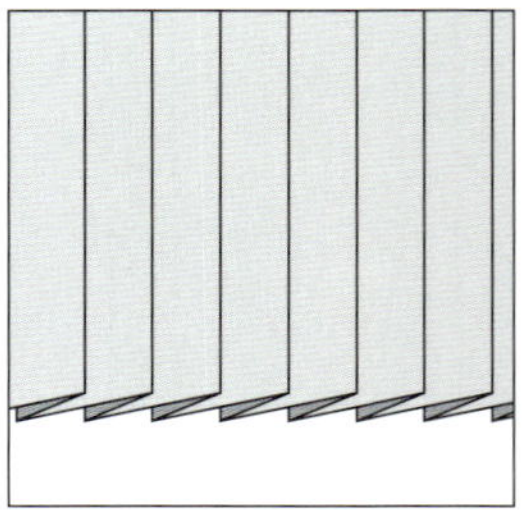

Einseitig gelegte Falten

Falten unisex

BLOCKFALTE
Sehr breite Falte, z. B. an Bundfaltenhosen oder Röcken.

BÜGELFALTE
Längs gebügelter Faltenbruch in Vorder- und Hinterhose. Oft durch Ausrüstungsverfahren fixiert.

BUNDFALTE
Rechts und links der Hosen- oder Rockmitte unterhalb des Bundes eingelegte, meist abgenähte Falten. Bei Hosen werden daraus oft die Bügelfalten.

DEHNFALTE
Als Bewegungsreserve im Rücken von Jacken und Mänteln, meist flach gebügelt, springt erst bei Bewegung auf.

DIOR-FALTE
Keine echte Falte, sondern ein mit Stoff unterlegter, aufspringender Gehschlitz am Rock. Zur besseren Haltbarkeit der Nahtöffnung wird ein kleines Stoffstück untergenäht.

Rock mit großen Kellerfalten

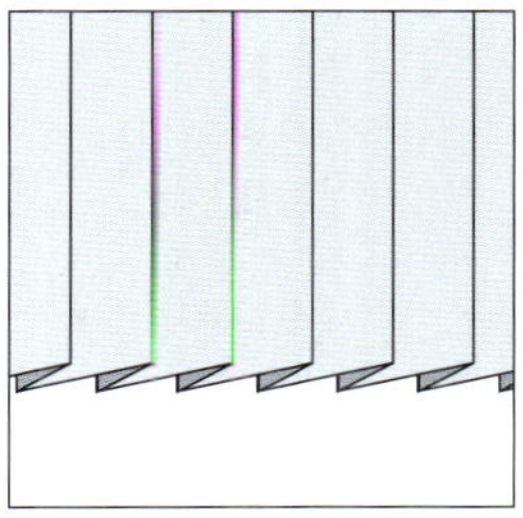

Sparfalte

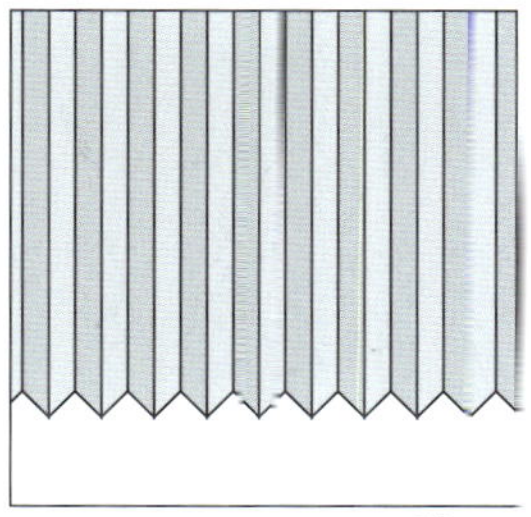

Plissee

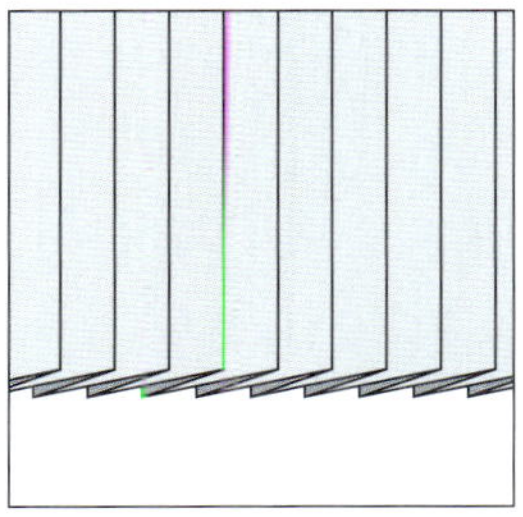

Übergreifende Falten

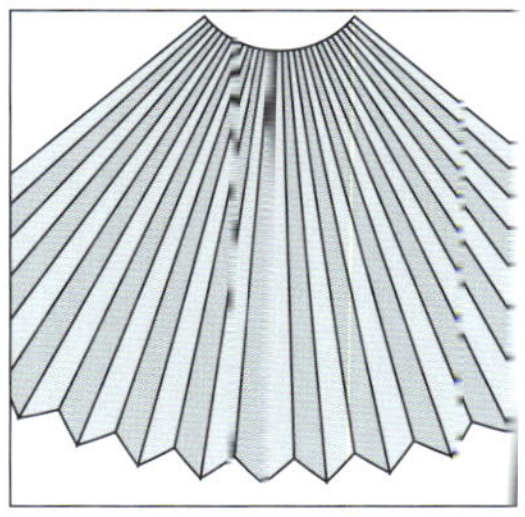

Sonnenplissee

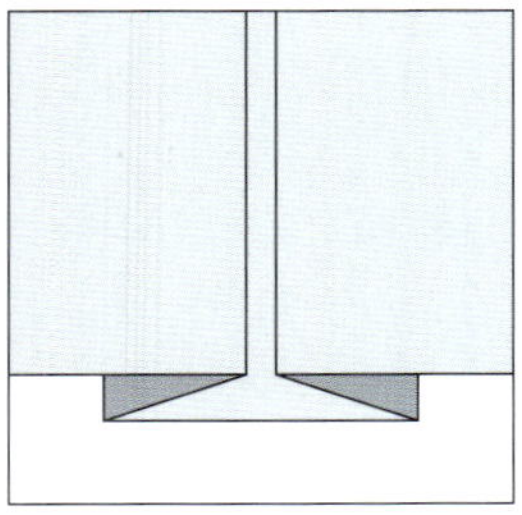

Kellerfalte

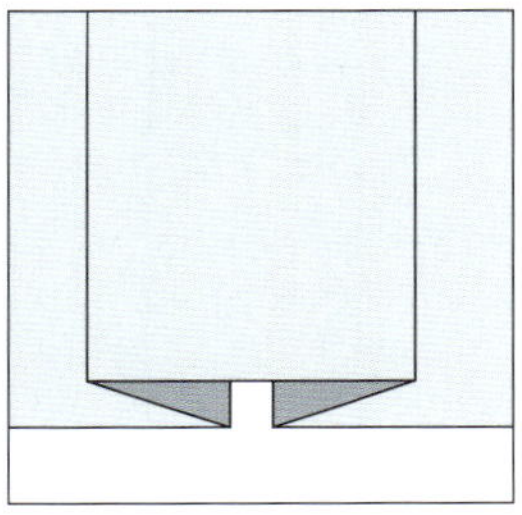

Quetschfalte

FÄCHERFALTE
Eine Gruppe von Falten am Rock, die von einem Punkt aus fächerförmig aufspringen.

GODET
Frz. Bezeichnung für „Glockenfalten". Keilförmiger Stoffeinsatz für schwingende Saumweite an sonst schmal geschnittenen Röcken und Kleidern.

GOLFFALTE
Kellerfalte in der vorderen Rockmitte, auch an Sakko und Jackenrückseite am äußeren Schulterblatt, sorgt für mehr Bewegungsfreiheit.

JALOUSIEFALTE
Quer gelegte, nicht zu breite, lose Falten wie bei Fensterjalousien für die DOB.

KELLERFALTE
Bildet sich durch zwei mit den Brüchen aneinanderstoßende, tief gegenläufig eingelegte Falten.

KRÄUSEL
Beim Nähen eingehaltene Stoffweite oder Besatzstreifen.

NORFOLK-FALTE
Quetschfalte, in der Rückenmitte von Jacken und Sakkos.

PLISSEE
Von frz. plisser = in Falten legen. Schmale, nebeneinanderliegende Stehfalten in Röcken, meist dauerhaft fixiert. Sonderformen des Plissees:

- **Sonnenplissee:** Feine, zum Saum leicht breiter werdende Plissee-Falten an einem Glockenrock. Der Stoff wird zunächst halbrund zugeschnitten.
- **Crashplissee:** Unregelmäßig in feine Falten gearbeiteter Stoff mit Anmutung eines Knittereffektes.

QUETSCHFALTE
Zum Saum hin breiter werdende, tiefe, aber flach gebügelte Falten mit Außenbruch.

ROLLFALTE
Durch Abnähen eingebrachte, rund- oder nicht gebügelte Falte, oft in der vorderen Rockmitte.

RÜSCHE
Gefältelter oder angekrauster Stoffstreifen als Dekorationselement an Kleidern oder Blusen.

SCHIRMFALTE
Am Rockbund schmaler beginnend, zum Saum hin schirmähnlich breiter werdend.

SPARFALTE
Stoff läuft im Gegensatz zur Normalfalte nur wenig unter den Falz.

VOLANT
Gefältelter oder gekräuselter Besatzstreifen in der DOB.

WASSERFALLRÜSCHE
Üppiger, verlaufender Volant bei Bluse und Kleid.

Amerikanische Schulter

Rundhals

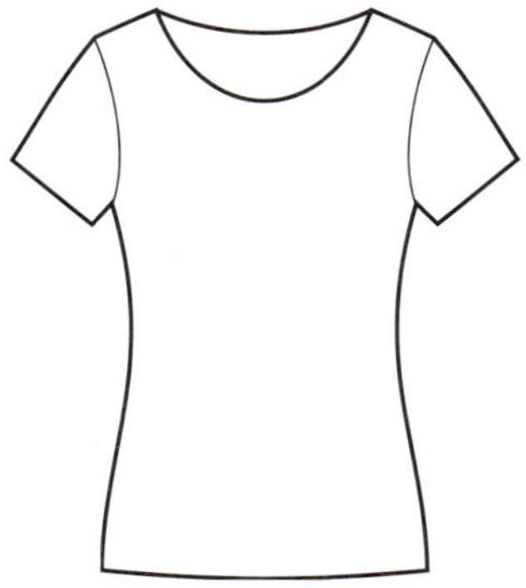

Lollo

U-Boot

Sabrina

Carmen

Karré

Alles, was ein Hals braucht

AMERIKANISCHE SCHULTER
Schulterfreier, vom Hals aus diagonal bis unter die Achsel verlaufender Armausschnitt.

BATEAU-AUSSCHNITT
Frz. für Bootsausschnitt. → *U-Boot-Ausschnitt.* Flach ovaler Ausschnitt, auch schulterfrei.

CARMEN-AUSSCHNITT
Schulterfreier Ausschnitt mit waagerechter Betonung.

DEEP-V-NECK
Tief gezogener V-Ausschnitt.

HENLEY-AUSSCHNITT
Rundhalsausschnitt mit Knopfleiste.

KARRÉ-AUSSCHNITT
Eckige, mäßig tiefe Ausschnittform.

LOLLO-AUSSCHNITT
Längsovale, das Dekolleté betonende Ausschnittform.

RUNDHALS
Meist mit Bündchen oder Rollkanten eingefasst, tief rund oder halsnah.

SABRINA-AUSSCHNITT
Ähnelt dem U-Boot-Ausschnitt, führt jedoch die horizontale Linie konsequenter bis zur Schulterkante.

T-AUSSCHNITT
Rundhalsauschnitt mit senkrechtem Einschnitt.

Henley-Ausschnitt

T-Ausschnitt

V-Ausschnitt

Deep-V

T-Ausschnitt

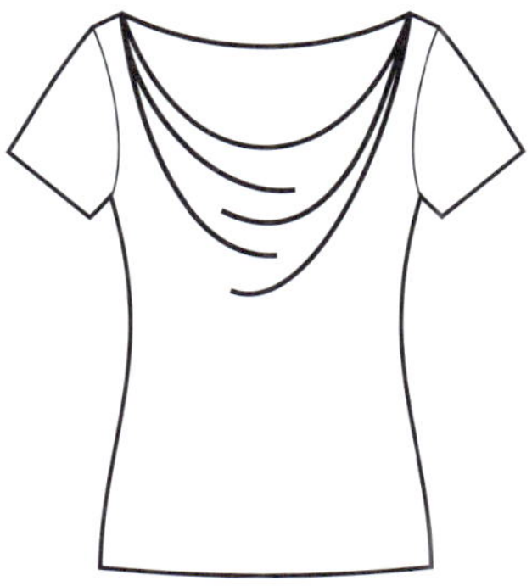

Wasserfall

TURTLENECK

Stehbundform zwischen Rolli und Rundhals. (Turtle = Schildkröte)

U-BOOT

Ausschnitt mit flacher, ovaler, offener Form. → *Bateau-Ausschnitt.*

V-AUSCHNITT

Von der Schulter zur Brust spitz zulaufende Ausschnittform bei Shirts und Sweats, die in der Breite und Tiefe variieren kann.

WASSERFALLAUSSCHNITT

Weich fallender Ausschnitt aus fließendem Material wie Jersey, Chiffon oder Seide.

Businesshemd mit Haikragen

Bubikragen

Ein Passepartout für das Gesicht

Kragenformen jeder Art lenken den Blick des Betrachters auf das Gesicht seines Gegenübers. Sie bilden den Rahmen für den ersten Eindruck und den Hinweis auf das Modestatement des Outfits.

BUBIKRAGEN
Runder, flach aufliegender Kragen bei Damenblusen.

BUTTON-DOWN
Semi-sportive Kragenform beim Hemd mit sichtbar auf das Vorderteil geknöpften Kragenecken.

CAMPINGKRAGEN
Oberkragen und Besatz sind in einem Stück ohne Spiegelnaht gearbeitet. Wird meist für Freizeithemden verwendet.

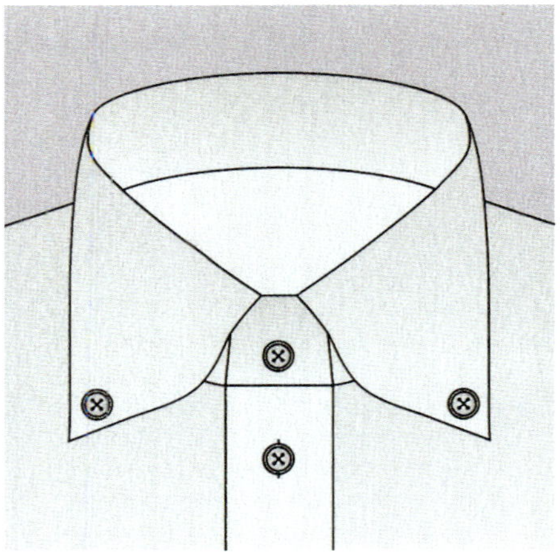

Button-down-Kragen

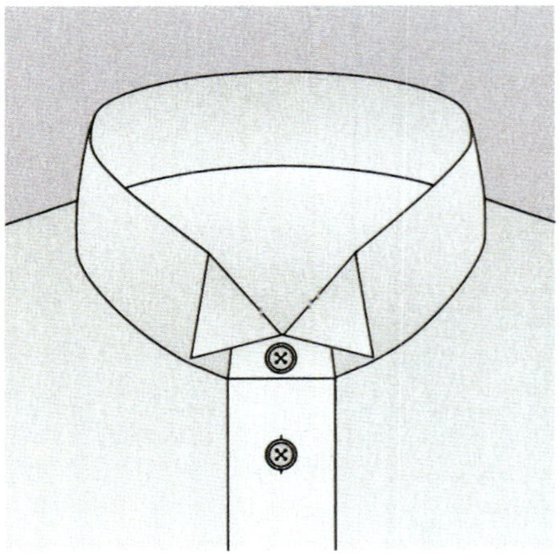

Kläppchenkragen

Polokragen

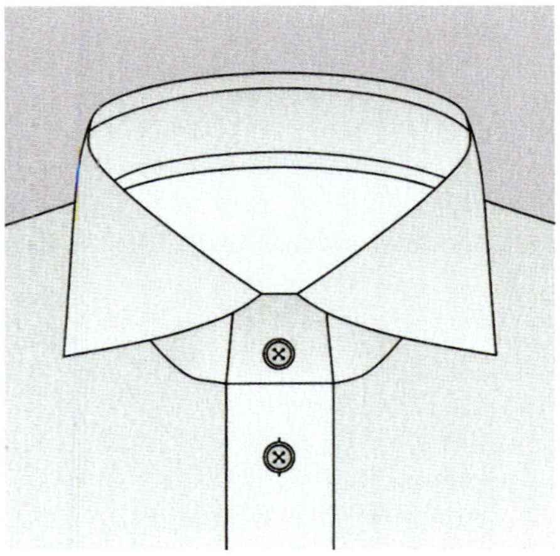

Haikragen

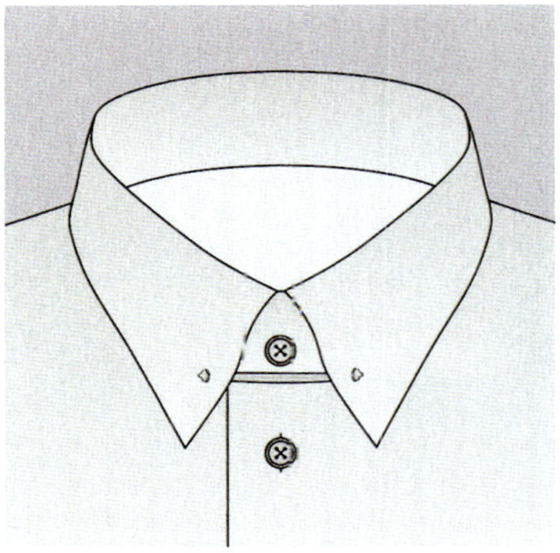

Piccadilly-Kragen (mit Klammer oder Nadel)

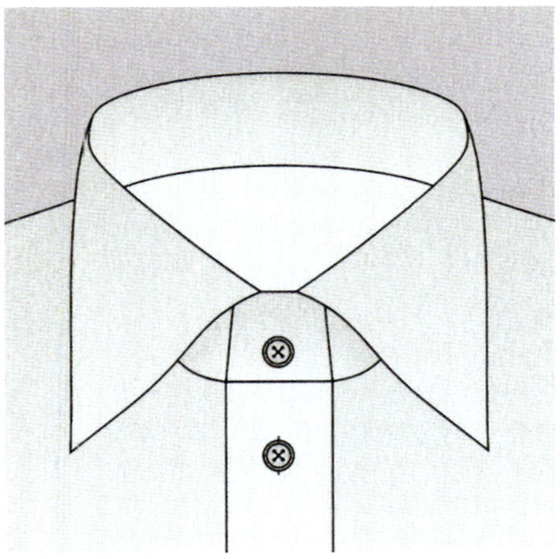

Kentkragen

HAIKRAGEN

Kragen für das Businesshemd mit relativ kurzen, breit auseinander gestellten, leicht backigen Kragenecken.

HEMDENKRAGEN

Allgemein von unterschiedlich breitem Kragensteg ausgehender Kragen mit unterschiedlich weit gespreizten Ecken.

KENTKRAGEN

Klassischer Hemdenkragen mit relativ eng gestellten, meist etwas heruntergezogenen schlanken Kragenecken.

KLÄPPCHENKRAGEN

Stehkragen mit kleinen Kragenecken. Sonderform für Abendhemden zum Frack. Im Volksmund auch *Vatermörder-Kragen.*

MATROSENKRAGEN

Schulterbreiter, ausladender Kragen, vorne und hinten gleich lang.

OFFIZIERSKRAGEN

→ *Stehbundkragen.*

PICCADILLY-KRAGEN

Kleine, weiche Kragenform, bei der die Kragenspitzen durch eine Klammer oder Nadel zusammengehalten werden

POLOKRAGEN

Ursprünglich einteiliger Auslegekragen zu kurzer oder langer Knopfleiste oder mit Zipper als Verschluss.

REVERSKRAGEN

Aufschlag, der durch die Spiegelnaht mit dem Kragen verbunden ist, mit geöffnetem Winkel.

ROLLKRAGEN, ROLLI

Elastischer, hoher Kragen, entweder anliegend oder halsfern bei Shirts.

Sakko mit fallendem Fasson

LEXIKON Revers

Crochet. Unterschiedlich weit geöffnete Ecke, die beim Zusammentreffen zwischen Revers und Oberkragen an der Spiegelnaht bei einem Sakko entsteht.

Kragensteg. Unterschiedlich breiter, meist aufrecht stehender Stoffstreifen zwischen Halsausschnitt und eigentlichem (Umlege-)Kragen.

Oberkragen. Teil eines Fassons, der um den hinteren Halsausschnitt geführt wird und durch die Spiegelnaht mit dem unteren Revers verbunden wird.

Sliponkragen. Sonderform des Kingscoat-Kragens, tellerartig mit hohem Kragensteg geschnitten zu sehr kleinem Reversansatz.

Spiegel. Teil des Revers, bei Anzügen und Sakkos bis zur Verbindung durch die Spiegelnaht mit dem Oberkragen.

Spiegelnaht. Naht, die das Revers mit dem Oberkragen verbindet.

Reversformen

Der Kragen und das Revers eines Sakkos bilden zusammen das Fasson.

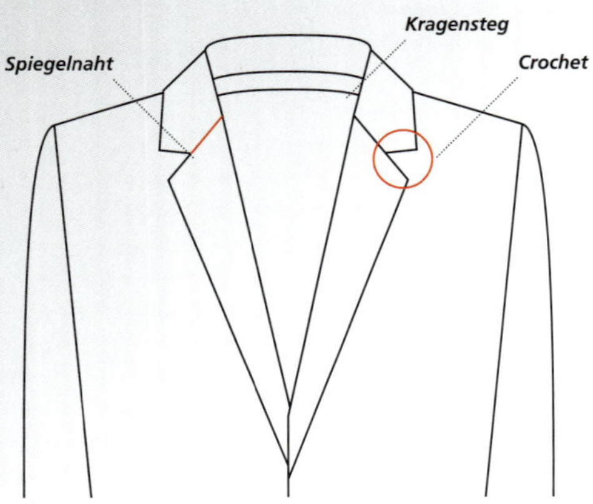

Fallendes Fasson
Entsteht durch eine steile, zur Reverskante hin fallende Spiegelnaht und leicht verlängerten Oberkragen am Sakko.

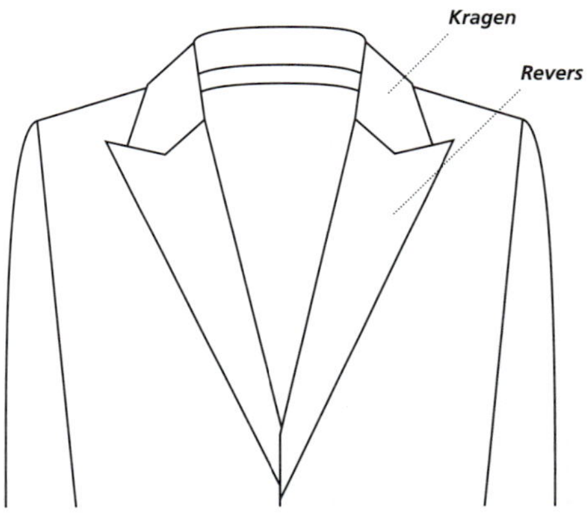

Gebrochenes, steigendes Fasson
Das Revers endet in einer geknickten Linie, an die ein leicht verkürzter Oberkragen eines Sakkos ansetzt.

Schalkragen
Mit den Vorderteilen nahtlos verbundene Kragenform, bei der sich zwei schalartige Streifen in der rückwärtigen Kragennaht treffen.

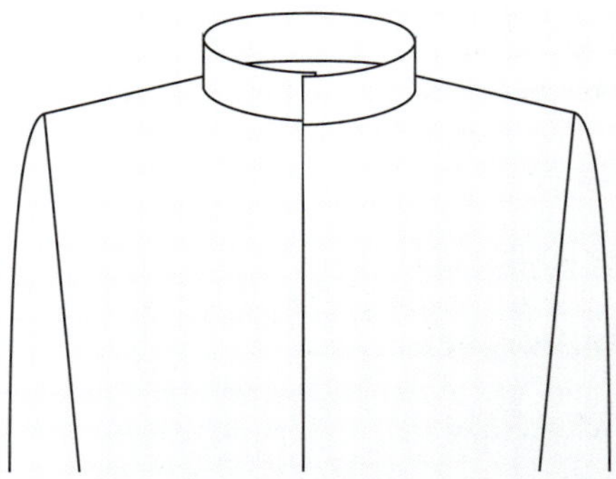

Kingscoat-Kragen
Sportlicher, rund geschnittener Kragen für Herrenmäntel ohne Revers bei verdeckter Knopfleiste.

Bluse mit Schalkragen

Rollkragen

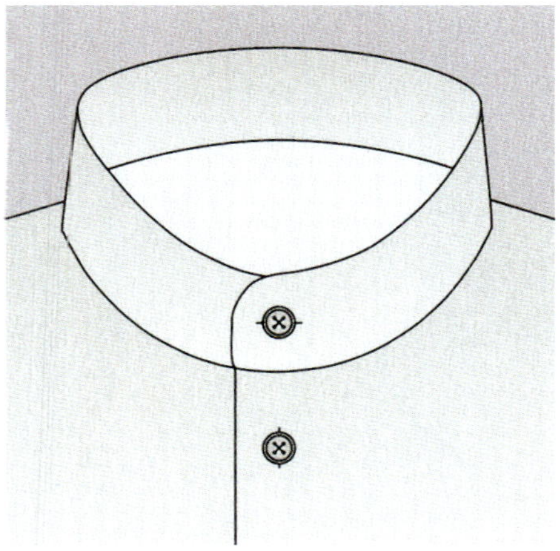

Stehbundkragen

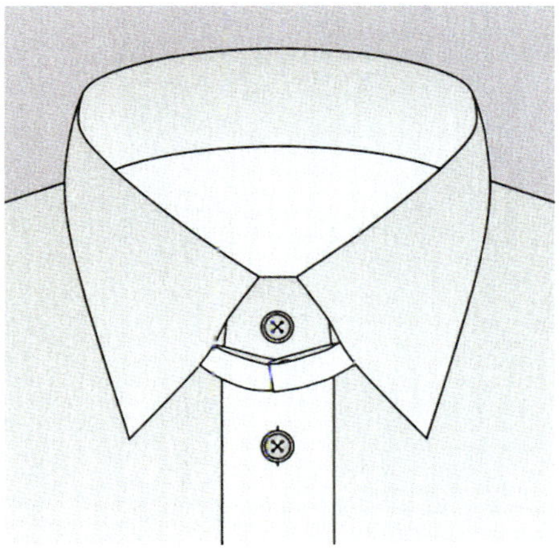

Tab-Kragen

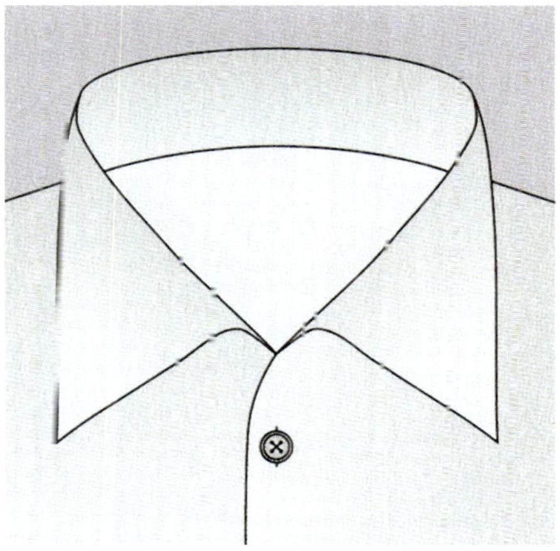

Vario-Kragen

Illustration: Seidensticker; Fotos: l.: Andrey Kiselev/Fotolia; r.: Falke

SCHALKRAGEN
Mit den Vorderteilen nahtlos verbundene Kragenform, bei der sich zwei schalartige Streifen in der rückwärtigen Kragennaht treffen.

SCHILLERKRAGEN
Umlegekragen mit leicht geschwungenen Ecken, der weich und offen getragen wird.

SPATENKRAGEN
Trapezförmig geschnittener Umschlagkragen ohne Spiegelnaht.

STEHBUNDKRAGEN, STEHKRAGEN
Von Uniformen entlehnt, auch *Offizierskragen* genannt. Nur wenige Zentimeter hoch, ohne Kragenecken.

TAB-KRAGEN
Kragen wird mit Druckknopflaschen unter dem Krawattenknoten zusammengehalten

TROYER
Eingesetzter Auslegekragen mit Zipper, oft für Strickwaren.

TURTLENECK
Weiche Stehbund-Form zwischen Rolli und Rundhals bei Shirts. (Turtle = Schildkröte).

UNDERBUTTON
Unsichtbar unter dem Hemdkragen auf das Vorderteil geknöpfte Kragenform.

VARIO-KRAGEN
Form ohne Kragenknopf. Verschluss verstellbar durch Binder.

Trompetenärmel

Bündchenärmel

Kimonoärmel

Fledermausärmel

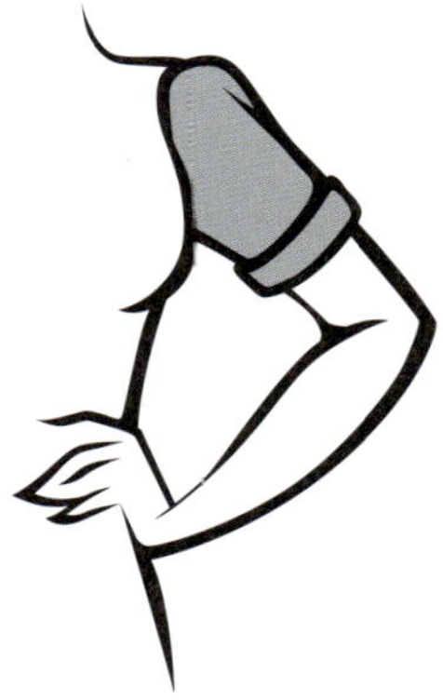

Krempelärmel

Flügelärmel

Kugelärmel

Ärmel

BÜNDCHENÄRMEL

Ärmel mit angenähtem und verstürztem Stoffbündchen. Schmaler und weicher als Manschette, hält die Ärmelweite bauschig zusammen.

EINGESCHOBENER ÄRMEL MIT KUGELSCHULTER

Z. B. beim Slipon, bei leicht überschnittener Schulter, mit rundem, häufig übersteppptem Nahtverlauf, unter den Schulterbereich „geschobener“, an fast senkrechter Naht angesetzter, gerader Ärmel.

EINGESETZTER ÄRMEL

Der klassische Ärmel für alle Arten von Kleidung, dem Verlauf von Vorder- und Rückenteil „kurvig“ folgend eingenäht.

FLEDERMAUSÄRMEL

Angeschnittene oder eingesetzte Ärmel, die sich zum Handgelenk stark verjüngen. Entspringen teilweise knapp über der Taille, wie Fledermausflügel.

FLÜGELÄRMEL

Unter der Achsel offener, kurzer und glockig fallender Ärmel.

JANUSÄRMEL

(Römischer Gott mit zwei Gesichtern) Mischform aus Raglan auf der Vorderseite und eingesetztem Ärmel an der Rückseite. Gut fallend.

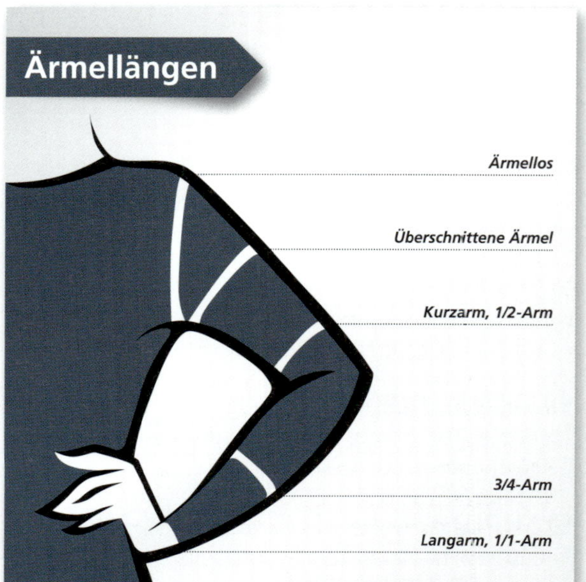

Foto: skvalval/Fotolia; Illustrationen: Sonulkaster/Fotolia

Raglanärmel

Manschettenärmel

Vollraglan

Trichterärmel

Puffärmel

Halbraglan

Trompetenärmel

T-Shirt-Ärmel

Zungenraglan

Doppelärmel

KIMONOÄRMEL

Angeschnittener, gerader oder rechtwinklig angesetzter Ärmel, nicht verjüngend.

KREMPELÄRMEL

Mit oder ohne Halteriegel aufzuschlagende Ärmel bei Kurz- oder Langarmformen.

KUGELÄRMEL

Schmaler, röhrenförmiger Ärmel. Mit einer und zwei Nähten.

MANSCHETTENÄRMEL

Mit Knopfverschluss geschlossener angesetzter, seltener angeschnittener Ärmelabschluss, auch mit Umschlag.

PUFFÄRMEL

Auch Keulen- oder Ballonärmel. Meist extrem weite, volumige Ärmel, die angekraust eingesetzt werden. Stofffülle unter oder über dem Ellbogen am Abschluss zusammengefasst.

RAGLAN

Ärmelform mit diagonal verlaufender Naht von Halsausschnitt oder Schulter für bequeme Armlochweite. Variationen sind:

- **Vollraglan:** Leicht bogenförmige Naht verläuft von Halsausschnitt zum Armausschnitt.
- **Halbraglan:** Naht verläuft gerade von einem beliebigen Schulterpunkt zum Armausschnitt.
- **Zungenraglan:** Führt von der Diagonalnaht aus mit einer zungenförmigen Verlängerung über die Schulter zum Halsausschnitt.

TRICHTERÄRMEL

Ab Schulternaht nach unten hin weit auslaufend.

TROMPETENÄRMEL

Ab Ellbogenhöhe nach unten hin erweitert. Glockige Fülle am Handgelenk.

T-SHIRT-ÄRMEL

Aus einem an überschnittener Schulter angesetzten, geraden Stoffstreifen. Ganz klassisch als 1/2-Arm-Version.

TWO-IN-ONE, DOPPELÄRMEL

Optisch wird der Eindruck zweier übereinander getragener Ärmel erweckt oder gedoppelt angenäht. Oft bei Shirts.

Geldtasche

Kängurutasche

Blasebalg-, Cargotasche

Aufsatztasche

Geschweifte Klappentasche

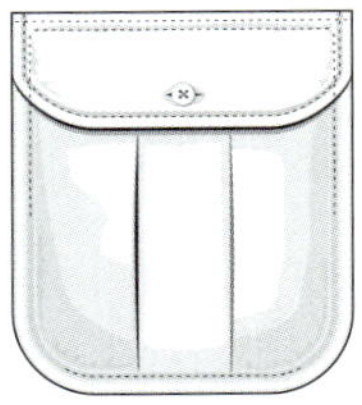

Faltentasche mit Klappe

Klappentasche mit Kellerfalte

Taschen unisex

AUFGESETZTE TASCHE, AUFSATZTASCHE
Wird mit oder ohne Überdeckung des Eingriffs aufgenäht.

BEUTELTASCHE
Meist aufgesetzte Tasche, vor allem für weiche Stoffe geeignet. Häufig nur am oberen Rand angenäht.

BILLETTTASCHE, TICKETTASCHE
Kleine Pattentasche, oft blind als Dekoration bei Sakkos oder Blazern über dem rechten Tascheneingriff angeordnet.

BLASEBALGTASCHE
Von Uniformen entlehnte Taschenform mit Dehnfalten am unteren Rand, an einer oder beiden Seiten. Oft mit Patte als → *Cargotasche.*

BRUSTTASCHE
Aufgesetzte oder eingesetzte Leisten-Paspeltasche, meist an der linken Seite des Vorderteils bei Blusen, Hemden, Polos, Sakkos oder Blazern.

CARGOTASCHE
Meist seitlich auf dem Hosenbein platzierte Tasche mit Patte. Variation mit Dehnfalte (→ *Blasebalgtasche)* oder als aufgesetzte Tasche. Auch auf Parkas oder Outdoorjacken.

EINGRIFFTASCHE
Häufig in eine Seitennaht verdeckt eingelassene Tasche mit Taschenbeutel.

FALTENTASCHE
Tasche mit eingelegten Dehnfalten für größeres Fassungsvermögen. Vor allem bei sportiver Kleidung. Variation ist die → *Blasebalgtasche.*

GELDTASCHE
Sehr kleine aufgesetzte Tasche, meist in der rechten Vordertasche. Die „fünfte" Tasche bei Five-Pocket-Hosen oder Jeans/Jeansröcken.

KÄNGURUTASCHE
Aufgesetzte und umsteppte Vordertasche, oft auf Hoodies oder Sweatshirts mit beidseitig durchgehendem, bei Jacken durch den Verschluss getrennten, beidseitigem Eingriff.

Sakko mit Pattentaschen und Billetttasche

Pattentaschen

Leistentaschen

Paspeltaschen

Schubtaschen

KLAPPENTASCHE
Aufgesetzte Tasche mit Stoffklappe zum Verschließen, z. B. durch Klett- oder Knopfverschluss. Kann gerade, schräg oder geschweift geschnitten sein.

LEISTENTASCHE
Pattenlose Eingrifftasche mit einem breiten Stoffstreifen (Leiste) besetzt, z. B. an Blazern.

MEHRWEGTASCHE
Mehrlagig geschnittene, mit mehreren Eingriffen, auch verschiedenen Verschlüssen versehene Taschen. Häufig bei sportlichen Jacken als aufgesetzte Tasche.

PASPELTASCHE
Eingeschnittene Tasche ohne Patte mit einseitig oder beidseitig leicht profilierter Paspelierung. Oft Seitentasche an Hosen. Vielfach senkrecht angeordnet.

PATTENTASCHE
Tascheneingriff mit Klappe (Patte) abgedeckt, in verschiedenen Formen und Breiten. Patte meist lose, seltener geknöpft, dann häufig verdeckt oder mit Klettverschluss versehen.

RAHMENTASCHE
Markant umsteppte, aufgesetzte Tasche mit oder ohne Patte, vorwiegend bei sportlichen Mänteln und Jacken.

SAFETY-TASCHE
Sicherheitstaschen, auf mindestens zwei Arten (Knopf, Reißverschluss) verschlossene Taschen. Auch im Innenfutter von Kleidungsstücken.

SCHUBTASCHE
Senkrecht oder nur leicht geneigt, häufig relativ hoch am Vorderteil angeordnete Taschen bei sportlichen Jackenformen. Ohne Patten.

SLASH-POCKET
Auch: Französische Tasche, Italian Pocket. Fast senkrecht eingeschnittene Tasche.

STECKTASCHE
Eingeschnittene Tasche. Waagerecht oder nur leicht schräg angebracht mit innen liegendem Taschenbeutel.

SWINGPOCKET, BANANENTASCHE
Bogenförmig, aber fast waagerecht eingeschnittene Tasche mit gesteppter Kante. Vorwiegend bei Hosen eingesetzt.

TÜTENTASCHE
Aufgesetzte, abstehende Taschen auf Röcken oder Kleidern, hüftbetonend.

DAMENMODE

Damenmode ohne Beschränkung

Haben Frauen einfach mehr Optionen wie und womit sie sich kleiden können oder ist es eher die Qual der Wahl? Der klassische Ausruf „Ich habe nichts anzuziehen!" heißt schließlich nicht, dass keine Kleidung im Schrank hinge, es ist einfach nur für diesen Anlass, an diesem Tag und für diese Gesellschaft nichts Adäquates vorhanden. Frauen wollen die große Auswahl, auch wenn sie gerne Tag für Tag dieselben Lieblingsteile anziehen würden. Ob es nun Last ist oder Lust, die Kostümgeschichte hat den Frauen eine Vielzahl an Bekleidungselementen zugedacht. Jetzt gilt es, aus diesem Repertoire das Beste zu machen.

Die Männer sind schon arm dran. Hemd, Hose, Jacke – fertig ist das Outfit. Böse Zungen behaupten, das sei auch recht so, denn die Evolution hätte ansonsten dafür gesorgt, dass Kombinationsfreude und -fähigkeit auch bei den Herren der Schöpfung ganz anders entwickelt wären. Wie dem auch sei, im Geschäftsalltag gibt es meist nur diese vier Elemente, ergänzt durch eine Krawatte und bei kälteren Temperaturen auch durch etwas Wärmendes, Gestricktes, fertig ist der Business-Look. Übt Mann Zurückhaltung in den Farben, kann er kaum etwas falsch machen oder geschmacklich arg entgleisen. Frau hingegen muss schon sehr gut wissen, was sie darf oder was (Geschäfts-)Mann von ihr erwartet. Falsch machen kann sie dabei mehr, als es ihr lieb sein kann.

Stilempfinden und Geschmackssicherheit lassen sich nur in Maßen erlernen. Ein ansonsten braves Outfit mit einem bewusst stilabweichenden Element oder Accessoire aufzubrechen ist hohe Kunst, die nicht von jedem oder jeder beherrscht wird. Daher gilt der gute Rat: Mäßigung ist der Schlüssel zur Alltagstauglichkeit. Von allen Gestaltungsmitteln wie Schnitt/Form, Farbe und Muster nicht zu viel zu vermischen, dient der optischen Beruhigung.

Auch wenn die Dresscodes nicht mehr so streng sind wie vor etwa 40 Jahren, als die berufstätige Frau noch die Erlaubnis des Ehemannes bei Beschäftigungsaufnahme beibringen musste, im Berufsleben regiert die Dezenz. Von oben nach unten wäre das im Einzelnen: Gut frisiert, zurückhaltendes Make-up, Bluse, Pulli oder Shirt ohne allzu viel Tiefgang im Ausschnitt, Rock in Knielänge oder Hose (keine Jeans, außer vielleicht in kreativen Berufen), farblich passende flache Schuhe oder Pumps mit kleinem Absatz, keine Mörder-High-Heels, dazu als Jacke ein abgestimmter Blazer oder eine andere schlichte, auch kragenlose Form, dezenter Schmuck, kein Bling-Bling und nicht zu viel Glitzerkram. Was herauskommt, ist kaum anders als das männliche Outfit, nur feminin übersetzt, also fast genau so wenig aufregend.

SPIELFLÄCHE SPORT

Wer etwas auf sich hält, bewegt sich. Manchmal scheint es fast, als sei die Darwinsche Lehre des „Survival of the Fittest" (des Überlebens des Cleversten) eine Erfindung des 21. Jahrhunderts. Deshalb gehen Frauen spätestens seit der Zeit von Aerobic und ihren bonbonbunten elastanlastigen Geschmacksauswüchsen nur noch im passenden Dress ins Gym, schließlich kann man Pilates und Zumba nicht in denselben Sportsachen ausführen.

Bei Sportarten an frischer Luft gehen die Damen den Weg der Männer. Was Extremsportlern gegen Wind und Wetter hilft, kann für Freizeitsportler nicht schlecht sein und so erfreut sich die Funktionsbekleidung in modischen Farben großen Zuspruchs und vieler zusätzlicher, auch „unsportlicher" Tragegelegenheiten. Wer heute bei Daunenjacke an Expeditionsausrüstung denkt, hat noch nicht den Regenbogen an superleichten Jacken und Westen bemerkt, der seit einigen Jahren aus dem Straßenbild nicht mehr wegzudenken ist. Außerdem kann man mit den sportiven Outfits ein Signal setzen: Seht her, ich bin sportlich unterwegs, auch wenn man vielleicht eher Zuschauer als Aktiver ist. Die Kleidung verrät es nicht.

Individualität ist angesagt.

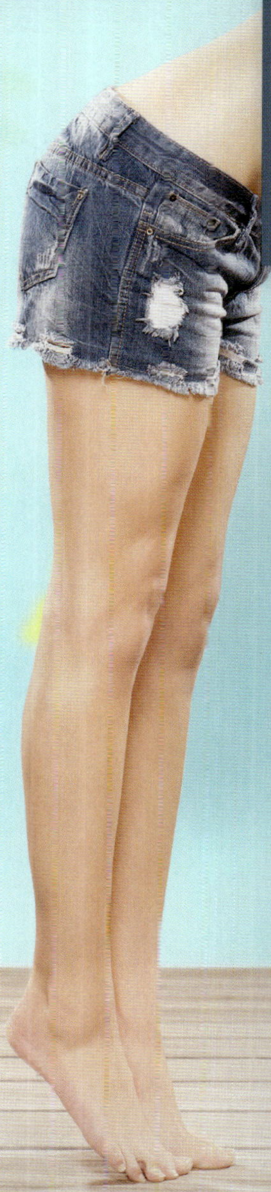

PLATZ FÜR INDIVIDUALITÄT

Gut, dass es ein Leben nach dem Büro, außerhalb der Businesswelt gibt. In der Freizeit, unter Freunden oder im Urlaub kann man der Entfaltung der eigenen Persönlichkeit viel mehr Freiraum gönnen. Ist die Berufskleidung keine Pflicht, hat die Individualität Vorrang. Dann können die Säume herauf- oder herunter rutschen. Frau kann in Farbe und Mustern schwelgen. Mode erlaubt das Spiel mit den Proportionen lang zu kurz oder weit zu eng. Wer Haut zeigen mag, darf ärmellos gehen – vom Tank top über Spaghettiträger bis zu Carmen- oder Bandeau-Ausschnitten. Shorts, Capris, Bermudas oder Hotpants, erlaubt ist, was gefällt (und dieses hoffentlich auch allen anderen!). Out-of-Office regiert meist die Jeans als Everseller und strapazierfähiger Alltagsbegleiter, aber wenn es die Palazzo- oder Sarouelhose, die Jogg-Pant oder der Gipsyrock sein sollen – who cares? Es geht darum, die Persönlichkeit zu unterstreichen. Und die kann je nach Stimmung im Zweifel täglich eine andere sein, ohne gleich als gespaltene Persönlichkeit zu gelten. Frauen lieben es, ihre Facetten zu zeigen und auszuleben und dafür gibt es im Handel reichlich „Spielmaterial".

DIE MACHT DER ACCESSOIRES

Aktuell denkt Frau ganzheitlich. Der Look besteht nicht nur aus den Kleidungsstücken selbst, sondern wird durch ein breites Angebot textiler und nicht-textiler Accessoires ergänzt. Erst das Drumherum macht das Outfit perfekt. Das ist zuerst der Langschal, das große Tuch, die Stola, je nachdem, was gerade angesagt ist. Selbst die Herren tragen Schal, nicht den feinen, seidenen oder den edlen aus Cashmere, sondern den lässigen, der mehrfach um den Hals geschlungen oder doppelt gelegt und durch die Schlaufe gezogen wird, aus Baumwollcrash, Leinen oder Viskose.

Die Zeit, wo Frauen sich für IT-Bags von Prada, Gucci, Lanvin & Co. verschuldeten, scheint vorüber. Ein gelungenes Outfit ohne die Beteiligung eines gelungenen Produkts des Täschnerhandwerks scheint undenkbar. Dass Frauen Schuhe lieben, ist eine Binsenwahrheit. Tatsache ist, auch sie erleben einen immer kurzfristigeren Designlebenszyklus. Die Beobachtung, welche Mühe sich die Industrie macht, Sneakers pfiffig und sexy aussehen zu lassen, spricht von einer gewissen Vernunft und sorgt dafür, Orthopäder nicht allzu reich werden zu lassen. Eine anhaltende Entwicklung ist, dass Modemarken abseits von A wie Armani bis Z wie Zegna Gesamtoutfits plus Accessoires bis zu Schuhen anbieten, die auf der Handelsfläche ein großes Ganzes und die Handschrift des Hauses zeigen sollen. So kann man sich von Kopf bis Fuß in seine Lieblingsmarke hüllen, gerne inklusive Duft.

Accessoires für ein gelungenes Outfit

A-Linie

Ballon-Linie

Bleistiftlinie

Silhouetten

Unter Silhouette versteht man eine Formgestaltung (bzw. modische Linie oder Passform), die durch Längen- und Weitenverhältnisse, Taillierung, Lage und Verlauf von Längs- und Querlinien sowie durch Details (z. B. Ärmel, Kragen, Taschen) gekennzeichnet ist. Man bezeichnet die Silhouetten mit Buchstaben, nach Formen oder Modestilen.

A-LINIE

Beim Gesamt-Outfit sind die Schultern schmal, zum Saum nimmt die Weite zu. Bei Röcken ist die Bundweite eng mit Zunahme der Weite zum Saum. → *Zelt-Linie*.

ASYMMETRISCHE LINIENFÜHRUNG

Die Linienführung an Kleidungsstücken ist nicht spiegelgleich. Wickelröcke, Jacken oder Mäntel werden beispielsweise nicht mittig geschlossen, sondern an der Seite.

BALLON-LINIE

Vor allem für Röcke eingesetzte Silhouette. Der Rock wirkt durch die eingesetzte Nähtechnik gerundet wie ein Ballon und ist am Saum eingezogen.

BLEISTIFTLINIE

Der Schnitt ist schmal und gerade, läuft bei Röcken zum Saum hin optisch eng zusammen (engl. pencil skirt) und betont das Gesäß. Bezeichnet auch hüftschmale Hosen mit geraden, engen Beinen.

CHARLESTON-LINIE

Linie, die in den 1920er-Jahren entstand und sich durch körpernahe, aber vollständig gerade Schnitte mit tief angesetzten Saum-Volants auszeichnet.

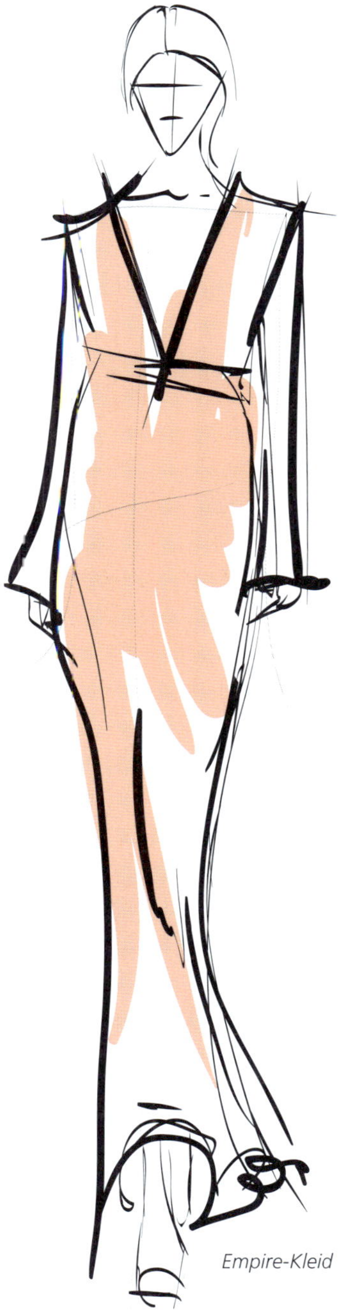

Empire-Kleid

Fit and Flare

I-Linie

EGG-SHAPE
Engl. „egg“ für Ei, „shape“ für Form. → *O-Linie*.

EMPIRE-LINIE
Die Taille ist hochgeschoben und die Büstenpartie deutlich betont. Sie zeigt meist ein kurzes Oberteil (oft mit tiefem Ausschnitt), einen breiten, auch angeschnittenen Gürtel, gerundete Hüften und einen zum Saum verjüngenden Rock, speziell bei Abend- oder Brautmode, dort auch mit kleiner Schleppe.

FIT AND FLARE
Diese Silhouette erklärt sich, wenn man die Begriffe aus dem Englischen *fit* (eng anliegend) und *flare* (ausgestellt) übersetzt. Das eng anliegende Oberteil reicht bis über die Hüfte. Der ausgestellte Rock läuft ab Oberschenkel weit zum Saum aus. Ein beliebte Passform in der Braut- und Abendmode.

H-LINIE
Die Seitennähte sind gerade, die Taille wird nicht betont. Die Schulterpartie wirkt eckig.

I-LINIE
Kleidungsstücke in I-Linie verlaufen analog zur → *H-Linie* gerade und zeigen keine Taille, sind aber deutlich schmaler geschnitten als diese und ohne extreme Schulterbetonung.

KUPPEL-LINIE
Vor allem für Röcke eingesetzte Silhouette. Die Hüftpartie wird durch Abnäher kuppelartig geformt. Auch *Duchesse-Linie* genannt.

MEERJUNGFRAU/MERMAID
Charakeristisch ist die figurbetonte Rockführung, die über Taille und Oberschenkel schmal verläuft und sich erst in der unteren Hälfte zum weiten Saum öffnet. Anders als beim → *Fit and Flare* öffnet sich die Rockweite erst in Kniehöhe. Einen sehr tief angesetzten, weit aufspringenden Rock nennt man *Fishtail* (engl. für Fischschwanz).

O-LINIE
→ *Egg Shape*. Eine oval wirkende Linie, die durch gerundete weibliche Formen gekennzeichnet ist. Sie wird vor allem bei Rockformen eingesetzt, aber auch für Kleider und Mäntel.

Silhouetten in der Modewelt

Tuben-Linie

T-Linie

V-Linie

PRINZESS-LINIE
Deutlich taillierter Damenmantel- oder Kleiderschnitt, mit rundgeschnittenem Rockteil, unten glockig ausschwingend.

SYMMETRISCHE LINIENFÜHRUNG
Die Linienführung an Kleidungsstücken ist spiegelgleich, Knöpfe und Taschen sind wechselseitig entsprechend angebracht.

T-LINIE
Modelinie mit waagerecht eingesetzten Ärmeln und gerade geschnittenem Rumpf. Das bekannteste Beispiel für die T-Linie ist das T-Shirt.

TRAPEZ-LINIE
Kastige Linie mit breiten Schultern und schmalen Hüften oder umgekehrt.

TUBEN-LINIE
Die Silhouette verläuft ohne Taillen- oder Hüftbetonung gerade, fast senkrecht mit bequemem und legerem Schnitt.

TWIST-LINIE
Grazile, leicht körpermodellierende Silhouette. Die Hüfte ist schmal, der Rock kaum sichtbar ausgestellt. Bei Faltenröcken öffnen sich die Falten erst in der Bewegung. Taille oft mit schmalen Gürteln akzentuiert.

V-LINIE
Die Schulterpartie dieser Linie ist breiter, die Hüften sind schmal, jedoch nicht so extrem wie bei der Trapez-Linie.

X-LINIE
Silhouette, bei der Schultern sowie Hüften bei sehr schmaler Taille oft mit einem Gürtel betont sind. Auch *Sanduhrenform* genannt. Schultern und Hüfte wirken etwa gleich breit.

Y-LINIE
Sie zeichnet sich durch ausgeprägte Reverskragen und weite v-förmige Oberteile zu schmalen, eng anliegenden Röcken oder Hosen aus.

ZELT-LINIE
→ *A-Linie, S. 222.* Mäntel und Kleider zeigen kleine Krägen, bei schmaler Schulterpartie, leicht überhöhter Taille und deutlich ausgestelltem Rocksaum.

Glockenrock

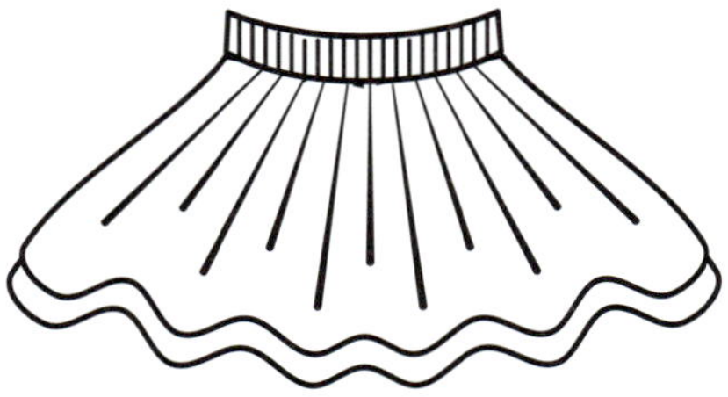

Ballerinarock

Bahnenrock

Bleistiftrock aus Nappaleder

Röcke – der kleine Unterschied

Der Rock ist zusammen mit dem Kleid das weiblichste aller Kleidungsstücke. Die Möglichkeit, mehr oder weniger Bein sichtbar zu machen, bildet den großen Unterschied zwischen männlichen und weiblichen Outfits. Deshalb ist die Variationsbreite an Rockstilen, -schnitten, -materialien und -längen riesig. Von der Männerwelt Jahrtausende lang auf das Tragen von Röcken reduziert, hat sich bei diesem Bekleidungselement die Kreativität der Beschränkung Bahn gebrochen. Rock ist weiblich, was den Durchbruch des Männerrocks, vom schottischen Kilt vielleicht abgesehen, stets verhinderte. Röcke rocken die Mode.

BAHNENROCK
Nach unten weit ausschwingender Rock aus mehreren schräg geschnittenen Bahnen. Sitzt schmal auf der Hüfte.

BALLERINAROCK
Kurzer, sehr weiter Rock. Oft mit Volants oder Stufeneffekten.

BALLONROCK
Rock, bei dem die Stofffülle am Saum leicht zusammengezogen wird und dadurch leicht bauscht.

BANANENROCK
Rock mit zum Saum hin breiter werdenden Bahnen.

BAUERNROCK
Meist bis zur Wade reichender, weiter, am Bund gekrauster oder gefältelter Rock, oft mit Stufen.

BLEISTIFTROCK, PENCIL SKIRT
Rock in klassisch schmaler gerader Form, selten länger als knielang.

CARMENROCK
Weit schwingender Rock mit Rüschen oder mehrfachen Volants. Oft Taillenbetonung durch breite Gürtel.

DREISTUFENROCK
Rock, der aus drei horizontalen Bahnen genäht ist. Kann unterschiedliche Formen haben.

Ballonrock

Hipskirt

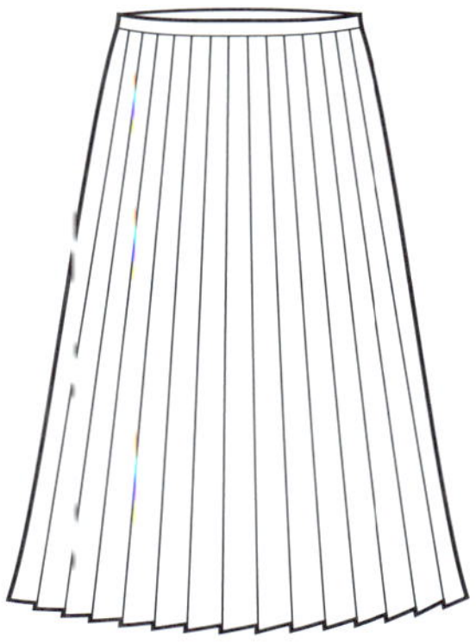

Faltenrock

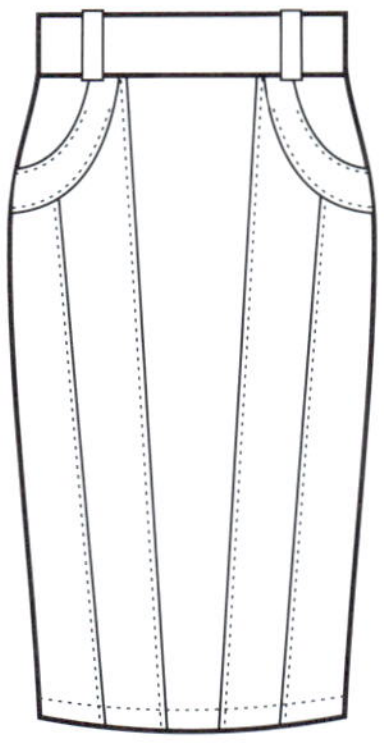

Five-Pocket-Rock

Weiter Gipsyrock mit Patchwork

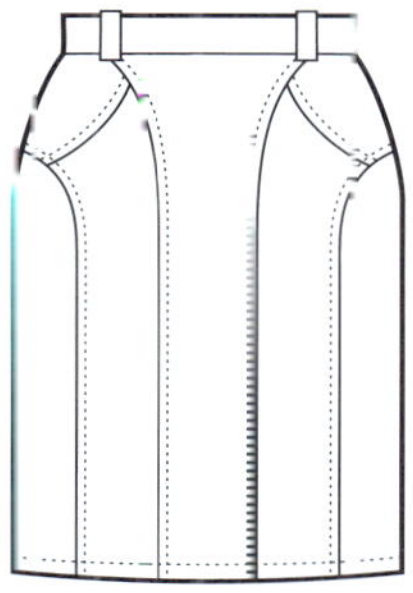

Schachtelrock

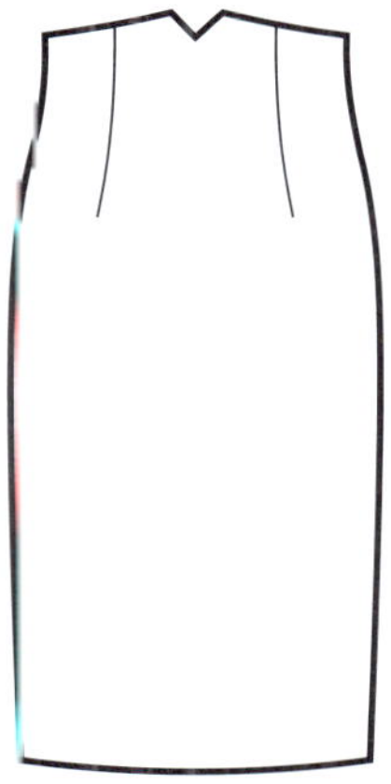

High-Waist-Rock

FALTENROCK
Rockform mit am Bund angenähten aufspringenden oder flach gebügelten, auch partiell abgesteppten Falten. Oft Keller-, Quetsch- oder Plissee-Falten.

FIVE-POCKET-ROCK
Aus Denim, Cord oder Twill mit zwei Eingriff- und einer Geldtasche vorn, zwei Aufsatztaschen hinten. Analog Five-Pocket Hosen.

GIPSYROCK
Bauschiger Zipfel- oder Stufenrock mit zahlreichen Volants und Rüschen in unterschiedlichen Farben und Mustern.

GLOCKENROCK
Weit ausschwingender Rock. Entweder kreisrund als Tellerrock zugeschnitten oder aus mehreren aneinandergesetzten, schräg geschnittenen, zum Saum hin verbreiterten Stoffbahnen.

GOLFROCK
Sportlich-eleganter Rock mit einer auffälligen Falte in der vorderen Rockmitte, die knapp unter dem Bund aufspringt.

HIGH-WAIST-ROCK
Überbegriff für Röcke, die hoch auf der Taille sitzen. In der Form können sie dabei sehr unterschiedlich sein: Vom Tellerrock bis hin zum Tulpenrock kann jeder Rock ein High-Waist-Rock sein. Entscheidend ist der Sitz des Bundes.

HIP HUGGERS
Enger, nabelfreier Rock.

HIPSKIRT
Aus engl. „hip“ = Hüfte und „skirt“ = Rock, → *Hüftrock*.

HOSENROCK, JUPE, CULOTTE
Frz. „jupe“ = dt. „Rock“. „culotte“ frz. für kurze Hose. Vorder- und Hinterhose passen an der Schrittnaht aufeinander und sind rockähnlich weit.

HÜFTROCK
Rock, der tief auf der Hüfte sitzt, oft mit Tunnelzug am Bund.

KAMINROCK
Lang wie ein Abendrock, gearbeitet aus wärmenden Wollstoffen.

KASTENROCK, BOXI-ROCK, FACETTENROCK, SCHACHTELROCK
Gerade geschnittener Rock mit Bund. Durch Steppereien betonte Längsnähte geben dem Rock eine streckende, kastenähnliche Optik.

KILT-ROCK
Rock mit einseitigen Liegefalten in Wickelform. Von der schottischen Nationaltracht (Kilt) inspiriert. Üblicherweise in farbigen Karomustern (Tartans). Teils mit Fransen. Traditionell mit einer großen Sicherheitsnadel geschlossen.

Plissee-Rock und A-Linie-Rock.

Peplum

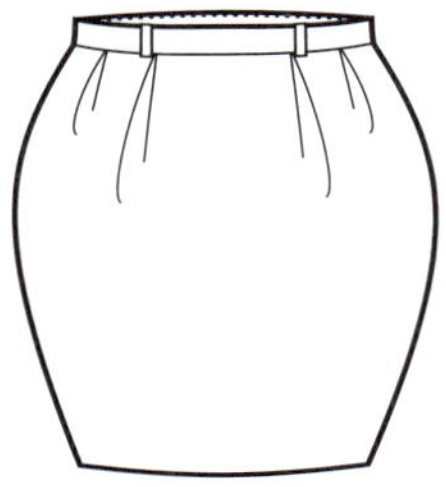

O-Rock

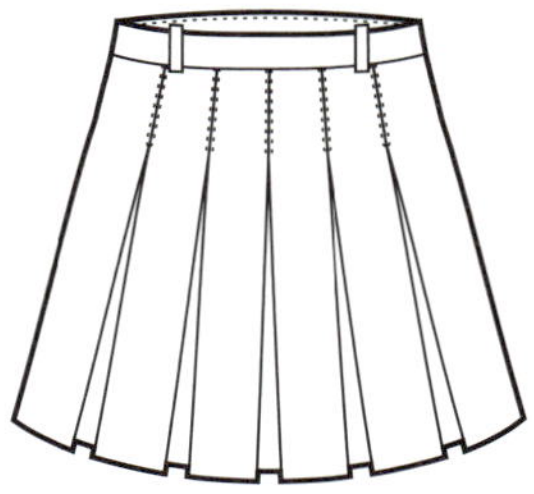

Kellerfaltenrock

Sattelrock

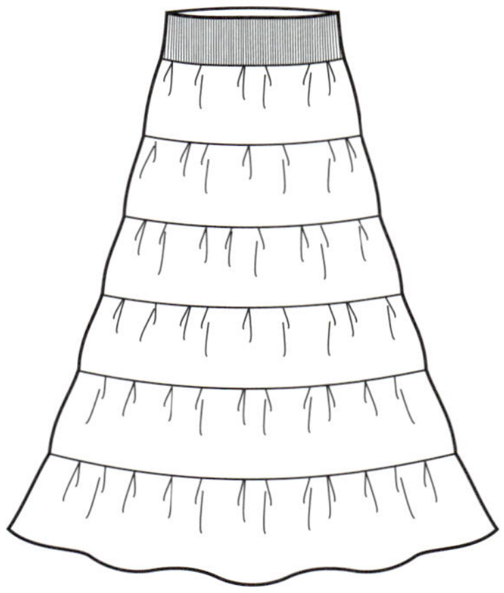

Stufenrock

KLEIDERROCK, TRÄGERROCK
Rock mit angeschnittenem, ärmellosem Oberteil.

KUPPELROCK
Halbweiter, gerader Rock, dessen Hüftpartie durch Abnäher kuppelartig geformt ist.

LATZROCK
Rock mit angeschnittenem Latz. Meist mit Trägern, die vom rückwärtigen Bund kommend nach vorne geknöpft werden.

MIEDERROCK
Eng anliegender Rock mit breitem Bund, die Taille betonend.

MOTIVROCK
Rock mit großem Druckmotiv auf der Vorderseite.

O-ROCK
Rock mit ovaler Silhouette.

PEPLUM
Rock mit einem auf Taillenhöhe ausgestelltem Schößchen.

PETTICOAT
Bauschiger, weiter Halbrock mit Rüschenstufen aus versteiften Nylonstoffen. Zum Darunterziehen erfunden.

PLISSEE-ROCK
Rock mit regelmäßigen schmalen Falten, die meist ab dem Bund aufspringen.

REGENSCHIRMROCK
Rock aus zwölf oder mehr Stoffbahnen, die strahlenförmig aneinander genäht sind.

ROCKPANTS
Kein Rock, sondern glockig geschnittene Shorts, die wie ein kurzer weiter Rock wirken.

SARONG
Traditioneller Wickelrock für Männer oder auch Frauen in Südostasien. Wird durch einen Knoten oder mit einer Fibel seitlich vor dem Bauch gehalten. In der Regel knöchellang, auch doppelt geschlagen knielang getragen.

SATTELROCK
Rock mit glatter Partie von der Taille bis zur Hüfte, von wo aus Falten oder schwingende Rockteile angesetzt sind. Meist Spitzpasse am Sattel.

SCHIRMFALTENROCK
Mäßig weiter, glockig geschnittener Rock mit schirmartig aufspringenden Falten, zum Saum hin breiter werdend.

SCHLUPFROCK
Rock mit Gummizug im Bund.

SONNENPLISSEE-ROCK
→ *Glockenrock* mit Stehfalten, die zum Saum hin breiter werden.

STUFENROCK
Meist bauschige, knie- bis knöchellange Röcke. Gewebebahnen werden in ab dem Bund zunehmend weiter werdenden Stufen aneinandergesetzt.

Wickelrock mit Laschen, die an einen Kilt erinnern.

SUPERMINI
Oberschenkellanger, enger Rock.

SWINGROCK
Rock, der bis etwa zum Knie eng geschnitten ist und dann in Glockenform aufspringt.

TELLERROCK
Rock, der aus vier Viertelkreisen genäht ist.

TRACHTENROCK
Rock zur historischen Kleidung eines Ortes, Bezirkes, Landstrichs oder Landes gehörend. Je nach Herkunft sehr unterschiedlich gestaltet.

TRÄGERROCK
Rock mit zwei Trägern, die vorn und hinten am Bund angenäht sind, können auch auf dem Rücken gekreuzt sein.

TROMPETENROCK
Rock, der glatt und schmal auf der Hüfte liegt, zum Saum hin schwingend auslaufend. Mit tief angesetzter Voll- oder Halbglocke, oft durch Volants betont.

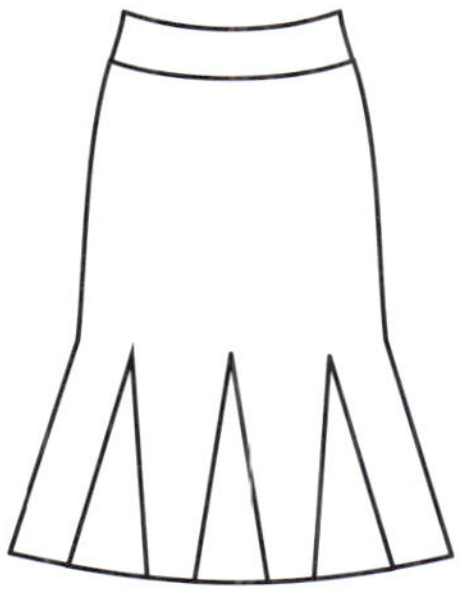

Godetrock

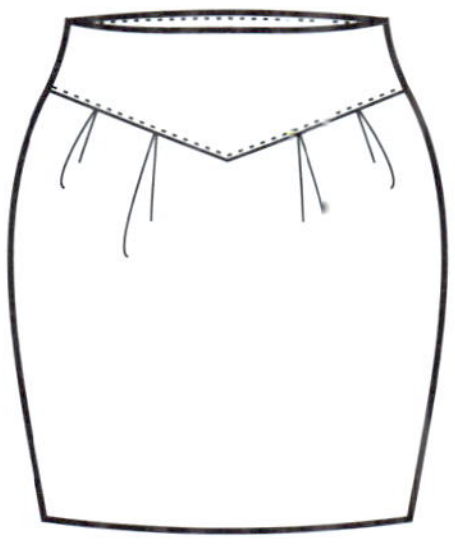

Tulpenrock

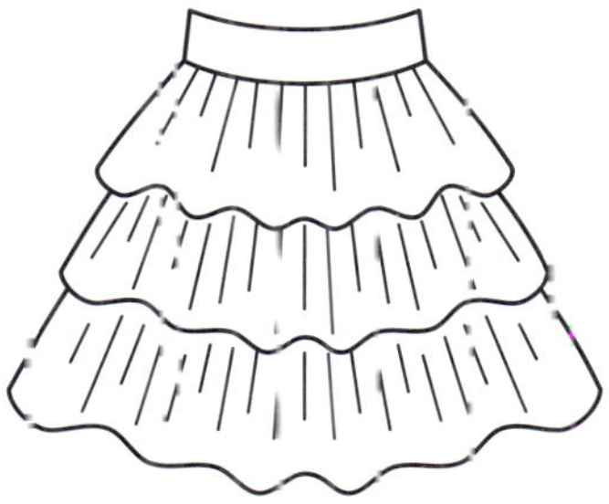

Volantrock

Tellerrock

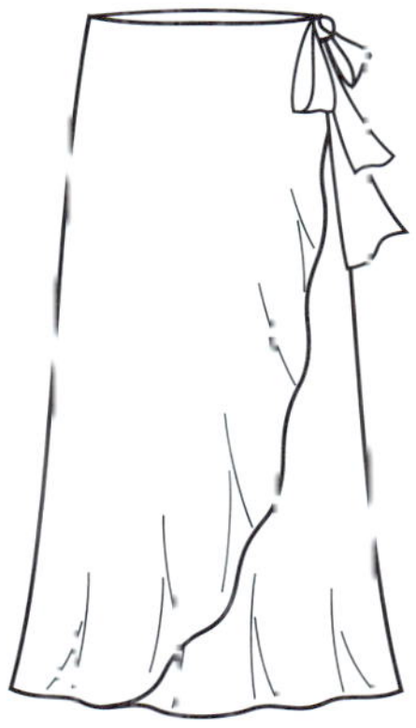

Wickelrock

TORSOROCK
Hüftschmaler Rock mit tief angesetztem Glocken- oder Faltenteil.

TULPENROCK
Rock, der die Hüfte betont und nach unten schmaler verläuft.

VOLANTROCK
Ein aus Volants genähter Rock.

WESTERNROCK
Etwa wadenlanger Rock mit Quetschfalte vorne und hinten. Aus Cord oder mit Karomustern, gelegentlich mit Fransendekor.

WICKELROCK
Rock aus Stoffbahnen, die um den Körper geschlungen werden. Wird meist über der Hüfte seitlich am Bund geschlossen.

WOLKENSTORE-ROCK
Überlang geschnittener Rock, der mittels Tunnelzügen in Länge und Weite reguliert werden kann. Ergibt eine wolkige, gardinenähnliche Optik.

ZIPFELROCK
Rock mit asymmetrischen oder zipfeligen Säumen.

ZIPP-OFF-ROCK
Sportiver Rock mit quer verlaufenden Reißverschlüssen, der dadurch in der Länge gekürzt werden kann

Baggy Pants

Schlaghose / Bell Bottom

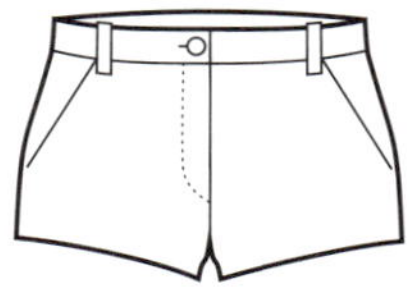

Hotpants

Shorts

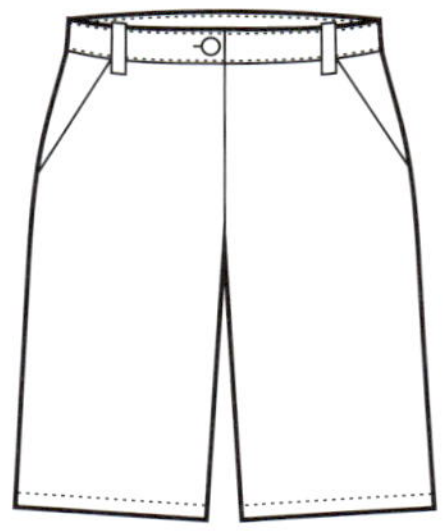

Bermudas

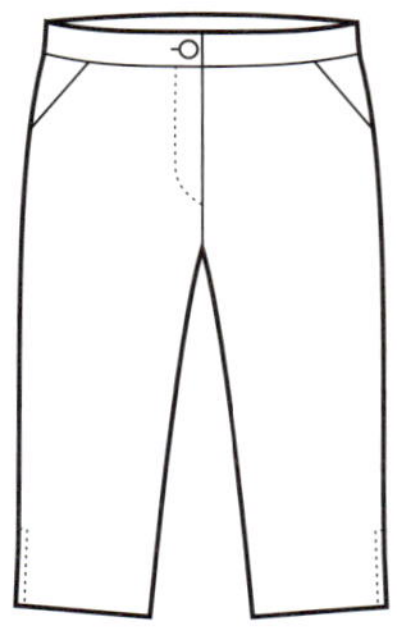

Capri

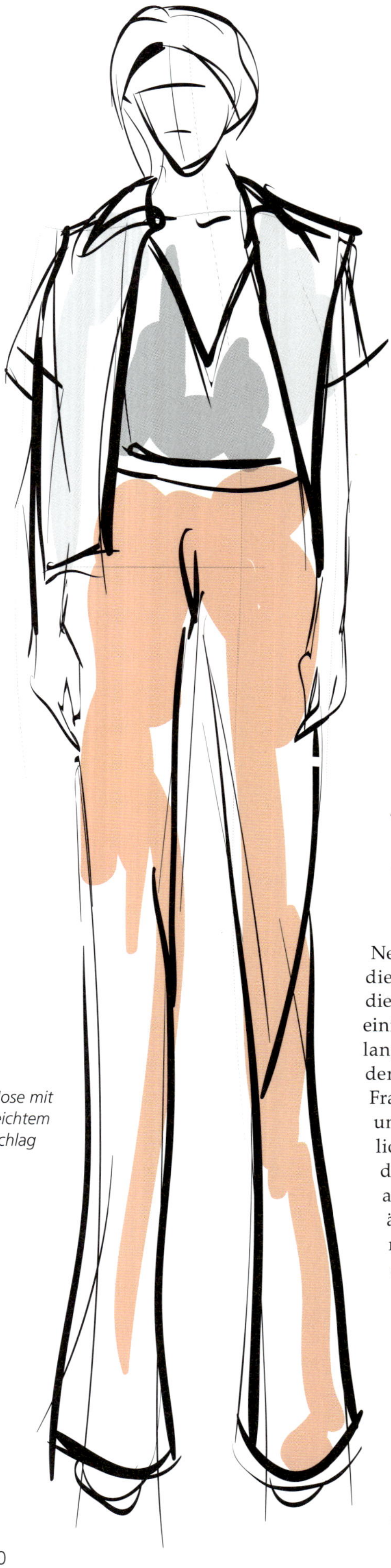

Hose mit leichtem Schlag

Ertrotzt und umgewidmet – die Damenhose

Nein, eine Frau durfte sie nicht tragen, die Hose. Da waren sich die Männer, die das Sagen hatten, jahrhundertelang einig. Wer die Hosen anhat, sagt, wo es langgeht – und das waren die Herren der Schöpfung für lange Zeit. Es hat Frau viele Kämpfe, Verunglimpfungen und Rückschläge gekostet, bis sie endlich auch die Hosen anhatte. Und als das der Fall war, ging es umgehend ans Umstyling. Fast alles wurde verändert, vom Grundprinzip zwei Beine und einen Bund zu haben einmal abgesehen. Frauen, die Hosen tragen, können auf eine ähnlich große Vielfalt zurückgreifen wie bei den Röcken. Die modernen Textilien mit ihren Elastanbeimischungen machen sie bequem und sehr kurvenfreundlich. Ist Herrenhosenstil angesagt, dann wollen die Frauen das so und nicht deshalb, weil irgendein Mann dieses so angeordnet hat.

AUDREY-HEPBURN-HOSE
Leicht konisch geschnittene, an den Waden anliegende, knöchellange Zigarettenhose mit Umschlag.

BAGGY
Sehr weite Hose, deren Bund sehr tief getragen wird und deren Schritt tief, fast in Kniehöhe sitzt.

BELL BOTTOM
→ *Schlaghose, S. 233.*

BERMUDA-SHORTS
Gerade Hose in knieumspielender Länge. Die Beinweite ändert sich je nach modischem Trend.

BONDAGEHOSE
Die Optik wird von Riemen dominiert und oft von zahlreichen Taschen und zusätzlichen Reißverschlüssen. (Punkszene).

BREECHES
Ursprünglich Reithosen. Werden bis zum Knie weit getragen. Sind ab der Wade eng gearbeitet und reichen nicht ganz bis zum Knöchel.

Chino mit Kellerfalten in italienischer Länge

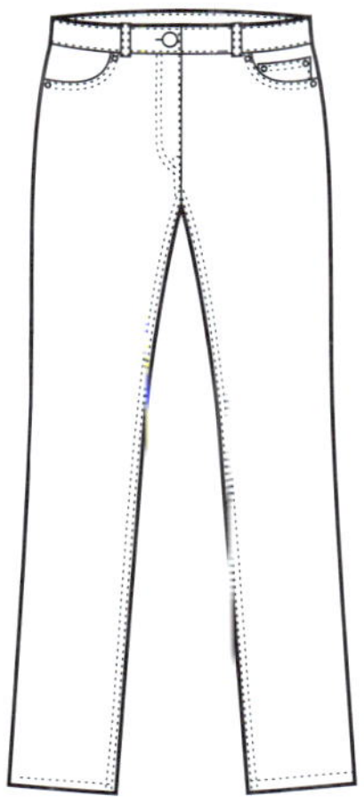

Five-Pocket

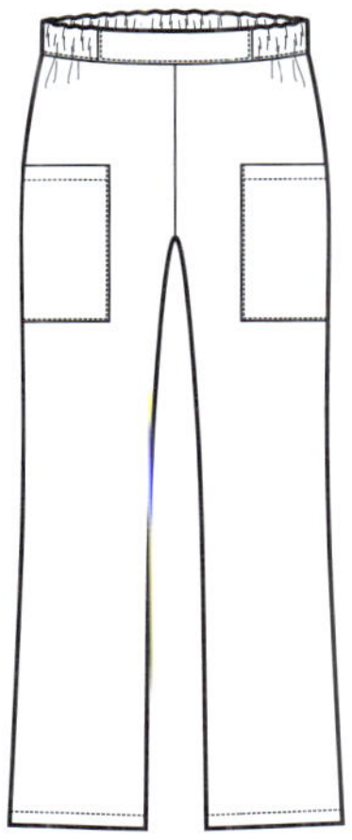

Dehnbundhose

Culotte

BUNDFALTENHOSE

Rechts und links der Hosenmitte der Vorderhose werden unterhalb des Bundes Falten eingelegt und abgenäht, aus denen oft die Bügelfalten weitergeführt werden. Trotz bequemer Weite schmal fallend.

CADDYHOSE

Kniebundhose mit leichtem Überfall, die eine knappe Handbreit unter dem Knie endet. Schmaler als Knickerbocker.

CAPRIHOSE, PIRATENHOSE

Dreiviertellange, schmale Hose mit kurzen Seitenschlitzen.

CARGOHOSE

Lässige, mäßig weit geschnittene Hose mit vielen aufgesetzten oder eingenähten Seiten- und Eingrifftaschen im Oberschenkel- oder Kniebereich.

CHINO

Sportive, lässige Hose mit Bundfalten und zwei Schubtaschen vorn sowie zwei Gesäßtaschen. Meist aus Baumwolle oder Baumwollmischungen gefertigt. Werden eher in hellen Farbtönen angeboten.

CLOCHARD-HOSE

Knöchel- oder wadenlange Hose. Die weite Taille wird durch einen Gürtel oder durch eingelegte Falten mit festgenähtem Bund gerafft. Hosentyp nach den Pariser Stadtstreichern benannt.

CLUBHOSE

Unifarbene oder breit gestreifte, schmal geschnittene Baumwollhose in Clubfarben.

CULOTTE

→ *Hosenrock, S. 227.*

DEHNBUNDHOSE

Hose mit bequemer Bundverarbeitung. Der sogenannte Komfortbund entsteht durch Einsatz elastischer Materialien, z. B. Gummieinsätze oder dehnfähige Gürtel

FISCHERHOSE, KULIHOSE

Enge, dreiviertellange Hose, deren Saum gekrempelt werden kann.

FIVE-POCKET

Sportive Hose oder Basic-Jeans mit fünf Taschen (zwei auf dem Gesäß, zwei Eingrifftaschen vorn sowie kleine Geldtasche in der rechten Eingrifftasche).

GOLFHOSE

Kniehose ohne Überfall und ohne zusätzliche Weite in Höhe des Kniegelenks.

GÜRTELHOSE

Hose, deren Bundverarbeitung es durch Schlaufen ermöglicht, einen Gürtel durchzuziehen.

HIGH-WAIST-HOSE

Begriff für Hosen, die hoch auf der Taille sitzen. In der Form können sie dabei sehr unterschiedlich sein. Entscheidend ist der Sitz des Bundes.

HOTPANTS

Schrittkurz und eng geschnittene Shorts auch mit Umschlag oder zum Krempeln.

Fotos: l.: Michele, r.: Top Secret; Alle Zeichnungen: pushinka11 / Fotolia

Jodhpurhose

Marlenehose

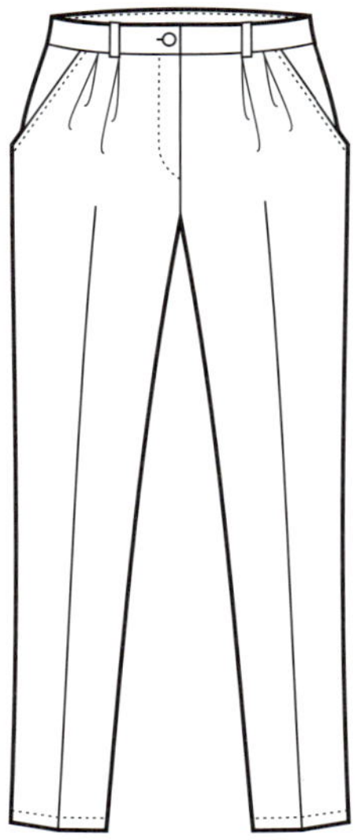

Karottenhose

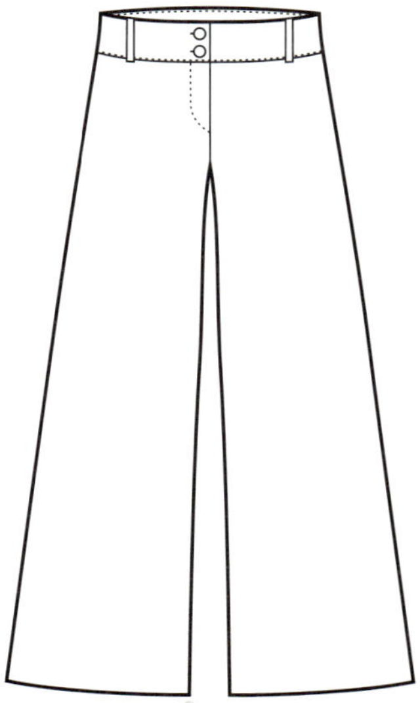

Palazzohose

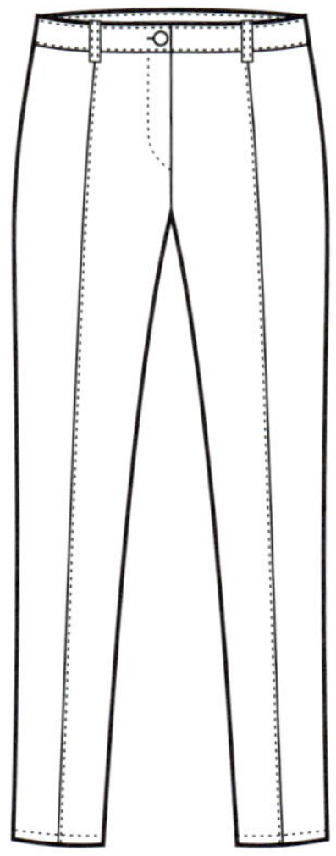

Zigarettenhose

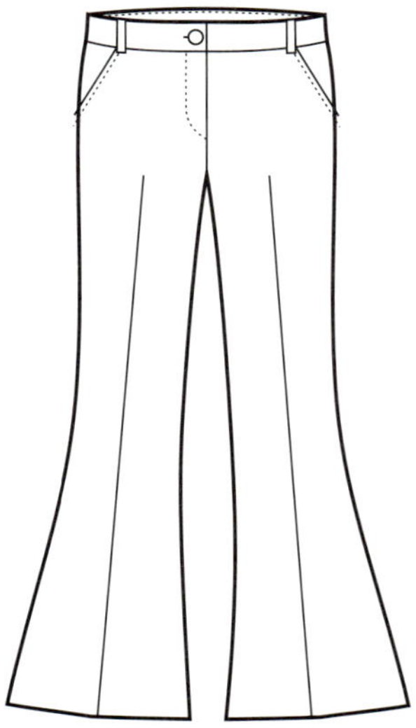

Schlaghose

HÜFTHOSE, HIPSTER
Sitzt auf den Hüftknochen und nicht in der Taille.

JODHPURHOSE
Knöchellange Reithose, die meist an der Innenseite mit einem abriebfesten Material (z. B. Leder) verstärkt und ab dem Knie abwärts eng geschnitten ist. Wird am Saum hochgekrempelt.

KAROTTENHOSE
An eine Karotte erinnernd, zum Saum stark verjüngt, im Hüftbereich weit.

KNICKERBOCKER
Etwa wadenlange Hose mit weiten Beinen und engem Bund.

KNIEBUNDHOSE
Etwas über knielange, tendenziell schmalgeschnittene Hose mit Bundabschluss.

KORSARENHOSE
Frz. corsaire. Körpernahe, doch weiter als Caprihose geschnittene, wadenlange Hose mit Seitenschlitzen am Abschluss.

LATZHOSE
Hosenform, an die vorne ein brustbedeckender Latz angesetzt ist, mit Trägern, die über die Schulter verlaufen und am Latz befestigt sind. Meist befindet sich eine Tasche auf dem Latz.

MARLENEHOSE
Herrenhosenschnitt, gerade und weit mit großer Fußweite (bis 54 cm). Typische Details sind Bundfalten und Aufschläge. Lieblingshosenstil der Schauspielerin Marlene Dietrich.

NIETENHOSE
Hose mit Kupfer- oder anderen Metallnieten zur Verstärkung an Nähten und Tascheneingriffen. Vorläufer der Jeansmode.

NORWEGERHOSE
Lange (Damen-)Hose mit leichtem Überfall am Fußgelenk durch Schnür- oder Strickbündchen.

PALAZZOHOSE
Überweite bodenlange Hose aus weichfallenden Stoffen. Oft bedruckt.

PLUDERHOSE, PUFFHOSE
Sehr weit geschnittene Hose, die in der Regel bis auf die Knöchel reicht, am Bund und unterem Saum eingehalten. Ursprung im Orient.

Reiterhose

Röhre

Steghose

REITERHOSE
Knielange Bündchen-, Überfall oder Stiefelhose, die mit Kniestrümpfen oder Strumpfhose getragen wird und an die Damenmode der 20er- und 30er-Jahre des vorigen Jahrhunderts erinnert.

RADLERHOSE, BIKE PANTS
Eng anliegende, knapp bis zum Knie reichende Shorts aus Stretchstoffen.

RÖHRENHOSE
Gerade, sehr eng anliegende Hose mit rund umlaufendem, festem Bund, häufig mit Stretch.

SARONGHOSE
Weite Hose mit Wickeleffekt, meist am Bund zu knoten. Aus Indonesien.

SAROUELHOSE
Damenhose nach Art von Männerhosen aus dem Vorderen Orient. Bis zum Knie rockartig weit, dann schmal, oft gewickelt oder geknöpft bis zum Knöchel.

SCHLAGHOSE, BELL BOTTOM
Vom Knie abwärts stark ausgestellte Hose. Erinnert an eine Trompete oder Glocke. Inspiriert von der traditionellen Zimmermannstracht. Typisch für Übergang 60er-/70er-Jahre.

SHORTS
Kurze Hosen, die nicht bis zum Knie reichen.

7/8-HOSE
Hose mit deutlich verkürzter Beinlänge. Schmal oder auch weiter geschnitten.

STEGHOSE, KEILHOSE
Hose mit einem Band (Steg) unter der Ferse gehalten, um Hochrutschen des Hosenbeins zu verhindern. Ehemalige elastische Skihose, in den 80ern auch in der Tagesmode.

THERMOHOSE
Ist innen mit warmem Futter (Flanell, Fleece) ausgestattet oder mit gerauter Innenseite.

TORERO-HOSE
Figurbetonende, hautenge Damenhose mit sehr hoch geschnittenem, seitlich geschlossenem Taillenbund.

ZIGARETTENHOSE
Sehr gerade und extrem eng geschnittene Hose, maximal knöchellang.

Wickelbluse

Abendbluse

Carmenbluse

Hemdbluse

Das weibliche Oberhemd

Die Damenbluse ist das gepflegte Oberteil für Berufsalltag und offizielle Anlässe. Sie ist das Pendant des Oberhemdes bei den Herren und hat eine vergleichbare Signalwirkung. Trotzdem müssen Damenblusen nicht nur als schlichte einfarbige Hemdblusen auftreten. Es gibt eine große Vielfalt in der Schnittführung, bei der Wahl der Materialien, den Farben und Mustern. Blusen dürfen schmeicheln, den Körper umfließen und die Silhouette unterstützen. Außerhalb des Büros findet man auch abendliche Variationen aus edlen Materialien mit glamourösen Details oder aber sportliche Ausführungen für Frischluft, Freizeit und Freiheit.

ABENDBLUSE
Festliche Form einer Bluse, wird nicht durch den Schnitt, sondern das Material abendlich.

BAUERNBLUSE
Bestickte, gemusterte, meist füllig geschnittene Form. Typisch sind Tunnelzüge an Ausschnitt, Saum oder Ärmeln.

BLUSENBLAZER
Oberteil aus festerem Material, das statt Jacke getragen wird. Häufig mit Blazerdetails wie Reverskragen, aufgesetzte Taschen, auch mit zweireihiger Knöpfung.

CARMENBLUSE
Weite, lässige Form mit schulterfreiem Dekolleté und Rüschen-, Volant- oder Smokverzierung. Weite Ärmelform meist mit Gummizug am Abschluss.

HEMDBLUSE
Bluse im Schnitt eines Herrenoberhemdes. Mit klassischem Kragen, Knopfleiste und Manschettenärmeln.

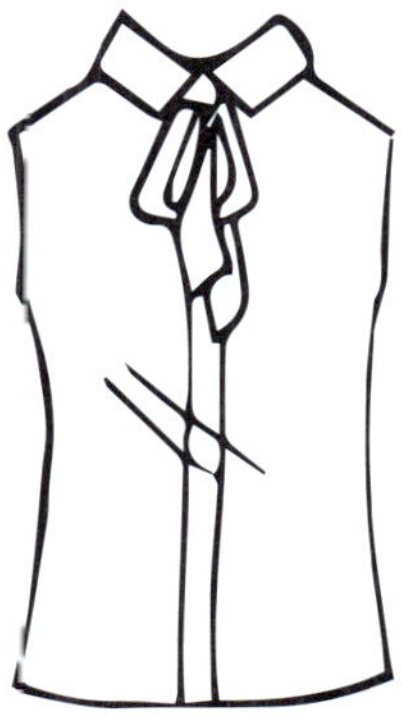

Jabotbluse

Polobluse

Reversbluse

Bluse mit Plissee-Einsatz

JABOTBLUSE
Bluse mit verdecktem vorderem Verschluss und kurzem, losem Rüschen- oder Volantdekor.

JEANSBLUSE
Hemdblusentyp mit Passe und zwei aufgesetzten Taschen aus leichten Denim-Qualitäten, oft mit Nahtbetonung oder Verzierung an Taschen und Passen.

KASACKBLUSE
Oberschenkellanges, lose fallendes Oberteil, das mit oder ohne Gürtel getragen wird. Meist als kragenlose Schlupfform, mit eingeschnittenem Ausschnitt.

KASKADENBLUSE
Romantische Bluse mit üppiger Stoffdrapierung an Kragen und Vorderfront. Kann bis zur Taille reichen.

KIMONOBLUSE
Weite, gerade geschnittene Bluse, bei der die bündchenlosen Ärmel ohne Naht an Brust- und Vorderteil angeschnitten sind. Modisch auch mit Ärmelbündchen in variierten Formen.

MATROSENBLUSE
Schlupfbluse mit schulterbreitem Matrosenkragen, vorne und hinten gleich weit hinunterreichend. Häufig in einem festen Knoten endend.

PLASTRONBLUSE
Bluse mit halbrundem Brusteinsatz mit Biesen, Falten oder Rüschen.

PLISSEE-BLUSE
Meist mit partienweise entlang der vorderen Knopfleiste bis zum Saum eingesetztem Teil mit schmalen, fixierten Falten.

POLOBLUSE
Bluse, die nicht durchgeknöpft wird, sondern in Schlupfform mit kurzer Knopfleiste gefertigt wird. Oft auch aus Maschenware mit Webkragen.

REVERSBLUSE
Durchgeknöpfte Form mit im Halsbereich flach anliegenden Reverskragen.

Passt immer:
die weiße Bluse

Schlupfbluse

Schößchenbluse

Mehr Sensibilität, bitte!

Es überrascht immer wieder, dass Urlauber viel Geld für eine Reise ausgeben, sich aber zu wenig darüber informieren, was im Gastland üblich ist. Und sich dann womöglich unangemessen behandelt oder gar ausgegrenzt fühlen. Die Einheimischen wiederum werden nicht selten durch aufreizende Touristinnen in ihrem Empfinden verletzt. Das hat nicht immer mit der Kleidung zu tun, aber manchmal durchaus.

Shorts, vor allem in ihrer Ausprägung als Hotpants, Miniröcke und Hemdchen mit Spaghettiträgern mögen heiße Sommertage angenehm machen und scharf aussehen. Wer sie in den Urlaubskoffer packen will, sollte sich überlegen, wie freizügig die Gesellschaft des Reiseziels ist. Das gilt nicht nur für arabische Länder, sondern z. B. auch für Israel, für ländliche Gegenden in Südeuropa und sogar in den USA (in Strandbars usw. sollten die wesentlichen Körperteile stets bedeckt sein; Schuhe und Shirts werden stets erwartet. Nacktbaden ist normalerweise rechtswidrig und oben ohne ist tabu). Selbst in Europas Metropolen ist es nicht angebracht, z. B. eine Kirche mit aufreizender Kleidung zu besichtigen, schon nackte Arme lassen die Augen rollen.

Frauen tun bei diesen Reisezielen gut daran, knappe Bikinis, hautenge Kleidungsstücke, kurze Hosen/Röcke, Kleidung mit tiefem Ausschnitt oder durchsichtige, schulter- und bauchfreie Kleidungsstücke zuhause zu lassen oder nur für den Strand mitzunehmen.

Übrigens ist Kleidung nicht nur eine Frage des Anstands und Taktgefühls. Stoff schützt vor den UV-Strahlen, die die Haut schneller altern lassen und Krebs verursachen können. Lange, weite Ärmel und Hosenbeine oder ein weiter, längerer Rock sind deshalb für die Trägerin weitaus gesünder als Kleidung nach dem Motto „je knapper, desto besser". Und für den Aufenthalt im Hotel am Abend sollte ohnehin etwas Elegantes im Koffer stecken.

Safaribluse

Schluppenbluse

Stickereibluse

Überbluse

SAFARIBLUSE
Sportliche Bluse im Jackenstil mit zwei aufgesetzten Pattentaschen, häufig Epauletten auf der Schulter oder Riegel zum Krempeln.

SCHLUPPENBLUSE
Halsausschnitt mit längeren Bändern besetzt, die zu einer Schleife gebunden werden können.

SCHLUPFBLUSE
Ohne Verschluss gearbeitet, über den Kopf zu ziehen. Schlitze oder weite Halsausschnitte erleichtern den Einstieg.

SCHÖSSCHENBLUSE
Bluse mit in der Taille angesetzter oder angeschnittener Hüftpartie.

STICKEREIBLUSE
Platzierte oder Allover-Stickereien auf einer im Schnitt eher schlicht gehaltenen Bluse. Häufig als Folklorebluse.

TOP
Kleine, gerade geschnittene Oberteile, auch mit sehr schmalen Trägern. Ausschnittbetonung.

TUNIKABLUSE
Hüft- bis oberschenkellange, schlichte Bluse, meist ohne Kragen aus leichten Stoffen, auch aus Maschenstoffen. Häufig in A- oder Empire-Linie.

ÜBERBLUSE, OVERSHIRT
Oberschenkellange Form mit verschiedenen Kragenformen, oft seitlichen, langen Schlitzen, kaum tailliert.

WASSERFALLBLUSE
Der Volant verläuft entlang der Knopfleiste und wird mit unterschiedlich langen Innen- und Außenlinien aus einem Kreis geschnitten.

WICKELBLUSE
Verlängerte Vorderteile werden kreuzweise übereinandergelegt, einseitig angenäht und an der gegenüberliegenden Seite durch Bänder, Riegel oder Knöpfe geschlossen.

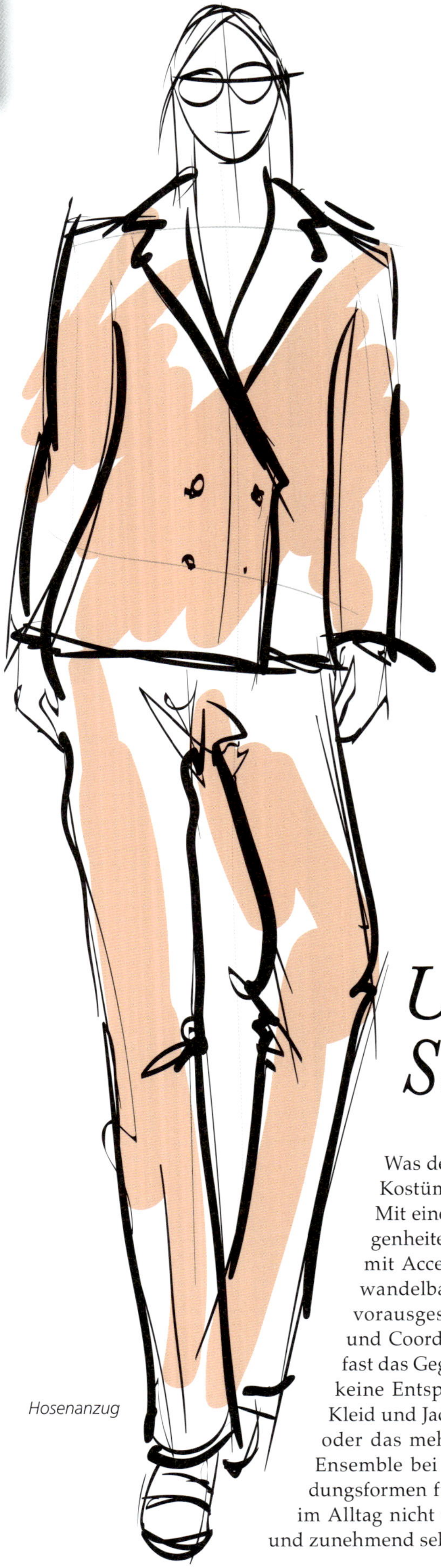

Hosenanzug

Abendkleid

Das „Kleine Schwarze"

Uniform & Sonderform

Was der Anzug für den Mann ist, ist das Kostüm für die Frau – Berufsbekleidung. Mit einem Kostüm ist man für viele Gelegenheiten richtig gekleidet. Es ist variabel, mit Accessoires und passendem Darunter wandelbar und – eine gewisse Rocklänge vorausgesetzt – immer korrekt. Complets und Coordinates sind nach dieser Definition fast das Gegenteil. Es gibt in der Männermode keine Entsprechung für die Verbindung von Kleid und Jacke oder Mantel wie beim Complet oder das mehrteilig aufeinander abgestimmte Ensemble bei Coordinates. Beides sind Bekleidungsformen für offizielle Anlässe und kommen im Alltag nicht vor, sie sind weiblich und elegant und zunehmend seltener.

Durchgehende Kleider sind – im Gegensatz zur Kombination von Rock und Bluse – quasi die Luxusversion männlich verordneter Kleidung. Praktisch beim Anziehen, leicht benachteiligt bei Verschmutzung und unnachahmlich weiblich bei entsprechender Schnittgestaltung, sind Kleider immer etwas Besonderes. Mal liebt sie die Mode, mal geht das Interesse zurück.

Kleider geben ein spezielles Signal: Sie wirken angezogen, selbst bei den abenteuerlichsten Ausschnitten. Ein Kleid ist eine komplette Bekleidung, damit stets ein Statement und deutliches Stilmittel. Die Frau, die ein Kleid trägt, keinen Kittel oder eine Schürze, stellt etwas dar und beweist damit Selbstbewusstsein. Das Kleid gab der Kleidung ihren Namen und setzt ihr bis heute den Stempel auf.

Cocktailkleider

Coordinate

ABENDKLEID
Aus edlen Stoffen, mit auffälligen Mustern oder Farben, großzügig und oft mit raffinierten Dekolletés, in jeder Stilrichtung gestaltetes festliches, langes Kleid.

ANLASSKLEID, DINNERKLEID
Meist mit gemäßigtem Ausschnitt in gedeckteren Farben und mit längeren Ärmeln für offizielle Anlässe oder Feste. Sonderform ist das „Kleine Schwarze".

BLAZERKOSTÜM
Die feminine Variante der Blazerkombination der Männer. Oberteil im Blazerstil, ein- und zweireihig zu Röcken, streng bis feminin.

CHANEL-KOSTÜM
Kostüm in Fantasie-Tweed, bestehend aus schmalem, knielangem Rock und kragenloser, leicht kastiger Jacke zur Schleifen- oder Schluppenbluse. Gilt als Erfindung von Coco Chanel.

COCKTAILKLEID
Kleid für zwanglosere gesellschaftliche Ereignisse, nicht so streng wie das Dinnerkleid. Aus festlichen Stoffen höchstens wadenlang, beschwingt.

COMPLET
Hier kommt zu einem Kleid, auch zu einem Kostüm oder Hosenanzug, ein passender Mantel. → *Ensemble.*

COMPOSÉ
Kleider oder Kostüme und Hosenanzüge in Kombination mit Überjacke, Weste oder Chasuble bestehen aus unterschiedlich gemusterten, aber farblich und mustermäßig aufeinander abgestimmten Stoffen.

COORDINATE, COORDONNÉ
Die einzelnen Kombinationspartner bestehen aus zusammenpassenden oder variierten Dessins in passender Farbstellung, in unterschiedlichen Gewichten oder Materialien.

CORSAGENKLEID
Enganliegendes, schulterfreies Oberteil, miederähnlich gestützt mit beliebigem Rockteil. Gelegentlich auch mit schmalen Trägern.

DEUX-PIÈCE
Klassisches zweiteiliges Kleid. In der Regel aus Rock und Oberteil in gleichem Stoff. Oberteil leichter als Kostümjacke.

Empirekleid

Ensemble

Folklorekleid / Hippiekleid

Faux-Deux-Pièce

EMPIREKLEID
Charakteristisch sind die hochgerückte Taille und die Betonung der Brustpartie durch Ausputz und/oder Ausschnitt. Die Silhouette insgesamt schmal.

ENSEMBLE
Hier entsteht ein Ganzes aus der Zusammenstellung von Kleidungsstücken, die im Stil und Material zueinander passen.

ETUIKLEID
Figurnah konstruiert ohne einzuengen. Selten länger als knielang.

FAUX-DEUX-PIÈCE
Einteiliges Kleid, das durch den Schnitt zweiteilig erscheint.

FOLKLOREKLEID, HIPPIEKLEID
Großzügige Weite an Oberteil, Rock und Ärmel. Stickereien, Rüschen und Volants sind typisch. Meist Taillenbetonung durch breiten Gürtel. Oft waden- oder bodenlang.

Hosenanzug mit Miederbund

Kostüm

Shiftkleid

HÄNGERKLEID
Lose fallendes, meist hoch geschlossenes Kleid. Zum Saum hin ausschwingende Weite.

HEMDBLUSENKLEID, CHEMISETTEKLEID
Von Herrenhemden inspirierte Form mit Manschettenärmel und Hemdkragen und durchgehender Knopfleiste, oft schmal gegürtet.

HOSENANZUG
Der Anzug für die Frau, bestehend aus Hose und Jacke oder Oberteil. Ebenso wie das Kostüm gelegentlich mit Weste kombiniert.

KOSTÜM
Die weibliche Spielart des Herrenanzugs mit Jacke und Rock. Streng und schneidermäßig als „Tailleur". Jacke dann mit deutlicher Taillenbetonung.

MANTELKLEID
Kleid aus festerem Material, an Mantelformen angelehnt, mit großen Taschen und Knöpfen und mittelbreitem Montage- oder Bindegürtel.

PARTYKLEID
Verspieltere, informellere Variante des Cocktailkleides. Meist kurz und stark dekoriert.

SEPARATES
Einzelteile als frei kombinierbare Elemente eines Kombinationsmode-Angebots. Sind aufeinander abgestimmt und passen zueinander, werden jedoch im Handel meist getrennt (separat) angeboten.

SHIFTKLEID
Mit betonten Schultern, meist hoch geschlossen, zum Saum hin in Trapez- oder V-Linie verlaufend schmaler.

TAILLEUR
Frz. für Schneiderkostüm. Klassiker für den Business-Look.

TORSOKLEID
Modischer Charlestonlook. An ein verlängertes, schmales Oberteil wird ein schwingender Rockteil tief angesetzt.

Kastenjacke

Blouson mit Strickbündchen

Blazer

Damenjacken – Schutz & Stilmittel

Der Vergleich zwischen Frauen- und Männerkleidung ist historisch bedingt und nicht immer tauglich, Unterschiede erschöpfend zu erklären, wie bei Kostümen, Anzügen oder Blazern. Jacken sind vielleicht klimabedingt zu erklären, wenn es zu kalt, zu nass oder zu windig sein sollte. Dann sind es meist Überjacken und seltener Kostüm- oder Completjacken. Jacken können aber auch dem „Angezogensein" dienen, wenn sich Transparentes oder Ärmelloses darunter verbirgt. Sie haben dann zusätzlich einen psychologischen Effekt. Funktionelle Jacken sind in der Signalwirkung unisex. Zum Glück hat sich die Industrie jedoch entschlossen, bei den Schnitten, Stoffen und Farben einen geschlechterspezifischen Unterschied zu machen. Im Gesamtoutfit können Jacken bei Silhouette und Proportion deutliche Akzente setzen.

ANORAK

Name aus der Inuit-Sprache für Windjacke.

BLAZER

Der Herrenjacke nachempfunden. Ein- oder zweireihig, immer mit Reverskragen in modebedingt unterschiedlichen Längen.

BLOUSON, BOMBERJACKE

Taillen- bis hüftkurze, schoppend geschnittene Jacke. Mit Stehbund, auch aus Strickmaterial. Bundverarbeitung und Ärmelbündchen ebenfalls mit Strick.

BIKERJACKE

Schmal geschnittene Jacke, Taillen- bis Hüftlänge, ursprünglich aus Leder. Die Mode erlaubt auch Leder-Imitat oder andere feste Materialien wie Denim. Charakteristisch ist die robuste Anmutung. Mit Steh- oder Umlegekragen, auch in Kombination mit Fellbesatz oder Strick. Bundverarbeitung gelegentlich mit Seitenriegeln zum Verstellen.

Bikerjacke aus Leder

Janker

Femininer Caban
mit Schulterklappen

BOLERO

Knappe, meist kragen-, ärmel- und verschlusslose Jäckchen, höchstens taillenkurz.

CABAN

Oberschenkellange, sportliche, in der Regel zweireihige Jacke aus festen Stoffen mit breitem Revers. Der Männermode entlehnt.

CAPE

→ *Pelerine, S. 244;* → *Poncho, S. 244;* → *Cape, S. 246.*

CARDIGAN

Hüftlange, antaillierte kragenlose Jacke mit lang gezogenem Ausschnitt und Aufsatztaschen, meist aus Strickware.

HEMDJACKE

Lose, oft ungefütterte Jacke mit Knopfleiste und aufgesetzten Pattentaschen, Hemdenkragen und Knopfleiste, selten gegürtet.

HUSKY, BARBOURJACKE

Klassische, gerade geschnittene, schrittlange Outdoorjacke, im Original von Barbour. Aus wetterfestem Stoff mit Cordkragen, Druckknöpfen, geschlossener Vorderfront und Seitenschlitzen. Für den Winter aus Diagonalstepp.

JANKER

Von der alpenländischen Tracht entlehnte hüftknochenkurze Kastenjacke. Vorwiegend aus Strick, Walkwolle, Loden, Leinen mit Hirschhorn- oder geprägten Metallknöpfen.

Fotos: l.: Koenig Leatherwear, m.: Vanilia, r.: Schneiders Salzburg

Kastenjacke

Parka

KASTENJACKE
Lange, gerade, schulterbetonte Jacke mit unterschiedlichen Kragen.

KIMONOJACKE
Von japanischen Kimonos entlehnte, gegürtete, kragenlose Jackenform. Ärmel entweder an Vorder- und Rückenteil angeschnitten oder an einer senkrechten Naht angesetzt. Seltener mit angeschnittenen, sich zum Handgelenk hin verjüngenden Fledermausärmeln.

LONGBLOUSON
Lang gestreckte, gesäßbedeckende Blousonform mit engem Bundabschluss, häufig mit untypischem Reverskragen.

PARKA
Ursprünglich vom Militär entlehnte, lange Wetterjacke mit Tunnelzügen an Taille, Bund und Kapuze. Mit vielen geräumigen Taschen.

PELERINE
Rundgeschnittenes, schulterbedeckendes Cape, ursprünglich Teil des Kutschermantels. Lose oder angenäht, maximal bis zur Taille reichend.

PONCHO
Aus Südamerika stammender ärmelloser Umhang oder Cape, in verschiedenen Längen und Materialien. Rundgeschnitten oder rechteckig mit eingeschnittenem Halsausschnitt.

SAFARIJACKE
Mindestens hüftlange Jacke im Kolonialstil mit aufgesetzten Taschen, Schulterklappen, Binde- oder Tunnelgürtel. Häufig Krempelärmel mit Riegel, auch als Halbarmform.

SPENZER
Taillenkurze, körpernahe Form mit geradem oder Westen-Abstich. Mit tiefgezogenem Reverskragen.

TOPPER, KURZJACKE
Kurze, lose, knapp taillenbedeckende Jacke, gerade geschnitten.

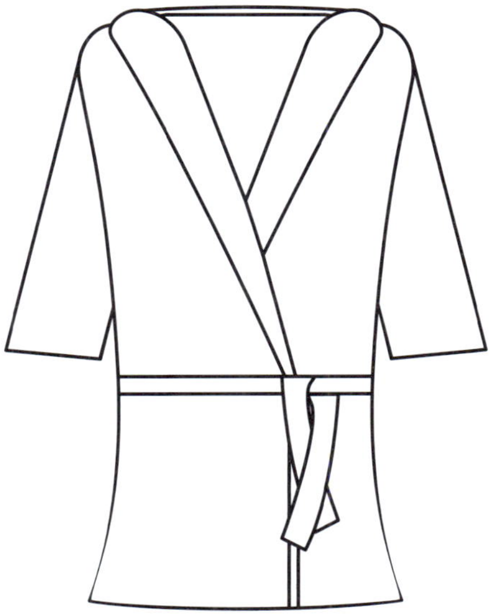

Kimonojacke

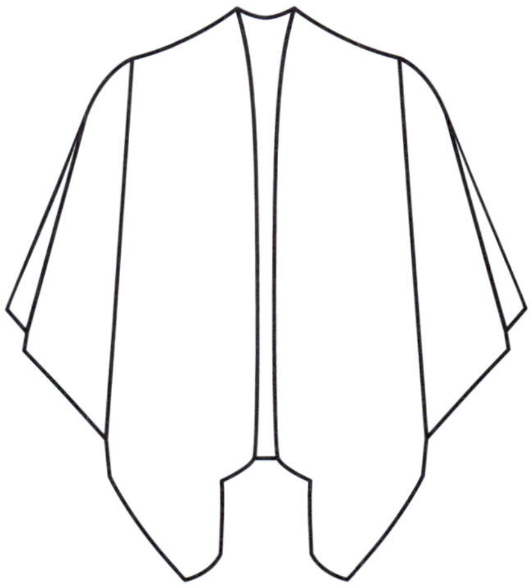

Poncho

Weste mit Fellkrager

WESTE, GILET

Üblicherweise knapp, taillenkurz und ärmellos. Auch mit Futterrücken. Häufig mit kurzem, spitzem Abstich (Verlauf der Vorderkanten).

WINDBREAKER

Gerade und leger geschnitten, meist ungefüttert, in Schlupfform, häufig mit Kängurutaschen und aus Funktionsstoffen.

WINDJACKE

Oft im Blousonschnitt, gelegentlich länger. Aus wetterfesten Materialien. Mit elastischen oder verstellbaren Ärmelbündchen. Kapuze. Vorderverschluss häufig mit Stormflap überknöpft oder mit Klettverschluss.

ZELTJACKE, SWINGER-JACKE

An den Schultern schmal gehaltene Jake, die zum Saum hin glockig ausschwingt. Oft im Rücken weiter als im Vorderteil.

Gut gefüttert

Unter **Futterstoffe** werden Gewebe verstanden, die teilweise oder ganz die Innenseite von Jacken, Blazern, Mänteln, Röcken und Hosen bedecken, gute bekleidungsphysiologische Eigenschaften zeigen und dem Gebrauch entsprechend strapazierbar sein sollen. Sie decken Nähte und Einlagen ab und schützen den Oberstoff vor Schweiß, Reibung und Schmutz. Gleichzeitig machen sie die Bekleidung gleitfähiger beim Anziehen, wärmender, formbeständiger, verleihen ihr einen schönen Fall und sollten statische Aufladung verhindern. Sie werden zu Bekleidungsteilen wie Innentasche, Westenrücken und Hosenbund verarbeitet.

Den unterschiedlichen Anforderungen werden sie durch verschiedene Faserstoffe und Herstellungstechniken und anschließende Ausrüstung gerecht. Gelegentlich kommen sie auch bedruckt vor. Neben Geweben sind auch Felzfutter möglich. Es gibt spezielle Ärmelfutter oder Taschenfutter.

Kurzmantel

Blazermantel

Damenmäntel – Mauerblümchen mit Wow-Effekt

Nicht immer sind sie Lieblingskinder der Mode. Mäntel haben es schwer, sich in die Herzen der Verbraucher zu punkten. Mäntel zu produzieren ist aufwendig und teuer. Das sind dann auch die Produkte. Dennoch haben gerade die Damenmäntel das Potenzial zum „Wow-Effekt“. Eine Frau in einem gut geschnittenen Mantel zieht die Blicke auf sich. Eine Frau im auffällig roten Mantel hat schon Schriftsteller inspiriert. Mäntel zeichnen die Konturen einer Erscheinung nach oder verhüllen sie. Beides kann reizvoll sein und ist mit keinem anderen Kleidungsstück nur annähernd gleich attraktiv zu erreichen.

BLAZERMANTEL
Meist zweireihiger, seltener einreihiger, dem Blazer entlehnter, eleganter Mantel aus edlen Wollstoffen.

CAPE
Weiter, ärmelloser Umhang mit Kragen und Durchgriffsöffnungen für die Arme. Mit oder ohne Vorderverschluss.

DUFFLECOAT, MONTGOMERY, MONTY
Oft aus Walkwolle oder Loden. Typisch der Knebelverschluss mit Hornknebel und Lederschlaufe. In der Regel mit Kapuze. Die Länge bestimmt die jeweilige Mode.

HÄNGER
Gerade oder nur leicht ausgestellte, lose fallende Mantelform.

KURZMANTEL
Nur durch die Länge definierte Mantelart in verschiedenen Schnittformen und Stilrichtungen.

KUTSCHERMANTEL
Schnittvariante, wie Kutscher sie trugen, mit weit geschnittener, bis über die Ellenbogen reichender, zusätzlicher Pelerine, häufig aus Loden.

Fotos: l.: Dzmitry Sukhavau/Fotolia; r.: Saint Jacques

Mantel im Cape-Stil

Trenchcoat

Swinger-Mantel

Dufflecoat

PALETOT
Frz. für „Obergewand". Meist leicht taillierte, längere, ein- oder zweireihige Form, mit maskulinem Look, oft mit Samtkragen.

REDINGOTE
Frz. Verballhornung des engl. Begriffs „riding coat". Lang geschnitten, mit großem Kragen, tailliert mit schwingendem Rockteil.

SWINGER-MANTEL
→ *Zeltmantel*. Nach unten glockig ausschwingend und sehr kurz. Mit schmaler Schulter, hochschließbarem, kleinen Kragen, meist aus leichtem Wollstoff in A-Linie.

TRENCHCOAT
Trench, engl. für Schützen- oder Laufgraben. Mit typischen Details wie Vorderkoller, Epauletten, Gürtel mit Sicherheitsschlaufen und umstochenen Dornlöchern, doppelt geknöpftem Kragenriegel, meist aus leichten Baumwollstoffen.

UMHANG
Älteste und einfachste Mantelform aus einer Decke. Verschlusslos, meist wadenlang.

WICKELMANTEL
Großzügig geschnittene Form ohne Knopfleiste, mit Bindegürtel geschlossen. Seltener: seitlicher Verschluss durch Bänder oder Riegel. Ausladende, weiche Kragenformen.

ZELTMANTEL
→ *Swinger-Mantel*. Hüllenartiger, sehr weit geschnittener Mantel in A-Linie, häufig mit Pelerinendetails, aus leichten Stoffen.

Fotos: l.o.: iStock.com/Typnyk2; l.u.: Barbour; m.: Aigle; r.: Saint Jacques

UNTERWÄSCHE

Selbstverwöhnende Prophezeiung

Es besteht ein generelles Missverständnis darüber, warum Frauen reizvolle Dessous kaufen. Auch wenn es sicher Ausnahmen gibt – zunächst einmal tun sie das für sich selbst, nicht für ihre Partner. Da diese sich aber über den Anblick freuen und auf sich beziehen, sind Frauen klug genug, die Richtigstellung zu vermeiden.

Dabei geht es um viel bei den Dessous: Um Optik, um gute Passform, um Formgestaltung, um sicheren Halt und schmeichelnde Materialien. Das müssen nicht nur die BHs erfüllen, sondern sind auch die Aufgaben, die von der inzwischen zur Normalität gereiften Shapewear zu lösen sind. Interessanterweise werden diese kleinen Polsterschummler nämlich überraschend oft in kleinen Kleidergrößen gekauft, quasi als Optimierer des bereits fast Perfekten.
Doch auch die kurvigen Frauen greifen hier zu, um noch selbstbewusster als sonst zu körperbetonender Kleidung greifen zu können. Sie stehen zu ihren Rundungen, die mit dem entsprechenden Darunter noch weiblicher und attraktiver aussehen. Im Gegenzug dazu fordern sie mehr Chic und schönere Verarbeitung auch bei BHs mit größeren Körbchen. Halt darf nicht mehr orthopädisch dargeboten werden, sondern ästhetisch und verführerisch. Die Branche hat dazulernen müssen, dass es auch schlanke Frauen mit größeren Oberweiten gibt, die keine modischen Kompromisse machen wollen.
Moderne Materialien haben die Dessous revolutioniert und seamless gearbeitete Teile erst möglich gemacht. Dessous sind Wellbeing zum Drunterziehen.

Aufmacherfoto: Petrov Denis/Fotolia

Boudoir-Stil

LEXIKON Dessous

Boudoir-Stil. Reich dekorierte, häufig transparente Wäschemode mit geschnürten Korsagen, tiefen Dekolletés, Rüschen, Volants und Spitzen.

Damenwäsche. Tagesunterwäsche. Besteht in der Regel aus BH, Hemd und Höschen.

Dekolleté. Frz. für „herausgeschnitten". Eigentlich Halsausschnitt. Sammelbezeichnung für unterschiedlich gestaltete Aussparungen eines Kleidungsstücks am Hals.

Dessous. Frz. für „darunter". Bezeichnung für Damenwäsche und Miederwaren.

Funktionswäsche. Begriff mit zwei Bedeutungen. Zum einen wird darunter formende Unterkleidung verstanden, zum anderen Wäsche aus Funktionsmaterialien, die zum Sport getragen wird.

Hightech-Produktion. Sammelbegriff für die Fertigung von Dessous aus synthetischen Materialien. Bezieht sich auf das Molden und die Seamless-Verarbeitung.

Halterneck/Neckholder. Engl. für Nackenträger.

Homewear. Engl. für „Hauskleidung". Auch: Loungewear/Leisurewear. Bequem geschnittene Ober- und Unterteile, auch Kleider oder Tuniken für den Freizeitbereich im häuslichen Umfeld. Zunehmende Relevanz auch im Outdoorsegment.

Innerwear/Outerwear. Modisch attraktive Wäscheteile, meist Oberteile oder Tops, die auch in der Tagesmode getragen werden.

Lingerie. Frz. für Unterwäsche. Sammelbezeichnung für →*Damenwäsche*, →*Dessous*.

Nahtlos/Seamless. Entweder Verwendung eines formgearbeiteten Rundgewirkes oder -gestrickes für Hemden oder Höschen oder mit thermisch unsichtbar geklebten Nähten.

Nude-Look. Engl. für „Nackt-Look". Durch hautfarbene und/oder transparente Materialien bei Wäsche oder Kleidung soll der Eindruck nackter Haut entstehen.

Petticoat. Bauschiger, steifer Halbrock mit Rüschenstufen aus versteiften Nylonstoffen. Als Unterrock erfunden.

Seamless. Engl. für nahtlos. (→*Nahtlos*)

Set. Kombination meist aus BH und Slip, die in Material und Farbe aufeinander abgestimmt sind.

Underwear. Engl. für Unterwäsche.

Unsichtbare Wäsche. Wäsche mit besonders flachen Nähten, die sich unter der Kleidung nicht abzeichnen.

Wäsche. Sammelbegriff für Unterbekleidung jedweden Stils.

Wäschesäckchen. Verschließbarer Beutel aus Netzmaterial, in dem BHs und zarte Wäsche gewaschen werden. Zur Schonung des Materials gegen mechanische Waschbeanspruchung

Zweite Haut/Second Skin. Sehr feine, anliegende Wäsche ohne auftragende Nähte, meist hautfarben oder transparent im Nude-Look.

Zwickel. Zwischen Vorder- und Rücken- oder Schrittteil halbrund oder trapezförmig eingesetzter Stoffstreifen, beim Body oder Korselett meist mit Baumwolle gefüttert, auch Bezeichnung für Schrittfutter bei Strumpfhosen

Bustier

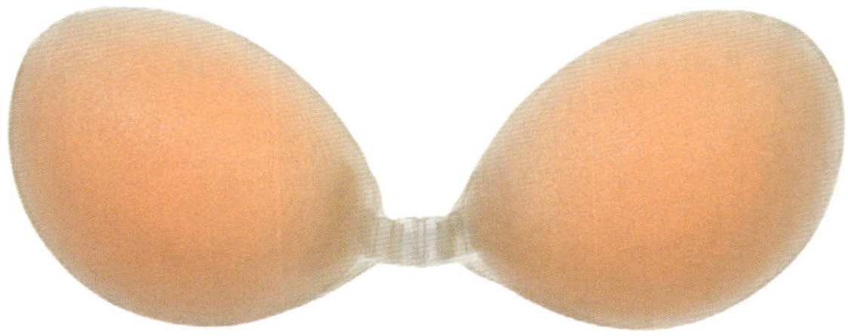

Haftschalen-BH

Außenträger-BH

Bandeau-BH

BH-Hemd

Dekolleté-BH

Dirndl-BH

Minimizer-BH

BH

AUSSENTRÄGER-BH
Anordnung der BH- oder Unterhemdträger im Verlauf der Achsel.

AQUA-BRA, WATERBRA, WASSER-BH
Push-up-BH, dessen Einlagekissen mit einem Wasser-/Öl-Gemisch gefüllt sind.

BALCONNET-BH
BH mit Außenträgern und 3/4 Cups – teilweise mit Stützen oder Einlagen, um das Dekolleté vorteilhaft zu betonen.

BANDEAU-BH
Trägerloser BH mit gerader, „bandförmiger" Silhouette. Teils mit abnehmbaren Trägern. Geeignet unter schulterfreier Kleidung.

BÜGEL-BH
Stützender und formender BH mit unter der Brust eingenähtem Bügel. Wird vor allem für größere Cups eingesetzt.

BÜSTENHEBE
Der Halbschalen-BH mit Bügeln stützt die Brust von unten, ohne die Brustwarzen zu bedecken.

BH-HEMD
Leichte, meist elastische Wäschehemden mit eingenähten oder gemoldeten Soft-Cups, auch mit Naht-Cups und Bügel.

BRASSIÈRE
Miederartiges BH-Top mit verhältnismäßig breiten, angeschnittenen Trägern, rundem Ausschnitt und gerade geschnittenem unterem Rand, ohne funktionelle Stütze.

BUSTIER
Trägeroberteil in halb- oder taillenlangen Variationen. Mit oder ohne ausgeformte Büstenpartie.

DEKOLLETÉ-BH
Tief ausgeschnittener BH in unterschiedlichen Varianten.

Größentabelle für BHs

D/EUR		65	70	75	80	85	90	95	100	105	110
GB/US		30	32	34	36	38	40	42	44	46	48
F		80	85	90	95	100	105	110	115	120	125
Unterbrustweite in cm		63-67	68-72	73-77	78-82	83-87	88-92	93-97	98-102	103-107	108-112
Brustumfang in cm	**Cup AA**	75-77	80-82	85-87	90-92	95-97	100-102	105-107	110-112	115-117	120-122
	Cup A	77-79	80-84	87-89	92-94	97-99	102-104	107-109	112-114	117-119	122-124
	Cup B	79-81	84-86	89-91	94-96	99-101	104-106	109-111	114-116	119-121	124-126
	Cup C	81-83	86-88	91-93	96-98	101-103	106-108	111-113	115-118	121-123	126-128
	Cup D	83-85	88-90	93-95	93-100	103-105	108-110	113-115	118-120	123-125	128-130
	Cup E	85-87	90-92	95-97	100-102	105-107	110-112	115-117	120-122	125-127	130-132
	Cup F	87-89	92-94	97-99	102-104	107-109	112-114	117-119	122-124	127-129	132-134
	Cup G	89-91	94-96	99-101	104-106	109-111	114-116	119-121	124-126	129-131	134-136

Balconnet-BH

Büstenhebe

Klassiker: Bügel-BH mit vorgeformten Cups.

DIRNDL-BH
Außenträger-BH, auch → *Balconnet-BH*, häufig mit Spitzen und Bändchen verziert.

HAFTSCHALEN-BH
Mehrfach verwendbare, am Körper direkt haftende, selbstklebende BH-Schalen ohne Träger und Seiten- bzw. Rückenteile für extrem dekolletierte Kleidung.

HIDDEN BRA
Engl. für versteckter BH. Unsichtbare Cups, die in eine zweite, innere Stofflage von Bustiers, BHs und Tops eingenäht werden.

KREUZ(FORM)-BH
BH mit tri-elastischen Einfassbändern an den Cups, die sich x-förmig zwischen den Brüsten kreuzen. Zur besseren Teilung und Hebung der Büste. Von verschiedenen Dessous-Firmen patentiert.

MAXIMIZER-BH
Stark stützender und durch Einlagen Volumen gebender BH, für die Optik einer größeren Büste.

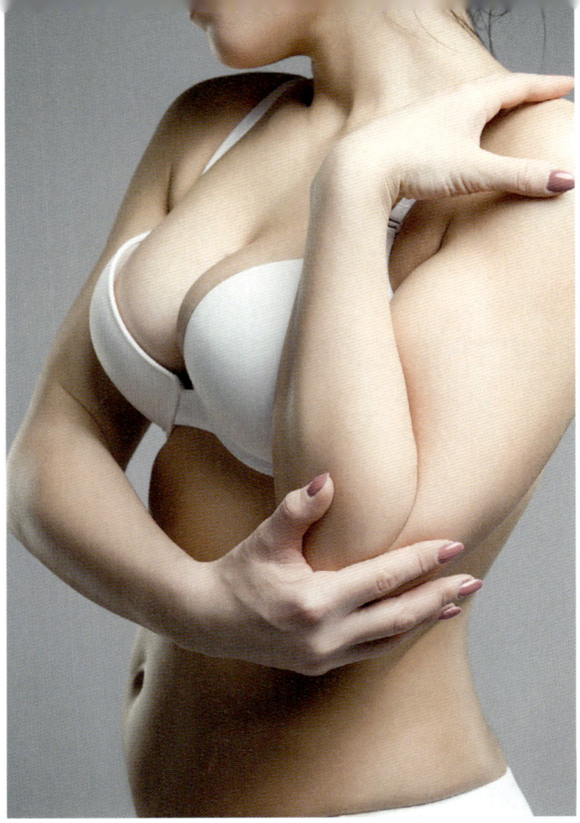

Push-up-BH

Neckholder-BH

Mittelträger-BH

Multifunktions-BH

Push-up-BH

Still-BH

Triangel-BH

MINIMIZER-BH
Stark formender BH, ohne Nähte in den Cups, für die Optik einer kleineren Büste.

MITTELTRÄGER-BH
BH mit Träger in „Normalstellung".

MULTIFUNKTIONS-BH
BH mit verschiedenen Trägervarianten. Können teilweise auch ohne Träger getragen werden.

NACKENTRÄGER-BH
Engl. *Neckholder* oder *Halterneck*. Die Träger treffen sich in der hinteren Halsmitte und lassen Schultern und Rücken frei. Auch zum Binden.

PUSH-UP-BH
Stark die Brust hebender Außenträger-BH mit Bügeln und Einlagen, die diesen Effekt unterstützen.

SCHWANGERSCHAFTS-BH
Funktioneller BH, der auf die besonderen Anforderungen an Schutz und Stütze in der Schwangerschaft ausgerichtet ist.

SPORT-BH
Funktionell geschnitten, damit die Brust beim Sport sicher umschlossen ist und nicht übermäßig wippt. Mit eingerückten, rutschsicheren Trägern für volle Bewegungsfreiheit auch beim Leistungssport. Mix aus funktionellen, unterschiedlich elastischen Materialien.

Sport-BH

Trägerloser Bügel-BH

STILL-BH

Weich gepolsterter, aber stark stützender BH mit der Möglichkeit, die Cups zum Stillen zu öffnen. Mit besonders weichen, breiten Trägern und saugfähigen Einlagen.

STÜTZ-BH

BH mit stark stützender Form für größere Cups.

TRIANGEL-BH

Die Träger verlaufen vorne aus der Mitte der Cups heraus nach oben und formen ein Dekolleté in V-Form.

TRÄGERLOSER BH

Für schulterfreie Kleidung. In der Regel mit Silikonstreifen, damit der BH gut sitzt und nicht verrutscht.

LEXIKON BH

BH. Abk. für Büstenhalter. Je nach Schnitt erfüllt er unterschiedliche Funktionen.

BH ohne Bügel. Einfachere, meist eher sportive BH-Formen. Weniger stützend.

BH-Einlagen. Formgebende Polster aus textilen Materialien oder unterschiedlich gefüllten Einlagekissen.

Bra. Engl. für „BH", auch knappes, BH-artiges Top.

Bügel/Formbügel. Unter der Brust in den BH eingenähter, halbmondförmiger Reifen aus unterschiedlichen Materialien (z. B. Kunststoffe, kunststoffummanteltes Metall) zur Stützung und Formung der Büste.

Cup. Engl. für „Körbchen", Büstenteil des BHs.

Cup-Größen. Werden mit den Anfangsbuchstaben des Alphabets (A, B, C etc.) angegeben. Auch mit Doppelbuchstaben als Zwischengröße zum nächstgrößeren Cup. Ergibt zusammen mit der → *Unterbrustweite* die Größenangabe eines BHs.

Einlagen. Stützende und formende Polster im BH, auch mit Flüssigkeit gefüllte Kissen.

Gemoldete Cups. Durch Molden thermisch nahtlos vorgeformte BH-Körbchen, → *Molden*.

Hidden Wire. Engl. für „versteckte Bügel". Unsichtbar in eine zweite, innere Stofflage bei BHs und BH-Hemdchen eingearbeitete Bügel.

Molden. Thermisch dauerhaftes, nahtloses Verformen von Cups aus Synthetikmaterialien. Die thermoplastischen Stoffe werden in eine vorgegebene Form (vgl. dt. Mulde) gedrückt und in dieser Position fixiert und abgekühlt. Sie behalten dann diese Form.

Softmold Cups. Sanft (engl. soft) gemoldete Cups, die besonders weiche Einlagen haben, oft in Badekleidung eingesetzt.

Steg. Teil zwischen den Cups. Je höher der Steg, desto weniger ausgeprägt das Dekolleté und desto stärker die Stützkraft.

Unterbrustweite. Das Grundmaß für die BH-Größentabelle (→ *Kasten „Größentabelle für BHs", S. 251*). Sie ergibt in Kombination mit der Cup-Größe die genaue Maßangabe. Wird unterhalb der Büste gemessen.

Camisole

Tanktop

Trägerhemd

Unterhemd

Shirts & Kleider

CAMISOLE
Aus dem Altfranzösischen, ursprünglich unter dem Wams getragenes Hemd, heute hüftlanges, loses und meist gerades Trägeroberteil mit wäschigem Charakter, auch in der Tagesmode getragen.

CHEMISE/CHEMISETTE
Frz. für „Hemd, Hemdchen", ursprünglich mit langen Ärmeln, heute für locker geschnittene Nachtwäsche im Hemdenschnitt.

FOND DE ROBE
Frz. für „Unterkleid". An Dekolleté und Trägern meist stark verziertes bis zu knielanges Unterkleid in edlen, fließenden Materialien.

TANKTOP
T-Shirt im Schnitt eines ärmellosen Unterhemdes. Nach dem Unterhemd der Panzerfahrer (engl. tank = dt. Panzer) benannt.

TOP
Kleine, gerade geschnittene Oberteile, oft mit sehr schmalen angesetzten Trägern. Ausschnittbetonung.

TRÄGERHEMD
Unterhemdartiges Oberteil mit unterschiedlich platzierten, verschieden breiten Trägern und variierender Länge.

TUBE-TOP
Eng anliegendes, trägerloses Top aus elastischen Materialien.

UNTERHEMD
Klassisches Oberteil der Unterwäsche.

UNTERKLEID
Dt. für →*Fond de Robe.*

Step-in-Body

Shirtbody

Einteiler

BODY
Den gesamten Rumpf (engl. body) bedeckendes Wäscheteil mit angearbeitetem BH sowie meist Verschlusssystem im Schritt.

BLUSENBODY
Blusenoberteil, kombiniert mit einem elastischen Höschenteil, das im Schritt zu knöpfen ist.

EINTEILER
Rumpfbedeckende Form, als Body für den Tag oder als Badekleidung.

ONESIE
Abgeleitet von engl. „one" (dt. „eins") ist ein einteiliges Kleidungsstück ohne Taillenbetonung, ähnlich einem Strampelanzug.

SHIRTBODY
Einteiler, der mit einem shirt-artigen Oberteil kombiniert ist und somit tagtäglich zu Hosen oder Röcken getragen wird.

STRINGBODY
Rumpfbedeckender Body mit einem String-Höschenteil.

STEP-IN
Body oder einfaches Oberteil zum „Einsteigen" (engl. step in) ohne Verschlüsse.

TEDDY
Einteilige Hemd-Höschen-Kombination. Lose geschnitten, meist in der Taille elastisch gefasst und mit Spitze verziert.

Body

French Knickers

Miederhöschen mit verstärkter Bauchpartie

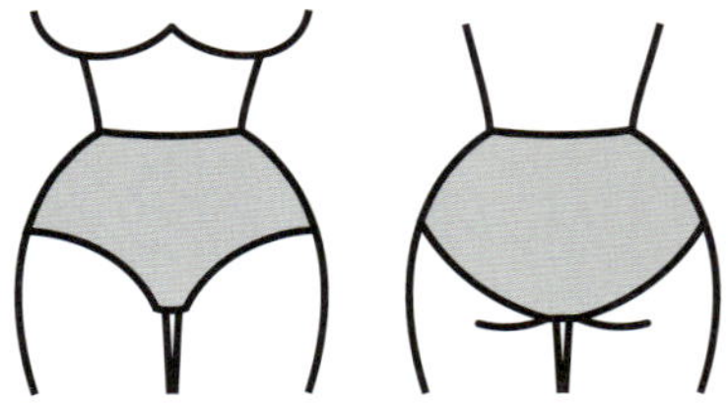

Highwaist Panty

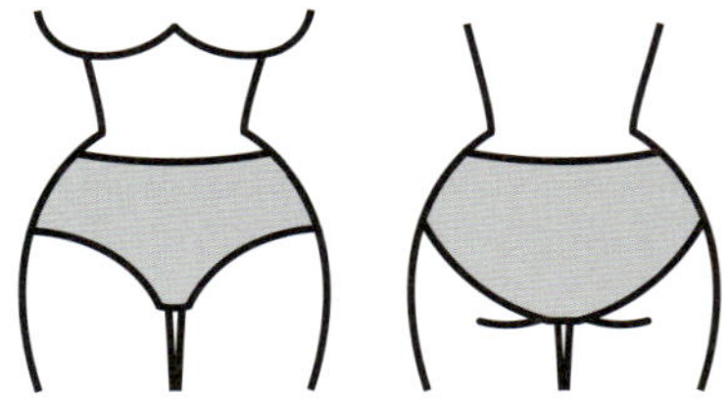

Jazzpants

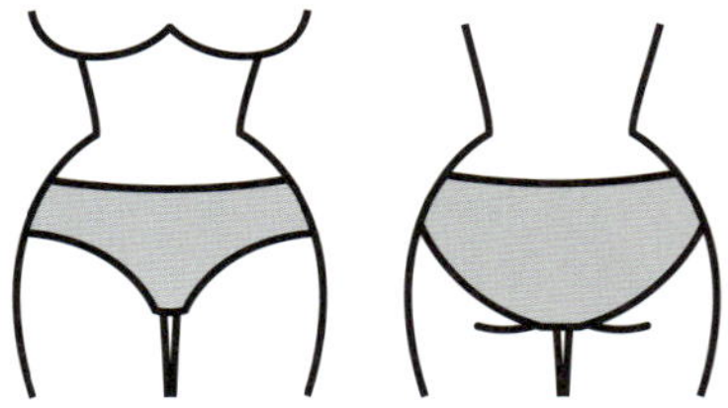

Minislip

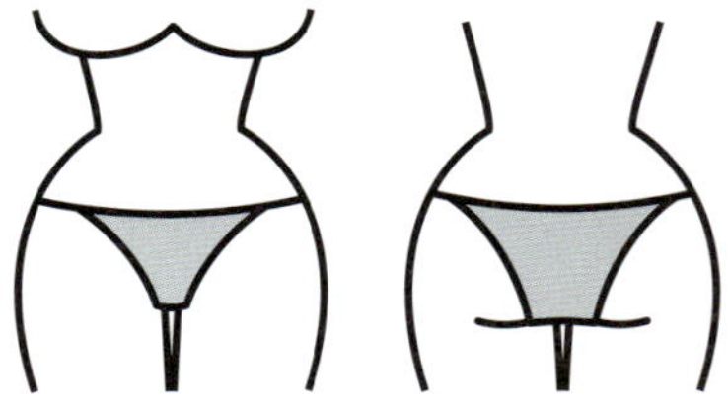

Tanga

Slips & Höschen

BLOOMERS
Kurze, oft bauschig geschnittene Höschen aus Webware, vorzugsweise zu Babydoll-Oberteilen kombiniert.

CULOTTE
Spezielle Höschenform mit ausgestelltem, geradem oder leicht abgeschrägtem Beinabschluss. Oft verziert.

FRENCH KNICKERS
Taillenhohe, locker geschnittene Höschenform mit weiten, kurzen Beinen aus gewebten oder feinen Maschenstoffen. Meist zum Camisole kombiniert. Aus dem Englischen übernommene Bezeichnung.

G-STRING
Sehr knappes Höschen mit dreieckigem, von Schnüren gehaltenem Vorder- und Schrittteil.

HIGH-WAIST-PANTY
Miederhose mit über die Taille hochreichendem, kontrollierendem Rand.

HIPSTER
Hüftig sitzender Slip mit geradem Beinausschnitt.

JAZZPANTS
Taillenslips mit sehr hohem Beinausschnitt, aus der Gymnastikkleidung kommend.

LONGLEG PANTY
Miederhose mit relativ langem Bein, auch bei Shapewear-Anbietern zu finden.

MIDWAY
Unterhose mit halblangen Beinen.

MIEDERHOSE
Taillenhohes, mehr oder weniger stark formendes Höschen aus hochelastischen Stoffen. Meist mit verstärkter Bauchpartie.

MINISLIP
Unter dem Nabel endendes Höschen mit mittelhohem Beinausschnitt.

PAGENSLIP, PAGENSCHLÜPFER
Taillenhoch und mit geradem, angedeutetem Beinansatz.

Hipster

LEXIKON Slips

Beinausschnitt. Definiert den Ausschnitt am Beinansatz in der Leiste.

Taillenband. Oberer Abschluss beim Slip. Muss elastisch genug, aber dennoch fest sein, um das Einrollen zu vermeiden.

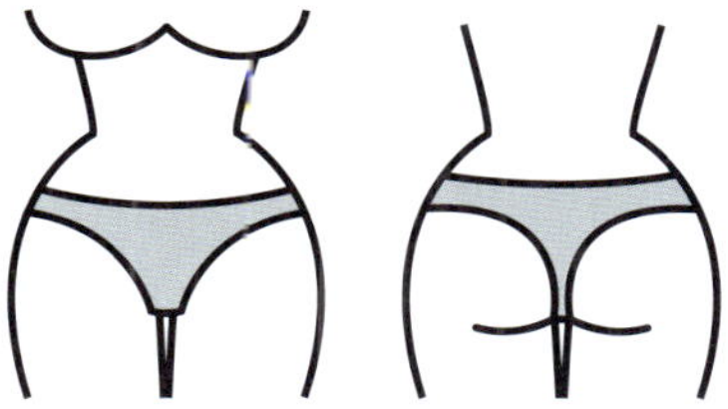

String

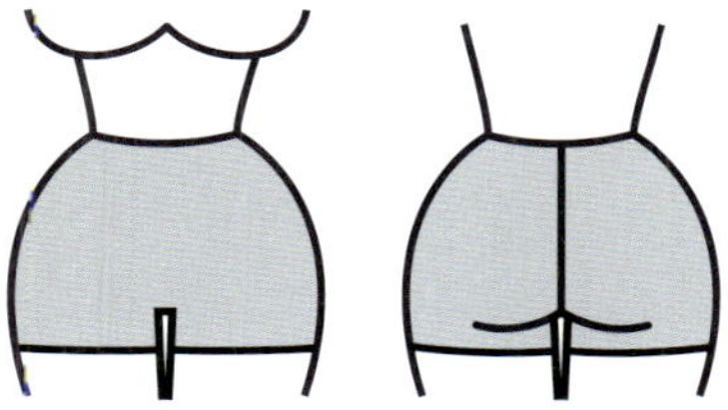

Shortleg

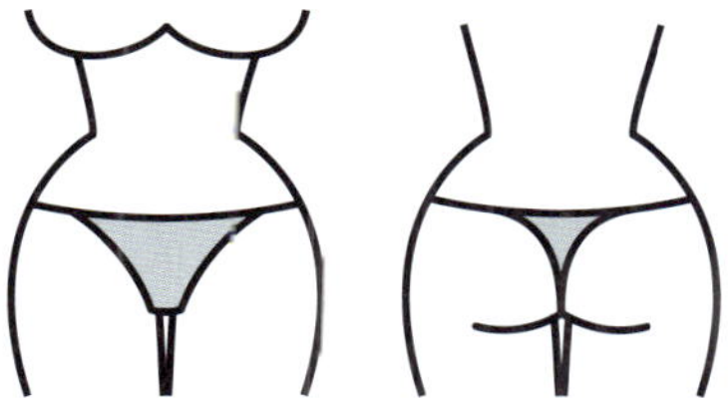

G-String

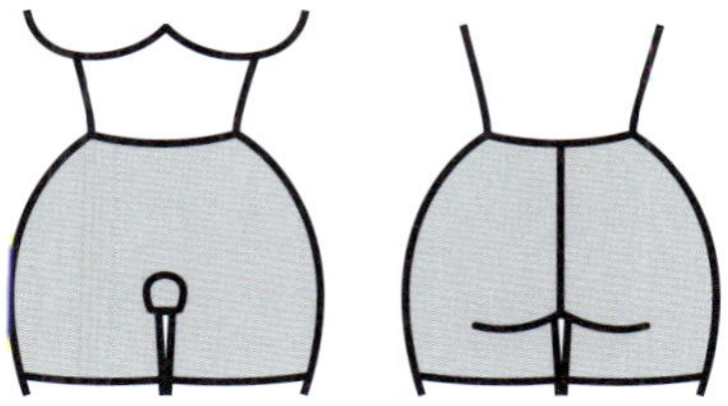

Radlerpants

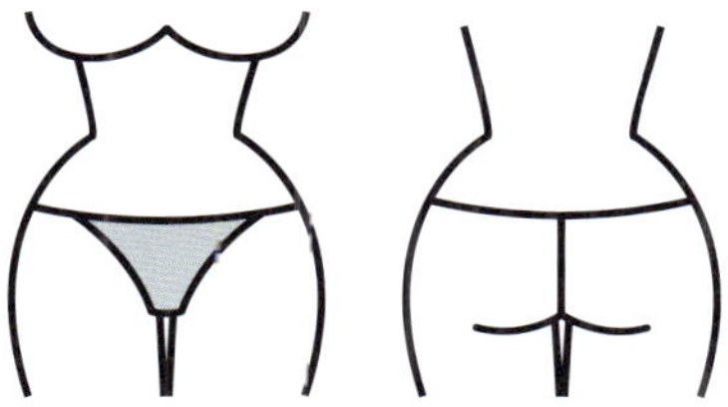

T-String

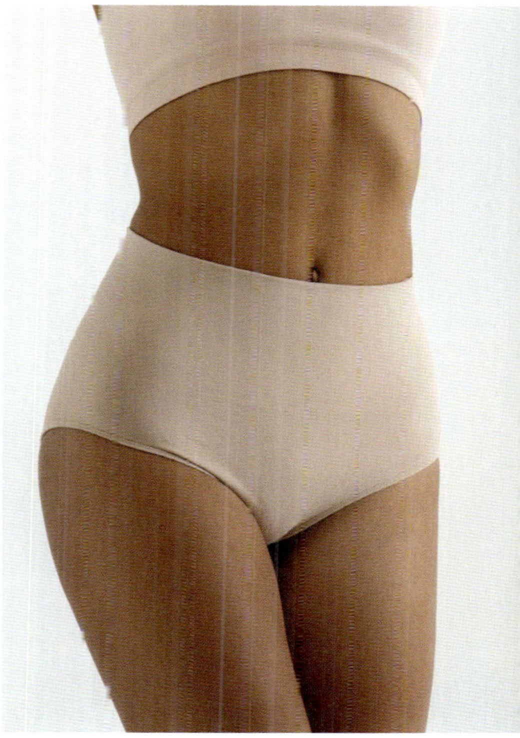

Taillenslip

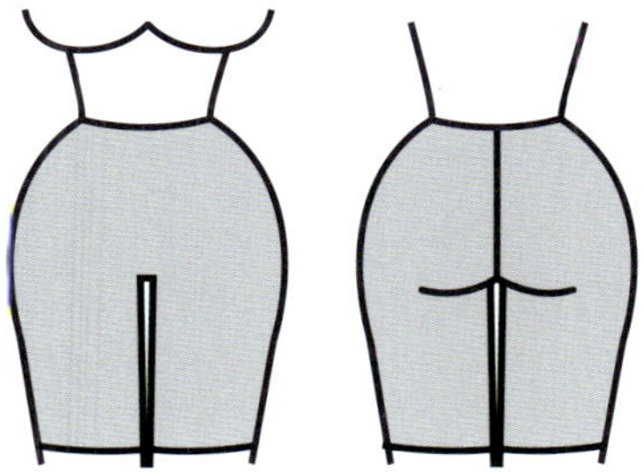

Longleg

PANTY
Miederhose. Schlüpfer aus formendem, elastischem Gewebe, auch als Longline-Hose.

TANZSCHLÜPFER
Nostalgischer, verspielt verzierter Schlüpfer mit längerem Bein, der den Oberschenkel einschließlich des Strumpfdoppelrandes bedeckt. Zum Tanzgürtel getragen.

RADLERPANTS
Eng anliegende, maximal knielange Hosen aus elastischem Material.

RIO-SLIP
Modische Slipvariante mit v-förmig vertieftem Bund und hohem Beinausschnitt.

SHORTLEG
Unterhose mit kleinem Beinansatz.

SLIP, SCHLÜPFER
Taillenhohes Wäschehöschen mit dezentem Beinausschnitt. Slips mit geraden Beinausschnitten werden Pagenslips genannt.

STRING, STRING-TANGA
Knappes Höschen, dessen schmales Vorderteil mit Schnüren (engl. strings) oder Bändern gehalten wird, mit einem Steg im hinteren Schrittbereich.

TAILLENSLIP
Kurzform „Tai". Slip, der fast bis zur Taille reicht mit hohem Beinausschnitt.

TANGA
Minislip, besonders knapp geschnittenes Höschen mit zwei dreieckigen Stoffteilen, die durch seitliche Verbindungsstege gehalten werden. →*Stringtanga.*

T-STRING
Stringvariante ohne Stoffrückteil, die aus Bändern oder Schnüren gearbeitet ist.

Bodydress

Shaping Tank

Shaping Torsett

Taillenmieder

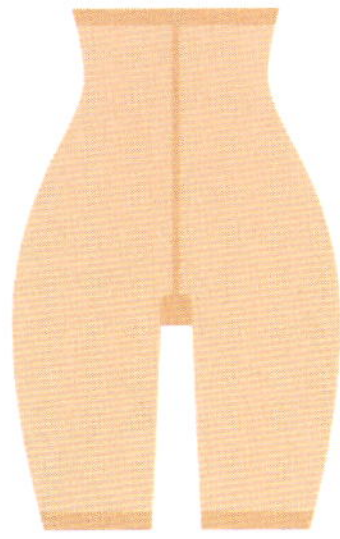

Longline-Hose

Body Shaper

Shaping Dress

Formende Kleidung

BODY SHAPER
Figurformende, einteilige Hemd-Hosen-Kombination. Das Höschen meist mit längerem Bein.

BODYDRESS
Kleid (engl. dress) mit schmalen Trägern aus elastischem Material mit Unterkleidcharakter. Auch elastischer Halbrock mit eingearbeitetem Slip.

HIGHBACK BODYSHAPER
Langbeinige Miederhose mit angeschnittenem, bis unter die Arme oder zum BH reichendem Oberteil.

HOSENKORSELETT
Korselett mit langem Beinansatz, formt die Oberschenkel.

LONGLINE-HOSE
Miederhose mit oberschenkellangem Bein. Länger als ein Panty, formt die Oberschenkel.

SHAPING DRESS
Figurformendes Unterkleid. Häufig mit ausgesparter Büstenpartie zum Tragen eines individuell geschnittenen BHs.

SHAPING LONG-BRA
Long-BH mit angeschnittenem Formteil bis zur Taille.

SHAPING TANK
Mit unterschiedlichen Festigkeitszonen gefertigtes, modellierendes Tanktop, teils auch als Tageskleidung getragen.

SHAPING TORSETT
Rumpfbedeckendes Formteil, oft mit ausgesparter Büstenpartie.

TAILLENMIEDER
Formt den Taillenbereich, von Hüfte bis auf Unterbrusthöhe.

LEXIKON Formende Kleidung

Miederwaren. Sammelbegriff für alle auf der Haut getragenen, elastischen oder unelastischen Unterbekleidungsstücke für Frauen mit stützender und formender Wirkung.

Shapewear. Auch *Control Wear*. Trend aus dem angloamerikanischen Raum kommend. Figurformende Wäsche mit Schlankmacherwirkung, wird durch formgestrickte, hochelastische Materialien mit unterschiedlichen Festigkeits- und Stützzonen sowie nahtlose Linienführung erreicht. Soll Taille, Bauch, Hüftpartie und Oberschenkel verschlanken und den Po modellieren.

Babydoll

Nachthemd

Elegante Lounge Wear

Nachtwäsche

BABYDOLL
Fließende, kindlich-naive Nachtwäsche in Hängerform und A-Linie, oft gerüscht. Gelegentlich schrittkurz in Kombination mit Bloomers oder French Knickers.

BIG SHIRT
In T-Shirt-Form geschnittenes, meist knielanges, sportives, voluminöses Nachthemd.

NEGLIGÉ
Frz. für „Vernachlässigtes". Bezeichnet heute meist die Kombination aus einem edlen Nachthemd aus glänzenden Materialien mit Spitzenverzierung und schmalen Trägern in Kombination zu einem eleganten, ungefütterten Übermantel aus gleichem Material.

LONGSHIRT
Langes, weites T-Shirt oder Hemd bzw. kurzes Nachthemd.

LOUNGEWEAR/LEISUREWEAR
Begriff aus dem Relax-, Yoga- und Wellness-Bereich. Bezeichnet bequem geschnittene, lässige Ober- und Unterteile für die Freizeit. Eleganter und modischer als Homewear, auch in der Öffentlichkeit tragbar. Dazu zählen z. B. Hoodies und Sweatjacken, Jazz-, Yoga- und Jogging Pants, T-Shirts und Tops, gelegentlich auch Bustiers und Brassièren, Tuniken, Leggings in allen Längen und Trägerkleider.

NACHTHEMD
Kleid- oder T-Shirt-artiges Kleidungsstück für die Nacht.

NACHTKLEID
Altmodische Bezeichnung für ein Nachthemd.

NACHTWÄSCHE
Sammelbegriff für alle Wäscheteile, die zum Schlafen getragen werden.

SCHLAFANZUG
Dt. Bezeichnung für Pyjama. In der DOB häufig aus Jersey, mit Hosen in schmaler Schnittführung, mit und ohne Beinabschlussbündchen, auch als Leggings. Oberteile heute meist verschlusslos wie bei Sweat- oder T-Shirts.

SHORTY
Bezeichnung für zweiteilige Nachtwäsche mit kurzer (engl. short), oft weiter Hose.

Hüfthalter

Torselett

Korsettarten

Vollbrustkorsett *Unterbrustkorsett* *Taillenkorsett*

Strumpfgürtel

Dessous

HÜFTHALTER
Altmodische Bezeichnung für ein stark formendes Miederhöschen ohne Schritt, mit Befestigungen (Strapsen) für Strümpfe.

STRAPSE
Elastische Bänder, an denen mit entsprechenden Halterungen Strümpfe befestigt werden. Eher funktionell an Korsetts und Korseletts oder eher sexy an schmalen Strumpfgürteln, oft aus elastischer Spitze.

STRUMPFGÜRTEL
Bestehend aus einem schmalen Gürtel und Strapsen, zur Befestigung von Strümpfen.

TANZGÜRTEL
Verzierter, verspielter, ganz schmaler, jugendlicher Strumpfhaltergürtel, mit Slip oder French Knickers bzw. Tanzschlüpfer getragen.

Gut geformt

Korsage/Corsage
Meist taillenlanges Mieder mit formenden Nähten oder Stäbchen. Im Gegensatz zum Korsett ist die Corsage weniger steif und daher nicht geeignet, den Körper zu formen.

Korsett
Mieder, Hüfthalter, meist mit Magenstütze, hüft- und taillenformend; schwerer als ein Korselett, aus festen Stoffen, die der Belastung einer taillenformenden Schnürung standhalten.

Korselett
Mehr oder weniger stark formendes, funktionelles Mieder, entweder den Rumpf bedeckend mit Verschluss im Schritt oder übertaillenlang, aus kräftigen, bi-elastischen Stoffen mit starkem Rücksprung.

Torselett
Langer BH, bis zum Hüftansatz und Nabel bedeckend. In variationsreicher Schnittführung und in der Regel reichlich mit Spitze verziert.

Korsett richtig schnüren

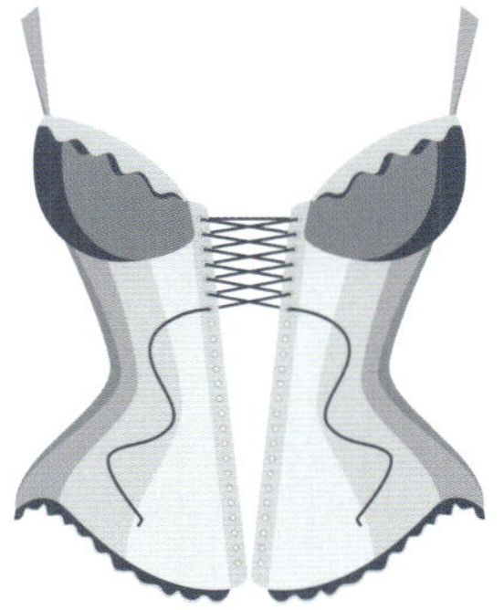

Die erste Schnur wird von oben bis in die Mitte eingefädelt.

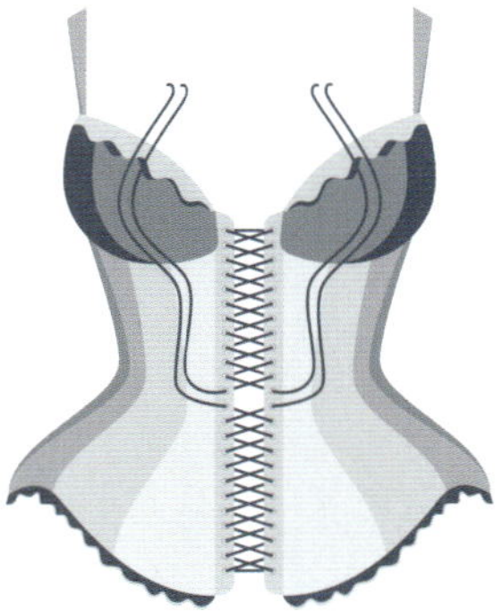

Die zweite Schnur gegengleich von unten bis in die Mitte durch die Ösen führen.

Zum Anpassen und werden die Schnüre in der Mitte angezogen und zu einer Schleife geknotet.

Corsage

HERRENMODE

Kreativität in der Beschränkung

Dem Mann fehlt etwas. Er hat für sein Outfit nämlich längst nicht so viele unterschiedliche Bekleidungselemente zur Verfügung wie die Frauen, zumindest nicht im Berufsleben. Die Formel Anzug = Chef ist nicht mehr ganz zutreffend, man denke dabei an den ehemaligen Apple-Chef Steve Jobs, der wie in der IT-Branche üblich keinen Anzug als Herrschaftszeichen brauchte. Dennoch erwartet man bei verschiedenen Tätigkeiten wie Banker, Anwalt, Versicherungskaufmann und im Außendienst immer noch den Anzug als eine gewisse Uniform der Seriosität und Rüstung zur Distanzwahrung. Anzug zu tragen ist einfach, weil es wenig Überlegung erfordert. Aber der Mann beginnt, sich von tradierten Zwängen und Rollen zu lösen. Mode macht frei!

Männer haben ihn sich selbst verordnet und nicht erst seit kurzer Zeit: den Anzug als Dresscode für den erfolgreichen Macher. Vor rd. 250 Jahren waren die Männer so bunt und auffällig gekleidet wie die männlichen Tiere in der Natur, die mit ihrem prachtvollen Aussehen um die besten Weibchen buhlen – je bunter, desto erfolgreicher. Im 19. Jahrhundert schlug das Ganze dann ins absolute Gegenteil um. Der erfolgreiche Gentlemen, vielleicht Unternehmer in der neuen industrialisierten Geschäftswelt, trug dunklen Anzug mit Weste, weißes Hemd, Krawatte und Taschenuhr an der Uhrkette. Draußen komplettierten das Outfit ein langer, tailliert geschnittener (Woll-)Mantel, Handschuhe und – unverzichtbar – ein Hut. Und dies bei jedem Wetter.

Ein Outfit à la Steve Jobs: schlichtes schwarzes Shirt und Jeans.

Der Klassiker

Der Hipster

ENTSPANNT ODER STEIF?

Die Weste als Pflichtteil sind die Herren losgeworden, ebenso wie den Zwang, draußen immer Hut zu tragen. Und wenn es warm ist, muss es sicher kein Wollmantel sein. Geblieben ist die Tradition „im Geschäft" Anzug zu tragen. Männer sind da etwas wertkonservativer als Frauen, möglicherweise auch mangels anderer Alternativen. In den Vorstandsetagen großer Unternehmen bleibt der Anzug Pflicht, auch für die wenigen dort tätigen Damen. Die Büromanagerinnen werden eher Kostüm, die weiblichen *Member of the board* eher Hosenanzug tragen. Die „grauen Männer" aus Michael Endes Buch „Momo" sind noch Realität. Ganz sicher haben diese noch nicht den Luxus einer 2- bis 3-prozentigen Beimischung von Elastan in den feinen Wollstoffen oder Blends gekannt oder das passformoptimierte Hochgefühl eines maßgeschneiderten Anzugs aus britischer, belgischer oder italienischer Schneidertradition. Das Tragegefühl bei Anzügen solcher Provenienz ist sehr entspannt, die Notwendigkeit Anzüge zu tragen – immer noch steif.

DIE ANGLO-FLORENTINER

Die Florentiner Herrenschneider waren die ersten, die den Reiz des englischen Landlebens mit seinen durchaus casual und lässig, aber nicht nachlässig gestylten Outfits in die Männermode transportierten. Mann trug auf einmal Kombi, aus sportiven Hosen mit passenden Sakkos aus unterschiedlichen Stoffen, gerne kariert, und ergänzte diese durch dezent gemusterte und ebenso farbige Hemden. Die Sakkos durften Lederflicken an den Ellenbogen haben, auch Lederknöpfe, dazu zwei Rückenschlitze. Die Optik der Stoffe war rustikal, in den Farben reich und passend zum Landlord-Stil, war gemustert und mouliniert aus Streichgarn statt aus Kammgarn oder wirkte wie Tweed – was aber ein Fake war. Denn das Material war Cashmere, feinste Lammwolle oder Baby-Alpaka. Dieser Stil eroberte Resteuropa sehr schnell und war auch in den USA zur Freude der italienischen Edelwollweber äußerst begehrt.

Mit Kombinationen dieser Art (die Hosen waren aus Flanell, feinem Cord oder schwerem, aber feinfädigen

Neue Mannsbilder?

Wie es sich entwickelt, weiß man heute noch nicht. Was Fakt ist: Das Männerbild wandelt sich gerade grundlegend. Männer sehen nicht mehr ausschließlich ihre Erfüllung in einem erfolgreichen Berufsleben. Sie legen zunehmend Wert auf ein Leben außerhalb des Büros zusammen mit Partnern, Freunden und/oder Familie. Hausarbeit wird arbeitsteilig angegangen. Männer nehmen aktiv an der Kindererziehung teil und beanspruchen Elternzeit. Das Steinzeitprinzip in der Rollenaufteilung des vor Testosteron strotzenden Familienernährers, der sein einsames Leben mit Jagd und Gefahr verbringt, verblasst.

Männer wagen es, ihre weichen Seiten zu zeigen, was sich auch in der Männermode zeigt, die sie immer häufiger selbst kaufen und koordinieren, ohne die ordnende Hand der Frau an ihrer Seite. Sie haben Kosmetik und Duft für sich entdeckt, sogar den Schönheitschirurgen. Sie werden mutiger, trauen sich an Farben und Muster und entwickeln ihren eigenen Stil. Glaubt man den Designern, wird die Männermode erkennbar femininer. Ob das mit seideren Schluppenhemden in Pastellfarben und Spitzentunikas über nackter Haut sein muss, sei dahin gestellt. Folgende Fragen lassen sich zu Beginn dieser Entwicklung noch nicht beantworten: Sind dies die ersten Anzeichen eines veränderten Männerbildes für die Eroberung einer neuen individualisierten, gestalterischen Freiheit in der Selbstinszenierung? Ist die Veränderung in der Wahl der Kleidung vergleichbar mit jener, wie sie sich bei den Frauen über eine lange Zeit durch Ausgrenzung und Verbote gebildet hat? Oder ist die Entwicklung nur eine von vielen Moden? Die Zukunft wird es zeigen.

Der Männerrock – eine folkloristische Ausnahme

Fustanella
Traditioneller Männerrock, vor allem in Griechenland und im Süden von Albanien getragen. Ein meist aus Baumwolle gefertigter, glänzend weißer Faltenrock, der bis zu den Knien reicht und durch einen Zug über den Hüften zusammengehalten wird. Heute zu folkloristischen und festlichen Anlässen getragen und gehört zur Uniform der Wachsoldaten vor dem Athener Parlament.

Futah
Ein sarongähnlicher Wickelrock, der um die Hüften geschlungen und mit einem Gürtel festgehalten wird. Der Futah wird von den Männern im Jemen noch heute als traditionelles Kleidungsstück getragen. Er ist oft mit aufwendigen Stickereien verziert. Über dem Futah wird ein Hemd oder T-Shirt und ein Jackett getragen. Dazu der Djambia, ein kunstvoll gearbeiteter Dolch.

Kilt, Schottenrock
Knielanger Rock, der in Schottland traditionell von Männern getragen wird. Er ist ein aus Wolle gewebter, aufwendig gefalteter Wickelrock, der bis an die Knie reicht, aber beim Knien nicht den Boden berührt. Typisch ist das Karomuster, der Tartan, der die Zugehörigkeit zu den Clans (schottische Familienstämme) dokumentiert. Für traditionell gefertigte Kilts braucht man 7 bis 8 Meter Stoff. Höherwertige Kilts schließen am Saum mit der Webkante des Stoffs ab. Tartans fremder Clans zu tragen, gilt als Fauxpas. Dazu wird ein Sporran (schottisch für Geldbeutel) getragen. Er ersetzt an dem sonst taschenlosen Kilt die Hosentasche. Er besteht aus Leder oder Pelz und ist mit unterschiedlichen Schmuckelementen passend zur Gürtelschnalle versehen. Er wird an einer Kette getragen oder an einen Gürtel gehängt, üblicherweise vor der Leistengegend des Trägers.

Sarong
Traditioneller Wickelrock für Männer und Frauen in großen Teilen Südostasiens. Er besteht aus einer langen Stoffbahn und wird durch einen Knoten seitlich vor dem Bauch gehalten. In der Regel knöchellang, kann aber auch doppelt geschlagen getragen werden und hat so knieumspielende Länge. Sarongs werden heutzutage eher von ärmeren oder sehr traditionellen Bevölkerungsteilen getragen bzw. zu religiösen oder offiziellen staatlichen Anlässen.

Fustanella

Kilt

Sarong

Moderner, schmal geschnittener Anzug

Poloshirts

Baumwolltwill) war man zum *Casual Friday*, dem Start ins Wochenende bestens gekleidet. In ganz Europa wurden Sakko/Hosen-Kombinationen zum Dress derjenigen, die keine Anzugträger sein mussten. Ab diesem Zeitpunkt begann man den Anzug als piefig, als notwendiges Übel und nur noch sehr bedingt als Herrschaftszeichen zu betrachten – und wenn dann als Zeichen für die arrivierten, d. h. die älteren Herren.

LOVE, LOVE ME DO – THE BEATLES

Die Jugend, in den 1960er-Jahren in Deutschland auch „Halbstarke" genannt, mochte sich mit den Traditionen der Elterngeneration nicht einverstanden erklären: Sie trug keine Anzüge, vielleicht mit Ausnahme der Konfirmation oder bei der Abiturfeier. Nun kommen auf einmal vier junge Männer aus Liverpool zu Beginn ihrer Weltkarriere, die den Mädchen mit ihrer Musik den Kopf verdrehten und Hysterie bis zur Ohnmacht hervorrufen konnten, und kleideten sich in: knallenge Anzüge. Oben Pilzkopf, korrekt gestutzt und darunter Schlips und Kragen – der totale Kontrast zur Wirkung ihrer Musik. Und schon war der Anzug entstaubt und von der Jugend gekapert als Teil des Jugendkultes. Was in den darauffolgenden 50 Jahren bei den Herren so alles passierte – mehr in der Freizeit als im Berufsleben – soll überschlagen werden. Mit einer der unvermeidbaren Retrowellen schwappten die knallengen Anzüge vor nicht allzu langer Zeit wieder über die Männerwelt herein, nur dieses Mal aus ganz anderen, bequem tragbaren Materialien, leicht, fein und vor allem elastisch. Und setzten sich im Mainstream fest, für alle, die Figur haben und sie zeigen wollen – nicht nur für die ganz Jungen, aber für sie ganz besonders. Trotz aller Gewöhnung an die Silhouette tragen die schmalen Anzüge immer noch den Keim des Protestes in sich, denn ein konservativer Mann würde „so etwas" einfach nicht tragen, selbst wenn er es sich (figürlich) leisten könnte. Und so erhalten sie sich einen Hauch vom Nimbus des ewig Unangepassten (und bleiben damit schließlich doch ein Signal des Jugendkultes).

EDEL UND LÄSSIG DANK NOBELSPORT

Tennis, Polo, Golf und andere elitäre Sportarten können und müssen nicht von jedermann betrieben werden. Ihre Kleidung (oder Teile davon), die Assoziationen an diese Sportarten hervorrufen, ist für alle da. Sport hat unser aller Kleidung beeinflusst, mit Piqué-Poloshirts oder bestickten und stark gelabelten Hemden, mit Karohosen oder Clubblazern, all das ist Bestandteil der Alltagsmode geworden. Bei einem Polohemd denkt heute keiner mehr an die Ursprünge, auch wenn sich einige der Sportmarken damit erfolgreich im Markt behaupten konnten und immer noch für Topqualität stehen. Dem Sport an sich ist des Weiteren zu verdanken, dass auch Männer nicht mehr bereit sind, auf komfortable Schnitte in ebensolchen Stoffen zu verzichten. Komfort ist aus der Männermode nicht mehr wegzudenken, Elastan demokratisiert die Mode.

Einreiher

Der Zweireiher hat immer einen offiziellen Touch und sieht nur gut aus, wenn er mindestens auf einen Knopf geschlossen ist.

Sakkos & Blazer – alle Macht dem Komfort

Es ist ein Kind der 80er-Jahre, das Sakko mit dem Blousonärmel. Bis zu diesem Zeitpunkt kniff es gerne einmal beim Anzug unter der Achsel, erst recht bei den schicken Modellen italienischer Marken. Dann kam das deutsche Unternehmen mit den vier markanten Buchstaben aus dem schwäbischen Metzingen und revolutionierte den gesamten Herrensakkomarkt.

Der Armausschnitt wurde weiter, die Kugel runder und der Ärmel erhielt mehr Weite auf der Rückseite. Die Folge: Das gesamte Sakko musste „renoviert" werden, weil die klassische Verarbeitung mit dem bislang durch feste Einlagen betonierten Vorderteil softer gemacht werden musste, um ein harmonisches Ganzes zu bilden.

Auch die eingeschobene Schulter erforderte im Innenleben eine Neukonstruktion, damit der Ärmel gut saß. In den 80ern baute man die Schulterlinie dann zunächst gewaltig in die Breite. Das war danach (zum Glück) nicht mehr so gefragt. Was blieb ist die Entkrampfung der Sakkos, die dank moderner Einlagen und Verarbeitungstechniken wie leichte Mehrweite im Rücken oder im Brustbereich aus Uniformen tragbare Sakkos machte. Nachdem es kaum noch Stoffe ohne ein bisschen Stretch gibt und Jerseystoffe als Sakko- und Blazermaterialien zugelassen wurden, war ein Paradigma gekippt, das hieß: korrekt = unbequem. Als Mann genießt man nun gut gekleidet viel Bewegungsfreiheit.

Broken Suit mit Zweireiher

Dreiteiler

ANZUG
Die klassische zweiteilige Herrenbekleidung im Berufsalltag. Bestehend aus dem →*Sakko* und der Anzughose, die aus einem Stoff gearbeitet sind. Sonderformen sind der →*Dreiteiler* und der sogenannte →*Broken Suit*.

BLAZER
Historisch: Marinejacken des 19. Jahrhunderts. Klassisch aus marineblauem Kammgarnstoff mit Goldknöpfen und Brusttaschenemblem, zweireihig mit zwei Rückenschlitzen, zwei Pattentaschen, Brusttasche, steigendem Revers. Heute in vielen Stoffvarianten als klassisches Kombisakko.

BROKEN SUIT
Bezeichnet einen Anzug, bei dem →*Sakko* und Anzughose leichte Dessin- oder Farbvariationen zeigen. Formeller als Kombination aus Sportsakko und Kombihose. Begriff erstmals gebraucht vom Edelkonfektionär *Ermenegildo Zegna*.

CUT/CUTAWAY
Engl. für „abgeschnitten". Meint die tagestaugliche Form eines →*Fracks*. Besteht aus einem schwarzen oder silbergrauen Schoßsakko, der bis zu den Kniekehlen reicht. Wird zu einer gestreiften Stresemannhose und Smokinghemd mit Plastron getragen.

DINNER JACKET
Auch *Sommersmoking*. Aus weißem Stoff mit weißem Fasson. Kann aus dem Sakkomaterial oder aus Seide sein.

DREITEILER
Sonderform des →*Anzugs*. Bietet neben Sakko und Hose eine formell geschnittene Weste aus dem Anzugstoff, mit Futter- oder Stoffrücken.

Fotos: l.: René Lézard; r.: Benvenuto

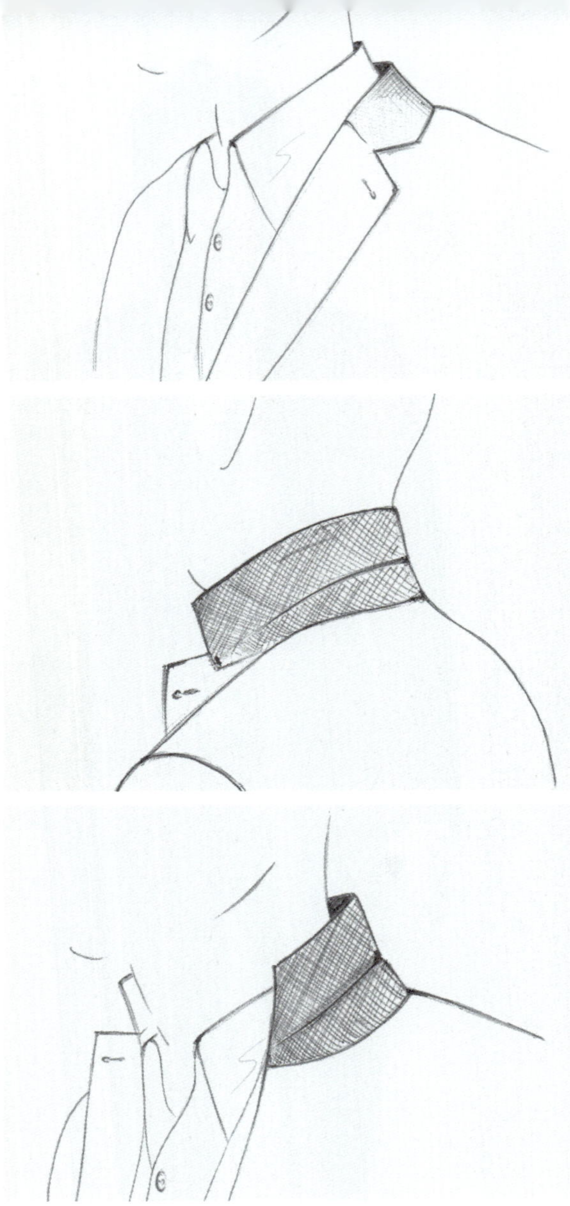

Der Unterkragenfilz stabilisiert den Kragen von Sakkos und Blazern. Er wird entweder ganz dezent, d. h. tonig, verarbeitet oder in einem frechen Farbkontrast. Letzteres gilt speziell bei Sakkos für jüngere Leute.

Business-Einreiher

LEXIKON HAKA

¼-Fütterung. Bezeichnet für sommerliche Sakkomodelle eine „flügelähnliche" Fütterung im Schulterbereich als Anzieherleichterung. Die sichtbaren Oberstoffnähte sind dazu in der Regel farblich passend oder kontrastierend paspeliert.

½-Fütterung. Leichtverarbeitung. Das Sakko weist eine Abfütterung bis etwa in Schulterblatthöhe auf. Sichtbare Oberstoffnähte sind meist paspeliert.

AMF-Ziersteppung. Der AMF-Zierstich imitiert eine handgearbeitete Naht, mit der Konturen, z. B. Revers- und Taschenkanten oder Hosenseitennähte, betont werden, für einen hochwertigen Look. AMF steht für das Firmenkürzel des Nähmaschinenherstellers *American Machine and Foundry Company.*

Ärmelschlitz, offen. Der Ärmel des Sakkos endet mit einem offenen, knöpfbaren Schlitz. Bei preisgünstigeren Modellen oft nur als Falte angedeutet mit falschen, lediglich aufgestickten Knopflöchern.

Augenknopfloch. Knopflochform, die in einem „Auge", einer ringförmigen Erweiterung, endet, damit sich der Stoff im zugeknöpften Zustand nicht verzieht.

Besatz. Die Belegung der vorderen Innenkante des Sakkovorderteils mit dem Oberstoff.

Columbia Ziersteppung. Maschinell aufwendig gestaltete Kontursteppung, eine handgearbeitete Naht imitierend. In der Regel punktförmig, im Gegensatz zum AMF-Zierstich, der mehrere Millimeter lang sein kann.

Futtermix. Bezeichnet den Einsatz unterschiedlicher Futterstoffe in der Innenverarbeitung von Sakkos. Z. B. glatte Futterstoffe im Schulterbereich für besseres Hineinschlüpfen, der untere Bereich kann evtl. gemustert sein, dazu Streifenfutter im Ärmel. Hochwertige, weil aufwendige Verarbeitung.

Halbmondriegel. Halbmondförmige Steppfixierung an beiden Enden von Paspeltaschen in der Innenverarbeitung eines Sakkos als Schutz gegen Ausreißen und optische Aufwertung.

Heftfaden. An der Schulter oder den Tascheneingriffen angebrachte funktionslose Naht. Soll einen schneidermäßigen Eindruck erzeugen.

Kissing buttons. Bezeichnet die teilüberlagernde Anordnung der Knöpfe am Ärmelschlitz.

Paspel. Paspelierung. Piping. Schmaler, schlauchförmiger (engl. pipe) Abschluss einer eingeschnittenen Tasche oder das Umnähen von Nahtkanten mit einem Stoffstreifen. Zur Betonung auch plastisch oder kontrastfarbig.

Pikieren. Punktuelles, flexibles Fixieren des Plack am Sakkovorderteil.

Plack. Innerer Beleg im Sakkovorderteil für einen geschmeidigen Fall (Rollen) des Revers und der Sakkovorderkante unter Beibehaltung der korrekten vorgegebenen Form. Traditionell aus Rosshaar und früher handpikiert. Durch diese punktuelle Fixierung des Placks bleiben Beweglichkeit und Fixierung des Materials gewährleistet.

Rückenschlitz. An der rückwärtigen Mittelnaht eines Sakkos platzierter Schlitz. Findet sich meist bei eher sportiver Mode, speziell bei verkürzten Sakkoformen.

Seitenschlitz. Klassische Herrenbekleidung verfügt beim Sakko über zwei Seitenschlitze, die sowohl die Silhouette im Rückenbereich konturieren als auch der Bequemlichkeit dienen.

Stielknopf. Indiz hochwertiger Verarbeitung. Der Knopf wird dazu mit Abstand in Stoffdicke angenäht und haltbar umwunden. Heute meist mit thermofixierbarem Faden.

Zunge, echte. Bei der echten Zunge sind die Umgebung des Tascheneingriffs sowie der Eingriff der inneren Brusttasche selbst aus einem Stück Oberstoff geschnitten somit hochwertig gearbeitet. Bei „falschen" Zungen wird der Tascheneingriff an einem schmalen Oberstoffbeleg mit einer Naht angesetzt.

Frack

Einreihiger Sakko

FRACK
Gesellschaftsanzug für hochoffizielle Angelegenheiten, auch formelle Hochzeiten. Aus schwarzem Stoff mit seidenbelegten Fassons. Wird mit Frackhemd, weißem Querbinder sowie Pikee- oder Fantasieweste mit spitzem V-Ausschnitt getragen. Hose aus dem Sakkostoff mit Seidengalons an der Beinnaht. Dazu unbedingt Lackschuhe, traditionell auch Zylinder.

GEHROCK
Verlängerte Sakkoform, die bis etwa zur Mitte des Oberschenkels reicht. Meist tailliert, eher einreihig mit unterschiedlichen Reversformen.

OVERJACKET
Zwischenform von Jacke und Mantel für Damen und Herren. Hüllenartig gerade geschnittene, weite Form, gelegentlich ungefüttert oder teilgefüttert, über dem →*Anzug* zu tragen.

SAKKO
Wichtigstes Bekleidungsstück der Herrenoberbekleidung in westlichen Ländern. Eine an der Vorderseite mit Knöpfen verschließbare Jacke mit weit heruntergezogenem Kragen (Revers) in verschiedenen Formen. Vom Schnitt wird unterschieden zwischen dem traditionellen einreihigen und dem zweireihigen (übergeknöpften) →*Sakko*. Es hat mindestens zwei Außentaschen und eine Brusttasche, gelegentlich eine Billetttasche rechts. Üblich sind ein oder zwei Rückenschlitze.

SMOKING
Engl. tuxedo. Der „Kleine Schwarze" für den Herrn, auch andersfarbig möglich. Mit seidenbelegten Revers oder Trottoir-Spiegel. Auch als Schalkragenvariante, dann mit Kummerbund (farblich abstechende Schärpenweste, oft passend zu Schleife und Einstecktuch) getragen.

SPENZER
Taillenkurze, auch *Barmann-Jacke* genannte Form mit geradem oder spitzem Westen-Abstich, von Hotelpagen-Uniformen bekannt. Zyklisch immer mal wieder als Party- oder Hochzeitskleidung in Mode.

Kombihose

Cargohose

Chino

Herrenhosen – von korrekt bis casual

Herrenhosen teilen sich immer noch in zwei Welten: die des Business und die der Freizeit. Allzu legere Beinkleider sehen zu modischen Sakkos einfach nicht gut aus. Es muss aber nicht mehr immer die Bundfaltenhose mit schmalem Gürtel und gemäßigter Fußweite sein, wie früher zum Anzug. Als Anzug- und als Kombihose hat sich die Flatfront mit reduzierter Fußweite und leicht abgesenkter Leibhöhe als Alternative durchgesetzt. Daneben gibt es eine gepflegte Five-Pocket-Version, die durch die Verwendung „anzugnaher" Stoffoptik bürotauglich ist. Wie bei den Damen wechselt die Präferenz bei den Fußweiten mit der Mode. In der Freizeit sind verkürzte Beinlängen kein Tabu mehr, ohne sichtbare Socken zu Slippern oder leichten Schnürern getragen. Ansonsten zeigt Mann Bein nur in der Freizeit, selbst bei tropischen Temperaturen, dann auch gerne bunt. Mit der Voraussetzung: Jung und schlank bei den männlichen Trägern finden sich auch Jogg-Pants aus Jerseystoffen mit stark vertieftem Schritt. Ansonsten lassen die Stoffe für die Hosen kaum Wünsche offen, sind trageangenehm und soft oder kühl und korrekt oder alles zusammen im modernen Materialmix.

CAPRIHOSE

Dreiviertellange, schmale Hose mit kurzen Seitenschlitzen. Im Freizeitbereich getragen.

CARGOHOSE

Lässige, meist weiter geschnittene Hose, an den vielen aufgesetzten oder eingenähten, verschließbaren Seitentaschen im Oberschenkel- oder Kniebereich erkennbar.

CHINO

Sportive, lässige Hose mit Bundfalten und zwei Schubtaschen vorn sowie zwei Gesäßtaschen. Meist aus Baumwolle oder Baumwollmischungen. Heute meist als → *Flatfront*.

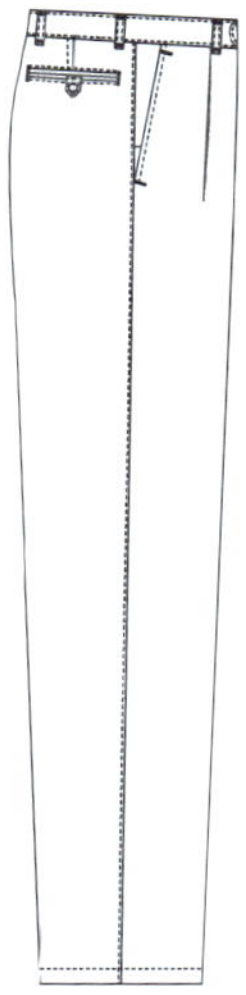

Bundfalte:
2 franz. Vordertaschen, 2 Doppelpaspel-Gesäßtaschen mit Spange geknöpft, 6 Gürtelschlaufen

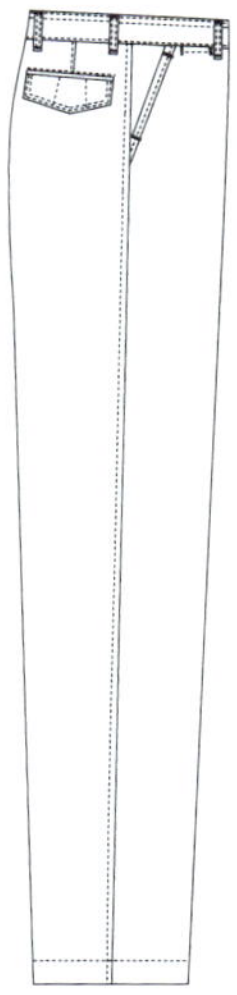

Chinos:
2 franz. Vordertaschen mit Paspel, 2 Doppelpaspel-Gesäßtaschen mit Patte blind geknöpft, Uhrtasche, 6 doppelte Gürtelschlaufen

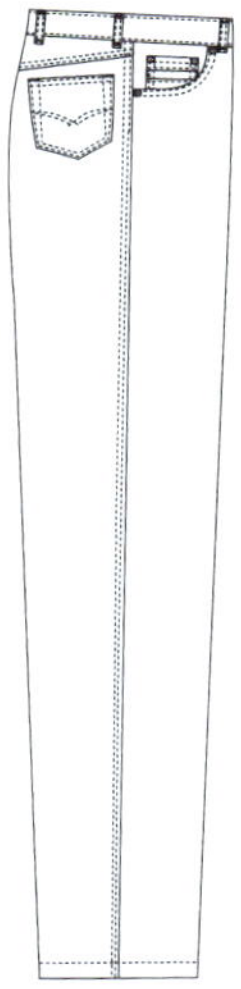

Five-Pocket-Hose:
2 gerundete Stecktaschen in der Vorderhose, Billett-Tasche rechts, 2 aufgesteppte Gesäßtaschen mit Ziersteppung, 6 doppelte Gürtelschlaufen

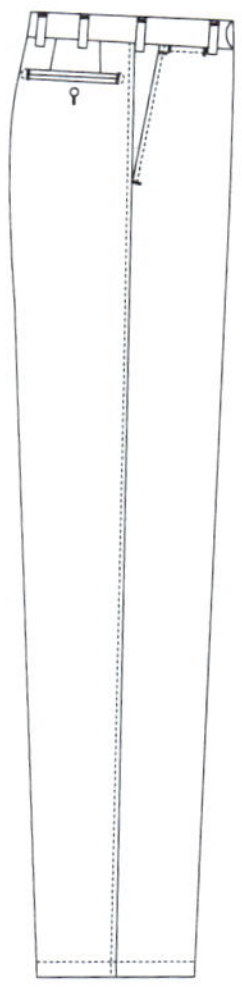

Flatfront (Straight Fit):
aufwendige, italienische Bundverarbeitung, 2 franz. Vordertaschen, 2 Doppelpaspel-Gesäßtaschen mit Halbmondriegel geknöpft, Uhrtasche, 8 Hohlschlaufen

Five-Pocket-Jeans

CLUBHOSE
Unifarbene oder breit gestreifte, schmal geschnittene Baumwollhose in Clubfarben.

DEHNBUNDHOSE
Hose mit bequemer Bundverarbeitung. Der sogenannte Komfortbund entsteht durch Einsatz von Dehnreserven verschiedener Verarbeitungsarten.

FIVE-POCKET-HOSE
Sportive Hose oder Basic-Jeans mit fünf Taschen: zwei auf dem Gesäß, zwei Eingrifftaschen vorn sowie kleine Geldtasche (5. Tasche) in der rechten Eingrifftasche.

FLATFRONTHOSE
Hose ohne Bundfalten mit Steck- oder Bananentaschen. Ursprünglich nur für legere Hosen, bei schmalen Silhouetten, meist mit verkürzter Leibhöhe auch zum Anzug.

FRACKHOSE
Hose zum Frack aus demselben Stoff, mit zwei parallelen Seidenbändern an der Seitennaht.

GOLFHOSE
Kniehose ohne Überfall und ohne zusätzliche Weite im Kniegelenk.

JEANS
Weltweit am weitest verbreitete Hose, meist als →*Five-Pocket* aus unterschiedlich bearbeitetem Indigo-Denim.

Röhre

LEXIKON Herrenhosen

Bundverlängerung. Bei hochwertigen Hosen angeschnittene, sonst angesetzte Knopflasche am Hosenbund.

Eingefasste Gesäßnaht. Für eine verbesserte Optik und erhöhte Nahtfestigkeit wird die Gesäßnaht an hochwertigen Hosen mit Futterstoffpaspel verstärkt.

Eingestürzte Gürtelschlaufe. Entlang der Taillenbundnaht vernähte Schlaufen. Vermeidet offene Enden und sichtbare Verriegelung.

Galon. Glänzendes Band aus Seidensatin, meist schwarz, wird neben der Seitennaht von Hosen appliziert. Einfach zum Smoking, doppelt beim Frack.

Hosenträger. Separat anzubringende Träger aus Leder oder elastischen Materialien. Klassisch auf Schlaufen hinten und vorne am Bund geknöpft, heute meist mit Clip.

Leibhöhe. Bezeichnet die Strecke vom Bund bis zur Schrittnaht. Bei modernen Hosen verkürzt, bei klassischeren Hosen annähernd taillenhoch.

Umschlag. Unterschiedlich breiter Aufschlag am Beinabschluss.

Verstürzte Taschenbeutel. Der Taschenbeutel wird zunächst mit offener Kante vernäht, danach gewendet (verstürzt) und meist zur besseren Fixierung noch einmal an der Kante übersteppt.

KAROTTENHOSE
An eine Karotte erinnernd, zum Saum stark verjüngt, im Hüftbereich weiter.

KNICKERBOCKER
Etwa wadenlange Hosen mit überfallenden, weiten Beinen und engem Bundabschluss.

KNIEBUNDHOSE
Eine Mischung aus langer Hose und Shorts. Unterscheidet sich von der Knickerbocker durch eine engere Passform und höher angesetztem, engem Bundabschluss knapp unterhalb des Knies.

KOMBIHOSE
Hose unterschiedlicher Schnittführung, zum Sportsakko oder Blazer getragen. Meist in kontrastierender Farbgebung oder Musterung. Klassisch im Winter aus Flanell oder Serge im Sommer aus Tropical oder als Baumwolltwillhose.

LATZHOSE
Hosenform, an die vorne ein Latz angesetzt ist, der die Brust bedeckt. Die Latzhose wird mit Trägern befestigt, die hinten am Bund angesetzt sind, über die Schulter verlaufen und vorn am Latz befestigt werden. Meist mit Tasche auf dem Latz.

RÖHRENHOSE
Gerade, sehr eng anliegende Hose (Jeans), meist aus Denim.

RUNDBUNDHOSE
Hose mit rundum laufendem, festem Bund, ohne Hosenträger zu tragen.

SCHLAGHOSE
Wird vom Knie abwärts immer weiter. Form erinnert an eine Trompete oder Glocke, daher engl. bell bottom. Traditionell für die Tracht von Zimmerleuten und Matrosen.

SHORTS
Kurze, unterschiedlich weit geschnittene Hosen. Enden weit über dem Knie.

Slacks

Stresemannhose

SLACKS
Lässige Baumwollhose. Mehr Hose als Jeans, meist Flatfront, nicht unbedingt Five-Pocket.

SMOKINGHOSE
Hose ohne Umschlag aus dem Stoff des Smokings mit einfachem Galon an der Seitennaht.

STRESEMANN
Schmal schwarz/weiß gestreifte, umschlaglose Hose, die zum Cut oder zu einem formellen schwarzen Sakko getragen wird, jedoch nicht später als bis 18 Uhr.

WORKERHOSE
Der Berufs- und Arbeitskleidung entlehnter Hosentyp in bequemer Weite mit pseudofunktionellen Taschen und Riegeln.

LEXIKON Oberhemden

Ärmelschlitz. Offener, formell mit einem Streifen, leger oft mit einer Paspel belegter Schlitz von der Manschette bis etwa zu einem Drittel des Unterarms. Bei hochwertigen Hemden geknöpft.

Pfeilmanschette. Endet in einer Spitze, die über den Ärmelschlitz hinausreicht. Meist mit zwei Knöpfen zur Weitenregulierung.

Sportmanschette. Geknöpfte Manschette, deren Abschluss mit der Kante des Ärmelschlitzes endet.

Umschlagmanschette. Doppelt gearbeitete Manschette ohne angenähten Knopf, mit Manschettenknöpfen zu schließen.

Variomanschette. Einfach gearbeitete Manschette ohne Umschlag, die sowohl per Knopf als auch mit Manschettenknopf geschlossen werden kann.

Businesshemd

Freizeithemd

Oberhemden – unendlich variantenreich

Es ist wirklich bedauerlich, dass Otto Normalverbraucher nicht wenigstens einmal eine Kollektion von Stoffen eines Herrenhemdenspezialisten sehen kann. Er wäre hoch beeindruckt und am Ende sicher erschlagen von der unendlichen Variationsbreite an mehr oder weniger starkfarbigen Streifen und feinen bis groben Karos in Dutzenden von Farbstellungen und das Ganze noch unterteilt für Business- und Freizeithemden. Sowohl die Streifen als auch die Karos sind Klassiker, unverzichtbar für Oberhemden und dank digitaler Drucktechnik auch nicht mehr kostentreibend als Muster gewebt oder gedruckt, sondern auf Papier präsentiert. Man muss trotz dieser Fülle an kreativen Geistesblitzen keine Sorge haben, dass den Entwicklern die Fantasie ausgeht. Der Kunde wird immer aus dem Vollen schöpfen können. Multipliziert mit den Schnittvarianten, Kragen-, Manschetten- und anderen Verarbeitungsdetails der Hemdenhersteller und der Verwendung unterschiedlicher Stoffe in einem Style behauptet das Hemd seine Rolle als freudvollstes und vielseitigstes Bekleidungselement der Männermode.

BUSINESSHEMD, CITYHEMD

Hemd zum Businessanzug. Schlicht in der Form, meist aus unifarbigen oder uninah gemusterten Stoffen, modisch auch Streifen und Karos auf reiner Baumwolle oder Baumwollmischungen. Hochwertig als *Two-ply* (Doppelzwirn). In der Regel bügelfrei ausgerüstet und mit Sport- oder Pfeil-, seltener Umschlagmanschette. Traditionell eher weit, aktuell zunehmend schmaler geschnitten.

CASUALHEMD

Wird zu legeren Kombinationen, als Einzelstück oder zu Strickwaren getragen. Meist stärker gemustert und kräftiger in den Farben als →*Business- oder Cityhemden*. Heute oft vorgewaschen. Können weiter geschnitten, aber auch stärker tailliert gearbeitet sein. Im Sommer auch aus Leinen, im Winter mit Woll- oder Cashmere-Beimischungen.

Das Oberhemd im Detail

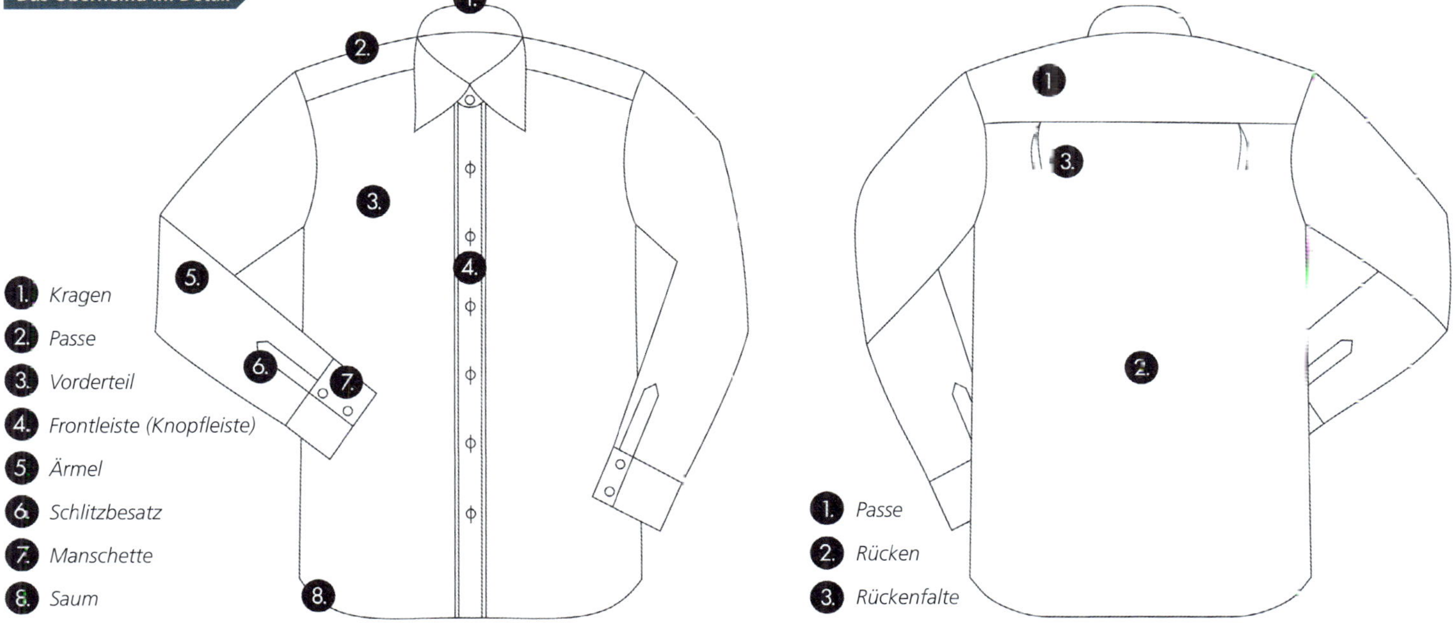

COUNTRYHEMD

Freizeithemd mit typischen Verarbeitungsdetails wie geschweifter Vorder- und/oder Rückenpasse, an deren Spitzen Teilungsnähte ansetzen können. Meist aus rustikalen Stoffen, z. B. Flanell oder Twill, oft in kräftigen Karos.

FRACKHEMD

Zum Frack getragenes Hemd mit gestärkter Brust und speziellem Kragen. Beim Kläppchenkragen werden die Ecken eines steifen Stehkragens umgebogen. Dazu ein weißer Querbinder.

FREIZEITHEMD

Informelles Hemd ohne Dresscode. Noch legerer als das → *Casualhemd*, oft auch aufwendig mit Artworks verziert durch Überdrucken, Besticken oder Aufnähen von Badges und Bändern.

HEMDJACKE

Eine Jacke im Hemdenschnitt mit Hemdenkragen, Manschetten und Knopfleiste aus etwas festeren Stoffen. Wird über die Hose getragen. Häufig aus Leder oder Lederimitaten.

JEANSHEMD

Aus leichten Jeansstoffen in Blau oder Farben. Von den Schnitten her am → *Casual-* oder → *Countryhemd* angelehnt. Modisch mit Artworks.

OVERSHIRT

Ähnlich der → *Hemdjacke*, kann jedoch auch leicht gefüttert sein. Häufig im Holzfällerlook, aber auch als Jeanshemd.

PARTYHEMD

Hemd in aufwendiger Schnittführung aus edlen Materialien. Oft dessiniert in kräftigen Unifarben. Durch normale Kragen informeller als → *Smokinghemd*.

SEMIDRESSHEMD

Hemd, das stilistisch den Übergang zwischen → *Business-* und → *Casualhemd* markiert. Immer noch zur Businesskleidung passend, daher eher dezent gemustert, darf aber etwas mehr Farbe zeigen.

SLIM FIT

Hemd mit leichter Taillierung, bei Taillenweiten um 108 cm zu Halsweite 39/40. Setzt sich immer mehr durch.

SMOKINGHEMD

Hemd, das zum Smoking getragen wird. Weniger formell als das → *Frackhemd*, mit unterschiedlichen Kragenformen. Häufig mit rundem Plastroneinsatz aus abweichend gemustertem Stoff oder mit mehr oder weniger breiten Falten- oder Plissee-Partien rechts und links der meist verdeckten Knopfleiste. Weiß oder pastellfarben.

Klassisches Oberhemd

SPORTHEMD

Freizeithemd überwiegend für ältere Herren. Fast ausschließlich mit Campingkragen (→ *Absatz „Campingkragen", S. 212*).

SUPERSLIMHEMD

Hemden mit Taillenweiten um 98 cm bei Halsweite 39/40. Gewinnt beim → *Businesshemd* Anteile.

Illustrationen: Seidensticker; Foto r.: Gant

Zweireihiger Blazermantel

Bikerjacke

Blazermantel

Herrenmäntel & Jacken – in Hülle und Fülle

Unser mobiles Leben hat am Mantelmarkt genagt. Männer haben öfter Jacken, meist Funktionsjacken, hinten im Auto liegen statt Mäntel. Das ist schade, denn Mäntel sind immer ein Statement. Der elegante Cashmeremantel, der knackig geschnittene Trenchcoat oder auch der Lodenmantel – alle sind Hingucker und machen ein Outfit erst komplett. Nicht von der Hand zu weisen ist jedoch, dass eine funktionelle Hülle in kürzerer Form ihre praktischen Vorteile hat. Das ist auch den Herstellern von Sport- und Funktionskleidung nicht verborgen geblieben, die neben ihrer normalen Outdoorlinie eine urbane Variante anbieten, meist Hybridformen zwischen Mänteln und Jacken, „Jantel" also. Die Definition, was was ist, ist auch über die Länge nicht völlig eindeutig auszumachen. Wind- und wasserdicht, dazu atmungsaktiv macht für „Überzieher" Sinn, (Pflege-)Leichtigkeit auch. Und wenn man als Pendler, Fahrrad- oder Rollerfahrer zum Büro gelangen muss, ist man mit funktionellen Hüllen vor jeder Wetterkapriole gefeit. Klassische Sportswearjacken sind sowieso rückläufig. Was immer geht, ist so multifunktional und gleichzeitig so modisch wie nur irgend möglich.

ANORAK
Begriff aus der Inuit-Sprache für winddichte Jacke aus Vogel- oder Seehundhaut. Heute schlicht geschnittene, meist hüftkurze Windjacke mit langem Reißverschluss oder als Windbreaker mit kurzer Verschlussleiste in Schlüpfform mit Kapuze und Kängurutasche und Tunnelzug am Bund.

AUTOCOAT
Einreihige Kurzmantelform mit Seitenschlitzen oder hohem Rückenschlitz für mehr Bequemlichkeit beim Autofahren. Häufig Raglanärmel und Kingscoatkragen.

BASEBALLJACKE
Spezielle Form der → *Clubjacke* in Blousonform, oft mit kontrastfarbigen Ärmeln in Stoff oder Leder, mit auffälliger Applikation von Clubemblemen in kräftigen Vereinsfarben. Bund und Ärmelbündchen gestrickt.

BIKERJACKE
Kerniger, volumiger, hüftkurzer → *Blouson*, meist aus Leder oder Funktionsmaterialien, mit Rückenpasse, Ärmelbündchen, hochschließbarem Kragen und verdeckter Knopfleiste, oft mit Applikationen und Labels. Authentisch mit Ellenbogenverstärkung.

BLAZERMANTEL
Dem Schnitt meist zweireihiger, seltener einreihiger dem Blazer entlehnter, eleganter Mantel aus edlen Wollstoffen. Typisch in Marineblau und Camel für Damen und Herren in unterschiedlichen Längen.

Illustration l.: Dzmitry Sukhavarau/Fotolia; Foto l.: YakobchukOlena/Fotolia; r.: René Lezard

Caban

Blouson im Harrington-Stil

Fieldjacket

BLOUSON

Hüftkurze, über dem elastischen Bund schoppende, sportive Jacke mit Bewegungsreserve im Rücken, meist verstellbaren oder elastischen Ärmelbündchen. Flacher Strick-, Steh- oder Hemdenkragen. Vorderreißverschluss, Schubtaschen. Ärmel eingesetzt oder in Raglan- und Zungenraglan. In der Regel aus Baumwolle oder winddichten und wasserabweisenden Materialien, oft auch in Leder.

BOMBERJACKE

Der sehr körperbetonte Kurzblouson von Piloten und fliegendem Personal militärischen Ursprungs und sehr maskuliner Ausstrahlung. Warm wattiert mit Kontrastfutter, auch als Lederblouson mit Fellfutter und Fellkragen.

CABAN

Engl. pea coat. Von der Marine entlehnte Form zwischen Jacke und →*Kurzmantel*, aus robustem blauem Wollstoff. Grundsätzlich zweireihig mit großem Reverskragen und auffälligen Knöpfen. Historisch als spezielle Kleidung für bretonische Fischer entwickelt, damals nur weiß.

CLUBJACKE

Als Sportswearkleidung von Clubs und Vereinen oder Fans mit Emblem, oft in Vereinsfarben, meist als Blouson. Bei elitären Clubs (z. B. Rudersport) auch als Blazer mit gesticktem Emblem in gedeckten Farben oder Corporate Colours. Heute Gattungsbegriff für →*Blousons* in schlichter Schnittführung.

COLLEGEBLOUSON

Aus dem angloamerikanischen Raum stammender sportiver →*Blouson* im Corporate Design und der entsprechenden Farbigkeit bestimmter Hochschulen. Analog zur →*Clubjacke*, aus verschiedenen Materialien, auch Leder.

DUFFLECOAT

Im angloamerikanischen Sprachgebrauch auch *Montgomery*, *Monty* oder *Toggle Coat*. Aus robustem, oft wasserabweisendem Oberstoff, Walkwolle oder Loden. Typisch sind Knebelknöpfe aus Leder. Jacken- bis Mantellänge, immer mit Kapuze.

FIELDJACKET

Jacke nach militärischem Vorbild mit vier voluminösen aufgesetzten Taschen, Taillenbetonung und Epauletten (Schulterstücke für Rangabzeichen). Im Sommer aus robuster Baumwolle, im Winter auch in Funktionsmaterialien, optional mit (einzippbarem) Warmfutter.

FIREMAN COAT

An den Mänteln amerikanischer Feuerwehrmänner orientierte Variante des →*Dufflecoat*, allerdings mit metallenem Karabinerverschluss und ohne Kapuze. Meist mit Kontrastkragen.

HEMDJACKE

Meist ungefütterte, durchgeknöpfte Jacke aus Stoff oder feinem Leder im Hemdenschnitt. Oft mit aufgesetzten Brusttaschen und abgerundetem Saum oder tiefen Seitenschlitzen.

Fotos: l.: René Lezard; m.: iStock.com/neamov; r.: Bugatti

Trachtenjanker

Kurzcoat

Crombie Coat mit Sliponfasson

Eleganter Paletot

HOLZFÄLLERJACKE
Hemdformvariante der Arbeitskleidung von Holzfällern in Kanada und der Schweiz. In auffälligem Karo, meist Rot, Blau oder Grün mit Schwarz. Warmes Teddyfutter, Seitenschlitze. Mit Druckknöpfen geknöpfter Stormflap über dem Frontreißverschluss.

HUSKY
Klassische, gerade geschnittene, schrittlange Outdoorjacke, im Original von *Barbour*, aus rhombenartig gestepptem Stoff mit Cordkragen, auf Druckknöpfe geschlossener Vorderfront und Seitenschlitzen.

JANKER
Von der alpenländischen Männertracht entlehnte, hüftknochenkurze Kastenjacke. Vorwiegend aus Strick, Walkwolle, Loden, Leinen mit Hirschhorn- oder geprägten Metallknöpfen. Mit Borden oder Bordüren kantenbetont.

JOPPE
Die Indoorvariante des →*Jankers*, orientiert an der bäuerlichen Hausjacke, meist aus Wolle gestrickt.

KLEPPERMANTEL
Im Original nach Ende des *Ersten Weltkrieges* vom Erfinder und Schneidermeister *Johann Klepper* aus Rosenheim entwickelter grauer Regenmantel aus gummiertem Makobatist zum Schutz gegen Regen, Wind und Kälte. Typisch ist der sogenannte Rillo: eine kolleråhnliche, halbkreisförmig gefaltete Rückenlüftung unterhalb des Kragens. Heutiger Lizenznehmer ist *Walbusch* in Solingen.

KURZMANTEL
Nur durch die Länge definierte Mantelart in verschiedenen Schnittformen und Stilrichtungen.

KUTSCHERMANTEL
Eine Schnittform von Mänteln oder Capes, wie sie Kutscher früher trugen, mit weit geschnittener bis über die Ellenbogen reichender, zusätzlicher Pelerine (ähnlich Reiter- und Staubmantel). Zum Wetterschutz häufig aus Loden.

LUMBER
Ursprünglich kurze Variante der Arbeitskleidung für Holzfäller in Kanada und der Schweiz. Heute oft taillenkurze, schlichte Jacke, nicht schoppend wie ein →*Blouson*. Der Bund ist meist angeschnittenen und unelastisch. Modisch noch zusätzlich tailliert.

PALETOT
Frz. für „Obergewand": Meist leicht taillierter, längerer Mantel in ein- oder zweireihiger Form, der im 18. Jahrhundert dem Stil des darunter getragenen Anzuges entsprach. Oft mit Samtkragen.

PARKA
Aus der Inuit-Sprache stammend für Hitze (der Sonne oder eines Ofens). Meist für sehr tiefe Temperaturen ausgestattete Jacke mit Warm- oder Fellfutter – auch an der Kapuze. Lange bis zur Mitte des Oberschenkels reichende Form mit vielen Taschen. Tunnelzug in der Taille und am unteren Saum. Ein Klassiker der 68er-Generation.

Fotos: l.: Schneiders; m. Bugatti; Illustrationen: Bugatti

Parka

REITERMANTEL

Funktionelle für den Reitsport entwickelte Mantelform mit angenähtem oder abknöpfbarem Schultercape mit Achselgurt. Taillentunnelzug, zwei Außen- und zwei Innentaschen, verstellbare Ärmelriegel, rückseitiger Gehschlitz. Um die Beine herum zu knöpfen mit teilbaren Beinschlaufen. Vorderverschluss maximal schrittlang, verdeckt durch breite mit Druckern geschlossene Windschutzleiste.

SAFARIJACKE

Meist hemdenartig geschnittene, hüftlange Jacke im Kolonialstil mit aufgesetzten Taschen, Schulterklappen und Binde- oder Tunnelgürtel. Häufig Krempelärmel mit Riegel, auch als Kurzarmform, ausschließlich in sommerlich-leichten Stoffen und feinem Leder bzw. -imitaten.

SCHLUPFJACKE

Blousonartig oder gerade geschnittene Überjacke, meist hüftknochenlang, oft als Regenschutz. Grundsätzlich mit Kapuze und nur kurzer Poloknopfleiste oder Reißverschluss. Gelegentlich Kängurutasche vorn und Tunnelzug.

SLIPON, BOXCOAT, TOPCOAT

Gerader Mantel mit Raglan- oder eingeschobenen Ärmeln mit Kugelschulter, verdeckter Knopfleiste. Tellerförmig geschnittener Kragen mit breitem Kragensteg, wesentlich größer als das Revers. Seltener mit Bindegürtel.

STAUBMANTEL

Engl. „Duster". Robuste Mantelform für besonderen Schutz beim Sitzen auf einem Pferd, Kutschbock oder Motorrad. Vermutlich aus dem Reiter- oder Kutschermantel in den Pionierepochen Nordamerikas und Australiens entwickelt. Sehr lang, eher weit geschnitten, vorne wie hinten hoch geschlitzt, hinterer Schlitz normalerweise verschließbar.

Trenchcoat

STUTZER

Aus der Tracht entwickelter, funktioneller → *Kurzmantel*, kaum länger als eine Jacke. Meist doppelreihig mit breit ausgelegtem, abgerundetem Revers.

TRENCHCOAT

„Trench" engl. für Schützen- oder Laufgraben (Trench Coat = Mantel für Schützengräben, Standardausrüstung der britischen Armee). Heute Regenmantel mit typischen Details, aus leichtem Stoff wie Gabardine oder Popeline, früher ausschließlich aus Baumwolle. Modisch häufig auch jackenkurz.

ULSTER

Langer, weiter Wintermantel für Herren aus schwerem Stoff mit breitem Kragen und Revers, Manschettenärmeln und Rückengurt. Name von der englischen Provinz Ulster in Nordirland, wo die Stoffe zuerst hergestellt und Mäntel daraus gefertigt wurden.

UMHANG

Einfachste frühe Form von Mantel oder Jacke aus ungefüttertem Stoff. In der Regel verschluss- und ärmellos, aber mit Kapuze und/oder Pelerinenkragen.

WINDBREAKER

→ *Schlupfjacke*.

WINDJACKE

Winddichte, regenfeste Jacke, oft im Blousonschnitt, gelegentlich auch länger geschnitten, mit elastischen oder verstellbaren Ärmelbündchen und Kapuze. Vorderreißverschluss häufig mit Stormflap überknöpft (oder mit Klettverschluss).

KRAWATTEN UND QUERBINDER (FLIEGEN)

Die Gesichts-inszenierer

Sie wurden in der Geschichte als des Mannes Zierde bezeichnet und werden von vielen Männern ebenso gehasst wie geliebt: die Krawatten. Ihr Ursprung liegt im Halbdunkel der Geschichte. Sicher ist, sie sind ein Kind der Mutter aller Dinge, des Krieges, denn Soldaten sollen sie zuerst zu ihren Uniformen getragen haben. Auch heute sind sie Teil einer Uniform – der des Business-Outfits. Sie sind zum Anzug und zur gepflegten Kombination Pflicht. Auf der anderen Seite sind sie quasi die Maximalspielwiese hinsichtlich Farbwahl und -sättigung, ein oft leuchtendes Signal mit dem Effekt eines „Ausrufezeichens“: Schaut her zu mir und schaut mir ins Gesicht!

Gelungene Abstimmung von Clubkrawatte aus Rips zum Casual-Hemd

Gut abgestimmt: die tonige, feinstrukturierte Krawatte.

Sportive Wollkrawatte im Schottenlook und ein Klassiker: Clubkrawatte mit Paisleys.

Mit ihrer schlanken Form hat die Krawatte schon viele Gesichter gut ausschauen lassen, auch wenn deren Proportionen nicht immer ganz ideal waren. Die Fliege, der Querbinder mit der Betonung der Waagerechten, ist im Gegensatz dazu nicht schmeichelhaft und wird erstaunlicherweise auch meist von sehr schlanken Männern getragen, obwohl sie traditionell im Alltag nichts verloren hat. Intellektuelle geben sich mit diesem bewussten Statement der Andersartigkeit gerne einen auffälligen Rahmen.

Man verortet den Beginn des Krawattentragens auf den Wechsel vom 17. zum 18. Jahrhundert und diesen in Frankreich, somit auf die Regentschaft entweder *Ludwig des XIII.* oder seines Sohnes *Ludwig des XIV.*, seines Zeichens „Sonnenkönig“. Die Legende will es, einer von beiden habe sich an der verschlungenen Trageweise der Halstücher seiner kroatischen Reiterregimentes erfreut und diese nun durch Nachahmung populär gemacht. Wie dem auch sei, Krawattenvorläufer tauchen als Bestandteil herrschaftlicher Kleidung seit Mitte des 17. Jahrhunderts überall in Europa auf. Historiker sehen als Vorläufer der Krawatte bereits die römischen Focale, um den Hals geknotete Tücher, die von Rhetorikern gerne bei ihren Reden getragen wurden.

Die Herkunft des Namens ist einfacher abzuleiten, denn in der Landessprache heißt Kroatien „Hrvatska“, der Kroate „Hrvat“. Für westliche Europäer ist die Anhäufung von mehreren Konsonanten ohne Vokal dazwischen schwer auszusprechen, weshalb sie das anfängliche "H" zum "K" machen (Krvat-ska), womit die Nähe zum heutigen Begriff hergestellt ist.

Die Tatsache, dass mit der Krawatte im Frankreich der vorrevolutionären Zeit eine Verbindung zum verhassten Adel assoziiert wurde, führt selbst noch heute dazu, dass man sich aus Protest dem Tragen verweigert oder die Krawatte – begleitet von einer großen Geste – ablegt. Für Schriftführer im Deutschen Bundestag wurde 2014 die Krawattenpflicht sogar dezidiert abgeschafft. Inzwischen ist das Tragen von Krawatten aus dem privaten Umfeld fast verschwunden, wird aber von den Lenkern und Machern in Politik und Beruf immer noch erwartet, was eine moderne Parallele zu ihren Anfängen darstellt.

FORMEN IM WANDEL

Typisch für Krawatten ist ihre Schlauchform mit einem schmalen und einem breiten Ende, die beide in einer rechtwinkligen Spitze auslaufen. Innen mit einer gewebten Einlage, bei preiswerten Modellen auch mit einem Vlies gearbeitet, das die Form erhält, das Binden erleichtert und Volumen gibt. Sie sind auf der Rückseite mit einer Schlaufe versehen, in die das kurze, schmale Ende der Krawatte nach dem Binden gesteckt wird. Seit den 20er-Jahren des 20. Jahrhunderts hat sich eingebürgert, dass der Krawattenstoff diagonal zu seiner Webrichtung verarbeitet wird.

Hochwertige Luxuskrawatten werden vor Hand aus einem riesigen Vierecktuch aus Seide gefaltet (seven

TIPPS im Umgang mit Krawatten

- Eine Krawatte kann knittern und leicht schmutzig werden. Daher soll man sie beim Essen schützen, zudem kein Parfum oder Aftershave auf das gute Stück spritzen. Besonders Seidenmaterialien nehmen das übel.
- Krawatten sollten zur Reinigung in einen professionellen Betrieb gebracht werden. Denn auch das Bügeleisen ist häufig der Krawatte Tod.
- Falten können sich auf einem Krawattenhalter einige Tage aushängen. Sie werden verhindert, wenn man den Knoten nur leicht bindet und sie nur aufgeknotet aufhängt oder zusammengerollt aufbewahrt.
- Reisen können Krawatten zusammengerollt in einer speziellen Box unbeschadet überstehen. Es gibt dafür spezielle Krawattenschachteln.

Fotos: l., r.o.+ r.u.: Eton; m.: Einhorn

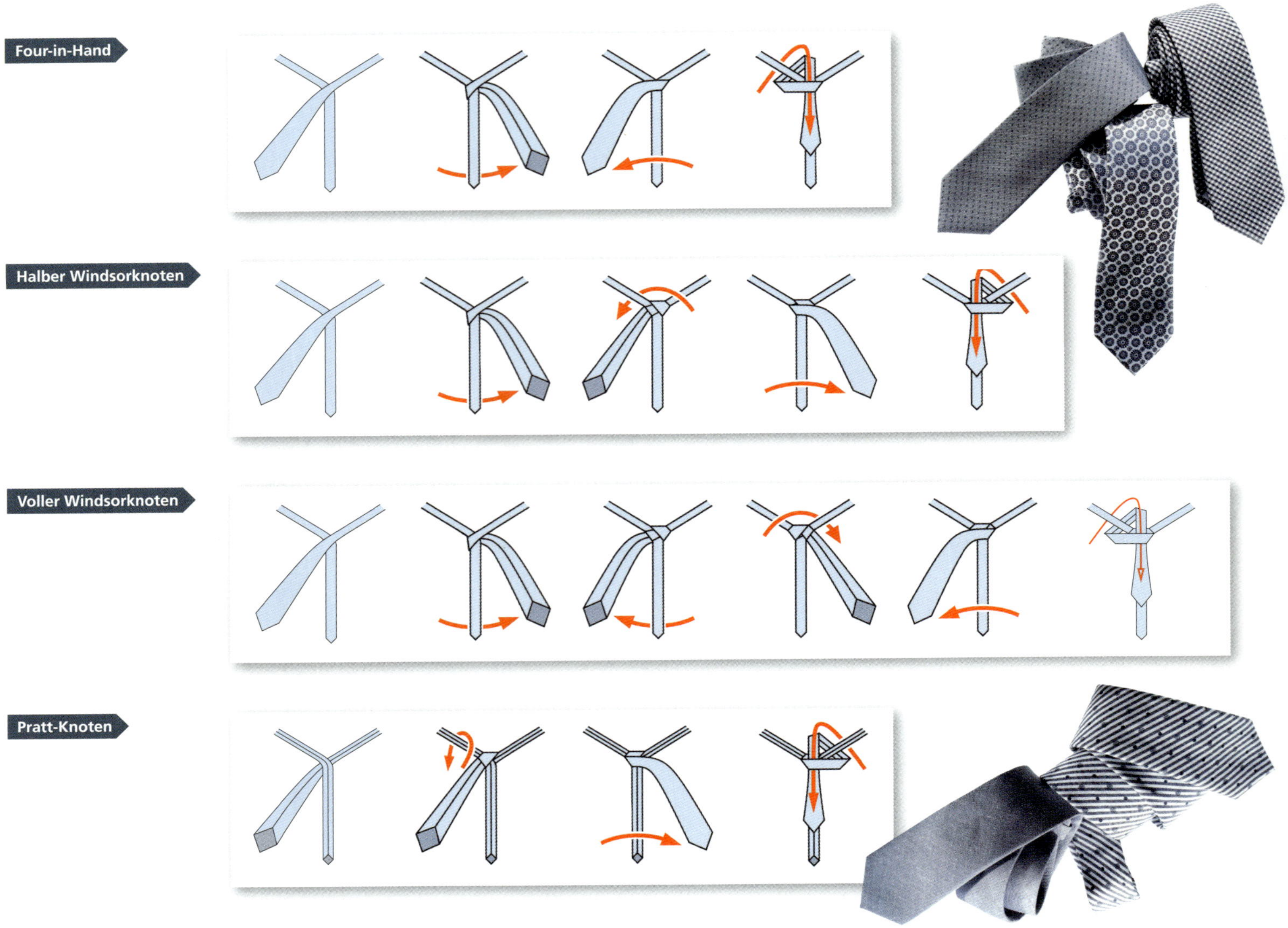

fold = siebenfach gefaltet) und werden nur mit wenigen Stichen genäht oder sind sogar ganz offen. Es gibt sie auch in der Version, dass Oberstoff und Futter aus demselben Material sind, dann nennt man sie „self tipped", mit sich selbst gefüttert.

Synthetik-Krawatten, meist aus sehr feinfädigem Polyester oder Mischungen mit Seide, machen im mittleren Genre durchaus eine gute Figur, preiswerter sind sie allemal, oft auch leichter zu binden als die edlen und gelegentlich etwas rutschigen Seidenkrawatten.

Sportlicher und individuell wirken Woll- oder Strickkrawatten, wenn die Mode im zyklischen Verlauf rustikalere und ländliche Accessoires zulässt.

DER TRICK MIT DEM KNOTEN

Normale Krawatten sind 145 cm lang. Die Anzahl der Zentimeter am breiteren Ende variiert mit der Mode, ebenso wie die der gebundenen Länge. Umgangssprachliche Bezeichnungen für Krawatten sind Schlips (womit das lose Ende bezeichnet wird) oder „(Lang-)Binder" und Letzteres ist überaus zutreffend. Denn auf die „Bindung", den richtig gebundenen Knoten, kommt es an. Und da trifft man auf einen wunden Punkt bei den Krawattenträgern. Kaum ein Mann klagt nicht über das Binden der Krawatte, das schnell und hastig kaum korrekt gelingt. Fertig gebundene Krawatten sind etwas für Konfirmanden und eher Krawatte light. Ein gestandener Mann bindet selbst und steht damit auch vor der nächsten Qual der Wahl. Die erste Qual liegt beim Auswählen zu Hemdkragenform, Anzug- und Hemdenfarbe selbst. (Profis sortieren Krawatten verschiedenen Outfits schon im Schrank zu.)

Die zweite ist die Wahl des richtigen Knotens. Da gibt es traditionell bedingt so viele (man geht von 180 Varianten aus), dass man für jeden eine genaue Anleitung bräuchte (dem Internet sei Dank sind Tutorials schon Realität). Im Alltag haben sich jedoch einige Knoten als morgenkompatibel herausgestellt, die von den meisten Männern genutzt werden.

Das sind im Einzelnen:

- **Four-in-Hand** passt zu allen Hemdenkragen und steht allen Figurtypen. Er hat den Vorteil, dass er durch seine schmale, längliche Knotenform nicht aufträgt und so dem männlichen Gesicht schmeichelt und einen schlanken Hals macht.
- **Halber Windsorknoten** (auch fälschlich einfacher Windsorknoten) passt zu Kentkragen, Windsorkragen und Haifischkragen als perfekte Partner. Generell eignen sich alle breiteren und etwas weiter ausgeschnittenen Kragen.
- **Voller Windsorknoten** (auch fälschlich doppelter Windsorknoten) passt zu Hemden mit weit auseinanderliegenden Kragenspitzen, wie zum Beispiel

Illustrationen: Rumba280/Wikimedia (CC BY SA 2.5); Fotos: Eterna

TIPPS Berühmte Schleifenträger

- **Winston Churchill,** ehem. britischer Premierminister (trug zum zivilen Anzug nur gepunktete Schleifen)
- **Karl Lauterbach,** deutscher Gesundheitsexperte und -politiker (SPD)
- **Heinz Riesenhuber,** deutscher Professor und ehemaliger Bildungsminister (CDU)

Literarische und fiktive Schleifenträger:

- **Sherlock Holmes,** Detektiv, geschaffen von *Sir Arthur Conan Doyle*
- **Hercule Poirot,** Detektiv, Romanfigur der britischen Schriftstellerin *Agatha Christie*
- **Donald Duck,** Zeichentrickfigur, geschaffen von *Walt Disney*

Querbinder

dem Haifischkragen oder dem Windsorkragen. Er ist voluminöser als der halbe.

- **Pratt-Knoten** passt zu Kent- und Haifischkragen, ist aber durch modernes Aussehen mit fast jedem Hemd kombinierbar.

Grundsätzlich sollte die vordere und längere Spitze der Krawatte derzeit am Anfang der Gürtelschlaufe enden. Auch dieses unterliegt dem Modewechsel.

QUERBINDER

Der Querbinder wird in Deutschland auch **Schleife** (Krawattenschleife) oder umgangssprachlich **Fliege** genannt. In Österreich heißt er wie alle Schleifen **Mascherl** und die Schweizer nennen ihn **Schlips** (nicht zu verwechseln mit der bundesdeutschen Wortbedeutung). Er besteht aus einem Stoffband, das um den Hemdkragen getragen und vorne mittels Schleifenknoten (wie bei der Schuhschleife) gebunden wird.

Diese Zier des Männerhalses ist älter als die heute deutlich häufiger getragene Krawatte, hat aber im Laufe der Kleidungsgeschichte stark an Bedeutung verloren. Er trug ein „**Jabot**“. Im 17. und 18. Jahrhundert waren Jabots aus Batist oder Spitze bestehende

Plastron

Volants, die an die Seiten des Brustschlitzes der Männerhemden angenäht wurden und im Halsausschnitt der Weste hervorschauten. Diese Mode kam um 1650 auf. Bis in die Gegenwart hat der Jabot als Bestandteil verschiedener Amtstrachten überdauert. In Deutschland heißen die weißen Lätzchen an den Roben der Bundesverfassungsrichter offiziell Jabots. Sie ähneln den **Beffchen** zur Amtstracht mancher Geistlicher.

Ursprünglich waren die Schleifen der vornehmen Herren noch wesentlich größer, bis sie Ende des 19. Jahrhunderts auf das aktuell bekannte kompakte Format reduziert wurden. Sie sind bis heute der einzig akzeptierte Binder zum Frack (weiße Schleife – white tie) und zum Smoking (schwarze Schleife – black tie).

Bei manchen Gelegenheiten ist allerdings eine schwarze Fliege ausschließlich dem Bedienpersonal vorbehalten, z. B. wenn ein Frack die Arbeitskleidung ist (z. B. Butler, Kellner). Die weißen Frackschleifen sind immer aus Baumwollpikee. Zur Amtstracht von Richtern und Staatsanwälten ist eine weiße Schleife alternativ zur weißen Krawatte zulässig, jedoch aus Seide oder alternativ anderen, preiswerteren Materialien. Zum Dienstanzug der Bundeswehr kann eine schwarze Schleife getragen werden, zum Gesellschaftsanzug ist diese vorgeschrieben. Von den Profisportlern des Snooker- und English-Billiards wird bei Turnieren Fliege erwartet.

PLASTRON

Spezielle Krawatte, die zum Cutaway getragen wird. Meist in Silbergrau oder Farbe (→ *Abschnitt „Party- und Anlassmode“, S. 318*).

HERRENWÄSCHE

Anziehendes für darunter

T-Shirt und Retro-Pants mit Eingriff

Unterwäsche gehört noch gar nicht so lange zur normalen Kleidung. Viele Jahrhunderte gingen die Menschen unten ohne. Sexy war das vermutlich nicht, denn es wurden in den meisten Zeitepochen zumindest in unseren Breiten viele Schichten Kleidung übereinander getragen. Und als die Unterhose aufkam, durften sie zunächst nur Männer tragen.

Unterwäsche hat verschiedene Aufgaben: Sie schützt die Haut vor kratzenden Oberstoffen und schützt empfindliche Oberstoffe vor den Ausdünstungen der Haut. Bei kaltem Wetter soll sie außerdem wärmen. Zur Unterwäsche zählen hauptsächlich Unterhosen, Einteiler bzw. Bodys und Unterhemden. Die Grenzen zwischen Unter- und Oberbekleidung sind heutzutage fließend: Oberbekleidung im Wäschestil ist mittlerweile Teil modischer Bekleidung.

Herren-Schlüpfer mit Komfort

Der Komfort für das Darunter des Mannes hat seine Geschichte. Jockey, seit 1876 einer der führenden Hersteller von Unterwäsche, brachte Mitte der 1930er-Jahre mit dem „Y-Front" den ersten richtigen Herrenslip der Welt auf den Markt. Und eben dieser hat auch ein Stück Geschichte geschrieben, als *Neil Armstrong* ihn bei seinen legendären Schritten auf dem Mond unter dem Raumanzug trug. Pop Art-Ikone *Andy Warhol* gestaltete eine der Unterhosen und trug damit zum Kult der Marke bei. Nicht zu vergessen *Homer Simpson*, der den berühmten Jockey-Brief (US-Ausdruck für Slip) täglich zur Schau stellt.

Mit der Erfindung des „Y-Front" revolutioniert das US-amerikanische Unternehmen die Wäschewelt. Denn der Y-Front-Schnitt war eine echte Innovation, die dem Mann endlich Beinfreiheit zugestand. Die bestand darin, dass es erstmals in der Geschichte der Unterhose den Eingriff gab. Zugleich gab die Y-Front dem Unternehmen seinen heutigen Namen.
Die neu kreierte kurze Unterhose, bis dato gab es auch nur lange Unterhosen, war zwischen den Beinen durch einen sogenannten „jock strap" (Y-Front) verbunden und garantierte somit den richtigen Halt. Seither hieß diese Unterhose „Jockey". Bis heute ist der „Y-Front" eine der meist getragenen Slips – ein Klassiker. Und als Jockey 1947 erstmals die Hose mit dem bestickten Webbund präsentierte, wurde das Unternehmen damit zu einem Vorreiter, der viele zeitgemäße Marken inspiriert hat.

Hautfarbene Unterhemden schimmern nicht durch das Oberhemd.

LEXIKON Herrenwäsche

Nadelzug. Musterungsart bei Maschenware, wobei im Rapport eine Masche „fallen gelassen" wird. Die dadurch entstehende „Laufmasche" ergibt ein vertikales Durchbruchmuster.

Richelieu-Rippe. Flachgestrickte, hochelastische und sehr feinfädige, breitgerippte Maschenware.

Shapewear. Kontrollierendes und korrigierendes elastisches Darunter. Bei Männern meist auf Po, Bauch und Taille beschränkt.

Unterhemden & Shirts

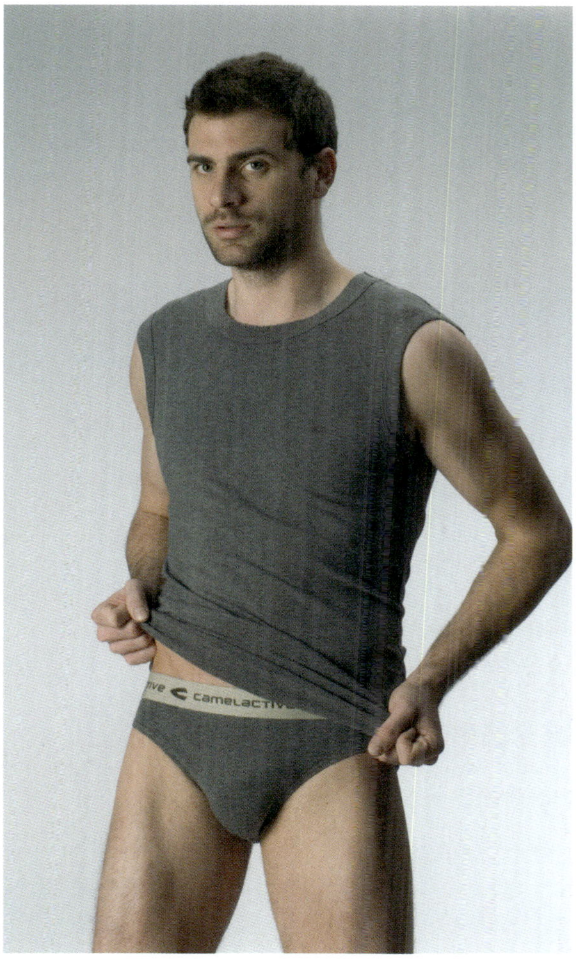

Muskelshirt plus Slip mit Logo-Webbund

ACHSELHEMD
(Männer-)Unterhemd mit normal breiten Außenträgern.

ATHLETIC SHIRT
Achselhemd mit eingerückten Schultern, ursprünglich Sportunterhemd.

CITYSHIRT
Anderer Name für das klassische Achselhemd, unter dem Anzughemd getragen.

MUSCLE SHIRT, MUSKELSHIRT, RINGERHEMD
Achselhemd mit stark eingerückten Schultern, Ringerhemd, ursprünglich Sportunterwäsche, häufig auch ärmelloses T-Shirt mit freier Schulterkugel.

SHIRT
Bei Männern das Unterhemd.

SPORTJACKE, SPORTHEMD
Andere Bezeichnung für klassisches →*Achselhemd* für Männer.

TANKTOP
T-Shirt im Schnitt eines ärmellosen Unterhemdes. Nach dem Unterhemd der Panzerfahrer (engl. tank = dt. Panzer) benannt.

Lange Unterhose

Boxer Brief

Boxershort

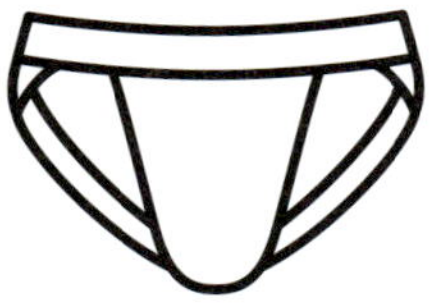

Jock Strap

Minislip

Slip mit Eingriff

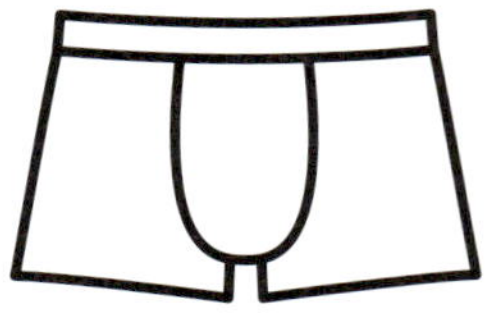

Trunks

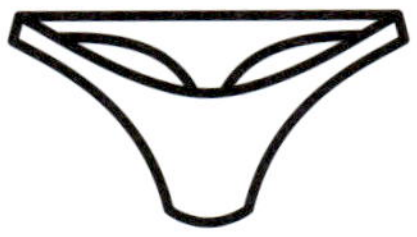

String

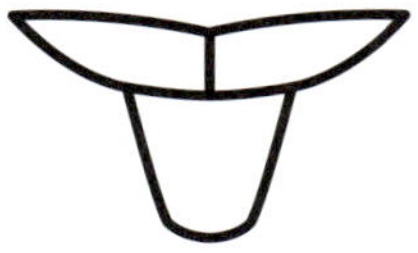

String-Tanga

Unterwäsche

Boxershorts

BOXER BRIEF
Gerade, anliegend geschnittene Männerunterhose mit angedeutetem Beinansatz, häufig aus Jersey.

BOXER PANTS
Männerunterhose, ähnlich →*Boxer Brief*, jedoch häufig aus Webware.

BOXERSHORTS
Locker geschnittene Männerunterhose, in der Regel aus Webware mit kurzem bis mittlerem Beinansatz.

HIPSTER
Hüftig sitzender →*Slip* mit geradem Beinausschnitt.

JOCK STRAP
→*Suspensorium* zum Schutz der männlichen Geschlechtsteile mit Bändern oder Schnüren gehalten, aus dem Sport kommend.

LANGE UNTERHOSE
Bis zum Knöchel reichende Unterhose mit Eingriff.

LONG JOHN
Einteiler mit langen Beinen, langen Ärmeln, Rundhalsausschnitt und Knopfleiste bis zum Schritt.

LONG LEGGINGS
Lange Männerunterhose ohne Eingriff.

MINISLIP
Unter dem Nabel endender →*Slip* mit mittelhohem Beinausschnitt.

Trunks

Klassischer Pyjama

RETRO-SLIP
Herrenslip im Retro-Look, meist aus feinem elastischen Jersey in der typischen geraden Linienführung.

SLIP
Engl. für Unterhose, in unterschiedlichen Formen.

STRING
Sehr knapper Slip, dessen schmales Vorderteil mit Schnüren (engl. strings) oder Bändern gehalten wird, mit einem Steg im hinteren Schrittbereich.

STRING-TANGA
Knappste Slipform, mit dreieckig geformtem, von Schnüren gehaltenem Vorder- und Schrittteil.

SUSPENSORIUM
Ursprünglich ergonomisch geformter Gürtel zum Schutz der männlichen Geschlechtsteile beim Sport. Auch Bezeichnung für verstärkte Partien bei Slips ohne Eingriff.

TRUNK
Herrenunterhose mit geradem Schnitt und angedeutetem Beinansatz.

Nachtwäsche

MORGENMANTEL
Gegürteter Mantel, ursprünglich von den Herren vor der Morgentoilette über die Nachtkleidung gezogen. Meist aus leichteren Materialien, etwa Seide oder Flanell. Kann gelegentlich auch leicht gefüttert sein, z. B. mit feinem Frottier.

PYJAMA
Klassische, zweiteilige Nachtkleidung für Herren, aus gewebter Seide oder leichten Baumwollgeweben, in Krawattenmustern oder gestreift. In Variationen auch von Damen getragen. Besteht aus durchgeknöpftem Oberteil im Hemdenschnitt und langer Hose mit elastischem Bund.

SCHLAFANZUG
Dt. Bezeichnung für Pyjama. In der Herrenoberbekleidung häufig aus Jersey mit Hosen in schmaler Schnittführung, mit und ohne Beinabschlussbündchen, auch als Leggings. Oberteile heute meist verschlusslos wie bei Sweat- oder T-Shirts.

SHORTY
Bezeichnung für zweiteilige Nachtwäsche mit kurzer (engl. short), oft weiter Hose.

Fotos: l.: iStock.com/Sanneberg; r.: Jockey

UNISEX

Jedem das Seine

Neben der Businesskleidung gibt es einige Gruppen von Bekleidung, die sich nicht darüber definieren, ob sie von Männern oder Frauen getragen werden, obwohl es selbstverständlich unterschiedliche Schnitte, Größen und Farben gibt. Man kauft sie daher auch meist in Spezialabteilungen des Handels oder sogar in spezialisierten Geschäften. Die Rede ist von Tag- und Nachtwäsche oder von Strümpfen und Socken. Andere Kleidungsstücke sind eine eigene Spezies geworden, sodass man sie sowohl im Multilabel-Handel als auch in Spezialstores findet, wie z. B. Jeans oder Outdoor- und Sportkleidung.

JEANS FOREVER

Keine andere Kleidungskategorie hat eine vergleichbar lange wie steile Beliebtheitskarriere durchlaufen wie die Jeans. Von der robusten Arbeiterkleidung der amerikanischen Pionierzeit bis zur heutigen Angebotsvielfalt spannt sich der Erfolgsbogen. Jeans sind eine universelle Kleidung geworden. Die Jugend der Welt trägt sie fast zu jeder Gelegenheit, aber auch ältere Semester schätzen sie weltweit beim Handwerken oder zur Gartenarbeit, beim Radfahren oder Autopolieren und tragen damit zu einer gewaltigen Nachfrage bei. Manchem Jugendlichen erscheinen die Blauen wegen dieser generationsübergreifenden Trageweise schon als nicht mehr tragbar, aber das wissen die großen Marken mit Mode und Marketing geschickt zu verhindern. Jeans in der Schule, beim Date oder im Clubhaus – anything goes unless it's blue (oder black, grey, coloured).

DIE MASCHEN DER STRICKER

Die Tendenz, Mode in der Gesamtschau und nicht mehr nach Produktgruppen getrennt zu präsentieren, hat die Strickwarenabteilung zu einem aussterbenden Biotop werden lassen. Maschenware gehört zur Mode und Gewirktes wird zu vielen Kleidungsstücken verarbeitet, nicht nur zu T-Shirts oder Nachthemden. Man findet Shirts und Polos daher auf allen Flächen der Modemarken im Handel und in den Blusen- bzw. Hemdenabteilungen. Polos sind gesellschaftsfähig geworden und werden zum Anzug genauso getragen wie ursprünglich und immer noch zum Sport. Damen tragen Tuniken und Kleider aus bequemer und leichter Wirkware.

BEWEGUNG AN FRISCHER LUFT

Outdoor, Draußenmode und Bekleidung für die aktive Freizeitgestaltung sind zu einem wichtigenr Wirtschaftsfaktor in der Modebranche geworden. Mode mit Funktion hat Einzug ins urbane Leben genommen und wird im Stadtbild zur Normalität. Die citynahen Zweitlinien der Sportswear-Hersteller mit angepasstem Farbenspiel sind gute Umsatzbringer mit Ausbaupotenzial. Die Verbraucher schätzen die Erweiterung der Tragegelegenheiten und scheuen sich auch auf dem Weg zur Arbeit nicht, eine Softshell-Jacke zu tragen, die sie genauso zum Wandern im Gebirge oder an der See anziehen würden oder zumindest könnten, denn als Voraussetzung ist die Aktivität nicht vorgeschrieben. Man genießt die Freiheit in der Bewegung und die Leichtigkeit der modernen, funktionellen Materialien. Bei Kleidung für den aktiven Sport wird eine Funktionalität erwartet, die dem Hochleistungssport sehr nahe kommt. Sie soll auf die jeweilige Sportart zu-

Foto: deagreez/Fotolia

geschnitten sein und wird auch nur dabei getragen. Als Beispiel soll die seit einigen Jahren stetig steigende Begeisterung für den Radsport gelten, der bei entsprechendem Wetter ganze Heerscharen hauteng gekleideter Freizeitsportler mit griffbereiten Trinkflaschen und windschnittigen Schutzhelmen auf die Straße treibt, als sei die Tour de France zu einer weltumspannenden Bewegung geworden. Das Equipment dazu findet sich in den Bikeshops, einschließlich der zweirädrigen Hardware.

DAY & NIGHT

Männer haben es durch den Sport gelernt, Frauen wussten es durch ihre Erfahrungen mit ihren Strümpfen und Strumpfhosen längst: Unterwäsche muss nicht aus Baumwolle sein. So haben sich Chemiefasern und Mischungen aus Synthetik- und Naturfasern besonders gerne in Mikrofaserfeinheit den Weg in das Unterwäscheangebot geebnet. Seamless-Verarbeitungen, also formgewirkte Hemden und Slips, die den Körper abdruckfrei lassen, haben DOB und Haka erobert. BHs werden bei Standard-Cupgrößen gerne gemoldet (thermisch in Körbchenform gebracht) und kommen dabei ebenfalls mit immer weniger Nähten aus. Sie kommen erst wieder ins Spiel, wenn mehrere Materialien verarbeitet werden sollen, wie z. B. Spitzen, oder die Form besonders betont werden soll. Dann sind sie unverzichtbar. Seide ist ein edles Material für Dessous, aber auch für Skiunterwäsche oder Herren-Pyjamas. Ansonsten hat sich die Baumwolle wohl wegen ihrer überaus angenehmen Haptik bei der Nachtwäsche eine bequeme Dauernische erhalten. Das ist umso erstaunlicher, weil vollsynthetische Mikrofaserbettwäsche auf dem Vormarsch ist.

ZEIGT HER EURE FÜSSE

Socken und Strümpfe sind aus dem Dunkel der bescheidenen Kleidungsergänzung herausgetreten. Sie sind vorzeigbare Accessoires geworden, die von den Designern auf die jeweiligen Modetrends abgestimmt werden. Das war bei den Damen schon länger so, aber bei den Herren wurde es erst interessant, als die Hosenbeine schmaler und kürzer wurden – vorher sah man sie ja kaum. Die Damen spielen seit jeher gerne mit Farben und Mustern bei Strümpfen, halterlos oder klassisch, und Feinstrumpfhosen von praktisch bis chic. Auch Funktion ist bei Strümpfen erlaubt. Sie werden als Flugbegleiter für Damen und Herren angeboten. Als ultimative Kältekiller gibt es neben der klassischen feinen Merinowolle auch Cashmere- oder Cashmere-/Seidensocken für den verwöhnten Fuß.

ACCESSOIRES – MODISCHE SAHNEHÄUBCHEN

Früher ging man nicht ohne Hut und Handschuhe vor die Tür und trug bei Kälte einen warmen Wollschal. Dieses verpflichtende Beiwerk hat mit modernen Accessoires wenig zu tun. Formate, Materialien, Muster und Farben reflektieren aktuelle Trends und ergänzen ein Outfit auf belebende Weise. Hüte mussten lange warten, bevor sie wieder in Mode kamen, aber seit einiger Zeit tragen Mutige wieder Hut (oder auffällige Mützen) als Zeichen ihrer Individualität und als Signal bestimmter Stilrichtungen. Wer Hut trägt, fällt heute auf. Daher muss eine gehörige Portion Selbstbewusstsein den Hutträger stärken. Schals hingegen sind fast ein Muss, hierbei speziell die leichten Sommervarianten, die von Damen und Herren gleichermaßen geliebt und getragen werden. In längeren Zyklen erscheinen auch die Ponchos, Capes und Stolas bis zu Pferdedeckenformaten wieder auf der Bühne der Mode, gewebt, gestrickt, gewalkt, was auch immer gefragt ist. Ähnliches gilt für extensiv bestickte Varianten, mit und ohne Pailletten, auch sie sind modische Wiedergänger. Bei den Vierecktüchern belegen klassische Varianten aus Seide eine Nische, die von den Couture-Häusern und hochwertigen Modemarken bedient wird. Mit ihnen können Frauen aus aller Welt ein überschaubares (und präsentables) Stück einer berühmten Markenwelt in den Händen und um den Hals tragen, auch wenn das Einkommen den Kauf von Kleidung dieser großen Namen nicht erlaubt.

Kein Blues mit den Blauen

Eigentlich können Jeans keine Mode sein, so universell werden sie überall auf unserem Globus getragen. Trotzdem erwartet das Heer der Jeansträger modische Veränderungen und neue Kicks als Kaufanreiz. Das kann nicht nur über Schnittmodifikationen und das Wandern der Leibhöhe von extrem hoch nach extrem niedrig geschehen oder durch das Weitenspiel der Hosenbeine. Mode bei Jeans kommt auch über Farbe (wie bei den Coloured Jeans), über Ausputz und Steppungen und die unendliche Vielfalt an Waschungen. Doch alle Anstrengungen können das traditionelle Jeansblau als Phänomen nur ergänzen.

Jeans, selbst in den 50er-Jahren des vergangenen Jahrhunderts noch als Kleidung der Halbstarken verpönt, sind mehr als 60 Jahre danach in jedem Kleiderschrank zu finden. Das blaue Wunder, das noch immer äußerst robust ist, ist ein Evergreen geworden. Und das mit einem stets frischen Gesicht. Modemarken haben sich seiner angenommen und ausgefeilte Passformen für die Damenanatomie entwickelt, damit sich die Jeans auch geschmeidig „in die Kurve legen" kann. Selbst die sogenannte „Boyfriend Jeans" ist eindeutig auf Frauenmaße getrimmt. Denim, für Traditionalisten noch immer am liebsten stabil, für alle Freunde des Komforts gerne mit gleichzeitiger Körpernähe und dem Wunsch nach Formbewahrung, zeigt gerne eine kleine Elastan-Beimischung. Auch gewichtsmäßig hat der Denim „abgespeckt" und ein paar Unzen abgelegt.

TOTAL VERRATZT

Einfach durch Gebrauch verblassende Farbe reicht den Kunden (und Anbietern) längst nicht mehr. Schon am Tage des Einkaufs muss die Jeans aussehen wie ein oft getragenes Lieblingsstück, Flecken, Sitz- und Kniefalten und abgeschabte Säume eingeschlossen. Die Fantasie, was Jeans während eines fiktiven Gebrauchslebens alles zugestoßen sein könnte, lässt die Produzenten immer neue Effekte erfinden, von used und bleached über vintage bis heavy destroyed mit Durchblick. Bimssteine in der Waschtrommel bearbeiten die Nähte bis kurz vor dem Auseinanderfallen und Sandstrahlgebläse raspeln auf Oberschenkeln und Hinterhosen die Farbe wieder herunter. Letzteres trifft derzeit allerdings der Bannstrahl, weil die Arbeiter, die jede einzelne Hose mit Sandstrahlen bearbeiteten, zu oft unge-

LEXIKON Looks & Styles

Authentic (engl. für echt, glaubwürdig). Begriff, der im Zusammenhang mit Denim und Jeans für ehrliche, originale Modelle steht, eher an den traditionellen Vorlagen orientiert als an modischen Trends.

Badge (engl. für Etikett, Abzeichen). Applikationen zur Deko, Markenidentifikation o. Ä.

College-Look/Campus-Look. Lässig-sportive Stilrichtung, inspiriert am Look amerikanischer High School- und Studentenkleidung. Dazu gehören Nummern-, Logo- oder University-Prints, Polos, Ringel- und Streifenmuster, Cardigans, Club-Blazer, Chinos und Jeans, gerne mit Details aus den College-Sportarten wie Baseball, Basketball, American Football, Leichtathletik etc.

Drehbein. Gewollter oder ungewollter Verzug des Hosenbeins, der nach dem Waschen immer stärker wird. Durch gegenläufigen Zuschnitt verursachen Spannungen in der Gewebekonstruktion das Drehbein an der Jeans. Dem wird im Normalfall durch Fixieren des Gewebes vorgebeugt, es sei denn, es ist ein gewollter Effekt.

Essentials (engl. für wesentliche Elemente). In der Jeanswear benutzt im Sinne von „wichtige Schlüssel-Modelle, die nicht unbedingt zur modischen Spitze gehören".

Fit. Passform.

Heritage (engl. für kulturelles Erbe, Tradition). Weist auf Tradition (z. B. einer Marke) oder historische Wurzeln hin, z. B. wenn alte Originale aus Archiven als Inspiration für das Design neuer Modelle herangezogen werden.

Originals (engl. für Originale, Originalfassungen). Hinweis zur Betonung der (Marken-) Tradition und Herkunft.

Urbanwear/Urban Fashion. Bezeichnung für städtisch-progressiven Bekleidungsstil.

Utility (engl. für zweckmäßig, nutzenorientiert). Im Zusammenhang mit Denim und Casuals bezeichnet der Begriff eine stilistische Nähe zu Dienst-, Berufs- und Arbeitskleidung, zeigt funktionelle Merkmale.

Vintage (engl. für alt, gebraucht, aber wertgeschätzt). Modewort, das den Bezug auf die Tradition einer Marke, eines Modells, einer Kollektion o. Ä. herstellt. Kann auch heißen: echte Secondhandmodelle oder mit Secondhand-Appeal.

Teure Baggy

Es ist eine Frage des persönlichen Geschmacks, ob beim Herunterbeugen in Hüftjeans oder in Baggies ein Tattoo sichtbar werden soll. Manche junge Menschen finden das toll, andere qualifizieren dies eher als „prolo" ab. Älteren, konservativ eingestellten Menschen drehte sich anfangs fast der Magen um, als sie die Kids in Baggies sahen. Mittlerweile hat diese Hose selbst bei Erwachsenen ihre Anhänger. Sie polarisiert und fordert Verständnislosigkeit und Häme heraus.

Aber von einem Verbot war hierzulande noch nicht die Rede. Anders in den prüden USA. Etliche Gemeinden des Bundesstaates Louisiana sollen das Tragen der Hosen mit dem tiefen Schritt unter Strafe gestellt haben. In Delcambre etwa kosten Verstöße angeblich bis zu 500 Dollar oder bis zu sechs Monate Haft.

schützt ihrer Arbeit nachgehen mussten und schwere Lungenschädigungen davon trugen. Das kann kein Effekt der Welt wert sein. Da viele der Effekte bei den Jeans per Handarbeit angebracht werden müssen, sind die Produzenten in Niedriglohnländer ausgewichen, wo weniger Gesetze und noch weniger Kontrollen auch schwierige Arbeitsprozesse noch möglich machen. Hier lässt sich inzwischen die Tendenz erkennen, auch den Arbeitern in fernen Ländern den Schutz angedeihen zu lassen, der in der westlichen Welt Standard ist – als Selbstverpflichtung trotz fehlender Vorschriften.

JEANS SIND DEMOKRATISCH

Jeans werden überall auf der Welt getragen, von Arm und Reich und von Jung und Alt. Mit Jeans liegt man selten falsch, wenn man keinen Dresscode erfüllen muss. Man kann nicht gleich erkennen, ob der Jeansträger seine Freizeit darin verbringt oder ob er freie Zeit hat, weil er keine Arbeit findet. Jeans egalisieren die Unterschiede zwischen Männern und Frauen, Generationen und Gehaltsklassen – zumindest auf den ersten Blick – und blitzen sogar unter mancher Burka hervor. Jeans hätten vielleicht sogar das Zeug zu mehr, machen aber am meisten Freude, wenn sie nicht instrumentalisiert werden. Aus den Blauen sollte kein Blues werden.

Jeans im Used Look

Stoffe & Waschungen

BESCHICHTUNG
Ganz oder partiell aufgebrachte Glanz- und Metalleffekte oder Muster.

BUFFIES, WHISKERS
Nach dem Konfektionieren durch manuelles Schmirgeln, Stauchen und Fixieren künstlich eingebrachte Querfalten im Leistenbereich. Ähnelt Katzenschnurrhaaren (engl. whiskers).

DENIM
Das Material, aus dem die Blauen (Blue Jeans) sind. Ein robuster Köper (mit Diagonalstruktur), bei dem die Kette (längs) mit Indigoblau gefärbt ist und der Schuss (quer) ungefärbt rohweiß bleibt.

DESTROYED
(Engl. für zerstört). Die aufwendig und per Hand eingebrachten dekorativen Zerstörungen (wie Risse oder Schnitte) bei Jeans.

ENZYM WASHED
Ein Ausrüstungsverfahren, bei dem über Enzyme die Farbe teilweise aus dem Stoff herausgelöst wird.

FADE-OUT
(Engl. für Verblassen, Ausbleichen, Auswaschen). Gebrauchte, wie von der Sonne gebleichte Optik.

Waschung und Ausrüstung geben der Jeans ein individuelles Gesicht (v. l.): Colour Denim, Used-Look, Mill washed, Overdyed, Black Denim.

FAIRTRADE COTTON
Die verarbeitete Baumwolle wurde unter den Richtlinien des fairen Handels gewonnen und gehandelt.

FINISH
(Engl. für Ausrüstung, Endbearbeitung). Sammelbegriff für die Bearbeitungsprozesse bei Denim-Geweben oder an fertigen Teilen am Ende der Prozesskette.

FLATS
Sammelbegriff für Flachgewebe aus Baumwolle. Flache, sportive Stoffe wie Gabardine, Popeline, Canvas, Twill etc., die als Alternativen zu Denim gelten.

HEAVYWEIGHT
(Engl. für schwergewichtig). Besonders feste, schwere Denimqualitäten, ab 14 oder 15 oz und mehr.

LIGHTWEIGHT
(Engl. für leichtgewichtig). Besonders leichte Denimqualitäten von ca. 7 bis ca. 10 oz., z. B. für Sommermode.

MILL WASHED
(Engl. für fabrikgewaschen). Für den Used-Look vorgewaschene, unverarbeitete Stoffe.

MOUSTACHE
(Frz. für Schnurrbart). Sammelbegriff für künstlich eingebrachte Sitzfalten.

REPAIRED LOOK
Modell mit künstlichen Ausbesserungen, z. B. geflickten Stellen.

SANDED, SAND WASHED
Sandgestrahlte (ökologisch bedenklich) oder mit Sand getumblete, fertig konfektionierte Jeans.

SHADE
Farbton.

STITCHING
(Engl. für Sticken). Bestandteil und Merkmal jeder Jeans sind die auffälligen kontrastierenden Steppnähte an Taschen, Verschluss, Bund, Gürtelschlaufen, Schrittnaht und den Säumen, traditionell mit kräftigem gelbem Baumwollgarn.

STONEWASHED
Mit Bimssteinen getumblete Jeans, um Used-Effekt (→ *Used*) zu erzielen.

USED
(Engl. für benutzt, getragen). Sammelbegriff für chemisch oder mechanisch erzielte Abnutzungseffekte, damit Jeans wie bereits getragen aussehen.

WORN-EFFEKT, WORN IN
(Engl. für eingetragen). Optik, z. B. mit Sitz- und Bewegungsfalten, die Jeans gebraucht aussehen lässt.

Fotos Stoffmuster: Mustang

Viele Schritte führen zum fertigen Stoff

Original Jeans bestehen aus einem buntgewebten Stoff: Indigoblaue Kette verbindet sich auf dem Webautomaten mit dem weißen Schuss zum typischen Köpergewebe mit festem Griff. Dahinter steckt ein aufwendiger, anspruchsvoller Prozess. Zunächst wird die weiße Kette mit Indigoblau gefärbt. Den früher natürlichen Farbstoff ersetzt in der heutigen Produktion ein synthetischer, der dennoch genauso empfindlich reagiert. Denn die zunächst grüne Farbe verwandelt sich mit Sauerstoff in Blau. Entsprechend müssen alle Schritte in einem Rutsch passieren, weil sich bei Stillstand unerwünschte Farbabweichungen ergeben. Man spricht deswegen von einem kontinuierlichen Prozess.

(1) Indigokettfärbeanlage: Deutlich sieht man rechts die weiße Kette und wie sie dann Schritt für Schritt durch ein blaues Färbebad geführt wird. Je öfter die Kette durch das Farbbad geht, umso dunkler wird das Ergebnis.

(2) Blau gefärbte Indigokette: Man sieht, wie die Färbung dunkler schattiert.

(3) Trockenanlage: Nach dem Färben werden die blauen Kettfäden auf den großen beheizten Walzen getrocknet.

(4) Die noch klebrigen Kettfäden werden über Stangen geteilt und voneinander separiert.

(5) Vorbereiten der Kette für einen Schaftwebstuhl. Jeder einzelne Kettfaden wird in Lamellen und Litzen eingezogen.

6) Blick in den Denim-Websaal bei *Hecking*.

(7) Fadenübergabe: Man sieht, wie der weiße Schussfaden durch die Kette gezogen wird.

(8) Sanforisierung: Der fertig gewebte Denim wird mit Sanfor ausgerüstet. Damit wird eine kontrollierte Schrumpfung erreicht, die dem Konfektionär sagt, worauf er sich bei der Weiterverarbeitung mit zusätzlichen Waschgängen einlässt. Letztlich werden so exakte Passformgrößen erzielt.

(9) Endstadium der Sanfor-Ausrüstung: Trockenwalzen dampfen den Sanforschaum ab.

(10) Waschprüfung: In riesigen Waschmaschinen werden Beinabschnitte aus Denim gewaschen.

(11) Stonewash: Hosenbeine werden mit Steinen gewaschen. Hier geht es um eine Qualitätsdemonstration, die dem Konfektionär zeigen soll, wie sich die Ware nach verschiedenen Waschgängen in Richtung „Used Optik" verändert.

Alle Fotos: Hecking-Denim aus dem Hause Becker Tuche

7/8-Jeans

Bootcut

Karotte

Passformen

BAGGY
(von engl.: Bags = Beutel). Bezeichnet locker geschnittene Hosen mit deutlich vertieftem Schritt.

BIB OVERALL
Engl. für Latzhose.

BIKER-JEANS
Optische Verstärkungen speziell am Knie, in Stoff oder Leder, ähnlich den Lederhosen der Motorrad-Sportler.

BOOTCUT
Ab dem Knie mehr oder weniger weit geschnittene Jeans. Begriff leitet sich davon her, dass dieser Schnitt das Tragen von Boots (Stiefeln) ermöglicht.

BOYFRIEND
Männerjeans für Frauen, gerader Schnitt bzw. weiteres Bein. Teils wurde der Schnitt zum Saum auch so verkürzt und verjüngt, dass die Boyfriend zu High Heels passt.

CULOTTE
(Frz. für Hosenrock). Meint bei Jeans den weitgeschnittenen, nicht direkt als Hose erkenntlichen Reiterrock weiblicher Gauchos.

FIVE-POCKET
Hose oder Jeans ohne Bundfalten, mit zwei Fronttaschen, zwei Gesäßtaschen und einer zusätzlichen Uhrentasche rechts vorne.

FLARED
Spezieller Schnitt, bei dem die Hosenbeine von der Leiste an gleichmäßig weiter werden.

HIGH WAIST
(Engl. für hohe Taille). Mit der Mode wechselnde Positionierung des Hosenbundes, dem Sitz der natürlichen Taille folgend hoch angesetzt.

JOGG-PANTS
Abkürzung von Jogging-Pants, um bei Jeans und anderen Hosen Verwechselung mit Sportkleidung zu vermeiden. Zeigt Details wie Jerseybündchen an Fuß und Taille, Taillendurchzüge mit Bindebändern etc.

JEGGINGS
Hautnahe Mischform von Jeans und Leggings.

Fotos: l.: Michèle; m.+r.: Mustang

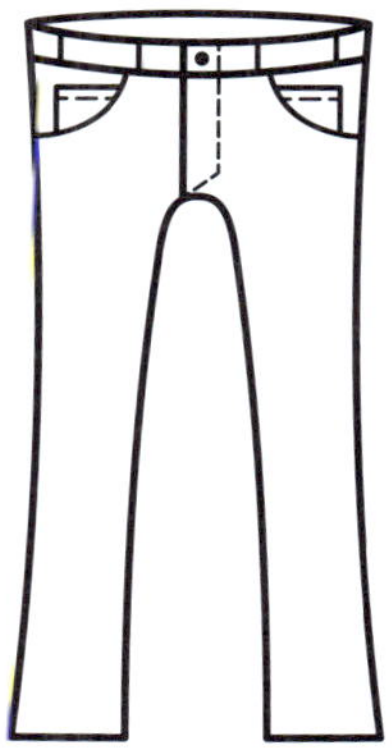
Bootcut

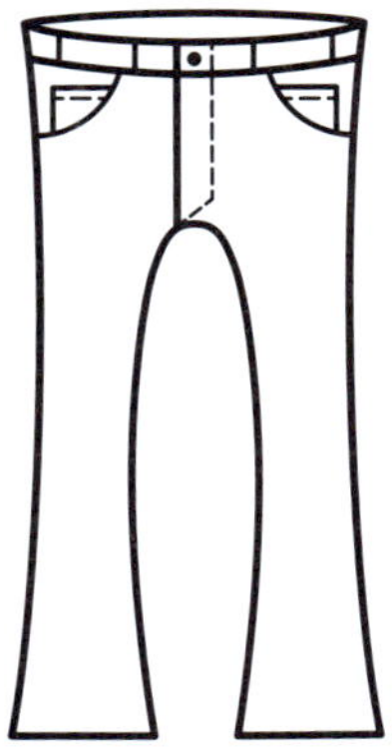
Flared

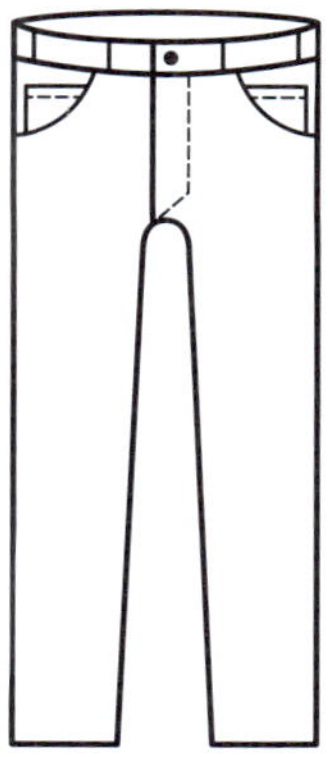
Regular Fit

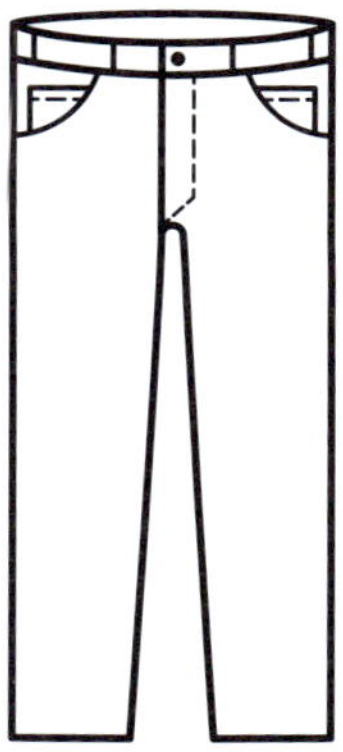
Straight

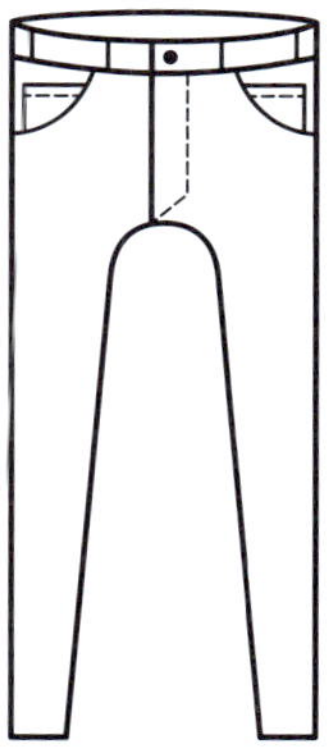
Skinny Fit

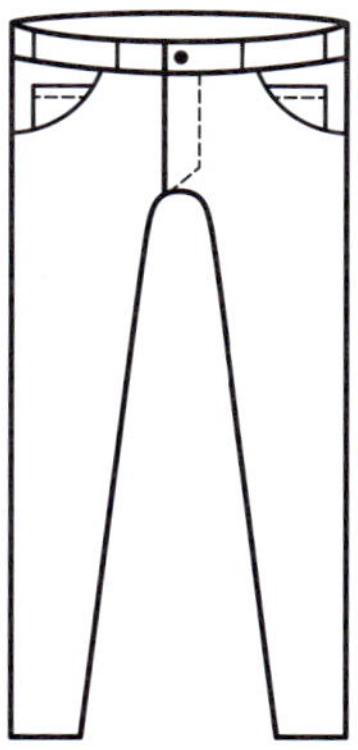
Slim Fit

Low-Waist

Röhre

KAROTTE
Mit hohem Bund und eher bequemer Gesäßweite läuft die Jeans wie eine Karotte nach unten konisch aus.

LATZHOSE
Jeans mit Brustlatz und Trägern. Ursprünglich Arbeitskleidung, Ende vergangenen Jahrhunderts zu Jeanswear gestoßen.

LOW WAIST
Jeans mit mehr oder weniger vertieftem Bund.

LOOSE FIT
Klassischer Schnitt, bei dem die Hose an der Hüfte locker anliegt und die im Schritt und an den Oberschenkeln weit ist. Keine reine Jeansform, sondern ein Oberbegriff für weite Schnitte.

OVERSIZED
(Engl. für überdimensioniert, zu groß). Meist verwendet im Sinne von: deutlich größer geschnitten als notwendig.

REGULAR FIT
Gerade geschnittene Five Pockets, schlank bis körperumspielend.

RÖHRE
Sehr eng geschnittene Jeans mit schmaler Fußweite.

SCHLAGHOSE
Ausgestellte Bell-Bottoms (= „Glockenfuß“), Highlight der 70er-Jahre mit hoch angesetztem Bund und, teils ab Knie, superweit ausgestelltem Saum.

SKINNY
Hautenge Passform, noch schmaler geschnitten als die Röhre. Enthält Elasthan, damit sie sich perfekt an den Körper anpasst.

SLIM FIT
Eng geschnittene Jeans, die an Po und Oberschenkel eng anliegt; die Hosenbeine sind aber so geschnitten, dass sie dort nicht direkt auf der Haut aufliegen, sondern körpernah sitzen.

STRAIGHT
Vom Bund bis zum Fuß gerade geschnittene Jeans in gemäßigter Weite.

WAIST OVERALL
Historischer Begriff für Schutzanzug. Die aus der Arbeitskleidung stammende, ursprüngliche Bezeichnung für Jeans.

POLOS, SHIRTS & STRICKWAREN

Anschmiegsame Maschen

An Maschenware ist nichts steif, hart oder unbequem. Die Herstellungsart alleine garantiert Schmiegsamkeit. Maschenware braucht in der Regel keine Beimischungen von Elastan, hat sie es doch, dient das der Formwahrung. In der Damenmode ersetzen die textilen Schmeichler häufig die gewebten Stoffe und kommen als Oberteil auch im Beruf kragenlos vor. Bei den Männern bleiben die kragenlosen Shirt-Formen der Freizeit vorbehalten, mit gestricktem oder konfektioniertem Kragen ersetzen sie auch im Beruf gerade bei warmen Temperaturen immer öfter das klassische Oberhemd.

Eigentlich kommt das T-Shirt von der (Männer-)Unterwäsche oder vom Sport. Doch lassen sich aus dem leichten und elastischen Material auch Kleider, Tuniken, Schals, Shirtjacken und vieles andere mehr für die Damenmode schneidern. Einmal adaptiert sind gewirkte oder gestrickte Textilien aus dem Alltag nicht mehr wegzudenken. Beim Sport ausgeliehen haben sich die Designer auch die etwas schwerere Sweatshirtware, die zu indoortauglichem Strickjackenersatz sowie natürlich zu den bei der Jugend so beliebten Hoodies (Kapuzenjacken) verarbeitet werden. Für die Damen haben diese Teile gelegentlich kurze Ärmel und sind je nach Trend mehr oder weniger aufwendig bestickt.

Das reicht als Dekoration für T-Shirts meist gar nicht mehr aus. Sie sind bestickt, haben Strass-Applikationen, Folien- oder Motivdrucke und zeigen gerne mehr oder weniger witzige Statements auf Vorder- und/oder Rückseite bei den Damen. In dezenterer Farbigkeit halten die Herren dabei mit, bei ihnen sind allerdings neben den Statements eher die schlichteren Zahlen- und Buchstabenmotive und immer wieder Ringel und alles Maritime beliebt.

VOM OBERTEIL ZUM BEINKLEID

Sweat- und T-Shirt-Ware fürs Bein kommt auch aus der Sportszene. Selbst die Strickbündchen sind für die City freigegeben. Neuer sind jedoch sogenannte Jogg-Pants, die zwar die Ware und deren Lässigkeit gekapert haben, aber eher wie „richtige" Hosen geschnitten sind, wenn auch in einer jüngeren Variante mit mehr oder weniger vertieftem Schritt. Das ist eine Modeerscheinung, da mit ihr jedoch das Signal und der tatsächliche Mehrwert äußerster Bequemlichkeit einhergehen, wird das Material sicher seinen Platz im Hosengeschäft behaupten. In der Sportmode bleibt es sowieso immer aktuell.

VON INNEN NACH AUSSEN

Den Sprung in eine andere Bekleidungskategorie haben die verschiedenen Jerseys als ehemalige Sportmaterialien bei Männern und Frauen. Selbst traditionell gepolte Hersteller in der HAKA haben (nach dem Vorbild diverser italienischer Designer) Wirkware für Sakkos verarbeitet und das auch noch weitgehend ungefüttert – eine echte Revolution. Damit die Sakkos in Form bleiben, sollte es sinnvollerweise eine stabilisier-

Unisex-Strickjacke

Pullunder

Strickjacke mit Rollsaum an den Ärmeln

te Ware sein, dann kann man Formwahrung voraussetzen. Das Innenleben können Nahtpaspeln, gerne auch in Kontrastfarben oder -stoffe zieren, ein Futter im Schulterbereich und/oder in den Ärmeln erleichtert das Anziehen und bewahrt den guten Sitz. Auch für Damenblazer kommen die Jerseys in verschiedenen Gewichten gelegentlich in dezenter Kleinmusterung oder mit Ringeln zum Einsatz. Hier wird ebenfalls mit Innen-/Außeneffekten gespielt. Selbst im Bikerstil sind die Jacken aus Maschenware zu stylen. Pflegeleichte Fasermischungen erhalten die Freude am bewegungsfreundlichen Teil.

DIE MASCHEN DER MODE

Viel Verschiedenes gibt es bei „echten" Strickjacken und winterlichen Pullovern. In der DOB gesellen sich zu den traditionellen hüftkurzen, fully-fashioned (bereits in Form) gestrickten Jackenformen und Strickblazer immer mehr oberschenkellange, oft verschlusslose Strickjacken. Die hüftkurzen Formen zeigten in der jüngeren Vergangenheit Jacquardmuster von geometrisch bis figurativ oder Drucke, die je nach Modetrend mal schlicht mal floral ausfallen können. Twinsets kommen und gehen mit den Modetrends. Die Herren gehen das Auf und Ab der Wellenbewegungen eher nicht mit und bleiben bei den traditionellen Längen von Strickjacken und Pullovern und das meist in uni oder uninahen Melangen. Für sie wurde jedoch die Farbpalette etwas mutiger. Kuschelig geht bei beiden Geschlechtern immer in Qualitäten von Acryl über Cashmere bis Lambswool und Merino und in vielen pflegeleichten Mischungen.
Haben sich bei den Damen neben dem klassischen Bundabschluss auch offene Formen oder Rollbündchen durchgesetzt, so bleiben die Männer meist bei der klassischen Variante. In der Freizeit sieht man jedoch auch bei ihnen Ansätze zu einem geraderen Abschluss, jedoch meist in Rippenstrick wie bei den eingehaltenen Bündchen.

Pullunder, die in der Vergangenheit in feinfädigem Strick auch gerne unter dem Anzug getragen wurden, sind heute eher selten und wenn man sie sieht, dann als Retrozitat bei den jüngeren Marken. Sie unterliegen ebenso wie die ärmellosen, gestrickten Westen und die gestrickten Blazer für Sie und Ihn dem Modewechsel. Das gilt auch für klassische Muster wie Norweger oder Fair Island, die in abgewandelter Form immer wieder einmal auf der Bühne der Mode auftreten. Dies geschieht jedoch nie mehr im „Original", also in seeluft-tauglicher rauer und grobfädiger Wolle, sondern nur als Inspiration und Look realisiert in feinen und vor allem leichten Garnen.

Fotos: l.: Windsor, r.o.: Stephanie Eckgold/Fotolia, r.u.: Schneiders Salzburg

Hoodie

Troyer

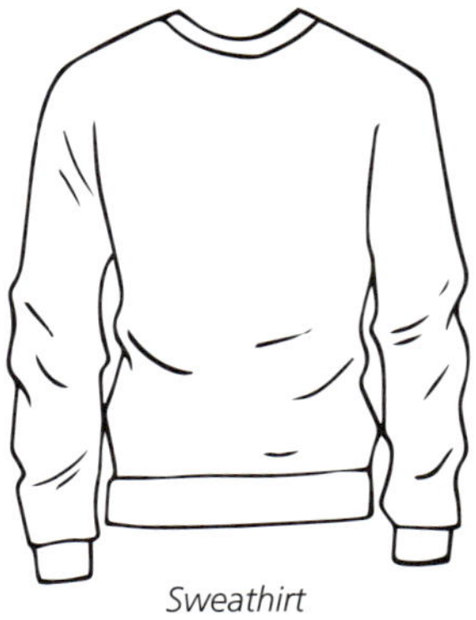

Sweathirt

Sweatjacke

Weste

Langarm

HOODIE

„Hood" engl. für Kapuze. Kapuzen-Sweatshirt-Jacke aus sportiven Maschenstoffen. Auch modisch mit Artworks wie Prints, Stickereien, Badges verziert.

PULLOVER

Engl. für Überzieher. Auch Jumper oder Sweater. Verändert seine Aussage durch die Form, Struktur und Material nach der jeweiligen Mode. In unterschiedlichen Gewichtsklassen, gestrickt.

SWEATSHIRT

(Engl. für. Schwitzhemd). Ursprünglich kragenloses, legeres Oberteil mit langen Ärmeln für Sport- und Outdoor-Aktivitäten aus gerauter Futterware zur Schweißabsorption. Heute auch aus funktionellen Materialien oder Fleece. Modisch häufig gepatcht, allover oder platziert bedruckt, bestickt oder anderweitig verziert.

SWEATJACKE

Hat seine Wurzeln im Radsport. Heute Bestandteil der jungen Casual- oder Campusmode. Meist mit den typischen senkrechten oder nur leicht geneigten Kängurutaschen.

TROYER

Auch Seemannspullover oder Isländer. Pullover mit Kragen, der durch einen kurzen Reißverschluss oder Knöpfe am Kragen geöffnet und geschlossen werden kann. Ursprünglich wärmende Arbeitsbekleidung aus grober Strickwolle.

LEXIKON Shirts

Army-Shirt, Henley-Shirt. Im *Zweiten Weltkrieg* war das kragenlose T-Shirt mit kurzer Knopfleiste Unterkleidung der amerikanischen GI's.

Druck-Shirt. Das Shirt wird mit Applikationen versehen, bedruckt und verziert. Die Prints können Mode oder Gesinnung repräsentieren.

Lacoste-Shirt. Die Erfindung des Polos wird dem Wimbledonsieger und Daviscup-Sieger *René Lacoste* zugeschrieben. Er erfand das Tennishemd, das er aus dem Polohemd entwickelte, mit dem Krokodil als Markenzeichen („Le Crocodile" war sein Spitzname). Das Original „1212" hat kurze Ärmel und gerippte Säume, es ist weiß und aus „Jersey Petit Piqué".

Weste

GILET, WESTE

Eng anliegend, meist taillenlang und ärmellose, aber auch mit Halbarm und in Hüftlänge in der DOB. Mit Knopf- oder Reißverschluss. Aus konfektionierter Maschenware oder Strick.

PULLUNDER

Engl. für zum Drunterziehen (von Bluse oder Hemd). Ärmelloses Strickteil mit unterschiedlichen Halsausschnitten.

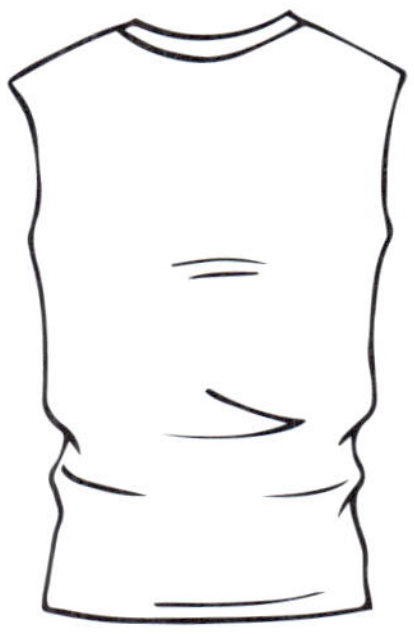

Muskelshirt

Poloshirt

Ringer-Shirt

Klassisches T-Shirt

Kurzarm & ärmellos

Tanktop

BOXER-SHIRT, RINGER-SHIRT

Ärmelloses Shirt mit extrem eingezogener Schulterpartie, auch im Rücken überkreuzt. Für mehr Beweglichkeit der Arme.

MUSKELSHIRT

Mit angeschnittenen, nur leicht verbreiterten Schultern oder angedeuteten Ärmeln.

NECKHOLDER-TOP

Rückenfreies Oberteil, bei dem die Träger hinter dem Nacken verlaufen oder im Nacken geschlossen werden.

POLOSHIRT

Angeblich angeregt durch das 1901 vom Maharadscha von Jodhpur getragene quer gestreifte, rund ausgeschnittene und hüftlange Trikothemd, das er zum Polospiel trug. Heute übliche Bezeichnung für ein Hemd in Piqué-Struktur mit flach anliegendem Strick- oder Stoffkragen mit Knopfleiste oder Zipper.

SCHULTERTOP

Allgemeine Bezeichnung für kleines, schmal geschnittenes Oberteil mit Trägern.

SPAGHETTITRÄGER-TOP

Varianten zum klassischen Top mit sehr dünnen Trägern, die über die Schultern geführt werden. Gern auch mit Raffungen im Vorderteil und verziert.

TANKTOP

T-Shirt im Schnitt eines ärmellosen Unterhemdes. Nach dem Unterhemd der Panzerfahrer („Tank" engl. für Panzer) benannt. Oft markant gerippt.

T-SHIRT

In T-Form mit geradem Rumpf und an senkrechter Schulternaht angenähten, gerade geschnittenen Halbärmeln.

TOP

Bezeichnung für kleine Oberteile aus Maschenware. Die klassische Variante ist das Tanktop. Modische Attribute sind geometrische Ausschnitte. Meist eng anliegend, aber auch volumig oder länger in Layering-Formen.

OUTDOOR-, SPORT- UND FUNKTIONSKLEIDUNG

In Bewegung bleiben

Kaum eine andere Bewegung hat so viel textilen Markt erzeugt wie die, in Bewegung zu bleiben und Sport zu treiben. Der Outdoor- und Sportmarkt ist riesig und wächst immer noch. In seinem Gefolge haben Funktionsmaterialien Einzug in die Alltagswelt genommen. Die darwinsche Formel des „Survival of the fittest", des Überlebens des am besten Vorbereiteten, hat damit eine neue Dimension erfahren. Fit muss man sein, wenn man erfolgreich sein will und um die Anforderungen des modernen Stadt- und Berufslebens erfüllen zu können. Deshalb sendet eine sportliche Erscheinung das Signal aus: Ich kann es! Sport(-liche) Kleidung ist zur Uniform der Erfolgreichen geworden.

Funktionsunterwäsche (rechts) unterstützt den Feuchtigkeits- und Temperaturausgleich unter der Winterbekleidung.

Der moderne Mensch ist ein Stubenhocker par excellence. Sitzend in Bahn, Bus oder eigenem PKW erreicht er seinen Arbeitsplatz. Tagsüber sitzt er vor dem PC und geht seiner Arbeit nach. Am Feierabend fällt er müde in den Sessel und bleibt dort vor dem Fernseher sitzen, bis er eingeschlafen ist, oder er guckt – jetzt freiwillig und immer noch sitzend – konzentriert auf Smartphone, Tablet oder Bildschirm, um z. B. grausige Kreaturen mit noch grausigeren Waffen zu besiegen. Dieser Bewegungsmangel ist ebenso weit verbreitet wie überaus schädlich für eine Kreatur, die den aufrechten Gang nur deshalb erfunden hat, weil man auf zwei Beinen weitere Strecken überwinden konnte als auf vieren. Laufen ist daher unsere ureigene Hauptaktivität – nicht das Sitzen.

WIRKUNG WISSENSCHAFTLICH BELEGT

Es ist also nicht die Erkenntnis neuzeitlicher Fitnessgurus, dass Laufen dem Menschen guttut. Nun haben wir Menschen im Verlauf zunehmender Zivilisation auch einige degenerative Krankheiten davongetragen, die sich durch die Wahl des geeigneten Laufunterstützers – der Schuhe – nicht ganz beheben lassen. Doch da hat sich Abhilfe entwickelt. Wenn wir draußen laufen wollen, gibt es neben dem Rennen oder Joggen mit dem Walken, auch dem Nordic Walking, Alternativen mit gutem Trainingseffekt ohne Höchstgeschwindigkeiten. Für alles braucht man die passende Kleidung, beim Nordic Walking auch noch geeignete Hardware mit den entsprechenden Stöcken.

Sport an der frischen Luft ist gesund und Höchstleistungen erzielt man, wenn die Ausrüstung stützt statt stört. Sportkleidungshersteller versorgen mit großem Aufwand und hervorragender Werbewirkung Topathleten weltweit bei Großereignissen und im Training. Die dabei gewonnenen Erkenntnisse kommen auch dem Freizeitsportler zugute. Dafür wurden die bekleidungsphysiologischen Wirkweisen der verschiedenen textilen Materialien an sich und in Kombination miteinander getestet und optimiert, sodass der Sport treibende Mensch ein breites Angebot an funktionalen Kleidungsstücken vorfindet, deren Wirkung wissenschaftlich belegt ist.

BALANCE DER KÖRPERKERNTEMPERATUR

Alle Gleichwarmblüter verfügen über eine körpereigene Klimaanlage: die Thermoregulation. Dazu braucht es die Schweißdrüsen. Die Haut hat eine Unzahl davon. Sie bilden ganz automatisch, sobald der Körper durch Anstrengung oder erhöhte Außentemperaturen zu überhitzen droht, einen feinen Flüssigkeitsfilm auf der Haut, der durch Verdunstung kühlt. Genauso automatisch reguliert der Körper auch den Kältereiz. Ist er relativ gering, bildet sich die sogenannte Gänsehaut. Durch die sichtbaren „Pocken" vergrößert sich die Hautoberfläche, um so mehr Wärme aufnehmen zu können. Bei größerer Kälte fangen die Muskeln unwillkürlich an zu zittern, um damit selbst Wärme zu erzeugen. Das kann bis zum Schüttelfrost gehen.

Der menschliche Organismus sorgt dafür, dass seine Körperkerntemperatur weitgehend konstant bleibt. Die Körperkerntemperatur bezeichnet dabei die Temperatur der lebenswichtigen inneren Organe, sie liegt im Normalfall zwischen 36,3 und 37,4 °C. Das ist die Temperatur, bei der deren optimale Funktion gewährleistet ist. Während des Tages unterliegt die Körperkerntemperatur natürlichen Schwankungen mit leich-

Alles fürs Running: Shirts und Hosen sind ergometrisch geformt und schützen gegen Wind und Kälte.

ter Absenkung in der Nacht und anschließender Erhöhung nach dem Erwachen, jedoch selten mehr als ein halbes Grad. Bei körperlicher Anstrengung bei Sport oder Arbeit steigt sie um etwa 2 °C an. Schwankungen müssen in engen Grenzen gehalten werden. Schon geringe Abweichungen nach oben und unten können schwere, teils irreversible Gesundheitsschäden verursachen.

Die Notwendigkeit der Thermoregulation

Körpertemperatur	Bezeichnung
ab 44 °C	Tod durch Zerstörung körpereigener Eiweiße und Enzyme
42 °C	Kreislaufversagen
40–42 °C	sehr hohes Fieber, Krämpfe (Hyperthermie)
39,1–39,9 °C	hohes Fieber
38,6–39,0 °C	Fieber
38,1–38,5 °C	leichtes Fieber
37,5–38,0 °C	erhöhte Temperatur
36,3–37,4 °C	Normaltemperatur
35 °C	Untertemperatur
33 °C	Unterkühlung (Hypothermie)
unter 27 °C	kann tödlich sein, extrem verlangsamter Herzschlag
unter 20 °C	Kältetod

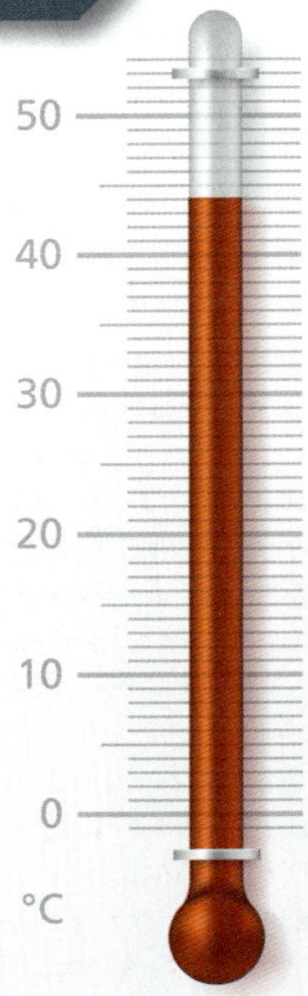

UNTERSTÜTZUNG DURCH FUNKTIONSMATERIALIEN

Während eines Marathonlaufs z. B. steigt die Körpertemperatur auf etwa 39 °C an. Diesen Temperaturanstieg versucht der Körper herunterzukühlen, um die Leistungsfähigkeit der inneren Organe zu gewährleisten, was mit großem Energieverbrauch verbunden ist, für den Körper also Schwerstarbeit bedeutet. Auf der anderen Seite ist eine erhöhte Körpertemperatur auch eine Voraussetzung für körperliche Leistungen. Aufwärmen verbessert verschiedene physiologische Prozesse wie z. B. Schnellkraft und Maximalkraft. Zudem sinkt die Verletzungsgefahr. Also muss im Umkehrschluss auch ein Absinken der Temperatur durch Wind oder in Ruhepausen verhindert werden. Balance ist gefragt.

Das können Funktionsmaterialien leisten. Sie unterstützen die natürliche Thermoregulation des Körpers, indem sie in Hautnähe ein Mikroklima schaffen, das im Komfortbereich liegt. Die klassischen Funktionen Wasserdichtigkeit, Winddichtigkeit und Atmungsaktivität bilden die Basis dafür. Doch ohne das bekannte Zwiebelschalenprinzip funktioniert das Ganze nicht. Von der Funktionsunterkleidung bis zur äußeren Bekleidungsschicht muss alles aufeinander abgestimmt sein. Ist eine Schicht nicht geeignet, funktioniert das System insgesamt nicht. Zweck ist zum einen die Ableitung von Schweiß und Wärme aus der Hautnähe an die Außenluft, mittels der sogenannten Atmungsaktivität. Zum anderen braucht der Körper eine Isolationsschicht, um nicht auszukühlen und als Letztes sollte die Außenhülle die Funktion bis zur Abgabe an die Außenluft gewährleisten und sicher vor eindringendem Wind und Regen (wind- und wasserdicht) schützen. Dieses Anforderungsprofil trifft auf Kleidung für fast jede Outdooraktivität und jeden Freiluftsport zu.

Verarbeitung einer hydrophilen Membran von Sympatex®

Hightech-Helfer beim Sport

Wärmen, kühlen, trocken halten, ausgleichen und Muskeln stützen – Funktionsmaterialien für den Sport müssen vieles leisten, um die Leistungsfähigkeit der Sportler zu bewahren. Dabei geht es immer um „Systeme“, seltener einzelne Materialkategorien, die im Mix zum gewünschten Ergebnis führen. Das sind in der Regel synthetische Fasern, Membranen oder Nanopartikel. In der Arbeitswelt, die ähnliche Anforderungen an die Materialleistungen wie der Hochleistungssport stellt, gibt es für den Flammschutz Produkte mit Wolle als Zwischenschicht oder Unterkleidung und eine spezielle Viskose mit flammhemmender Wirkung. Im Sport regieren die synthetischen Materialien, nicht zuletzt wegen ihrer pflegeleichten Eigenschaften und ihres geringen Gewichts.

MEMBRANEN

Als klassische Außenhülle eines Funktionsbekleidungssystems gelten die Membranverarbeitungen, von denen die Basisleistungen wasserdicht, winddicht und atmungsaktiv am besten erfüllt werden. Sie erreichen diese Funktionen auf sehr unterschiedliche Weise, sind aber besonders in Sachen Wasserdichtigkeit, angegeben in Metern Wassersäule, bei bestimmungsgemäßer Konfektionierung mit Nahttapes, thermisch verklebten Nahtüberdeckungsbändern, unerreicht. Der Wert der Wassersäule gibt an, wie viele Meter an Wasser über einer definierten Fläche stehen könnten, bevor der Druck so stark wird, dass Wasser durch das Textil dringt. Das stellt man sich am besten mit einer durchsichtigen, wassergefüllten Röhre vor, die auf dem Textil steht. Wenn dann Werte mit 10 m und mehr angegeben werden, kann man sich leichter vorstellen, warum man bei Regen trocken bleibt.

Auf dem Markt sind überwiegend zwei Kategorien aus drei Rohstoffen. Das sind

- die hydrophilen und
- die mikroporösen Membranen.

Hydrophil ist z. B. die **Polyester/Polyether**-Membran von *Sympatex*®, wobei der Polyetheranteil hydrophil ist. Mikroporös ist die *Gore-Tex*®-Membran aus gerecktem **Polytetrafluorethylen (PTFE)**, auch als Teflon bekannt. Es gibt aber auch mikroporöse Membranen aus **Polyurethan**, die jedoch weniger strapazierfähig sind als die anderen beiden Materialklassen.
Neben der Funktion der Materialien ist es wichtig, dass die Atmungsaktivität durch Konvektion (eine Pumpfunktion) unterstützt wird. Sie wird durch den Schnitt der Kleidung erreicht und hilft bei der Beförderung des Wasserdampfes an die Luft.
Der Grad an Atmungsaktivität wird als Wasserdampfwiderstandswert angegeben, je kleiner er ist, desto atmungsaktiver ist das Material.

Hydrophile Membran

Beginnt der Körper zu schwitzen, herrscht im Bereich zwischen Körper und Jacke im Laufe der Zeit eine größere Luftfeuchtigkeit als in der Umgebungsluft, d. h. die Konzentration an Wasserdampfmolekülen ist höher. Der Konzentrationsunterschied zwischen Jackeninnerem und Außenluft treibt die Wasserteilchen durch die hydrophilen Teile der Membran nach außen, da die Natur nach Konzentrationsausgleich strebt. Der Unterschied ist umso größer und wirkungsvoller, je kälter und trockener die Umgebung ist. Fällt z. B. warmer Regen, ist die Atmungsaktivität stark reduziert. Wasser- und winddicht ist die hydrophile Membran aufgrund ihrer geschlossenen Fläche.

Mikroporöse Membran

Der Transport der Wasserdampfmoleküle durch eine mikroporöse Membran geschieht durch die Poren und nicht mithilfe chemischer Bindungen wie bei den hydrophilen Membranen. Wasserdampfmoleküle sind

Membranen-Tests

Nicht nur im täglichen Leben, auch bei Outdooraktivitäten in der freien Natur wollen sich die Menschen in moderner Bekleidung komfortabel fühlen. Dabei geht es nicht nur darum, ob Kleidungsstücke angenehm zu tragen sind, sondern auch um physiologische Funktionen. Denn egal was der Mensch tut, er produziert immer Wärme, die bei sportlichen Aktivitäten bis zu 1000 Watt reichen kann. Komfort ist der Zustand, bei dem wir uns weder zu warm noch zu kalt fühlen, wenn es also ein Gleichgewicht zwischen produzierter und abgegebener Wärme gibt. Äußere Einflüsse wie Regen, Schnee, Wind, Kälte können dieses Gleichgewicht stören, ebenso wie das Schwitzen, das die Haut abkühlt.

KOMFORTTEST

Ein Unternehmen wie Gore-Tex stellt Versuchspersonen in Labors aufs Laufband und vergleicht die Laborergebnisse mit der subjektiven Wahrnehmung der Personen.

KÄLTETEST

Bei großer Kälte können Gewebe undicht werden. Das ist natürlich ein Problem für das Outfit von Bergsteiger oder Skifahrer. Gore-Tex unterzieht daher die eingesetzten Gewebe einem Kältetest. Dabei werden sie über mehrere Stunden bei extremen Temperaturen gekrumpelt und gedehnt, um zu erkennen, ob sie selbst bei tiefen Minusgraden dauerhaft wasserdicht bleiben.

REGENTURM

Membranen halten Outdoorkleidung wasserdicht. In aufwendigen Testverfahren, z.B. im Regenturm von Gore-Tex, wird jedes neue Teil geprüft. Ob Nieselregen oder Wolkenbruch, die unterschiedlichsten Regenbedingungen können im Regenturm so realitätsnah simuliert werden, dass schnell klar wird, ob die abgegebene Garantie „to keep you dry" auch eingehalten werden kann.

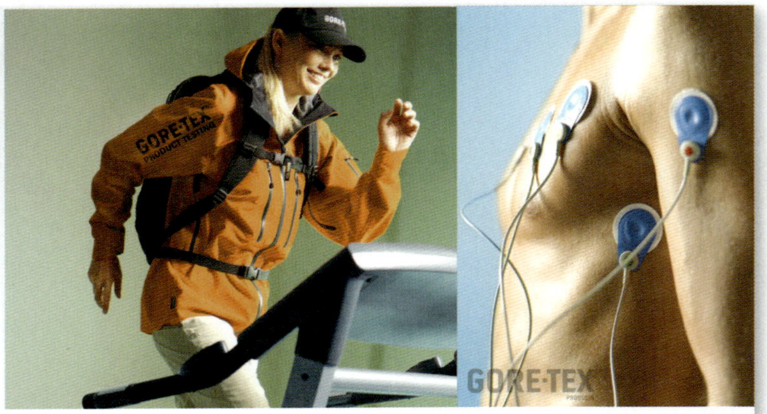

Komforttest

Kältebelastungstest

Regentest im Gore-Regenturm

GORE-TEX®-MEMBRANE

Die Membrane ist dauerhaft wasserdicht, absolut winddicht aber sehr atmungsaktiv. Das Material verfügt über mehr als 1,4 Milliarden Mikroporen pro Quadratzentimeter. Diese Poren sind 20.000 Mal kleiner als ein Wassertropfen, aber 700 Mal größer als ein Wasserdampfmolekül. Das macht die Membran absolut wasserdicht, Schweiß kann indes von innen nach außen verdampfen. Je nach sportlicher Anforderung gibt es unterschiedliche Membranen, die in zwei oder drei Lagen mit Oberstoff und Futter verbunden werden.

Funktionsweise: Die Membrane wird zwischen Obermaterial und Futter integriert.

Schweiß kann ungehindert verdunsten, Wasser und Wind aber können nicht von außen eindringen. Dadurch wird das Mikroklima in der Kleidung erhalten. Der Körper bleibt immer angenehm warm und trocken. Dabei muss man sich vor Augen halten: Selbst bei hoher körperlicher Anstrengung sammelt sich keine Feuchtigkeit in der Kleidung. Immerhin scheidet der Mensch schon beim normalen Gehen stündlich einen halben Liter Wasser in Form von Schweiß aus. Damit auch durch die Einstichlöcher beim Nähen keine undichten Stellen entstehen, werden sie mit Tapes komplett versiegelt.

GORE-SEAM®-Tape

Für Bergsport und Skitouren bieten Softshell-Jacken und -Hosen den absoluten Windschutz bei hoher Atmungsaktivität. Dafür stehen innovative Materialien wie etwa Gore-Windstopper®.

Fleecejacke

sehr klein und können die Membran problemlos passieren, um den Konzentrationsausgleich anzustreben. Der Widerstandswert ist entsprechend gering. Wasserdicht ist die mikroporöse Membran, weil Wassertropfen um ein Vielfaches größer sind als die Mikroporen. Sie können nicht eindringen. Die Winddichtigkeit ergibt sich durch die Struktur des Materials. Es hat unter dem Mikroskop eine Heckenstruktur, ähnlich einem sehr feinen Schwamm, in der sich der Wind fängt und nicht bis in Körpernähe durchdringt.

Membranverarbeitung

Membranen werden immer in Verbindung mit einem Oberstoff und einem Futter verwendet. Für geringere Ansprüche an die Funktion und höhere an den Modegrad verwendet man z. B. bei Jacken einen sogenannten **Liner**. Das ist eine lose zwischen Oberstoff und Futter eingearbeitete separate „Jacke" aus nahtversiegelter Membran.
Für die etwas anspruchsvolleren Fälle eignen sich die Laminate, feste Verbindungen der Membranen mit Oberstoff oder Futter bzw. mit beiden. Die eine Art für mittlere bis gehobene Ansprüche nennt sich **Zweilagenlaminat**, bei der die Membran unlösbar mit Futter oder Oberstoff laminiert wird. Sie kommen u. a. zum Einsatz als Wetterschutzhülle.
Beim **Dreilagenlaminat** sind alle drei Textilschichten untrennbar verbunden. Sie trotzen auch höchsten Anforderungen.
Beide Laminatvarianten können abhängig vom jeweiligen Außenmaterial sowohl als Softshell- als auch als Hardshell-Material verwendet werden.

KLIMAAUSGLEICHSMATERIALIEN

Die einen werden wirksam, wenn es gebraucht wird, die anderen arbeiten eher präventiv. Das gilt z. B. für die *PCM*-Komponenten (*Phase Change Material* = Material mit Aggregatzustandsveränderung), die z. B. unter *Outlast®* oder *Comfortemp®* im Markt sind. Gemeint ist die Veränderung der Aggregatzustände von festen Stoffen – von fest über flüssig zu gasförmig. Diesen physikalischen Effekt nutzen die *PCM*. Die Basis für die Nutzung des Effektes sind Kügelchen in Nanofeinheit, die mit einem paraffinähnlichen Material gefüllt sind. Diese Kügelchen werden entweder bereits beim Spinnprozess in die Fasermatrix integriert oder mit einem Ausrüstungsverfahren auf ein Textil aufgebracht. Wird Kleidung aus diesen Textilien gefertigt, so beginnt durch den Anstieg der Temperatur im Kleidungsstück die „Füllung" zu schmelzen und nimmt dabei Energie in Form von Wärme auf. Kühlt sich die Temperatur wieder ab, erstarrt die Füllung langsam wieder, wobei sie Wärme abgibt. Durch diese Prozesse, die sich unbegrenzt wiederholen können, werden Temperaturspitzen aufgefangen und der Komfortbereich gewahrt.
Neben den Funktionsmaterialien gibt es eine Vielzahl durch Ausrüstungsverfahren funktionalisierte Textilien, die z. B. durch Keramikpartikel Hitze abstrahlen oder durch Weißpigmente UV-Strahlen reflektieren. Sie alle haben ihre Berechtigung für die jeweiligen Einsatzzwecke und werden immer weiterentwickelt, um dem Verbraucher eine möglichst große Vielfalt an Auswahlmöglichkeiten zu bieten.

FLEECE DER ALLESKÖNNER

Als wärmendes Darüber, als Zwischenschicht oder innere Laminatlage, fluffig-leichtes Fleece aus superleichten synthetischen Materialien sind aus dem Sport nicht mehr wegzudenken. Als Weste, Troyer, Laufjacke oder auch Schal, Handschuh, Stirnband oder Mütze sorgen sie für angenehme Wärme ohne Beschwerung selbst bei Nässe und sind dazu noch sehr robust. Aufgrund ihrer Konstruktion, meist ist eine Maschenware die Basis, können sie nur durch eine laminierte Membran wasserdicht gemacht werden. Durch die Millionen von abstehenden textilen Faserenden durchnässen sie allerdings auch nicht so schnell und trocknen im Nu. Durch die eingeschlossene Luft als Isolator, die gute Windbeständigkeit und den geringen Wasserdampfwiderstand sind Kleidungsstücke aus Fleece ideale Sportbegleiter, die kaum etwas übelnehmen

Fotos: l. + m.: Schöffel, r.: Andrey Bondarenko/Fotolia

Laufen ist die Volkssportart Nummer eins.

Spezialisierung nach Sportart

Der moderne Mensch ist fokussiert. Das gilt auch für seine oft minutiös durchgeplante, weil rare, Freizeit. Deshalb will er bei seinen sportlichen Aktivitäten auch optimale Ergebnisse erzielen. Um das zu erreichen, vertraut er bei seiner Sportkleidung auf die Erfahrung von Spezialisten. Ist es den Wanderern, Walkern und Nordic Walkern noch relativ gleich, wie sie sich klimagerecht kleiden, solange sie sich komfortabel und geschützt fühlen, suchen Biker oder Wintersportler sehr gezielt nach spezialisierter Kleidung. Wichtig ist dabei immer der Kontakt zum Sportgerät, der optimiert sein muss.

Beobachtet man die Freizeitsportler bei der Ausübung ihrer Aktivitäten, scheint eines gelegentlich aus dem Blickfeld geraten zu sein: die Einschätzung des eigenen Könnens beim Sport und die realistische Beurteilung des eigenen Fitnessstandes. Wie dieser auch immer sein mag, gekleidet ist der Amateursportler wie ein Profi, weil er sich die Funktionen von dessen Kleidung „gönnt". Für die Branche ist das ein (Geld-)Segen. Der Begeisterung für den Sport tut es keinen Abbruch, im Gegenteil, es hat motivierende Wirkung. Da dieser Mechanismus auch mit den Sportgeräten so funktioniert, hat sich für einige Sportarten spezielle Kleidung für den Einsatz mit spezialisierten Geräten herausgebildet, wie z. B. beim Rad- oder beim Wintersport. Kleidung für Tennis oder Golf fußt eher auf deren Tradition. Wandern und Walken brauchen Wetterschutz, Joggen und Running Bewegungsfreiheit. Eine Mischung aus Bewegungsfreiheit, Wellness und Ästhetik muss die Kleidung für Yoga, Pilates, Taiji und Qi Gong bereitstellen. Modische Farbigkeit ist Trumpf. Bewegungsorientierte Schnittführung ist ein Muss, funktionelle Hightech-Materialien sind absolute Pflicht.

SCHUHE FÜR LAUFSPORTARTEN

Die Absolventen von Halbmarathon, Stadtmarathon und Firmenläufen kleiden sich wie die Profi-Leichtathleten. Für sie ist die Wahl des richtigen Schuhwerks von höchster Bedeutung. Der spezialisierte Handel

TIPPS zu Fehlstellungen des Fußes

- **Superpronation** beschreibt ein verstärktes Einknicken des Fußes nach innen und die damit verbundene Erhöhung des Verletzungsrisikos. Sowohl Einlagen als auch Pronationsstützen können Abhilfe schaffen.
- Bei **Supination** neigt sich der Fuß während des Laufens über den Fußrand hinweg nach außen. Dadurch werden Sehnen, Bänder und der gesamte Fußapparat überstark beansprucht und das Verletzungsrisiko ebenso wie bei der Pronation erhöht. Hier ist es besonders wichtig, einen Laufschuh mit ausreichend Dämpfung zu tragen.

Klimajacken und die richtig abgestimmten Laufschuhe mit speziellen Socken für Jogging und Walking sind unverzichtbar für den Sport.

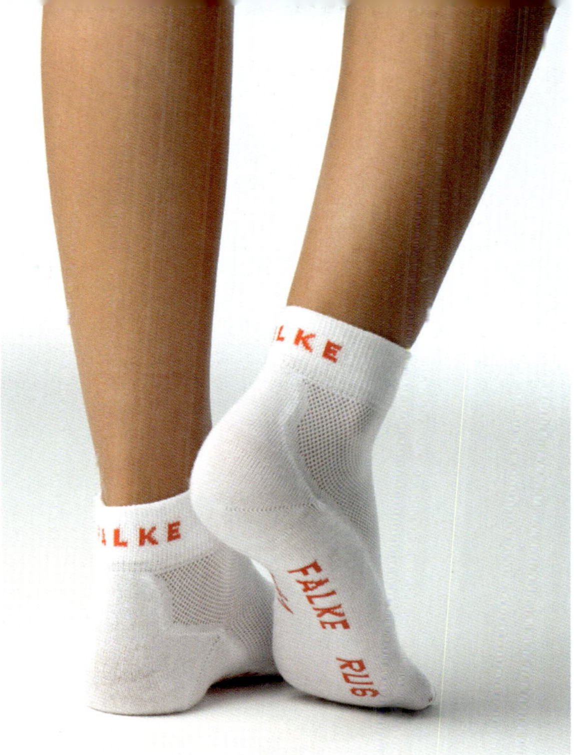

hält dafür eine fast unüberschaubare Auswahl bereit, einschließlich der Möglichkeit, sie am Fuß zu testen. Gute Fachverkäufer legen Wert darauf, Fehlstellungen des Fußes beim Laufen zu diagnostizieren und Superpronierern und Supinierern zum richtigen Schuhwerk verhelfen.

Damit beim Lauftraining nicht mehr kaputt als fit gemacht wird, ist der perfekte Sitz des Schuhs für den Lauf im Gelände der wichtigste Punkt. Wichtiger als die Marke und das Material ist die Unterstützung des Fußes bei der natürlichen Abrollbewegung. Weiter ist es beim Laufen besonders auf harten Untergründen wichtig, dass die Stöße aufgefangen und abgefedert werden. Das wird durch eine spezielle Sohlenkonstruktion gewährleistet. Darüber hinaus muss der Fuß im Schuh gut gehalten werden. Schuhe müssen „atmen", damit das Mikroklima im Inneren nicht zu schnell tropisch wird. Wasseraufnehmende und weiterleitende textile Futter, Membranen (→ *Abschnitt „Membranen", S. 305*) und wasserdampfdurchlässige Obermaterialien, meist Mesh- oder Netzqualitäten, helfen, übermäßigen Schweiß nach außen an die Luft zu transportieren.

KLEIDUNG FÜR LAUFSPORTARTEN

Im Sommer genügen ein luftiges Laufhemd und kurze Hosen mit viel Bewegungsfreiheit aus synthetischen, schnell trocknenden Materialien als Laufkleidung, ganz gleich in welchem Tempo man läuft. Beim Jogging bei kälteren Außentemperaturen müssen die Muskeln jedoch unbedingt warmgehalten werden. Das funktioniert am besten in langen Lauf-Tights, die den Muskeltonus stützen und leichten atmungsaktiven, aber gleichzeitig isolierenden elastischen Oberteilen – über Funktionsunterwäsche getragen. Für mehr Wärme sorgen Fleece-Oberteile mit und ohne Ärmel, Softshell-Laufjacken, Stirnbänder, Handschuhe und Mützen. Vor plötzlichem Regen schützen ultraleichte Regenhüllen, die sich verpackt ganz klein machen.

Eine relativ neue Tendenz sind neben den Laufstrümpfen mit polsternden und blasenvermeidenden Partien in unterschiedlichen Schaftlängen knielange stützende Strümpfe mit definierten Festigkeitsbereichen, die Krämpfe vermeiden und die Leistungsfähigkeit der Muskeln über eine längere Belastungsdauer bewahren helfen. Diese Funktion üben auch die unter den losen Laufshorts getragene oberschenkellangen Parts aus, wie man sie vom Fußball kennt oder die Funktionsunterhemden mit unterschiedlich festen Zonen, die aber häufiger bei den Ballsportarten zu finden sind.

TIPPS für Socken & Strümpfe

Socken und Strümpfe sind nicht nur wie die Funktionsunterwäsche bei Sportbekleidungssystemen für das Wärme- und Feuchtigkeitsmanagement zuständig. Sie sind sozusagen der Vermittler zwischen Fuß und Schuh und sollten tunlichst das Entstehen von Reibung mit der Folge der Blasenbildung vermeiden helfen. Dafür müssen sie ein paar generelle Anforderungen erfüllen:

- Sie brauchen eine gute Passform, dürfen nicht in den Schuh rutschen (Vorsicht bei Füßlingen!).
- Sie müssen Schweiß aufnehmen (zwischenpuffern) und schnell wieder abgeben, weiter transportieren können.
- Das Material muss hautfreundlich sein und blasenvermeidend. Meist ist es eine Mischung mit Baumwolle oder Wolle und Synthetics, häufig mit Silberionen gegen Geruchsbildung.

Funktionssocken

Wanderstiefel

Leichtigkeit und cleane Optik verbinden sich mit essenziellen Details wie Handstulpen, Sicherheits- und Handytaschen.

WANDERN

Wandern ist eine der beliebtesten Freizeitsportarten und kann von allen Altersklassen betrieben werden. Die Kleidung wird eher bestimmt vom Wo? und dem dort vorherrschenden Klima. Wichtiger als die Kleidung, die je nach Wetterlage nach dem bekannten Zwiebelschalenprinzip aufgebaut werden kann, sind die Wanderschuhe und nicht zuletzt die Strümpfe und Socken.

Ob im Gebirge oder auf dem Jakobsweg – das „Sportgerät" sind die richtig beschuhten Füße. Da Wandern im Gelände stattfindet und nicht auf asphaltierten Straßen, müssen die Schuhe besonderen Anforderungen genügen: Sie müssen unbedingt in der Größe passen. Stabiler Halt von Fuß und Knöchel, Spielraum für die Zehen auch beim Gehen bergab sowie Platz für dickere Socken und für die Füße, die bei Anstrengungen anschwellen können, sind unabdingbar. Deshalb sollten Wanderschuhe stabil und langlebig sein.

Bei der Konstruktion der Sohle zu beurteilen sind Profil, Abrollwiderstand, Dämpfungsfähigkeit und Steifigkeit. Das Material ist häufig noch Leder mit oder ohne Kunststoffverstärkungen oder Hightech-Material im Materialmix. Diese Varianten sind am häufigsten vertreten:

- **Hikingschuhe** sind für leichte Touren und Wanderungen (Wege durch Wald, Wiesen, Mittelgebirge) mit wenig Gepäck gedacht. In der Regel sind es halbhohe leichte Schuhe mit Schutz im Knöchelbereich.
- **Wanderstiefel** sind Schuhe für Wanderungen und Touren mit mittelschwerem Gepäck. Sie sind in der Regel aus Nylon und Leder, können mit wasserdichter Membran ausgestattet sein. Im Gewicht sind sie noch relativ leicht, mit fester Sohle und Stabilität am Knöchel.
- **Trekkingstiefel** sind für Touren mit schwerem Gepäck geeignet. Sie haben einen stabilen Schaft, gute Dämpfung, abriebfeste und griffige Laufsohlen mit Absatz und sind aus exzellentem Leder. Es gibt sie auch mit wasserdichter Membran. Die Sohle soll die Abrollbewegung mitmachen und unterstützen.
- **Alpinstiefel** bestehen meist aus starkem Leder (Gewicht!) oder Kunststoff (Schalenstiefel). Wichtiges Kriterium für Alpinstiefel ist die starre Sohle, die dem Steigeisen Halt gibt.

Achtung: Die Wahl der geeigneten Strümpfe und Socken ist bei allen besonders wichtig!

Nordic Walking

Mountain Biking

NORDIC WALKING

Jogger und junge sportliche Menschen lächeln häufig über den sanften Ausdauersport, bei dem „ältere Menschen Stöcke hinter sich herziehen". In der Tat lernen Menschen fortgeschrittenen Alters das Walken mit den Stöcken als Reha-Sport kennen. Lernt man jedoch die richtigen Bewegungsabläufe, geht dynamisch und kraftvoll, schleift weder die Stöcke hinter sich her noch „stöckelt" man ohne Kraftaufwand damit vor oder neben sich herum, dann ist diese Sportart eine ganzkörperliche, kardiologisch sinnvolle sowie muskelaufbauende und schweißtreibende Fortbewegungsweise für alle Altersklassen, die in sehr unterschiedlicher Intensität betrieben werden kann.

Die Kleidung kann analog dem Joggen gewählt werden. Als Schuhwerk kommen spezielle Walking-, Jogging- oder Trail-Schuhe infrage.

- Das Hauptmerkmal eines **Walking-Schuhs** ist die leicht gerundete Sohlenform („Schaukelstuhlform") und die im Vergleich zum Joggingschuh dünnere und elastischere Zwischensohle zur Förderung einer natürlichen und kraftsparenden Abrollbewegung des Fußes.
- **Joggingschuhe** sind in der Regel stärker gedämpft als Walking-Schuhe und eignen sich deshalb vor allem dann, wenn der Walker Übergewicht mitbringt, Gelenkbeschwerden hat oder vorwiegend auf hartem Untergrund (Asphalt) trainiert.
- **Trail-Schuhe** (Geländelaufschuhe) sind für das Laufen abseits befestigter Wege (engl. trail) gemacht. Sie haben eine Außensohle, die für den Straßeneinsatz nur bedingt geeignet ist (Stollenprofile, integrierte Spikes, grob und asymmetrisch profilierte Außensohlen). Der Schaft ist meist robust, schmutzunempfindlich und wetterfest.

RADSPORT

Radfahren in jeglicher sportlicher Ausprägung erlebt gerade einen Boom, fast schon einen Hype. Durch die Marktreife der E-Bikes mit kraftschonender Tretunterstützung im Gelände interessieren sich breitere Bevölkerungsschichten für diese Fortbewegungs- und Sportart: die Genussfahrer. Auch weniger Fitte können dank Pedelec-Technik an Touren denken, die früher nur den schmalbereiften Vielgangfahrern vorbehalten waren. Der Clou dabei, man muss nach wie vor selbst in die Pedale treten und trainiert dabei quasi im Nebeneffekt ohne übermäßige Kraftanstrengung. Hierzu trägt der Freizeitsportler robustes sportliches Schuhwerk mit einer griffigen Sohle.

Fotos: l.: w.r.wagner/PIXELIO; r.: Gpoint Studio/Fotolia

LEXIKON Outdoor & Sport

Aramidfasern. Sie zeichnen sich durch sehr hohe Festigkeit, hohe Schlagzähigkeit, hohe Bruchdehnung, gute Schwingungsdämpfung sowie Beständigkeit gegenüber Säuren und Laugen aus. Darüber hinaus sind sie sehr hitze- und feuerbeständig. Aramidfasern schmelzen bei hohen Temperaturen nicht, sondern verkohlen ab etwa 400 °C. Bekannte Markennamen für Aramidfasern sind *Nomex®* und *Kevlar®* von *DuPont*. Man unterscheidet zwischen Meta-Aramiden (*Nomex®*), Para-Aramiden (*Kevlar®*) sowie Para-Aramid-Copolymeren.

Bionisch. Die Bionik beschäftigt sich mit der Übertragung von Naturphänomenen auf die Technik, wie z. B. der von Kletten inspirierte Klettverschluss. Der Bionik liegt die Annahme zugrunde, dass die belebte Natur durch evolutionäre Prozesse optimierte Strukturen und Prozesse entwickelt, von denen der Mensch lernen kann.

Karbon-Faser. Industriell hergestellte Faser aus kohlenstoffhaltigen Ausgangsmaterialien, die durch Pyrolyse (Oxidation und Karbonisation) in grafitartig angeordneten (meist als sechseckiges Kristallgitter) Kohlenstoff umgewandelt werden. Man unterscheidet *isotrope* und *anisotrope* Typen: Isotrope Fasern besitzen wegen ihrer geringen Festigkeiten kaum technische Bedeutung, anisotrope Fasern zeigen hohe Festigkeiten und Steifigkeiten bei gleichzeitig geringer Bruchdehnung in Längsrichtung.

Dreilagenlaminat. Verbundstoffe aus einer unempfindlichen Außenschicht, einer mittig liegenden Membran und einem fest verbundenen Futterstoff. Sie stellen die Eigenschaften winddicht, wasserdicht und atmungsaktiv in einem Verbund bereit. Die beim Sport beliebten Softshell-Produkte sind Dreilagenlaminate.

Friesennerz. Dauerhaft wasserdichte Textilie für Berufsfischer und den Segelsport (Ölzeug). Sie zeichnet sich neben der Funktionalität durch große Sichtbarkeit aus (leuchtendes Gelb, Orange). Als Trägermaterial dient Polyester mit einer PVC-Beschichtung für die Wasserdichtigkeit. Sie war von Beginn der 70er- bis Mitte der 80er-Jahre auch als Alltagskleidung beliebt.

Hardshell. Zweilagenlaminat aus einer unempfindlichen, wasserabweisenden Außenhülle und einer Membran. Die Nähte sind mit einem Nahtversiegelungsband wasserdicht überdeckt. Bei Hardshell-Lösungen geht es um Wasserdichtigkeit, Komfortfaktoren sind nicht berücksichtigt.

Lotuseffekt. Die Eigenschaft speziell ausgerüsteter Flächen, die Flüssigkeiten abperlen lassen, ohne sie zu benetzen. Der Name kommt von der Lotuspflanze, deren Blätter diesen Abperleffekt zeigen, weil sie mit winzigen Spitzen bedeckt sind. Auf Textilien werden dafür Partikel in Nanofeinheit (1 nm = 10–9 m) aufgebracht.

Membran. Sehr dünne Folien aus unterschiedlichen Polymeren, die in der Lage sind, Wasserdampfmoleküle des Schweißes entweder durch mikrofeine Poren (mikroporöse und bionische Membranen) oder entlang der chemischen Struktur einer geschlossenen Folie auf die andere Seite der Membran zu leiten. Diese Fähigkeit bezeichnet man als atmungsaktiv.

Mikroporös. Poren in Werkstoffen, die kleiner als 2 nm sind.

Nanotechnologie. Verwendung von Partikeln oder dreidimensionalen Gebilden, die kleiner als 1 nm = 10–9 m sind. Sie werden für die Funktionalisierung von Textilien eingesetzt. Dreidimensionale Nanohohlkörper kommen bei Phase Change Materials zum Einsatz oder als „Transporter" von Wirkstoffen oder Düften.

Ölzeug. → *Friesennerz.*

PCM (Phase Change Material). Hohlkörper in Nanofeinheit. Sie enthalten Füllungen, die durch die Veränderung ihres Aggregatzustandes (von fest nach flüssig und zurück) überschüssige Wärme aufnehmen, diese kurzfristig speichern und wieder abgeben können, sodass ein Zuviel in Richtung Hitze oder Kälte vermieden wird.

PVC (Polyvinylchlorid). Kunststoff, der durch die krebserregend wirkenden Ausgangsstoffe und die für die Beschichtung notwendigen Weichmacher in Verruf geraten ist. Durch den Zusatz von Weichmachern werden Härte und Zähigkeit von PVC variiert. PVC lässt sich gut einfärben, nimmt kaum Wasser auf und ist beständig gegen Säuren, Laugen, Ethanol, Öl und Benzin. → *Friesennerz, Ölzeug*

Softshell. Dreilagenlaminat, das als Einschichtsystem, z. B. für Jacken als klimaregulierendes Funktionsmaterial, eingesetzt wird.

Tannenzapfenprinzip. Vorbild für eine bionisch wirksame Membranlösung, die bei Wärme und Feuchtigkeit die Poren öffnet und bei Kälte und Wind wieder schließt, wie es ein Tannenzapfen für die optimale Verbreitung seiner Samen macht.

Tape. Nahtversiegelungsband bei Laminaten. Damit werden alle Nähte auf thermischem Wege überdeckt, um ein Eindringen von Wasser zu verhindern.

WWA. Abkürzung der klassischen Funktionseigenschaften: wasserdicht, winddicht, atmungsaktiv

Windchill. Unerwünschte Unterkühlung des Körpers, die entsteht, wenn Körperschweiß in großer Menge körpernah verbleibt, sodass man bei Pausen oder nach der körperlichen Anstrengung friert. Folge sind Erkältungen und Muskelverspannungen.

Zweilagenlaminat. Membranverbund mit einem zweiten textilen Partner, dem Oberstoff oder dem Futter. Für ein Funktionssystem braucht man beim Futterlaminat noch einen geeigneten Oberstoff sowie beim Oberstofflaminat ein Futter.

Das zweitwichtigste Teil der Ausstattung nach dem Rad selbst ist der Helm (Pflicht, wenn auch noch nicht gesetzlich vorgeschrieben!). Die Kleidung dazu sollte bequem, die Bewegung nicht behindernd und witterungsangepasst sein. Durch moderne Fahrradtechnik, auch ohne elektrische Unterstützung, gibt es Schnittmengen zwischen den Genussfahrern und den Radwanderern, obwohl Letzteren mehr Sportsgeist und ein höheres Anspruchsdenken an die eigene Fitness zu unterstellen ist, das sich auch in der Funktion der Kleidung widerspiegelt. Sie tendieren bei ihrer Kleidung zu einer gemäßigten Profiausstattung. Beim Schuhwerk reicht eine trittstarke Sohlenverarbeitung aus.

Den Gegenpol zur erstgenannten Gruppe bilden die schmalbereiften Rennfahrer und die wagemutigen Mountainbiker, die auch in sonstigem Gelände außer in der Bergwelt zu finden sind. Sie benötigen besondere Kleidung, die von Funktionsanbietern speziell für diesen Sport entwickelt wurden. Die Kleidung muss eng anliegen, elastisch und atmungsaktiv sein. Sie muss im Sitz- bzw. Sattelbereich weich gepolstert sein (oft mit kühlenden Gelpolstern) und es dürfen keine Nähte im Kontaktbereich mit dem Sportgerät liegen. Wegen der nach vorn gebeugten Haltung ist der Nierenschutz durch hochgezogenen Bund bei den Hosen und deutliche, oft mit elastischem Abschluss fixierte Rückenverlängerung bei den Shirts wichtig.

Es gibt Biker-Funktionsunterwäsche, die ebenfalls bereits gepolstert sein kann. Die „Zwiebelschichten" sollten besonders leicht und dünn sein, damit sie die Bewegung nicht behindern, wenn aufgrund niedriger Temperaturen Wärmeisolation, Wind- und Regenschutz notwendig werden. Neben diesen äußeren Schichten, die man möglicherweise auch bei anderen Sportarten tragen kann, ist diese Biker-Kleidung ausschließlich für den Radsport konzipiert.

Mountainbiker werden eher Hiking-Schuhe mit halbhohen Schäften bevorzugen. Bei den Radrennfahrern gehören die Schuhe als Systemelement zum Sportgerät. Handschuhe sollten beide Gruppen tragen.

Modernes Golf-Outfit

Ski- und Snowboardmode

GOLFSPORT

Golfen ist in Europa durch die hohen Clubbeiträge und die Zulassungsbeschränkungen immer noch relativ elitär und so ist auch die Golfmode besonders. Betreten die Briten, Iren und Schotten entweder klassisch kariert oder einfach leger das Green, so sind die Festlandsgolfer in der Regel modisch und chic gekleidet. Die Männer tragen auch bei warmen Temperaturen meist lange Hosen (mit Elastananteil), die Damen im Sommer schon einmal Skorts (Skorts: kurzer Rock mit eingearbeiteten Shorts. Kunstwort aus den englischen Wörtern „skirt" = Rock und „short" = kurze Hose) oder auch Bermudas. Intensive Farben sind erlaubt, damit man die Spieler auf dem Platz auch wahrnehmen kann. Oberteil ist bei Damen und Herren das Poloshirt mit dem den Nacken schützenden, aufstellbaren Kragen. Gegen kühlen Wind werden Pullunder oder winddichte Pullover, seltener leichte Windbreaker oder elastische Softshell-Jacken getragen, schließlich ist man Stunden auf dem Platz unterwegs. Sehr speziell konstruiert sind die Golfschuhe, die durch Spikes oder Stollenkonstruktionen festen Halt beim Abschlag bieten müssen. Außerdem läuft der Golfer bei seiner Runde einige Kilometer, d. h. sie müssen auch beim Laufen sehr bequem sein und dem Wetter trotzen, da Regen nicht als Grund zur Unterbrechung einer Runde gilt.

Wichtiges Accessoire sind die Golfhandschuhe. Sie sind in der Regel aus feinem Leder und vermitteln beim Schlag den richtigen Grip. Gegen Sonneneinstrahlung sind Kopfbedeckungen wie Golf Caps mit großem Schirm, die klassischen Bucket Hats (Fischerhüte) oder auch Stirnbänder mit Schirm im Einsatz.

WINTERSPORT

Ob zum Skilaufen oder Snowboarding – bei Wintersportkleidung können sich die Anbieter mit Funktionsmaterialien und -systemen so richtig austoben. Gilt die Fortbewegung bergab auf zwei Brettern inzwischen so ein bisschen als „Old School", so sind die Snowboarder im Winter, was die Surfer oder Skater im Sommer sind, ein bisschen modisch rockig, im Streetstyle und bei aller Funktionalität ungeheuer lässig.

In keinem anderen Sportbereich kommen so viele Aspekte zusammen wie eigentlich sonst nur noch bei professioneller Schutzkleidung. Zur Standardausrüstung gehören heute Rückenprotektoren, die häufig in Mesh-Westen eingearbeitet sind, dazu unverzichtbar ein Helm, nicht nur, aber vor allem für Kinder. Das wieder in Mode gekommene Tourengehen mit Spezialski oder Schneeschuhen erfordert lockere, ebenso gut isolierende wie atmungsaktive Kleidung und besondere Konstruktionen bei der Hardware, sprich Skiern und Bindung für Aufstieg und Abfahrt. Beim Skilanglauf sieht die Kleidung der Winterjoggingkleidung ähnlich. Sie besteht aus Thermo-Tights und Laufjacke, auch in der Softshell-Variante. Die Strümpfe sind wie beim Joggen in kalter Umgebung wärmere, knielange Funktionssocken. Schuhe und Ski sind ein zusammengehöriges System.

Skifahrer- und Snowboarderausrüstung

Skibekleidung gibt es von Discounterniveau bis zur Topmarke. Unabhängig von der Preisfrage soll sie eine Menge an Anforderungen erfüllen. Für alle gilt das Zwiebelschalenprinzip. Der Wintersportler braucht

Fotos: l.: Alberto Golf, r.: Schöffel

Zum federleichten Ski-Outfit aus Zwei-Lagen-Venturi-Stretch mit Lüftung und Schneefang-Gummi (links) gehört entsprechende Unterwäsche (rechts).

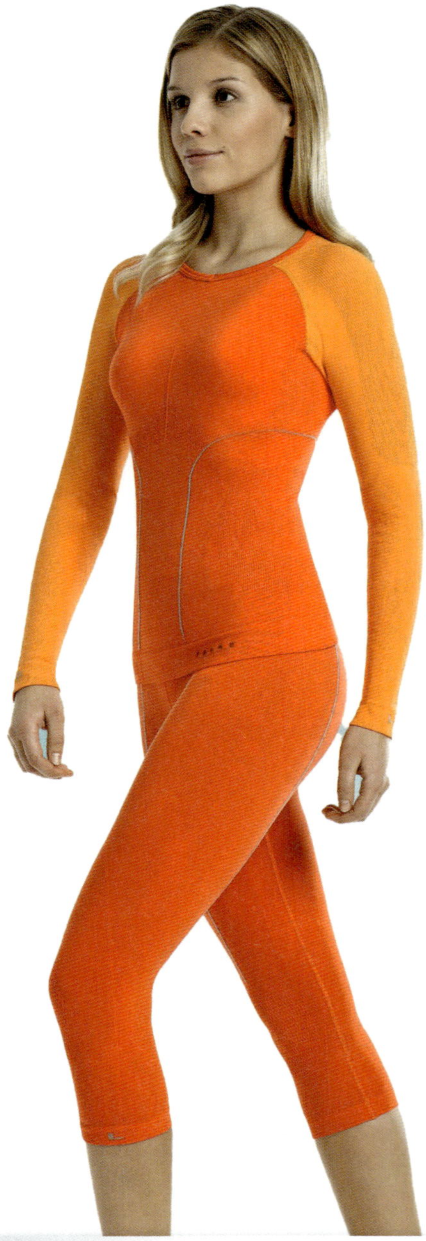

Thermo-Unterwäsche, die es in einer großen Vielfalt an Ausführungen gibt, von rein synthetischen Hightech-Fasern über Mischungen mit Wolle oder Seide, aus reiner Wolle oder nur aus Seide, auf keinen Fall aus reiner Baumwolle. Die würde den „post-exercise chill" – das Kältegefühl durch feuchte Kleidung in den Bewegungspausen – ungewollt befördern. Über die Thermounterwäsche mit langärmeligem Oberteil gehört ein hochgeschlossenes Unterzieh-Shirt mit Zipp-Kragen. Über diesem Shirt wird der Rückenprotektor angelegt. Darüber kommt ein meist zweiteiliger Anzug bestehend aus einer Hose mit Nierenschutz und einer Jacke, die zur Isolierung gegen die Kälte wattiert ist, immer öfter sogar mit echten Daunen und häufig noch mit Fleece gefüttert. Sie ist wasser- bzw. schneedicht gearbeitet, mit oder ohne Membran, hoch schließend und gegen den Wind mit einem Stormflap, einer Frontverschlussüberdeckung versehen. Meist haben die Ärmel auch einen Windschutz aus Strickstoff, dem Oberstoff oder aus Fleece. Die Hosen haben für den Einstieg in die Skischuhe einen weit zu öffnenden Saum, mit integriertem Schneeschutz und abriebfesten Verstärkungen gegen die messerscharfen Skikanten. Das System ist für Abfahrer und Snowboarder gleich. Kleidung für Snowboarder ist jedoch tendenziell weiter und lockerer geschnitten als für Skifahrer.

Hardware und Pflicht-Accessoires

Wie bei allen Sportarten mit Gerät kommt dem Vermittler zwischen Sportler und Gerät ein hoher Aufmerksamkeitsgrad zu – in diesem Fall den Schuhen und der Skibindung. Hier bietet der einschlägige

Funktionsunterwäsche

Das Zwiebelschalensystem, bei dem jede Schicht von der Haut bis zur Außenluft in den Funktionen aufeinander abgestimmt sind, baut auf der Funktionsunterwäsche auf. Sie ist die hautnahe Schicht, die den Schweiß als erste aufnimmt und dann an die anderen Systempartner weiterleitet. Sie sollte sowohl Schweiß puffern, kurzfristig aufnehmen können, als auch schnellstmöglich weiterleiten, um trocken zu bleiben. Dabei haben sich synthetische Chemiefasern wie Polypropylen besonders bewährt, die auch das Entstehen unerwünschter Gerüche reduzieren. Für den Wintersport sind auch Wolle und Seide noch eine Option, weil sie zwar viel Schweiß aufnehmen können, sich aber erst recht spät auch klamm anfühlen und besonders die Wolle auch durchnässt nicht kühlt.

Qi Gong

Yoga

Bunte Tanz- und Aerobic-Outfits

Sportfachhandel die richtige Beratung und geeignete Lösungen, auch für den gut sitzenden und schützenden Helm. Die passenden Strümpfe sollte man nach Anpassung der Skistiefel nach der Höhe des Stiefelschaftes wählen. Sie weisen an stark beanspruchten Stellen Verstärkungen und Polsterungen auf, die Druck- und Scheuerstellen zu minimieren helfen.
Skifahrer brauchen ihre Handschuhe neben dem Schutz gegen Kälte für einen guten Halt am Stock und mit Verstärkungen an den Fingern als Schnittschutz bei einem eventuellen Sturz. Für die Bedienung von Smartphone oder anderen elektronischen Geräten sind die Fingerspitzen häufig mit Kontaktflächen versehen. Für ganz Fröstelige gibt es für Hände und Füße sogar beheizbare Exemplare.
Ähnlich wie die Handschuhe von Motorradfahrern zeigen Skihandschuhe einen ähnlichen Aufbau wie die Jacken, einschließlich Membranverarbeitung und Hightech-Isolation.

BODY & SOUL

Bei diesen Sportarten geht es nicht ausschließlich um Fitness und Kraftzuwachs. Im Rahmen dieser besonders gerne von Frauen betriebenen Sportarten ist der Wellness- oder Well-being-Effekt wichtig. Die Balance von Körper und Geist und eine Kompensation zu den Anspannungen des Alltags wird gesucht. Oft von beruhigender Musik begleitet wird alles abgelehnt, was einengt und ablenkt. Das gilt nicht zuletzt für die Sportkleidung. Das kann entweder insgesamt möglichst wenig sein (fast wie Unterwäsche gestylt) oder es sollte leicht, überaus elastisch, fließend und schmeichelnd sein. Wohlgefühl total!

- Gegen kalte Schultern und für volle Bewegungsfreiheit werden bei **Yoga** und **Pilates** meist weich fließende Maschenstoffe aus synthetischen, hautfreundlichen Fasern eingesetzt. Die Schnittführung erinnert eher an Loungewear als an Sportkleidung (die Accessoires wie wärmende Beinstulpen auch an Ballettkleidung) und kann die Inspiration aus dem asiatischen Ursprung oft nicht verleugnen.
- Beim **Tai Ji Quan,** wie es korrekt heißt, oder **Qi Gong** orientiert sich die Kleidung ganz an der asiatischen Tradition, allerdings zunehmend aus modernen Materialien.

DANCE WORKOUT

Bei Dance Workouts wie Aerobic oder *Zumba*® geht es um Power, Rhythmik und Lebensfreude – was sich auch in der farbenfrohen, sehr körperbetonten Sportkleidung widerspiegelt. Die Sportkleidung ist an Streetwear angelehnt oder südamerikanischer Folklore, gerne sexy, knalleng und knallbunt aus synthetischen, schnelltrocknenden Fasern, wie sie auch bei Badekleidung zum Einsatz kommen, passend zum schweißtreibenden Workout.

Klassische Herrenbadehose

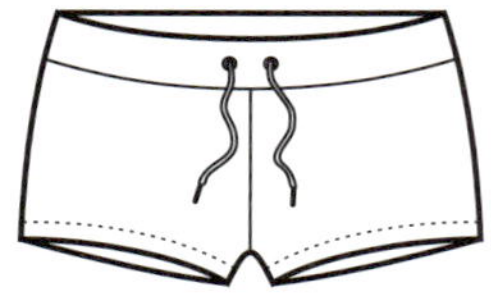

Retro-Herrenbadehose

Herrenbadeshorts

Bade-Bermuda

Bademode

Die Kleidung zum Schwimmen und Baden kann zwei Zwecke haben, die oft nur bedingt miteinander zu tun haben: Der eine ist die Fortbewegung im Wasser, der andere das Gesehenwerden am Strand oder im Schwimmbad. Während der eine auf die Funktion zielt, möchte der andere möglichst vorteilhaft und sexy den Körper präsentieren.
Badebekleidung sollte schnell trocknen, formstabil sein und unabhängig vom Aktivitätsgrad möglichst nicht verrutschen. Für Badebekleidung werden hauptsächlich Kettengewirke aus Polyamid mit Elasthan verwendet.

BADEANZUG, EINTEILIG
Klassische, den ganzen Rumpf bedeckende Badeanzugform mit unterschiedlicher Trägeranordnung und unterschiedlich hohen Beinausschnitten.

BADE-BERMUDA
Oberschenkel- bis knielange Badehose mit und ohne Innenslip.

BADEHOSE
Klassische Herrenbadekleidung in allen Formen von Herrenslips.

BADEMANTEL
Voluminöser Mantel oft aus Frottee mit unterschiedlichen Kragenlösungen und Längen, in der Regel mit Bindegürtel.

BADESHORTS
Badehose mit leicht verlängertem Bein bis maximal halber Oberschenkel in unterschiedlicher Weite geschnitten.

BADESKIRT
Kurzer Baderock für Damen mit Innenslip, zum Bikinioberteil getragen.

BALCONNET-BIKINI
Bikini mit Balconnet-Oberteil.

BAUCHWEG-BADEANZUG
Klassischer einteiliger Badeanzug mit figurformender, elastischer Einlage in der Bauchpartie.

BIKINI
Zweiteilige Badekleidung für Damen, bestehend aus Unter- und Oberteil, die es in allen Schnittformen von BHs und Höschen gibt.

BIKINISLIP
Klassisches, gerade geschnittenes Bikiniunterteil

BOARDSHORTS
Aus dem Englischen. Ursprünglich Shorts, die Surfer auf ihren Boards trugen. Trendartikel.

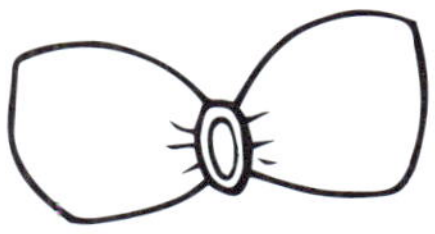

Bandeau-Bikini

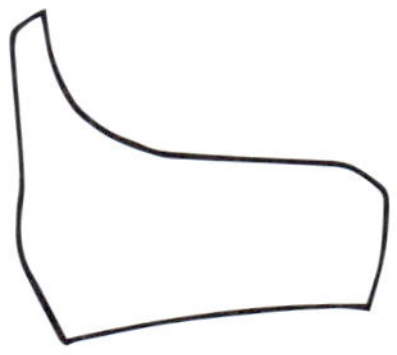

One-Shoulder-Bikin

Balconnet-Bikini

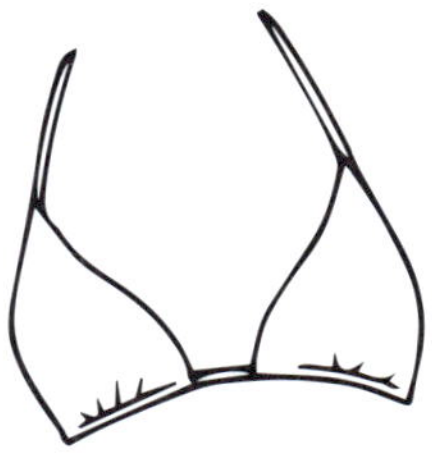

Triangel-Bikini

Neckholder

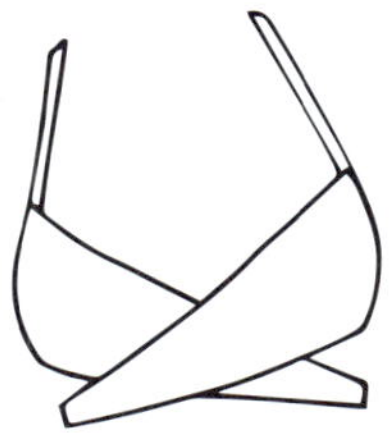

Wickeltop

Bauchweg-Badeanzug mit Pareo

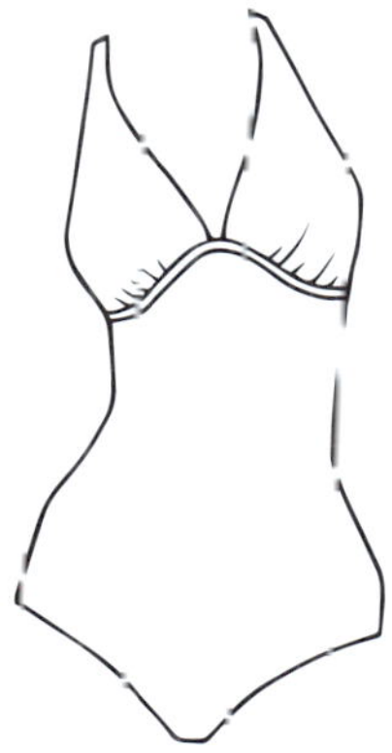

Einteiliger Badeanzug

Monokini

Sportbadeanzug

EINTEILER

→ *Badeanzug, einteilig.*

MONOKINI

Bikini, dessen Höschen und BH durch einen Mittelsteg verbunden sind. Modisch heute ein Einteiler mit vielen „Cut Outs", sodass er wie ein Bikini im Bondage-Look wirkt.

ONE-SHOULDER-BIKINI

Asymmetrisch geschnittener Bikini, bei dem das Oberteil nur einen Träger hat.

LEXIKON Bademode

Beachwear. Luftige, fröhliche Kleidung wie Tuniken, Blusen oder Kleider, Shirts, Bermudas und Hosen unterschiedlichster Machart und Materialien, am Strand oder Pool getragen.

Cut outs. Engl. für Ausschnitte. Macht aus braven Einteilern sexy Outfits mit vielen Einblicken.

Innenslip. Eng sitzende Innenhose aus leichten, meist elastischen Materialien in lockerer Badekleidung.

Softmold Cups. Sanft (engl. soft) gemoldete Cups, die besonders weiche Einlagen haben, häufig in Badekleidung eingesetzt.

Wetlook. Durch Beschichtung erzielter Nasseffekt für Bademoden, modeabhängig aktuell.

PAREO

Häufig aufwendig gemustertes Tuch zum Wickeln und Knoten in unterschiedlichen Dimensionen und Materialien, von Damen über Badekleidung getragen.

RETRO-BADEHOSE

Badehose im Stil früherer Jahrzehnte. Bis knapp unter den Nabel reichend und mit geradem Beinausschnitt.

SPORTBADEANZUG

Badeanzug ohne ausgearbeitete Büste aus besonders elastischem Material mit stark eingerückten (Ringer-) Schultern, häufig mit im Rücken gekreuzten Trägern und in der Regel hohen Beinausschnitten für aktiven Schwimmsport.

SURFERHOSE

Lässig weite, meist knielange Badehose, in der Regel ohne Innenslip in bunten Farben und Mustern. Kultobjekt verschiedener In-Marken an den Stränden der Welt. Ursprünglich aus dem Surf-Sport kommend.

TANKINI

Bikini mit annähernd taillenlangem Oberteil in verschiedener Schnittführung, häufig als Trägerhemdchen oder Halterneck.

TRIANGEL-BIKINI

Bikini, bei dessen Oberteil die Cups von unterschiedlich großen Dreiecken gebildet werden. Oft sehr klein und auf einem Unterbrustband oder einer Schnur verschiebbar.

PARTY- UND ANLASSMODE

Let's celebrate

Ob zur Opernpremiere oder zur Geburtstagsparty ist bei den Damen ein großer Unterschied. Kleidet man sich im einen Fall klassisch lang, passend zu Smoking oder Frack, so setzt höchstens der gute Geschmack Grenzen bei der Partykleidung. Schlichte Schnitte, kostbare Materialien und elegante Farbtöne auf der einen Seite, freche Ausschnitte, fröhliche Farbigkeit und gewagte Kreationen auf der anderen. Anlassmode für den Mann ist noch weitgehend klassisch. Ist die Partyeinladung zwar offiziell, aber nicht allzu formell angelegt, darf der Mann auch elegante Anzüge tragen mit Seide am Reversspiegel, in dunklen Edelsteintönen und mit Ton in Ton gemustertem Sakko.

Foto: ponomarencko/Fotolia

Derby aus Lackleder

Frack

Abendkleid

Wenn es sich um formelle offizielle Anlässe und Einladungen mit „white tie" handelt, ist beim Mann der Frack mit allem tradierten Zubehör die Kleidung der Wahl. Bei „black tie" ist es eine Nummer weniger formell und man erwartet den Smoking in klassischer Accessoire-Kombination. Den Cut als offiziellen „Nachmittagsanzug" sieht man immer weniger, gelegentlich bei Hochzeiten, die sich der Tradition verpflichtet fühlen. Zur Hochzeit selbst sind Anzüge mit Gehröcken beliebt in Karamelltönen zu den Kleidern der Braut passend. Je privater der Anlass wird, sind auch „rockige" Sakkos in schwarz plus Farbe gemustert oder Matt-/Glanz-Optik erlaubt.

Die Akzente setzen bei allen Anlässen jedoch die Damen, die mit ihren Kleidern Farbe und Bewegung ins abendliche Bild bringen. Leben Frauen bei offiziellen Anlässen ihre königliche Seite ladylike aus, so können sie bei Partykleidung ihrer Experimentierfreude freien Lauf lassen. Den Herren wird vermutlich beides gefallen, obwohl manches primär die weibliche Konkurrenz beeindrucken soll. Besonderes an Kleidung gibt es jedoch für diesen Bereich ausschließlich bei den Herren:

FRACK

Er ist der förmlichste Anzug, für den „White-tie-Anlass" und wird erst nach 18 Uhr getragen. Der Frack ist dreiteilig: Frackoberteil, Frackhose und Frackweste. Oberteil und Hose bestehen aus dem gleichen schwarzen Stoff. Das Frackoberteil ist stark tailliert und hat einen spitzen kurzen Abstich bis etwa in Taillenhöhe, außerdem zwei Knopfreihen, die trapezförmig zur Körpermitte angeordnet sind und nicht geschlossen werden. Das aufsteigende Revers ist mit Seidensatin belegt (sogenannter Spiegel). Typisch für den Frack ist der im Rücken in Taillenhöhe angesetzte Schoß, der bis zur Kniehöhe reicht. Er kann rund geschnitten sein oder die Form eines Schwalbenschwanzes. haben. Die Hose hat keine Aufschläge und ist an der Seitennaht jeweils mit doppelten Galons (aufgesteppten Seidenbändern) versehen. Da man die Frackhose ohne Gürtel trägt, werden Hosenträger benötigt. Das Hemd ist weiß, hat ein gestärktes Brustteil, eingesetzte Frackknöpfe aus Perlmutt oder mit Brillanten besetzt sowie einen Kläppchenkragen („Vatermörderkragen": Stehkragen mit umgeklappten Kragenspitzen). Die Manschette ist einfach, wird nicht umgeschlagen, aber mit Manschettenknöpfen geschlossen. Sie sollte zwei Finger breit unter dem Ärmelabschluss der Jacke hervorschauen, jedoch nicht über das Handgelenk reichen. Dazu gehören eine weiße Fliege und eine weiße Weste aus Baumwoll-Piqué, die einen bis fast zum Jackenabstich reichenden Reversausschnitt zeigt, sowie optional ein weißes Einstecktuch. Die Weste besitzt üblicherweise kein Rückenteil und wird stattdessen hinten mit einem schmalen Taillenriemen gehalten. Der unterste Knopf der Weste wird immer geschlossen. Dazu werden schwarze Schuhe aus glattem Lackleder getragen, die Füße stecken in Seidenkniestrümpfen. Das Tragen einer Armbanduhr gilt als Fauxpas, stattdessen ist eine Frack-Taschenuhr mit Kette erlaubt. Die einzig akzeptable Kopfbedeckung sind Zylinder und Chapeau Claque.

Bei der begleitenden Dame würde man zu einem ärmellosen langen Abendkleid, eine elegante Abendtasche als Clutch sowie für die Schultern eine Stola aus edlem Stoff erwarten

Fotos l.+m.: Wilvorst; r.: René Lezard

Cut

Stresemann aus der Ausstellung „Macht der Mode" in der Textilfabrik Cromford, Ratingen

CUT/CUTAWAY

Er ist ein Gesellschaftsanzug für den Tag (vom Vormittag bis maximal 18 Uhr), deswegen heißt er auch „Morning Coat". Er wird zum Beispiel gerne zu Hochzeiten (sowohl vom Bräutigam als auch vom Brautvater), Beisetzungen hochrangiger Menschen, Staatsempfängen oder beim berühmten Pferderennen in Ascot getragen. Korrekt bezeichnet ist der Cut mit „cut-away coat", weil er ein Gehrock ist, dessen eckige Schöße ab dem Schließknopf nach hinten fallend schräg abgeschnitten sind und in einer Rundung enden. Der Cut besteht aus einem in der Regel schwarzen oder grauen Oberteil und einer farblich kontrastierenden Hose. Formvollendet trägt der Mann eine besondere Krawatte, das Plastron, das mit einer eleganten Anstecknadel ergänzt werden kann (→ *Abschnitt „Plastron", S. 283*).
Das Cut-Oberteil wird nur auf einem Knopf geschlossen, hat ein aufsteigendes Revers, das im Gegensatz zu Frack oder Smoking nicht seidenbelegt ist. Der Schoß endet in Kniehöhe. Die Weste ist einreihig und im konservativen Stil perlgrau, modebewusste Männer tragen eine farbige Seidenweste. Die Hose zum schwarzen Cut ist meist grau oder grau gestreift (Stresemann), umschlaglos, ohne Galon. Das Hemd ist weiß. Trägt der Mann keinen Plastron, sondern eine Krawatte (nie Fliege!) ist diese silbergrau oder farbig. Abgerundet wird der Look mit glatten, schwarzen Lederschuhen, Typ Oxford. Stilecht sind graue Handschuhe.
Bei der Dame als Partnerin würde man zu Cut und Stresemann ein langes Kleid erwarten.

STRESEMANN

Ein nach *Gustav Stresemann* (Außenminister während der Weimarer Republik und Friedensnobelpreisträger) benannter Anzug für festliche Tagesanlässe. Er unterscheidet sich vom Cut im Jackett, das mittellang (kürzer als Kniehöhe) und meist schwarz ist. In der Weimarer Republik schrieb das Protokoll für das Parlament (Reichstag) und in der politischen Öffentlichkeit einen Cutaway vor. *Gustav Stresemann* war der Cut für die Büroarbeit zu unpraktisch. Um sich aber nicht ständig umziehen zu müssen, führte er eine dem Gehrock ähnliche Jacke ein, die zu den gestreiften Hosen des Cut-Anzuges getragen werden konnte, aber immer noch ausreichend bequem und schlicht war, um auf der Straße und im Büro getragen zu werden.

SMOKING, DINNER JACKET, TUXEDO

Er ist die richtige Kleidung für einen „Black-tie-Anlass" und wird daher ebenfalls erst ab 18 Uhr getragen. In der Vergangenheit zogen die Herren die Smokingjacke statt der Frackjacke an, wenn man sich nach dem Dinner (ohne die Damen) zum Rauchen (engl. smoking) ins Raucherzimmer begab, um dort einen Digestif zu trinken oder Karten zu spielen. Da der Rauchgeruch als den Damen unzumutbar empfunden wurde, war ein Wechsel zumindest der Jacke unabdingbar. Zugleich bedeutete das Überziehen der Smoking-Jacke, dass mit dem Rückzug der Herren der offizielle Teil des Abends beendet war. Der Smoking wurde bis in die frühen 20er-Jahre des 20. Jahrhun-

Smoking

Weißes Dinner Jacket

derts nur bei Privatgesellschaften (z. B. privaten Abendessen, Männerclubbesuchen etc.) getragen.
In England heißt der Smoking „Dinner Jacket" und in den USA „Tuxedo". Er ist weniger förmlich als der Frack. Der klassische Smoking ist schwarz oder mitternachtsblau. Das Revers ist ebenfalls mit Seide besetzt, auch ein Schalkragen ist möglich. Das Jackett ist etwas länger als ein „normales" Sakko, ein- oder zweireihig, am vorderen Abschluss leicht gerundet. Die Hose hat keinen Umschlag, jedoch im Gegensatz zur Frackhose an der Seite nur einen Galon. Das Hemd hat einen Kentkragen, man trägt es mit Manschettenknöpfen, klassisch mit einer schwarzen Fliege (black tie) und einem schwarzen Kummerbund, bei weniger offiziellen Anlässen auch mit farbiger Fliege und farblich abgestimmtem Kummerbund. Die Schuhe sollten schwarze Oxford-Schuhe aus Lackleder sein.

Variante weiße Smokingjacke/Dinner Jacket
Für abendliche, sommerliche Feste unter freiem Himmel und bei Seereisen geeignet. Sie ist entweder weiß oder ecru (ungebleichtes Naturweiß). Hose und Kummerbund sind dann schwarz. Für Schnitt und Stoff der weißen Jacke gilt das Gleiche wie bei der schwarzen Jacke. Als Pendant zum Smoking, aber besonders zum weißen Dinner Jacket kann die Dame zwischen einem langen, aber auch kürzeren, eleganten Cocktailkleid wählen. Das „Kleine Schwarze" ist Tageseinladungen ergänzend zum eleganten schwarzen Anzug vorbehalten.

Der Kummerbund ist völlig sorgenfrei

Wahrscheinlich brachten britische Soldaten die Schärpenmode während der britischen Kolonialherrschaft von Indien nach Europa: Wegen des tropischen Klimas war den Offizieren die Weste unter dem Jackett einfach zu warm. Als Ersatz übernahmen sie die Sitte der Inder, eine breite Bauchbinde aus edlen Stoffen, meist Seide, den sogenannten „kamarband", zu tragen. Eine Sitte, die auch heute in Indien noch üblich ist. Aus dem Hindi Wort kamarband für Hüftgürtel wurde dann phonetisch das englische Wort cummerbund, auch cumberbund. Daraus entwickelte sich sprachlich das eingedeutschte Wort „Kummerbund", das daher nichts mit Kummer zu tun hat.

Der Kummerbund anstelle einer Smokingweste wird nur zur einreihigen Smokingjacke getragen. Er ist in Farbe und Design mit der Schleife abgestimmt. Schon in den indischen Schärpen war zwischen den Falten eine kleine Tasche versteckt. Daher trägt man den Kummerbund so, dass die an der Außenseite befindlichen Falten nach oben weisen, damit die dort verborgene Billetttasche zugänglich bleibt.

Hochzeit in Weiß

Eleganz für den großen Tag

Der Star einer festlichen Hochzeitsfeier ist die Braut. Der Mann wählt zu ihrem Kleid eine adäquate Begleitung, wie er sie auch zu anderen großen Einladungen und Anlässen tragen würde oder einen Anzug mit Weste, der den Stil des Kleides unterstreicht oder den Farbton aufgreift. Da Hochzeitskleider häufig nur ein einziges Mal, nämlich an diesem großen Tag, getragen werden, verdient die Auswahl des Kleides und der passenden Accessoires höchste Aufmerksamkeit. Schließlich soll es der schönste Tag im Leben werden.

Kleider machen nicht nur Leute, sondern auch Bräute. Die Farbe Weiß stand traditionell für Reinheit und Jungfräulichkeit. Heute wird sie eher als Zeichen der Hingabe angesehen. Gebrochenes Weiß oder Cremetöne zeigten damals an, dass die Braut schon einige Erfahrung hatte. Heute werden diese Töne eher wegen ihrer Sanftheit und dem Schmeicheln des Hauttones gewählt. Schwarz gehörte ebenfalls eine Zeit lang zu den üblichen Farben für das Outfit der Braut. Dieses trug sie nach der Hochzeit ihr Leben lang als elegantes Festkleid zu allen denkbaren Anlässen.

Es gibt immer noch einige tradierte Hochzeitsbräuche, besonders auf dem Land, bei der Wahl des Hochzeitskleides hat jedoch jede Frau ihre ganz persönlichen Vorstellungen und ihren individuellen Geschmack. Einschränkungen können Statur und Persönlichkeit der Braut, die Gestaltung der Hochzeit und das zur Verfügung stehende Budget bedeuten.

STANDESAMT ODER KIRCHE

Nicht alle Paare wollen vor den Traualtar treten und beschränken sich auf die standesamtliche Hochzeit. Manche Paare möchten die Tradition hochhalten und beide Gelegenheiten in unterschiedlichem Rahmen feiern. Jede dieser Entscheidungen beeinflusst die Wahl des Kleides. Dominieren bei der standesamtlichen Trauung eher die kürzeren Kleider, Kostüme oder alternativ Hosenanzüge, so heiratet die Braut in der Kirche meist in lang. Es ist jedoch eine Tendenz festzustellen, dass Paare, die nur den Weg zum Standesamt gewählt haben, sich trotz der relativ kurzen Zeremonie die Festlichkeit nicht nehmen lassen wollen und die Damen deshalb ebenfalls lange Kleider bevorzugen. Da viele Standesämter auch in Locations außerhalb des Standesamtes, wie z.B. in historischen Gebäuden oder in Parks Trauungen anbieten, kann sich die Kleidung von Braut und Bräutigam auch vom Ambiente inspirieren lassen. In alpenländischen Regionen finden Trauungen auch im kostbar gestalteten Dirndl und Trachtenanzug statt.

Der Hauptunterschied zwischen der kirchlichen Trauung und der standesamtlichen bei den Damen ist die Farbe bei den Kleidern und Ensembles. Der Favorit für die Kirche ist der Traum in Weiß.

Auf dem Standesamt werden Pastellfarben getragen, seit einigen Jahren beliebt sind auch kräftigere Blautöne oder leuchtendes Rot. Bei den Herren dominieren Anzüge mit normal langen Sakkos oder Gehröcken, aber auch Cut und Stresemann kommen zu langen Brautkleidern zu Ehren.

Modernes Brautkleid im Blush-Ton

Schuhe und Accessoires für die Braut

KLARER FAVORIT: HOCHZEIT IN WEISS

Bei den Formen und dem Stil der Hochzeitskleider gibt es keine Einschränkungen: lang oder kurz, schmal oder ausladend, dekoriert, bestickt oder schnörkellos, weiß oder farbig, verspielt oder schlicht, figurbetont oder leger geschnitten.

Dazu kommt eine große Auswahl an Materialien. Leichter Chiffon, edler Satin oder zarte Spitze, das Rauschen von Tüll, Taft oder Seide – was hier am besten gefällt, entscheidet allein der Geschmack der Trägerin.

Trotz der heute möglichen Farbenvielfalt greifen Frauen überwiegend zum traditionellen Weiß und zu Creme-, Ivory oder Champagnertönen. Aktuelle Kollektionen verwenden auch zarte Apricot-, Blush- oder Cappuccino-Töne als Farbakzent und Stofflagen unter einer Tüllschicht.

BRAUTSCHUHE, ACCESSOIRES & CO.

Brautschuhe sollten klug ausgewählt sein, um die Freude des Tages nicht mit Druckstellen, Blasen oder umgeknickten Knöcheln zu schmälern. Deshalb wird Bräuten empfohlen, Schuhe bei Zeiten einzulaufen, um am schönsten Tag keine böse Überraschung zu erleben. Selbst Sneaker mit Strass-Applikationen werden heute von jungen Bräuten unter dem Kleid getragen – zumindest für die Party zu später Stunde eine Option.

Brautmodenausstatter bieten zu den Kleidern auch passende Accessoires wie Schmuck und Brauthandschuhe, Schleier in jeder Länge, Brauttaschen und Haarschmuck, Hut oder Fascinator sowie passende Dessous und Strümpfe an.

Da in der Kirche nicht allzu viel nackte Haut gezeigt werden sollte, werden von den Herstellern der Hochzeitskleider auch passende kurze Jäckchen, Boleros oder Stolen angeboten. Unter langen Schleiern erübrigt sich diese Maßnahme.

TIPPS für Brautkleider

- **Brautkleider für Schwangere:** In Stil und Optik unterscheidet sich die Brautmode für schwangere Frauen überhaupt nicht von „normalen" Brautkleidern. Selbst bis in höhere Schwangerschaftsmonate hinein kann die Braut ihr Traumkleid finden.
- **Brautmode 40+:** Die nicht mehr so ganz junge Braut braucht sich um die Auswahl an Brautkleidern keine Sorgen zu machen. Für sie finden sich sowohl in strahlendem Weiß als auch in vielen zarten und kräftigeren Farben viele Möglichkeiten, die je nach Typ und Statur mädchenhaft oder schlicht und elegant sein können. Wer nicht so viel Haut zeigen möchte, findet Modelle mit unterschiedlich langen Ärmeln.
- **Übergrößen und Maßanfertigung:** Auch für Bräute jenseits von Modelmaßen gibt es eine große Auswahl an verschiedenen Stilrichtungen. Manche Fachgeschäfte haben sich darauf spezialisiert, andere bieten für Frauen mit ganz besonderen Vorstellungen oder vom Größenspiegel abweichenden Maßen auch Maßanfertigung an.
- **Alternative Kleidung:** Die Braut kann auch ein elegantes Cocktail-, Party- oder Tanzkleid oder einen Hosenanzug zum Hochzeitsdress erheben, die sie noch zu weiteren festlichen Anlässen tragen könnte. Dieser Stil ist geeignet für pragmatische Frauen, die sich von dem Ereignis nicht unter Druck setzen lassen und etwas Zeitlos-Modernes über einen längeren Zeitraum tragen wollen.

Fotos: l.: natalia korol/Fotolia, r.: Nikck/Fotolia

Silhouetten der Braut- und Abendmode

Schmale A-Linie mit hohem Beinschlitz · *Prinzess-Linie* · *Meerjungfrau*

Knielanges Kleid im Retro-Stil · *A-Linie mit tiefer Taille* · *A-Linie mit Volants*

Empire-Stil · *Duchesse-/Kuppel-Linie* · *Weite A-Linie*

A-Linie. Diese Kleider haben anstelle von Taillennähten durchgehende Längsnähte. Das Oberteil ist figurbetont und schmal wirkend, der Rock ist nach unten leicht ausgestellt. Diese Linie findet man eher bei kniekurzen oder wadenlangen Formen.

Cinderella-Stil. Prinzessin für einen Tag. Dieses Gefühl kann die Braut mit dem „Kleid der Kleider" tragen. Das Ball- oder Duchesse-Kleid ist an Extravaganz und märchenhafter Ausstrahlung nicht zu überbieten. Elegante Schnittführung und hochwertige Stoffe verwandeln jede Braut in eine Prinzessin und bestechen auch ohne aufwendige Verzierungen oder überladene Details.

Empire-Stil. Das Hauptmerkmal ist eine direkt unter der Brust angesetzte Taille und ein stark verkürztes Oberteil. Der Rock fällt mäßig weit, er kann auch leicht ausgestellt oder nach unten verjüngt sein und in einer kurzen Schleppe enden. Zu dieser Silhouette gehört ein dezenter, gerader Ausschnitt mit breiten Trägern und kurzen Puffärmeln.

Etuikleid. Der Schnitt ist schlicht, die Silhouette klar und schnörkellos. Auf übermäßige Verzierungen und Details wird verzichtet, um die cleane und edle Eleganz des Kleides zu unterstreichen. Das Etuikleid zaubert der Braut eine figurbetont klassische Silhouette. Es wird gerne mit tiefem Rückenausschnitt getragen.

Meerjungfrauen-Silhouette. Dieses Hochzeitskleid ist eines der sinnlichsten in der Brautmode, auf jeden Fall ist es elegant und ultrafeminin. Jede Frau, die dieses enge Kleid trägt, will damit stolz und selbstbewusst ihre Kurven präsentieren. Der figurbetonte Schnitt mit dem erst ab dem halben Oberschenkel ausuferndem Rockteil akzentuiert die natürlichen Kurven sowie die weibliche Silhouette der Frau und mogelt nichts weg.

Mini-/Midikleid. Die kurze Variante steht besonders Frauen mit langen Beinen, die durch die Kürze des Kleides besonders betont werden.

One-Shoulder-Kleider verleihen der Braut mit Drapierungen und definierter Taille eine schmeichelhafte Silhouette. Die Asymmetrie und der feminine Schnitt lassen die Braut schlanker erscheinen.

Stufenlook. Kleider im Stufenlook zeigen eng geschnittene Oberteile, definierte Taille und einen weiten, mit vielen Rüschen besetzten Rockteil. Ihren Charme gewinnen sie mit Anklängen an Flamenco-Kleider und südamerikanische Folklore. Der Stil ist lässiger und weniger körperbetont als beim Meerjungfrauenstil.

Trägerlose Hochzeitskleider. Das als Corsage geschneiderte Oberteil zeigt ein wenig Haut, ohne dabei zu sexy oder unpassend für den Gang zum Traualtar zu werden. Die Aufmerksamkeit wird auf die Hals- und Dekolletépartie gelenkt, die durch Schmuck oder Accessoires betont werden kann.

Zweiteilige Kleider. Das Brautkleid ist eine Kombination aus Rock mit Oberteil, wie beispielsweise einer Korsage, einem Top oder einer Kostümjacke. Die Einzelteile können später separat zu Anlässen als Festmode getragen werden.

Rückenverarbeitung mit Tattoo-Spitze

LEXIKON Brautmode

Herzausschnitt. In der Mitte des Dekolletés tief gezogene Corsage.
Blush. Dezenter Roséton aus den aktuellen Brautkollektionen, z. B. als Stoff unter der obersten Tülllage.
Cappuccino. Hellbrauner Farbton, wird – wie der Blush-Ton – in der modernen Brautmode verarbeitet.
Chiffon. Weiches, transparentes Gewebe.
Ivory. Engl. für Elfenbein. Farbton harmoniert mit vielen Hauttönen. Steht Bräuten häufig besser als reinweiß.
Organza. Transparenter Stoff mit etwas Steife.
Tüll. Feines transparentes Netzmaterial. Gerne eingesetzt als Unterschichten beim Rock oder als Schleier.
Taft. Halbsteifer Stoff mit Glanz, wird sowohl als Oberstoff als auch als Futter eingesetzt.
Tattoo-Spitze. Spitze aufgebracht auf meist hautfarbenem Mesh-Material als Träger und Rückenmaterial. Sieht aus, als liegt die Spitze direkt auf der Haut – also optisch wie ein Tattoo.
Vintage-Stil. Die Brautkleider erinnern an die 70er-Jahre, z. B. mit Häkelspitze und Volants.

Strumpfband mit blauem Akzent

Alt, neu, geliehen und blau

Es ist ein viktorianischer Brauch, den viele Bräute zu ihrer Hochzeit übernehmen. Getreu dem Spruch: *„Something old, something new, something borrowed, something blue (and a silver sixpence in her shoe)"* tragen sie bei ihrer Hochzeit etwas Altes (vielleicht ein Schmuckstück oder das Brautkleid der Großmutter), etwas Neues (wie das Brautkleid oder die neuen Eheringe), etwas Geborgtes (aus der Familie oder von Freunden) und etwas Blaues (oft ein blaues Strumpfband). Auf die silberne Münze wird mit Hinblick auf den langen Tag, den man in den Schuhen verbringt, meist verzichtet. Er stand für den Wunsch, die Brautleute mögen finanziell nie Mangel leiden.

Wofür sich die Braut auch immer entscheidet, sie sollte bedenken, dass sie sich in ihrem Traumkleid einen Tag und eine Nacht wohlfühlen muss. Gehen und Tanzen, Essen und Trinken, Feiern und Hochzeitsspiele sind ein anstrengendes Programm, das man am entspanntesten absolviert, wenn Schuhe und Kleid perfekt sitzen.

UND DER HERR DAZU?

Der Bräutigam soll das Kleid der Braut nicht sehen, sie kann bei der Auswahl seines Hochzeitsanzuges aber Einfluss darauf nehmen, sich ihrem Stil in Schnitt und Farbe anzupassen. Wegen der Vorliebe für Weiß sind die Hochzeitsanzüge immer noch in Schwarz und Dunkelblau beliebt. Für den großen Rahmen gibt es tagsüber den Cut, für sehr aufwendige Feiern tragen selbst junge Männer auch heute noch – oder wieder – den Frack. Eine kleidsame Alternative stellen Anzüge mit Gehrock dar.

Fast immer wird eine Weste getragen, aus dem Stoff des Anzugs oder in passender Farbe aus seidigen Stoffen, die auch gemustert sein können und im Dessin mit Fliege oder Krawatte und dem wieder entdeckten Einstecktuch koordiniert werden.

In der Helligkeit kontrastierende, aber farblich passende Paspeln umranden Sakkokanten und Revers mit streckendem Effekt. Zu den Hochzeitskleidern in gebrochenem Weiß, Champagner oder Ecru werden Hochzeitsanzüge in warmen Brauntönen angeboten. Seit einigen Jahren sieht man auch hellere Blautöne für die Herren, die zu reinem Weiß besonders attraktiv aussehen.

Die Stoffe von Hochzeitsanzügen zeigen häufig einen eleganten Lüster. Auch der Bräutigam neigt für den großen Tag mit den Accessoires bis hin zu den Schuhen zur Perfektion. Diesem Wunsch begegnen die Anbieter von Anzügen mit einer breiten Palette an Möglichkeiten. Selbst planerische Vorschläge für das große Fest sind keine Seltenheit bei den Serviceleistungen. Männer gelten im Allgemeinen als pragmatisch. Ein Beweis für diese These ist die Tatsache, dass er häufig Anzüge oder einen Smoking wählt, die er auch später noch zu anderen festlichen Gelegenheiten tragen kann.

Fotos: l.: Cam/Fotolia, r.: Hemmoto/Fotolia

Dirndl-Varianten

Heimatverbundenheit 2.0

Dirndl und Tracht sind in. Neben der Pflege des regionalen Brauchtums und der überlieferten Kleidung ist Trachtenmode weltweit ein Trend geworden. Die internationalen Besucher des *Münchner Oktoberfestes* kleiden sich in mehr oder weniger authentischer Trachtenkleidung. Das Oktoberfest ist längst nicht mehr nur die Traditionsveranstaltung auf der Münchner Wiesn, es ist als Idee um die ganze Welt gereist und wird von Kanada bis Japan extensiv und in Trachten(ver-)kleidung gefeiert.

Mit der Begeisterung für das bayrische Volksfest hat sich das Bedürfnis entwickelt, sich passend und angemessen zu kleiden. Dabei sind es immer weniger traditionelle Dirndl, die außerhalb Bayerns favorisiert werden, sondern modernisierte Formen, die jedoch die typischen Merkmale wie Mieder, Bluse mit Ausschnitt und Schürze zitieren. Es gibt sie edel und lang in Leinen, Seide und Brokat oder farbenfroh und kurz in Baumwolle oder auch pflegeleichten und damit feierfreundlichen Synthetics. Ganz gleich, was man bevorzugt, es ist immer ein äußerst femininer Hingucker.

Dirndl an sich sind nicht mit einer regionalen Volkstracht zu verwechseln, obwohl es regionale Variationen von Dirndln in bestimmten Gegenden gibt (z. B. Tegernseer Dirndl). Eine historische Tracht weist im Schnitt, der Farbkombination und der Ausstattung ganz bestimmte Merkmale auf, anhand derer man die Trägerin einer Region und einer sozialen Schicht zuordnen kann. Das heutige Dirndl zitiert lediglich einige Merkmale regionaler, speziell alpenländischer Trachten.

GESCHICHTE

Das Dirndl, das man als traditionelle Kleidung versteht, ist noch ein relativ junges und ursprünglich rein städtisches Modephänomen. Anfangs war es eine Dienstbotentracht, die sich ab etwa 1870/80 in der Oberschicht der städtischen „Sommerfrischler“ (Alpentouristen) als „ländliches“ Kleid durchsetzte. Der Adel liebte bereits seit Zeiten *Ludwigs des XIV.* die Verkleidung als bäuerliches Volk. Die Erfindung dieses dezent erotisch wirkenden Kleidungsstückes setzte je-

Foto: Romain & Wolf

Links gebundene Dirndlschürze

doch einen Wendepunkt für das heutige Verständnis von alpenländischer Tracht. Nach dem Ersten Weltkrieg wurde das Dirndl als schlichtes Sommerkleid eine preiswerte Alternative zu den oft teuren und aufwendig gearbeiteten historischen Frauentrachten. Heute versteht man unter einem Dirndl ein Kleid mit engem, oft tief ausgeschnittenem Oberteil, weitem, an der Taille angesetztem Rock, dessen Länge nach Geschmack und Mode wechselt, dazu eine fast rocklange Schürze. Darunter wird eine weiße Bluse mit kurzen Puffärmeln, aber auch langen Ärmeln getragen, die unter der Büste endet, dazu ein Schultertuch oder ein kurzes Halstuch. Ein Kropfband ergänzt oft das Dirndl. Es wird sowohl auf Jahrmärkten und Kirchtagen im ländlichen Raum als auch auf größeren Volksfesten vor allem in Süddeutschland und einigen Alpenregionen getragen.

TIPPS zum Dirndl-Code

Einer nicht nachvollziehbaren Überlieferung nach symbolisiert die Schleife, mit der die Schürze gebunden ist den ehelichen Status der Trägerin.

- Bindet sich die Trägerin ihre Schleife **rechts**, sei sie vergeben, verlobt oder verheiratet.
- Eine Schleife auf der **linken** Seite soll bedeuten, dass die Trägerin noch zu haben sei,
- eine **vorne mittig** gebundene Schleife soll bekunden, dass die Trägerin Jungfrau,
- die **hinten** gebundene, dass sie Witwe ist.

Trachtenvereine erklären, dass die Schleife als Kennzeichen des Familienstandes überflüssig sei, da verheiratete Frauen ohnehin anders gekleidet gewesen wären als ledige Mädchen.

Kropfband

DAS KROPFBAND

Ein Kropfband (Würgerband) ist Teil der bayerischen und österreichischen Tracht. Es wird eng am Hals anliegend getragen und ist einige Zentimeter breit. Seinen Ursprung soll das Band im Salzburger Land haben, wo häufig eine Vergrößerung der Schilddrüse (Kropf, med. Struma) durch den Mangel an Jod vorgekommen sei. Bei festlichen Anlässen habe man mit den Kropfbändern entweder den Kropf selbst oder die Operationsnarben verbergen wollen.
Das Kropfband gibt es in etlichen Ausführungen von schlicht, bei dem an einem breiten Samtband ein Anhänger (z. B. ein Edelweiß) hängt, bis zu reich mit Perlen, Stickereien und Schmucksteinen verzierten Varianten. Reiche Salzburgerinnen bevorzugten eine luxuriösere Ausführung, bei der viele dünne Gold- oder Silberkettchen mit Stegen verbunden sind, um ein Verdrehen zu verhindern. In der Halsmitte befindet sich ein aufwendig gefertigtes Mittelstück, reich ornamentiert und edelsteinbesetzt. Später ist das Kropfband auch Bestandteil verschiedener regionaler Trachten außerhalb des Salzburger Landes geworden.

Fotos: l.: Berwin & Wolf; r.: Kzenon/Fotolia

Bauern aus Schladming in winterlicher Tracht, 1935

Appenzeller Tracht

DER HERR TRÄGT TRACHT

Auch bei den Trachtenanzügen, die der Herr als Begleitung zum weiblichen Dirndl trägt, ist die Tradition kürzer als man allgemein annimmt. So wurde der Kärntner Anzug erst auf der Landes-Handwerksmesse 1911 vorgestellt und per Dekret der Landesregierung im österreichischen Bundesland Kärnten eingeführt. Die Einführung wurde durch die neu gegründete Kärntner Landsmannschaft vorangetrieben, die dem Maler *Professor Leopold Resch* aus Villach den Auftrag erteilt hatte, einen Anzug auf der Basis älterer Trachten zu entwerfen. Ziel dieser Maßnahme war die Stärkung des Landesbewusstseins.

Kärntner Anzug

Der Kärntner Anzug ist haselnuss- bzw. kastanienbraun mit grünen Aufschlägen. Dazu wird eine geblümte Samtweste getragen. Die Farbe Braun sollte Erd- bzw. Heimatverbundenheit symbolisieren. Einen (ungewollt) politischen Aspekt erhielt der Anzug durch den rechtsnationalen Landeshauptmann *Dr. Jörg Haider* (gestorben im Oktober 2008), der gerne in dieser Kleidung auftrat.

Der Steireranzug, eine echte Tracht

Der Steireranzug ist älter als der Kärntner Anzug und wurde in der Mitte des 19. Jahrhunderts in der Steiermark eingeführt. Es ist ein grauer Trachtenanzug mit grünem Besatz, Pattentaschen und Lampassen (breiten, meist farbigen Zierstreifen auf oder neben beiden Seitennähten, wie man sie von bestimmten Uniformhosen kennt). Der Steireranzug nahm einen ähnlichen Weg wie das Dirndl und verbreitete sich schnell als Freizeitkleidung der Adeligen und in der Folge auch des gehobenen Bürgertums. Nach dem Ersten Weltkrieg führte die Trachtenbegeisterung jener Zeit zu seiner raschen Verbreitung in ganz Österreich. Im Ständestaat galt der Steireranzug als typische Kleidung regimetreuer Bürger, weshalb er von der nationalsozialistischen Kulturpolitik in der Steiermark gefördert wurde und auch nach dem Zweiten Weltkrieg und bis heute ein beliebtes Kleidungsstück vor allem in konservativen Kreisen blieb. Er ist die dominierende Männerkleidung bei den meisten Trachtenveranstaltungen.

Es existieren verschiedene landschaftsgebundene Formen des Steireranzugs, zwei davon werden in der ganzen Steiermark getragen:

- Der **Altsteirer-Anzug** (auch Salonsteirer) mit grünem Revers und Achselspangen, auf vier Knöpfe geschlossen,
- der **Leobner** oder **Jägerrock** hat einen Stehkragen und wird auf fünf Knöpfe geschlossen.

Je nach Machart können breite oder schmale Lampassen an der Hose und Ärmelaufschläge vorkommen. Zu beiden Arten wird meist eine grüne Tuchweste mit Silberknöpfen getragen. Steireranzüge werden aus Loden oder Kammgarnstoffen gefertigt. Echte steirische Trachten haben Hirschhornknöpfe.

Neben dem grau-grünen Anzug aus der obersteirischen Gebirgsregion gibt es für die ost- und südsteirischen Täler und das Hügelland im Osten des Landes auch Steireranzüge mit der Grundfarbe (oliv-)grün und mit dunkelgrünem Besatz.

Fotos: l.: Wikimedia (public domain); r.: Durrer/Fotolia

Landhausmode

Charivari

TRACHTENMODE

Trachtenmode bedient sich in ihren Schnitten, Materialien, Stoffmustern und Accessoires aus den vielfältigen Formen der Tracht, aber kombiniert diese mit den aktuellen Modetrends, ohne authentische Tracht sein zu wollen. Nach wissenschaftlicher Definition ist Trachtenmode „die Nutzbarmachung volkstrachtlicher Elemente für die Bedürfnisse der Mode" in ästhetischer Hinsicht, aber auch „im Sinne der ökonomischen, industriellen und finanziellen Verwertung und Vermarktung modisch adaptierter Trachtenkleidung." Der eigentliche Unterschied zur überlieferten Tracht liegt in ihrem kurzfristigen bzw. saisonalen Charakter, was nicht bedeutet, dass sich Kreationen der Trachtenmode auch dauerhaft durchsetzen könnten, wie z. B. Kleidung aus Jägerleinen.

Das Charivari

Was den Damen das Kropfband, ist den Herren das Charivari: eine massiv-silberne oder versilberte Schmuckkette, an der Berlocken (kleine Kostbarkeiten oder Schmuckgegenstände aus Edelmetall, Elfenbein, Porzellan, Edelstein), Geldstücke (Silbermünzen und Medaillen), Hornscheiben, Grandeln (Eckzähne aus dem Oberkiefer von Rothirschen), Kümmerer (verkümmerte Hirsch- oder Rehgeweihe), Tierpfoten, Dachsbärte, Fuchsschnauzen sowie Zähne von jagdbaren Tieren oder Ähnliches angebracht sind.

Die Bezeichnung ist vom lateinischen „caribaria" für Durcheinander, Verrücktheit abgeleitet und kam zur napoleonischen Zeit in den deutschen Sprachraum. Traditionell wird es von Männern am Hosenlatz der Trachtenlederhose getragen. Das Charivari diente als Schmuck oder als Talisman für eine erfolgreiche Jagd und war für die Landwirte ein wertvolles Statussymbol.

LANDHAUSMODE

Ein weiterer verwandter Bereich ist die Landhausmode bzw. der Landhausstil, wobei sich dieser nur noch in bescheidenen Ansätzen am Vorbild der Tracht orientiert und eine weitgehend eigene Formensprache entwickelt hat. So ist der Begriff Landhausmode weiter gefasst als bei der Trachtenmode, weil die Ähnlichkeit weniger ausgeprägt ist.

V-Träger

Kurze Lederhose

Kniebundhose mit H-Träger

DIE LEDERHOSE

Leder ist als Material für Hosen seit Jahrhunderten gebräuchlich. Urvater der heutigen Lederhose war die Culotte, eine eng anliegende höfische Kniebundhose. Im Alpenraum wurde das Schnittmuster im ausgehenden 18. Jahrhundert auf Leder übertragen und löste damit die bei Bauern bis dahin übliche Pumphose ab. Während sich in der Stadt nach der Französischen Revolution lange Hosen durchsetzten, blieb der Schnitt bei der Landbevölkerung als praktische Arbeitshose für Männer und zum Teil auch für Frauen erhalten. Das Leder stammte damals meist von Hausziege oder Hausschaf, da die Jagd auf Hirsch oder Gams ein Privileg des Adels war. Die Hosen waren in der Regel mit Blauholz (ein Johannisbrotgewächs aus dem Süden Mexikos) schwarz eingefärbt und wiesen keinerlei Verzierungen auf.

Im Laufe des 19. Jahrhunderts wurde Leder mehr und mehr durch Loden ersetzt und die Hosen wurden auch bei der bäuerlichen Bevölkerung länger, bis die kurze Lederarbeitshose gegen Ende des 19. Jahrhunderts fast vollständig verschwunden war. Zusammen mit fünf Stammtischfreunden gründete der Lehrer *Josef Vogl* am 25. August 1883 in Bayrischzell den ersten bayrischen Trachtenverein, „für Erhaltung der Volkstracht im Leitzachthale", weil er annahm, dass eine „uralte" Tracht im Begriff war, zu verschwinden. Als sich die sechs Freunde kurze Lederhosen nach ihren Vorstellungen anfertigen ließen, wurden sie von den Einheimischen zunächst verspottet. Selbst die Kirche bezog Stellung und verbot den „Kniehöslern" die Teilnahme an Prozessionen. Das erzbischöfliche Ordinariat in München erklärte die „Kurzhosenvereine" 1913 noch für sittenwidrig.

Königlicher Beistand

Unterstützung erhielten die Lederhosenfreunde von *König Ludwig II.*, dem *Vogl* per Brief sein Anliegen vorgestellt hatte. Das Herrscherhaus war ein begeisterter Anhänger der Idee einer bayrischen Volkstracht. Diese in der Zeit der Romantik wieder aufgelebte Marotte erfreute sich bei der Oberschicht wie schon zu Zeiten des Absolutismus vielerorts in Europa großer Beliebtheit. Der Adel veranstaltete „Bauernhochzeiten", bei denen sich die gesamte Gesellschaft als Bauern kostümierte, jedoch mit aller erdenklichen Pracht. Mit echter Bauernkleidung hatte das wenig zu tun. Um diese Vorstellung auch in den unteren Schichten zu verbreiten, erließ bereits Ludwigs Vater, *König Maximilian II.*, am 1. Juni 1853 eine Verordnung zur „Hebung des Nationalgefühls, insbesondere der Landestrachten". *Maximilian* und der österreichische *Kaiser Franz Joseph* sowie zuvor bereits *Erzherzog Johann* zeigten sich bei der Jagd in graugrüner Jacke und Lederhose und statteten auch die Jagdgehilfen mit dieser Kombination aus.

Ludwig nahm *Vogls* Brief mit Wohlwollen auf und ließ an alle Kreis- und Bezirksämter die Aufforderung ergehen, Vereine zur Erhaltung der Tracht zu gründen. Dies gab der neu entstandenen Trachtenbewegung einen derartigen Auftrieb, dass sich schließlich auch die Kirche beugte. In vielen Städten in Bayern und in Österreich, dort mit Unterstützung des österreichischen Kaiserhauses, entstanden Trachtenvereine, die

Salzburger Lederhose mit runder Tellernaht

Loferl, Trachtenstrümpfe und Haferlschuhe

die Idee der Lederhose als Teil einer regionalen Volkstracht übernahmen. Selbst in Städten wie München gründeten begeisterte Bürger einen Gebirgstrachtenverein, was den Wandel von der alpenländischen Arbeitshose zum festtäglichen Ausputz des städtischen Bürgertums endgültig vollzog. Da die Lederhosen nicht mehr zur Arbeit, sondern zu festlichen Anlässen getragen wurden, wurden sie immer üppiger mit Ornamenten verziert, die von den Trachtenvereinen als vereinstypische Stile festgeschrieben wurden. Dennoch beschränkte sich die Bewegung lediglich auf einen vergleichsweise kleinen Teil der Bevölkerung. Erst nach dem Ersten Weltkrieg mit dem Aufkommen des Alpentourismus als Massenphänomen gelang der Lederhose der allgemeine Durchbruch. Sie wurde zur Freizeithose der „Sommerfrischler", die sich den Änderungen des Modegeschmacks anpasste. Durch eine Audienz bei *Papst Pius XI.*, bei der eine Chiemgauer Männerabordnung ihre Gebirgskluft mit der kurzen Lederhose, der Wichs, trug, wurde diese 1924 „salonfähig".

Nach dem Zweiten Weltkrieg war die Lederhose in Deutschland und Österreich die beliebteste Kinderkleidung für Jungen schlechthin. Sie wurde von Eltern und Kindern gleichermaßen geliebt. Abgelöst wurde diese Ära erst durch die Jeans, die ebenfalls ihren Ursprung in der Arbeitskleidung hat. Die Jeans fand bei der Elterngeneration jedoch nicht dieselbe Zustimmung wie die Lederhose und wurde von Beginn an mit Jugendrebellion in Verbindung gebracht.

Lederhose ist nicht gleich Lederhose

Als Element der alpenländischen Gebirgstracht ist die Lederhose in zwei Formen weit verbreitet,

- als „Kurze" und
- als Kniebundhose.

Dabei werden die kniefreien Lederhosen bei der Arbeit und zur Jagd getragen, die Kniebundhose ist eher eine Festtagshose. Typisch für Trachtenlederhosen sind die Bestickung und der an beiden Seiten mit Knöpfen verschlossene, herunterklappbare Hosenlatz, das Hosentürl, was im Ursprung auf die mittelalterliche Schamkapsel, als in Europa allgemein üblicher Teil der Männerkleidung zurückgeführt wird. Rechts seitlich ist meist eine Messertasche angebracht, die den Nicker, ein Jagdmesser, aufnimmt.

Eine Besonderheit, mit der man die Herkunft der Kniebundlederhose bestimmen kann, ist die sogenannte „Arschnaht". Im Bereich Ostbayern, dem Salzburger Raum, Tirol und Oberösterreich wird sie oft als Tellernaht („Salzburger Teller") über das Gesäß ausgeführt, wohingegen im Allgäu, der Steiermark und Kärnten diese Naht meist senkrecht verläuft.

Am häufigsten wird zur Lederhose ein lederner Hosenträger mit vorderem Querriegel (H-Träger) getragen, seltener mit einem v-förmigen Mitteleinsatz, der vorne angeknöpft ist. Auch Hosenträger aus Stoff sind zu finden. Zur „Kurzen" trägt man meist Haferlschuhe. Gestrickte Loferl, Stutzen, werden traditionell ohne Füßlinge getragen. Zur Bundhose trägt man spezielle lange Bundhosenstrümpfe, die man bis übers Knie hinaufzieht und dort umschlägt, bevor die Hose angezogen und unter dem Knie zugebunden wird. So soll ein Herausrutschen des Strumpfs verhindert werden. Ein weiteres traditionelles Accessoire ist ein federkielbestickter Ranzen, eine Art breiter Gürtel, der zur Geldaufbewahrung dient.

Im Oberallgäu, dem südlichen Chiemgau, dem Bayerischen Oberland und dem Berchtesgadener Land sowie dem Salzkammergut gehört die Lederhose immer noch zur Alltagskleidung und wird nicht nur von den Mitgliedern der Trachtenvereine getragen. Sie sind in der Regel handgemacht und maßangefertigt. Sie werden mit viel Liebe zum Detail mühevoll hergestellt und sind ein Leben lang (bei gleicher Statur) halt- und tragbar.

Fotos: l.: iStock.com/riverlakes-photos; r.: iStock.com/photoposter

STRÜMPFE UND SOCKEN

Mode für die Füße

Strümpfe und Socken sollen eine ganze Menge. Sie sollen nackte Beine bedecken, Fußschweiß aufsaugen und möglichst weiterleiten und außerdem noch kleine modische Akzente setzen. Sie folgen in Farbe und Musterung den aktuellen Trends und dürfen das inzwischen auch bei den Herren zeigen. Ihre in der Tradition wurzelnden Ursprünge in der Etikette sieht man ihnen heute meist nicht mehr an, obwohl einige Dresscodes noch immer bedient werden.

Dort wo die Oberbekleidung noch Dresscodes folgt, z. B. in höheren Entscheidungsetagen, bei bestimmten Berufen (Banker, Anwalt) oder zu offiziellen und förmlichen Anlässen, ist der Männerstrumpf schlicht und dunkel und in der Regel knielang. Auch bei übereinander geschlagenen Beinen soll man zwischen Strumpfrand und Hosenbein keine Haut blitzen sehen. Das schreibt die Etikette vor, ist aber auch ein einsehbares ästhetisches Phänomen. Im Büro, bei Konferenzen oder zum langen Abendkleid wird auch die Dame nur mit dezent bestrumpftem Bein zu sehen sein. Ansonsten darf es insgesamt etwas lockerer und bunter zugehen.

TIPPS zur Farbwahl

Die richtige Farbe von Socken und Strümpfen zu wählen, stellt viele Menschen immer wieder vor Probleme (siehe auch das Kapitel „Farben – Freude für Augen und Seele"). Daher hier einige Empfehlungen:

- Bei Männern ist die ideale Strumpffarbe Schwarz beziehungsweise eine Nuance dunkler als der Rest des Outfits (zum Beispiel bei einem hellen Anzug). Tennissocken und bunte Socken sind im Geschäftsleben nicht angebracht, wobei manche Berater – wie das Team von *knigge.de* – das Tragen von Socken ohnehin zu einem Tabu bei Männern erklären (es sollte nur Strümpfe geben).
- Frauen, die im Geschäftsbereich immer Strumpfhosen/Strümpfe tragen sollen, machen mit Ton in Ton zu Hose oder Rock nichts falsch.
- Auch mit transparenten Feinstrumpfhosen/-strümpfen steht eine Frau auf der sicheren Seite. Bei den Überlegungen der Farbe sollte immer auch die Stärke des Materials bedacht werden – blickdichte schwarze Strümpfe wirken anders als Schwarz als ein Hauch am Bein.

Für jedes Outfit die richtige Farbwahl.

FARBE UND MUSTER

Was Mann oder Frau in ihrem privaten Umfeld tragen, ist ihnen generell selbst überlassen. Da dürfen sie es so auffällig oder dekorativ treiben, wie sie mögen. Aber auch im beruflichen Alltag hat sich das Diktat besonders für die Herren deutlich gelockert. Mit den eng geschnittenen Anzügen, deren schmale Hosen sich im Sitzen höher ziehen als weite Hosen früher oder bei den verkürzten Formen bei Röhre und Chinos werden Strümpfe und Socken sichtbar. So ist es modisch praktisch unumgänglich, farblich passende Socken zu wählen, die entweder Farben von Hemd und/oder Krawatte aufgreifen oder auf den Basiston der gesamten Kombination abgestimmt werden. Das kann eine Unifarbe sein oder auch dezente Ringel oder andere geometrische Muster. Schwarz, schwarz, schwarz sind alle meine Farben würde dazu nicht mehr gefallen. Wichtig ist, dass es besonders im Beruf harmonisch bleibt und fein gestrickt. Grobes gehört eindeutig in die Freizeit und Sportsocken nur in Sportschuhe.

Wenn die Damenmode z. B. Spitze in die Tagesmode übernimmt, dann dürfen die Damen auch Feinstrümpfe und Strumpfhosen mit Spitzenmustern im Beruf tragen, in einer tagestauglichen Variante. Ob die Feinstrumpfwaren transparent oder opak, matt oder leicht shiny sind, verrät der jeweilige Modetrend. Ob farblich kontrastierende oder perfekt abgestimmte Beinbekleidung gefragt und toleriert wird ebenfalls. Allzu Auffälliges provoziert und sollte der Freizeit vorbehalten bleiben. Schließlich will man bei der Arbeit die ganze Aufmerksamkeit auf die Gesprächsinhalte und Arbeitsleistung lenken und nicht auf die Wahl des Strumpfes.

ZWECK DER FUSS- UND BEINTEXTILIEN

Ob Socke, Strumpf oder Strumpfhose – sie dienen verschiedenen Zwecken. Sie:

- halten warm und trocken,
- schützen vor Verletzung durch Druck- oder raue Stellen im Schuh,
- vervollständigen die Kleidung (Geschäftsleben),
- können durch Farbe und Muster Akzente setzen,
- können feminin und erotisierend wirken (z. B. Strümpfe mit Strapsen, halterlose Strümpfe, Strümpfe mit Naht),
- haben oft ein verstärktes Fersen- und Zehenteil, um die Lebensdauer zu erhöhen.

MATERIAL

Wie die Handflächen haben auch die Fußsohlen Schweißdrüsen. Wenn Bakterien beginnen, den Schweiß zu zersetzen, können unangenehme Gerüche entstehen. Das Material der Fußbekleidung muss daher in der Lage sein, geschlossenen Schuhen die Feuchtigkeit aufnehmen zu können. Deshalb kommen als Material Naturfasern wie Baumwolle und Wolle zum Einsatz. Wolle hat dabei noch den Vorteil, dass sie sich trotz einer hohen aufgenommenen Menge an Schweiß nicht unangenehm nass anfühlt. Baumwolle ist interessant, weil sie hohe Waschtemperaturen verträgt, wodurch die Abtötung eventueller Keime am ehesten gewährleistet ist.

Strumpfgeschichte

Die Vorläufer der Beinbekleidung waren Bein-, Waden- oder Schenkelbinden aus Wolle oder Tierfellen, später wollene, oft gefilzte Wickelgamaschen, die man mit kreuzförmig gewundenen Lederriemen, Stoff- oder Bastbändern an den Unterschenkeln befestigte. Sie dienten dem Schutz vor Kälte und vor Verletzungen und wurden ohne Unterschied von Männern, Frauen und Kindern getragen.
Socken und Strümpfe wie wir sie kennen, gab es lange nicht. Unter den vielen Stofflagen mittelalterlicher Kleidung gab es viele Vorläufer späterer Kleidungsstücke. Im 13. Jahrhundert wurden Strümpfe und Hosen zu einem Kleidungstück vereint, im 16. Jahrhundert wieder ab dem Knie getrennt. Strümpfe aus Wolle als Fußbekleidung wurden vom einfachen Volk wohl schon vor 500 Jahren gestrickt. Frauen als sogenanntes „unreines" Geschlecht waren vom Tragen von Strümpfen und Unterwäsche zunächst weitgehend ausgenommen.
Einen ersten Schub bekam die Geschichte des Strumpfes durch die Entwicklung einer Kulierwirkmaschine als Strumpfstrickmaschine 1589 durch den Engländer *William Cotton,* die 10 Handstrickerinnen ersetzen konnte und viele verschiedene Strumpflängen ermöglichte.
Der Adel begnügte sich selbstverständlich nicht mit solch groben Strümpfen, sondern hatte schon früh ein Faible für farbige und fein verzierte Seidenstrümpfe. Ab dem 18. Jahrhundert gab es dann auch (seidene) Strümpfe speziell für Damen. Im Zusammenhang damit kamen reich ornamentierte Strumpfbänder auf, die sogar mit Liebesschwüren bedruckt waren. Strümpfe und Strumpfband wurden zu einem bedeutenden Modeartikel. Strumpfbänder wurden gestrickt, gewirkt oder genäht, waren mit Perlen besetzt, bestickt und bemalt. Sie wurden über bzw. unter dem Knie gebunden. Weniger luxuriöse Versionen gab es aus Leinen oder Baumwolle. Im Winter trugen beide Geschlechter warme Wollstrümpfe.

Die Strumpfrevolution

Zur „Revolution" des Strumpfes kam es erst über zwei Jahrhunderte später, in den 30er-Jahren des 20. Jahrhunderts. In Amerika wurde Nylon erfunden und nur wenige Jahre später die ersten Nylonstrümpfe gefertigt. (→ *Kasten „Die Erfolgsstory der Nylons", S. 96*). Sie kamen mit dem Ende des Zweiten Weltkriegs nach Europa und wurden hier ebenfalls zu einem begehrten Objekt. Sie waren anschmiegsam, glatt, dünn und transparent, was zu einer bis dahin unbekannten Akzentuierung des Frauenbeins führte. Nachdem in Deutschland das dem Nylon verwandte Perlon patentiert wurde (→ *Kapitel „Chemiefasern", S. 78*), konnten auch Perlonstrümpfe die Nachfrage decken. Die Frauen nannten sie unabhängig vom Material „Seidenstrümpfe". Die ersten Nylons hatten noch eine Naht, weil die Strümpfe nicht als Schlauch produziert, sondern flach gestrickt und dann erst zusammengenäht wurden. Daher griffen die Damen, die sich diese Strümpfe nicht leisten konnten, zu einer List. Sie färbten sich mit Make-up oder einem kräftigen Teesud die Beine braun und zogen mit dem Augenbrauenstift eine Naht, um den Look zu imitieren. Abhängig von der maschinellen Entwicklung zur Herstellung von Feinstrümpfen kamen erst zwischen 1955 und 1965 nahtlose Strümpfe auf. Infolge dessen eroberten ab den 70er-Jahren Feinstrumpfhosen den Markt. Sie werden heute von der Mehrzahl der Frauen den Strümpfen für Halter oder auch dem halterlosen Feinstrumpf vorgezogen.

Business-Socken

Bei Damenstrümpfen und -strumpfhosen ist das Material meist synthetisch. Doch selbst Winter- oder Modestrumpfhosen aus und mit Wolle oder Baumwolle brauchen einen hohen Anteil an Elastan, um wie eine zweite Haut zu sitzen und immer wieder in die Ursprungsform zurückzuspringen. Deshalb sind die elastischen Beimischungen unverzichtbar für die Passform und deren Erhaltung. Neueste Nanotechnologien erlauben auch den Einsatz pflegender Substanzen wie z. B. Aloe vera oder Düfte bei Feinstrümpfen und Socken.
Eine der jüngeren Kreationen der Strumpfindustrie sind antimikrobiell wirkende „antibakterielle Socken", die störende Gerüche verhindern oder zumindest vermindern sollen. Man verwendet Fäden mit Silberanteil, die in ein Umwindegarn eingearbeitet sind, oder man gibt schon beim Spinnprozess der noch flüssigen Polymerschmelze Silberionen bei. Dadurch wird das Silber in die Faser integriert und nicht so schnell freigesetzt. Da diese Technologie noch recht neu ist, fehlen Studien, ob und in welchem Umfang freie Silberpartikel Schaden an der Gesundheit anrichten könnten. Daher warnen manche Verbraucherschutzorganisationen vor Produkten dieser Art. Eine andere Alternative ist es, den Strumpf mit antibakteriellen Substanzen auszurüsten, was jedoch immer die Gefahr einer allergischen Reaktion beinhaltet und nur für eine Anzahl von Wäschen Bestand hat.

BEINKLEIDUNG FÜR SIE & IHN

Socken und Strümpfe lassen sich grob durch die Schaftlänge unterscheiden. Meist bezeichnet man Beinkleidung, die den Fuß bis maximal zur halben Wade bedeckt, als Socken oder Söckchen. Ab Knie- bis zur Oberschenkellänge spricht man von Strümpfen.

ABS-Socken

Asymmetrische Funktionssocken

Socken

ANTIRUTSCHSOCKEN/ABS-SOCKEN
Eroberten sich erst die Baby- und Kinderwelt, dann die der Erwachsenen. Sind Socken mit Gummidruck auf der Sohle, der ein Wegrutschen auf glatten Flächen verhindert; können Hausschuhe ersetzen. Der Begriff ABS wurde abgeleitet von „Anti-Blockier-System" aus dem Kraftfahrzeugbereich.

ASYMMETRISCHE SOCKEN
Es gibt für den rechten und linken Fuß je eine eigene Socke, die so gearbeitet ist, dass sie perfekt passt. „Rechte" und „linke" Socke sind als solche gekennzeichnet und haben oft spiegelverkehrte Funktionszonen.

BEACH SOCKS
Engl. für Strandsocken. Kurzschaftige Strümpfe aus wasserfesten Chemiefasern mit einer dicken Sohlenbeschichtung gegen Verletzungen und Hitze.

FESSELSOCKEN
Socken mit einer Schaftlänge von 29 cm.

FLIGHT SOCKS
Auch *Travel Socks*. Engl. für Flug- oder Reisesocken. Mindestens wadenlange, durchblutungsunterstützende Strümpfe zur Verringerung eines Thromboserisikos auf längeren Flugreisen.

FUNKTIONSSOCKEN
Bei ihnen sind oft synthetische Fasern miteinander oder mit Naturmaterialien kombiniert, um ein optimales Feuchtigkeitsmanagement (aufsaugen, puffern, ableiten) zu erreichen. Für den Sport- und Outdoorbereich oft auch als asymmetrische Socken mit unterschiedlichen Festigkeitszonen.

FÜSSLINGE
Engl. Socklets. Verwandt mit den Sneakersocken, meist aus dünnem (auch Feinstrumpf-) Material. Bedecken lediglich die Zehen, die Fußsohle und einen Teil der Ferse. Füßlinge, die in Ballerinas getragen werden, sind somit praktisch unsichtbar.

LEXIKON Fersen

Kubaferse. Auch *Kubanische Ferse*. Sehr hoch gezogene Zierferse bei Strümpfen oder Strumpfhosen mit Naht.

Ferse. In Form gestrickter, meist verstärkter Teil von Strümpfen und Socken für die Ferse des Fußes.

Hochferse. Früher sorgte sie für mehr Halt im Schuh. Dann haben sich daraus verschiedene Arten von Zierhochfersen wie Kubaferse oder Pyramidenferse entwickelt. Vor Erscheinen des nahtlosen Strumpfes waren sie Inbegriff der Eleganz.

Pyramidenferse. Hohe Zierferse mit treppchenartigem Verlauf

Sandalettfuß. Auch Sandalettferse. Fuß oder Ferse sind so transparent gehalten wie das Bein, also im Zehenbereich und/oder an der Ferse nicht verstärkt. Für Sandaletten, offene Abendschuhe oder Slingpumps.

Zierferse. Betont aufwendig gearbeitete, unterschiedlich konstruierte hochgezogene Ferse bei Strümpfen und Strumpfhosen mit Naht.

Fotos: l. Hudson Kids, r. Falke

Strumpf- und Sockenarten

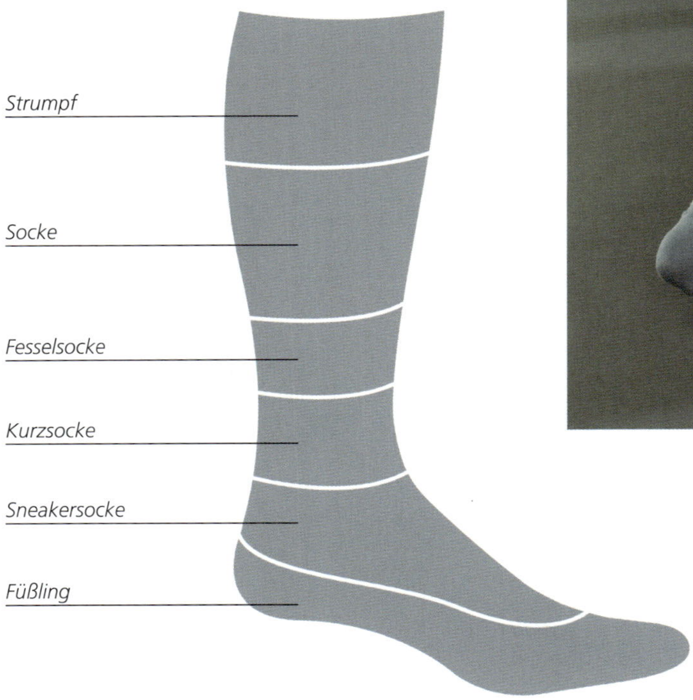

Sneakersocken

Sockenhalter

Sie sind ein rein männliches Hilfsmittel und wurden vor allem in der „Vor-Elastan-Zeit" von Männern getragen, damit die Socken nicht rutschten. Es handelte sich um Gummibänder (später elastische Bänder) um die Wade, an denen die Socken mit Clips o. Ä. befestigt werden.
Als Zubehör für Babykleidung sind Sockenhalter „Übersocken". Sie reichen etwa bis zur Hälfte des Füßchens und haben keine Ferse. Sie verhindern, dass das die Söckchen weggestrampelt werden. Sie werden auch „Sockons" genannt, sind aus elastischem Material und haben eine Einheitsgröße.
Außerdem werden unter „Sockenhalter" einfache Systeme verstanden, um Socken und Strümpfe paarweise in die Waschmaschine zu geben und sie paarweise auch wieder herauszubekommen.

GUMMILOSE SOCKEN

Bezeichnet Socken ohne Gummi im Randgestrick. Auch Strümpfe, Socken mit Komfortbund genannt. Sie schnüren nicht ein, weshalb sie für Diabetiker angeboten werden. Rutschfestigkeit wird durch spezielle Strickmuster erreicht.

KURZSOCKEN

Socken mit einer Schaftlänge von 15 cm.

SNEAKERSOCKEN

„To sneak", engl. für schleichen, sich geräuschlos anpirschen. Sneaker ist der Sammelbegriff für Schuhe im Sportschuhlook (mit geräuschlosen Sohlen), die aber nicht unbedingt zum aktiven Sport, sondern im Alltag getragen werden. Die dazu passenden Socken heißen Sneakersocks oder -socken und sind so geschnitten, dass der Spann unter der Schnürung geschützt ist, sie im Schuh aber quasi unsichtbar bleiben.

SPORTSOCKEN

Socken aus saugfähigen Materialien, die Fußschweiß bei sportlicher Aktivität aufnehmen und Blasenbildung verhindern sollen, oft aus Funktionsmaterialien. Inzwischen für viele Sportarten in passender ergonomischer Form angeboten.

ZEHENSOCKEN

Sind quasi Fingerhandschuhe für die Zehen. Alle fünf Zehen sind einzeln umhüllt, sodass Reibung vermieden wird. Werden eher in der Freizeit getragen.

Stulpen oder Socken wärmen und setzen einen modischen Akzent.

LEXIKON Socken & Strümpfe

Argyle. Intarsiendessin mit dem typischen, auf der Spitze stehenden, oft zusätzlich überkarierten Rhombus. Bekannt durch die Strumpfmarke Burlington, jetzt Falke-Gruppe. Die Rhomben werden von Spezialmaschinen so gearbeitet, dass auf Vorder- und Rückseite die gleiche Farbe zu sehen ist, da die Außenkanten durch Ketteln mit der Nachbarfarbe verbunden werden und nicht im Rücken mitlaufen.

Filetmuster. Ein poröser Mustereffekt (ähnl. Piqué), hervorgerufen durch „Verhängen" einzelner Maschen auf eine der benachbarten Nadeln für das Höschenteil.

Flachnaht. Engl. für Flatlock-Naht. Wird für elastische Unterwäsche und Strümpfe eingesetzt, weil Spitzen, Borten oder Bänder nach dem Annähen nicht abstehen und nicht auftragen.

Gekettelte Spitze. Verarbeitung bei hochwertigen Strumpfwaren, wobei die Maschen auf einem Nadelkranz aufgefädelt und nicht einfach abgenäht werden.

Intarsientechnik. Stricktechnische Musterungsart, ähnlich Jacquard in der Weberei. Wird zumeist räumlich begrenzt, platziert eingesetzt.

Platziertes Muster. Meist am Knöchel positioniertes Einzelmotiv. Bei Strumpfwaren und Feinstrümpfen

Ringel. Klassisches Strumpfmuster mit sich abwechselnden Farben in unterschiedlichen Breiten.

Schaftlänge. Entsprechend der Schaftlänge wird zwischen Füßlingen (ohne Schaft), Kurzsocken (15 cm), Fesselsocken (29 cm), Wadenstrumpf (38 cm) und Kniestrumpf (über 50 cm) unterschieden.

Strumpfwaren. Sammelbegriff für Socken und Feinstrümpfe.

Texturierte Garne. Darunter versteht man chemisch und/oder mechanisch behandelte Chemiefasern, die durch verschiedene Verfahren eine Kräuselung erhalten, um höhere Elastizität und Bauschigkeit zu erzielen.

Strümpfe

KNIESTRÜMPFE

Strumpf mit einer Schaftlänge von mindestens 50 cm. Sie reichen bis unter das Knie und werden meist unter einer Hose getragen. Für Kleider und Röcke sind Kniestrümpfe im Business nicht geeignet, da ihr Rand beim Sitzen sichtbar werden kann. Für Damen sind Feinkniestrümpfe sowie auch stützende und feingestrickte Kniestrümpfe im Angebot. Es gibt sie als Feinstrickstrümpfe auch für Männer aus Baumwolle oder Wolle und Mischungen, für Anlassmode auch aus Seide. Kniestrümpfe sind auch im Alltag immer die eleganteste Lösung.

NETZSTRÜMPFE

Mit unterschiedlich weiten Maschen gefertigte offene Gittermuster. Galten früher als frivol.

OVERKNEES

(Engl. für über das Knie reichend, für Frauen). Es gibt auch Stiefel in dieser Länge, die immer wieder in Mode kommen. Diese überlangen Kniestrümpfe werden zu einem sehr kurzen Rock oder Kleid bzw. Shorts getragen. Sportliche Modelle enden in einem Umschlagbündchen, die eleganten Varianten haben ein Silikonband am Abschlussinneren, das am Oberschenkel haftet (ähnlich der halterlosen Strümpfe). Im Angebot sind auch zehenlose Formen.

SCHOPPERSOCKEN

So nennt man etwas längere Kniestrümpfe, die im Schaft bewusst locker gestrickt sind, sodass der lange Schaft „geschoppt" wird, d. h. lässig herunter rutscht. Wird in der Regel über Strumpfhosen getragen. Als modisches Statement oder zum zusätzlichen Wärmen.

STULPEN

Stulpen sind in Schlauchform gestrickt und reichen vom Knöchel bis knapp unter oder auch über das Knie. Sie liegen nur locker am Unterschenkel an. Wärmen beim Sport oder in der kälteren Jahreszeit das Bein und sind gleichzeitig ein modisches Element, das zum Pullover, Shirt oder Schal, Mütze und Handschuhen passen kann.

WADENSTRUMPF

Strumpf mit einer Schaftlänge von 38 cm. Gehört zur Tracht.

Overknees und blickdichte Strumpfhose

Halterlose Netzstrümpfe

Für das Damenbein

Die Feinheit wird in Deutschland bei Damenstrümpfen und Feinstrumpfhosen in der veralteten Garnfeinheitsangabe Denier (den) angegeben. 1 den bedeutet, dass 9.000 m des Garnes 1 g wiegen. Je höher die Denier-Zahl ist, desto stärker und blickdichter ist der Strumpf. Die international gültige metrische Einheit ist Tex; bei 1 dtex (Dezitex) wiegen 10.000 Meter 1 g. Auch hier gilt: Je höher die Zahl, desto stärker der Strumpf. Nach der Art der Befestigung unterscheidet man zwei Varianten:

HALTERLOSE STRÜMPFE

Engl. Stay Ups. Sie sind meistens mit einem Silikonband am inneren oberen Rand ausgestattet, das dem Strumpf ohne Strumpfgürtel sicheren Halt am Oberschenkel gibt. In den USA nennt sich dieses Produkt „Holdup". Die englische Bezeichnung hierfür ist „Thigh High" (schenkelhoch). Es ist ein Zwischending zwischen einem halterlosen und einem Strapsstrumpf. Frauen, die einen unterschiedlichen Oberschenkelumfang haben, ist von Halterlosen abzuraten, für stärkere Schenkel gibt es spezielle Angebote. Das Tragen von halterlosen oder Strapsstrümpfen gilt wegen des Bereiches unbekleideter Haut zwischen Strumpf und Slip als besonders erotisch, weshalb sie auch stark für Brautmode propagiert werden.

STRAPSSTRÜMPFE

Sie halten im Gegensatz zu halterlosen Strümpfen nicht alleine am Bein, sondern werden mit einem Hüftgürtel (Strapsgürtel, Tanzgürtel oder Korselett) getragen.

LEXIKON Damenstrümpfe

Feinstrümpfe. Sammelbezeichnung für alle halterlosen Damenstrümpfe, ob transparent oder blickdicht, meist aus Polyamid.

Figurformendes Höschenteil. Strumpfhosen mit einem eingestrickten, figurformenden Höschenteil, auch als „Control Top" bezeichnet.

Geformt/Ungeformt. Geformte Strumpfhosen erhalten in einem gesonderten Herstellungsprozess die Silhouette eines Beines. Nach dem Färben werden sie über eine vorgegebene Form gezogen, die durch Hitze fixiert wird. Ungeformte Strumpfwaren erhalten erst durch das Tragen ihre Beinform.

Laufmaschenstop. Eine aus nebeneinanderliegenden Maschen bestehende Schutzzone, die der Vermeidung langer Laufmaschen dient. Laufmaschen können sich dann nur bis zu dieser mehr oder minder sichtbaren Zone bilden.

Micro-Mesh. Eine Strickart mit Fangmaschen, die das Laufen von Maschen erschwert. Dabei arbeiten drei Nadeln eine Masche, die vierte bildet den Fadenhenkel. In der nächsten Reihe wird der Henkel um eine Nadel versetzt, sodass nach vier Reihen alle Nadeln mit einem Henkel versehen sind.

Naht. In der Frühzeit der Strumpfproduktion technisch notwendige Naht auf der rückwärtigen Beinseite. Heute Musterungsdetail und modisches Attribut.

Nahtstrumpf. Nahtstrumpfhose. Meist mit Zierferse kombinierte Betonung des Beins, für eine schlankere, verlängerte Optik.

Opaques. Begriff für blickdichte Strumpfhosen und Strümpfe. Sie sind häufig aus Mischungen von Baumwolle oder Acryl mit Polyamid.

Strumpfband. Separates, elastisches (Spitzen-) Band zum Halten halterloser Strümpfe.

Strumpfgürtel. Unterschiedlich schmal gehaltenes, elastisches „Band", in der Taille getragen, an dem mit Strapsen Strümpfe befestigt werden können.

Zwickel. Bezeichnung für Schrittfutter bei Strumpfhosen.

Verstärkt/Unverstärkt. Besonders strapazierte Stellen wie Fußspitze, Ferse oder Höschenteil werden durch zusätzlich eingestricktes Material haltbarer. Unverstärkte Strumpfhosen sind von der Taille bis zur Zehenspitze transparent.

Feinstrumpfhose mit Schleifchen-Print

Leggings

Netzstrumpfhose

Strumpfhosen

Miniröcke hätten sich ohne Strumpfhosen kaum durchgesetzt, da frau sie tragen konnte, ohne unschickliche Einblicke zu gewähren. Strumpfhosen gibt es in vielen Materialien. Oft ist die Strumpfhose im Schrittbereich, im sogenannten Zwickel, mit Baumwolle belegt sowie wie die Strümpfe auch an Fersen und/oder Spitzen verstärkt.

FEINSTRUMPFHOSE

Die erste Feinstrumpfhose wurde 1958 in Frankreich hergestellt, weil neuere Maschinen Nylonstrümpfe mit einem Höschenteil versehen konnten. Die Sechzigerjahre brachten den endgültigen Durchbruch, sodass bereits 1968 der Anteil schon 85 % an der Feinstrumpfproduktion betrug. Für Frauen und Mädchen war es eine Befreiung. Denn nicht selten riss Öse oder Knopf vom Hüftgürtel oder Leibchen ab.

LEGGINGS

So nennt man enge und elastische Strumpfhosen ohne Fuß. Leggings werden nicht nur zum Sport, sondern je nach Modetrend auch sichtbar unter Röcken, Kleidern und Tuniken oder einem langen Pullover getragen. Im Sportbereich, besonders Fitness und als warme lange Unterhosen (Long John) sind Leggings auch für Männer üblich.

NETZSTRUMPFHOSE

Strumpfhosen mit Gittermuster.

STRAPSSTRUMPFHOSE

Das ist eine Strumpfhose, die im Höschenteil und am Oberschenkel ein Muster aufweist, das Strapsgürtel und -strümpfe imitiert.

STÜTZSTRUMPFHOSE

Darunter versteht man eine Strumpfhose mit hohen Elastananteilen, die an definierten Stellen Druck auf das Bein ausübt und dadurch den Blutkreislauf und den Lymphfluss anregt. In verschiedenen Stützklassen erhältlich, auch als modische Variante. Gibt es auch in Kniestrumpflänge als „Flugbegleiter".

UMSTANDSSTRUMPFHOSE

Spezialstrumpfhose mit besonders dehnbarem oder mithilfe von Knöpfen verstellbarem Vorderhöschen, das werdenden Müttern Komfort und Bewegungsfreiheit garantiert.

Strümpfe und Erotik

Ein direkter Bezug zwischen Strümpfen respektive Frauenbeinen und Erotik ist in der Geschichte nicht festzustellen. (Viel) Bein zu zeigen, ist allerdings erst seit der Mitte des vergangenen Jahrhunderts kein Tabu mehr. Auffällig ist jedoch, dass es zumindest in der westlichen Welt als sexy und aufreizend gilt, ein schmales Stück Schenkel zwischen Strumpf und Slip unbekleidet zu lassen. Erotisch scheint es immer dann zu werden, wenn an üblicherweise bedeckten Stellen Haut zu sehen bzw. zu erahnen ist. Das haben Strümpfe mit Wäsche und Miederwaren gemein.

Für erotische Begegnungen wird den Damen daher häufig ein Ensemble aus figurbetonender, gerne auch transparenter und spitzengarnierter Wäsche und Miederware – einschließlich Strapsen und Strapsstrümpfen – empfohlen, ob in unschuldigem Weiß für die Hochzeitsnacht oder in „sündigem" Rot (Farbe des Blutes und der Leidenschaft) oder Schwarz (mystisch und elegant).

SCHUHE, TASCHEN UND GEPÄCK

Lebendiges Leder

Leder ist ein ebenso altbekanntes wie immer rarer werdendes Material. Die zeit- und kostenaufwendige Herstellung mit dem hohen Teil an Handarbeit im Zusammenhang mit strengen Umweltschutzauflagen hat die Produktion aus Europa fast verdrängt. Bedenken gegen Importleder wegen mangelnder Kontrollmöglichkeiten wachsen. Sichergehen kann man fast nur noch bei hochklassigen und damit hochpreisigen Ledern. Leder wird zum Luxus und im konsumigen Bereich bereits weitgehend von Kunstleder ersetzt. Wer sich diesen Luxus leisten kann, sollte ihn pflegen und bewusst genießen.

Natürlich ist es undenkbar, dass Prada, Gucci oder Hermès ihre Luxushandtaschen in Kunstleder anbieten. Das gilt auch für deren Schuhe und Kleinlederartikel wie Gürtel, Wallets oder auch nur Schlüsselhänger. Undenkbar? Sicher im Augenblick, aber was passiert, wenn Lederproduktion nirgendwo auf der Welt mehr möglich sein wird, weiß jetzt noch niemand. Daher spielen diese Marken auf ihrer Luxusklaviatur munter weiter, als gäbe es dieses Morgen nie. Und die Touristen aus aller Welt pilgern in den Modemetropolen der Welt weiterhin mit leuchtenden Augen zu den Schaufenstern dieser Geschäfte, wohlwissend, dass es einen Grund hat, wenn die Taschen, Schuhe oder Gürtel keine Preisauszeichnung zeigen.

DER KAMPF DER MITTE

In der konsumigen Mitte finden ein Preiskampf und der Krieg um Marktanteile heftiger statt als in den luftigen Höhen des Luxusgenres. Hier erhöht sich der Anteil an PUR-Ledern (Polyurethan) schleichend in den Kollektionen. Die Qualität dieser Kunstleder ist hoch, ihre Optik bestechend und ihr Preis ein schlagendes Angebot. Und auch hierbei hat die Sport- und Outdoorbranche Pionierarbeit geleistet. Kunstleder wurden in diesem Bereich als funktionelle Materialien bis in gehobene Preisklassen bei den Schuhen eingesetzt und wer diese in der Freizeit mit hoher Zustimmung getragen hat, hat seine Hemmschwelle für diese Art Materialien überwunden. Das ist gut und richtig so, auch lässt sich die Entwicklung auf Dauer nicht aufhalten, aber trotzdem ist es nicht dasselbe.

Leder, so wie wir es heute kennen, ist ein lebendiges Material. Es zeigt (oft im Gegensatz zu seinen synthetischen Konkurrenten) Gebrauchsspuren und altert. Lederschuhe kann man eintragen und damit zu seinen eigenen machen. Bei Kunstledern geht das nicht. Sie bekommen Kratzer, Scheuerstellen oder Falten im Gebrauch. Das ist zwar nicht direkt so gewollt, gehört aber materialtypisch dazu. Leder verhält sich individuell und bekommt ein unverwechselbares Gesicht. Es erzählt eine Geschichte, ähnlich der menschlichen Haut, der sich die Spuren der Jahre eines langen Lebens eingeprägt haben. Das ist u. a. ein Grund dafür, warum das Geschäft mit echten Vintage-Taschen floriert.

Foto: viseeook / Fotolia

Biker-Schaftstiefel

Ledertasche

Klassischer Ledergürtel, farblich auf die Schuhe abgestimmt.

TASCHEN UND TASCHENFORMEN

Die Formen der Tasche, ihr Format und ihre Farben folgen den Wellenbewegungen der Modetrends. Als neuer Dauerbrenner ist zu den Hand-, Schulter- und Beuteltaschen der Rucksack hinzugekommen, auch auf dem Weg über den Sport. Zu Beginn nur in technischen Textilmaterialien im Angebot, gibt es mehr und mehr Ledervarianten mit variabel zu nutzenden und mittels Reißverschluss veränderbaren Trägern. Das mögen auch die Herren. Für sie müssen die Rucksäcke allerdings keine Tragevarianten ermöglichen, sondern die Mitnahme eines Notebooks oder Tablets in einer stoßgeschützten, gepolsterten Tasche. Überhaupt die Herren: Sie müssen nicht mehr neidvoll auf die Frauen schauen, die in ihren unergründlichen Handtaschentiefen unglaubliche Mengen an Equipment transportieren. Sie dürfen zwischen verschiedenen Varianten von Messenger Bags und anderen Taschen mit Trageriemen wählen, ohne sich damit der Lächerlichkeit preiszugeben. Auch hier ist der Anteil an technischen Textilmaterialien groß, Leder oft nur für Paspel oder Tragegriff im Einsatz, doch auch preislich deutlich höhere Ledertaschen sind immer öfter im Stadtbild zu sehen. Mann mag es neben sportlich gerne gediegen.

Das verschämte und oft geschmähte Herren-Handgelenktäschchen, das lediglich Portemonnaie, Schlüssel, Feuerzeug und Zigarettenschachtel fasste, hat ausgedient. Einen Push in Sachen Akzeptanz von Herrentaschen hat sicher auch die veränderte Vertriebsform des Angebots von Komplettoutfits auf den Flächen des Handels gegeben. Die Modemarken, die meist in Lizenz eine Vielzahl von Accessoires im markentypischen Look anbieten, haben damit auch ihre Lederaccessoires prominent herausgestellt. Mit wachsendem Erfolg wurden diese dann neben dem Auftritt auf den markeneigenen Flächen auch in den Fachabteilungen der Kaufhäuser, in eigenen oder Spezialstores angeboten und durch diesen bis zu vierfachen Markenauftritt als selbstverständlich und zum Look dazu gehörig penetriert.

SCHUHE UND SCHUHFORMEN

Genauso ist inzwischen durch das Angebot der Komplettoutfits der Modemarken bei Schuhen eine Vierteilung üblich. Wie immer liegt die Vielfalt bei den Damen, für die Herren sind es meist Business-Schuhe, die angeboten werden. Bei den Lederschuhen mögen die Männer es nach wie vor lieber klassisch in der Grundform. Wenn die Mode spitzere Formen fordert, geht der modisch interessierte Mann dieses in Maßen mit, ebenso wie den Salto rückwärts zu runderen Formen oder gelegentlich sogar zu Karreespitzen. Schafthöhen variieren auch bei den Männern. Ob es bis oder über den Knöchel gehen darf, bestimmt das modische Angebot.

Bei den Damen geht es buchstäblich drüber und drunter, bei Knöchel oder Knie und dazu noch auf und nieder mit den Absatzhöhen. Mal Ballerinas, mal High Heels ist in der Damenmode allerdings kein Modediktat, sondern oft ein Ausdruck der jeweiligen Stimmung bzw. des Trageanlasses. Auch hier gibt es ein Grundrepertoire an Formen, das immer wieder modifiziert wird und manchmal eher das Rustikale und Bequeme und ein anderes Mal mehr das Feine und Feminine betont.

GEPÄCK UND REISETASCHEN

In diesem Produktsektor ist Leder meist auf Kurzreisebegleiter beschränkt. Echtlederkoffer sterben langsam aus. Selbst der Edeltäschner *Louis Vuitton* benutzt Echtleder bei Gepäck nur noch zur Kantenverstärkung, für den Griff und den Adressanhänger. Für Weekender oder deren etwas voluminösere Brüder kommt das edle Material noch bei hochpreisigen Marken zum Einsatz.

In den Fachgeschäften für Taschen und Gepäck stehen die „Begleitprodukte" der Modemarken neben denen der Spezialanbieter. Das Gebot für alle Produkte ist Leichtigkeit, bei Koffern auch Robustheit, was in dieser Kombination von Leder nicht geleistet werden kann, sondern nur von innovativen Kunststoffmaterialien. Selbst das, was nach Aluminium aussieht, ist schlagfester und verwindungsbeständiger Kunststoff. Die Zeiten, in denen selbst Überseekoffer noch eine Lederhülle hatten, sind in unserer hypermobilen Gesellschaft vorbei – ein Fortschritt, den man nicht bedauern muss.

Fotos: l.: Peter Kaiser; m.: Maxim Malevich/Fotolia; r.: Dinkelacker

SCHUHE

Bekleidung für den Fuß

Menschen sind eigentlich Langläufer. Unsere Anatomie ist auf den zweibeinigen Lauf über lange Strecken und lange Zeiträume eingestellt. Die menschlichen Füße sind daher eine außerordentlich komplizierte Kombination von Festigkeit, Elastizität, Beweglichkeit und Empfindungsvermögen. Unsere Füße haben kein Fell und/oder dicke Fettballen (wie z. B. Bären), sondern sind Kälte und Hitze, steinigen und unebenen Untergründen oder giftigen Tieren und Pflanzen schutzlos ausgeliefert. Der schützende Schuh zählt deshalb zu den Bekleidungsstücken, die überlebenswichtig wurden.

Foto: Natalya Glinskaya/Fotolia

Angepasste Sohle

Sportschuhe mit Stoßdämpfung

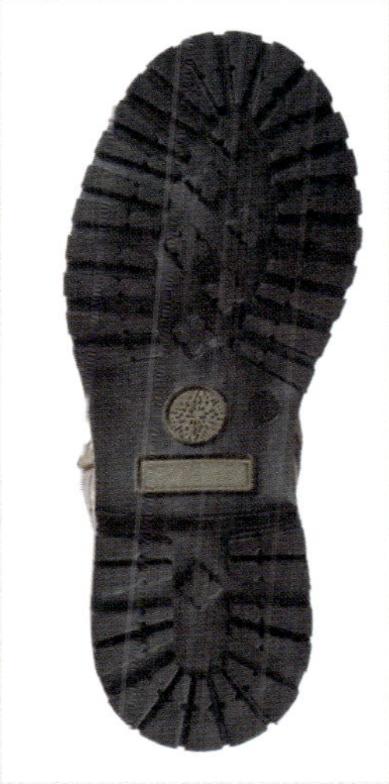

Griffige Sohle

Zehenteiler mit Komfort-Fußbett

Wenn hier etwas buchstäblich schief läuft, kann sich das selbst an weiter entfernten Stellen des Körpers zeigen, wie z. B. mit Rücken- oder Nackenschmerzen. Seit wann es genau Schuhe gibt, ist allerdings nicht exakt bekannt. Höhlenzeichnungen, die über 15.000 Jahre alt sind, zeigen, dass die Höhlenmenschen ihre Füße schützten, indem sie Blätter, Gras, Tierhäute u. Ä. um die Füße wickelten. Aus diesem primitiven Fußkleid entwickelten sich Schuhe, Stiefel und einfache Sandalen mit Riemen aus Leder oder Pflanzenfasern an einer Sohle festgemacht. Gerade in heißen Ländern waren sie das ideale Schuhwerk: Sie sorgten für optimale Luftzirkulation und schützten vor heißen Untergründen. Die aus der Jungsteinzeit stammende Gletschermumie *Ötzi* trug eine bereits sehr durchdachte Fußbekleidung (→ *Kasten „Ötzis Jungsteinzeit-Dress", S. 8*). Sie bestand außen schon aus Leder, hatte eine wärmende Fellsohle und war mit Stroh ausgestopft – Ötzi musste sich in den Dolomiten vor Kälte und Schnee schützen. Von einem Urschuh, aus dem sich alles andere entwickelte, kann jedoch keine Rede sein.

PHYSIOLOGISCHE ANFORDERUNGEN

Während unsere Vorfahren auf natürlichen Untergründen liefen, sind die meisten Böden, auf denen wir heute gehen, unelastisch und hart. Und so haben die Füße nochmals neuen Anforderungen zu genügen und Schuhe sollen sie dabei unterstützen.

- **Halten:** Schuhe müssen den Fuß fest umschließen, damit er stabil auf den Boden aufsetzen kann. Schuhe dürfen deshalb nicht zu groß sein.
- **Passform:** Schuhe dürfen weder in der Länge noch in der Höhe drücken. Sonst können, neben der Beeinträchtigung des gesamten Wohlgefühls, unschöne Hornhaut und Druckstellen auftreten.
- **Freiraum für die Zehen:** Sie sollten nicht zusammengepresst werden. Es können sonst Fehlbildungen entstehen, die sich durch Verschiebung der Zehengelenke bilden und oft mit Entzündungen einhergehen.
- **Biegsame Sohle:** Der Fuß muss entspannt abrollen können.
- **Stoßdämpfung:** Sohle und Absatz (auch Einlagen, Fersenkissen u. Ä.) müssen bei jedem Schritt die Last abfedern können. Ansonsten können schnell Fußgelenke und Wirbelsäule in Mitleidenschaft gezogen werden.
- **Optimales Klima:** Füße schwitzen. Deswegen sollen sie mit saugfähigen Materialien der Socken und luftdurchlässigen Materialien der Schuhe umgeben sein. Leder kann zum Beispiel bis zu 30 % seines Eigengewichts an Feuchtigkeit aufnehmen, trotzdem seinen trockenen Griff behalten, Wasserdampf kann durch die Poren abziehen. Schuhe, vor allem für die Winterzeit, sollen die Füße warmhalten. Daher sind sie häufig mit Stoff, Pelz oder Kunstpelz gefüttert.
- **Angepasste Sohle:** Sie trägt entscheidend zur Sicherheit des Gehens bei. Je ausgeprägter das Profil der Sohle (in diesem Fall meist aus Gummi), desto weniger besteht die Gefahr des Rutschens. Andererseits ist eine wenig strukturierte Ledersohle ideal, um z. B. auf einer Tanzfläche zu gleiten.

Fotos: l.o.+m.: iStock.com; l.u.: tunedin/Fotolia; r.: Camel Active

Lederschuh aus der Höhle Areni I, Armenien, etwa 3500 v. Chr.

Bundschuh aus Leder (800–400 v. Chr.) aus dem Museum Hallstatt in Österreich

Die Schuhgeschichte von der Vorzeit bis heute

VORZEIT

Vor rund 40.000 Jahren scheinen die frühen Menschen schon die Notwendigkeit gespürt zu haben, ihre Füße zu schützen. Diese Theorie stützen Funde von Tierhäuten und Fellen, die um die Füße gebunden waren, sowie Untersuchungen an Beinskeletten. Als Beweis dient die Knochenentwicklung der Füße, die anders belastet werden, je nachdem, ob der Mensch barfuß oder geschützt unterwegs ist. Erste bildliche Nachweise von Schuhen fanden sich auf Wandmalereien. In der Höhle von Altamira in Spanien fand man erste Bildnachweise schuhähnlicher Formen. Sie zeigten Jäger, die eine Art Stiefel aus Tierhaut und Fell trugen. Diese Zeichnungen sind vor etwa 13.000 bis 15.000 Jahren entstanden.

Klimaangepasstes Schuhwerk

Der Fund der Gletschermumie *Ötzi* in den Ötztaler Alpen brachte detaillierte Erkenntnisse über die Schuhtechnik der Jungsteinzeit mit sich (→ *Kasten „Ötzis Jungsteinzeit-Dress", S. 8*). Er trug vor 5.000 Jahren gefütterte Schuhe, mit einer Art Schnürsenkel verschlossen und einer profilierten Sohle versehen. Für den Schaft und die Außensohle war unterschiedliches Leder verwandt worden: frühe Schneestiefel.
Als Schutz gegen die Hitze des Sandes erfanden die Ägypter die Sandale, wie Funde aus der Zeit um 3000 v. Chr. belegen. Sie bestanden aus einer Sohle und Riemen zur Befestigung am Fuß. So entwickelten sich passend zu den klimatischen und geografischen Gegebenheiten sehr unterschiedliche Frühformen, die spätere wechselseitige Stilbeeinflussungen begünstigten.

ANTIKE

Die Antike mit ihren neu entstandenen Gesellschaftsstrukturen brachte eine erste Hochphase der Schuhentwicklung mit sich. Schuhe wie die Sandale oder die Opanke wurden zu einem Indikator des gesellschaftlichen Ranges und sie wurden zum Allgemeingut, wie Abbilder auf Wand- und Tonmalereien zeigen. Unsere Zehentrenner, sind auf die ägyptische Zehenstegsandale zurückzuführen, die mit einem schräg über den Fußrücken laufenden Schaftriemen gefertigt wurde.
Etwas später in der Geschichte, aber ebenfalls von hoher Bedeutung war die römische Sandale, die sich durch eine Riemenbefestigung am Bein unterschied. Es gab im Wesentlichen zwei Varianten:

- die kniehohe Schnürung, Stiefelsandale genannt, und
- die bis zum Knöchel reichende Form.

Aus dem Orient kamen etwa im 4. Jahrhundert die ersten echten Stiefel nach Europa. Sie waren anfangs jedoch nur den Männern vorbehalten, obwohl bislang die Modelle der Antike unisex gewesen waren.

Schuhe als Rangabzeichen

Schon in der Antike war das Tragen von Schuhwerk ein Indikator für den jeweiligen sozialen Stand in der Gesellschaft. Sandalen trugen bei den Ägyptern lediglich Priester und der Pharao. Im Griechenland der Antike konnte man freie Bürger von Sklaven durch den Besitz von Schuhen unterscheiden.
Im Römischen Reich war es einzig dem Kaiser vorbehalten, rote Sandalen zu tragen. (Rote Schuhe darf heute allein der Papst tragen, *Papst Benedikt XVI.* trug sie bei allen offiziellen Anlässen. Sie sind ein Über-

Der Mensch ist ein Langlauftier

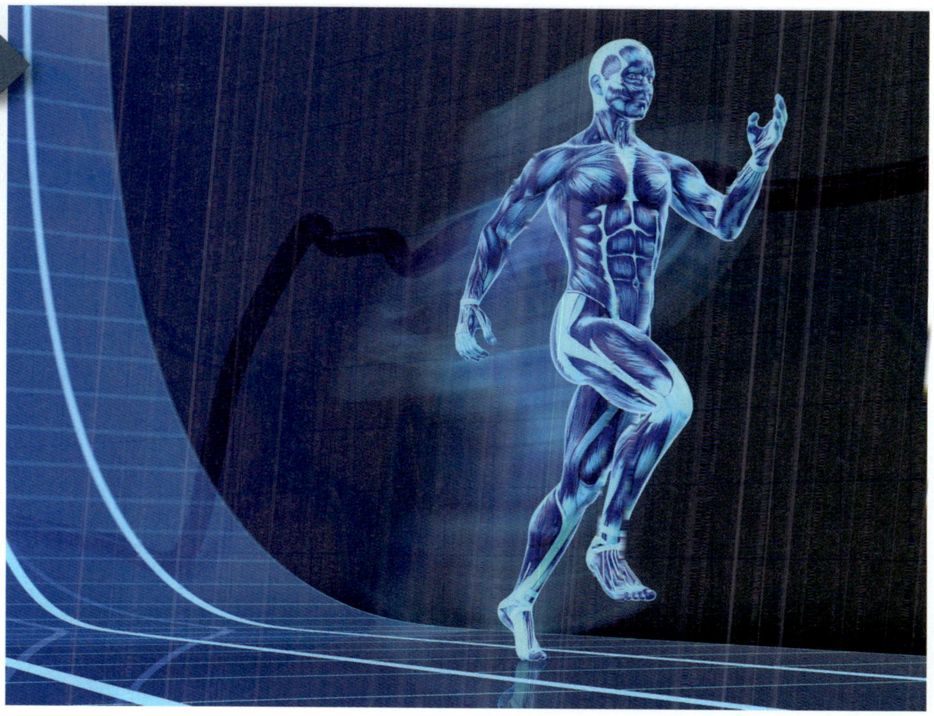

Evolutionsbiologisch betrachtet hat der aufrechte Gang vermutlich dazu beigetragen, dass es die Gattung Mensch heute überhaupt noch gibt. Die Erfindung des aufrechten Gangs brachte im Vergleich zwar eine größere Instabilität mit sich als die vierbeinige Fortbewegungsart, ist jedoch sehr effektiv und verbraucht weniger muskuläre Energie, was auch das Durchstehen längerer Mangelernährungsphasen ermöglichte. Einen weiteren Vorteil bei der Jagd nach Fleisch verschaffte dem Menschen seine mit wenigen Haaren, aber unendlich vielen Schweißdrüsen besetzte Haut. Beides zusammen ermöglicht es, einen durch Anstrengung erhitzten Körper effektiver zu kühlen. Zwar könnte ein Mensch im Spurt keine Jagdbeute einholen, dafür schafft er es aber, eine enorm lange Zeitspanne zu laufen und so ein mögliches Beutetier zu ermüden. So triumphiert eine hartnäckig durchgehaltene Durchschnittsgeschwindigkeit über die kurzzeitige Hochgeschwindigkeit.

Ein großer Anteil der menschlichen Anatomie ist vom Laufen geprägt. Das beginnt bei der Form der Füße und setzt sich über die Muskulatur und Sehnen in den Beinen fort. Auch Becken, Wirbelsäule und Brustkorb sind speziell an den aufrechten Gang und das Laufen auf zwei Beinen angepasst. Unser Schädel ist so auf den Halswirbeln positioniert, dass wir auch beim Rennen noch gut geradeaus blicken können. Das Gleichgewichtssystem ist im Vergleich zu dem eines Primaten viel größer und empfindlicher für Lageänderungen, sodass wir als Zweibeiner nicht aus der Balance geraten.

Bei der Beobachtung steinzeitlich lebender Menschen wie den afrikanischen Buschleuten haben Wissenschaftler festgestellt, dass diese einen maximalen Aktionsradius zwischen 20 und 30 km von der Lagerstätte entfernt haben. So legen sie, eine Entfernung von 20 km angenommen, einschließlich des Rückwegs täglich in etwa die Distanz eines Marathonlaufs zurück. „Das entspricht der evolutionär angepassten Laufstrecke für einen normalen Menschen", so die Wissenschaft. Durch unseren bewegungsarmen Alltag ist unser Körper daher chronisch unterfordert.

Darunter leidet die Muskulatur, wird schlaff und verkürzt sich. Fehlhaltungen und Schmerzen entstehen. Es leiden die Lendenwirbel, die den aufrechten Gang erleichtern, jedoch zum Sitzen überhaupt nicht geeignet sind. Es leiden die Füße, die ursprünglich unbeschuht durch die Steppe laufen sollten. Auch die Augen leiden, denn unser Blick müsste viel häufiger in die Ferne schweifen und nicht stundenlang konzentriert in viereckige Kästen schauen. Selbst der Stoffwechsel ist auf Bewegung angewiesen. Muskeln, die nicht beansprucht werden, nehmen keinen Zucker aus dem Blut auf. Der Glukosespiegel in den Gefäßen steigt. Um ihn zu senken, produziert die Bauchspeicheldrüse großzügig Insulin. So großzügig, dass die Körperzellen gegen Insulin resistent werden. Damit gerät der Zuckerstoffwechsel außer Kontrolle und wir bekommen Diabetes. Diese Krankheit verbreitet sich so rasant, dass Mediziner von einer Epidemie sprechen.

Die Evolution hat mit der zivilisatorischen Entwicklung in den letzten 100.000 und mehr Jahren nicht mithalten können und bisher keine Anpassungen vorgenommen. Da die Lendenwirbelsäule sich mit dem Sitzen anstelle des Laufens noch nicht verändert hat, erfinden wir Menschen intelligente Bürostühle und für die unterforderten und fehlbelasteten Füße belastungsgerechte und trageangenehme (modische) Schuhe.

Foto: Gunnar Assmy/ Fotolia

bleibsel des Wechsels der liturgischen Farben gemäß dem Kirchenkalender. Früher trug der Papst zum grünen Gewand grüne Schuhe und weiße zum weißen Gewand. Die rote Farbe soll angeblich an das Blut Christi erinnern.)

Die Befestigungsriemen an der römischen Sandale gaben Auskunft über den militärischen Rang eines Legionärs. Hier galt, je mehr Riemen und je dünner die Sohle, desto höher war die Position im Heer. Der Mann, der sie trug, hatte Zeit genug zum Schnüren (oder schnüren lassen) und musste keine langen Strecken marschieren, was nur mit robusten Sohlen möglich war.

Opanken und Bundschuhe

Im keltischen Raum war das Klima härter als in Athen, Kairo oder Rom, deshalb wurden hier Opanken bevorzugt. Darunter verstand man damals Schuhe ohne Absatz, bei denen die hochgebogene Sohle mit einer schnabelförmigen Spitze an den Schaft geflochten wurde. Sie waren das Schuhwerk der Landbevölkerung. Die Germanen und Franken kamen über einen langen Zeitraum mit primitiven Fußsäcken aus, oft knielang und aus ungegerbtem Fell. Etwa ab 500 v. Chr. kamen Bundschuhe auf. Hierbei handelte es sich um einen speziell zugeschnittenen Lederschuh, der seine Form erst durch das Binden mit einem langen Riemen erhält.

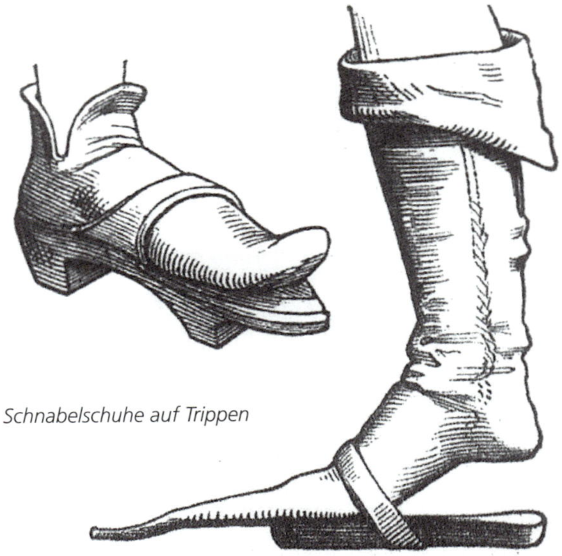

Schnabelschuhe auf Trippen

Rahmengenähter Lederschuh

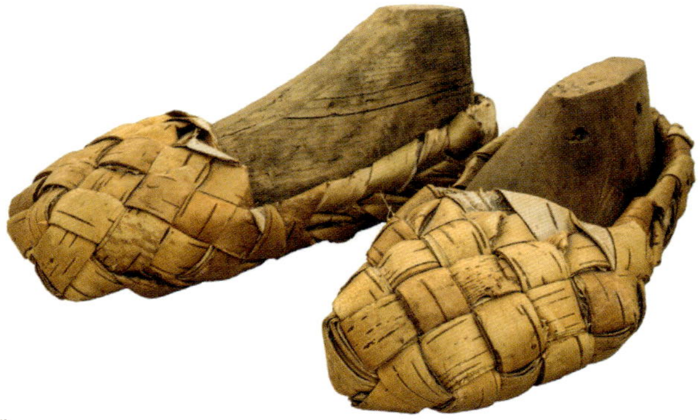

Lapti aus Bast wurden im Mittelalter in Russland getragen.

MITTELALTER

Das Mittelalter, die Zeit von 500 n. Chr. bis 1500 n. Chr., war in Sachen Schuhentwicklung alles andere als dunkel. Es kamen diverse neue Modelle auf. Man erfand die Absätze und fertigte erste **rahmengenähte Schuhe**. Im nördlichen und mittleren Europa entstand der Lederschuh in wendegenähter Machart, wie archäologische Funde und zeitgenössische Abbildungen aus dieser Zeit bezeugen. Wendegenäht bedeutet, dass Schaft und Sohle mit der Innenseite nach außen zusammengenäht und anschließend auf rechts gewendet werden. Diese Machart hatte den großen Vorteil, die Nähte durch ihre Lage auf der Innenseite zu schützen. Jedoch konnte nicht jedes Leder dafür genutzt werden, nur besonders leichte und biegsame Leder. Zur Erhöhung der Haltbarkeit mussten außerdem Verstärkungen wie eine zusätzliche Teilsohle nachträglich angenäht werden.

Standeszugehörigkeit und Schnabellänge

Es gab bereits Schuhe, die sich durch ihre Verschlussart unterschieden wie Schnür-, Knöpf-, Schlupf- und Riemenschuhe. Im 11. und 12. Jahrhundert waren kegelförmig zulaufende Schuhspitzen und spitze Fersen die aktuelle Mode.
Die berühmten **Schnabelschuhe** entwickelten sich daraus zum Ende des Mittelalters im 14. und 15. Jahrhundert. Sie waren vorne aufgebogen und endeten in einer feinen Spitze. Ihre Länge war ein Merkmal für den sozialen Stand des Trägers und wurde streng reglementiert. Fürsten und Prinzen durften sich mit 2,5 Fuß Schnabellänge schmücken, Ritter hatten sich auf 1,5 Fuß zu beschränken. Bürgern und Bauern stand lediglich ein halber Fuß Schnabellänge zu. Um diese feinen Schuhe vor Nässe und Kälte sowie dem allgegenwärtigen Unrat auf Straßen und Wegen zu schützen, wurden sie zum Teil auf Holzunterschuhe, sogenannte **Trippen**, montiert.

Rahmengenähte Machart bereits im Mittelalter

Im späten Mittelalter, bereits im 15. Jahrhundert, wurde schon die Machart für Schuhe erfunden, nach der auch heute noch hochwertige Herrenschuhe produziert werden. Die Machart entwickelte sich mit einer neuen Schuhmode, den **Entenschnabel-, Kuhmaul- und Bärenklauenschuhen**, breite Schuhe mit kurzen Schuhspitzen, die sich deutlich von den Schnabelschuhen unterschied. Auch das heute noch hochgeschätzte Ziegenleder wurde bereits im 11. und 12. Jahrhundert als Schaftleder genutzt.
Eine weitere Erfindung des 16. Jahrhunderts sind Absätze. Die Mode der Damenschuhe mit plateauartigen Sohlen kam aus Spanien und breitete sich rasch nach England, Frankreich und Italien aus. Wie bei allen Modewellen führte auch dies zu extremen Auswüchsen. Den Höhepunkt stellt der in Venedig getragene **Sockelschuh** dar. Um sich auf diesen bis zu 40 Zentimeter hohen „Stelzen" bewegen zu können, bedurfte es einer Dienerin oder der Benutzung von Stöcken, um nicht umzufallen. Diese abenteuerlichen Konstrukte waren der Fußgesundheit nicht gerade zuträglich.
Ab dem 17. Jahrhundert setzten sich bei den Schuhen beider Geschlechter wieder „begehbarere", aber immer noch hohe Absätze durch. Männern verhalfen sie zu buchstäblich mehr Körpergröße (*Ludwig XIV.* wusste das im 16. Jahrhundert schon zu schätzen und trug Plateauschuhe, um dies zu erreichen) und Frauen verhalfen sie durch die veränderte Körperhaltung zu einem erotischeren Gang, was bis heute an High Heels so geschätzt wird. Etwa zur selben Zeit trugen die Reiter der mittelasiatischen Steppe ebenfalls Schuhe mit hohem Absatz, den sie wie Sporen einsetzten.

Maschinelle Schuhherstellung

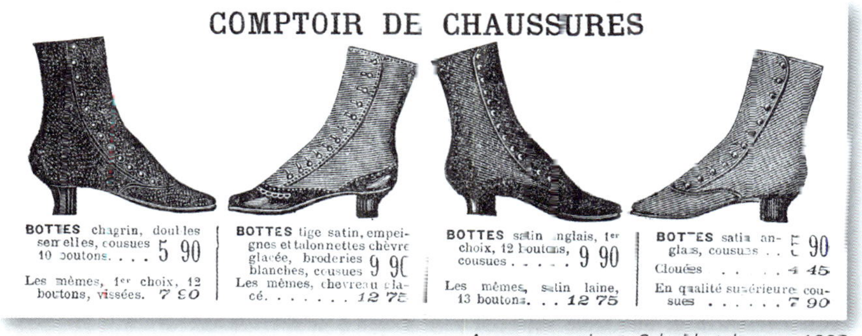

Auszug aus einem Schuhkatalog um 1886

19. JAHRHUNDERT

Den endgültigen Push für die Herrenschuhmode brachte das 19. Jahrhundert. Vieles, was heute bei Design und Machart Standard ist, wurde in diesem Jahrhundert definiert. Alle klassischen Herrenschuhmodelle stammen aus dieser Zeit und sind bis heute praktisch unverändert erhalten.

Mit dem Beginn des 19. Jahrhunderts verlagerte sich der Fokus auf Halbschuhe. Erste Modezeitschriften begünstigten die Verbreitung der „Trends". Unter den europäischen Schuhmachermeistern brach in den Jahren 1880 bis 1889 eine Art Wettbewerb aus, in dessen Folge sich die rahmengenähten Herrenschuhmodelle entwickelten. Sie wurden zu echten Klassikern und sind heute so angesagt wie zu Zeiten ihrer Entstehung.

Industrielle Revolution verändert und Ansprüche

Durch die Industrialisierung und Maschinenentwicklung setzte 1830 die Massenfertigung von Schuhen ein. Die Nähmaschine beschleunigte das Entstehen der Schuhindustrie, die mit ihrem „schneller" und „preiswerter" für die handwerkliche Schuhfertigung zu einer Gefahr wurde. Mit der Massenfertigung begann auch die Demokratisierung des Schuhgeschäftes. Es wurde nicht mehr zwischen Adel und Volk unterschieden und es begann, sich eine klare Geschlechtertrennung herauszubilden. Der Mann ging zum Arbeiten aus dem Haus und benötigte praktisches Schuhwerk. Die Frau blieb zu Hause und trug dort weniger praktische als vielmehr fantasievolle und verspielte Schuhmodelle. Doch nicht nur die Geschlechtertrennung in der Mode datiert aus dem 19. Jahrhundert. Auch die Wiedereinführung der Asymmetrie bei den Schuhpaaren sowie die Unterscheidung von rechts und links geschah zu dieser Zeit.

20. JAHRHUNDERT

Im 20. Jahrhundert entfernt sich der Schuhmarkt am weitesten von der klassischen Fertigung. Das betrifft sowohl das Material (synthetische Textilien und Funktionsmaterialien, Lederimitate) als auch die Produktion selbst. Statt zu nähen, wird geklebt, besonders bei preiswerten Discountschuhen. Parallel dazu ändern sich die Anforderungen, die an die Funktionalität eines Schuhs gestellt werden. Der Gesundheitsschuh entsteht.

In der Vergangenheit wurde Leder lediglich vegetabil gegerbt und konnte nur in gewissen Maßen in seinen Eigenschaften verändert werden. Durch die neu entwickelte Gerbung mit Chromsalzen erreicht man ganz neue Dimensionen. Gleichfalls wird die Haltbarkeit des Leders durch die Entwicklung der bis heute üblichen Schuhcremes in Blechdosen als Ledernahrung begünstigt. Diese Art der Pflege hält nicht nur die Schuhe in einem topgepflegten Zustand, sondern schaffte sogar Arbeitsplätze.

Sportschuhe waren bereits Anfang des Jahrhunderts entwickelt worden. Etwa ab den 1960er-Jahren treten sie ihren weltweiten Siegeszug unter dem Gattungsbegriff *Sneakers* an. Sneakers sind nichts anderes als nicht bestimmungsgemäß verwendete Sportschuhe, die wegen ihres Looks gekauft und getragen werden. Ihre Bequemlichkeit, ihre Vielgestaltigkeit und die hohe modische Drehzahl machen Sneakers zu den weitesten verbreiteten Freizeitschuhen der Welt.

GEGENWART

Heute kann man an Herrenschuhen im Prinzip nicht mehr den Sozialstatus ablesen (obwohl, wenn man genau hinschaut, kann man maßgefertigte und handgearbeitete Herrenschuhe immer noch leicht von Massenprodukten unterscheiden). Früher waren Herrenschuhe oft reich verziert und definierten über den zur Schau getragenen Prunk die Stellung seines Trägers in der Gesellschaft. Im 20. Jahrhundert dominiert der eher schlichte und unauffällig-elegante Herrenschuh die Mode. Ende des 20. Jahrhunderts siegt sogar manchmal die Funktionalität über der Ästhetik. Verbraucher fragen nach, was Bekleidung und Schuhe „leisten" können. Der moderne Mensch hat sich in fast allen Bereichen an „Convenience"-Produkte gewöhnt, die über die Basisfunktionen hinaus einen gewissen Mehrwert bieten. Auch wenn die Ansätze häufig nicht über die Vermarktungsfloskeln hinausgehen und mit ursächlich guten Begriffen in der Werbung Schindluder getrieben wird (Beispiel: Öko, Bio, Nachhaltigkeit), ist es als Gewinn zu betrachten, dass Menschen für die Gesundheit ihrer Füße zu sensibilisieren sind.

Schuhherstellung

Zur Schuhherstellung lassen sich deutliche Parallelen zur Bekleidungsfertigung ziehen. Wie der Schneider die Kleidung stellte der Schuhmachermeister früher die Schuhe im Ganzen alleine her. Heute kümmern sich in einer Schuhfabrik analog einem Konfektionsbetrieb spezialisierte Abteilungen um die einzelnen Schritte der Fertigung. In der Schuhherstellung wird dieser Prozess Nestfertigung genannt. Sobald eine Abteilung mit der ihr zugewiesenen Aufgabe fertig ist, gelangt der Schuh in den nachfolgenden Produktionsprozess.

Exemplarisch soll das an der Herstellung eines rahmengenähten Herrenschuhs dargestellt werden, weil zum einen die Herstellung von Herrenschuhen noch nah an der traditionellen Fertigung ist und weil zum anderen die Vielfalt bei den Damenschuhen für die Erläuterung der einzelnen Prozesse nur bedingt geeignet ist.

Prinzipiell beginnt alles wie im Konfektionsbetrieb mit der Modellabteilung, die Entwürfe entwickelt, sich um das Design kümmert und für die Anfertigung von Leisten und Stanzmessern verantwortlich ist. Bei der Bekleidung wäre das analog dazu die Vorbereitung für die CAD, die das Schnittbild optimiert und die Daten für den Zuschnitt vorbereitet. Danach folgt entweder die Stanzerei oder wie in der Bekleidung der Zuschnitt. Hier werden die nötigen Lederteile zugeschnitten, beziehungsweise gestanzt. Spezialisierte Zuschnittautomaten für Leder sind mit einer Vorrichtung ausgestattet, die die Dicke des Leders misst und damit festlegen kann, welches Teil aus welcher Partie der Haut geschnitten wird. Leder kann mit speziellen Messern oder mit Wasserstrahltechnologie zugeschnitten werden. Die Einzelteile werden wie in der Konfektion für die weitere Fertigung markiert. In der Stepperei (im Nähsaal mit seinen einzelnen Stationen) werden die Teile zum Schaft zusammengenäht. In der Montageabteilung, auch bei Bekleidung heißt es Endmontage, werden die Schuhe gebaut und zum Schluss werden Finishing und Endkontrolle durchgeführt. Auch das ist im Prinzip gleich, bei Schuhen geschieht das im sogenannten Shoeroom. Nachfolgend werden die einzelnen Prozessschritte exemplarisch anhand eines rahmengenähten Schuhs erläutert.

DIE MODELLABTEILUNG

Das Design der Schuhmodelle sowie der Leisten werden in der Modellabteilung kreiert. Die hier entstehenden (Schnitt- bzw. Stanzschablonen) sind für spätere Arbeitsprozesse von hoher Relevanz, da sie erst die Serienfertigung eines Schuhtyps ermöglichen. In der Bekleidung gab es früher ebenfalls nur Schnittschablonen, heute sind die Modellparameter jedoch alle als Daten für die EDV-gesteuerten Prozesse erfasst.

Am Anfang steht eine detaillierte Zeichnung des neuen Schuhdesigns. Dies geschieht entweder per Hand oder immer häufiger am Computer, der anschließend die dreidimensionale Darstellung und Beurteilung des künftigen Herrenschuhs von allen Seiten ermöglicht.

Drei Schritte der Schuhherstellung

Früher wurden Schuhe handwerklich vom Schuster gefertigt, heute werden sie meist industriell hergestellt. Das Fußmodell, an dem der Schuh angepasst wird, heißt „Leisten".

Es unterscheidet sich danach, ob es um Damen- oder Herrenschuhe, um Sport- oder Kinderschuhe geht, nach Art des Modells und natürlich nach der Größe. Bei Maßanfertigung entspricht der Leisten dem realen Fuß des Kunden und wird dann noch immer eigens aus Holz gefertigt. Industrieleisten sind Prototypen, entweder ebenfalls aus Holz oder aus Kunststoff. Das Prinzip der Produktionsschritte:

1. Herstellung der **Brandsohle**, dem Teil des Schuhs, auf dem beim vollständigen Schuh der Fuß steht. Die Brandsohle besteht aus Leder oder Karton.
2. Fertigung des **Oberbaus** (Schaft), je nach Schuhmodell und Art aus verschiedenen Textilbestandteilen oder Leder. Zusammengehalten wird der Schaft durch Kleben oder Nähen.
3. **Kombination:** Brandsohle und Schaft werden aufeinandergesetzt. Die Schuhinnenseite wird häufig mit einem Futter ausgestattet, um Tragekomfort und Isolation des Schuhs zu erhöhen.

GRUNDMODELLE FAST UNVERÄNDERT

Seit dem 19. Jahrhundert (→ *Abschnitt „Die Schuhgeschichte", S. 344*) sind die Grundmodelle von Herrenschuhen in ihrer Form quasi unverändert geblieben. Die Passform galt bei diesen bereits optimal, sodass einige Maße bereits unumstößlich feststehen. Dies ist sowohl beim Abstand zwischen dem hinteren unteren Fersenrand und dem Rist als auch für den Abstand zwischen dem hinteren Fersenrand und dem Zehenballen der Fall.

LEISTEN

Seit dem späten Mittelalter werden Schuhe in Mitteleuropa auf Holzklötzen, den sogenannten Leisten gefertigt. Sie bilden das Fundament eines Schuhs. Es handelt sich dabei um ein Holzformstück, das den Fuß mit all seinen Dimensionen abbildet und dem Schuh dadurch die gewünschte Passform verleiht. Die Leisten werden so konstruiert, dass auch die sich mit der Absatzhöhe verändernde Abrollbewegung des Fußes berücksichtigt wird. Der Schuhaufbau geschieht um diesen Leisten herum.

Das Leistengrundmodell entsteht auf Basis der Modellzeichnung. Es ist die Vorlage für die späteren Schuhleisten. Modellschablonen werden auch in der Modellabteilung entwickelt. Nur wenn der Leisten perfekt ist, lässt sich ein ausgezeichnet passender Schuh aufbauen. Man kannte dieses Verfahren bereits in der Antike, aber sie gerieten wieder in Vergessenheit. Das beste und robusteste Ausgangsmaterial ist Buchenholz.

Bevor es Computertechnik gab, war der Leisten das einzige Medium, das ein dreidimensionales, vereinfachtes Abbild des Fußes darstellte. Durch die Berücksichtigung von Ballen-, Fersen- und Ristmaß sowie der sich mit der Absatzhöhe verändernden Abrollbewegung des Fußes gibt der Leisten die spätere Passform exakt vor.

Archäologische Funde haben gezeigt, dass bereits die Römer ihre Schuhe auf Leisten gefertigt haben. Dieses Wissen ging bis zum Mittelalter irgendwie verloren. Erst ab dieser Epoche verwandten die Schuhmacher wieder Leisten zum Schuhaufbau. Das Gleiche gilt für die Berücksichtigung der Asymmetrie für linke und rechte Füße. Griechen wie Römer achteten auf die Rechts-Links-Unterscheidung. Spätere Schuhmacher nahmen nur noch einmal Maß für beide Schuhe. Das erforderte eine hohe Leidensfähigkeit beim Einlaufen. Erst zu Beginn des 19. Jahrhunderts wurden die Leisten wieder den unterschiedlichen Füßen angepasst.

Hervorragende Leisten aus Rot- und Hainbuche

Gute Leisten müssen eine Menge aushalten. Sie müssen bei der späteren Bearbeitung und Einlagerung starken Druck, Hammerschläge und eingetriebene Nägel aushalten, ohne zu bersten oder anderen Schaden zu nehmen, und zudem gegen Luftfeuchtigkeit und Temperaturunterschiede widerstandsfähig sein. Diese Bedingungen werden vom Holz der Buche, des Ahorns, der Eiche, der Ulme und des Walnussbaumes erfüllt. Das Holz der Rot- und Hainbuche hat sich jedoch als beste Lösung bewiesen.

Es gab spezialisierte Leistenbauer, die ihre Leisten per Hand formten. Sie werden heute durch die sogenannte Kopiermaschine ersetzt. Hier wird auf einer besonderen Drehbank das Holz eingespannt und durch Abtasten einer Leistenschablone innerhalb weniger Minuten dupliziert. Am Ende werden die Leisten noch per Hand nachbearbeitet. Zuletzt wird noch ein Keil zur Erleichterung der späteren Entfernung der Leisten aus dem genähten Schuh herausgesägt. Die fertigen Leisten erhält der Schuhmacher. Nachdem er Probeaufbauten anhand des Leistens vorgenommen hat, wird er eventuell um Korrekturen bitten. Ist der Aufbau der Schuhe fertig, werden die Leisten eingelagert. Sie bleiben bei richtiger Lagerung über viele Jahre verwendbar.

Foto: Kostas Koutsogiorgos, Fotolia

Zuschnitt

Steppen

STANZEREI/ZUSCHNITT

Die für die Schuhherstellung benötigten Lederteile werden aus dem vorsortierten Leder in der Stanzerei mit einem Stanzeisen maschinell ausgestanzt oder mit einer speziellen Leder-Zuschneidemaschine zugeschnitten und für die Weiterverarbeitung markiert.

SCHÄRFEN & STEPPEN

Nach dem Zuschnitt werden die Teile aber noch nicht direkt vernäht, die Nähte wären viel zu dick und auffällig. Deshalb werden die Kanten von einer Maschine so bearbeitet, dass sie zu den Rändern hin dünner auslaufen. Das nennt man „Schärfen". Damit erreicht man flachere Nähte, die nicht nur eleganter wirken, sondern vorwiegend beim Tragen nicht stören.
Danach werden die Lederteile miteinander vernäht, erst das Oberleder, dann das Futter. Der fertige Schaft wird mit Vorder- und Hinterkappe verstärkt.

MONTAGEABTEILUNG

In der Montageabteilung entsteht der eigentliche Schuh. Hier wird aus den einzelnen vorgefertigten Komponenten ein hochwertiger rahmengenähter Herrenschuh aufgebaut.
Nachdem die Brandsohle unter dem Leisten mit drei Nägeln provisorisch befestigt wurde, erfolgt das Anbringen des Gembandes auf der Innensohle. Dies dient später dem Annähen von Schaft und Rahmen.
Der geschnürte Schuhschaft wird dann über den Leisten gezogen – das nennt man Zwicken – und danach an der Innensohle mit Nägeln und Heißkleber befestigt. Im Anschluss daran ruht das Leder einige Zeit auf dem Leisten, um sich permanent und bestmöglich an diesen anzupassen. Das kann zwischen einer halben Stunde und zwei Wochen dauern.

Qualitätsmerkmale

Beim weiteren Vorgehen gibt es verschiedene Möglichkeiten, die über die Qualität und den Preis des späteren Schuhs entscheiden:

- **Kleben:** Die einzelnen Teile werden verklebt.
- **Anspritzen:** Der an die Innensohle geklebte Schaft wird in eine Form eingebracht, sodass von unten der Boden angespritzt werden kann und sich beim Erkalten mit der Innensohle und dem unteren Schaftand verbindet. Das Material ist aus Synthetics, das Profil erhält die Laufsohle durch die Form, in der sie erkaltet (Schritt 4, s. u., entfällt).
- **Nähen:** Dabei werden Schaft und Boden an die Brandsohle genäht. Dafür wird zunächst unter die Brandsohle eine Kante (Risslippe) geklebt, an die in einem weiteren Schritt der Schaft zusammen mit einem umlaufenden Lederband (der Rahmen) genäht oder geklebt wird. Der bei diesen Rahmenschuhen zwischen Brand- und Laufsohle entstehende Hohlraum wird mit einer Ausballung aus Kork, Filz oder zunehmend auch aus Kunststoffen gefüllt. Diese Zwischenschicht ermöglicht es dem Fuß, sich ein eigenes Fußbett zu schaffen. Außerdem wirkt sie trittdämpfend und temperaturisolierend.
- **Befestigung der Laufsohle:** Bei Schuhen mit Rahmen wird die Laufsohle nur auf den leicht vorstehenden Rahmen geklebt und zusätzlich angenäht; dies ist sichtbar. Bei geklebten Schuhen wird die Sohle auf die gesamte Brandsohle aufgeklebt. Manchmal wird auch bei geklebten Schuhen die Laufsohle mit der Brandsohle vernäht. Die Naht verläuft dann aber meistens innen (sichtbar nur innen auf der Brandsohle und auf der Außenseite der Laufsohle).
- **Absatz:** Er besteht aus Leder, Holz, Kunststoff oder verschiedenen Lagen dieser Materialien. Der Absatz wird aufgeklebt oder mit den Metallstiften befestigt. Nicht alle Schuhe haben einen Absatz; er kann auch in der Laufsohle eingearbeitet sein.
- Als **Finish** werden die Schuhe eingesprüht (für Glanz oder Imprägnierung) und poliert.

Beide Fotos: Drobot Dean/Fotolia

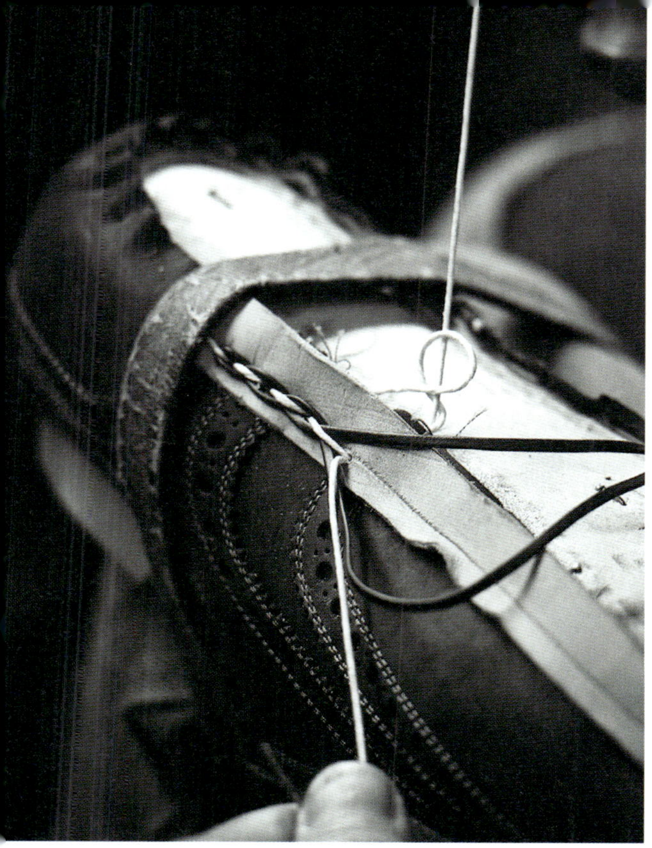

Vernähen mit Gemband

Aufnähen einer Zwischensohle

VERNÄHEN

Der für die Schuhe namensgebende Rahmen, ein stabiles Lederband, wird an den Schaft und dort so dicht wie möglich an das Gemband gedrückt und so in einem Arbeitsschritt zusammen mit dem Oberleder, dem Futter und dem Gemband durchstochen und mittels der Einstechmaschine vernäht. Diese Naht heißt Einstechnaht und ist als Bodennaht charakteristisch für rahmengenähte Herrenschuhe.
Bei den meisten Schuhen wird der Rahmen nicht komplett um die Brandsohle herumgeführt. Man spart das Fersenstück dabei aus und nagelt den Schaft direkt an die Innensohle. Oberleder und Brandsohle werden mittels eines hufenförmigen Lederstreifens (Keder) miteinander verbunden, der dann unter der Ferse platziert und mit kleinen Messingstiften durch den Schaft hindurch an der Brandsohle festgenagelt wird.
Nach Abschluss dieses Arbeitsganges wird der Leisten aus dem geformten Schuh entfernt.

GELENKSTÜCK ZUR VERSTÄRKUNG

Die Brandsohlenoberfläche liegt im Vergleich mit der umlaufenden Kante (Gemband und Rahmen) tiefer, deshalb wird zwischen Absatz und Vorderfuß als Verstärkung das Gelenkstück eingearbeitet. Eventuelle Unebenheiten und Vertiefungen werden durch die sogenannte Ausballschicht behoben. Das sind verschiedene dehnbare und bewegliche Materialien, meist Kork.
Ist die Fläche nun einheitlich und eben, wird die Laufsohle montiert. Zunächst wird sie mittels einer schmalen Klebefläche an den Rahmen geklebt und im Bereich des Absatzes mit Messingstiften fixiert, dann erst mittels einer Doppelmaschine fest mit dem Rahmen vernäht.

LÖCHER WERDEN ZUM BROGUING

Danach werden die anfangs in der oberen Fersenpartie angebrachten Stifte, die ein Verrutschen des Schaftes verhindern, entfernt und die Löcher im Leder geschlossen. Bei Herrenschuhen mit Lochverzierungen, werden die Löcher geschickt ins „Broguing“ (Lochverzierungen) mit einbezogen. Bei glatten Lederoberflächen nutzt man die vorhandenen Nahtlöcher zum Kaschieren. Diese Stellen sind nach dem anschließenden Bügeln, Einfärben und Polieren nicht mehr zu bemerken. Auch da scheint eine Parallele zur Bekleidungsfertigung auf, bei der kleine Fabrikationsspuren durch das Bügeln entfernt werden können.
Zum Abschluss werden Sohlen und Absatzkante beigeschliffen, der erkennbare Teil des Rahmens verziert, die Doppelnaht verdichtet sowie Sohlenschnitt und Absatzmantel eingefärbt. Vor der gründlichen Endreinigung bringt der Hersteller eine halbe Deckbrandsohle mit seinem Emblem an.

SHOEROOM

Bei Schuhen geht ohne ein Finishing auch kein Teil in den Verkauf. Schuhcreme wird aufgetragen, Schnürsenkel werden eingezogen und der Schuh auf Hochglanz poliert. Nach einer letzten Qualitätsüberprüfung werden die Herrenschuhe verpackt und an den Handel ausgeliefert.

Beide Fotos: Dinkelacker

Budapester

Ballerinas

Boot

Bootsschuh

Schuhformen

ANKLE BOOTS
Modische, den Knöchel (engl. ankle) umspielende Schuhe in vielen Variationen mit leichtem Schaftansatz. Aktuell jedoch gerne mit hohen Absätzen.

AQUA-SCHUH
Schuhe, die so konstruiert sind, dass man damit in Wasser und Sand laufen kann. Wasser läuft durch Öffnungen in der Sohle oder im Schaftmaterial ab.

BADESCHUH
Früher oft Sandalen aus Kunststoffmaterial oder ballerina-ähnlich aus Gummi. Heute meist aus Neopren mit rutschfester Sohle, ähnlich Surfer-Schuhen.

BALLERINA
Flache, meist völlig absatzlose, geschlossene Schuhe mit weitem Ausschnitt. Ursprünglich von Salvatore Ferragamo für Audrey Hepburn kreiert. Einzige gesellschaftlich akzeptierte Alternative zu Pumps bei eleganter Kleidung.

BARFUSSSCHUHE
Speziell konzipierte Schuhe schränken den Bewegungsablauf so wenig wie möglich ein und ermöglichen das geschützte Barfußgehen.

BASKETBALL-SCHUH
Ursprünglich Sportschuh mit knöchelhohem Schaft und enger Schnürung zum Schutz vor Umknicken beim Basketball. Heute Mode-Item.

BOOT
Engl. für → *Stiefel*. Heute eher Sammelbegriff für sportive und modische Stiefelformen mit legerem mittleren bis langen Schaft.

BOOTSSCHUH
Auch **Deckschuh**. Ursprünglich weiche Mokassins aus wasserabweisendem Fettleder mit durch fischgrätartig angeordneten Schlitzen besonders rutschfest gemachter, nicht markierender Sohle zum Schutz von Schiffdecks.

BOWLING-SCHUH
In der Regel zweifarbige, etwas rundlicher geschnittene Variante eines geschnürten Sneakers.

BROGUE
Der klassische Herrenschuh mit Flügelklappe, Lyra-Lochung an der Schuhspitze und auf den Kanten der Schaftteile und enger, geschlossener meist 6-Lochpaar-Schnürung als Full-Brogue. Beim Half-Brogue Lochung nur an der Schuhspitze.

Fotos: o.: Dinkelacker; l.: Floris van Bommel; m.+r.: Timberland

Full Brogue Derby

Chelsea Boots

Chucks

BUDAPESTER

Ursprünglich in Ungarn gefertigte, robustere Variante des englischen Brogue, gleiche Lochung, meist 5-Lochpaar-Schnürung. Echt nur mit leicht aufgeworfener Spitze.

CARRÉ-MODELL

Schuhe in unterschiedlichen Absatzhöhen mit leicht abgeflachter, vorne gestutzter Spitze, die von oben betrachtet eckig wirkt.

CARSHOES

→ *Slipper* oder → *Mokassins* mit flexibler, über der Ferse hochgezogener, rutschfester Sohle zum Autofahren.

CHELSEA BOOTS

Knöchelhoher, mit seitlichen elastischen Einsätzen gearbeiteter Herrenschuh mit kleinem Absatz. Männliches Pendant zu → *Ankle Boots* bei den Damen.

CHUCKS

Knöchelhohe Turnschuhe, ursprünglich als Basketball-Stiefel entwickelt, aus Stoff oder Leder. Der Klassiker kommt von *Converse* aus den USA.

Möglichkeiten der Unterscheidung

Wer sich Schuhe kaufen möchte, sollte wissen, wozu er sie tragen möchte. Damit ist es auch für die Mitarbeiter im Verkauf einfacher, die richtige Auswahl zu zeigen. Schuhe lassen sich nach folgenden Kriterien unterscheiden:

Anlass: Straßenschuhe, Hausschuhe, Sportschuhe, Bequemschuhe.

Grundlegende Form:

- *Halbschuhe:* Oberbegriff für Schuhe, die ein geschlossenes Schuhoberteil (Schaft) und in aller Regel einen Verschluss (Schnürsenkel, Klettverschluss, Schnalle) haben. Der Schaft reicht vorne maximal in die Fußbeuge und seitlich bis unter die Knöchel.
- *Stiefel:* Oberbegriff für Schuhe, deren Schaft weit über den Knöchel reicht.
- *Sandalen:* Oberbegriff für luftige Schuhe, die nur aus Sohle und schmaler Riemen bestehen.

Modell: Pumps, Sneaker etc.

Verschluss: Mit Spange, zum Schnüren, Kletten etc.

Material: Leder, Lederimitat, Textil etc.

Funktion: Für Sommer, Winter, zur Abendkleidung, zum Sport etc.

Geschlecht: Männerschuhe, Damenschuhe, Kinderschuhe

Spezialschuhe: Sicherheitsschuhe, Arbeitsschuhe, orthopädische Schuhe etc.

Macharten: Nach der Art und Weise wie Schaft und Sohle miteinander verbunden werden, unterscheidet man Schuhe nach ihrer Machart:

- *Zwiegenähte Schuhe:* Sie sind besonders robust, weil der Schaft durch 2 Nähte mit dem Boden verbunden wird. Zwiegenähte Schuhe sind am sogenannten Sohlenschnitt erkennbar, da das Oberleder des Schaftes nach außen geschlagen wird. Sie sind weitgehend wasserdicht. Typische Vertreter für zwiegenähte Schuhe sind Haferlschuhe und alpine Bergschuhe.
- *Rahmengenähte Schuhe.* Sie gelten als das hochwertigste Schuhwerk überhaupt, denn sie verlangen ein hohes Maß an handwerklichem Können und erfordern einen hohen Arbeitsaufwand. Ihren Namen haben sie durch die Verwendung eines sogenannten Rahmens erhalten, einen schmalen Lederstreifen, der von unten an die Brandsohle und den Schaft genäht wird. Die Doppelnaht verbindet anschließend die Laufsohle mit dem Rahmen.
- *Holzgenagelte Schuhe:* Normalerweise besteht ein Schuh aus den Elementen Boden, Brandsohle und Oberleder. Bei der holzgenagelten Machart werden diese drei Teile durch zahlreiche kleine Holznägel miteinander verbunden. Dadurch wird der Schuh besonders formstabil und haltbar
- *Sacchetto-Machart:* Diese Machart basiert auf dem Prinzip des Mokassins. Das Innenfutter wird dabei fast ohne Nähte verarbeitet. Das Innenfutter wird wie ein Säckchen (ital. Sacchetto) mit dem Oberleder vernäht. Dieses Schuh-im-Schuh-Prinzip steht für besonderen Tragekomfort.
- *California-Machart:* Schuhe mit dieser Machart gelten als besonders leicht und bequem, da sie nicht über Leisten gefertigt werden. Sie ähneln damit Mokassins. Typisch ist der Bezugsstreifen, der rings um die Unterseite des Schafts genäht wird. Durch die weiche Zwischensohle geht man in diesen Schuhen sehr weich.
- *Opanke:* Eine Opanke ist ein flexibler, absatzloser Schuh, der aus einem Stück gearbeitet ist und keine Brandsohle besitzt. Typisch ist die hochgezogene Sohle, die durch eine Flechtnaht mit dem Schaft verbunden ist. Man bezeichnet Opanken auch als die europäische Form des Mokassins. Sie stammen ursprünglich aus dem Balkan und waren mit einer aufgebogenen Spitze versehen.

Glatter Derby

Bei der geschlossen Schnürung (l.) enden die zusammenlaufenden Verschlussteile unter dem Vorderteil, während sie z. B. beim Derby (r.) t-förmig aufliegend nach vorne offen sind.

Clogs

Original Flip-Flop

CHUKKA BOOTS
Knöchelhoher Schuh mit nur zwei bis drei Lochpaaren und flacher Sohle, meist aus Rauleder.

CLOGS
Pantoffelähnliche, hinten offene Schuhe mit einem festen Boden, oft aus Holz. Typische Sommermode der 70er-Jahre. In England erfunden, in Skandinavien beliebt. Heute aus buntem EVA-Kunststoff weltweit beliebtes Mode-Item (Crocs®).

COLLEGE-SCHUH
Flache bequeme → *Slipper* oder → *Loafer*, oft als → *Mokassin* mit Fransen- oder Tassel-Verzierung (aus Lederfransen gerollte Troddel).

COWBOY STIEFEL
Auch **Westernstiefel**. Über den Knöchel reichende sehr feste Stiefel mit langer, aufgebogener → *Carré-Spitze*, dem typisch geschweiftem Schaftabschluss und stark geschrägtem breiten Absatz. Modisch in vielen Farben, gerne auch aus Exotenleder. Bekannt aus der amerikanischen Country-Szene oder Manta-Filmen der 80er-Jahre.

DERBY
Bequemer Allround-Herrenschuh mit offener Schnürung. Eignet sich auch für breitere Füße und hohen Spann. Vorderblatt geht nahtlos in die Zunge über. Andere Bezeichnungen sind *Blucher* (USA), *Molière* (frz.) oder *Gibson* (engl.)

DESERT BOOTS
→ *Chukka Boots*, die vom englischen Militär bei Wüstenkriegen getragen wurden. Sind um den Knöchel loser geschnitten als Chukka Boots.

DIANETTE
Hochsommerlicher, straßentauglicher, hinten offener Zehenteiler, oft verziert.

ESPADRILLE
Ursprünglich aus Spanien und Südfrankreich. Leichte, atmungsaktive Sommerschuhe aus Baumwolle oder Leinen mit einer Sohle aus Pflanzenfasern (Flachs, Hanf). Für Nässe nicht geeignet; verfügen über keinerlei Dämpfungseigenschaften. Von Männern, Frauen und Kindern getragen.

FLAMENCO-PUMPS
Andere Bezeichnung für → *Peeptoes.*

FLIP-FLOP ®
Handelsmarke. Geschützte Bezeichnung für Zehenteilersandalen.

GAMASCHEN
Angearbeitete oder separat anzulegende, partiell den Schuh bedeckende Schäfte bis etwa zur halben Wade. Betonen optisch den Knöchelbereich.

GLADIATORS
Auch → *Römersandalen*. Vorwiegend aus Bändern bestehende Hochfrontsandalen mit gar keinem oder hohem Absatz, auch als Plateau- oder Keilabsatzvariante. Hochmodisch auch bis zum Knie geschnürt.

Half Boot Schnürer

Gladiators

High Heel Pump

Halbschuh

HALBSCHUHE
Klassische Schuhe, die nicht über den unteren Rand des Knöchels hinweg gehen; können Schnürer oder Slipper sein.

HAUSSCHUH
Auch → *Pantoffel*. Schuhe aus den verschiedensten, aber meist textilen Materialien, die im Haus getragen werden. Gelegentlich auch aus Schaffell.

HALF BOOT
Sammelbegriff für Stiefel, die mindesten über den Knöchel reichen und unterhalb des Knies (Mitte Wadenhöhe) enden.

HIGH HEELS
Damenschuhe mit Absätzen ab 10 cm. Bezeichnung unabhängig von der Absatzform. Kultobjekte von Schuhdesignern wie *Manolo Blahnik* oder *Louboutin*.

HOCHFRONTSANDALE, -PUMPS
Hochmodische Schuhform, über dem Fußrist geschlossen und hochgeschnitten bis unterhalb des Knöchels (im Vergleich dazu sind → *Ankle Boots* höher geschnitten). Als Sandale, Peeptoe oder Pumps mit unterschiedlichen Absatzhöhen.

HÜTTENSCHUHE
Hausschuh, der aus einem knöchelhohen Strumpfteil mit gummierter Sohle besteht, oft auch aus Filz. Aus der Alpenregion.

JELLY SHOES
Die stylishe Designer-Variante von Plastikschuhen aus PVC. Name (jelly engl. für Gelee) basiert auf den teilweise durchsichtigen Materialien.

KEILABSATZ
Engl. → *Wedges*. Häufig in Verbindung mit unterschiedlich hohen Plateau-Sohlen. Sorgt für sicheren Auftritt auch bei großen Absatzhöhen.

Sonderfall Bequemschuh (Komfortschuh)

- **Merkmale:** Alle Schuhmodelle, mit Ausnahme derjenigen mit hohen Absätzen, können im Prinzip Bequemschuhe sein. In der Regel meint der Begriff aber einen Halbschuh ohne oder mit flachem Absatz und gegebenenfalls mit mehr Weite. Oft sind die Sohlen weich und flexibel (Luftpolstersohlen, Sohlen mit stoßdämpfender Wirkung oder mit zusätzlicher Stützfunktion) und meist rutschfest (Material, Profil). Bequemschuhe haben ein anatomisches Fußbett; meist zum Herausnehmen, um eine eigene orthopädische Einlage einfügen zu können.
- **Empfohlen:** Für Menschen, die viel gehen müssen, sich mit Fuß- oder Rückenproblemen plagen, Einlagen tragen oder unsicher auf den Füßen sind (ältere Leute).
- **Besonderheiten:** Bis vor nicht allzu langer Zeit hatten Komfortschuhe das Image als „Omaschuhe". Das stimmt nicht mehr, weil eine ganze Reihe von Herstellern komfortable und gleichzeitig schicke Schuhe anbieten, die auch von jüngeren Menschen gerne getragen werden. Tieffußbettsandalen sind sogar zu einem Modeartikel bei Stars und Prominenten geworden

Fotos: l.o+r.o.: Camel Active; l.u.: Pakhnyushchyy/Fotolia; r.u.: Etienne Aigner

Aufbau eines Herrenschuhs

Monks

Ein Schuh kann aus bis zu 30 Einzelteilen bestehen. Hochwertige Materialien machen ihn zu einem Produkt, an dem sein Träger lange Freude hat. Vom Laufabsatz bis zur Vorderkappe werden alle Bestandteile eines Herrenschuhs nacheinander aufgebaut.

Hauptteile: Schuhschaft und -boden
Schuhschaft und Schuhboden, die beim Schuhbau miteinander verbunden werden, machen die Form eines Schuhs aus. Es bedarf jedoch zusätzlich einer Vielzahl von Details und Verstärkungen, bis der Herrenschuh später beim Händler erworben werden kann. Gute, regelmäßige und sorgfältige Lederpflege vorausgesetzt, kann der Träger an seinen Schuhen (jahre-)lange Freude haben. Folgende Komponenten sind Bestandteile eines rahmengenähten Herrenschuhs:

Futterleder
Zum Füttern von Schuhen wird in der Regel vegetabil gegerbtes Leder von Kalb oder Ziege verwandt. Wichtig ist, dass es weich ist und eine hohe Atmungsaktivität aufweist. Es wird von innen an das Oberleder genäht.

Hinterkappe
Sie dient der Fortsetzung des Schuhabsatzes und sorgt für festen Halt im Schuh. Dieses Verstärkungsteil wird an der hinteren Verbindung zwischen Futter und Außenschaft eingesetzt. Es führt quasi die Funktion des Absatzes im Schuh fort.

Vorderkappe
Auch die Vorderkappe ist eine zusätzliche Verstärkung. Dafür wird zwischen Ober- und Futterleder ein maximal 2 mm starkes Lederteil eingesetzt, das der Schuhspitze Form und Halt verleiht und den Fuß vor Stößen u. Ä. schützt.

Außenhinterteil/Innenhinterteil (Quartiere)
So nennt die beiden hinteren Schaftteile (Oberleder und Futter), die seitlich um die Ferse herumführen und vorne die Schnürung aufnehmen.

Hinterriemen
Ein Riemen, der von der oberen Schaftabschlusskante bis zur Schnittkante des Zwickeinschlags aufgenäht wird, um die Fersennaht sowohl zu verstecken und auch zu verstärken. Dient insgesamt zur Verstärkung der Fersenpartie.

Schlupfriemen
Ein an der Futternaht der Ferse verlaufender Riemen, der die innere Fersennaht schützt und den Einstieg (Schlupf) in den Schuh erleichtert.

Rahmen
Der Rahmen hält, was sein Name verspricht. Er ist quasi die Tragekonstruktion des Herrenschuhs. Ein Streifen aus Rindleder, der durchschnittlich 60 cm lang und 3 cm breit ist und Schaft, Brandsohle und Sohle zusammenhält.

Ausballung
Um den Niveauunterschied zwischen Brand- und Zwischensohle auszugleichen, wird elastisches Material wie Kork oder Filz in den Hohlraum eingearbeitet. Diese Ausballung soll sich durch Wärme und Gewicht des Trägers verformen und dadurch ein individuelles Fußbett schaffen. (Das Eintragen von Schuhen durch die Dienerschaft in Adelshäusern wäre damit kontraproduktiv, aber damals ging es darum, das Leder weicher zu machen und auf den Unterschied von rechten und linken Füßen einzulaufen, der zu dieser Zeit von den Schuhmachern nicht berücksichtigt wurde.) Außerdem wird der Auftritt gedämpft und der Fuß vor Temperatureinflüssen geschützt.

Laufsohle
Diese Sohlenschicht ist sozusagen die Bereifung des Herrenschuhs, weil sie direkt mit dem Untergrund in Berührung kommt. Sie kann bei besonders eleganten Schuhen bis zu 5 mm dick sein. Sie wird in der Regel aus vegetabil grubengegerbtem Leder gefertigt, das besonders abriebfest und wasserdicht ist. Regelmäßiges Einölen mit Ledersohlenöl erhält diese Eigenschaften. Bei weniger hochwertigen Schuhen kann die Laufsohle aber auch durchaus aus Gummi oder speziellen Kunststoffen bestehen.

Brandsohle
Sie ist eine ca. 2,5–3,5 mm dicke Lederschicht, die den ganzen Schuh auskleidet und hat erheblichen Einfluss auf Fußklima und Tragekomfort. In einem rahmengenähten Herrenschuh besteht die Brandsohle aus hochwertigem, vegetabil gegerbtem Rindleder. In vielen – auch hochwertigen – Schuhen wird das Leder heute durch synthetische Materialien ersetzt.

Gelenkstück/Gelenkfeder
Damit der Fuß bei seiner Abrollbewegung beim Laufen gestützt wird und Form sowie Schuhaufbau nicht über die Maßen durch die dabei entstehende Walkbewegung strapaziert werden, wird zwischen Brand- und Laufsohle das Gelenkstück, bestehend aus Gelenkfeder und deren Abdeckung, eingesetzt. Es reicht von der Mitte des Absatzes bis zum Anfang des Vorderfußes. Die Gelenkfeder ist eine ca. 10 cm lange und 1,5 cm breite Stahlfeder, die in den Hohlraum zwischen Rahmen und Brandsohle als Verstärkung eingesetzt wird. Sie folgt dem Bogen der Sohle und verhindert ein Wackeln des Absatzes.

Decksohle
Sie kommt direkt mit dem Fuß in Kontakt und ist eine die Brandsohle überziehende weiche (Leder-)abdeckung, die dennoch abriebfest, farb- und schweißbeständig sein muss. Je nach Schuhmodell kann sie die gesamte Länge, drei Viertel oder nur ein Viertel der Brandsohle bedecken. Auch die Decksohle wird bei industriell gefertigten Schuhen (besonders bei den Damenschuhen) heute überwiegend durch atmungsaktive synthetische Materialien ersetzt.

Absatzfleck
Das ist die Plattform des Absatzes, ein Lederstück aus grubengegerbtem Leder in Absatzgröße, das einen guten Absatzstand garantiert.

Keder
Als Grundlage für den Absatzbereich oder als Basis für die Laufsohle wird ein 2 cm breiter und 3 mm dicker Lederstreifen auf die Brand- und Laufsohle genagelt. Bei rahmengenähten Schuhen wird die Keder mit Holznägeln befestigt, bei zwiegenähten vernäht.

Laufabsatz/Oberfleck
Die äußerste Lederschicht des Absatzes, die unmittelbar mit dem Boden in Berührung kommt und von guten Schuhmachern ersetzt werden kann, wenn sie asymmetrisch oder in Gänze abgelaufen ist, wird als Laufabsatz oder Oberfleck bezeichnet. Wenn sie aus Leder besteht, erhält sie oft eine abriebfeste Kante aus Gummi oder Metall. Auch der gesamte Oberfleck kann gelegentlich ganz aus Gummi sein.

Oberleder
Aus dem Oberleder wird der Schuhschaft gemacht, also die äußeren Schuhoberteile. Meist ist es aus 1,2 mm starkem chromgegerbtem Kalbleder, bei robusten Wander- und Bergschuhen aus dickerem Rindleder.

Überstemme
Durch einen ca. 4 cm breiten Streifen Oberleder, der im Schaft zwischen Ober- und Futterleder sowie zwischen Vorder- und Hinterkappe angebracht wird, wird das Ausdehnen des Oberleders verhindert.

Gemband
Das Gemband ist eigentlich gar kein Band, sondern ein ca. 2 mal 4 mm starker Kunststoffbalken, der auf der Unterseite der Brandsohle fixiert wird, um beim rahmengenähten Herrenschuh Schaft und Rahmen anzunähen. Bei handeingestochenen Schuhen wird die Kante direkt aus dem Material der deutlich robusteren Brandsohle gearbeitet.

Foto: Lloyd Shoes

Norweger

Doppelmonk

Mokassins

Moonboots

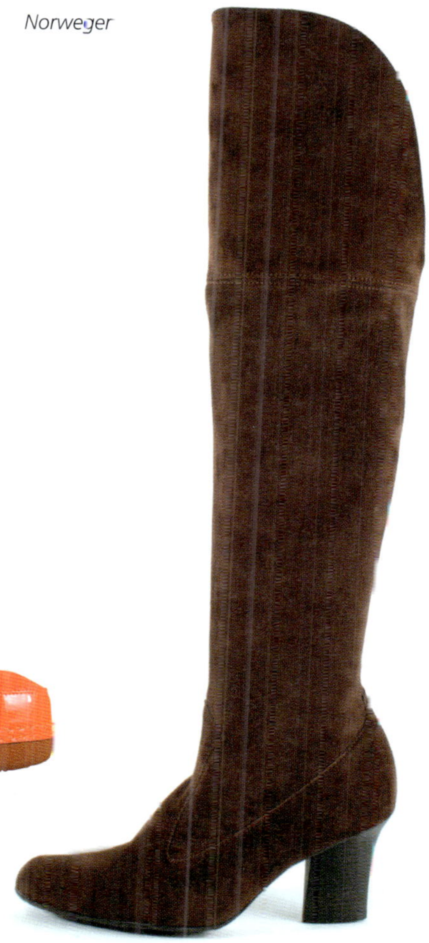

Overknees

LOAFER

→ *Slipper*. Schlüpfhalbschuh in unterschiedlichen Verarbeitungsvarianten. Charakteristisch ist die gerollte Naht um den Fußrücken. Penny oder Tassel-Loafer.

MARY JANES

Damenschuh mit dem typischen Riemen über dem Spann. Gibt es mit allen Absatzvarianten.

MOKASSINS

Schuhe, die ohne Leisten aus einem Stück gearbeitet sind. Authentisch, wenn das Vorderblatt gekräuselt eingearbeitet wurde.

MONK

Eigentlich **Monkstrap**. Engl. für Mönchsschuh, an den die Form grob erinnert. Herrenschuh mit quer über dem Spann verlaufendem Riemen mit seitlicher Schnalle. Gelegentlich auch mit Doppelschnalle, heißt dann Doppelmonk.

MOONBOOTS

Sehr klobige, warme Stiefel, außen aus wasserabweisendem Kunststoff, innen geschäumt oder wattiert, angeschweißte Kunststoffsohle. Oft mit einer Schnürung bis zum oberen Schaftende. Moonboots ähneln den Stiefeln, mit denen die amerikanischen Astronauten 1969 zum ersten Mal den Mond betraten und wurden danach auf der Erde zum Trend.

NORWEGER

Variante des → *Derbys* mit einer senkrechten Teilungsnaht an der Schuhspitze, was ihn rustikal wirken lässt. Deswegen oft in genarbten Ledern. Wird vor allem mit Freizeitkleidung kombiniert. In der eleganteren Variante nach französischer Art (dezentere Nähte) auch zu Anzügen.

OPEN TOE BOOTIES

Modische Kreuzung aus → *Peeptoe*, → *Sandale* und → *Stiefel* im Hobo-Look.

OVERKNEES

Stiefel, deren Schäfte bis über das Knie (engl. knee) hinaus reichen.

PANTOFFELN

Ursprünglich Hausschuhe aus textilem Material. Synonym für bequem.

PANTOLETTEN

Auch **Mules**. Hinten offene, vorne geschlossene, gerundete Absatzschuhe.

PEEPTOES

Pumps mit Ausschnitt für den großen Zeh.

PENNY LOAFER

Der Name entstand, weil ein Penny in den quer verlaufenden Schlitz der Schaftbrücke passt.

PLATEAU-SCHUHE

Schuhe mit erhöhter Sohle (frz. für Plateau, Hochebene).

Fotos: l.: Lloyd Shoes; r.o: Dinkelacker; l.u: Camel Active; m.u.: Rubber Duck; r.u.: Peter Kaiser

Spangenpump

Sneaker

Sandalette

Slipper

PUMPS
Klassischer geschlossener Damenschuh mit Absatzhöhen von 3 bis 9,5 cm.

RÖMERSANDALEN
Sandalen, deren Sohle von Riemen gehalten wird. Abgeleitet von der historischen Form für römische Krieger. Mode-Item, meist mit Hochfront und Absätzen.

SABOTS
Pantoletten mit ausgeprägter Schuhspitze und mittlerem Absatz.

SANDALE
Offene Schuhform mit Riemchen in vielen Varianten der Anbringung und Breite.

SANDALETTE
Offener Schuh mit fester Sohle, durch Riemen oder Schnüre am Fuß befestigt. Mit niedrigem bis hohem Absatz.

SCHNÜRER
Andere Bezeichnung für geschnürte → *Halbschuhe.*

SEETHROUGH
Durchbrochener Keilabsatz, durch den man „hindurchschauen“ kann.

SEGELSCHUHE
→ *Bootsschuhe* aus Leinen oder Baumwolle.

SLINGPUMPS
Wie beim Pumps vorne geschlossen, hinten jedoch mit Fersenriemchen.

SLIPPER
Sammelbegriff für alle Schuhe ohne Schnürsenkel.

SNEAKER
Sportliche Halbschuhe in unendlicher Variationsbreite, mit denen man aufgrund der leisen Sohlen „schleichen“ (engl. to sneak) kann.

SPORTSCHUHE
Schuhe, die auf die speziellen Bedürfnisse einzelner Sportarten hin konstruiert wurden. Auch Sammelbegriff für robuste, meist geschnürte → *Halbschuhe.*

STIEFEL
Schuhe verschiedenster Stilrichtung mit unterschiedlich hohen Schäften. Als Schlupfmodelle, mit elastischen Einsätzen oder Reißverschlüssen.

STIEFELETTEN
Die kleinen Geschwister der Stiefel. Die Schäfte reichen vom Knöchel bis maximal zum halben Schienbein hinauf.

Fotos: l.o.: Peter Kaiser; r.o: Camel Active; l.u.: Bally; r.u.: BestStock/Fotolia

Lederstiefel

Stiefelette

Stilettos

Sandale mit Zehensteg

STILETTOS
Auch **Pfennigabsätze**. → *Pumps* oder → *High Heels* mit extrem spitz zulaufenden, oft metallbewehrten Absätzen.

SURFER-SCHUHE
Sockenähnliche Neopren-Schuhe mit rutschfester Sohle zum Surf-Sport.

TREKKINGSANDALEN
Ergonomisch geformte Sandalen mit meist wasserfesten, rutschhemmenden Sohlen und synthetischen bzw. textilen Bändern.

TREKKINGSCHUHE
Moderne Art der Wanderschuhe. In der Regel mit Spitzen- und Fersenschutzkappe. Aus atmungsaktiven Materialien in ergonomischer Form.

TROTTEURS
Damenschuhe für den Businessbereich. Nicht von bestimmtem Zuschnitt, doch häufig mit bequemem (trotteurs: frz. für Spaziergänger, Flanierer) Absatz.

T-STRIPE
Sandalen, bei denen von der Mitte des Zehenriegels ausgehend ein schmaler Riegel zum Knöchelriemen führt. Sieht von oben wie ein T aus.

TURNSCHUHE
Leichte Stoffhalbschuhe mit rutschfester Sohle, die zum Schutz der Turnhallenböden beim Sport getragen werden.

WEDGES
Engl. für → *Keilabsatz*. Neu auch mit geschwungener Sohle für besseres Abrollen.

ZEHENSCHUHE
Zehenschuhe sind erweiterte → *Barfußschuhe*. Das Prinzip ist schon bei Zehensocken bekannt: Jeder Zeh ist einzeln umschlossen. Einsatzbereiche sind bspw. Laufsportarten, Klettern oder auch in der Physiotherapie um die Fußmuskulatur zu trainieren. Vorreiter ist sind die *Fivefingers*® aus Neoprenmaterial mit hochflexibler Sohle.

ZEHENTEILER
Flache Sandale mit Zehensteg.

Fotos: o.+l.u.: Peter Kaiser; m.u.: Santoni; r.u.: Elnur/Fotolia

TASCHEN UND GEPÄCK

Ein Kapitel für sich

Für Frauen sind Taschen ein ikonisches Teil ihres Gesamtoutfits. Die Größen variieren mit der Mode, die Farben auch und auch das Material. Noch vor nicht allzu langer Zeit haben Frauen sich tief verschuldet, um nur ein einziges Mal in ihrem Leben „die" Tasche ihres bevorzugten Luxuslabels zu besitzen. Und Männer haben hohe Strafzölle zahlen müssen, wenn sich auf dem Flughafen bei der Rückkehr von der Geschäftsreise in ferne Länder herausstellte, dass das erworbene Lieblingsmodell ihrer Partnerin ein Fake war. Man sagt, Frauen könnten Verbrechen begehen für die richtigen Taschen und Schuhe. Beides sind niemals Bedarfskäufe, immer hoch emotional aufgeladen.

Foto: MoustacheGirl/Fotolia

Umhängetasche mit Kette

Tasche mit Tragegriffen

Geräumige Beuteltasche

Umhängetaschen und Shopper aus Baumwolle

Was sind Taschen eigentlich? Eine offizielle, allgemeingültige Definition liefert der Duden: „Etwas, was meist aus flexiblem Material hergestellt ist, meist einen oder zwei Henkel oder einen Tragegriff hat und zum Unterbringen von Dingen bestimmt ist, die jemand bei sich tragen möchte." Man könnte auch sagen: Ein Transportgerät für Dinge, die man z. B. als Fußgänger oder Radfahrer mangels anderer Verstaumöglichkeiten in Reichweite haben möchte. Definitionen dieser Art beschreiben jedoch nicht einmal ansatzweise den emotionalen Status einer Damentasche.

Für Frauen sind Taschen neben Schuhen auch Sammlerobjekte, dazu Convenience-Bereitsteller (Smartphone, Müsliriegel, Atemfrischdrops, Haar- und Kaugummis, Make-up-Utensilien, Haarbürste, Parfüm) und Notfallhelfer (Kopfschmerz- und Magentablette, Pflaster und Ersatzstrumpfhose) oder ein klares Statement zu Mode oder Individualität sowie schlicht eine Portion omnipräsentes Zuhause, wo immer frau sich aufhält.

Männer verhalten sich da vernunftbetonter. In die Tasche gehören neben Portemonnaie und Schlüssel – falls diese nicht gerade die Hosentaschen ausbeulen – Tablet oder Laptop (gut geschützt in gepolsterter Innentasche), Schreibgerät, eventuell Kamm. Das Smartphone wird am Körper getragen. Männerkleidung besitzt genügend Taschen dafür. Männer entwickeln zudem in der Regel keine emotionale Bindung zu ihrem „Utensilien-Transportgerät".

Zweckbetonte Taschenarten

Ökologisch korrekte Menschen beiderlei Geschlechts bevorzugen einfache Beutelformen aus nachhaltigen Textilmaterialien zum Transport diverser Kleinteile. Manche Modewellen bedienen sich dieser Signalwirkung für ihr aktuelles Taschenangebot, jedoch ohne das dahinter stehende Sendungsbewusstsein bzw. ohne den Nachweis der Nachhaltigkeit

Wenn weiche und voluminöse Taschenformen im Trend liegen, erhöht sich meist das Angebot an Beuteltaschen, nicht zuletzt auch aus Gewichtsgründen. Bezeichnenderweise ist parallel dazu stets einer der begleitenden Trends die Vorliebe für stabile box- oder kastenförmige und vor allem kleinformatige Ledermodelle als Gegenentwurf zu finden.

Fotos: o.: Maxim Malevich/Fotolia; u.: Sander

Pochette

Handtasche mit Schnappverschluss

Geschichte der Handtasche

Auch wenn man heute nur die Assoziation Taschen = Frauen im Kopf hat, so war das nicht immer so. Wie bei den meisten Alltagsdingen waren es die Männer, die sie zuerst nutzen (durften). Im Mittelalter waren es flache Stoff- oder Ledertaschen, die die Männer mit einem Riemen oder Ketten am Gürtel befestigten. Ab dem 15./16. Jahrhundert taten es ihnen die Frauen nach. Etwa ein Jahrhundert später kamen beutelartige Taschenformen auf, wurden aber nicht so häufig getragen. Münzen und andere Wertgegenstände bewahrten die Frauen in Taschen auf, die auf die Unterröcke genäht waren und die man durch einen Schlitz im Rock unauffällig erreichen konnte. Das findet man heute sogar noch bei manchen Trachtenkleidern.

Die Zeit *Ludwig des XIV.* brachte die Mode den **Pompadour** auf, auch wenn die Mätresse gleichen Namens damit nichts zu tun hatte. Es war ein meist aus Seide genähtes Beutelchen, dessen Zugbänder zugleich als Verschluss und Henkel dienten. Andere Namen sind *Réticule* (frz. für Netz), *Ridicule* (übersetzt: das Lächerliche), eingedeutscht *Ridikül* oder schlicht Handgelenksbeutel. In seiner ursprünglichen Funktion war er ein Handarbeitsbeutel gewesen. Jetzt bewahrte man darin die sogenannten „Necessaires" auf, Notwendigkeiten wie Taschentuch, Riechsalz, Puder etc.

Erst die Mode der kurzen quasi-demokratischen Periode des Directoire in der nachrevolutionären Zeit in Frankreich verhalf schließlich der Handtasche zum Durchbruch. In den immer enger und durchsichtiger werdenden Gewändern nach dem Vorbild der als rein, frei und gerecht beurteilten Antike konnte man nicht mehr wie zuvor die Taschen unter den Kleidern anbringen.

19. JAHRHUNDERT

Ab dem Beginn des 19. Jahrhunderts ging keine Frau mehr ohne Handtasche aus dem Haus. Der um die Mitte des Jahrhunderts erfundene Metallrahmen verhalf bei den Handtaschen zu einer größeren praktischen und modischen Bedeutung. Sie bekam strapazierfähige Tragegriffe verpasst und wurde zunehmend aus Leder gefertigt, da man sie auch auf Reisen mitnehmen wollte. Ihre Form glich kleinen Koffern und hatte meist einen **Schnappverschluss**. Bis zum Ende des Jahrhunderts hatte sich die Handtasche als Accessoire in der Damenmode etabliert.

Fotos: l.: iStock.com/visoook; color/Fotolia

Strohtasche mit Bambusgriffen

Henkeltaschen im Retro-Stil

20. JAHRHUNDERT

Als nach dem *Ersten Weltkrieg* Leder knapp und teuer wurde, besannen sich selbst bekannte Modehäuser wieder auf Baumwollstoffe als Taschenmaterial. Auch die aufkommenden Synthetics erhielten ihren Anteil an der Produktion. Der Reißverschluss, ursprünglich der Verschluss von Transportsäcken der kanadischen Armee, wurde 1923 salonfähig.

Ein früher Vorläufer der in „Briefform“ gestalteten Clutch, die **Pochette**, erlebte einen modischen Höhepunkt. Neben den beliebten Rahmentaschen kamen sogenannte „Tanz-Täschchen“ auf, aus Metallgliedern gefertigt oder mit Fransen aus Glasperlen verziert. Nach den eher schlichten Formen des Art Deco zeigten die Handtaschen ab den 30er-Jahren wieder verspielteres, aufwendigeres und künstlerisch hochwertigeres Design. Zelluloid und Bakelit eroberten den Taschenmarkt. Unterarmtaschen gehörten zu den bevorzugten Modellen. Ein absoluter Verkaufsschlager waren Abendtaschen mit antikisierenden Motiven in gedämpften Farbtönen.

Zum Ende des Jahrzehnts wurden die Formen größer, die Trageriemen länger, sodass man sie auch über die Schulter tragen konnte und damit die Hände frei bekam. Taschen aus Leinen oder synthetischen Materialien sprachen breitere Bevölkerungsschichten an und bedienten die Wünsche hinsichtlich freizeitlicher Gestaltung.

Die 50er-Jahre waren von den neuen Kunststoffen geprägt, die aus den USA herüberkamen. Modelle mit breitem, standfesten Boden, die sich nach oben verjüngten und boxenförmige Typen mit den verschiedensten Griffvarianten waren der Hit. Die verklärende Reisesehnsucht nach Italien brachte **Stroh- und Korbtaschen mit Bambusgriffen** über die Alpen und schließlich auch über den Großen Teich nach Amerika, wo sie schnell Furore machten. Hingegen wurden die Taschen für die elegante Damenwelt wieder zierlicher und kleinformatiger. Die Retro-Lust war geboren und brachte selbst Pompadours und Pochetten auf die Bühne der Mode zurück.

IKONISCHES DESIGN

Die 70er- und 80er-Jahre des vergangenen Jahrhunderts waren die große Zeit der Couturehäuser, Modeschöpfer und Supermodels. Fast jedes Haus begann neben den neuen Prêt-à-porter-Linien auch Handtaschen- und Accessoire-Kollektionen zu entwickeln. Dem Haus *Fendi* schreibt man die Schöpfung des Begriffes **It-Bag** zu, die zu hoher Begehrlichkeit besonders ikonischer Designs wie die für *Grace Kelly* und *Jane Birkin* bei Hermès entworfene **Kelly Bag** oder **Birkin Bag** führte. Traditionsreichen Häusern wie *Gucci, Hermès, Chanel* oder *Lanvin*, um nur einige erfolgreiche zu nennen, verhalf dieses Marketingkonzept zu einem immensen Bekanntheitsschub, einer Verjüngungskur und der damit verbundenen Zukunftsfähigkeit. Reisegepäckherstellern wie *Louis Vuitton* ermöglichte der Run auf besondere Modelle wie die **Speedy** den Einstieg in die breitere Schicht des Luxus-Taschengeschäfts zusätzlich zu Koffer & Co. Alle Genannten und noch viele andere mehr sehen sich allerdings mit einer immensen und nicht abebbenden Welle von Produktpiraterie konfrontiert, die mit allen Mitteln hart bekämpft wird.

Fotos: l.: Alena Ozerova/Fotolia; r.: Maxim Malevich/Fotolia

Tote Bag

Shopper

Clutch

Damentaschen

Ein Dauerbrenner der letzten Dekaden sind die **Shopper**. Hier ändert sich kaum etwas an der Form. Sie sind großformatig, haben einen Standboden, der ziemliche Zuladung erlaubt, und sind zur Öffnung hin entweder geradlinig rechteckig oder leicht trapezförmig gestaltet. Mindestens 38 cm in der Breite und etwa 30 cm in der Höhe sollten sie schon haben. Neben den edlen City-(Leder-)Shoppern gibt es auch die aus Naturmaterial geflochtenen oder anderen, eher rustikalen synthetischen Materialien bestehenden Marktvarianten.

Ansonsten folgt das Spektrum der eingesetzten Materialien den modischen Wellenbewegungen. Shopper sind überwiegend Damentaschen. Im amerikanischen Sprachgebrauch werden sie auch **Tote Bags** (engl. für Tragetasche, Begriff stammt aus dem 17. Jahrhundert) oder kurz **Totes** genannt. Sie sind erst seit den 1990er-Jahren ein Modeartikel, vorher ein reiner Gebrauchsgegenstand.

ELEGANZ UNTER DEM ARM

Eine weitere den Damen vorbehaltene Form sind die ursprünglich riemenfreien flachen Unterarmtaschen, auch als **Clutch** bekannt, weil man sie mit der Hand greifen und festhalten muss, exakt der englischen Wortbedeutung folgend. Sie hatten ihren Anfang in der Abendmode, wo man auf volumige Transportgeräte verzichten konnte, deshalb sind sie auch flach und haben meist einen Überschlag, gerade oder als **Kuverttasche** in „Briefform". Da man zur Begrüßung oder für das Anstoßen mit Champagner gelegentlich beide Hände braucht und nicht immer Ablagemöglichkeiten in der Nähe sind, verfügt die Clutch häufig über feine (oft abnehmbare und in der Tasche zu versteckende) Schulterriemchen oder -kettchen. In der Abendmode werden teils äußerst prächtige Materialien (z. B. Seidensatin, Fell, Rosshaar) eingesetzt, gerne auch in allen denkbaren Metalltönen. Sie können bestickt oder mit Kristallsteinen und Perlen, Pailletten und Schmucknieten besetzt sein oder aus modefarbigen Edel- und Exotenledern, mit festem Rahmen oder Bügel als Box oder weich.

Eine Alltagsvariante der Clutch ist die **Unterarmtasche,** die deutlich großformatiger ist. Diese ist öfter in verschiedenen Lederfarben und -strukturen gepatcht. Magnetverschlüsse und/oder Durchstecklaschen sorgen für Sicherheit gegen unfreiwilliges Öffnen. Unterarmtaschen sind nie rustikal und wirken immer elegant.

Eine Variante, die auch von Männern genutzt wird, ist die **Collegetasche** oder **-mappe,** eine aus Leder gefertigte Aktentasche im DIN-A4-Format, die unter den Arm geklemmt wird.

Kuverttasche

Unterarmtasche

Hobo-Tasche

LEXIKON Taschen

Abendtasche. Vielgestaltige, oft stark dekorierte oder auch starkfarbige Tasche aus Leder oder Textilien, mit und ohne Strass, mit und ohne Schulterriemchen oder -kette.

Baguette. Gestreckte, eher schmale Taschenform mit Schulterriemen, die an das typische französische Frühstücksbrot erinnert.

Bananentasche. Flach halbmondförmige Tasche ohne Bodenverstärkung, die in einen Trageriemen übergeht. Die kleinere Variante der →*Hobo Bag*.

Birkin Bag. Für und mit der Schauspielerin und Sängerin *Jane Birkin* von Hermès entwickelte größere Form der →*Kelly Bag*. Außer durch die Größe unterscheidet sie sich durch einen geteilten Überschlag mit einer leicht gebogenen Mittelnaht und zwei Trageriemen. Der Verschlussriemen wird an der Vorderseite durch zwei Metallösen geführt, bevor er über dem mittleren Teil geschlossen wird. Schlüssel an der Cloche.

Bowling Bag. Vom Bowlingsport inspirierte Taschenform mit mittellangen Henkeln, die auch über der Schulter getragen werden können. Typisch die große Außentasche.

Bügeltasche. Mit einem weit öffnenden, häufig ganz oder teilweise mit Stoff oder Leder bezogenen Bügel anstelle eines Reißverschlusses. Neu entdecktes Mode-Item.

Businesstasche. Die Tasche für den Büroalltag. In der Regel mit einem Fach für den Laptop und diversen Organizer-Fächern. Meist flach rechteckig in der Form.

Chanel 2.55. Kleine rautengesteppte Tasche mit Vorderschloss, die an einer Doppelkette mit durchgezogenem Lederband getragen wird. Eine Marken-Ikone.

Clutch. Kleine, eher flache Überschlag- oder Bügeltasche, die unter den Unterarm geklemmt wird. Häufig als Abend- oder Theatertasche. Gerne in Metallicleder.

Dior-Tasche. Erkennungsmerkmal der Dior-Taschen ist die Cannage-Steppung, die das Muster von Rattangeflecht nachahmt. Dabei wird die übliche diagonale Rautensteppung von einem rechtwinklig dazu verlaufenden Doppelkaro gekreuzt, in der Mitte entsteht ein Achteck.

Gürteltasche. Vom Trekking entlehnte Taschenform, die durch einen Gürtel gehalten wird, meist locker auf der Hüfte getragen. Passt zum Boho-Look.

Hobo-Tasche. Eine großräumige, weiche, unverstärkte Tasche in Halbkreisform geschnitten, bei dem der Schulterriemen aus den Seitenteilen heraus entwickelt wird. Ein typischer Vertreter des Boho-Trends. Sinkt beim Abstellen lässig am Boden zusammen.

Kelly Bag. Das Grundkonzept war ein Reisetaschenformat. Danach wurde die citytaugliche Version der „Tasche mit einem Trageriemen" entwickelt. Geblieben ist die trapezartige Form mit Ziehharmonika-Öffnung, der feste Boden sowie der Verschlussriemen, der sich über dem Überschlag kreuzt und mit Ösenhaken und Schloss verschlossen wird. Der Schlüssel dazu an einem Lederriemen mit Schutzhülle (Cloche) angeknotet am Trageriemen. Heute in 8 Größen bestellbar, die jeweils von einem einzigen Handwerker angefertigt werden, mit Wartezeiten von mehreren Jahren. Zu Kultstatus gelangt durch die Schauspielerin und spätere Fürstin von Monaco *Grace Kelly*.

Kuverttasche. Rechteckige, flache Tasche mit spitzem Überschlag wie bei einem Briefkuvert, unter dem Arm zu tragen. Zieht modisch wieder an und wird auch mit anderen Überschlagformen angeboten. Der Verschluss ist verdeckt angebracht.

Lady Dior. Klassische kleine Tasche mit Cannage-Stepp (plastisch wie Rattangeflecht) mit zwei kleinen, festen Henkeln. Wurde durch *Lady Di* zum Kultobjekt.

Messenger Bag. Auch Postman-Tasche. Flach rechteckig über DIN A4 groß geschnittene Tasche, dessen Schulterriemen aus dem Seitensteg kommt. Mit großem Überschlag. Erinnert an die Taschen der Fahrradkuriere. Als Kultobjekte aus gebrauchten LKW-Planen, Schweizer Armeedecken oder anderem Recyclingmaterial gefertigt. Wird über Kreuz getragen. Für Männer gerne aus Canvas oder rustikalem Leder.

Pochette. Frz. für Täschchen. Kleine Begleiter für Tag und Abend, die lediglich Geld, Schlüssel und einige Schminkutensilien fassen.

Pompadour. Kleine, bauchige, oft auch mehrfarbige Taschenbeutelchen mit Handgelenkriemchen, aus Keilen genäht und mit einem Riemen oder Kordel zusammengezogen. Benannt nach *Madame de Pompadour*, der Maitresse *König Ludwigs XV*.

Rucksack. Ob funktionell oder ladylike, der Rucksack ist gesellschaftsfähig geworden. Auch als Laptop-Variante erhältlich, in unendlich vielen Materialien.

Saddle Bag. Auch *Gaucho-Tasche*. Eine Erfindung von Hermès. Die asymmetrisch geschnittene Schultertasche ahmt grob die Form eines Sattels nach. Die Schnallen auf dem geschweiften Überschlag und dem kleinen Aufsatztäschchen in der Aussparung des Überschlags haben Hufeisenform. Trotz des sportlichen Namens eher verspielt.

Schoolbag. Ähnlich →*Messenger Bag*. Orientiert sich an den „Strebertaschen" im Aktentaschen-Look, kann daher auch Einsteckschlösser am Überschlag haben.

Schultertasche. Sammelbezeichnung für alle Taschen, die einen oder zwei hinreichend dimensionierte Riemen besitzen, um sie über der Schulter zu tragen. Formenunabhängig. Shopper. Die klassische Großraumtasche aus weichen Materialien wie Leder, Canvas oder Nylon für den Stadtbummel. Bedient den derzeitigen Trend zu Großformaten.

Sling Bag. Das kleinere „Geschwisterchen" der →*Messenger Bag*.

Tote. Der aktuelle Konkurrent des Shoppers. Wurde aus dem Grundgedanken der Einkaufstüte entwickelt: flach, groß, rechteckig, mit Boden. Heute aber Sammelname für alle Großraumtaschen, die sich nicht irgendeiner speziellen Stilrichtung zuordnen lassen.

Unterarmtasche. Unterschiedlich große Taschen ohne Trage- oder Schulterriemen. Erfreuen sich derzeit eines großen Revivals.

Erfolg mit Monogramm

Nachdem **Louis Vuitton** bei einem Pariser Koffer- und Gepäckhersteller Lehre und viele Praxisjahre absolviert hatte, eröffnete er 1854 in der heutigen *Rue des Capucines*, in der Nähe des *Place Vendôme* in Paris ein eigenes Geschäft. Von Beginn an legte er bei seinen Produkten Wert auf das Besondere und nicht den Preis und verkaufte dort u.a. erfolgreich leichte, staub- und luftdichte flache Koffer, die sich besonders für das moderne Reisen per Schiff oder Eisenbahn eigneten. Sein Unternehmen nannte er **„Louis Vuitton Malletier S.A."** Das französische Wort „malletier" bedeutet so viel wie „Kofferhersteller". Fünf Jahre später eröffnete er in *Asnières* vor den Toren von Paris seine erste Produktionsstätte mit 20 Mitarbeitern. Diese Keimzelle existiert noch heute. Hier werden von inzwischen 150 Mitarbeitern die hochwertigsten Produkte der Kollektionen hergestellt. Weltweit betreibt das Unternehmen heute etwa 17 Produktionsstätten.

Innovation und Unternehmergeist

Das Geheimnis des Verkaufserfolges seiner Koffer waren das beschichtete, wasserabstoßende und strapazierfähige Material, das aus mit Roggenmehl beschichtetem Leinen bestand und die besondere Konstruktion. Die Rahmengerüste der Reisekoffer bestanden aus Holz und Metall. Das Material, zu Anfang unter der Bezeichnung „Trianon" noch in grauer Farbe, war sowohl staub- als auch wasserfest. Später gesellte sich ein längs gestreifter Leinenstoff im Rayée-Muster hinzu.
Louis Vuitton nahm 1897 an der Weltausstellung in Paris teil und eröffnete 1855 sein erstes Auslandsgeschäft an der *Oxfort Street* in London. Im folgenden Jahr entwickelte er gemeinsam mit seinem Sohn *Georges* das patentierte und damals höchst innovative Kofferschloss, das bis heute zum Einsatz kommt. Das Schachbrettmuster *„Damier"*, das sich ebenfalls noch heute in den Kollektionen findet, wurde 1888 eingeführt. Der Gründer starb 1892. Nach seinem Tod übernahm Sohn **Georges Vuitton** die Geschäfte und führte sie ganz im Geiste seines Vaters weiter. 1893 präsentierte er seine Produkte auf der Weltausstellung in Chicago. Die Kollektion umfasste inzwischen u. a.

- großformatige und aufklappbare Schrankkoffer (Überseekoffer),
- multifunktionale und umrüstbare Koffer für Expeditionen,
- Kabinenkoffer für Schiffsreisende,
- kofferartige Hutschachteln sowie
- Koffer mit herausnehmbaren Innenaufteilungen.

Für besondere Kunden wurden auch schon spezielle Einzelanfertigungen entwickelt.

Weiterführung im Gründergeist

Das weltberühmte „LV-Signet" mit den dem Zeitgeschmack entsprechenden stilisierten Blüten kreierte *Georges Vuitton* 1896. Es sollte vor Nachahmungen schützen, provozierte aber in Folge erst das Entstehen einer ganzen Industrie von Produktpiraterie. Im selben Jahr begann mit einer groß angelegten Verkaufstour auch das Amerikageschäft. Ein Verkaufsschlager wurde 1901 die **Steamer Bag**, eine rechteckige, kastenförmige Reisetasche im Hochkantformat mit Falzverschluss und Henkeln, die man in eine größere hineinstellen konnte. 1914 öffnete *Georges Vuitton* das größte Geschäft für Reisewaren an der *Champs-Élysées* in Paris am Vorabend des *Ersten Weltkrieges*. Die Expansion schritt jedoch ungehindert voran, sodass nach und nach die Geschäfte in New York, Mumbai, Washington D.C., London, Alexandria und Buenos Aires eröffnet wurden. In den kommenden Jahren kamen weitere große Reisetaschen zur Produktpalette hinzu, darunter 1930 die **„Keepall"**-Reisetasche (ursprünglich **Tientout** = Nimmt alles auf).
1932 kam ein weiterer Bestseller auf den Markt, das Modell **„Noé"**. Die handliche Beuteltasche mit Tunnelzugverschluss und Schultertrageriemen wurde eigentlich konzipiert, um genau fünf Flaschen Champagner zu transportieren. Noé war die erste wirkliche Damenhandtasche aus dem Hause *Louis Vuitton*. Kurz darauf kam die ikonische *Speedy*-Handtasche auf den Markt, die einem Beautycase mit zwei Henkeln ähnelt und bis heute angeboten wird.
1936 starb *Georges Vuitton* und sein Sohn **Gaston-Louis Vuitton** übernahm das Unternehmen. 1959 wurde das Monogram-Canvas-

Familienfoto 1888 mit Louis, Georges und Gaston-Louis Vuitton in Asnières

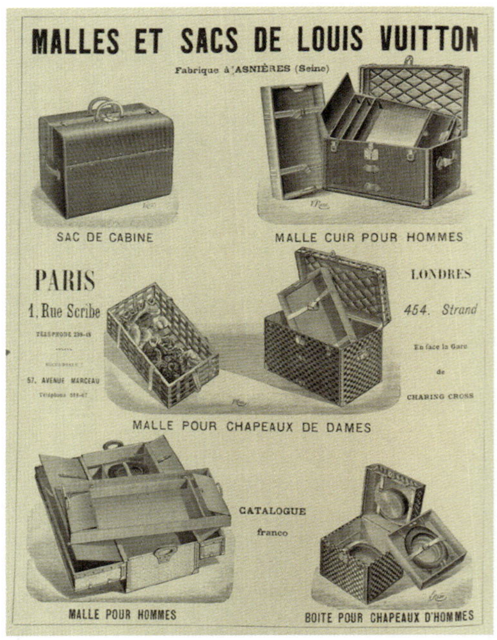

Anzeige für Louis Vuitton im Juli 1898

Muster überarbeitet, um es für Lederkleinteile wie Geldbeutel, Brieftaschen und Handtaschen zu nutzen. Der ursprüngliche Leinenstoff wurde durch ein widerstandsfähiges, vinylgetränktes Baumwollgewebe (Toile/Canvas) ersetzt. 1966 wurde die Einführung von *Papillon* gefeiert, einer zylinderförmigen Handtasche im Querformat mit langen Henkeln, die bis heute sehr gefragt ist.

Zeiten des Wandels

Mit dem Umstieg auf Flugzeug und Autos als Reisevehikel ging Mitte des vergangenen Jahrhunderts die Nachfrage in Europa nach großen Überseekoffern zurück. Das Unternehmen *Louis Vuitton* schrumpfte Mitte der 1970er-Jahre auf nur noch 60 Angestellte und betrieb lediglich zwei Boutiquen in Paris und Nizza.

Nach dem Tod von *Gaston-Louis Vuitton* im Jahr 1970 trat 1971 sein Enkel **Patrick-Louis Vuitton** ins Unternehmen ein, wo er bis heute die Abteilung Spezialanfertigungen für besondere Kundenwünsche leitet (jährlich ca. 350).

1977 übernahm auf Drängen der Familie **Henry Racamier,** Ehemann von *Odile Vuitton,* der Tochter von *Gaston-Louis Vuitton,* die Firmenleitung und vergrößerte das Unternehmen in den folgenden zehn Jahren beträchtlich. Ihm wird die Weiterentwicklung der Marke von einem Luxus-Nischenprodukt zum Luxus-Konzern zugeschrieben. Unter seiner Führung wurde 1978 der Markt in Asien erschlossen und Geschäfte in Tokio und Osaka eröffnet. 1985 folgte Seoul, Korea. *Racamier* erhöhte unter seiner Leitung die Anzahl an Fertigungsstätten, um den steigenden Bedarf zu bedienen.

Zusammenschluss mit Champagner & Spirituosen

1984 ging *Louis Vuitton* in Paris an die Börse, um Kapital zu generieren. Aus diesen finanziellen Mitteln wurde 1986 der Champagnerhersteller *Veuve Clicquot* gekauft, der Parfümhersteller *Givenchy* sowie ein Anteil an der Kosmetikfirma *Guerlain*.

1987 wollte man einer feindlichen Übernahme entgehen, indem die *Louis Vuitton S.A.* mit dem französischen Spirituosenhersteller *Moët Hennessy,* der 1971 aus einem Zusammenschluss zwischen dem Champagnerhersteller *Moët & Chandon* und dem Weinbrandhersteller *Hennessy* entstanden war, fusionierte. Es entstand der Konzern *LVMH Moët Hennessy Louis Vuitton S.A.,* in dem heute zahlreiche bekannte Markennamen gebündelt sind.

Gegen die gefürchtete feindliche Übernahme konnte sich allerdings auch das fusionierte Unternehmen nicht wehren. Der französische Unternehmer **Bernard Arnault** führte sie erfolgreich durch und wurde 1989 Vorstandsvorsitzender von *LVMH.* Als Ironie des Schicksals kann es betrachtet werden, dass *Racamier* selbst *Arnault* 1988 als Investor ins Unternehmen gebracht hatte. Dieser stellte sich im Kampf um die Macht im Unternehmen letztendlich gegen *Racamier* und drängte ihn nach massiven Aktienaufkäufen 1990 aus dem Unternehmen.

Im Anschluss wurde der Franzose **Yves Carcelle,** der erst 1989 zu *LVMH* gekommen war, CEO von *Louis Vuitton.* Er eröffnete zwei Jahre nach seiner Führungsübernahme das erste Geschäft in China, im *Peninsula Palace Hotel* in Peking. In diese Zeit fällt auch die Entwicklung der Lederarten „Epi" und „Taiga", von denen es heute ein breites Produktangebot gibt.

Das ehemalige Wohnhaus der Vuitton-Familie in *Asnières* wurde Mitte der 1990er-Jahre in ein Firmenmuseum umgewandelt.

Erweiterung in Mode & Schmuck

1997 wurde der US-amerikanische Modedesigner *Marc Jacobs* verpflichtet, erstmals eine Bekleidungslinie von *Louis Vuitton* für Damen und Herren auf den Markt zu bringen. *Jacobs* war bis Ende 2013 Kreativdirektor bei *Louis Vuitton* und nahm damit auch entscheidenden Einfluss auf das Design des gesamten Produktsortiments.

Die folgenden Jahre sind von wechselnden Kooperationen mit internationalen Künstlern und Modedesignern bestimmt. 2001 kreierte *Marc Jacobs* mit dem hochpreisigen Charme-Armband das erste Schmuckstück von *Louis Vuitton.*

Seit Anfang des Jahres 2010 bietet das Label ausgewählte Produkte auch als „Mass Customisation" (= kundenindividuelle Massenproduktion) an. So erhält der Kunde die Möglichkeit, individuelle Taschen und Koffer mit eigenen Initialen und Farben zu bestellen.

Seit Ende 2012 leitet der *LVMH*-Manager **Michael Burke** – zuvor nacheinander CEO von *Louis Vuitton USA, Fendi* und *Bulgari* – in der Nachfolge von *Yves Carcelle* das Unternehmen *Louis Vuitton.*

Das Modell Noé im klassischen Design mit charakteristischen Monogram Canvas

Louis Vuitton Store in Düsseldorf

Fotos: l.: Louis Vuitton; r.: iStock.com/kaarsten

Aktentasche

Messenger aus Leder

Pilotenkoffer

Die Taschen der Männer

Akzeptiert war bei Männern lange nur die eine: die **Aktentasche**. Geeignet für Aktenordner oder -mappen im DIN-A4-Format, mit Überschlag und Schnappverschluss nebst Tragegriff, gefertigt aus braunem oder schwarzem (Kunst-)Leder. Später kam als Neuerung ein Schulterriemen hinzu und Farben wie Cognac, Bordeaux und Marine. Eine modische Erscheinung waren Aluminiumköfferchen, sogenannte **Fotokoffer**, wie sie ursprünglich von Fotografen genutzt wurden.
Das Geschäft ins Rollen brachten buchstäblich die **Pilotenkoffer** (auch **Vertreterkoffer** genannt, aber das klingt zu unsexy), die gewaltige Papiermengen schlucken können und per Teleskopgriff durch die Berufswelt navigiert werden. Sie werden heute meist durch schlagfeste und superleichte Kunststoffe im Alu-Look ersetzt oder dürfen gerne alternativ klavierlackglänzend schwarz sein.

FÜR DIE TECHNIK

Bei den **Computertaschen** (Tablet, Notebook, Laptop) gibt es zwei Varianten. Die eine schützt lediglich als gepolsterter Überzug und Schutzhülle das Gerät an sich, ohne große Zuladungsmöglichkeiten. Neben echtem Leder und Lederlook oder synthetischem Filz gibt es neuerdings die oft farbenfroheren „Neoprenanzüge", die dem Gesamtlook des Nutzers einen sportlichen Ausdruck verleihen.
Bei den Varianten für die Damenwelt findet sich neben seriösen Angeboten auch das gesamte Spaßprogramm von Tussi bis Tiger und von pink bis bling-bling. Wichtig bleibt, dass das Endgerät trocken und sicher aufbewahrt ist.

MEHR STAURAUM

Braucht Mann mehr Stauraum, greift er immer häufiger zu Variante zwei: maskulinen **Schultertaschen** aus Leder, gebrauchten LKW-Planen oder High-Tech-Synthetics. Sie sind im Prinzip Aktentaschen mit festem oder abnehmbarem Schulterriemen (gerne auch aus Kofferband) in längs oder quer orientierter Rechteckform. Sie heißen auch **Postman** oder **Messenger Bag** und sind in der Regel schlicht und schmucklos gestaltet. Retro- oder Vintage-Look ist erlaubt. Innen gibt es unterschiedliche Fächeraufteilungen. Nicht immer ist ein Laptop-Fach dabei, weshalb es sich lohnt, in eine Schutzhülle für den mobilen Computer zu investieren.

Fotos: l.: ivanko80/Fotolia.ro; Vladimir Gerasimov/Fotolia.ru; Samsonite

Gürteltaschen-Revival

Weniger für das Business, sondern eher für Freizeitaktivitäten jedweder Art feiern Gürteltaschen in der Männerwelt ein Comeback. Die praktischen Kleinteile nehmen die wichtigsten Utensilien auf, sind ein guter Langfingerschutz (im Vergleich zum Portemonnaie in der Gesäßtasche) und halten die Hände frei. Modegurus rufen den Männern ein „Trau-Dich!" zu und preisen die praktischen Vorzüge neben dem Retro-Look mit Abenteuerfeeling. Für Wandern, Walken und andere aktiven Outdoorsportarten waren sie nie out, nun dürfen sie auch wieder in die Stadt.

Rucksack aus gewachster Baumwolle

Rucksack als Unisexangebot

Auf Reisen und wenn man den Rücken schonen will, bietet sich eine unglaubliche Vielfalt an Rucksacklösungen für die verschiedensten Zwecke an. Neben eindeutig der Sportabteilung entstammenden Teilen, die meist funktionell und farbig sind, gibt es business- und citytaugliche Designs mit mehr oder weniger auffälliger Musterung bzw. Dekoration. Nobelgepäckmarken bieten spezielle Laptoprucksäcke an, ein wohl endliches Angebot angesichts der Verbreitung von Tablets als mobiles Lieblingsendgerät.

Auch die Damenwelt liebt Rucksäcke, jedoch mit dem Plus an Mode, Design und Farbe. Als Handtaschenersatz sind diese auch kleinformatiger: von edel in Leder bis kindlich im Manga-Stil. Insgesamt wirken Damenrucksäcke tendenziell sportlicher und nutzenorientierter, in Einzelfällen auch mädchenhafter als Handtaschen, auch wenn es darunter viele hochpreisige Anbieter und Modelle gibt. Nur für Frauen gibt es Trageriemen, die sich per Zipper zu einem Schulterträger verändern lassen, für einen lässigeren Look ohne Schulmädchen-Appeal.

Angeboten werden Taschen für Männer von fast allen Modemarken, die den Total Look präsentieren. Dazu gehören selbstverständlich auch die hochklassigen und -preisigen internationalen Designer-Labels. Kaum eine Top-Menswear-Linie verzichtet auf diese zusätzlichen Umsätze. Ähnlich den Schals und Tüchern der Couture-Häuser und Designer für die Damen ermöglicht der Kauf eines Lederaccessoires oder einer Tasche den Herren saisonübergreifend die Teilhabe am Image der Marke, ohne den Geldbeutel allzu sehr zu strapazieren. Gerade die Marken der gehobenen Mitte achten darauf, dass die Preisgestaltung zum Kauf animiert und nicht zu abgehoben ist, denn Accessoires wie Taschen sind perfekte Werbeträger und Image-Multiplikatoren.

Fotos: o.: Wrzalin/iStockphoto, u.: Vadym/Fotolia, r.u.: Barbour

Reisetasche und Trolley

Bordcase

Wenn einer eine Reise tut

Ob man es zu seinem Vergnügen oder zum Business tut, man wird auf viel Stauraum, robuste Materialien, leichtgängige Rollen und stabile Zugstangen achten. Im Business wird man dezente Farben wie Schwarz oder Marine wählen, obwohl es eine große Beruhigung bedeutet, wenn man am Ende eines langen Arbeitstages seinen eigenen Koffer zwischen all den monoton schwarzen Brüdern durch eine leuchtende Farbe oder ein auffälliges Accessoire rechtzeitig auf dem Transportband identifizieren kann. Den Wiedererkennungswert sollte man nicht unterschätzen.
Wichtiges Gepäckstück für Tages- oder Kurzreisen sind größenangepasste **Bordcases**, die mit in die Kabine dürfen. Es gibt sie als flugtaugliche Aktentaschenvariante oder alternativ mit Wäschefach für mehrtägige Abwesenheit. Praktisch ist ein stabiles Lenkgestänge, um eine geeignete Computertasche aufstecken zu können, und möglichst vier Rollen aus Gründen der Wendigkeit. Wer häufiger mit der Bahn reist, wird es zu schätzen wissen, wenn sich der Koffer schmal machen kann.

NUTZEN UND HALTBARKEIT

Bei längeren Reisen gilt es für das Gepäck eine gute Relation aus Leergewicht und Packvolumen zu finden. Ob es schlagfeste **Hartschale** oder robustes textiles **Weichgepäck** sein soll, ist eher eine Art Glaubensbekenntnis. Viel interessanter ist es, ob die Innenaufteilung variantenreich ist und bei geringer Beladung der Inhalt, z. B. durch Fixierbänder, nicht ins Rutschen und damit Knautschen gerät.
TSA-Schlösser werden immer häufiger standardmäßig in Reisegepäckstücken verbaut. So erlauben sie eine zerstörungsfreie Öffnung bei notwendigen Kontrollen – nicht nur bei Reisen in die USA.
Des Weiteren sollte man auf Stabilität der Standfläche achten, an der die zwei oder vier Rollen befestigt sind. Da Koffer häufig von Transportwagen und -bändern herunterfallen, ist es ein Haltbarkeitskriterium, wie stabil und verstärkt diese Fläche ist.
Man sollte auch unbedingt schauen, dass wenig aus den Flächen hervorsteht. So mögen große Reißverschlussanhänger und tiefe Dehnfalten im Privatgebrauch praktisch sein, wenn beim Hin- und Herpacken jedoch andere Koffer daran hängen bleiben, sind sie kontraproduktiv. Das gilt auch für plakative Markenlogos und allzu kernig ausfallende Keder (Verstärkungen entlang der Kofferkanten).

Schottenkaros sind ein klassisches Design bei Reisegepäck.

Hartschalenkoffer mit Rollen

LEXIKON Reisegepäck

Weekender. Ursprünglich die Tasche für den Wochenendausflug. Großformatige Tasche mit breiterer Standfläche, robusten Tragehenkeln und vielen Außentaschen. Formal an Sport- oder Reisetaschen angelehnt. Im Rahmen des Großraum-Trends bei Taschen auch in der Stadt zu sehen. Gerne auch von Männern getragen.

Insgesamt gibt es eine Tendenz zu mehr starkfarbigen **Koffern**, für die Freizeit auch mit ausdrucksstarken Druckmotiven (bei Hartschale) oder aus mehrfarbigen Jacquardgeweben.

Auch **Sets** – früher nur den Besitzern sehr noblen Reisegepäcks vorbehalten – liegen im Trend. Es gibt verschieden große Koffer, Bord- und Beautycases, Schulter- und Reisetaschen, Kleider- und häufig auch Rucksäcke aus einer Designfamilie in derselben Farbgebung und aus gleichem Material. Sie erleichtern die Gepäckidentifikation, nicht nur am Band im Terminal, sondern auch in der Hotellobby. Dennoch gilt auch heute: Je breiter und „intelligenter" ausgestattet das Angebot an Gepäckstücken ist, desto tiefer muss man in die Tasche greifen, um sie zu erwerben.

HYBRIDFORMEN

Neu sind einige **Hybridformen** beim Reisegepäck. Das sind zum einen die Kombinationen aus Hartschale und Weichgepäck in normalen Kofferformaten, die die Vorzüge beider Welten vereinen sollen und zum zweiten es sind die vom **Sportgepäck** entlehnten Kombinationen aus Koffer und Reisetasche mit festem Boden und teils versenkbaren Rollen und Griffstangen, die ein bisschen an Golftaschen erinnern. Sie lassen sich gut in der Hand tragen und platzsparend verstauen, wenn sie nicht so inhaltsschwer sind, erlauben aber mit ihrer flexiblen textilen Außenhaut die Zuladung auch großformatiger Reiseutensilien (z. B. Taucherausrüstung) oder von Souvenirs, ohne in zusätzliche Gepäckstücke umladen zu müssen. Diese Reisetaschen auf Rollen werden in großer Auswahl und guter Qualität meist von den klassischen Outdoorausrüstern angeboten, ganz stylish auch hier in perfekter Abstimmung zu anderen Gepäckstücken.

TEXTILE GEPÄCKMATERIALIEN

Für Gepäck und Expeditionsausrüstung kommen dieselben Materialien zum Einsatz. Das sind meist hochfeste, aber dennoch leichte, wasserabweisende, staubdichte, UV- und scheuerbeständige Polyester- oder Polyamidgewebe.

Für extrem beanspruchte Stellen kommen auch technische Textilien aus Aramiden zum Einsatz, die besonders schnittfest, abriebfest und hitzebeständig sind. Man findet sie sonst eher im Bereich der persönlichen Schutzausrüstung oder als Verstärkung an hoch beanspruchten Sportschuhen. Manchmal sehen einzelne Komponenten aus wie Kohlefasermaterialien, das ist jedoch in der Regel nur ein optischer Effekt, weil die Verwendung dieser Materialien lediglich für die optische Aufwertung einfacher Gebrauchsgegenstände einfach zu kostspielig wäre.

Für Vielflieger

Wer viele Termine mit dem Flugzeug wahrzunehmen hat, tut gut daran, sich auch mit seinem Gepäck darauf einzurichten. Viele Fluggesellschaften lassen **Handgepäck** in der Größe bis zu 56 x 40 x 20 cm (Höhe x Breite x Tiefe) bei einem Maximalgewicht von 6 kg zu.

Da jede Fluglinie individuelle Bestimmungen hat, sollte man sich vor dem Flug erkundigen, um im letzten Moment nicht die Überraschung zu erleben. Sonst verschwindet das vermeintliche Handgepäck in den Flugzeugrumpf und bei der Ankunft können längere Wartezeiten entstehen.

Zum Wärmen, Schmeicheln & Schützen

Textile Accessoires sind Accessoires „mit Ausrede". Im Gegensatz zu anderem modischen Beiwerk haben (oder beanspruchen) textile Accessoires einen echten Nutzen: Sie schützen Hand, Hals und Haupt. Ob Hut oder Mütze, Hals- oder Kopftuch, Schal oder Handschuh, sie sorgen dafür, dass es uns nicht zu heiß oder zu kalt wird oder wir ungeschützt dem Wind ausgesetzt sind. Zudem blicken sie auf eine lange, teils jahrtausendealte von Traditionen und gesellschaftlichen Konventionen geprägte Geschichte zurück, die in weiten Teilen abwechslungsreicher ist als die der Bekleidung selbst. Accessoire, wörtlich Zubehör, ohne versteckte oder offensichtliche Botschaft sind Hut, Mütze, Kopftuch, Schal und Handschuh erst seit etwas mehr als 100 Jahren.

Man muss heute keine Accessoires haben, um gut und anlassgerecht gekleidet zu sein. Aber: Wie nüchtern, zweckbestimmt und langweilig wäre Mode ohne die „Sahnehäubchen" on top?

KLEINE PAUKENSCHLÄGE: HÜTE UND KAPPEN

Im Handel werden immer häufiger komplette Outfits mit vollständiger Accessoire-Ausstattung oder ganze Trendwelten zusammengestellt und präsentiert. Die Top-to-toe-Komplettanbieter unter den Modemarken zeigen in ihren Shops, Corners und Monomarkenstores ihre Interpretation der aktuellen Modeströmungen. Accessoires aus Leder oder Textilmaterialien gehören immer dazu. Diese Kleinteile erhöhen nicht nur in erfreulicher Weise die Bons für die Anbieter, son-

Foto: sisterspro/Fotolia

Strickset

dern sind in der Lage, aus einem eher schlichten oder auch nicht mehr topaktuellem Outfit ein modisch-angesagtes zu machen. Mit Accessoires kann man wunderbar seine individuelle Linie akzentuieren. Wer mutig genug ist Hut zu tragen, weiß, dass er oder sie damit im Straßenbild auffällt, weil Hut zu tragen kein Muss im Dresscode des vergangenen Jahrhunderts mehr ist, sondern ein eindeutiges Statement. Das gilt auch in abgeschwächter Form für Mützen und Kappen, wobei Letztere (meist mit dem Schirm nach hinten getragen) als Zugehörigkeitssymbol zu bestimmten Gesellschaftsgruppierungen gekapert wurden. Auch das ist Tradition. Ein bemerkenswertes Revival erfährt die Strickmütze für beiderlei Geschlecht, die sich zu einem echten Modeartikel gemausert und den Kindergartenappeal abgelegt hat.

NIE MEHR OHNE: SCHALS

Bei Schals scheint es derzeit unvorstellbar, dass es plötzlich nicht mehr in sein könnte, sie zu tragen, so viele Menschen sieht man mit so vielen unterschiedlichen Arten von Schals. Die Abgrenzung zu den Tüchern funktioniert nur durch das Format. Man wird sich darauf einigen können, dass es sich bei Schals um etwas eher Längliches, bei Tüchern tendenziell um etwas Quadratisches handelt. Da es neuerdings die Trapezform als Hybrid zwischen beidem gibt, ist die Differenzierung nicht mehr ganz so trennscharf. Muss sie wahrscheinlich auch nicht sein, denn das einende Kriterium aller geometrischen Formen von Schals ist, dass sie in irgendeiner Weise um den Hals getragen werden, im Sommer wie im Winter. Ein wenig aus der Mode ist der schmale, einfarbige oder längs gestreifte Strickschal, den die Herren früher häufig zum Mantel trugen. Stattdessen sieht man voluminöse, grob gestrickte Überformate – nicht nur bei den Damen, sondern auch bei den Männern. Sie bergen ein hohes Einhüll- und Kuschelpotenzial, neuerdings und in Wellen immer wieder ergänzt durch Ponchos.

GLAUBENSBEKENNTNIS: HANDSCHUHE

Handschuhe in ihrer textilen Variante wollen nur eines: wärmen. Im Gegensatz zu den Lederhandschuhen, mit denen man bestimmte Kleidungsstile bedienen und akzentuieren kann, ist die modische Aussage gestrickter oder aus z. B. Vlies- oder Wollstoffen genähter Handschuhe ziemlich begrenzt. Dabei ist es auch fast gleichgültig, ob sie als Fäustling oder als Fingerhandschuh daherkommen, wärmen bleibt das Hauptanliegen. Das gilt auch für Nobelausgaben aus Cashmere oder Kombinationen mit Leder. Wer diese Handschuhe trägt, will vordergründig kein modisches Statement setzen, sondern seine Hände vor Kälte schützen.

PLÜSCHIGE EXOTEN: OHRENSCHÜTZER UND MUFF

Sie sind ziemlich rar in der Erwachsenenmode, die meist plüschigen Ohrenschützer mit Kopf- oder Nackenbügel. Wenn überhaupt, dann finden sich für Männer Modelle mit integriertem Nackenschutz aus Wollstoffen oder Vlies für diejenigen, die unter keinen Umständen Hut, Mütze oder Stirnband tragen würden. In der jungen Mode und für kleinere Kinder gibt es niedliche bis kitschige Formen, wovon Letztere oft in Lizenz bekannter Serien mit Zeichentrick-, Märchen- oder Comicfiguren gefertigt werden.

Ohrenschützer

Muffe mit und ohne Nackenkordel sind an beiden Seiten offene „Röhren" aus Plüsch, Strick oder echtem Fell, in die man (frau) die Hände stecken kann, um sie zu wärmen. Ein Muff ersetzt die Handschuhe daher sind sie noch zusätzlich warm gefüttert (edle Modelle mit einem Daunenfederbeutel) und seit dem 15. Jahrhundert bekannt. Im Rahmen diverser Modewellen kommen sie immer wieder auf den Laufstegen vor und verschwinden danach wieder für einige Jahre von der modischen Bühne. Sie werden heute als unpraktisch betrachtet, da für sie im modernen Alltag kaum (Ablege-)Platz ist.

HUT, KAPPE & MÜTZE

Die Krönung des Outfits

Fast ausgestorben ist das Handwerk der Modisten und Hutmacher, deren Produkte viele Jahrhunderte zur Pflichtausstattung eleganter Ausgehgarderobe zählte. Langsam entdecken aber auch junge Menschen wieder die Möglichkeiten individuellen Ausdrucks durch Hüte. Hüte erfordern Selbstbewusstsein, denn sie senden das Signal aus: Seht her, ich bin's! Daher sind Hüte im Gegensatz zu Mützen und Kappen keine Massenprodukte.

Foto: kieferpix /Fotolia

Herstellung von Filzhüten

Der Stumpen ist aller Hüte Anfang, ganz gleich, aus welchem Grundmaterial der Hut gefertigt sein soll. In der Geschichte zeichnete die Hutmacherzunft für die Qualität der Produkte verantwortlich, heute sind es nur noch wenige mittelständische Unternehmen und einige wenige große Namen, die die Zeitläufe überlebt haben und infolge dessen auch wenige spezialisierte Hutgeschäfte. Rheinland-Pfalz sind seine letzten Trierer Hutgeschäfte sogar museumswürdig.
Die Herstellung von Hüten lässt sich nicht revolutionieren, sie geschieht immer noch nach demselben überlieferten Prozess.

HERSTELLUNG VON HÜTEN

Hüte für kältere Temperaturen sind heute wie damals aus Haarfilz gefertigt, Sommerhüte werden aus Stroh oder Papiermaterialien gefertigt. Daneben sieht man Hüte aus Stoffen genäht (Wollstoffe für den Winter, Leinen oder Baumwolle für den Sommer) oder aus Borten. Ein Kaufkriterium ist oft, ob sich die Hüte falten bzw. rollen lassen.

DER (HAAR-)FILZHUT

Ursprünglich fertigte man Filzhüte vorwiegend aus Schafwolle. Das blieb bis zum 17. Jahrhundert so. Heute bevorzugt man Hasen- oder Kaninchenhaare, die sich aufgrund ihrer Schuppenstruktur besonders zum Filzen eignen, weil sie sich auch schon in dünner Lage fest ineinander verhaken. Für einen Hut benötigt man das Haar von etwa drei Kaninchenfellen, das sind 100 bis 200 g. Es gibt aber auch heute noch Filze aus Schafwolle oder Mischungen aus Schafwolle mit synthetischen Fasern, die eine andere Qualität des Filzes und der Melange ergeben. Als Vorarbeit zur Stumpenherstellung wird aus der Wolle oder der Wollmischung auf der Krempel ein feiner Wollflor hergestellt, die weiteren Arbeitsgänge sind gleich.
Seit Mitte des 19. Jahrhunderts benutzt man die sogenannte Fachmaschine zur Fertigung des Rohstumpens. Dabei werden die Haare auf einen perforierten Metallzylinder gesaugt. Der Filzvorgang ist identisch mit dem Verfilzen von gewebter Ware. Feuchtigkeit, Wärme und Stauchen reduzieren den Rohstumpen auf

Schutzheiliger der Hutmacher

St. Jacobus Minor (St. Jakobus der Jüngere) war, bevor er Bischof von Ravenna wurde (13. Jahrhundert), Tuchmacher. Sein Attribut ist der Fachbogen, mit dem handwerklich Filz hergestellt werden konnte, sowohl in Tuch- als auch in Stumpenform. Man findet aber auch Bildnisse mit einer Keule, da er der Überlieferung zufolge mit einer solchen erschlagen wurde.

Jakobus der Jüngere, ein Werk von Johann Friedrich Glocker, aus der Kirche in Wolfschlugen

Strohhut

Strohvisor

etwa ein Drittel seines ursprünglichen Volumens. Diese Stumpen werden dann gefärbt und mit Stärke appretiert, um Formfestigkeit zu verleihen. Aus diesen Rohstumpen wird nun der Hut geformt. Zuerst werden Rand und Kopf vorgeformt, danach wird der Hut auf eine Form gezogen oder gepresst, um seine endgültige Form zu erhalten.
In den Herrenhut wird in aller Regel das sogenannte Schweiß- oder Futterband eingenäht. Das kann ein Lederband sein, um den Hut zu stabilisieren oder auch ein Stoffband, oft Rips, um den Hut weicher zu gestalten. Dann wird die Garnitur, ein Band oder eine Kordel außen aufgebracht. Manche Hüte werden je nach Modelltyp am Rand noch eingefasst. Damenhüte bekommen meist ein weiches Futterband und unterschiedliche Garnituren. Einige Hüte erhalten auch ein Innenfutter. Um einen feinen, weichen und trotzdem strapazierfähigen Filzhut entstehen zu lassen, braucht es fast 70 Arbeitsgänge.

DER STROHHUT

Es ist kein Stroh, sondern verschiedene pflanzliche Fasern, aus denen Strohhüte hergestellt werden. Ein anderes wichtiges Material sind sogenannte *Treccia di Carta*, sehr fein geflochtene Zöpfchen aus Papier, aus denen sehr leichte Sommerhüte entstehen, die je nach Ausrüstung auch rollbar sind. Am häufigsten sind es jedoch Sisal, Palmblätter oder Seegras aus China und Südamerika. Nach dem Vorbereiten der Fasern wird daraus entweder direkt ein Rohstumpen geflochten oder die oben genannten Zöpfchen, die dann formgerecht zusammengenäht werden. Die Stärke der Fasern bestimmt die Qualität des Stumpens, Pflanzentyp und Technik die Form und Optik.

Schließlich werden die Rohstumpen ebenfalls geformt, mit einem Innenband versehen und ausgarniert.

DER STOFFHUT

Seine Herstellung ist am wenigsten geheimnisvoll. Stoffhüte werden nach einem geeigneten Schnittmuster zugeschnitten und zusammengenäht, später in der endgültigen Form fixiert. Es gibt zweiseitig tragbare Modelle aus verschiedenen Mustern, Qualitäten und Farben, wasserdicht gemachte Regenhüte, auch mit Membranverarbeitung (→ *Abschnitt „Membranen", S. 305*). **Sonnen-** und **Anglerhüte** (der klassische **Bucket Hat**) (→ *Absatz „Fischerhut", S. 384*) sind aus Stoff, weil sie sich gut verstauen und meist gut waschen lassen. Man findet auch hybride Formen wie den Visor, einen Sonnen- und Sichtschutzschirm mit einem Kopfteil aus Stoff oder Hüte aus drapierten Stoffbahnen, die auf einer festen, nicht sichtbaren Unterlage Turban oder Bandana-Formen zeigen. Baby- und Kleinkindhütchen sind aus Stoff, speziell deren Sonnenhüte, die oft einen Nackenschild aus Stoff haben. Außerdem ist Leder immer noch ein beliebtes Hutmaterial.

KREMPENLOS GLÜCKLICH

Kappen besitzen keine durchgehende Krempe, sondern einen versteiften Schirm. Viele Modelle, die das Wort „Mütze" im Namen tragen, würden wir heute vielleicht eher als Kappen bezeichnen. Inzwischen werden beide Begriffe jedoch parallel verwendet. Festzuhalten gilt, dass Mützen und Kappen industrielle Massenprodukte sind, nichts Individuelles wie ein Hut. Obwohl die Kappen als Verdränger der Hüte gelten und für den Niedergang der daran hängenden Branche verantwortlich gemacht werden, so haben sie als positiven Effekt durch das massenweise Tragen Kopfbedeckungen wieder populär gemacht.
Kappen haben meist einen festen Kopfteil, aber keine umlaufenden Krempen, stattdessen einen Schirm. Als Mütze werden heute eher die weichen Verarbeitungen

Fotos: l.: Seeberger; o.: Roeckl

Schiffermütze

Schiebermütze

ohne Schirm verstanden. Manche „Bauformen" sind nach ihrer Historie jedoch verschiedenen Mützenarten zugeordnet. Dazu gehört z. B. die **Prinz-Heinrich-Mütze** (→ *Absatz S. 388*), die von Senioren gerne getragen wird. Sie ist eine Schirmmütze, benannt nach dem Großadmiral *Prinz Heinrich von Preußen*, dem jüngeren Bruder *Kaiser Wilhelms II.*. Ihre Form geht auf die Mützen des Kaiserlichen Jacht-Clubs zurück, die ihrerseits an die Uniform-Mütze der kaiserlichen Marine angelehnt war und früher aus reiner Wolle bestand. Den Mützensteg zieren Eichenlaub-Stickereien sowie eine geflochtene oder gedrehte Mützenkordel. Die Farben der Mützen bewegen sich üblicherweise zwischen Dunkelblau und Grau bis Schwarz, seltener Braun und Grün. Unterscheidungsmerkmale von anderen ähnlichen Mützen, wie den **Schiffermützen** bzw. dem **Elbsegler** (→ *Absatz S. 383*), sind ihr hoher Steg und der steife, verhältnismäßig kleine Mützendeckel, dessen Durchmesser nur unwesentlich größer als der des Stegs und zu allen Seiten etwa gleich groß ausgeprägt ist.

HELMUT SCHMIDT'S ELBSEGLER

Der **Elbsegler** oder die **Elblotsenmütze** (→ *Absatz S. 383*), auch **Helgoländer Lotsenmütze,** ist eine schlichte, niedrige Seemanns-Schirmmütze aus schwarzem oder dunkelblauem Marinetuch mit einem etwa drei Zentimeter hohen Rand und mit einer Zierkordel, im Original einem ledernen Sturmriemen vorne am Mützensteg versehen. Sie wird extra für die Hamburger Lotsen angefertigt. Auch sie hat einen verhältnismäßig kleinen Mützendeckel. Der Mützenschirm ist mit Eichenlaub besetzt. Die Mützenkordel kann gedreht oder geflochten sein. Sie ähnelt stark der **Prinz-Heinrich-Mütze**. Populär wurde die Elblotsen-Mütze als „Markenzeichen" des ehemaligen Senators von Hamburg, Bundesministers und späteren Bundeskanzlers *Helmut Schmidt* und ist in Küstennähe immer noch im Straßenbild zu sehen. Sie wird im Volksmund auch **Schmidtmütze** genannt.

DIE SCHIRMMÜTZEN

Zu den Schirmmützen zählen außer den beiden erstgenannten prominenten Beispielen die meisten der heute noch gebräuchlichen Mützenarten. Ein klassischer Vertreter ist die **Schiebermütze** oder **Schlägermütze**, im Rhein-Main-Gebiet auch **Batschkapp** genannt, bei der der flache Kopfteil auf dem flexiblen, schmalen Schirm aufliegt, damit vernäht oder mit Druckknopf befestigt ist. Sie ist die „kleine Schwester" der Ballonmütze, die bei annähernd gleicher Konstruktion einen voluminöseren, aus meist acht Segmenten („eight panel" im Englischen) zusammengenähten Oberkopf, häufig mit Knopf in der Mitte, zeigt.

Im englischen Sprachraum heißt diese Variante **Gatsby Cap** (→ *Absatz „Ballonmütze", S. 382*), angelehnt an den Film „Der große Gatsby" mit dem amerikanischen Schauspieler *Robert Redford*, die Schiebermütze zur Vereinfachung **Flat Cap**. „Schieber" ist ein altberliner Begriff für Vorarbeiter. Sie war die Mütze der Landbevölkerung und der Arbeiterklasse, wird aber auch gern von Golfern getragen. Aus wasserabweisenden Wollstoffen gefertigt, hält sie auch Regenschauern stand und mit einem ausklappbaren Ohren- und Nackenschutz selbst kalten Temperaturen.

Heute ist diese Mützenart eine von Filmstars und Musikern geliebte Mütze. Bei einigen Komikern wie dem Pfälzer *Bodo Bach* gehört die **Batschkapp** zum Bühnenkostüm. Aber auch Hollywoodgrößen wie *Bill Murray* oder *Dennis Hopper* treten häufig damit auf. *Klaus Meine*, der Sänger der Rockband *Scorpions*, wird nie ohne die mit dem Schirm nach hinten getragene Mütze gesehen. Weitere berühmte Schiebermützenträger sind *Lenin, Mao Zedong* und *Pablo Picasso*.

MÜTZEN SIND ZWECKGEBUNDEN

Mützen trug man nicht zum Spaß. Die meisten Mützenformen waren ursprünglich Teil einer Berufsbekleidung, einer Uniform oder Sportausrüstung. Sie sollten gegen spezifische Gegebenheiten in dem jewei-

Kopfbedeckungen mit Charme

Bei Hüten, Mützen und Kappen scheiden sich die Geister. Hier gibt es kein laues „Sowohl-als-auch", sondern ausschließlich klare Meinungen, entweder dafür oder dagegen. Da diese Accessoires an der prominentesten Stelle des Körpers getragen werden und damit die gesamte Erscheinung dominieren, ist das gut und richtig so. Vorliebe und Präferenzen ändern sich im Wechselspiel der Moden und ihren Trends. In unserer aktuellen, schnelllebigen Zeit verwenden wir jedoch im Alltag nicht mehr so viel Zeit und Sorgfalt auf die Gestaltung unseres Outfits, bevor wir aus der Türe flitzen. Das muss nicht kopflos geschehen, aber doch oft ohne Kopfbedeckung, deren Sitz im Spiegel kontrolliert werden muss. Wer sich diese Zeit dennoch nimmt, erfreut sich verstärkter Wahrnehmung. Beim Hut lohnt sich der Blick in die Geschichte, denn neben allem praktischen Nutzen kommt und kam dem Hut auch immer die Funktion eines „Ausrufezeichens" und eines Statements zu. Das geschah nicht immer freiwillig, wenn die Trageverpflichtung eines bestimmten Hutes zur bewussten Ausgrenzung bestimmter Bevölkerungsgruppen missbraucht wurde. Hüte differenzierten zwischen oben und unten in der Gesellschaft, zeigten zu welcher Berufsgruppe oder Zunft jemand gehörte oder welcher politischen Gesinnung. Immer setzte das Tragen eines Hutes ein eindeutiges Zeichen und war gleichzeitig selbst ein Seismograf der gesellschaftlichen Entwicklung.

Der Hut in der Antike

Bei den alten Griechen war das Tragen von Kappen oder Hüten zweckbestimmt. So trugen Handwerker den „Pileus", eine runde Kappe. Bei der Jagd oder auf Reisen baumelte bei den vornehmen Griechen der breitrandige „Petasos" (Hut) oder die „Kausia" (Kappe) an einer Schnur auf dem Rücken, um bei Bedarf aufgesetzt werden zu können. Die Römer trugen bei festlichen und religiösen Anlässen sowohl runde als auch spitze Hüte. Aus dieser Zeit stammt die Bedeutung des Hutes als Symbol der Freiheit. Freigelassene Sklaven erhielten bei ihrer Freilassung einen Hut als Zeichen.
Nach der Ermordung *Cäsars* wurden Münzen geprägt, mit einem Hut zwischen zwei Dolchen als Zeichen der Befreiung von der Alleinherrschaft des Kaisers. Diesen Gedanken griffen die Niederlande auf, nachdem sie sich von der spanischen Vorherrschaft befreit hatten. Hüte im Alltag aufzusetzen, war noch lange Zeit unüblich, erst nach dem Tod *Neros* wurde es Sitte.

Vom Mittelalter zur frühen Neuzeit

Erstmals tauchten Hüte in Deutschland im 10. Jahrhundert, der Zeit *Karls des Großen,* auf. Verschiedene Landsmannschaften trugen unterschiedliche Hüte. So bezeugte man mit dem Strohhut die Zugehörigkeit zum Stamm der Sachsen. Eine modisch motivierte Vielfalt bei den Formen entwickelte sich ab dem 12./13. Jahrhundert. Ab dem 14. Jahrhundert ist auch die Zunft der Hutmacher bekannt. Im deutschsprachigen Raum (neben Deutschland auch in Holland und der Schweiz) verbreiteten sich ab dem 16. Jahrhundert hohe, spitz zulaufende Hüte mit breiter Krempe und gerne Federschmuck, wie man sie heute noch zu den festlichen Trachten in Tirol und der Schweiz sehen kann.

Hüte im 19. und 20. Jahrhundert

Die Damen trugen anstelle von Hüten meist unterschiedlich gefertigte Hauben. Mit dem Beginn des 19. Jahrhunderts wurden dann die Schutenhüte modern, die mit einem Schleifenband unter dem Kinn gebunden wurden. Fast wie Scheuklappen umrandeten die Krempen dieser Hüte im Halbkreis das Gesicht, wodurch man sie nach heutiger Definition zu den Kappen zählen würde.

Bauern mit ihren typsichen Kopfbedeckungen im 15. Jahrhundert in einem Gemälde von Albrecht Dürer.

Im 19. Jahrhundert begann das Tragen bestimmter Herrenhüte als Symbol politischer Gesinnung. In Schweden gab es eine Partei des Adels, die sich *Hattarne* (Hüte) nannte, sie war der Gegenentwurf zur Partei der *Mössorna* (Mützen). Beide wechselten sich regelmäßig in der Regierung ab. Um 1848 zeigte man durch das Tragen eines grauen Filzhutes mit breitem Rand (Kalabreser, Heckerhut) seine demokratische Gesinnung. Deshalb wurden ihre Träger nach 1849 in Deutschland polizeilich verfolgt.

Hutmoden im Kaiserreich und danach

Das 19. Jahrhundert endete in der Damenmode mit kleinen zierlichen Hütchen in Tellerform oder als kleine Kapotte, ein mit Bindeband befestigter, auf dem Scheitel getragener Hut. Danach stand den Damen der Sinn nach Größerem. Die Jahrhundertwende brachte eine Vorliebe für ausladende, kunstvoll gestaltete Hüte mit sich. Je schmaler die Gesamtsilhouette wurde, desto größer wurden die Hüte, die reich mit Blüten, Spitze und exotischen Federn geschmückt waren. Der Wohlstand der Trägerinnen drückte sich im Tragen eines bewunderten Unikates aus.
Wie meistens in der Mode entstand gleichzeitig ein Gegenentwurf, die „Toque", ein Hut in Glocken- bzw. Topfform, der tief über den Kopf gezogen wurde. Er war viele Jahre sehr beliebt, weil er im Gegensatz zu den übergroßen Modellen die schmale Silhouette optisch elegant verlängerte. Die sachliche Form entsprach zudem dem Trend zu einer sportlich-maskulinen Linie, als Rollenmodell

Schutenhut

Kapotte

eignet sich die Schauspielerin *Marlene Dietrich*, die mit Vorliebe Anzüge im Herrenschnitt trug. Das Aufkommen des Bubikopfs als Frauenfrisur ermöglichte das tiefgezogene Tragen von Kappen und Hüten mit kleinerer Krempe. Ab 1923 entsprachen die Hutformen ganz dem Bild der Versachlichung und Vermännlichung, die das Haar als wichtiges Zeichen der Weiblichkeit komplett verhüllten.

Die neue Frauenrolle der 1930er-/1940er-Jahre

Weltwirtschaftskrise und das Mutterbild der Nationalsozialisten führten dazu, dass sich die Frauen wieder verstärkt um Haushalt und Kinder kümmern mussten statt selbst arbeiten zu gehen. Dadurch entwickelte sich eine Mode, die weibliche Formen wieder stark betonte. An die Stelle der Topfhüte und engen Kappen traten schräg aufgesetzte flache Hütchen, asymmetrisch gestaltete Formen und ungewöhnliche Proportionen. Man gab sich extravagant. Der Zweite Weltkrieg brachte an Uniformen angelehnte Schiffchen auf. Da es in den Notzeiten des Krieges kaum etwas zu kaufen gab, fand man überall in den Zeitschriften Anleitungen für das Selbermachen von Kleidung und auch Hüten. Fantasie blüht besonders in der Beschränkung.

Nach dem Krieg hatten die Menschen andere Sorgen als Mode. Die zerbombten Städte mussten aufgeräumt werden. Aus dieser Zeit kennt man Bilder von den Trümmerfrauen, die gegen Staub und Dreck – und sicher auch mangels Zeit, Seife und Wasser – Tücher in Form eines einfachen Turbans mit einem Knoten auf dem Kopf gebunden hatten.

Die glorreichen 1950er-Jahre

Der Krieg war vorbei, die meisten Städte fanden zur Normalität zurück und man sehnte sich nach Schönheit ohne Pragmatismus. In diesem Umfeld entwickelten die Pariser Couture-Häuser, allen voran *Christian Dior* mit seinem „New Look", eine überaus weibliche und fantasievolle Mode, zu der eine formenreiche Hutmode gehörte. Vom zarten Käppchen mit Hutschleier bis zu wagenradgroßen Modellen schwelgten die Damen in Extravaganz. Zu dieser Zeit waren Mann und Frau ohne Hut nicht komplett gekleidet, man ging nicht ohne Hut aus dem Haus. Diese Zeit kann man als das letzte große Aufbäumen einer Hutkultur betrachten. In Deutschland gründete sich die *„Arbeitsgemeinschaft Hut"* und veranstaltete Hut-Events in Großstädten und Kurorten.

Niedergang der Hutkultur in den 60er- und 70er-Jahren

In der Wirtschaftswunderzeit wurde es zunehmend irgendwie uncool Kopfbedeckungen zu tragen. Ob es die Verbreitung des Autos als Transportmittel war, in dem ausladende Hüte störten oder ob es der ungezwungenere Lebensstil oder eine Mischung verschiedener Faktoren war, lässt sich nicht eindeutig feststellen. Auf jeden Fall verlor die Dresscode-Formel *„Ausgehkleidung = gepflegter Bekleidungsstil + Hut"* an Bedeutung. Zur kurzen, sachlich-konstruktiven Damenmode passten die sogenannten *Pillboxes*, wie sie *Jacky Kennedy* gerne trug, und schlichte Glocken- und Helmformen, wie sie Modeschöpfer *André Courrèges* zeigte, weitaus besser.

Die 68er schließlich sahen im Hut das Symbol der Gesellschaft, gegen die sie sich stellten. Der Dresscode wurde geknackt und es war nicht mehr angesagt, Hut zu tragen. Die Hippies der 70er-Jahre scherten sich nicht mehr um politische Statements und trugen auf dem Kopf, wonach es Ihnen gerade war: Schlapphüte aus Filz, Leder oder Stroh mit Blumengarnitur, Kopftücher, Mützen und Turbane. Die *Kufiya*, das Palästinensertuch, das mit *Jassir Arafat* untrennbar verbunden ist, wurde populär.

Hutmode heute

Ein Kind der 70er-Jahre ist auch die omnipräsente Basecap, die aus den USA stammende Baseball-Kappe, die spätestens seit den

Hutmodenschau 1951

80er-Jahren aus dem Straßenbild nicht mehr wegzudenken ist und in sämtlichen Schichten und Kreisen zu Hause ist. Sie ist der eigentliche „Hutmörder", da der einst variantenreiche und individuelle Hut von dieser denkbar schlichten Kopfbedeckung fast vollständig ersetzt worden ist.

Hut zu tragen, ist heute etwas Besonderes, fast so wie zu Beginn der Hutgeschichte. Da er so selten geworden ist, hat er das Zeug zum echten Hingucker. Transportiert durch die Boulevardpresse verleiht ihm die Berichterstattung über Events des europäischen Hochadels, wo Hut zu tragen immer noch Pflicht ist, eine spezielle Aura. Bekanntestes Beispiel dafür ist das Pferderennen auf der königlichen Pferderennbahn in Ascot, bei dem das weibliche Publikum mit fantasievollen Hutkreationen wetteifert. Die Herren tragen meist einen grauen Zylinder zum Cutaway. Das brachte in letzter Zeit sogar eine kleine Wiederbelebung der Kopfbedeckung. Im Alltag wird der klassische Hut bestenfalls noch von ausgeprägten Individualisten oder zu ganz besonderen Anlässen in Freud und Leid getragen: Hochzeiten, Pferderennen und große Gesellschaftsereignisse, Beerdigungen.

Comeback durch Promis

Da junge Menschen wenig Berührungsängste mit Stilrichtungen früherer Zeiten haben, wenn diese nur lange genug zurückliegen, brachten junge Künstler wie der amerikanische Schauspieler und Sänger *Justin Timberlake* und die deutschen Musiker *Roger Cicero* und *Jan Delay* den klassischen Herrenhut im Look der 50er-Jahre wieder auf die Bildfläche. Das *„Trilby"* genannte Modell hat eine schmale Krempe und wird so aufgesetzt, als sei es etwas zu klein geraten. *Roger Cicero* trat grundsätzlich mit Hut auf und hat ihn zu seinem Markenzeichen gemacht. Der *Trilby* wurde wohl zuerst von jungen Männern, dann aber, als auch Showgrößen wie *Rihanna* mit Hut zu sehen waren, auch von modebewussten jungen Frauen getragen.

Stoff-Trilby

Fotos: o.: Deutsche Fotothek; u.: Stetson by F. W. Schneider

Baseballcap

Barret

ligen Umfeld schützen, einschließlich Sonne, Regen und Schmutz. Durch den Trend bei jungen Leuten, sich wie ihre Idole zu kleiden, kamen neben den Sporttrikots auch die verschiedenen Kappen von Sportlern, Rappern und anderen Musikern aus den USA. Die Baseballcaps überschwemmten in Folge den Markt. Sie sind heute aber auch auf den Tenniscourts und Golfplätzen der Welt, selbst beim Marathon zuhause und werden von Männern ebenso wie von Frauen getragen.

Baseballcaps sind in der Regel aus Leinen, Baumwolle, Wolle oder synthetischen Stoffen gefertigt und auf der Vorderseite versteift. Da sie im Sport zum Einsatz kamen, ist innen meist ein Schweißband eingenäht. Baseballmützen werden entweder in verschiedenen Größen, dem Kopfumfang des Trägers entsprechend (engl. fitted) angeboten (Profibaseballspieler tragen ausschließlich fitted Caps). Für den Rest der Welt hat sich die Universalgröße durchgesetzt. Dabei wird die Passform entweder durch ein elastisches Schweißband, einen Druckknopf-, Klett- oder Klemmverschluss im Nackenbereich eingestellt. Der Kopfteil von Baseballcaps ist meist rund geformt.

Die Trageweise mit dem Schirm nach hinten ist keine Erfindung der Kids. Sie stammt aus dem Baseballsport selbst, wo manche Positionen eine Schutzmaske tragen, die nicht unter den Schirm passt.

FELDMÜTZE, BARRET & BASKENMÜTZE

Eine verwandte Form ist die **Feldmütze**, die heute jedoch einen höheren Steg, einen Schirm und einen flachen Mützendeckel hat. Auch sie gibt es in unzähligen Varianten und ist ursprünglich als schirmloses Barett konzipiert worden. Als ehemaliger Bestandteil einer Uniform wird sie häufig in feldgrau, kaki-oliv oder Camouflage-Muster angeboten. Da der ehemalige kubanische Diktator *Fidel Castro* verschiedene Formen dieser Mützenart trug, wird sie auch Kuba-Mütze oder Kuba-Kappe genannt.

Der charismatische *Che Guevara* bevorzugte das Tragen eines schwarzen **Baretts**, dessen Geschichte bis ins 15. Jahrhundert zurückreicht, aus dem auch sein Name stammt. Baretts waren von Anbeginn Teil der militärischen Mode, gingen aber schon bald auch in zivile Bereiche über. Es konnte sich als Kopfbedeckung von Akademikern, Richtern und der Geistlichkeit in ihren Berufstrachten sowie in der Damenmode über die Zeiten hinweg halten. Insbesondere in bäuerlichen Gesellschaften, z. B. in Irland und Frankreich, ist das Barett bis heute aktuell.

Sehr bekannt wurde die Form der **Baskenmütze**, die zur Tracht der Schäfer in den Gebirgsregionen der Pyrenäen gehört und mit dem Phänotyp des Franzosen assoziiert wird. Sie wurde auch Zeichen der baskischen Widerstandsbewegung *ETA*.

PELZMÜTZEN

Pelzmützen als Kälteschutz kennt man von russischen, kaukasischen und persischen Abbildungen vom Mittelalter bis in das 16. sogar 18. Jahrhundert. Sie zeigen hohe Pelzmützen und andere hutähnliche Formen aus nach innen gewendetem Pelz mit Krempe, die im 19. Jahrhundert immer seltener werden. Die hohen, überwiegend zylindrischen oder stumpf kegelförmigen Kopfbedeckungen wurden in Mittelasien, der Türkei und einigen türkisch beherrschten Balkanländern **Kalpak** (→ *Absatz „Kalpak", S. 385*) genannt. Daraus entstand die später auch in anderen europäischen Armeen eingeführte Fellmütze, die bei den ungarischen Husaren **Kolpag** hieß. Der anfänglich aus dem Deckel herabhängende Stoffbeutel war ein Relikt einer ursprünglich getragenen Zipfelmütze.

In der Folge wurde die kleiner werdende türkische **Kalpak** der kaukasischen **Papacha** (→ *Absatz „Papacha",*

Uschanka

Foto: Peter Atkins/Fotolia

S. 387) zunehmend ähnlicher, auch wurden die Namen zunehmend synonym in verschiedenen Sprachen gebraucht. Beide Mützenarten waren Teil militärischer Uniformen, wurden aber auch zivil getragen. Man sieht sie auf Bildern vom Anfang des 20. Jahrhunderts getragen vom persischen *Shah* und auch von *Kemal Atatürk*, der sie selbst mit seinem Hutgesetz von 1925 verbot.

USCHANKA

Die **Uschanka** ist keine Untergruppe einer übergeordneten Mützenart. Sie ist eigenständig und zeigt eine Grundform, die seit ihrer Entstehung erhalten blieb. Der Mützenkörper ist der Kopfform angepasst. Ihre militärische Version ist so ausgelegt, dass sie auch unter dem Stahlhelm getragen werden kann. Daher gibt es keinen Mützendeckel. Am seitlichen und hinteren Mützenkörper kann ein breiter, weicher, umlaufender Nacken-, Ohren- und Wangenschutz heruntergeklappt werden. Vorne befindet sich eine zumeist festgenähte, funktionslose Zierklappe, auf der Abzeichen des Militärs oder anderer Berufsgruppierungen angebracht werden kann.

Uschankas sind oft aus Pelz, vom preiswerten Kaninchen über Schaf, Bisam und Fuchs bis hin zu Nerz oder sogar Zobel. Daneben gibt es Versionen in Pelz- und Lederimitat, echtem Leder, Wollfilz sowie Cord. Heruntergeschlagen liegt der Schutz wärmend am Kopf an. Bänder aus Stoff oder Leder, teils mit Klettverschlüssen, ermöglichen das Verbinden der Klappen unter dem Kinn oder auf dem Mützendach. In Russland selbst gilt das Herunterklappen des Schutzes als unmännlich, daher werden Uschankas mit nur der Zierde dienenden Ohrenklappen hergestellt. Damit es nicht ganz so kalt wird, werden Strickbünde als Ohrenschutz eingearbeitet, sodass die Optik der geschlossenen Klappen erhalten bleibt.

ZIPFELMÜTZE

Den Deutschen sagt man ein besonderes Verhältnis zu diesem Mützentyp nach, dabei gehörte diese spitzkegelige Form in der frühen Eisenzeit zur allgemeinen Arbeitskleidung der Bergleute. Nach einer zwischenzeitlichen Entwicklung zur sogenannten **Gugel**, einer Zipfelmütze mit einem Kragenteil, das auch die Schultern bedeckte, entstanden im 15. Jahrhundert daraus zwei separate Kleidungsstücke: Aus dem Kragen, der Goller oder Koller ergab sich ein ein Kleidungsstück, das lose um den Hals und über den Schultern getragen wurde und teilweise auch Brust, Rücken oder Hals bedeckte. Aus dem Kopfteil wurde die **Zipfelmütze**. Sie ist eine kegel- oder sackförmige Kopfbedeckung aus Stoff ohne Krempe oder Schirm, deren Spitze gewöhnlich nach hinten oder zur Seite fällt. Oft ist an der Mützenspitze eine Quaste, ein Bommel oder Ähnliches befestigt. Es gab sie auch mit breiter Stulpe oder krempelbarer Pelzverbrämung am Rand sowie mit Ohrenklappen oder Kinnbändern. In diesen Variationen ähnelte sie dem zentralasiatischen **Kalpak** (→ *Absatz „Kalpak", S. 385*), bei dem ein langer, weicher Stoffbeutel über den Pelzrand hinabhing.

Bekannte Darstellungen von Zipfelmützenträgern sind „der arme Poet" von *Carl Spitzweg* sowie der „Onkel Fritz" in der Geschichte von „Max und Moritz" von *Wilhelm Busch*. Zu dieser Zeit wurde die Zipfelmütze oft als Nacht- oder Schlafmütze getragen, da die Räume noch nicht beheizt waren. So wurde in der ersten Hälfte des 19. Jahrhunderts die Zipfel- bzw. Schlafmütze auch zum Attribut der tumben Schmähfigur des „deutschen Michel". Die roten Zipfelmützen, die Gartenzwerge, die *Mainzelmännchen* oder die Zwerge in Disney's *Schneewittchen* tragen, sind Teil der Kluft mittelalterlicher Bergleute und erinnern mit ihrer „runden" Spitze eher an die antike **phrygische Mütze** (→ *Absatz „Phrygische Mütze", S. 388*).

Army-Cap

Strickbaske

Baseball Cap

Hut, Kappe & Mütze

ANTHONY EDEN

Genannt nach dem gleichnamigen englischen Politiker, hatte im Gegensatz zum klassischen Homburg einen unbordierten, geraden Schnittrand. Auch **Demi-Homburg**.

ARMY CAP

→ *„Feldmütze“, S. 384.*

BALLONMÜTZE

Auch engl. **Newsboy Cap** (Zeitungsjungenkappe), **Eight-Piece-Cap** (Achtstückkappe) oder **Gatsby Cap**. Variante der Schirmmütze mit einem ballonartig aufgewölbten Dach, oft in der Mitte mit einem Knopf oder einer kleinen Bommel. Vorne ein flexibler Schirm.

BASEBALLKAPPE

Kappe mit rundem Kopfteil und großem, steifen Schirm, wie von Baseballspielern getragen. Erhältlich in „fitted“, auf Kopfumfang passend oder verstellbar mit Knopf oder Riegel im Nacken. Modeartikel. Verdränger von Hüten.

BARETT

Eine flache, runde oder eckige krempenlose Kopfbedeckung aus Wollstrick, Stoff (früher oft Samt oder gefütterte Seide), bekannt seit dem 15. Jahrhundert. Ursprünglich Zeichen gebildeter Stände, kann einen nach innen klappbaren Ohren- und Nackenschutz haben.

BASKENMÜTZE

Eine Verwandte des Baretts, meist aus Wolle oder Filz (heute auch Baumwolle). Stammt nicht aus dem Baskenland, sondern aus der Nachbarregion, dem Béarn. Gehört als Kopfbedeckung zum Phänotyp des „Franzosen“.

BEANIE

Weiche, pudelmützenähnliche Mütze ohne Bommel. Meist aus Strick oder Fleece. Vor allem beliebt in der Skate- und Snowboardszene. Der umgeschlagene breite Rand zeigt Herstellerlogo oder Slogan. Es gibt auch Long Beanies, extra lang geschnittene Versionen.

BIEDERMEIERMÜTZE

Mützenform aus der ersten Hälfte des 19. Jahrhunderts. Mit auffällig langem, manchmal asymmetrischem Schirm und kleinem, nach oben leicht konisch zulaufendem Kopfteil. Studenten dieser Zeit nutzten sie, um die Farben ihrer Verbindung zu zeigen. Auch heute noch in einigen traditionellen Studentenverbindungen getragen.

BOSHI

Name vom japanischen Begriff für Mütze abgeleitet. In Handarbeit gefertigte, meist gehäkelte Mütze, selbst gemacht oder gekauft. Hat einen Handarbeitsboom bei jungen Männern provoziert. Diese schätzen die individuelle Farbzusammenstellung ebenso wie den Entschleunigungseffekt der Handarbeit.

BOWLER

Engl. für **Melone,** auch **Hartmann, Eiersieder, Glocke** oder **Koks**, engl. auch **Coke**, amerikanisch **Derby**. Steifer, abgerundeter Hut, 1849 erstmals in London von den Hutmacherbrüdern Thomas und William Bowler gefertigt. Original aus schwarzem Filz und mit steifer Krempe. Von Dressurreitern und vom Publikum beim Pferderennen getragen.

CHULLO

Auch **Inka-, Indio-** oder **Ohrenklappenmütze,** meist handwerklich gestrickt aus Lama-, Alpaka- oder Schafwolle. Teil der Männerkleidung in der Andenregion. Über Dritte-Welt-Läden und linksalternative Szene in die westliche Welt gelangt. Für Wärmeschutz und Tragekomfort oft mit Fleecefutter.

Fotos: l+r.: Stetson by F. W. Schneider; m: Seeberger

Fliegermütze

Fedora

DAVY CROCKETT
Auch **Trappermütze**. Topfförmige Pelzmütze, oft aus Waschbärfell. Der gestreifte Schwanz hängt vom hinteren Rand herunter.

DEARSTALKER
Auch **Sherlock-Holmes-Mütze.** Aus Großbritannien stammende, vorwiegend zur Jagd gebrauchte Mütze mit rundem Kopf, kleinen Schirmen vorne und hinten sowie beidseitigen Ohrenklappen, die bei Nichtbenutzung oben zusammengebunden werden.

DIENSTMÜTZE
Auch **Fliegermütze, Schildkappe** oder **Tellermütze, Tellerkappe**. Schirm im gedachten Viertelkreis der runden Mütze. Entstanden aus dem **Tschako** des 19. Jahrhunderts, durch schrittweise Verkleinerung des Hutturmes auch heute noch Teil vieler Uniformen.

DOCKER
Kurze Strickmütze mit Rollrand wie von Dockarbeitern getragen.

DOKTORHUT
Ehrenbezeugung nach erfolgter Promotion, seit dem 11. Jahrhundert bekannt. In Deutschland kennt man die amerikanische Form: Auf eng anliegender Kappe aus schwarzem Filz oder Stoff sitzt ein viereckiges steifes Tuchstück mit einer langen Quaste, die die Farben der jeweiligen Hochschule zeigen kann.

DREISPITZ
Auch **Dreimaster.** Hut mit rundem Kopf und sehr breiter Krempe, bei dem der Rand in drei gleichmäßigen Segmenten nach oben geklappt und an dem runden Kopf befestigt sind. Ergebnis einer Entwicklung vom runden Hut mit breiter Krempe der spanischen Soldaten im 17. Jahrhundert. Die spanische Guardia civil trägt heute noch den von Dreispitzen abgeleiteten **Tricornio**, bestehend aus einem Kegelstumpf, einer am Hinterkopf trapezförmigen Platte, mit seitlichen Versteifungen überzogen und schwarzer Lackfolie. Nicht mit dem Dreispitz als neuzeitlichen **Wanderhut (Trenkerhut)** zu verwechseln. Dieser ist grau meliert oder lodengrün, mit spitzerem Kopf und vorne oben zwei, hinten einer Delle.

ELBLOTSENMÜTZE
Wird eigens für die Hamburger Lotsen gefertigt, hat einen hohen Steg. Der Schirm, mit Eichenlaub bestickt, hat eine gedrehte oder geflochtene Mützenkordel. Wird auch **Schmidtmütze** genannt, wurde häufig von *Helmut Schmidt*, Hamburger Senator, Bundesminister und Bundeskanzler, getragen. Form ähnlich **Prinz-Heinrich-Mütze** (→ *Absatz „Prinz-Heinrich-Mütze", S. 388*).

ELBSEGLER
Auch **Elbsegler, Elblotsenmütze** oder **Helgoländer Lotsenmütze**. Schirmmütze aus der Rubrik **Schiffermützen**. Aus schwarzem oder dunkelblauem Marinetuch, hat einen etwa 3 cm hohen Mützensteg mit Zierkordel oder im Original mit ledernem Sturmriemen. Steg oft mit Eichenlaub bestickt. Relativ kleiner Mützendeckel, ragt kaum über den Steg hinaus.

FAHRER-, FLIEGER-, REGATTAMÜTZE
Weitverbreitete Mützenform mit großem Deckel, Steg und Schirm in Lack oder aus dem Deckelstoff, Urform der militärischen Sattelmütze, früher bei Polizei, Bahn, Post usw. getragen. Chauffeure (Fahrer) wurden oft von der Mütze und Mantel bis zum Anzug in gleichem Stoff eingekleidet.

FASZINATOR
Engl. **Fascinator**. Ein federleichtes, fantasievolles Gesteck aus fließenden und transparenten Stoffen mit Federn, Perlen oder Pailletten. Wird möglichst unsichtbar am Haar befestigt. Bei gesellschaftlichen Anlässen spielt er im Gesamtoutfit die Hauptrolle.

FEDORA
Weicher Filzhut, längs der Krone nach unten geknickt, mit Einbuchtungen an beiden Seiten der Krone und einem Band zur Verzierung.

Fez

Glocke

Fischerhut

FELDMÜTZE

Auch **Kuba-Mütze**. Eine leichte Soldatenmütze, im *Ersten Weltkrieg* ohne Schirm, im *Zweiten Weltkrieg* mit Schirm. Der Mützendeckel oft leicht spitz nach vorne zum Schirm hin verlängert.

FEZ

Traditionelle, orientalische, runde Filzkappe mit geradem Deckel und häufig langem Bommel für Männer. Seit 1924 von *Kemal Atatürk* für die Türkei verboten. Eine Hutfabrik in Strakonitz/Böhmen beherrschte den Weltmarkt. Außer in Schwarz auch in Weinrot mit langer dunkelblauer Troddel.

FISCHERHUT

Anglerhut, Sonnenhut, Regenhut, Golferhut, engl. Bucket Hat. Stoffhut mit höherem Kopfteil, meist flachem, seltener gewölbtem Deckel und schmaler abfallender, gesteppter Krempe. Auch reversibel gefertigt. Modeartikel. Kann auch bedruckt oder bestickt sein.

FLEETENKIEKER

Hamburger Fleetenkieker (heute ein Verein zur Säuberung der Hamburger Fleete) tragen eine etwas größere und weichere Form des **Elbseglers**.

FLORENTINER

Seit ca. 300 Jahren aus speziell für die Hutherstellung angebautem Sommerweizen hergestellte sommerliche Hüte. Aus gespalteten Strohhalmen geflochtene Strohlitzen werden mit einem Baumwollfaden, ohne zu überlappen, aneinander genäht. Name vermutlich, weil Florenz Ursprungsort dieser Flechtart war. Elastisch und rollbar.

GLOCKE

Frz. **Cloche**, Damenhutform mit rundem Kopf und ringsherum abfallendem Rand. Randbreite und Winkelstellung zwischen Kopf und Rand können variieren.

LEXIKON Materialien

Filz. Ideales Material zur Herstellung von Hüten und Mützen aus gewalktem Tierhaar (Wolle, Kaninhaar). Guter Filz ist winddicht, wetterfest und atmungsaktiv.

Hutleder. Futterband, das dem Hut angenehmen Halt am Kopf gibt. Früher in jedem Hut. Darauf in Gold geprägt das Fabrikat und der Name des Hutfachgeschäftes, sowie die Initialen des Käufers. Bei allergischer Reaktion der Kopfhaut auf das gelackte Leder wurde ein sog. Professor-Jäger-Streifen aus Filz eingearbeitet.

Mottled. Material meist für Damenstrohhüte. Aus sieben Halmen Weizenstroh geflochtene Borte. Werden mit der nächsten an der Kante übereinandergelegt und spiralförmig vom Mittelpunkt des Hutes begonnen miteinander vernäht. Hutform wird durch geschicktes Einhalten oder Zuführen der Borte gestaltet. Je nach Feinheit günstig bis recht teuer.

Paper (Panama). Auch *Japan-Papier*. Material für Herren- und Damenstrohhüte sowie Mützen. Das Papiergarn besteht aus einem mit einer Zelluloidschicht überzogenem, gedrehtem Seidenpapier. Der panama-ähnliche Hut wird halbmaschinell auf Japan und den Philippinen hergestellt. Das Material ist gut färbbar, soft und leicht.

Seagrass. Material für grobe, sportliche Herren- und Damenhüte und Mützen. Seagrass wächst im und am Meer, wird ca. 1 – 1,5 Meter hoch und kommt aus China: Halme werden gedreht und dann von Hand zu einem flexiblen reißfesten Geflecht verarbeitet.

Sinamai. Hochwertiges Material für elegante, leichte, transparente Damenstrohhüte. Die Fasern werden von einer Bananenart gewonnen und verwebt und flächig wie Stoff verarbeitet. Gestreift lassen sich besonders fantasievolle Kreationen schaffen. Kommt auch für sommerliche Täschnerwaren zum Einsatz.

Sisal. Material für feine Strohhüte von der Sisalagave. Sisal und Parasisal unterscheiden sich in der Flechtart: Sisal – einflechtig, d. h. ein Halm kreuzt nur einen anderen Halm. Parasisal – zweiflechtig, d. h., ein Halm kreuzt zwei andere Halme. Es entsteht so ein feines Fischgrätmuster. Aufgrund der Flechtart gut formbar.

Walken. Gesteuertes Verfilzen von Wolle. Web- und Maschenwaren werden durch starke mechanische Bearbeitung in heißem Wasser (Pressen und Stauchen) verdichtet.

Homburg

GRAF LAMBERG

Genannt nach dem seit Mitte des 14. Jahrhunderts in Krain (früher Kärnten, heute Slowenien) ansässigen Geschlecht. Schwarzer Herrenfilzhut mit olivgrüner Wollkordel und gleichfarbigem Einfass. In Deutschland beliebt unter dem Namen **Salzburger**.

HAUBE

Einer der ältesten Begriffe für eng anliegende Kopfbedeckungen, schon im Indogermanischen bekannt und von Männern und Frauen getragen. Seit dem 14. Jahrhundert Begriff für Frauenkopfbedeckungen, standesgemäß den verheirateten Frauen vorbehalten "unter die Haube kommen".

HOMBURG

Hoher Herrenhut aus Filz mit „roullierter", hochgebogener, eingefasster Krempe, ursprünglich von einer Hutfabrik in Bad Homburg vor der Höhe hergestellter weltweiter Verkaufsschlager. Bundeskanzler *Konrad Adenauer* trug seinen Homburg in Schwarz, sein späterer Nachfolger *Willy Brandt* bevorzugte Grau.

INDIANA JONES

Auch **Indy-Hut.** Benannt nach einem amerikanischen Filmheld, gespielt von *Harrison Ford,* der bei seinen Abenteuern stets einen breitrandigen braunen Filzhut trägt. Der Original Filmhut wird in Lizenz bei *Mayser* in Deutschland hergestellt. Indy-Form heißen allgemein Filzhüte mit breiterem nach unten geformten Rand.

JAKOBINERMÜTZE

1789 in der Französischen Revolution von den Jakobinern getragen. Eine der **phrygischen Mütze** (→ *Absatz „Phrygische Mütze", S. 388*) nachempfundene, als Symbol der Freiheit geltende, hohe Mütze mit der blau-weiß-roten Kokarde an der Seite.

JUDENHUT

Halbkugeliger oder konisch zulaufender breitkrempiger Hut mit einem Knauf („pileum cornutum" = gehörnter Hut) auf dem Scheitel, vom 11. bis zum 14. Jahrhundert üblicher Bestandteil der aschkenasischen Tracht jüdischer Männer in Europa. Später verordnetes Kennzeichen für Juden. Provozierte durch die stigmatisierende Wirkung auch Übergriffe.

Kanotier

KALPAK

Hohe, überwiegend zylindrische oder stumpf kegelförmige Kopfbedeckung in Mittelasien, der Türkei und einigen türkisch beherrschten Balkanländern. Daraus entstand die später auch in anderen europäischen Armeen eingeführte Fellmütze, bei den ungarischen Husaren **Kolpag** genannt. Durch Verkleinerung des Kalpak der Türkei wurde sie der kaukasischen **Papacha** (→ *Absatz „Papacha", S. 387*) zunehmend ähnlicher.

KANOTIER

Frz. für **Kreissäge**, engl. **Bouter**. Standesgemäßer Hut der Ruderer, meist Strohhut mit zylindrischem flachen Kopf und gerader Krempe. Dargestellt auf einem berühmten Gemälde von *Renoir* (Kanotiers).

KAPPE

Form der Kopfbedeckung schon seit der Bronzezeit bekannt. Hat keine umlaufende Krempe, sondern einen Schirm. Begriff wird zunehmend parallel zu Mütze verwandt und nicht mehr differenziert.

KIPPA

Kleine, meist schwarze, vierteilige Käppchen, manchmal auch gestrickt und in anderen Farben von jüdischen Männern bei der Ausübung ihrer Religion, z.B. beim Gebet, dem Besuch der Synagoge oder dem Friedhof auf dem Hinterkopf, getragen. Signalisiert Gottesfurcht und Bescheidenheit vor Gott. Orthodoxe Juden tragen sie auch im Alltag.

KLAPPHUT

Auch **Klappzylinder, Chapeau Claque** (frz. chapeau = Hut, claque= Klaps), **Faltzylinder**. Klassischer zylinderförmiger Hut aus schwarzem Satin, mittels eines Drahtgestell-Mechanismus zusammenzuklappen.

Marlboro

LODENHUT

Rohmaterial und Herstellungsweise entsprechend Wollfilzhut. Besondere Festigkeit des Materials gegen Wettereinflüsse wird durch verstärktes Walken erreicht.

MANHATTAN

Zu Beginn der 60er-Jahre des 20. Jahrhunderts vielgetragene Hutform mit hohem schlanken Kopf und mittelbreitem Rand, aber sehr breitem Kopfband.

MARLBORO

Breitrandiger **Westernhut** (→ *Absatz „Westernhut", S. 391*) aus Haarfilz (meist in hellem Grau/Beige) entlehnt aus der Werbung der gleichnamigen Zigarettenmarke.

MASKOTT

Ringsum gleichmäßig rund eingeschlagener Hut in verschiedenen Höhen. Sehr verbreitet Ende der 50er-Jahre mit ziemlich breitem der Rand. Andere Formen (engl. **Porkpie**) waren niedrig und hatten schmale Ränder.

MATROSENMÜTZE

Runder, blauer (im Sommer weißer) Deckel mit steifem, ca. 2 cm hohem Steg, um den ein schwarzes Ripsband gelegt ist, dessen Enden über den Rücken fallen. Auf dem Band eingewebt oder aufgestickt zeigt sie bei der Bundesmarine den Namen der Einheit oder des Schiffes.

MELONE

Auch **Bowler** (→ *Absatz „Bowler", S. 382*).

MITRA

Seit dem 11. Jahrhundert Zeichen der Würde von katholischen Bischöfen. Älteste deutschen Mitren aus dem 12. Jahrhundert gibt es im Domschatz von Halberstadt.

MOTORRADHAUBEN

Aus Leder (selten Stoff) gefertigte Hauben, die Wangen und Nacken bedecken und unter dem Kinn geschlossen werden können. Vor der Helmpflicht von Motorradfahrern getragen, um sich vor Witterungseinflüssen zu schützen.

MÜTZE

Vermutlich entstanden aus: persisch „mustä", arabisch „mustakah", spanisch „almusella" (seit dem 11. Jahrhundert), schließlich ab dem 15. Jahrhundert „mutze" oder „mütze".

OHRENSCHÜTZER

Aus Plüsch oder Pelz bestehende, gefütterte, mittels eines Kopfbügels verbundene ovale Teile. Werden auch unter Hut und Mütze getragen.

PANAMA

Heimat ist das Hochland um Cuenca in Ekuador. Sommerliche Herren- und Damenhüte. Name wegen Verschiffung durch den Panama-Kanal. Aufgespaltene Rispen der Blätter von *Carloludovica Palmata (Paja Toquilla)* liefern das Rohmaterial. Hut wird meist mit acht Halmen gleichzeitig mit der Hand geflochten. Je feiner die verwendeten Halme, desto länger die Fertigstellung (bis zu zwei Wochen) und umso teurer ist es. Die feinste Ware, Monte-Cristi, kann ohne zu brechen durch einen Serviettenring gezogen werden.

Melone

Panama-Strohhut

PAPACHA

Eine traditionelle und bis heute weitverbreitete kaukasische Kälteschutzmütze für Männer und Jungen, auch in Mittelasien, Vorderasien, bei den Turkmenen, Karakalpaken, Krimtataren und Nogaier in westlichen Teilen der eurasischen Steppen sowie den russisch-ukrainischen Kosaken verbreitet. Der Ursprung des Namens vermutlich von Turksprachen, wo „papaha" und „papaq" Hut bedeuten.

PELZMÜTZE

Sammelbegriff für alle ganz oder teils aus Pelzwerk gearbeiteten Kopfbedeckungen. Verwendet werden: verschiedene Lammfellarten, Bisam, Wolf, Seehund, verschiedene Füchse, Marder, Murmel, Nutria und Nerz, um nur einige Tierarten zu nennen. Am teuersten ist der sibirischer Zobel, er wird mit seinem schmalen schwarzen Rückenstrich als Kaiserzobel nur am Hofe des Zaren verarbeitet.

LEXIKON Hut, Kappe, Mütze

Aufschlag. Hochgezogener Rand eines Hutes. Damenhüte mit vorne hochgezogener Krempe bezeichnet man als Aufschlaghüte.

Außenklappe. Bei Pelz- und Pelzimitatmützen so an die Mütze gearbeitet, dass man sie bei Kälte über die Ohren klappen kann.

Backen. Runde, seitliche Einsätze an Herrenmützen.

Einfass. Meist aus Rips bestehende, um den äußeren Rand der Krempe angenähte Bänder in Hut- oder Kopfbandfarbe dienen der Zierde und Stabilität der Hüte.

Futter. Innenauskleidung von Kopfbedeckungen. Bei Herrenhüten ist die Kopfplatte meist mit einer schweißabstoßenden Kunststoffeinlage versehen. Hier findet sich oft der Markenname und evtl. auch der eines Hutfachgeschäftes.

Futterband. In Kopfbedeckungen eingearbeitetes Band, das aufgesetzt am Kopf anliegt und die Kopfweite fixiert.

Galotte. Die Stelle einer Kopfbedeckung, die rundherum am Kopf anliegt und den Übergang zwischen Hut, Kopf und Krempe bildet.

Garnitur. Jedwede Dekoration von Hüten vom schlichten Ripsband bis zu fantasievollen Arrangements. Macht oft den Chic des Hutes aus. Keine Begrenzung der dazu verwendeten Materialien. Wert der Garnitur oft höher als Wert der Rohform.

Hut. Althochdeutscher Begriff „huot", ursprünglich nur für Männerkopfbedeckungen gebraucht. Seit dem 14. Jahrhundert auch für Frauenkopfdeckungen, die denen der Männer ähnelten. Die Hute, das Hüten von Herdenvieh, kommt aus dem gleichen Wortstamm. „Auf der Hut sein" = höchst aufmerksam sein.

Innenklappe. Ohren- und Nackenschutz, in den Kopfteil von Mützen, seltener Hüten einzuklappen.

Krempe. *Hutrand* und *Hutkrempe* sind identische Begriffe.

Nackenschutz. In den Tropen und heißen Zonen des Orients zeigen Mützen ein Tuch als Sonnenschutz. Aus Filmen über die französische Fremdenlegion oder Safaris bekannt. Heute wegen des Ozonlochs wieder in Australien und Neuseeland sowie Südamerika aktuell.

Rand. Krempe. Der Teil des Hutes, der vom Kopf absteht. Liegt üblicherweise zwischen 3 cm (Robin-Form) und 14 cm (Zimmermannshut).

Rollrand (Hut). Homburg hat einen Rollrand. Hutrand wird von seinem äußeren Ende her über eine starke Schnur-Stoffunterlage gebügelt. Danach meist mit Einfassband versehen.

Rollrand (Mütze). Am Rand hochgerollter, nicht umgeschlagener Mützenrand.

Schild. An Mütze und Kappen vorne angebracht, schützt das Gesicht vor Witterungseinflüssen.

Schnittrand. Vor allem beim Herrenhut glatter, nicht eingefasster Rand.

Schrenz. Feste Einlage bei Mützen in der Galotte (bei Hüten Futterband), fixiert die Kopfweite.

Steg. Zusätzlicher Streifen am hinteren Rand der Mütze, meist nach vorne auslaufend, aber auch gleichbleibend breit für eine bessere Passform.

Stumpen. Der Rohling eines Hutes, bereits gefacht, gewalkt, gefärbt, somit bereit zum Formen und final Bearbeiten. Nach dem Garnieren (Bandumlegen z. B.) ist der Hut fertig.

Trauerflor. Zu Beerdigungen überzog man den schwarzen, glänzenden Seidenzylinder mit einem schwarzen ca. 10 cm breiten Filzband. Später überzog man Filzhüte bei Trauer mit hellen Bändern mit einem ca. 8 cm breiten, dehnbaren Kunstseidenflor.

Visor. Blendschirm mit Stirnband oder Spange zum Schutz der Augen vor Sonneneinstrahlung.

Beide Fotos: Stetson by F. W. Schneider

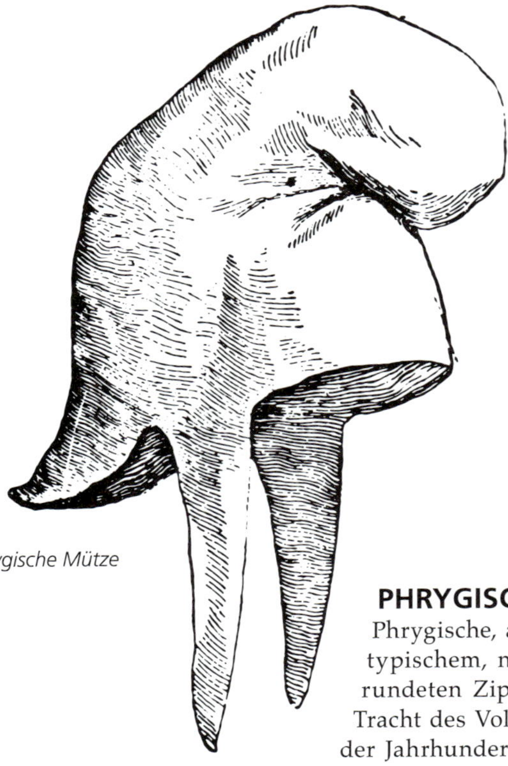

Phrygische Mütze

Pillbox

Strick-Robin

PHRYGISCHE MÜTZE

Phrygische, auch skythische Mütze mit typischem, nach vorn fallenden, abgerundeten Zipfel, ursprünglich Teil der Tracht des Volkes der Phryger. Im Laufe der Jahrhunderte zum Signal von Widerstand gegen die Obrigkeit und Freiheitsliebe (Frz. Revolution) entwickelt. Heute Kopfbedeckung von Gartenzwergen und Zeichentrickfiguren.

PILLBOX

Kleines, rundes, ziemlich hoch am Hinterkopf aufgesetztes Damenhütchen. *Jacqueline Kennedy,* Frau des amerikanischen Präsidenten *John F. Kennedy,* trug sie gerne.

PRINZ-HEINRICH-MÜTZE

Benannt nach dem Großadmiral *Prinz Heinrich von Preußen,* dem jüngeren Bruder *Kaiser Wilhelms II.*. Form geht auf die Mütze des Kaiserlichen Jacht-Clubs zurück, die an die Uniform-Mütze der kaiserlichen Marine angelehnt war und aus reiner Wolle bestand. Mützensteg mit Eichenlaub-Stickereien sowie geflochtener oder gedrehter Mützenkordel.

PUDELMÜTZE

Strickmütze mit Bommel auf dem Kopf. Auch mit abnehmbarem Fellbommel.

PUSCHKIN

Typisch russische Pelzmützenform, bei der ein Ohren- und Nackenschutz entweder hochgebunden oder unter dem Kinn gebunden werden kann. Vermutlich benannt nach dem russischen Schriftsteller *Alexander Puschkin* oder nach der Filmfigur *Dr. Schiwago.*

RABBINERHUT

Runder, angesteifter Kopf aus edlem schwarzen Melusine Haar (langhaariger, glänzender Velours) mit breitem, gleichfalls steifem Rand, leicht rouliert mit Einfass.

REITKAPPE

Kopfschutz für Reiter. Aus Kunststoff oder Samt und fester Unterlage aus Metall. Mit Schirm und Kinnriemen, besitzt hinten eine spitze Verlängerung zum Genick für festeren Sitz. Jockeys ziehen Wechselbezüge mit den Farben der Pferdebesitzer darüber.

REMBRANDT-HUT

Damenhüte mit hohem Kopf, breitem schwingenden Rand, ähnlich den Hüten auf Bildern von *Rembrandt van Rijn,* z. B. bei „De Staalmesters" oder „Die Nachtwache".

ROBIN

Sportlicher, schmalrandiger und im Rand hochgezogener Hut, erstmals Ende der Sechzigerjahre modern. Heute unter der engl. Bezeichnung **Trilby** bei Prominenten und jungen Männern wieder sehr gefragt.

SCHAPKA

In slawischen Sprachen ein Sammelbegriff für Mützen. Es kann darunter z. B. im Polnischen die Dienstmütze mit dem viereckigen Deckel oder im Russischen die sogenannte **Puschkin-Mütze** verstanden werden. Wir oft fälschlicherweise **Uschanka** (→ *Abschnitt „Uschanka", S. 381*) genannt.

SCHIFFCHEN

Schmale, längliche Mützenform, einem Schiffsrumpf ähnelnd. Kleine, faltbare Uniformmütze aus Stoff. Bei Damen oft auch ovale bis längliche Kappe wie bei Stewardessen. Bei Herren auch Bezeichnung für schmale längliche Pelzmütze mit Umschlag. Typisches Modell der **Karakulmütze (Kullah).** Wird mit der Kante in Blickrichtung getragen. Ursprung in Schottland als **Glengarry** im 18. Jahrhundert.

SCHLAPPHUT

Ein im Prinzip wenig geformter Herren- oder Damenhut mit schwingendem, herunterhängendem Rand.

SCHÜLERMÜTZE

Bis zum Verbot 1933 an den meisten deutschen Oberschulen für Jungen wie für Mädchen üblich. Deckelfarben, Paspoil und Mützensteg wechselten von Klasse zu Klasse und waren so zugleich ein Ansporn. Mädchenmützen waren als **Barett** (→ *Absatz „Barett" S. 380* und *S. 382*), Jungenmützen ähnlich den Studentenmützen mit Schirm gearbeitet.

SCHUTE

Von vorne gesehen halbkreisförmig das Gesicht umschließende Damenkopfbedeckung mit rundem Abschluss hinten, seit dem 14. Jahrhundert bekannt. Besonders im 19. Jahrhundert weit verbreitet und daher in einigen deutschen Volkstrachten tradiert.

Die Zipfelmütze im Lauf der Jahrhunderte

Die **phrygische**, auch **skythische Mütze** mit dem typischen nach vorn fallenden abgerundeten Zipfel war ursprünglich Teil der Tracht des Volkes der *Phryger*. Die Form erfuhr im Laufe der Jahrhunderte einige Anpassungen, speziell auch hinsichtlich des Materials und entwickelte sich zum Signal von Widerstand gegen die Obrigkeit und Freiheitsliebe. Sie war Vorbild für den **Corno Ducale,** die Kopfbedeckung der *Dogen von Venedig* und wurde Bestandteil der Tracht neapolitanischer Seeleute. Ihre Entwertung zur Kopfbedeckung von Gartenzwergen und Zeichentrickfiguren transponierte sie bis in die heutige Zeit.

Als *Phryger* bezeichneten die antiken Griechen ein indoeuropäisches Volk, das im 8. Jahrhundert in Anatolien ein großes Reich errichtet hatte. Seine Hauptstadt Gordion am heutigen Sakarya-Fluss lag etwa 80 km westlich des heutigen Ankara.

Die phrygische Mütze war ursprünglich ein gegerbter Stier-Hodensack samt der umliegenden Fellpartie. Nach der damaligen Vorstellung der Menschen sollte ein solches Kleidungsstück die besonderen Fähigkeiten des Tieres auf seinen Träger übertragen. Später kamen auch andere Materialien (häufig Wolle) zum Einsatz. Sie besaß einen längeren, runden Zipfel, der nach vorn geschlagen wurde beziehungsweise in Richtung Stirn fiel. Sie konnte auch mit seitlich herabfallenden Bändern unter dem Kinn festgebunden werden. Der Nackenteil reichte manchmal bis auf die Schultern. Sie entwickelte sich allem Anschein nach parallel mit dem sogenannten **phrygischen Helm,** dem **homerischen Lederhelm,** als gemeinsamer Vorläufer von phrygischem Helm und phrygischer Mütze. Demnach handelte es sich bei diesen Helm um eine Form aus hart getrocknetem Rindsleder aus der Fellpartie rund um den Hodensack eines Stiers, der allerdings schon früh mit Teilen aus Bronze verstärkt und dann ganz in Bronze nachgebildet wurde. Die Mütze bestand hingegen aus demselben Material wie der beschriebene Helm, war aber nicht hart getrocknet, sondern weich gegerbt. Der Helm war die Kopfbedeckung von leicht Bewaffneten und Meldeläufern und wies wahrscheinlich weiterhin lange Ohren- und Nackenlaschen auf, wie sie auch frühe Formen der phrygischen Mütze aufweisen. Sie wurde später als „Tiara" charakteristisch für die Völker der Iranier und Thraker, die auf dem heutigen Balkan und in Kleinasien zuhause waren und in der Antike als zweitgrößtes Volk der Erde nach den Indern galten.

Darstellungen in vielen Kulturkreisen

Orientalische Götter und mythologische Gestalten waren oft mit phrygischer Mütze abgebildet, ebenso wie das kämpferische Weibervolk der Amazonen, bei denen die Mütze mit einem Stirnband oder -reif umwunden war. Die Mütze und Hosen galten den antiken Griechen als typische Kleidung der Barbaren, wodurch sie auf vielen Darstellungen von Persern oder Skythen zu finden sind. Am häufigsten finden sich Formen mit langen Ohren- und Nackenlaschen, die, ähnlich einem Schal, auch um Kinn und Hals geschlungen werden konnten. Der Beutel konnte rundlich prall (ausgestopft) und aufgerichtet sein, oder zungenartig flach liegen. Die Spitze war bevorzugt nach vorne geschlagen, aber durchaus nicht immer. Die natürliche Farbe des gegerbten Leders war braun, aber auf Vasenbildern und Wandmalereien sind scheinbar gefärbte Mützen in rötlichen Tönen zu sehen. Zuweilen sind die Mützen mit grafischen oder Blütenmustern verziert. Das Material der Mützen ist auf den Abbildungen meist nicht zu identifizieren, ebenso wenig wie die Art der Verzierungen.

Auch die *Heiligen Drei Könige* der Bibel wurden in frühen Abbildungen mit der phrygischen Mütze mit Stirnband und Nackenlasche, aber ohne Ohrenlaschen dargestellt, was ein Hinweis darauf sein könnte, dass sie möglicherweise aus Persien stammten. Das würde auch erklären, warum die Geburtskirche in Bethlehem bei der Eroberung durch die Perser im Jahr 615 nicht zerstört wurde. Sie erkannten wohl auf den Mosaiken die Darstellung ihrer Landsleute.

Wandlung zur Jakobinermütze

Im revolutionären Frankreich wurde die **Bonnet rouge**, wie die phrygische Mütze zu dieser Zeit hieß, von den Jakobinern als Zeichen ihres politischen Bekenntnisses getragen. So nannte man ab 1793 die Anhänger *Maximilien de Robespierres*, des französischen Rechtsanwalts und Politikers, der die erste Phase der Französischen Revolution maßgeblich prägte. Die Jakobiner vertraten die politische Linke und machten sich für die Abschaffung der Monarchie stark. Sie fanden ihre Anhänger im städtischen Umfeld in praktisch allen Schichten. Die Wahl der Mütze als Symbol entsprang einem Missverständnis, denn sie hatten geglaubt, sie sei in der Antike von freigelassenen Sklaven getragen worden. Diese trugen jedoch als Zeichen ihres neuen Standes einen **Pileus,** eine auf dem Scheitel getragene Kappe aus Filz. Oft wird die französische Symbolfigur der „Marianne" mit einer Jakobinermütze dargestellt, wie auf dem Bild „die Freiheit führt das Volk" von *Eugène Delacroix*. So wurde sie zur Freiheitsmütze in Frankreich und in ganz Europa zum Symbol demokratischer und republikanischer Gesinnung. Dies geschah trotz ihrer Verflechtung mit der jakobinischen Schreckensherrschaft, die im Großen Terror (frz. *la Grande Terreur*) alles brutal vernichtete, was im Verdacht stand, nicht bedingungslos für die Revolution zu sein.

Als Republikaner gedacht war auch die Figur des deutschen Michel, der als Persiflage der Jakobinermütze mit einer Schlafmütze dargestellt wurde. Damit sollte gezeigt werden, dass dieser anders als sein französischer Nachbar die Chance einer bürgerlichen Revolution im eigenen Land verschließe.

Freiheits- und Unabhängigkeitssymbol

Die Durchsetzung der Jakobinermütze als Symbol von Freiheit und Unabhängigkeit konnte auch die ambivalente Geschichte nicht verhindern. Sie findet sich noch heute als Bestandteil vieler Wappen und Flaggen nord-, süd-, und mittelamerikanischer Staaten, die teils in Folge der Französischen Revolution ihre Unabhängigkeit erhalten hatten.

Im kompletten Gegensatz zu der heroischen Historie sind ähnliche Zipfelmützen heute durch Gartenzwerge, die aus Amerika stammende Figur des Weihnachtsmanns – jeweils in roter Farbe – und Trickfilm- oder Comicfiguren wie die *Schlümpfe* (dieses Mal in Weiß zur blauen Hautfarbe des Schlumpfs) oder die *Mainzelmännchen* bekannt.

Bortenstrohut

Takke

Strickmütze

SCHWINGER
Breiter, weicher Rand bei Damenhüten, der während des Gehens schwingt.

SEGLERMÜTZE
Uniformmütze, bei der man im Sommer den blauen Deckel gegen einen weißen umtauschen oder einfach über den blauen Rahmen ziehen kann.

SKIMÜTZE
Kopfbedeckende und mit Ohrenklappen zum Herabziehen versehene Mütze, heute noch als Arbeitsmütze in Dunkelblau oder Lodengrün von der ländlichen Bevölkerung getragen. Zumeist aus Tuch oder Filztuch, im Sommer ohne Klappen aus grünem Leinen oder Segeltuch. Ähnelt der Uniformmütze der Gebirgsjäger.

SOMBRERO
Span. für **Schattenspender**. Bezeichnung für sehr große, mehr oder weniger verzierte mexikanische Strohhüte.

STETSON
Berühmte Hutmarke mit typischen Produkten. Bekannt aus Westernfilmen. In der zweiten Hälfte des 19. Jahrhunderts in den USA gegründet.

STOFFHUT
Oberbegriff für aus Stoff hergestellte Hüte verschiedenster Art.

STRICKMÜTZE
Sammelbegriff für gestrickte Mützen aus verschiedenen Materialien.

STROHHUT
Hut aus verschiedensten Geflechten, nicht nur Stroh, sondern auch Gras- oder Palmblattfasern. Selbst Lindenspäne, Papierfäden, Viskosefasern oder gar Hanf werden zu Strohhüten verarbeitet.

SÜDWESTER
Kopfbedeckung zum Schutz gegen den Küstenwind aus Südwest. Kopfform hat einen Rand, der vorne hochgeklappt eng am Kopf liegt und über den Nacken weit und breit hinweggeht. Aus gelbem Lackstoff oder Ölzeug bei Hochseefischern bzw. den Besatzungen von Seenotkreuzern im Einsatz. Auch von Touristen gerne getragen.

TAKKE
Auch **Taqiya**. Kopfbedeckung für muslimische Männer, beim Gebet aufgesetzt. Der Brauch geht auf die **Sunna** des Propheten *Mohammed* zurück. Wird im Deutschen oft auch **Gebetskappe** oder **Gebetsmütze** genannt. Der Gebrauch ähnelt der der jüdischen **Kippa** (→ *Absatz S. 385*).

TIARA
Krone des Papstes, mal häufiger, mal seltener getragen. Ähnlich dem assyrischen Herrscherzeichen. Abgestumpfte Kegelform, seit Ende des 11. Jahrhunderts als Papstkrone nachweisbar, aus Metall gearbeitet und zunächst mit nur einem Kronreif versehen. Um 1300 kam der zweite, ca. 1400 der dritte dazu. Diese dreifache Krone symbolisiert die leidende, die streitende, die triumphierende Kirche oder Himmel, Erde, Unterwelt oder auch die Dreifaltigkeit: Gottvater, Sohn und den Heiligen Geist.

TIROLERHUT
Allgemeiner Begriff für einen grünen, sportlichen Hut mit Kordel, aus Haarfilz oder Velour. Geschmückt mit Federn, Gamsbärten (aus dem Rückenhaar der Gämse, die wertvollsten bis 22 cm lang) sowie Erinnerungs- und Vereinsabzeichen.

TORERO
Zylindrischer Herrenhut mit nicht allzu hohem Kopf, waagerechter Kopfplatte und waagerecht abstehendem breiten, eingefassten Rand. Zum besseren Halt mit einem Band zum Befestigen unter dem Kinn versehen.

TRAVELLER
Filzhut mit ringsum herabgebogenem Rand und einem schlanken, nicht zu niedrigen Kopfteil. Seit Ende der Achtzigerjahre als sportliche Kopfbedeckung durchgesetzt.

Fotos: l.: Seeberger; r.o.: kodbanker/Fotolia; r.u.: Windsor

Trilby

Western-Strohhut

TRENKERHUT
Grau melierter Dreispitzhut mit hohem Kopf und zwei Dellen vorne, eine hinten. Benannt nach dem bekannten Bergsteiger, Architekten, Filmregisseur und -darsteller *Luis Trenker* Er trug auch sehr gerne breitrandige Hüte, die ebenfalls die typischen drei Dellen hatten.

TRILBY
Auch **Robin** (→ *Absatz „Robin", S. 388*).

TROPENHELM
Helmförmige Kopfbedeckung aus Kork mit Schirm vorne und hinten, überzogen mit weißem Stoff oder kakifarbigem Segeltuch, mit Knopf und oben eingebauter Lüftung. Es gibt hohe Formen und flache Formen.

TSCHAKO
Seit ca. 1800 in den meisten europäischen Heeren eingeführte Kopfbedeckung, zumeist aus Leder. Sie hatte eine kopfgerechte Form, früher einen höheren Hutturm, vorne als Emblem das Staatswappen, in Deutschland bis Ende der 1960er-Jahre Helm der Polizei (z. B. Berlin) und daher vorne mit Stern versehen.

TSCHERKESSE
Nach dem am Nordrand des Kaukasus lebenden Stamm. Eine von vorne gesehen rechteckige (zuweilen leicht trapezförmige) Damenmütze, verschieden hoch und kann auch über die Ohren gezogen werden.

TURBAN
Kopfbedeckung orientalischen Ursprungs, bestehend aus einem oder mehreren langen Stoffstreifen, nach einer speziellen Methode um den Kopf oder eine darunter getragene Kappe gewickelt, hauptsächlich in muslimischen Ländern und in Teilen Indiens.
Von gläubigen *Sikhs* wird der **Dastar** getragen. Er wird jeden Morgen neu gebunden und verdeckt die aus religiösen Gründen ungeschnittenen Haare der Sikhs. Ursprung liegt wahrscheinlich im alten Persien, wie Miniaturen aus dem 12. Jahrhundert zeigen.

USCHANKA
Pelzmützenform für extrem kalte Wetterverhältnisse. In unterschiedlichen Ausführungen den verschiedenen Bedürfnissen angepasst. Russische Bezeichnung (russ. „uschi" für Ohren) weist auf die Möglichkeit hin, die am Mützenrand eingenähten, nach oben aufgeschlagenen Klappen bei großer Kälte zum Schutz von Ohren und Nacken und eventuell auch der Stirn herunterzuklappen. Typisches Russlandsouvenir.

WAGNERKAPPE
Große, breitdecklige Baskenmütze, mit der in man den Komponisten *Richard Wagner* in seinen Selbstdarstellungen auf alten Fotos sieht. Hierfür hat sich, dem Meister zu Ehren, der Begriff Wagnerkappe gebildet.

WESTERNHUT
Breitkrempige, strapazierfähige und geschwungene Hüte der Cowboys im Wilden Westen. Gibt Männern ein markantes Profil.

ZIMMERMANNSHUT
Je nach Zunft werden Melonen, Zylinder oder Zimmermannshüte, schwarze im Rand 9 oder 12 cm breite Formen getragen, mit denen sie weithin erkennbar durch die Gegend ziehen. Die besonders breite Krempe soll nicht nur vor Sonne und Regen, sondern auch vor herabfallenden Spänen während der Arbeit schützen.

ZIPFELMÜTZE
Aus der **phrygischen Mütze** (→ *Absatz „Phrygische Mütze", S. 388*) entstandene Form. An Kapuzen kennt man sie seit dem 14. Jahrhundert. Die Fischer von Nazaré in Portugal tragen sie z. B. bei ihren Fängen. Im 19. Jahrhundert auch als Nachtmütze getragen.

ZWEISPITZ
Zur Zeit *Napoleons I.* wurde der Hutrand vorne und hinten hochgeschlagen. Der Zweispitz wurde mit einem u. U. vorne höheren Aufschlag breit getragen. Mit einer Spitze nach vorn wurde er zum Uniformhut für höhere Beamte, Diplomaten und Seeoffiziere.

ZYLINDER
Hoher, zylindrischer oder in sich etwas geschwungener Kopf mit dem rollierten Rand. Löste ab dem Ende des 18. Jahrhunderts den Drei- und Zweispitz ab. Wurde in den Dreißigerjahren des 19. Jahrhunderts allgemeine Kopfbedeckung. Zunächst aus Hasenhaar gearbeitet und glänzend, später aus Stoff, mit dem der schellackgetränkte Leinenkorpus des Kopfes und der Rand belegt wurde. War in verschiedenen Höhen aus rauem Filz als **Chapeau Claque** und sogar aus Stroh in Mode. Zylinderhutfabrikation war ein eigenes Handwerk.

Beide Fotos: Stetson by F. W. Schneider

SCHALS, TÜCHER & HANDSCHUHE

Vom Mantelersatz zum Modeartikel

Am Anfang war der Schal bzw. der Umhang, das Schultertuch, Cape oder auch der Poncho. Große rechteckige Tücher mit und ohne Loch für den Kopf waren das, was heute Mäntel und Jacken sind: das wärmende Darüber bei kalten Temperaturen. Heute bezeichnen wir rechteckige, längliche Stoffbahnen als Schal und quadratische als Tücher und nutzen sie als schmückendes, wärmendes oder schweißaufsaugendes Accessoire zusätzlich zu Mantel oder Jacke.

Nach den Tierfellen unserer frühesten Vorfahren war der echte Kaschmirschal das Urmodell der heutigen Schalmode.

Foto: dima_sidelnikov/Fotolia

Pashmina-Schals

Der Schal, so wie wir ihn kennen, gehörte ursprünglich zur Kleidung der Bewohner der Himalaja-Region von Kaschmir. Schon früh wurden dort aus dem Unterfell der Kaschmirziege (→ *Abschnitt „Kaschmir", S. 66*), was als natürliche Hohlfaser viel leichter und gleichzeitig wärmer als Schafwolle ist, rechteckige oder quadratische Tücher gewebt, die über Kopf und Schultern getragen wurden. Der Name des Materials ist von der Region abgeleitet. Ein Reisebericht aus dem 17. Jahrhundert brachte die Kunde von diesem Wärmewunder nach Europa. In Europa selbst kamen Schals im 18. Jahrhundert als großes, quadratisches oder rechteckiges Umhängetuch aus Wolle oder Seide in Mode. Er behielt seine Funktion als einziges wärmendes Kleidungsstück bis ins 19. Jahrhundert, wo es durch den dann populären Mantel mit Kragen, Ärmeln und Vorderverschluss weitgehend verdrängt wurde. In Trachten und in kalten Regionen wie in Russland hat sich der Schal als Schultertuch jedoch noch erhalten. Die quadratischen russischen Wollschals haben eine wahrhaft umhüllende Kantenlänge von bis zu 148 cm (→ *Kasten „Tücher aus Pawlower Posad", S. 395*) und werden zum Dreieck doppelt gefaltet getragen.

Zunehmend werden Schals nicht nur gestrickt oder gewebt, sondern auch gefilzt. Das ermöglicht auch in Kombination mit anderen, meist transparenteren Materialien fantasievolle Muster, Bildmotive oder auch Durchbrucharbeiten.

DECKEN UND SCHULTERTÜCHER

In Schottland und Irland gibt es ähnliche Trachten. Das erklärt sich dadurch, dass bei der Besiedlung durch frühe Menschen beide Inseln noch keine Inseln waren und über den heutigen *Mull of Kintyre* als Landbrücke miteinander verbunden waren. Auch ihre gälische Sprache hat diesen gemeinsamen Ursprung. Die uns so vertrauten **Kilts** gibt es ebenfalls diesseits und jenseits der Irischen See. Sie sind aus langen, mehrfach um die Hüfte gewundenen und mit einem Gürtel gehaltenen Wollstoffstreifen entstanden. Die Falten sind jüngeren Datums. Das gälische Wort für Kilt (fèileadh beag) bedeutet kleine Decke oder Schal.

Schal mit Schottenkaro

In Irland trug man darüber den **Brat,** einen Umhang als Mantelvorläufer, der mit Tara-Broschen (an Fibeln erinnernde, runde Broschen mit Dorn) auf den Schultern oder der Brust gehalten wurde. Bei den Schotten war es ab dem 16. Jahrhundert die gegürtete Decke, das **Plaid** (gälisch: fèileadh mor), die etwa bis zum Knie reichte. Diese Kleidungsstücke waren schnell an- und abzulegen und multifunktional: Umhang, Decke für die Nacht und manchmal provisorisches Zeltbaumaterial. Da es keine gesicherten Quellen dafür gibt, sind verschiedene Theorien für die Erfindung des Kilts in seiner heutigen Form als Faltenrock im Umlauf. Eine schreibt sie einem englischen Stahlwerksbesitzer zu, der 1725 etwas weniger Voluminöses als Kleidungsstück für seine Arbeiter suchte. Man war wohl auf der Suche nach einem Kleidungsstück, das praktisch und bequem ist und mit dem man beim Knien nicht den (meist nassen) Boden berührte. Genau so – kniekurz und in der Taille gegürtet – wird der Kilt auch heute noch getragen.

Allerdings gibt es auch ältere Bilddarstellungen aus dem 17. Jahrhundert, die schottische Männer bereits im Kilt zeigen. Die erstgenannte Theorie ist die am

Poncho

Römische Palla

häufigsten kolportierte, den letztgenannten Beweis favorisieren die Schotten, weil es ihrem Stolz zuwider ist, dass ihr ur-schottisches Kleidungsstück, der Kilt, ausgerechnet von einem Engländer erfunden worden sein soll. Vielleicht hatte sich dieser auch nur von diesen Bildern inspirieren lassen.
Mitte des 18. Jahrhunderts verboten die Engländer den Schotten Kilts und Plaids, nachdem sie die Schlacht bei *Culloden* gewonnen hatten und mit ihnen auch ihre Bagpipes (Dudelsäcke) und Waffen. Dieses Verbot wurde 1792 wieder aufgehoben und die Schotten zeigten sich danach wieder in alter Tracht.

STOFF ZUM WÄRMEN

Was wir heute als Stola bezeichnen, ist vermutlich eher das kleiner gewordene Überbleibsel der altrömischen **Palla**. Als **Stola** bezeichneten die Römerinnen ein weites, bodenlanges Kleid mit verschieden langen Ärmeln oder ohne, das als Hauptbekleidung über eine Unterziehtunika gezogen und in der Regel gegürtet wurde. Wohlhabende Frauen hatten aufwendige Zierborten am unteren Rand der Stola. Die Palla hingegen war ein voluminöser, drapierfähiger, teils bis auf die Füße herabreichender, rechteckiger Umhang, den die römischen Frauen beim Ausgehen um die Schultern oder auch über den Kopf gezogen trugen. Die Palla konnte aber auch schmal und eher dekorativ wie unsere heutigen Schals oder Stolen sein.
Schmeichelnd und wärmend für Kopf, Schultern, Nacken und Rücken sind **Schals, Schultertücher** und **Stolen** geblieben. Im Alltag würden wir alle Formen und Formate länglich, rechteckiger Stoffbahnen wohl als Schals, festlicher gestaltete Modelle aus kostbaren Materialien wie Federn, Pelz, Kunstfell eher als Stola bezeichnen. Quadratische Formate sind den Tüchern vorbehalten.
Sonderformen sind **Ponchos** und **Capes**, die den Vorteil besitzen, nicht verschlungen werden zu müssen, um am Platz zu halten. Capes sind heute meist mehr als nur Umhänge und zeigen ärmelähnliche Verarbeitungen. Bei Ponchos gibt es das Loch für den Kopf als Ankleidehilfe oder sie sind in der Front offen. Beide Formen haben eine lange Geschichte in fast allen Weltregionen, die den Übergang vom Umhang zu Mänteln und Jacken markiert, werden aber in schöner Regelmäßigkeit mit den Modewellen ins Rampenlicht gespült, wenn es sowohl um den Kuscheligkeitsfaktor als auch um den Lagenlook, meist in Verbindung mit Retro- und Ethnotrends, geht.

HALSTÜCHER AUS SEIDE

Verschieden große Quadrate aus feinen Baumwoll- oder Seidenstoffen wurden und werden immer noch um den Hals getragen. Eine elegante Frau ohne ein Seidentuch im Ausschnitt ihres Mantels war lange Zeit undenkbar. Zudem eigneten sie sich auch dazu, die Frisur zu schützen, wenn es windig oder regnerisch wurde. Beliebt waren sie als Windschutz beim Cabrio-

Fotos: l.: ILPfeifer/Fotolia; r.: Hein Nouwens/Fotolia

Halstuch aus Seide

Tuch aus Pawlower Posad

fahren. Wer erinnert sich nicht an die wunderbare *Grace Kelly,* spätere Landesfürstin *Gracia Patricia von Monaco,* wie sie im offenen Auto die Croisette in Cannes entlang fuhr oder die reizende *Audrey Hepburn* in „Frühstück bei Tiffanys"? Beide trugen das zum Dreieck gefaltete Seidentuch vor dem Hals gekreuzt und hinten im Nacken gebunden. Auch *Sophia Loren* und *Queen Elisabeth II.* tragen und trugen gerne Kopftuch, Letztere vornehmlich beim Reiten und beim Urlaub auf *Schloss Balmoral* mit vor dem Hals gebundener kleiner Schleife.

Das Vorbild der Hollywood-Diven zog einen Seidentuchboom nach sich, der den Couture-Häusern in Paris und den Alta Moda-Häusern in Rom und Mailand einen gewaltigen Aufschwung in der Nachfrage nach ikonischen Seidentüchern brachte. Besonders beliebt waren (und sind es immer noch) die über ihre Motive aus dem Reitsport spontan identifizierbaren *Carrés de Soie* von *Hermès* oder *Trussardi.*
Bei *Hermès* hatte schon 1937 die Begeisterung für die 70 x 70 cm bis 140 x 140 cm großen Tücher zur Gründung eines eigenen Tücher-Business, des *„Maison*

Tücher aus Pawlower Posad

Kopftücher mit den expressiven Rosen- und Blumenmustern auf schwarzem, hellbeigem, russisch-grünem oder weinrotem Grund werden nach traditionellem Vorbild in der alten russischen Stadt Pawlower Posad hergestellt. Die Seidentuchfabrik in Pawlowski Possad steht wie keine andere für diese Tradition. Sie wurde 1795 von dem Bauern *Iwan Labsin* als eine von über 70 kleinen Textilmanufakturen des damaligen Gouvernements Moskau gegründet. Erst Mitte des 19. Jahrhunderts jedoch veränderte die Fabrik ihr bis heute bekanntes Profil. Damals begann ein Nachfahre Labsins gemeinsam mit einem Kollegen mit Mustern bedruckte Tücher herzustellen. Labsin stellte die traditionellen russischen Methoden auf eine industrielle Grundlage. Auch das heutige Sortiment der Fabrik setzt sich hauptsächlich aus Kopftüchern zusammen, wobei die Qualität und der Stil der Musterungen beibehalten werden. Insbesondere werden die Schals nach wie vor aus Seide, aber mengenmäßig weitaus häufiger aus reiner Wolle hergestellt.

Geschichtliches

Der Ort entstand als Dorf Pawlowo bereits um 1328. Im 18. Jahrhundert entwickelte sich hier die Textilindustrie, die sich im Laufe der Jahrzehnte auch außerhalb des Ortes einen Namen machte. Dies führte zu einem regen wirtschaftlichen Aufschwung durch den Handel mit den hier produzierten Erzeugnissen. 1844 schloss sich Pawlowo mit einigen benachbarten Dörfern zu einem Ort zusammen. Dieser erhielt zugleich den Status einer Stadt innerhalb des Moskauer Gouvernements zuerkannt. Der neue Name Pawlowski Possad bedeutet so viel wie Vorstadt von Pawlow. Bis Anfang des 20. Jahrhunderts wuchs die Industrie in der Stadt. Die meisten Betriebe waren Textilfabriken. Auch heute dominiert die Textilindustrie das wirtschaftliche Leben der Stadt. Der bekannteste Betrieb ist dabei die Pawlow-Fossader Tuchmanufaktur, die aus der von Bauer Iwan Labsin 1795 gegründeten Seidentuchfabrik hervorgegangen ist.

Die Tuchmanufaktur heute

Die Tuchmanufaktur beschäftigt heute 600 Beschäftigte und liegt zu 100 % in privater Hand (Anfang des 20. Jahrhunderts war sie mit 2.500 Mitarbeitern zu Russlands größter Produktionsstätte von Woll- und Seidentüchern geworden). Die tägliche Produktion von Seiden- und Wolltüchern in 600 verschiedenen Artikeln beträgt 1.000.000 pro Jahr. Das kleinste Wolltuch misst 72 x 72 cm, das größte 148 x 148 cm. Das kleinste Seidentuch ist 52 x 52 cm groß, das größte 130 x 130 cm. Sechs Designer entwickeln alle zwei Monate neue Dessins. Das Archiv umfasst 2.000 Muster. 80 % der Tücher werden in Russland verkauft, 10 % in Turkmenistan, 10 % in der übrigen Welt, einschließlich Europa.
Getragen werden die Tücher von gläubigen Frauen überwiegend als Kopfbedeckung beim Besuch der Kirche.

Fotos: l.: iStock.com/iconogenic; r.: victoria p./Fotolia

Die Kunst des Seidenkarrees

Hermès ist ein französischer Hersteller von Luxus-Modeartikeln. Das Portfolio umfasst 14 Produktbereiche: Lederwaren (das nach wie vor stärkste Geschäft), Damen- und Herren-Prêt-à-porter, Seiden- und Cashmere-Schals (der drittgrößte Produktbereich), Krawatten, Parfüm, Uhren, Schuhe, Handschuhe, Schreibwaren, Emaille, Schmuck, Porzellan und Inneneinrichtung. 2014 setzte das Unternehmen damit 4,11 Mrd. Euro um.

Gegründet wurde das Haus 1837 von dem in Krefeld als Sohn hugenottischer Vorfahren geborenen *Thierry Hermès*. In Krefeld absolvierte er auch eine Sattlerlehre. Krefeld wie das gesamte linksrheinische Gebiet war von 1794 bis 1814 von Frankreich annektiertes Territorium. Hermès zog nach seiner Heirat mit einer Französin 1828 nach Pont Audemer nordwestlich von Paris, wo er zunächst als Sattler arbeitete. 1837 eröffnete er in einem günstigen Ladenlokal in der Nähe der Madeleine sein erstes Geschäft. Dort bot er hochwertiges Pferdegeschirr und Zaumzeug, ab 1867 auch Sättel an, die er selbst herstellte. Sättel werden heute immer noch verkauft. Mit diesen Produkten errang er im selben Jahr auf der Pariser Weltausstellung seine erste Medaille.

Und es sind immer noch die Pferde, die seit nunmehr sechs Generationen den Ton angeben. Thema der Tuchkollektion 2015 ist „Hippopolis – Hauptstadt des Königreichs der Pferde“. Die Sattelmacherkunst wird auch heute noch an der berühmten Pariser Adresse *24, Faubourg Saint-Honoré* gepflegt – getreu dem Motto eines Sattlers: „Ist das Pferd zufrieden, bin ich es auch.“ Die Affinität zum Pferdesport zeigt sich im Motiv des Firmenlogos, das eine selbstgelenkte Pferdekutsche zeigt. Die berühmten Seidenkarres zeigen die unendliche Vielfalt immer wieder variierter Motive aus dem Reitsport.

Die Meriten der Nachfolger

Thierrys Sohn *Charles-Emile* erweiterte nach Übernahme des Unternehmens das Sortiment um hochpreisige Koffer und Ledertaschen, der Entwicklung der Nach-Pferdekutschenzeit folgend. Unter seiner Leitung erfolgte auch der Umzug an die Adresse des heutigen Stammsitzes *24, Rue du Faubourg St. Honoré*. Unter *Charles-Emiles* Sohn wurde Hermès nach einer Russlandreise zum offiziellen Hoflieferanten des Zaren ernannt. Diese Ehre basierte auf dem großartigen Ruf der Hermès-Produkte für die hervorragende handwerkliche Arbeit, die luxuriösen Materialien und die lange Haltbarkeit der Produkte.

Das Unternehmen bis heute

Die typischen orangefarbenen Verpackungen und das Logo namens *„Le Duc“* (frz. für der Fürst) wurden in den 1950er-Jahren eingeführt. Das Motiv ist auf eine alte Bleistiftzeichnung des Malers *Alfred de Dreux* zurückzuführen, die *Emile-Maurice Hermès* in den 20er-Jahren für seine persönliche Kuriositätensammlung erworben hatte. Im selben Zeitraum wurde mit der *Kelly-Bag* und der *Birkin-Bag* der Handtaschen-Mythos von Hermès geboren, die bis heute Grundpfeiler des Handtaschenumsatzes sind.

Das Hermès-Seidentuch, frz. *„Le Carré Hermès“* ist ein quadratisches Tuch aus Seide, das seit 1937 hergestellt wird. Die handbedruckten und handgenähten Seidentücher sind bisher in mehr als 1.500 Motiven erschienen. Es gilt einerseits als Symbol zeitloser Eleganz für nicht mehr ganz junge Damen, andererseits nutzt es eine marken- und lifestylebewusste Mittelschicht als Abzeichen ihres Wunsches, die Zugehörigkeit zur Oberschicht zu demonstrieren.

Schottenschal und Einstecktuch

des Carrés“ geführt, das mit einem spürbaren Anteil zum Gesamtumsatz beiträgt. Die Seidentücher sind handbedruckt und werden in Lyon produziert. Das Musterarchiv beherbergt weit über tausend Motive, in jedem Jahr kommen zwölf neue dazu.

In den 50er-Jahren kam das kleine Vierecktuch, **Nickituch** genannt, in Baumwolle oder Seide hinzu. Man könnte vermuten, dass sich die Damen dabei beim Einstecktuch ihrer Männer bedient haben, so klein ist es (max. 50 x 50 cm). Es wurde zusammengerollt um den Hals, aber auch um das Handgelenk oder den Henkel einer Tasche getragen. Die französische Schauspielerin *Brigitte Bardot* ist in vielen Filmen damit zu sehen.

KOPFTUCH MIT UND OHNE VERPFLICHTUNG

Kopftuch zu tragen kann aber auch religiöse Gründe haben. Muslimische Frauen tragen es als Ausdruck ihrer Religionszugehörigkeit oder werden in einigen islamischen Ländern sogar gezwungen, Kopftuch, Gesichts- und Körperschleier zu tragen. *Kemal Atatürk* hatte ein Kopftuchverbot erlassen, als er die Türkei modernisieren wollte, heute tragen junge türkische Frauen freiwillig das Kopftuch und setzen sich über dieses Gesetz hinweg.

Frei von traditionellen, kulturellen und ethnischen Motiven betrachtet, ist ein Kopftuch ein dreieckiges oder zu einem Dreieck gefaltetes Stück Stoff, mit dem der Kopf bedeckt wird. Es kann unter dem Kinn oder im Nacken verknotet, aber auch lose hängend oder in anderen Varianten getragen werden. Für das Tragen gibt es vielfältige vernunftbedingte Gründe:

Fotos: l.: Herm#es; r.:Roy Robson

Kopftuch im Retro-Stil

Herrenschal

Nickituch

- Schutz vor der Witterung (Kälte, Hitze, Wind, Sonne),
- aus hygienischen Gründen (vor allem in Küchen, Lebensmittelbetrieben und Krankenhäusern),
- damit die Haare bei der Arbeit nicht stören (auch als vorgeschriebener Arbeitsschutz),
- um sie vor Verschmutzung (durch Staub etc.) zu schützen,
- zur Abdeckung der Haare,
- als Zierde oder
- als modisches Accessoire.
- Zu vielen Frauentrachten gehört ein Kopftuch.

Religionshistorisch ist das Tragen von Haarschleiern oder Kopftüchern sowohl in der Bibel als auch im Koran belegt, selbst hinduistische Frauen in Indien verhüllen mit einem Teil ihres Saris die Haare und teilweise das Gesicht.

Junge Muslima haben inzwischen begonnen, das Kopftuch zu einem Mittel zu machen, ihre Persönlichkeit auszudrücken und zu unterstreichen. Sie betreiben Blogs und verkaufen ihre Kreationen über das Internet und verbinden so modisches Design mit traditionellen Tragegewohnheiten.

MÄNNER MIT KOPFTUCH

Auch Männer tragen in Kleinasien, Nordafrika und einigen arabischen Staaten Kopftücher. Einer der bekanntesten Kopftuchträger war sicher Palästinenserführer *Jassir Arafat*, der die **Kufiya** zum palästinensischen Nationalsymbol machte. Er trug sie nach diagonaler Faltung in der Art eines über die Schultern ragenden Kopftuches, das mit einem *Agal* (auch: Ogal, Ekal oder Iqal), einer Art Kordel, als Halteschnur befestigt wurde. In Palästina wird die Kufiya direkt auf den Kopf gesetzt, in den Emiraten wird darunter eine Mütze getragen. Jede Region hat dabei ihre eigene Art, die Ecken des Tuches vorne oder hinten oder hochgeklappt usw. zu tragen. Anhand der Farbe und der Trageweise kann man daher oft identifizieren, woher der Träger kommt.

Vom Aussehen her ist die Kufiya ein quadratisches Tuch mit weißem Grund, einem Würfelmuster in der Mitte und Streifen am Rand, teilweise mit Quastenrand. Das Material ist in der Regel Baumwolle, in Palästina auch ein Wolle-/Baumwollmischgewebe. Das Muster in Schwarz oder Rot, aber auch Blau und Lila kann eingewebt oder aufgestickt sein. Die Kufiya ist in Saudi-Arabien, dem Oman und Bahrain beinahe immer ganz weiß (Ghutra), in den Golfstaaten und im Irak ganz rot und in Palästina überwiegend schwarz.

MISSBRAUCHTE SYMBOLIK

Seit den Studentenrevolten des Westens in den 68er-Jahren war das **Palituch** Ausdruck einer antiimperialistischen Strömung innerhalb des politisch linken Lagers und der alternativen Szene. Es stand für den Widerstand gegen jegliche Repression und als Symbol persönlicher Freiheit. In Deutschland und Österreich wird das Palästinensertuch jedoch von jungen Leuten auch völlig ohne einen politischen Bezug als Modeaccessoire getragen. Dieses wird umso schwieriger, als dieses links besetzte Symbol von der Neonaziszene gekapert wurde, um sich einen revolutionären Anstrich zu verleihen. Im Endeffekt ist jedoch zu vermuten, dass es ein verkapptes Symbol des Antisemitismus ist, indem es eine Parteinahme für die Palästinenserbewegung suggeriert.

Fotos: l.: iconogenic/Fotolia; r.o.: Frank Walder; r.u.: Ina van Hateren/Fotolia

Carré-Tuch

Loop aus Webpelz

Dreieckstuch

Schals & Tücher

BANDANA
Kleines Dreieckstuch, meist aus bedruckter Baumwolle mit geradem Rand, das zum „Piratenlook" um den Kopf geknotet wird.

CARRÉ-TUCH
Auch **Foulard.** Das klassische, hochfarbig bedruckte, seidene Viereckstuch im Stil der Hermès-Tücher. Besonders edel mit handrolliertem Saum. Edle Tücher sollten schon eine Fläche von 90 x 90 cm aufweisen.

DESERT SCARF
Engl. für **Wüstenschal**. Die modische, buntere und vor allem entpolitisierte Variante der als Protest getragenen schwarz/weißen oder rot/weißen Al Fatah-Tücher der späten 1960er-Jahre.

DREIECKSTUCH
Lässig zu bindendes Tuch, über dem Nacken verkreuzt, aus unterschiedlichen Materialien: von feinstem Cashmere-Strick bis zu grober Baumwolle. Für den „Boho (Abkz. für Bohemian)-Look" wiederentdeckt, mit Troddeln und dekorierten Fransen.

LONG SCHAL
Gewebter oder gestrickter Schal von mindestens 1,80 m Länge, der mehrfach geschlungen und drapiert werden kann. In verschiedenen Breiten. Derzeit ganz aktuell aus gestricktem Pelz.

LOOP
Liebling der Fashion Szene. Schlauchförmiger Schal aus unterschiedlichen Materialien und unterschiedlichen Herstellungsarten, der einfach ein lang gezogenes „O" bildet und in der Regel doppelt geschlungen getragen wird.

NICKITUCH
Zum Streifen gerolltes, kess geknotetes, kleines viereckiges Halstuch. Typische Trägerinnen waren *Audrey Hepburn, Doris Day* oder auch *Grace Kelly*. Die Tuchgröße beträgt ca. 55 x 55 cm.

PAREO
Das rechteckige Großraumtuch für den Auftritt an Strand und Bar. Aus beliebigen Materialien, aber immer so groß, dass man es um die Hüften knoten kann.

PASHMINA-SCHAL
Echt aus dem federleichten Bauchflaum der Kaschmirziegen. Eigentlich in Stola-Größe mind. 60 bis 80 cm breit und 1,80 bis 2,20 m lang, lässt die sich durch einen Fingerring ziehen. Heute meist eine feine Mischung aus Cashmere oder Wolle mit Seide. In ganz Ausführung aus Viskose.

PONCHO
Mit einer Naht geschlossenes Tuch, das über den Kopf gezogen werden kann und Schultern und Arme bedeckt. Gibt es in folkloristischen Varianten, z. B. den Boho-Look, oder aus feinen Edelhaar- und Wollqualitäten für edle Loungewear.

SCHULTERTUCH
Großes, drei- oder viereckiges Tuch, das über der Jacke oder dem Mantel getragen wird. Häufig mit aufwendigen Fransen.

STOLA
Ebenso wärmendes wie dekoratives, großzügig bemessenes Rechtecktuch aus textilen Materialien oder Pelz. Zur Abendgarderobe oder über dem Mantel getragen.

STRICKSCHAL
Neben dem bekannten wärmenden Modell seit einigen Saisons speziell von Männern geliebte, schmale unifarbige oder geringelte Varianten, die zu Shirt und Sakko mehrfach geschlungen getragen werden. Oft aus T-Shirtstoff oder weicher Viskose.

ZICKZACK-SCHAL
Durch *Missoni* zu modischen Ehren auch für Männer gelangt. Fröhlich abwechselnde Farbstreifen im Zickzack-Strickmuster in mittlerer Länge und Breite.

Fotos: l.+m.: Frank Walder; r.: the_lightwriter/Fotolia

Orenburger Schals

Orenburger Schals sind filigran gestrickt und zählen zum regionalen russischen Kunsthandwerk. Das Besondere an ihnen ist, dass sie aus handgesponnenem Ziegen-Winterhaar gefertigt werden, das den Tieren in der Bauchregion ausgekämmt wird. Die Wolle für diese Schals wird von der Orenburger Ziege gewonnen, einer speziell dafür gezüchteten Wollziegenrasse. Die Flaumhaare der Orenburger Ziege gehören zusammen mit denen der Kaschmirziege weltweit zu den feinsten Ziegenhaaren. Sie haben eine Dicke von 16 bis 18 µ, während die Kaschmirziege Flaumhaare mit einer Dicke von 14 bis 22 µ hat. Deshalb sind Strickerzeugnisse aus Orenburger Ziegenwolle besonders zart, leicht und weich.

Die Region um Orenburg blickt auf eine lange Tradition extensiver Ziegenhaltung zurück. 1743 wurden Festung und Stadt Orenburg gegründet. Die Orenburger Kosaken siedelten jedoch schon über 200 Jahre davor in dieser Region am Ural. Von der alteingesessenen Bevölkerung übernahmen die Kosaken die Kunst der Strickerei mit Ziegenwolle. Die Fertigung von Schals und Kopftüchern wurde ein beliebtes Handwerk unter den Kosakenfrauen.

Filigran gestrickte Orenburger Schals

Eine Stadt gibt den Namen

Weil die kunstvollsten Schals mit dieser Stricktechnik aus Orenburg stammten und auch die besten Stickermeister in der Stadt Orenburg lebten, wurden mit der Zeit alle in dieser Stricktechnik gefertigten Schals als Orenburger Schal bezeichnet. Da sie hervorragend gegen große Kälte schützten und überaus angenehm zu tragen waren, kauften die wohlhabenden Leute in Russland für ihre Frauen Schals aus Orenburg. International präsentiert wurden die Orenburger Schals erstmals auf der Pariser Weltausstellung von 1855. 1862 erhielt die Strickerin Uskowa, eine Kosakenfrau, auf der Londoner Weltausstellung eine Medaille für ihre Schals aus Ziegenflaum.

Auch heute noch werden die großen nach „Orenburger Art" gestrickten Tücher nach wie vor traditionell in der russischen Stadt Orenburg hergestellt und je nach Machart und Größe als Schal, Kopftuch, Poncho oder über die Schulter geworfene Stola getragen. Einfachere Stricktücher ähneln Plaids und werden auch als Hausaccessoire genutzt.

Geheimnis: handgesponnener Zwirn

Die Strickerinnen spinnen ihre Wolle selbst. Das Geheimnis der hohen Qualität ist der Zwirn. Dazu wird zuerst ein fester Faden aus Ziegenflaum gesponnen, der danach für hochwertigere und feinere Tücher mit leichtem Glanz mit einem Seiden- oder für alltäglichere Schals mit einem Baumwollfaden verzwirnt wird. Das fertige Produkt sieht anfänglich gar nicht flauschig aus. Erst durch das regelmäßige Tragen erhält es seine flauschige Konsistenz. Solche Tücher sind sehr haltbar und wurden früher von Generation zu Generation vererbt. Meist bestehen die Schals aus einer relativ einfach gemusterten Mitte mit einem spitzenähnlichen Rand. Wegen der komplizierten Herstellungsart kann eine geschickte Strickerin im Monat zwei Tücher mittlerer Größe oder drei Stolas stricken. Für große Schultertücher oder Stolas mit besonderen Mustern kann es auch einen Monat oder mehr Zeit brauchen. Heute werden einfachere Tücher in Orenburg auch maschinell gestrickt oder man strickt die Tuchmitte maschinell und arbeitet den Rand per Hand.

Verschiedene Arten

Einfache, dicke, warme, gestrickte Tücher für den Alltag, meist grau, selten weiß. Damit begann die Geschichte des Orenburger Strickwarenhandwerks. Sie sind die wärmste Art der Orenburger Strickwaren.

Schultertücher in Ajour-Strickerei aus sehr fein gesponnener Ziegenwolle mit Seidenanteil. Die Zwirnmischung enthält meist 2/3 besonders reinen und weichen Ziegenflaum und 1/3 Seide. Solche Stücke sind Accessoires für feierliche Anlässe, haben wesentlich kompliziertere Muster als die einfachen Schals und sind fast gewichtslos. Die Verwendung sehr reiner und weicher Ziegenwolle und die feiner Spitzenmusterungen machen solche Stücke besonders teuer.

Stola, ein dünner Schal oder Überwurf, nach ähnlicher Machart, wie die Schultertücher, aber auf Basis von Zwirnen mit Baumwolle und minimal robusterer Ziegenwolle.

Die Echtheit eines Orenburger Schals lässt sich zum einen durch den „Pashmina-Test" herausfinden, indem man prüft, ob er sich durch einen Fingerring ziehen lässt. Der zweite Test ist eher typisch russisch, man schaut, ob er zusammengeknüllt in etwa so groß wie ein Gänseei ist.

Ein Wort zur Orenburger Ziege

Auch hier lassen sich Parallelen zur Kaschmirziege finden. Ebenso wie diese sich nur schwer in anderen Habitats halten lässt, gedeiht die Orenburger Ziege nur in der Region um Orenburg. Versuche, sie im 19. Jahrhundert in Frankreich zu halten, blieben erfolglos. Sie verloren ihre begehrten Flaumhaare und bekamen ein ganz gewöhnliches dickes Fell. Um die Nachfrage im Westen zu bedienen, exportierte Russland im 18. und 19. Jahrhundert Zehntausende von Kilogramm an Ziegenflaum nach Westeuropa. Auch gegenwärtig werden beträchtliche Mengen Ziegenflaum aus Orenburg nach Westeuropa geliefert.

Nachbarliche Schals in Stricktechnik

Mindestens seit Anfang des 18. Jahrhunderts werden im estnischen Heilschlamm-Kurort Haapsalu Schultertücher aus sehr feiner Wolle in Spitzentechnik gestrickt. Auch hier ist der „Pashmina-Ringtest" das Kriterium für hohe Qualität. Die komplizierten Muster beanspruchen viel Zeit, sodass geübte Strickerinnen bis zu 80 Stunden für einen Schal brauchen. Schamm und Tücher waren bereits zur Zeit *Zar Peter I.* gleichermaßen beliebt.

Die heutige Kreisstadt war das Rollenmodell für *Astrid Lindgrens* Bullerbü. *Ilon Wikland*, die alle Illustrationen der Bücher zeichnete, hatte als Kind einige Jahre hier gelebt.

Foto: Ekaterina/Fotolia

Autohandschuhe

Gestrickte Fäustlinge

Handschuhe aus Leder kombiniert mit Wollstoff

Handschuhe

Handschuhe dienen überwiegend dem Schutz, komplettieren aber auch ein modisches Outfit. Materialien können sein: Leder, Wirk- und Strickwaren aus Wolle, Baumwolle, Chemiefasern, Funktionsgewebe etc. Man unterscheidet Fingerhandschuhe und Fäustlinge.

ABENDHANDSCHUHE
Elegante Handschuhe mit unterschiedlich langen Stulpen. Dürfen verziert und mehrfarbig sein. Sehr elegant bis zum Ellenbogen. Auch aus Satin.

ARBEITSHANDSCHUHE
Robuste Handschuhe aus Leder und Textilien, auch Funktionsmaterialien zum Schutz vor Verletzung und Verschmutzung. Heimwerker, Gartenarbeit etc.

AUTOHANDSCHUHE
Ungefütterte Handschuhe aus feinem, oft waschbarem Leder mit großem Ausschnitt auf dem Handrücken und festem Verschlussriegel am Handgelenk. Häufig perforiert. Gelegentlich ohne Finger für besseren Griff am Lenkrad.

BERUFSHANDSCHUHE
Handschuhe verschiedener Konstruktionsarten und Hightech-Materialien. Sollen die speziellen Bedürfnisse bestimmter Berufsgruppen erfüllen. Arbeitsrechtlich vorgeschrieben.

DAMENHANDSCHUHE
Nicht nur Schutz, sondern auch modisches Statement. Aus Leder mit und Futter, aber auch aus Strick oder anderen Textilien. Besonders elegant, wenn sie geschickt auf die Garderobe abgestimmt sind.

FAUSTHANDSCHUHE
Auch **Fäustlinge**. Wärmende Handschuhe ohne einzelne Finger, nur mit Daumen, wintertypisch.

HERRENHANDSCHUHE
Hier überwiegt der praktische Nutzen oder die sportliche Ausstrahlung. Männer bevorzugen etwas kernigere Leder und markantere Nähte.

MOTORRADHANDSCHUHE
Für das Motorradfahren speziell entwickelte Stulpenhandschuhe aus scheuerfesten Ledern oder Hightech-Materialien, hochfunktionell.

OFFIZIERSHANDSCHUHE
In der Regel weiße Lederhandschuhe mit langen Stulpen zur Ausgehuniform beim Militär getragen. Typisch ist der Knopfverschluss am Stulpenrand.

REITHANDSCHUHE
Speziell für den Reitsport entwickelte Lederhandschuhe.

SCHUTZHANDSCHUHE
Gehören zur gesetzlich vorgeschriebenen Persönlichen Schutzausrüstung. Schützen z. B. gegen Kälte und Hitze, vor Schnittverletzungen, Feuer oder beim Schweißen und dem Hantieren mit elektrischem Strom.

SPORTHANDSCHUHE
Sind für die jeweilige Sportart speziell entwickelt, z. B. Golf, Baseball oder Polo. Dienen gelegentlich als modische Inspirationsquelle.

STULPENHANDSCHUHE
Handschuhe mit angeschnittener oder angesetzter Stulpe (vergleichbar dem Schaft beim Stiefel) , die unterschiedlich weit über den Unterarm reicht, weit oder anliegend. Vom Degenfechten kommend (Drei Musketiere).

THEATERHANDSCHUHE
Besonders aufwendige Variante des Abendhandschuhs.

Fotos: l.: N-Photos/Fotolia; m.: Roy Robson; r.: Stetson by F. W. Schneider;

Kleinlederwaren – Das Tüpfelchen auf dem „i“

Ein ziemlich großes Geschäft im Rahmen der Accessoires wird mit den sogenannten Kleinlederwaren gemacht. Hier tummeln sich alle Mitspieler des Mode-Marktes, angefangen von den Spezialisten über alle Bereiche der lizenzvergebenden Modemarken bis hin zu den Highend-Designeradressen. Brieftaschen und Geldbörsen, Gürtel, Schlüsselanhänger und -mäppchen, Etuis für Schreibutensilien, Kreditkarten oder Smartphones, Kulturtaschen, Handschuhe und vieles andere mehr, kämpfen um das (Kauf-)Interesse einer geneigten Kundschaft.

Im Mittelalter waren die Handwerker in Dutzenden von Zünften organisiert und lebten nach strengen Regeln straff hierarchisch strukturiert und mit unumstößlich festgeschriebenem sozialen Status. Diese hielten sich bis zur Einführung der Gewerbefreiheit im 19. Jahrhundert. Alle oben genannten, aus Leder und von Beginn an immer auch aus Textilien gefertigten Accessoires wurden von Lederern, Beutlern, Säcklern und Sattlern, Riemenschneidern, Zaumschlägern und Handschuhmachern als deren Haupterwerb gefertigt.
Das Luxusunternehmen *Hermès* in Paris hat seine Ursprünge im Sattlerwesen und der gehobenen Lederverarbeitung. Es erzielt zwar seine Umsätze nicht mehr mit Sätteln und Pferdegeschirr, macht jedoch nach wie vor seine größten Umsätze mit Lederwaren.

Ein Stück Designer-Glück

Kleinlederwaren und Gürtel sind deshalb so interessant für die Anbieter, weil sie mehr oder weniger deutlich gelabelt sind und so das Image der Marke im Markt präsentieren und penetrieren. Man kauft sich für relativ kleines Geld ein Stück vom Nimbus und Luxus oder zeigt seine Verbundenheit zum Markenkern. Edle Stücke fallen im alltäglichen Gebrauch auf. Sie zeigen Kennerschaft und beweisen Stil, selbst wenn das Rest-Outfit bescheidener ausfallen sollte. Ein edler Gürtel auf einer schlichten Hose, einem Kleid oder Rock wertet das Gesamtbild auf. Wenn das Ganze noch mit den Schuhen abgestimmt ist, erntet man Aufmerksamkeit und Anerkennung der Betrachter. Die Logos haben Signalwirkung vom *Nike*-Swoosh bis zur *Wolf (-skin)*-Tatze, dem typischen „LV“ von *Louis Vuitton* bis zum „CC“ in gegenläufiger Schreibweise von *Chanel*. Manchmal kostet ein Accessoire der Luxusklasse ein Vielfaches des Gesamt-Outfits, bleibt aber in der Wirkung dominant und somit in der Erinnerung hängen – insofern gut investiertes Geld.

Corporate Design zum Kaufen

Für die Anbieter ist der hohe Wiedererkennungswert das Wichtigste. Dabei kann weniger durchaus mehr sein, wenn man Kleinlederwaren im *Porsche* Design mit den Angeboten z. B. von *Versace* vergleicht, bei denen es gar nicht barock und dekoriert genug sein kann. Deshalb sind Accessoires ein Statement. Der Käufer ist ein Fan und kann sich gar nicht genug mit Waren seines Lieblingsdesigners umgeben. Für die Kunden ist es dabei entscheidend, dass man ohne Erklärung den Stil und die unverwechselbare Handschrift erkennt. Und da manche Formen der Funktion folgen und dementsprechend nicht ganz so unverwechselbar sein können (z. B. Toilettenschüsseln) gehört der Schriftzug bzw. das Logo an eine prominente Stelle oder der bewusste Verzicht darauf, was dann ebenfalls den Wiedererkennungswert ausmacht. Da das jeweilige Design-Haus oder -Studio kein Weltmeister im gestalterischen Zehnkampf sein kann, werden für produktfernere Linien Lizenznehmer gesucht und eingesetzt, die den Stil der Häuser adäquat in andere Produktlinien umsetzen. Dieses so zu steuern und zu kontrollieren, dass das Gesamtangebot in einer Handschrift und wie mit einer gemeinsamen DNA erscheint, ist eine konzeptionelle, logistische und kalkulatorische Höchstleistung.

Lizenz-Urvater Pierre Cardin

Einer, der es perfekt beherrschte und als Vorreiter für die Selbstvermarktung gelten kann, ist *Pierre Cardin*, der Mitte der 1970er-Jahre sein Lizenzgeschäft enorm ausweitete. Es gibt kaum einen Artikel aus dem Konsumgüterbereich, der nicht mit seinem Label hergestellt wurde: Armbanduhren, Tisch-, Bett- und Frottierwäsche, Porzellan, Keramik, Essbestecke, Möbel, Möbelstoffe, Transistorradiogeräte, Plattenspieler und Autointerieur. Sein Erfolgsgeheimnis sieht er darin, dass er für alle diese Bereiche selbst designt und es niemand anderem überlässt. Er gilt im Übrigen auch als erster Couturier, der Prêt-à-porter, auf den Haute-Couture-Modellen aufbauende, hochwertige Konfektionskleidung, angeboten hat. Sein PC-Logo findet sich heute auf Waren, die in Nobelkaufhäusern ebenso wie beim Discounter angeboten werden, ohne dass es seinem Image jemals geschadet hätte.

Formen und Veränderungen

Auch bei Kleinlederwaren gibt es modische Veränderungen. Im Kleinen vollziehen diese Accessoires dieselben Wellenbewegungen wie die Mode an sich. Einmal müssen die Brief- und Geldtaschen so klein und flach und unspektakulär wie nur irgend möglich sein. Ein anderes Mal zeigen sie Rahmen, Keder, Stecklaschen oder Materialmix, Knopf- und Magnetverschluss. In einem Jahr sind die Gürtel breit mit auffälligen Schnallen und ungefüttert bis rustikal, im spätestens übernächsten gibt es nur feine, schmale, mit Leder gefütterte Gürtel mit äußerst dezenten oder edel emaillierten Schnallen, die kaum ins Auge fallen.
Accessoires bringen neben ihrer image-transportierenden Wirkung die jeweiligen Modetrends auf den Punkt. Durch Sie kommt das Tüpfelchen auf das „i“. Sie runden das Gesamtbild ab und steuern die notwendige Würze bei. Deshalb ist Accessoire-Mode nie komplett eigenständig, auch wenn es manchmal so erscheint. Immer dann, wenn sie sich vordergründig optisch oder stilistisch stark vom Styling der Outfits abheben, sind sie der geplante Gegenpol, der das Bild erst vollständig macht.

Foto: dina777/Fotolia

BABY- UND KINDERKLEIDUNG

Für kleine & junge Menschen

Kinderkleidung muss ganz viel können. Sie muss altersgerecht konzipiert sein, pflegeleicht, unkompliziert, humanökologisch verträglich, darf keinerlei Verletzungsgefahr in sich bergen, muss robust sein, kurzzeitig mitwachsen und - sie muss den Erwachsenen gefallen. Kinderkleidung für Südeuropäer sieht anders aus als Kinderkleidung für Skandinavier. Unterschiedliche Regionen haben unterschiedliche Formensprachen und Farbvorlieben und setzen andere Prioritäten. Kinderkleidung ist daher immer auch ein Spiegel einer Gesellschaft.

Foto: Rawpixel.com/Fotolia

Kindermode orientiert sich am Trend der Erwachsenen.

Foto: Pampolina

Historie

Kinder standen in früheren Zeiten nicht im Mittelpunkt der Gesellschaft. Es gab wichtigere Dinge zu bedenken als deren Kleidung. Deshalb ist von Kinderkleidung von der Antike bis ins 16. Jahrhundert praktisch nichts bekannt. Überliefert ist auch danach nur die Kleidung gehobener Gesellschaftsschichten und des Adels. Etwa ab dem 16. bis ins 19. Jahrhundert war die Kinderkleidung quasi „unisex" und bestand für Kinder im Vorschulalter aus einem fast bodenlangen Kleid, unter dem ein Korsett und darüber eine Schürze getragen wurde. Hosen bekamen die Jungen erst später angezogen. Kinder einfacherer Schichten trugen alle ein schlichtes Hemdchen ohne irgendetwas darunter.

GESELLSCHAFTLICHER ZWANG

Ab dem Schulalter trugen die Mädchen Kleider, ähnlich der Mode erwachsener Frauen. Auch Korsetts „zur Formung des Körpers" wurden seit dem 16. Jahrhundert eingesetzt. Körperfeindliche Mode- und Gedankenströmungen, wie z. B. die „Spanische Mode", verdammte weibliche Rundungen als „unfromm", sodass jungen Mädchen Bleiplatten auf den Oberkörper gebunden wurden, um die Entwicklung der Brüste zu verhindern. Erwachsene Frauen trugen der Moral und dem daraus geborenen Schönheitsempfinden entsprechend ein enges, flachgeschnürtes und gepolstertes Leibchen mit einer Art Schnabelspitze über dem Rock. Auch Hüften und Gesäß verschwanden optisch durch die Erfindung des Reifrocks, des „Verdugado", einem käfigartigen Gestell aus Korbgeflecht oder Metall, das seitlich an der Taille befestigt wurde, damit der Stoff des Rockes faltenfrei nach unten fiel. Verschiedene Bilder des spanischen Malers *Diego Velázquez* (geb. 1599, gest. 1660) zeigen die kleinen Töchter der spanischen Königsfamilie in dieser Aufmachung, besonders häufig die Infantin *Margarita Theresa*, spätere römisch-deutsche Kaiserin und erste Gemahlin *Kaiser Leopold I.* von Österreich.

Damit sich Kleinkinder beim Laufenlernen nicht verletzten, trugen sie einen wulstartig ausgestopften Ring um den Kopf, das sogenannte **„Fallhütchen"**. Außerdem waren **„Gängelbänder"** an die Kleidung genäht, damit der Nachwuchs in der Spur blieb. Das 18. Jahrhundert brachte schließlich etwas kindgerechtere Kleidung für größere Kinder mit sich. Korsetts für Mädchen wurden abgeschafft. *Kaiser Joseph II.* aus Wien verbot sie sogar. Kleinere Kinder trugen wieder einfache Hängerkleidchen. Schuluniformen wurden eingeführt, die Jungen der Oberschicht trugen Kadettenuniformen. Wenig später erschien der Matrosenanzug auf der Bildfläche, für Mädchen das Matrosenkleid. Wenn Jungen jetzt ein Kleid trugen, dann mit langer Hose darunter. Bei Mädchen waren es stattdessen verzierte Beinkleider und dazu eine Schürze.

Ganz blieben die Mieder den Mädchen nicht erspart, ab etwa 1850 bis nach dem *Ersten Weltkrieg* mussten sie sich wieder in Korsetts zwängen, im Gegensatz zu den bequemen Kniebundhosen und Röcken der Jungen.

In den 1950er-Jahren des vergangenen Jahrhunderts waren kurze Lederhosen die standardmäßige Alltagskleidung von Jungen im schulpflichtigen Alter bis ca. 16 Jahre. Sie hatten einen erst auf zwei große Knöpfe, später mit zwei Reißverschlüssen geschlossenen Hosenlatz und für die jüngeren Hosenträger die im Rücken überkreuzt geknöpft und vorn mit einem ovalen Schild geschmückt mit einem Edelweiß- oder Hirschmotiv auseinandergehalten wurden.

Erst in den Jahrzehnten danach begann sich Kinder- und Jugendmode an der Freizeitkleidung Erwachsener zu orientieren.

Materialien und Verarbeitung sollen auf die Bedürfnisse der Kinder ausgerichtet sein.

Sicherheit bei Kinderkleidung

Neben vielen anderen Bedingungen, die auch Bekleidung für Erwachsene erfüllen muss, ist für Baby- und Kinderkleidung noch eine Vielzahl sicherheitsrelevanter Eigenschaften zu beachten.

MATERIAL

Das beginnt mit den Materialien. In anderen Ländern der Welt, wie z. B. den USA, sind die Vorschriften wesentlich tiefer greifend als in Europa und Deutschland. So muss die Kleidung für Babys und Kinder aus schwer entflammbaren Materialien gefertigt sein, weil schmelzende Kunststoffe schwerste Hautverletzungen nach sich ziehen können.

In Deutschland unterliegt Baby- und Kinderkleidung keiner besonderen Verordnung, sodass die Eltern gefordert sind, nach Kleidung aus geeigneten Materialien zu suchen. Auch hinsichtlich der Verwendung von Kordeln und Zugbändern mit und ohne Stopper gibt es nur eine Selbstverpflichtung der Kinderkonfektionäre zum freiwilligen Verzicht. Kordeln und Bänder an Anoraks, Kapuzen- und Sweat-Shirts können sich in Spalten von Spielplatzgeräten, Rolltreppen, Schulbustüren, Automatiktüren von z. B. U-Bahnen, Fahrradspeichen und Zäunen verfangen und so zu Unfällen mit tödlichem Ausgang führen. Während in den USA und Großbritannien sowie in vielen skandinavischen Ländern Kinderkleidung mit Kordeln und Bändern vollständig verboten ist, ist dies in Deutschland, Österreich und der Schweiz nicht der Fall. Stattdessen gibt es eine *Spielgerätenorm*, die das Problem der Strangulierungsgefahr von einer anderen Seite her angeht.

ALLERGENE

Selbstverständlich sollte die Verwendung von Materialien sein, die keine Allergien auslösen können, da Krankheiten wie Allergien und Neurodermitis auf dem Vormarsch sind. Grundsätzlich sollte man Kinderkleidung vor dem ersten Gebrauch mit einem sanften Waschmittel mindestens einmal (besser mehrmals) waschen, um Rückstände aus der Produktion zu entfernen.

Foto: Pampolina

Alles muss pflegeleicht sein – beim Outfit der Kleinen wie beim textilen Spielzeug.

Textiles Spielzeug

Geeignete Materialien

Bei Teddy & Co. sind Eltern und Familie fast auf sich allein gestellt. Bei ganz kleinen Kindern sollte man auf Waschbarkeit achten und keine langhaarigen Spieltiere kaufen, um die Gefahr des Verschluckens von Fasern zu umgehen. Die Tiere sollten auch keine ablösbaren Augen, Füßchen, Schnäbel, Schwänze oder irgendwelche Knöpfe (beim Kauf unbedingt selbst ausprobieren) haben.

Ökologisch motivierte Füllungen aus Kernen o. Ä. sind wegen mangelnder Waschbarkeit nicht zu empfehlen.

Altersbeschränkungen

Die Zeitangaben für die Verwendung sollte man unbedingt ernst nehmen. Wenn man Warnhinweise liest wie „nicht geeignet unter ...", sollte man dieses berücksichtigen.

Sicherheitsprüfung

Das „GS"-Zeichen steht für eine (freiwillig unternommene) Sicherheitsprüfung des Produktes. Das „CE"-Konformitätszeichen gibt lediglich darüber Auskunft, dass der Spielzeughersteller oder -importeur die europäischen Sicherheitsbestimmungen der Richtlinie „Sicherheit von Spielzeug" einhält, worunter man absolute Mindestanforderungen verstehen muss.

Kinderkleidung mit Reflektoren erhöhten die Sicherheit in Straßenverkehr.

SICHTBARKEIT

In Sachen Sichtbarkeit haben sich Industrie und Verbraucher auch ohne Norm arrangiert. Es gilt heute als selbstverständlich, dass Jacken, Mützen, Käppis und Schultaschen retroreflektierende Elemente haben. Wo sie fehlen, lässt sich das Manko durch ein großes Angebot ansteck-, aufnäh- oder sonst wie applizierbarer Elemente und Motive beheben. Auch das Rad für den Schulweg lässt sich mit reflektierenden Speichenelementen nachrüsten. Führt der Schulweg in ländlichen Gegenden an verkehrsreichen Straßen vorbei, sollte man für die dunkle Jahreszeit an die Anschaffung geeigneter Warnwesten denken. Bei all diesen Maßnahmen ist es wichtig, dass die auffälligen und teils lustigen „Warnleuchten" von den Kindern gerne angenommen und demzufolge auch getragen werden. Denn nur getragene Sicherheitskleidung kann ihre Aufgabe erfüllen. Im Zeitalter der Miniaturisierung von LEDs gibt es auch „coole" flexible Bänder, die um Arm oder Bein getragen wählbare Leuchtimpulse zur Erhöhung der Sichtbarkeit aussenden, ohne die unhandlichen Batterien der Anfangszeit, die zur Ablehnung durch die Kinder führten – ein bisschen (Sicherheits-)Disco für die Landstraße

Normen, die die Mindestanforderungen regeln, gibt es derzeit noch nicht, der Verbraucherrat des DIN-Ausschusses arbeitet jedoch an „verkehrssicherer Kinderkleidung".

Fotos: o.: Margarete Steiff; u.: Sasenki/Fotolia

Wenn das Baby sich bewegt, darf nichts drücken.

Funktionelle Kleidung

BEWEGUNG ZULASSEN

Mehr als bei den Erwachsenen ist es bei Babys und (kleineren) Kindern wichtig, dass sie in ihrem Bewegungsdrang nicht behindert werden. Neben weichen und elastischen Materialien, die sich problemlos pflegen und waschen lassen, sind die Schnitte von Bedeutung. Nicht die Kinder sollen sich „in Acht nehmen" und auf ihre Kleidung achten, ganz im Gegenteil: Kinderkleidung soll nichts übel nehmen und alles mitmachen, wonach den Kleinen der Sinn steht. Je größer sie werden und je weiter der Bewegungsradius wird, desto mehr muss die Kleidung aushalten können. Dass sie im Winter wärmen und im Sommer luftig sein soll, gilt als vorausgesetzt.

DURCHDACHTE DETAILS

Bei den Allerkleinsten sollte auf Knöpfe, Haken und Reißverschlüsse möglichst ganz verzichtet werden. Durchdachte Schnitte ermöglichen auch hier leichten Ein- und Ausstieg und sorgen für den nötigen Halt. Aufwendige Applikationen, Stickereien und Ziernähte haben auf Babykleidung nichts zu suchen, so niedlich das auch immer aussehen mag.
Wenn das Baby sich in seinem Bett oder Wagen bewegt, darf nichts drücken. Beginnt das Krabbeln, dürfen sich die Beinchen nicht hochrollen und am Knie Wülste bilden, die ihrerseits schmerzhafte Eindrücke hinterlassen.

SPIELRAUM LASSEN

Größere Kinder wollen sich bewegen. Sie wollen rennen, klettern, spielen, auf dem Spielplatz oder im Matsch. Dafür sollte die Kleidung körpernah gearbeitet sein, damit man nicht an hervorstehenden Ecken und Kanten hängen bleiben kann oder sich irgendwo einklemmt. Verstärkte Kniepartien an den Hosen machen Sinn (lassen sich aber auch mit ein wenig Geschick nachrüsten). Spieloveralls oder Anzüge, die in der wärmeren Jahreszeit aus demselben Material wie (gute) Regenjacken und mit Kapuze und Reflektorstreifen ausgerüstet sind, ermöglichen eventuell in Kombination mit farbenfrohen Gummistiefeln auch wilde und nasse Spiele ohne anschließenden Pflegenotstand. Diese gibt es auch in der wattierten Winterausführung, die Kinder mit warm gefütterten Stiefeln auch im Schnee und bei allen Winteraktivitäten tragen können.

SCHÜTZENDE ACCESSOIRES

Wem es gelingt, sein Kind an Schal, Mütze/Kappe und Handschuhe zu gewöhnen, wird weniger mit Erkältungskrankheiten zu kämpfen haben. „An die Leine gelegte" Handschuhe, die mit einem Band gegen Verlust einzelner Teile verbunden sind, sind nur dann ungefährlich, wenn das Band auf der Innenseite der Jacke hinter dem Nacken durch beide Ärmel geführt wird. Lose auf der Jacke liegend birgt diese Konstruktion hohe Strangulierungsgefahr.

Foto: Kanz

Kinderkleidung soll viel Bewegungsspielraum lassen.

Nacken- und UV-Schutz sind unverzichtbar.

DIE GEFAHR DER UV-STRAHLEN

Sommer, Sonne, Urlaub bedeutet bei Kinderkleidung Schutz vor UV-Strahlung. Sonne sollte im ersten Lebensjahr komplett tabu sein, aber man sieht immer wieder Eltern, die ihre Säuglinge nur mit der Windel bekleidet spazieren tragen. Die Haut vergisst nichts und die Gefahr, an Hautkrebs zu erkranken, erhöht sich exponentiell. Auf den meist noch spärlich behaarten Kopf gehört ein leichtes, unter dem Kinn gebundenes Stoffhütchen, das auch Ohren und Nacken schützt und an den Körper weitgehend bedeckende, helle, luftig geschnittene Kleidung.

Die Haut wird mit speziell für Kinder gemachter Sonnenmilch oder -creme mit dem höchst erhältlichen Lichtschutzfaktor, eventuell nach australischem Standard (20 Minuten vor Sonnenexposition aufgebracht), meist LSF 50, nicht unter LSF 30 und möglichst einschließlich UVA-Schutz eingecremt.

Für größere Kinder gibt es die besonders von Jungen geliebten Schwimmshirts, die der Surfermode nachempfunden sind. Ist das Wasser sehr kalt, gibt es für jedes Alter passende Neoprenanzüge mit kurzen oder langen Ärmeln und Beinen.

Wenn die Sonne um die Mittagszeit im Zenit steht, heißt es: Raus aus der Sonne und spielen im Schatten. Hütchen, Kappen und Mützen müssen den Nacken schützen. Wenn das Spiel zu faszinierend ist und die Begeisterung für das kühle Nass Pausen kaum zulässt, kann man gefährdete Hautstellen mit farbigen Sonnenblockercremes (Zinksalben) abdecken, was nicht nur lustig aussieht, sondern auch deutlich anzeigt, wann wieder nachgelegt werden muss (pflegeleichte Kleidung, aus der die Creme leicht auswaschbar ist, wird man zu schätzen wissen). Wer auf der sicheren Seite sein will, sucht Kleidung mit dem *UV-Standard 801*, der auch für nasse und gedehnte Kleidung gilt.

Sonnenbrillen für die Kiddies sind nicht nur coole Gimmicks (UV-Absorption in guter Qualität vorausgesetzt), sondern schützen die empfindliche Netzhaut vor langfristigen Schäden.

Geschlechterzuordnung durch Farben

Die Farben Hellblau für Jungen und Rosa für Mädchen haben sich nicht zuletzt deshalb eingebürgert, weil kräftiges Blau und Rot im Laufe vieler Waschzyklen bei früheren Waschmitteln schnell zu Hellblau und Rosa verblich. Früher wurde Kinderkleidung noch mit der Hand gewaschen, die Textilfarben waren nicht kochfest, deshalb war der größte Anteil oft gewaschener Babykleidung meist kochfest weiß.

- **Rosa** wirkt sanft und weich, weshalb es heutzutage allgemein mit Weiblichkeit assoziiert wird. Ursprünglich galt Rosa jedoch als männlicher Babyfarbton. Rot steht als Symbolfarbe für Leidenschaft, Blut, sexuelle Aktivität und Kampf, deshalb war es lange Zeit die „männliche" Farbe und Rosa wurde als das „kleine Rot" den Jungen zugeordnet.
- **Blau** dagegen ist in der christlichen Tradition die Farbe der Gottesmutter. Somit war Hellblau, das „kleine Blau" die weibliche Farbe.

Nach dem Ersten Weltkrieg änderte sich die Farbauffassung grundlegend:

- **Blau** wurde zum Symbol für die Arbeits- und Männerwelt vom Blaumann, dem Arbeitsanzug, bis zur Marineuniform. So wurde das „kleine Blau", Hellblau, zur Farbe der Jungen.
- Für weibliche Babys blieb als gelernter Kontrast das **Rosa**.

Fotos: l.: master1305/Fotolia; r.: Capo

WASCHEN, REINIGEN & PFLEGEN

Mehr als nur sauber

Heutige Hausfrauen (und -männer) wollen mehr als nur Sauberkeit beim Waschen. Das Umweltbewusstsein und dabei besonders die Schonung der wichtigsten Ressource der Welt, des Wassers, ist fest in den Köpfen der meisten Menschen in der westlichen Welt verankert. Ökologische Programme in den modernen Waschmaschinen sorgen zusätzlich für Energieeinsparung, mechanische Wäscheschonung inklusive. Das ist gut für das Portemonnaie. Die professionellen Reiniger haben sich auf umweltverträgliche Verfahren schon lange umgestellt und müssen sich an äußerst strenge Vorschriften halten. Das verteuert zwar die Reinigung, beruhigt aber das Gewissen.

Foto: Africa Studio/Fotolia

TIPP **bei Ausbluten**

- Es wird von Herstellerseite häufig auf das „Ausbluten" (Abfärben) bestimmter Kleidungsstücke hingewiesen. Diese entweder die ersten Wäschen alleine oder mit gleichen Farben und Farbfängertuch waschen. Bestimmte Ausrüstungseffekte lassen Farbüberschüsse nicht ganz vermeiden oder sollen sogar „auswaschen".

Es gibt viele Gründe, seine Kleidung zu waschen: Flecken, Schmutz- und Make-up-Ränder, Gerüche oder allgemeine hygienische Überlegungen. Wir möchten schließlich jeden Tag streichelweiche, frisch duftende und blitzsaubere Kleidung tragen. Also kommen die Kleidungsstücke in die Wäsche, die täglich zu wechselnde Unterwäsche, Oberhemden, Blusen und Shirts oder das Sport-Outfit. Dann folgt der Lieblingspulli, die Lieblingsjeans, das heiß geliebte Polohemd oder die kuschelige Strickjacke und nicht zuletzt die Businesskleidung – Bekleidung in allen Formen, Farben und Materialien.
Wie gewaschen werden soll, empfehlen die Hersteller auf ihren Pflegeetiketten. Darauf kann man sich in der Regel verlassen, denn aus Furcht vor Gewährleistungsansprüchen der Kunden befinden sich die Angaben der Modefirmen immer auf der sicheren Seite.

WAS KRATZT, KOMMT RAUS!

Jetzt kann nur noch eines die Aktion verhindern: Pflegeetiketten sind gelegentlich aus harten Materialien, relativ groß und an merkwürdigen Stellen im Kleidungsstück angebracht. Deshalb werden sie häufig als störend empfunden und herausgeschnitten. Die Pflegekennzeichnung gibt jedoch unersetzliche Informationen für die fachgerechte Wäsche oder Reinigung des Textils. Wer also ein Pflegeetikett aus einem hochwertigen Kleidungsstück heraustrennt, sollte es im Prinzip gut aufbewahren, was aber bei der üblicherweise in Haushalten vorhandenen Menge an Textilien und Bekleidung an Grenzen stößt, zumal, wenn die Zuordnung nicht ebenfalls akribisch festgehalten wird. Wer sicher gehen will, wäscht einfach bei niedrigen Temperaturen und gibt ein eher sanftes Fleckmittel auf eventuelle Flecken, um nicht böse überrascht zu werden.

FLECKFREI, FRISCH DUFTEND, ÖKOLOGISCH UND GÜNSTIG?

Was ist bei der Haushaltswäsche zu beachten, wenn Umwelt und Geldbeutel geschont werden sollen und trotzdem ein fleckenfreies, frisch duftendes Ergebnis erwartet wird? In einer Comedysendung wurde einmal die Frage gestellt: Wie färbt man weiße Wäsche am einfachsten rosé? Die Antwort darauf war: Indem man eine rote Socke mitwäscht! Wer das nicht erleben möchte, muss die Wäsche erst einmal nach Farbe und Materialien sortieren. Bei den meisten Bekleidungstextilien reicht bei Normalverschmutzung eine 40-Grad-Wäsche mit einem nicht bleichenden Color- oder Feinwaschmittel aus.
Voraussetzung für ein gutes Waschergebnis ist allerdings die Kenntnis der genauen Wasserhärte (beim Wasserwerk der Stadt erfragen). Dementsprechend ist die Dosierung der Waschmittel unter Berücksichtigung des Verschmutzungsgrades der Wäsche zu wählen.

Waschmittel richtig dosieren

Seit Inkrafttreten der EU-Detergenzienverordnung erfolgt die Angabe der Dosierung für die Wasserhärtebereiche weich, mittel und hart sowie für leichte, normale und starke Verschmutzung. So oder ähnlich könnte eine Dosierempfehlung auf der Waschmittelpackung aussehen:

Verschmutzungsgrad / Härtebereich	LEICHT	NORMAL	STARK
WEICH	40 ml	70 ml	110 ml
MITTEL	50 ml	90 ml	130 ml
HART	60 ml	100 ml	150 ml

Quelle: Forum Waschen; Faktblatt „Richtiges Dosieren von Geschirrspül- und Waschmitteln".

Fotos: o.: Brian Jackson/Fotolia; l.u.: Andre Bonn/Fotolia

TIPPS zum Waschen

Ohne die eigenen Vorstellungen von Reinlichkeit verändern zu müssen, lässt sich Vieles tun, um Wasser und Strom zu sparen:

- passendes Waschmittel wählen
- richtig dosieren
- Maschine voll beladen
- niedrige Temperaturen wählen
- auf der Leine trocknen

Um böse Überraschungen hinsichtlich verfärbter Kleidung oder mechanischer Schäden durch die Waschtrommel zu vermeiden, sollte man:

- nach Farben und Materialien sortieren (evtl. Farbfängertücher verwenden)
- grundsätzlich alle Kleidungsstücke auf links gezogen waschen
- Damit sich im Innenraum der Waschmaschine keine sogenannten „Biofilme" von Bakterien bilden können, sollte ca. jede fünfte Wäsche, mindestens aber alle 14 Tage, einmal bei 60 °C mit einem bleichmittelhaltigen Voll- bzw. Universalwaschmittel gewaschen werden. Indiz sind unangenehme Gerüche aus der Maschine, die auch mit speziellen Maschinenreinigern verschwinden.

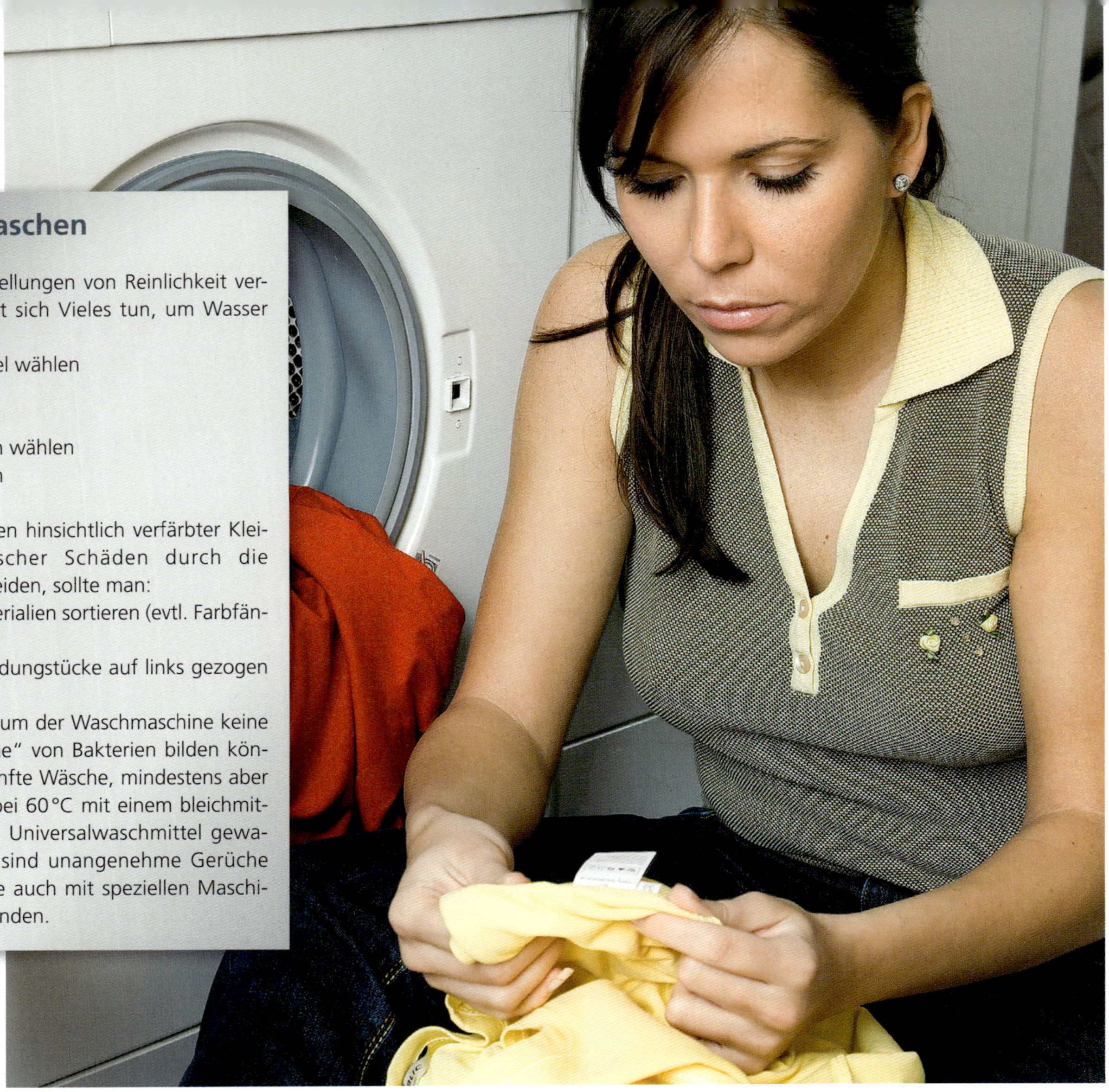

Beim Waschen an die Empfehlungen auf dem Pflegeetikett halten.

Textilien

BAUMWOLLE, LEINEN & CO.

Die pflanzlichen Zellulosefasern gehören zu den anspruchloseren Vertretern der Textilfasern. **Baumwollbekleidung**, auch Unterwäsche, kann in der Regel bei niedrigen Temperaturen gewaschen werden. Wer für blütenweiße Baumwolle schwärmt, sollte gelegentlich eine 60-Grad-Wäsche mit einem Vollwaschmittel einplanen.

Sowohl **Leinen** als auch Baumwolle, speziell in Weiß, halten hohe Temperaturen beim Waschen aus. Früher war es üblich, diese Textilien zu kochen, d. h. bei 95 °C zu waschen. Heute muss man das nicht mehr, denn die Fleck- und Fettlösekraft der Waschmittel schafft auch schwierige Fälle. Zudem können die Nähfäden in den Textilien leiden, wenn sie zu heiß gewaschen werden. Deshalb sollte man sich unbedingt an die Empfehlungen auf dem Pflegeetikett halten. Die meisten Keime verabschieden sich schon unter 40 °C. Wenn man ansteckend erkrankt war, schafft eine 60 °C Wäsche verlässlich den Rest. Bei farbigen Teilen ein (nicht bleichendes) Colorwaschmittel verwenden.

SEIDE, WOLLE & EDELHAAR

Die Fasern tierischen Ursprungs mögen eine derart rustikale Behandlung wie Baumwolle und Leinen gar nicht. Sie quittieren eine Falschbehandlung mit einer deutlichen Veränderung zum Schlechten:

- **Wolle** filzt bei zu hohen Temperaturen und dem falschen Waschmittel,
- **Seide** wird lappig oder bricht sogar und
- Kleidung aus **Edelhaar** wie Cashmere oder Alpaka ist nach falscher Behandlung nicht wieder zu erkennen.

Sollte das Pflegeetikett signalisieren, dass das jeweilige Teil nicht waschbar ist, dann muss es in die professionelle Reinigung gebracht werden. Der Hinweis auf Handwäsche bedeutet nicht, dass man nur im Handwaschbecken waschen kann, sondern meint die neuen Handwäsche-Programme der modernen Waschmaschinen. Lässt man bei der „echten" Handwäsche die Kleidungsstücke zu lange in der Lauge liegen, verwendet zu viel Waschmittel oder drückt zu stark, ist das Teil meist schon ruiniert.

Alles **Wollige** hasst die Kombination von Wärme, Feuchtigkeit und Druck, so hat vermutlich der Zufall die Walkwolle entstehen lassen. Moderne Wollkleidung ist oft speziell ausgerüstet und sogar maschinenwaschbar gemacht. Oberbekleidung wie Blazer, Jacken, Mäntel sowie die meisten Röcke und Hosen sind meist nur chemisch zu reinigen. Wenn das Pflegeetikett Wäsche erlaubt, dann genau nach Anweisung waschen, um böse Überraschungen zu vermeiden.

Bei **Seide** gilt es den Griff und Fall, aber meist auch die leuchtende Farbe zu erhalten, deshalb wird sie mit einem speziellen Feinwaschmittel gewaschen, gerne

Foto: Gina Sanders/Fotolia

Blütenweiße Baumwolle

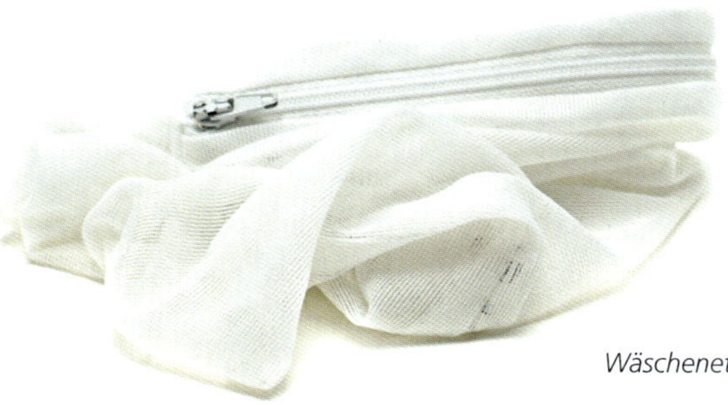

Wäschenetz

auch in einem passenden Wäschesäckchen, das den Abrieb durch den Kontakt mit der Waschtrommel vermeidet.
Für **Seide, Wolle** und **Edelhaar** gilt: so schonend wie nur irgend möglich, immer auf links gedreht auf 30 °C oder kalt waschen, wie auf dem Etikett angegeben. Ein Wäschenetz schont zusätzlich. Niemals versuchen, Flecken auszureiben, mit Wasser schon gar nicht. Es besteht die Gefahr von irreparablen Schäden.

SYNTHETICS & FUNKTIONSMATERIALIEN

Alle modernen Materialien vertragen keine hohen Waschtemperaturen. Hier sollte man unbedingt auf die Pflegekennzeichnung achten. Das gilt für zarte Dessous ebenso wie für kernige Wanderkleidung.
BHs belohnen die sanfte Wäsche im Wäsche- oder speziellen BH-Beutel durch längere Haltbarkeit und Formtreue. Gerade die Elastanfasern leiden durch zu heißes Waschen. Das gilt natürlich auch für **Bademoden**.
Softshell-Jacken oder Kleidung mit **Funktionsmembran** sollten nur nach Anweisung gepflegt werden. Hier sollte man wegen der Erhaltung der Funktion keine Experimente eingehen, um nicht plötzlich ungewollt im Regen zustehen, weil die Nähte oder die Flächen nicht mehr wasserdicht sind.
Fleeceprodukte sind hingegen ziemlich unproblematisch: bei Niedrigtemperatur mit Feinwaschmittel waschen, aufhängen und in Kürze wieder tragen. Unbedingt Weichspüler vermeiden!
Sportkleidung besteht fast ausschließlich aus synthetischen Funktionsstoffen. Diese wäscht man am besten nach jedem Tragen nach Anweisung mit normalem Feinwaschmittel. Spezielle Waschmittel für Funktionsmaterialien haben meist zusätzliche intensive Duftstoffe, um den Eigengeruch des Materials zu überdecken. Diese können für Allergiker problematisch sein, olfaktorisch aber durchaus sinnvoll.
Kleidung aus zellulosischen Synthetics wie **Modal, Lyocell** oder **Viskose** lässt sich ebenfalls recht unproblematisch pflegen. In der Regel ist 40 °C als Waschtemperatur angegeben. Man sollte Feinwaschmitteln den Vorzug vor Colorwaschmitteln geben, um die Fasern zu schonen. All diese Kleidungsstücke sollte man am besten liegend trocknen, da sie durch die hohe Wasseraufnahme beim Waschen sonst beim Aufhängen die Form verlieren könnten. In den Trockner gehören sie, falls das Pflegekennzeichnen nichts anderes aussagt, auch eher nicht.

TIPPS zur Pelzreinigung

Machen wir es den Tieren nach mit unserem Pelz: Wenn man nass geworden ist, tüchtig schütteln, bei Wärme ins Kühle gehen usw. Tiere wissen ihr Fell zu schonen. Die Pflegetipps für Pelze sind daher wenig geheimnisvoll. Am besten beachtet man alle eingenähten Etiketten und überlässt das Grundreinigen unbedingt einem ausgewiesenen Fachbetrieb.
Wichtig ist die Aufbewahrung auf einem genügend breiten Formbügel zur Wahrung der Form! Dann kann man über Jahrzehnte Freude am Pelz haben.

Behandlung von Pelzen

- Regen oder Schnee vom Pelz abschütteln und auf einem breiten Formbügel trocknen lassen. Nie in der Nähe einer Heizquelle. Danach kräftig aufschütteln, „über Kopf" bei langhaarigen Pelzen. So wird u.a. Staub entfernt und Pelz wieder voluminös.
- Kontakt mit Scharfkantigem vermeiden. Bei aufgetretenen Schäden zum Kürschner.
- In der warmen Jahreszeit den Pelz in einem Leinen- oder Nesselsack in einen kühlen und trockenen Raum hängen.
- Niemals Haarspray oder Parfüm auf den Pelz kommen lassen.
- Starkes UV-Licht verändert die Farbe des Pelzes. Das gilt nicht für tägliches Tragen.
- Reinigen immer und ausschließlich im Fachbetrieb!

Foto: o.: Africa Studio/Fotolia; l.: Istvan Velsz

Immer auf die korrekte Dosierung achten.

Waschperlen

Waschmittel

Gab es früher nur Pulver, so ist mittlerweile auch die Anwendungsform vielfältig geworden:

- Waschpulver
- Kompaktes Waschpulver und Konzentrate
- Perlen
- Flüssigwaschmittel
- Duo-Caps
- Pods

UNIVERSAL-/VOLLWASCHMITTEL

Universalwaschmittel können für alle waschbaren Textilien bei allen Temperaturen verwendet werden. Vor allem sind sie aber für stark verschmutzte und weiße Wäsche geeignet, denn sie enthalten neben den Tensiden und Wasserenthärtern Bleichmittel und optische Aufheller, die die Vergrauung hemmen.

COLORWASCHMITTEL

Sie enthalten keine bleichenden Substanzen und optischen Aufheller, dafür häufig aber farbschützende Komponenten. Sie haben sich als preisgünstige Alternative zu den Spezialwaschmitteln etabliert.

SPEZIALWASCHMITTEL

- **Vorwaschmittel** für besonders verschmutzte Textilien. Oft als Pumpspray. Bei normal verschmutzter Wäsche nicht nötig.
- **Feinwaschmittel** (Pulver oder flüssig), die weder Bleichmittel noch optische Aufheller enthalten und somit vor allem empfindliche Fasern und Farben schonen.
- **Wollwaschmittel** (Pulver oder flüssig), die ebenfalls weder Bleichmittel noch optische Aufheller enthalten und in ihrer Zusammensetzung speziell auf die Bedürfnisse von Fasern tierischen Ursprungs wie Wolle und Seide abgestimmt sind.
- Waschmittel für Textilien aus **Synthetics und Gardinen** (Pulver oder flüssig). Gibt es in der Weiß- und der Colorvariante, haben aber außer einer intensiven Beduftung die gleiche Waschwirkung wie normale Voll- und Colorwaschmittel.
- Waschmittel für **Sport- und Funktionskleidung** sind milde Feinwaschmittel mit starker Beduftung oder Geruchsneutralisation.

Dosiermenge

Die Waschmittelhersteller arbeiten kontinuierlich daran, neue Rezepturen zu entwickeln, um Waschprobleme mit immer geringerer Dosiermenge noch besser zu lösen. Dadurch können sich die Dosieranleitungen verändern. Es empfiehlt sich deshalb, auch bei Verwendung der gleichen Waschmittelmarke, stets die Herstellerangaben zu beachten. Denn sowohl Über- als auch Unterdosierung sind nicht gut. Überdosierung verschwendet Ressourcen (und damit Geld), Waschmittelrückstände auf dem Textil sehen nicht schön aus und können das Material schädigen. Unterdosierung wiederum kann auf Dauer dazu führen, dass Flecken bleiben, Textilien vergrauen und einen muffigen Geruch (wegen des Biofilms in der Waschmaschine) bekommen.

Für welches Waschmittel auch immer gilt bei der Dosierung: so wenig wie nötig. Da sowohl *Tenside* (waschaktive Substanzen), *Enzyme* (als Flecklöser und Behandlung organischer Verschmutzungen) im Abwasser als auch *Phosphate* die Umwelt schädigen, versuchen die Waschmittelhersteller deren Anteil im Produkt bei guter Waschleistung so gering wie möglich zu halten. Phosphate sind in der EU wegen der Gefahr der Überdüngung seit 2013 komplett verboten.

Am liebsten sehen Umweltschützer Kompakt- oder Baukastenwaschmittel. Kompaktwaschmittel sind hochwirksam auch in geringer Dosierung. Bei Baukastenwaschmitteln stellt der Verbraucher individuell die Komposition der Waschsubstanzen je nach Bedarf zusammen, sodass nicht immer alles für alles, sondern manches nur gezielt zum Einsatz kommt, z. B. Bleichmittel und optische Aufheller oder Enzyme.

Tabs und portionierte flüssige Waschmittel sind aus umweltschonender Sicht nicht so gern gesehen, weil sie die Gefahr zur Überdosierung beinhalten, da sie geringere Waschtrommelbeladungen nicht berücksichtigen.

Fotos: l.: SyB/Fotolia; r.: Istvan Velsz

Pods

Duo-Caps

Weichspüler

WASCHHILFSMITTEL

Waschhilfsmittel sind Produkte wie Waschpasten, vor allem für starke Schmutzränder. Sie haben eine intensive Waschkraft und sind leicht löslich. Besonders praktisch ist die Tubenverpackung mit Schwämmchen zum Auftragen.

- **Waschkraftverstärker** (Pulver, Paste, Gel oder Spray), die gegen Flecken oder zum Bleichen vor oder während des Waschens verwendet werden.
- **Weichspüler** (flüssig, für das letzte Spülbad) machen die Wäsche flauschig, weich und geschmeidig und geben ihr einen frischen Duft. Außerdem soll so behandelte Wäsche nicht so schnell verschmutzen und sich leichter bügeln lassen. Textilien aus synthetischen Fasern laden sich nicht mehr so stark elektrisch auf. Mikrofasern und etliche andere Fasern dürfen nicht mit Weichspülern behandelt werden. Statt die Umwelt mit noch mehr Tensiden zu belasten, sollte man die Wäsche lieber im Freien trocknen. Die meisten modernen Waschmittel enthalten zudem bereits Substanzen für mehr Weichheit.
- **Feinappreturen**: Neue Textilien sind vom Hersteller mit einer Appretur versehen, die sich beim Waschen oft verliert. Mit Feinappretur kann man nachbessern. Die Stärkeprodukte verleihen der Wäsche wieder „Stand", machen das Bügeln leichter und schützen die Textilien vor dem schnellen Verschmutzen. Gibt es auch zum Sprühen.
- **Wäschestärken**: Gibt es als Naturstärke oder Kunstharzsteifen. Die Naturstärken waschen sich in der Regel wieder aus. Wer Wert darauf legt, dass die Stärkung der Wäsche einige Waschzyklen überdauert, sollte Kunstharzsteifen einsetzen. Beide Produktarten gibt es als Spray. Wäschestärken eignen sich vorwiegend für Baumwolle, Leinen und Mischungen mit diesen Fasern, nicht für Synthetics.
- **Entkalker**: Er soll die Waschmaschine davor schützen, dass sich Kalk an Trommel und Schläuchen ablagert und die Maschine schädigt. Die meisten Waschmittel beugen diesem Prozess vor, indem sie Komplexbildner enthalten, sodass die Notwendigkeit für zusätzliche Entkalker eigentlich nicht gegeben ist. Kalk fällt im Wasser erst ab ca. 60 °C aus; bei niedrigeren Waschtemperaturen kann also nichts passieren. Wer der intensiven Werbung folgt und trotzdem Entkalker benutzt, sollte das Waschmittel dann auf jeden Fall so dosieren, wie es dem Wasserhärtegrad „weich" entspricht.

TIPPS zur Lederpflege

Vorbeugen ist besser als reparieren. Vor dem ersten Tragen sowie von Zeit zu Zeit sollte man Lederwaren mit einem Lederimprägnierspray einsprühen.

Pflegetipps für **Lederkleidung**:

- Bitte Lederpflegeprodukte immer erst auf der Innenseite ausprobieren.
- Flecken nicht mit scharfen Lösungsmitteln behandeln.
- Feuchte Lederbekleidung auf Formbügel bei normaler Zimmertemperatur trocknen.
- Feuchtes und nasses Leder keiner Wärmequelle aussetzen.
- Echtes Leder will atmen. Deshalb bitte nie im Kunststoffbeutel aufbewahren.
- Leder nicht intensivem Licht aussetzen.
- Bügeln nur von der linken Seite bei Wolltemperatur und mit Bügeltuch.
- Reinigung kompletter Kleidungsstücke aus Leder bitte immer dem Profi-Reiniger überlassen! Bildet sich auf Spezialausrüstungen wie Garment washed ein weißlicher Belag: Kleidungsstück auf links drehen und bei mäßiger Temperatur für 10–15 min in den Wäschetrockner geben.

Lederkleidung mit **rauer Oberfläche (Velours, Nubuk):**

- Verklebte Veloursfasern, die durch Nässe entstanden sind, können mit einem Schwammtuch oder Kreppbürste gegen und mit dem Strich ausgebürstet werden.
- Lederstaub bitte mit Fusselrolle entfernen.
- Kragen, Tascheneingriffe und Ärmelbündchen sind beim Tragen höherer Reibung ausgesetzt, daher regelmäßig mit der Kreppbürste behandeln.

Lederkleidung mit **glatter Oberfläche (Nappa):**

- Wasserflecken mit weichem Lederradierer entfernen.
- Lederreinigungs- und -pflegemittel bitte vorsichtig anwenden.
- Kratzer mit dem Handballen verreiben.
- Fettflecken durch Verreiben entfernen.

Fotos: l.: Dmitri Stalnuhhin/Fotolia; r.: H. Brauer/Fotolia

Pflegesymbole und ihre Aussagen

Waschen

Dieses Symbol sagt aus, ob eine Haushaltswäsche möglich ist oder nicht und gilt für Hand- und Maschinenwäsche. Die Zahlen im Waschbottich entsprechen den Waschtemperaturen in Grad Celsius, die nicht überschritten werden dürfen. Ein Balken unterhalb des Waschbottichs besagt, dass eine (mechanisch) mildere Behandlung (z. B.Schongang) erforderlich ist. Er findet sich oft in pflegeleichten und empfindlichen Artikeln. Der doppelte Balken bedeutet eine noch schonendere Behandlung, z. B. Wollwäsche. Dementsprechend das Programm wählen.

	**95 °C KOCHWÄSCHE**	Wäsche aus Baumwolle oder Leinen, weiß, kochecht. Trommel ganz füllen. Normalwaschgang einstellen. Hartnäckige Flecken eventuell vorbehandeln. Verwendung eines Vollwaschmittels.
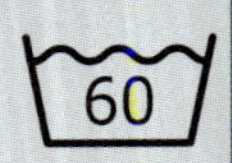	**60 °C BUNTWÄSCHE**	Das Programm für nicht kochechte Buntwäsche, z. B. aus Baumwolle oder Mischungen, wählen. Colorwaschmittel ohne Bleichmittel verwenden.
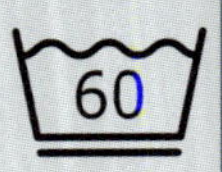	**60 °C BUNTWÄSCHE PFLEGELEICHT**	Wäschemenge ist reduziert, Trommel bis höchstens zu zwei Dritteln gefüllt. Waschprogramm läuft im Schongang und schleudert wegen der Knittergefahr nur auf niedriger Drehzahl. Vorwaschen nur bei starker Verschmutzung. Flecken evtl. vorbehandeln. Mit Colorwaschmittel waschen.
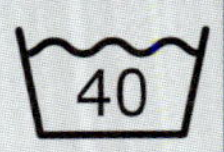	**40 °C BUNTWÄSCHE**	Der geeignete Waschgang für farbige Artikel aus Baumwolle, Polyester und Fasermischungen. Colorwaschmittel geeignet.
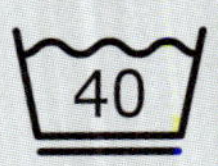	**40 °C FEINWÄSCHE PFLEGELEICHT**	Feinwäscheprogramm für Kleidung und Wäsche aus synthetischen Fasern wie Polyacryl, Polyester und Polyamid. Maschine wäscht mit reduzierter Wäschemenge, schleudert nur kurz und mit reduzierter Drehzahl. Hier kommen Feinwaschmittel zum Einsatz.
	**40 °C FEINWÄSCHE EXTRA SCHONEND**	Programm z. B. für maschinenwaschbare Wolle. Dieser Waschgang weist eine besonders schonende, mechanische Behandlung auf. Die Wäschemenge ist stark reduziert (ca. nur ein Drittel). Die Maschine schleudert häufig in Intervallen. Entsprechendes Waschmittel verwenden.
	**30 °C BUNTWÄSCHE**	Waschgang bspw. für dunkelfarbige Artikel aus Baumwolle, Polyester und Fasermischungen. Vorsichtshalber Feinwaschmittel verwenden, evtl. Flecken mit geeignetem Mittel vorbehandeln
	**30 °C FEINWÄSCHE PFLEGELEICHT**	Für feine Synthetics. Das entsprechende Programm arbeitet mit stark reduzierter Wäschemenge und schleudert wegen der Knittergefahr nur kurz und mit niedriger Drehzahl. Feinwaschmittel nehmen.
	**30 °C FEINWÄSCHE EXTRA SCHONEND**	Für sowohl temperatur- als auch mechanisch empfindliche Kleidung. Der Waschgang weist eine besonders schonende mechanische Behandlung auf. Die Wäschemenge ist stark reduziert, der Schleudergang besonders sanft.
	**HANDWÄSCHE**	Handwäsche, Wassertemperatur 20 °C bis max. 40 °C je nach Artikel. Feinwaschmittel gut auflösen oder Flüssigwaschmittel verwenden. Dann die Textilien schwimmend (bei möglichst hohem Wasserstand) in die Lauge geben, vorsichtig bewegen. Nicht reiben, nicht zerren, nicht auswringen! Die Wäsche oft und gut spülen, vorsichtig ausdrücken und in Form bringen, rasch behandeln und nie in nassem Zustand liegen lassen. Möglichst liegend trocknen. „Handwäsche" heißt auch ein Programm bei modernen Waschmaschinen. Dieses Programm berücksichtigt alle Vorsichtsmaßnahmen für empfindliche Wäsche und ist der manuellen Handwäsche vorzuziehen.
	**NICHT WASCHEN**	So gekennzeichnete Artikel sind gegen jede Nassbehandlung empfindlich oder aufgrund ihrer Größe für die Behandlung in der Haushaltswaschmaschine ungeeignet.

Bleichen und Trocknen

Mit den Waschbottichen alleine sind nicht alle Pflegeempfehlungen bzw. -einschränkungen auszudrücken. Deshalb befinden sich weitere Piktogramme auf den Pflegeetiketten der Kleidungsstücke. Für Bekleidung sind sie mal mehr oder weniger relevant. Das Symbol für das Bleichen ist das Dreieck, das Symbol für den Wäschetrockner (Tumbler) ist der Kreis im Quadrat.

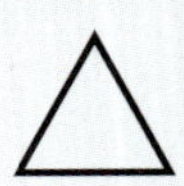	**CHLOR- ODER SAUERSTOFFBLEICHE**	Das leere Dreieck signalisiert: Chlor- und Sauerstoffbleiche sind möglich. Chlorbleiche ist in Deutschland bei Textilien nicht üblich; allerdings enthalten scharfe Oxidationsmittel, die im Haushalt bisweilen zur Fleckentfernung genutzt werden, gelegentlich Chlor.
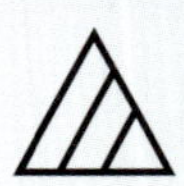	**SAUERSTOFFBLEICHE**	Sauerstoffbleiche, wie in Universalwaschmitteln enthalten, ist möglich, jedoch keine Chlorbleiche.
	**NICHT BLEICHEN**	Das durchgestrichene Dreieck symbolisiert, dass Bleichen nicht möglich ist. Nur bleichmittelfreie Waschmittel verwenden.

Trommeltrocknen

Die in dem Symbol einer Trockentrommel enthaltenen Punkte geben die Trocknungsstufen an. Fehlt das Symbol, muss man von den Kennzeichen für Waschen und Bügeln auf die Trocknung rückschließen: Je intensiver man waschen und je heißer man bügeln darf, desto problemloser ist vermutlich auch die Trocknung und umgekehrt. Allerdings sollte man in diesem Fall lieber etwas zu vorsichtig als zu forsch sein.

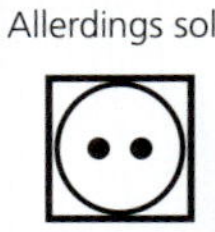	**TROCKNEN**	Trocknen im Tumbler bei normaler Belastung ohne Einschränkung möglich. Ausgangstemperatur maximal 80 °C.
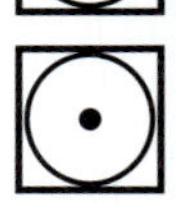	**SCHONTROCKNEN**	Schonendere Behandlungsart mit reduzierter thermischer Belastung (Temperatur, Behandlungsdauer) wählen. Ausgangstemperatur maximal 60 °C.
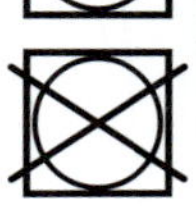	**KEINE TROMMELTROCKNUNG**	Artikel verträgt keine Tumblertrocknung.

Alle Symbole: GINETEX Germany c/o GermanFashion

Natürliches Trocknen

Horizontale oder vertikale Striche im Quadrat bilden die Symbole für den natürlichen Trocknungsprozess. Ein diagonaler Strich, der einen Sonnenschutz symbolisiert, weist darauf hin, dass der Artikel nicht dem Sonnenlicht ausgesetzt werden darf.
In Deutschland sind diese Symbole zwar nicht üblich, da sie aber in anderen Ländern verwendet werden, können sie auf dem Etikett erscheinen.

	Trocknen auf der Wäscheleine.		Trocknen auf der Wäscheleine im Schatten. Artikel verträgt kein Sonnenlicht.	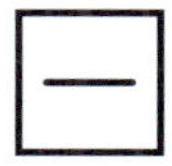	Liegend trocknen. Artikel verliert durch Aufhängen seine Form.		Liegend trocknen im Schatten. Artikel verträgt kein Sonnenlicht und verliert durch Aufhängen seine Form.
	Trocknen auf der Wäscheleine aus dem tropfnassen Zustand. Artikel verträgt kein Schleudern.		Trocknen auf der Wäscheleine aus dem tropfnassen Zustand im Schatten. Artikel verträgt weder Schleudern noch Sonnenlicht.		Tropfnass liegend trocknen.		Tropfnass liegend trocknen im Schatten.

Bügeln

Die Punkte im Piktogramm kennzeichnen die Temperaturbereiche der Bügeleisen (Regler-, Dampf-, Reisebügeleisen sowie Bügelmaschinen). Bei den meisten Bügelgeräten finden sich auch Hinweise zu den Faserarten am Schalter. Die Wahl der maximalen Temperatur darf jedoch ausschließlich nach der Pflegekennzeichnung erfolgen und nicht allein nach dem Material. Der Materialanteil, der am wenigsten Hitze verträgt, gibt die Temperatur vor, ist aber nicht immer gleich auf dem Etikett auszumachen. Deshalb sollte man sich unbedingt nach den Angaben der Pflegekennzeichnung am Kleidungstück richten. Fehlt diese, sollte man mit einer geringen Temperatur beginnen und sich dann vorsichtig im Temperaturspektrum vorantasten. Dabei sollte man nie außer Acht lassen, dass ein Bügeleisen eine gewisse Zeit braucht, um die gewählte Temperatur zu erreichen (Lämpchenkontrolle!). Vorsicht ist zudem bei allen Oberflächeneffekten oder bei Applikationen jeglicher Art geboten.

	**HEISS BÜGELN**	Stufe „Baumwolle / Leinen". Das beste Ergebnis erzielt man mit leicht feuchter Wäsche, daher notfalls besprühen oder mit einem feuchten Tuch bügeln. Dampfbügeleisen dürfen verwendet werden. Glanz- und druckempfindliche Stücke mit Tuch oder auf der Rückseite bügeln.
	**MÄSSIG HEISS BÜGELN**	Stufe „Wolle / Seide / Polyester / Viskose". Mit mäßig feuchtem Zwischentuch bügeln. Dampfbügeleiser können verwendet werden. Starkes Pressen vermeiden. Nicht verziehen.
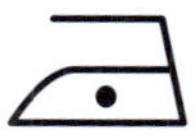	**NICHT HEISS BÜGELN**	Stufe „Polyacryl / Polyamid / Acetat". Glanz- oder druckempfindliche Artikel notfalls mit trockenem Tuch oder auf der Rückseite bügeln. Vorsicht mit dem Dampfbügeleisen – ohne Dampf arbeiten! Nicht verziehen.
	**NICHT BÜGELN**	Es kann zu Veränderungen und Beschädigungen kommen, die nicht mehr zu korrigieren sind.

Symbole für die Chemischreinigung

Die Buchstaben im Kreis sind in erster Linie für den professionellen Textilreiniger bestimmt. Sie geben vor allem einen Hinweis auf die zum Einsatz kommenden Lösemittel. Der Balken unterhalb des Kreises bedeutet ähnlich wie bei den Waschsymbolen, dass bei der Reinigung die mechanische Beanspruchung, die Feuchtigkeitszugabe, Bad- und/oder die Trocknungstemperatur reduziert werden müssen.

	Behandlung mit **TETRAFLUORETHYLEN (PER), KOHLENWASSERSTOFFEN (SCHWERBENZINE)**	Normales Reinigungsverfahren ohne Einschränkung. Handelsübliche Fleckenentfernungsmittel auf Lösemittelbasis können mit Einschränkung verwendet werden.
	Behandlung mit **TETRAFLUORETHYLEN (PER), KOHLENWASSERSTOFFEN (SCHWERBENZINE)**	Reinigungsverfahren mit strikter Begrenzung der Feuchtigkeitszugabe und/oder der mechanischen Beanspruchung und/oder Temperatur. Handelsübliche Fleckenentfernungsmittel auf Lösemittelbasis können mit Einschränkung verwendet werden. Empfehlenswert ist vorab ein Versuch an verdeckter Stelle.
	Behandlung mit **KOHLENWASSERSTOFFEN (SCHWERBENZINE)**	Reinigungsverfahren ohne Einschränkung. Handelsübliche Fleckenentfernungsmittel auf Lösemittelbasis dürfen nicht verwendet werden.
	Behandlung in Reinigungsmaschine mit **KOHLENWASSERSTOFFEN (SCHWERBENZINE)**	Reinigungsverfahren mit strikter Begrenzung der Feuchtigkeitszugabe und/oder der mechanischen Beanspruchung und/oder der Temperatur. Handelsübliche Fleckenentfernungsmittel auf Lösemittelbasis dürfen nicht verwendet werden.
	**NICHT MIT LÖSEMITTELN BEHANDELN**	Keine Chemischreinigung möglich. Keine lösemittelhaltigen Fleckenentfernungsmittel verwenden.

Symbole für die Nassreinigung

Symbole für die Nassreinigung werden für Artikel eingesetzt, die mit Nassreinigungsverfahren in Wasser behandelt werden können. Die Anforderungen an die Maschinenausstattung, die eingesetzten Hilfsmittel und die Finishmethoden (Nachbehandlung) können mit den Bedingungen von Haushaltswaschmaschinen nicht erreicht werden. Die nachfolgenden Symbole befinden sich (soweit diese angewandt werden) direkt unterhalb der Zeichen für die Chemischreinigung.

	**NASSREINIGUNG**	Normales Nassreinigungsverfahren ohne Einschränkung.
	**MILDE NASSREINIGUNG**	Nassreinigungsverfahren für empfindliche Textilien mit geringerer mechanischer Beanspruchung.
	**SEHR MILDE NASSREINIGUNG**	Nassreinigungsverfahren für sehr empfindliche Textilien mit sehr geringerer mechanischer Beanspruchung.
	**NICHT NASSREINIGEN**	Keine Nassreinigung möglich.

Chemische Reinigungen arbeiten heute mit hohen Umweltschutzauflagen.

Chemischreinigen

WENN TROCKEN NICHT DAS GEGENTEIL VON NASS IST

Wie bei so vielen Erfindungen stand auch zu Beginn der chemischen Reinigung der Zufall Pate. Der Franzose *Jolly Belin* goss aus Versehen Terpentinöl auf seine fleckige Tischdecke und entdeckte, dass die Flecken verschwanden. Er experimentierte weiter, perfektionierte die Technik und eröffnete im Jahr 1825 die weltweit erste „Trockenreinigung" in Paris. So jedenfalls wird es erzählt, und die Geschichte nimmt ihre Fortsetzung mit *Johann Julius Wilhelm Spindler.* Der 1810 in Berlin geborene und 1873 gestorbene Gründer einer Dampfwäscherei und Färberei in Berlin übernahm von dem Franzosen *Belin* die Idee und richtete 1854 die erste chemische Wäscherei in Deutschland ein. Bei diesem Verfahren wurde die Kleidung mit Benzol bzw. Benzin unter Ausschluss von Wasser – was den früher gebräuchlichen Begriff „**Trockenreinigung**" erklärt, jedoch nicht die harmlos klingende Bezeichnung „**Kleiderbad**".

Ein Kleiderbad war alles andere als schonend, weil reichlich gesundheits- und umweltschädliche Chemikalien zum Einsatz kamen. Zwar hatte Benzol das ursprünglich benutzte Terpentinöl abgelöst, was im Ergebnis jedoch nicht befriedigte. Heute gilt Benzol als krebserregend und ist verboten. Es wurde von Benzin abgelöst. Das aber ist feuergefährlich. So suchten die Chemiker nach nicht brennbaren Lösungsmitteln und fanden sie in Organochlorverbindungen wie Trichlorethen und Tetrachlorethen – früher „Per" für Perchlorethylen genannt und Namensgeber für das Reinigungssymbol „P" – sowie die Fluorchlorkohlenwasserstoffe (FCKW), deren ozonloch-schädigende Wirkung sicher jedem bekannt ist.

CHEMISCH REINIGEN HEUTE

Erst nach und nach wurden die Belastungen für Menschen in und nahe den Betrieben sowie für das Grundwasser bekannt und ernst genommen. Was zuvor als Zaubermittel gegen Flecken aller Art galt, kam gründlich in Verruf. Die Umweltauflagen wurden härter, viele Betriebe mussten schließen. Für sie kamen die Entwicklung anderer Chemikalien und die Technik zu spät, mit der „Per" in geschlossenen Anlagen verwendet und die Emissionen durch verschiedene Maßnahmen wie z. B. Kältetechnik, Vakuum, Aktivkohlefilter für die Abluft etc. minimiert werden kann.

Weil nachgewiesen wurde, dass die FCKW zur Zerstörung der Ozonschicht beitragen, wurden sie verboten.

Sauberkeit – teuer erkauft

Sauber gereinigt, auf Bügel gehängt und von einer Plastiktüte geschützt, so kennt jeder die Ergebnisse der chemischen Reinigung. Für Umweltaktivisten eine Dreifachkatastrophe:

- Reinigung mit grundwasser- und umweltbelastenden Stoffen
- Verschwendung von Ressourcen: Aluminium (Bügel)
- Verschwendung von Ressourcen: Erdölprodukte (Beutel)

Foto: mangostock/Fotolia

Foto: Ragne Kabanova/Fotolia

Imprägniersprays

Imprägniersprays gibt es für Leder und Textilien. Ihr Zweck ist es, den im Gebrauch verlorengegangenen Schutz gegen Eindringen von Wasser und Verschmutzungen nach dem Waschen wiederherzustellen. Das sollte man nicht mit dem billigsten Produkt tun. Man sollte unbedingt den Aufdruck auf den Spraydosen und -flaschen aufmerksam lesen. Je nachdem, was imprägniert werden soll, gibt es unterschiedliche Produkte. Wer Funktionskleidung neu imprägnieren möchte, muss schauen, ob das Produkt dafür geeignet ist. Das erkennt man in der Regel daran, dass ausdrücklich auf Funktions- und Membranbekleidung hingewiesen wird. Fehlt dieser Hinweis, dann sollte man dieses Produkt auf gar keinen Fall für diese Art der Kleidung einsetzen. Bei Ledersprays wird zwischen Glatt- und Rauledereignung unterschieden.

Tipps zur Anwendung von Imprägniersprays:

- Aus Umweltschutzgründen und für die Wahrung der eigenen Gesundheit (Achtung: Aerosole) sind Pumpsprays den Sprays mit Gasfüllung unbedingt vorzuziehen.
- Imprägniert werden sollte zudem nur bei guter Belüftung – möglichst im Freien – und so, dass der Sprühnebel vom Körper (Mund und Nase) weggeleitet wird.
- Wichtig ist die gleichmäßige Besprühung, lieber besonders exponierte Stellen wie die Schulterpartie mehrfach dünn nach dem Trocknen jeder Schicht behandeln. Besonders bei den Pumpsprays Tropfenbildung vermeiden.
- Bei Leder erst an verdeckter Stelle prüfen, ob sich die Optik verändert (dunkler?).
- Hinweis: Bei Einwaschimprägnierung für die Waschmaschine leidet die Atmungsaktivität von Funktionskleidung, weil auch die Innenseite wasserabweisend wird.

Von all den in der Geschichte der Chemischreinigung verwandten Verbindungen ist heute nur noch Per im Einsatz der „Trockenreinigung“.
Jedes Reinigen braucht ein Medium, das den Schmutz ablöst und ihn daran hindert, sich erneut anzulagern. Beim chemischen Reinigen handelt es sich dabei nicht um Wasser, sondern um chemische Lösungsmittel, die z. B. organische Verschmutzungen wie Fette und Eiweiße lösen können. Theoretisch könnte man diese Flecken vielleicht in einer modernen Haushaltswaschmaschine mit modernen Waschmitteln beseitigen. Da die Lösungsmittel die textilen Fasern jedoch nicht quellen lassen, bleibt so die Form erhalten. Weil zudem oft unterschiedliche Materialien in einem Kleidungsstück verarbeitet sind und manche Textilien nicht in eine Haushaltsmaschine passen, ist das chemische Reinigen durchaus eine sinnvolle Alternative. Auch kann der Textilreinigungsfachmann gezielt mit speziellen Maßnahmen Flecken bekämpfen – und er kann Mittel verwenden, die für den privaten Bereich zu riskant und dem Fachmann vorbehalten sind. Schulungen und die geeignete Technik minimieren in einem spezialisierten Betrieb Gefährdungen. Die Reinigung mit Per hat nämlich noch immer einen hohen Anteil bei den unterschiedlichen Verfahren.

WENN WASSER PROFESSIONELL ZUM EINSATZ KOMMT

Obwohl das Lösemittel bei diesem Reinigungsverfahren Wasser ist, kann das in den 1990er-Jahren entwickelte Verfahren nicht mit dem einer Haushaltswaschmaschine verglichen werden. Die **professionelle Nassreinigung** arbeitet mit niedriger Temperatur, wenig mechanischer Beanspruchung und unter Verwendung spezieller Reinigungsverstärker. Sie ist jedoch für Textilien nur dann ohne Risiken, wenn sie bei Artikeln angewandt wird, die eine Wäsche mit maximal 40 °C gestatten. Diese Neuentwicklung erzielt oft bessere Reinigungsergebnisse als die Trockenreinigung und gilt als besonders effektiv, kostengünstig und umweltschonend.

Gallseifenkonzentrat mit Flecken-Bürste

Flüssigwaschmittel

LEXIKON Waschen, Reinigen & Pflegen

Alkohole dienen in flüssigen Waschmitteln als Lösungsvermittler, um die eingesetzten Rohstoffe ohne Trübung in Lösung zu halten. Sie steigern die schmutzlösende Wirkung der →*Tenside*, wirken in stärkeren Konzentrationen als Konservierungsmittel und erhöhen die Lagerstabilität von →*Enzymen*.

Ausbluten. Abgabe überschüssiger Farbe neuer Kleidung in die Waschlauge bzw. die erwünschte Abgabe von Farbe zur Erzielung von Auswascheffekten wie Vintage oder Used Look.

Biofilm ist ein Belag von Bakterien in der Waschmaschine, der sich durch ausschließliches Waschen bei Niedrigtemperaturen bilden kann. Daher sollte ca. jede fünfte Wäsche, mindestens aber alle 14 Tage, einmal bei 60 °C mit einem bleichmittelhaltigen Voll- bzw. Universalwaschmittel gewaschen werden. Indiz für Biofilme sind unangenehme Gerüche aus der Maschine, die jedoch auch mit speziellen Waschmaschinenreinigern verschwinden.

Bitterstoff. Soll zum sofortigen Ausspucken des Produktes veranlassen, wenn z. B. Kinder Flüssigwaschmittel getrunken haben.

Bleichmittel, Bleichaktivatoren. Bleichmittel oxidieren die im Wäscheschmutz vorkommenden organischen Farbstoffe und entfärben sie dadurch. Sie sind daher auch in Fleckenmitteln enthalten. Als Bleichmittel auf Sauerstoffbasis werden *Perborat, Percarbonat* oder *Wasserstoffperoxid* verwendet, die bei höheren Temperaturen bleichaktiven Sauerstoff abspalten. Sie wirken auch gegen Krankheitskeime. Bleichaktivatoren erhöhen die Wirksamkeit von Bleichmitteln bei niedrigen Waschtemperaturen. Der wichtigste Bleichaktivator ist *Tetraacetylethylendiamin (TAED)*.

Colorwaschmittel enthalten keine bleichenden Substanzen und optischen Aufheller, dafür häufig aber farbschützende Komponenten.

Cyclodextrine kommen in Textilerfrischern vor. Es sind ringförmig angeordnete Zuckermoleküle – gewonnen aus Maisstärke –, die die Geruchsmoleküle an sich binden, sie „ummanteln". Zudem dienen die *Cyclodextrine* auch als Träger erwünschter Duftstoffe.

Duftstoff/Parfümöl. Soll dem Produkt einen angenehmen Duft verleihen und gleichzeitig unangenehme Gerüche der Komponenten oder der Waschlauge überdecken. Wer auf Duftstoffe verzichten möchte oder muss, kann auf duftstofffreie Waschmittel zurückgreifen.

Emulgatoren werden in Weichspülern eingesetzt und verteilen das kationische Tensid, das für den Weichspüleffekt verantwortlich ist, im Spülwasser. Außerdem unterstützen sie ein gleichmäßiges Aufziehen des Tensids auf das Textil. Als Emulgatoren dienen hauptsächlich nichtionische →*Tenside*.

Entkalker sollen die Waschmaschine davor schützen, dass sich Kalk an Trommel und Schläuchen ablagert und die Maschine schädigt. Die meisten Waschmittel beugen diesem Prozess vor, indem sie →*Komplexbildner* enthalten, sodass zusätzliche Entkalker eigentlich nicht nötig sind. Kalk fällt im Wasser erst ab ca. 60 °C aus; bei niedrigeren Waschtemperaturen kann also nichts passieren. Wer der intensiven Werbung folgt und trotzdem Entkalker benutzt, sollte das Waschmittel dann entsprechend dem Wasserhärtegrad „weich" dosieren.

Enzyme. Proteine oder Eiweißkörper, die chemische Stoffe umwandeln können, ohne sich selbst zu verändern (Katalysatoreffekt). Jedes Enzym vermag nur jeweils eine chemische Struktur zu spalten. Die Spaltprodukte, die durch die Enzyme entstanden sind, werden durch →*Tenside* anschließend abgelöst. Enzyme werden seit den 1960er-Jahren von gezüchteten Bakterien erzeugt. Seit Anfang der 1990er-Jahre werden solche Bakterienstämme auch gentechnisch verändert, um noch effektivere Enzyme herstellen zu können. Diese sind dann maßgeschneidert („Designer-Enzym") für ihre spezielle Aufgabe im Waschmittel.

Farbfängertuch. Vliestuch, das der Wäsche in der Waschmaschine beigegeben wird, um Farbübertragungen zu vermeiden. Funktioniert bei farblich vorsortierter Wäsche ziemlich gut. Das Tuch lässt sich mehrmals verwenden.

Farbstoffe haben die Aufgabe, dem Waschmittel ein ansprechendes Aussehen zu geben, das Unterschiede bei der Eigenfarbe der einzelnen Komponenten überdeckt.

Farbübertragungsinhibitoren werden insbesondere in Color- und Feinwaschmitteln eingesetzt und vermindern die Übertragung abgelöster Farbpartikel im Waschprozess. Die vorrangig verwendeten Verbindungen auf Basis von *Polyvinylpyrrolidon* hindern abgelöste Farbteilchen daran, sich wieder auf dem Gewebe anzulagern. Das Risiko von Verfärbungen wird so verringert, die Nutzbarkeit der Wäsche verlängert.

Fluorchlorkohlenwasserstoff (FCKW). Lösungsmittel, das als gesundheitsgefährlich anerkannt ist und z. B. die Ozonschicht in der Atmosphäre angreift. Es ist als Reinigungsmittel in Deutschland seit 1991 (Novelle 2006) per Gesetz verboten.

Feinappretur. Neue Textilien sind vom Hersteller mit einer Appretur versehen, die sich beim Waschen oft verliert. Mit Feinappretur kann man nachbessern. Die Stärkeprodukte verleihen der Wäsche wieder „Stand", machen das Bügeln leichter und schützen die Textilien vor dem schnellen Verschmutzen.

Feinwaschmittel. Enthalten weder Bleichmittel noch →*optische Aufheller* und schonen somit vor allem empfindliche Fasern und Farben.

Gleitmittel. Wachsartige Substanzen, die beim Bügeln oder Mangeln die Gleitwirkung erhöhen.

Komplexbildner z. B. *Citrate, Phosphate, Phosphonate, Carboxylate, EDTA (Ethylendiamintetraacetat)* oder *NTA (Nitrilotriacetat)* werden zum Enthärten von Wasser und zur Unterstützung der Reinigungswirkung von Produkten verwendet. Da die früher überwiegend benutzten Phosphate über das Abwasser in die Gewässer gelangten, dort zu vermehrtem Algenwachstum und in der Folge zur Sauerstoffarmut der Gewässer (Eutrophierung) führten, ersetzt man Phosphate heute z. B. durch die ökologisch unbedenklichen Citrate. Durch Auswahl moderner, wasserhärteunabhängiger →*Tenside* kann größtenteils auf Komplexbildner verzichtet werden. Ebenso fehlt mittlerweile EDTA, das ebenfalls als umweltproblematisch gilt. Die Hersteller von Wasch- und Reinigungsmitteln verzichten daher seit 1991 durch Selbstverpflichtungen auf den Einsatz.

Konservierungsmittel/Biozide. Um die Haltbarkeit von flüssigen oder pastösen Wasch- und Waschhilfsmitteln sicherzustellen, schützen vor mikrobiellem Befall. Pulverförmige Waschmittel und konzentrierte Produkte dagegen sind in der Regel selbstkonservierend und benötigen keine zusätzlichen Konservierungsmittel.

Korrosionsinhibitor. Aluminiumteile in der Waschmaschine würden in der stark alkalischen Waschflotte beschädigt werden. Dagegen sollen Silikate, organische Salze, →*Tenside* oder Fettsäuren wirken.

Kohlenwasserstoff-Lösungsmittel (KWL). Die in Textilreinigungen verwendeten Kohlenwasserstoff-Lösemittel bestehen ausschließlich aus Kohlenstoff und Wasserstoff. Als Lösemittel

Alle Fotos: Istvan Velsz

Trocknertücher

Waschpulver

zum Reinigen von Textilien werden sie in Deutschland seit 1993 verwendet und wurden von der Industrie als Ersatz für das die Ozonschicht schädigende →*FCKW* entwickelt. In der Textilreinigung eignet sich hochreines KWL vor allem zur schonenden Behandlung von empfindlichen und feinen Textilien wie Abendgarderobe oder Festbekleidung. In anderen Lösemitteln nicht beständige Färbungen, Drucke und nicht-textile Bestandteile lassen sich in KWL meistens ebenfalls ohne Schädigungen pflegen.

Optische Aufheller (z.B. in Voll- und Feinwaschmittel für Weißes) ziehen auf die Faser auf und formen das für das menschliche Auge unsichtbare ultraviolette Licht in sichtbares blaues Licht um. Es gibt zusammen mit der Komplementärfarbe Gelb der Wäsche ein besonders strahlendes Weiß. Optische Aufheller verbleiben auf der Wäsche. Sie haben keinerlei Waschwirkung.

Organochlorverbindung. *Trichlorethen; Tetrachlorethen* (ehemals „Per" = *Perchlorethylen*), sind Chemikalien, die bei der chemischen Reinigung zum Einsatz kamen und kommen.

Schauminhibitor. Das Entstehen von Schaum zeigt zwar an, dass das Wasser relativ weich ist, allerdings ist Schaum kein Indikator für die Waschleistung. Zuviel Schaum bremst sogar den Vorgang, da die mechanische Bewegung in der Waschtrommel behindert wird (was bei Feinwaschmitteln z.B. durchaus beabsichtigt ist). Die Zugabe von Seife reguliert den Schaum, da sie mit Kalziumionen von Wasser im mittleren Härtebereich Kalkseife bildet. In ganz weichem Wasser wirkt die Seife allerdings nicht mehr, daher werden auch spezielle Silikonöle oder Paraffinöle eingesetzt.

Stellmittel dienen in Pulvern zur Verbesserung der Rieselfähigkeit und sind im allgemeinen Natriumsulfat. Sie sorgen auch für gute Dosierbarkeit und Löslichkeit des Waschmittels, haben aber auf die Waschwirkung selbst keinen Einfluss. Der Gebrauch von *Natriumsulfat* ist in den letzten Jahren stark zurückgegangen, da die modernen Kompaktwaschmittel frei von zugesetzten Füllstoffen sind.

Tenside. Sie lösen die Verschmutzung von der Faser ab und halten sie in der Schwebe. Das ist möglich, weil sich Tenside bevorzugt an Grenzflächen wie Wasser/Luft oder Wasser/Schmutz (Öl) anlagern und dabei die Oberflächenspannung des Wassers herabsetzen. So kommt es zu einer Benetzung der Faser durch das Wasser – der Schmutz wird gelockert und abgehoben. Es ist gesetzlich vorgeschrieben, dass Tenside vollständig biologisch abbaubar sein müssen.

Trocknertuch. Vliestuch, das die Wäsche weich und duftend machen soll. Der Dufteffekt ist spürbarer als der Weichmachereffekt.

Universalwaschmittel, Vollwaschmittel. Für alle waschbaren Textilien bei allen Temperaturen. Vor allem sind sie aber für stark verschmutzte und weiße Wäsche geeignet, denn sie enthalten neben den →*Tensiden* und Wasserenthärtern Bleichmittel und →*optische Aufheller*, die die Vergrauung hemmen.

Vergrauungsinhibitoren sind oft *Polycarboxylate*. Die Verwendung von →*Tensiden* verhindert noch nicht, dass der Schmutz nach dem Ablösen wieder auf die Textilfaser aufzieht. *Polycarboxylate* dienen zum einen in Verbindung mit *Zeolithen* (*Natriumaluminiumsilikate* unterschiedlicher Zusammensetzung) dazu, den Niederschlag der schwer löslichen Salze von Kalzium und Magnesium auf Wäsche und Heizstäben zu verhindern. Darüber hinaus verbessern sie die Farbbrillanz der Wäsche. Sie heften sich an die Faser und verhindern das Wiederansetzen des Schmutzes. Es werden u.a. *Zellulosederivate* wie *Carboxymethylzellulose* eingesetzt. Auch Wirkstoffe aus der Gruppe der →*Enzyme*, die *Zellulasen*, verhindern unerwünschte Ablagerungen.

Vorwaschmittel für besonders verschmutzte Textilien; oft als Pumpspray. Bei normal verschmutzter Wäsche nicht nötig. Geeignet zur Fleckenvorbehandlung.

Waschalkalien. Für eine gute Schmutzentfernung ist ein möglichst hoher pH-Wert der Waschflotte erforderlich. Waschalkalien erhöhen den pH-Wert der Waschlauge bzw. Spülflotte. Dadurch quellen die Fasern bzw. Anschmutzungen auf den Textilien und der Schmutz lässt sich leichter entfernen. In Waschmitteln werden hauptsächlich *Karbonate* und *Silikate* eingesetzt. Letztere verhindern zudem die Korrosion der Waschmaschine. Auch Enthärter und alkalische Bleichmittel *(Natriumpercarbonat)* können die Alkalität des Wassers erhöhen.

Wäschestärke. Gibt es als Naturstärke oder Kunstharzsteifen. Die Naturstärken waschen sich in der Regel wieder aus. Wer Wert darauf legt, dass die Stärkung der Wäsche einige Waschzyklen überdauert, sollte Kunstharzsteifen einsetzen. Beide Produktarten gibt es als Spray. Wäschestärken eignen sich vorwiegend für Baumwolle, Leinen und Mischungen mit diesen Fasern, nicht für Synthetics

Waschhilfsmittel sind Produkte wie Waschpasten, vor allem für starke Schmutzränder. Sie haben eine intensive Waschkraft und sind leicht löslich. Besonders praktisch sind Tuben mit Schwämmchen zum Auftragen.

Waschkraftverstärker sind Pulver, Pasten, Gels oder Sprays, die gegen Flecken oder zum Bleichen vor oder während des Waschens verwendet werden.

Waschmittel für Sport- und Funktionskleidung sind milde Feinwaschmittel mit starker Beduftung oder Geruchsneutralisation.

Waschmittel für Textilien aus Synthetics und Gardinen gibt es in der Weiß- und der Colorvariante, haben aber außer einer intensiven Beduftung die gleiche Waschwirkung wie normale Voll- und Colorwaschmittel.

Wasserenthärter. Metallionen wie Kalzium und Magnesium rufen in vielen Prozessen Störungen hervor, z.B. Zersetzung von Waschmittelbestandteilen und Schädigung des Textils. Auch wird der Reinigungsprozess erschwert, da die meisten →*Tenside* durch stark kalkhaltiges Wasser (hohe Wasserhärte) in ihrer Wirksamkeit eingeschränkt werden. →*Komplexbildner* umschließen die Metallionen, verhindern dadurch unerwünschte Reaktionen und enthärten das Wasser. In pulverförmigen Waschmitteln werden oft *Zeolithe* eingesetzt, die ebenfalls Kalzium- und Magnesiumionen des Wassers binden.

Weichspüler. Flüssig, für das letzte Spülbad. Macht die Wäsche flauschig, weich und geschmeidig und gibt ihr einen frischen Duft. Außerdem soll so behandelte Wäsche nicht so schnell verschmutzen und sich leichter bügeln lassen. Textilien aus synthetischen Fasern laden sich nicht mehr so stark elektrisch auf. Etliche Fasern wie auch Mikrofasern dürfen nicht mit Weichspülern behandelt werden. Statt die Umwelt mit noch mehr →*Tensiden* zu belasten, sollte man die Wäsche lieber im Freien trocknen. Die meisten modernen Waschmittel enthalten zudem bereits Substanzen für mehr Weichheit.

Wollwaschmittel sind milde Feinwaschmittel, die ebenfalls weder Bleichmittel noch →*optische Aufheller* enthalten und in ihrer Zusammensetzung speziell auf die Bedürfnisse von Fasern tierischen Ursprungs wie Wolle und Seide abgestimmt sind.

PRÜF- UND ÖKO-LABEL

Leitlinien für textile Sicherheit

Sichere Standards und eine zunehmende Anzahl an Organisationen und Initiativen überführen den gesellschaftlichen Megatrend „Nachhaltigkeit" aus der Theorie und den öffentlichen Auseinandersetzungen in eine ökonomisch auskömmliche Praxis - die einzige Garantie für die Einhaltung der Versprechen. Die heranwachsende Verbrauchergeneration wird durch ihre Nachfrage regeln, dass der Aspekt der Nachhaltigkeit auch im Bereich von Mode und Bekleidung nicht mehr übergangen werden kann.

Auch wenn das derzeit noch existierende Modell der textilen Wertschöpfungskette nicht der Weg in die Zukunft sein kann, so stimmt die Bestandsaufnahme der im Markt schon verankerten Standards und Initiativen durchaus optimistisch. Aus Öko-Pionieren wurden Global Player, Einzelkämpfer formieren sich zu schlagkräftigen Koalitionen und selbst für konventionell produzierende Textilunternehmen gehören Diskussionen und Maßnahmen hinsichtlich umwelt- und damit ressourcen- und kostensparender Lösungsansätze speziell beim Ausrüsten und Finishing bereits zum gelebten Alltag. Denn eines ist sicher, wenn sich Ökologie und Ökonomie nicht zu einem gleichrangigen Ganzen verbinden, wird es nie gelebte Nachhaltigkeit geben. Und wenn im Bereich der Bekleidung ökologisch gefertigte Mode nicht sexy und begehrenswert ist, wird sie niemand kaufen.
Ressourcenschonung, Verbrauchersicherheit, Reduzierung von Emissionen in Luft und Wasser sowie die soziale Verantwortung für Gesundheit und Sicherheit bei der Arbeit sind die großen gemeinsamen Nenner, auf die sich die meisten Anstrengungen vereinigen lassen. Nach wie vor findet das meiste an Prüfungen und Zertifizierungen im Bereich der Freiwilligkeit statt. Die Vorgaben der europäischen Gesetzgeber sind im besten Fall als absolute Minimalforderung zu sehen. Das Konformitätszeichen „CE" ist demnach alles andere als ein Qualitätsbeweis.

NACHHALTIGKEIT IST ALLUMFASSEND

Faires Geld für faire Produkte, Hilfe zur Selbsthilfe, Förderung lokaler Produkte und Produktion nebst der schon genannten Einsicht, dass Ökologie ohne Ökonomie zum Scheitern verurteilt ist, dass sich Qualität und attraktive Optik nicht ausschließen dürfen und dass Standards etwas für Massenprodukte und nicht nur für mehr oder weniger spektakuläre Einzelaktionen sind – das alles sind Aspekte, die während des Prozesses der aktiven Auseinandersetzung mit dem Thema „Grün" in der Phase der Bewusstseinsbildung hinzugetreten sind. Wichtig ist auch die Erkenntnis, dass es im Prozess nachhaltigen Handelns keinen Königsweg gibt, sondern, dass man sich gut vernetzen und an einer Menge Stellschrauben drehen muss, um „grüne Ware" zum allseitigen Nutzen an Mann oder Frau zu bringen.
Es beginnt ganz am Anfang der textilen Kette. Zunächst geht es um den agrochemie-armen Anbau von Naturfasern wie Baumwolle, Hanf, Flachs/Leinen und Sisal in Bio-Qualität ebenso wie um Seide, Wolle oder Edelhaar aus kontrolliert biologischer Tierhaltung und darum, was auf dem langen Weg geschieht, bevor die Faser als fertiges Kleidungsstück in den Handel kommt. Transparenz entlang der gesamten Wert-

Foto: belamy/Fotolia

Foto: belamy/Fotolia

schöpfungskette ist dabei das A und O. Offenlegen sowie die Einseh- und Rückverfolgbarkeit sind dafür die Voraussetzungen, ohne die es nicht gelingt. Es geht z. B. um Fragen, was für die Vorbehandlung, Färbung, Ausrüstung an Hilfsmitteln und Farbstoffen eingesetzt wird. Kann man Baumwollprodukte überhaupt konsequent ökologisch herstellen? Was ist an synthetischen Beimischungen erlaubt, um ein modisches Kleidungsstück produzieren und noch als „bio" verkaufen zu können? Anforderungen an Chemikalien hinsichtlich ihrer Human- und Umwelttoxikologie sowie der biologischen Abbaubarkeit treten zu Richtlinien bezüglich der Vermeidung von Abfällen und deren umweltverträglicher Entsorgung, ergänzt um die Einhaltung definierter Sozialkriterien. Das Spektrum ist breit und die Sachlage äußerst komplex und kann nur mit aufrechter Ernsthaftigkeit bearbeitet werden. Genau diese Ernsthaftigkeit und das weltweite Monitoring bei der Umsetzung der geforderten Standards hat inzwischen auch die Politik bewogen, grüne Aktivitäten finanziell zu unterstützen.

Als Beispiel, wie es gehen kann: Weltunternehmen aus der Faserindustrie werden für die Herstellung ihrer zellulosischen Chemiefasern mit Holz aus nachhaltiger Waldbewirtschaftung beliefert und bedienen sich hochtechnologischer Verfahren und integrativer Herstellungsprozesse, um ökologisch einwandfreie Produkte mit den Vertrauenssiegeln „100 % Natur" zu fertigen. Und schließlich wachen Non-Profit- und Non-Government-Organisationen, privatwirtschaftliche Zertifizierer und Institutionen in der ganzen Welt durch ihre strengen Prüfungen und vertrauensbildende Verleihung ihrer Labels darüber, dass Nachhaltigkeit ein Wert und nicht nur ein Wort bleibt.

Bekleidungsrelevante Prüfsiegel

Öko-Zertifizierungen spielen in der nachhaltigen Modebranche eine große Rolle. Hier einige Beispiele verschiedener Initiativen und Prüfsiegel.

BLAUER ENGEL

Kriterien: Hersteller lassen freiwillig positive Umwelteigenschaften ihrer Produkte im Einzelfall testen. Siegel mit konkretem Hinweis auf die geprüfte Eigenschaft.

Bewertung: Im Textilbereich vorerst nur für Schuhe, textile Bodenbeläge, Matratzen, Polstermöbel, Textilreinigungs-Dienstleister.

BLUESIGN® STANDARD

Kriterien: Einhaltung des UN GLOBAL COMPACT, das strenge Anforderungen im Bereich der Menschenrechte, Arbeitsnormen, Umweltschutz und Korruptionsbekämpfung aufweist. Vermeidung von potenziell gefährlichen Substanzen mit Fokus auf den Färbeprozess, Einsatz von umweltfreundlichen Präparaten und unschädlichen Chemikalien, Kontrolle des Abwassers, Abluft und der Sicherheit und Gesundheit am Arbeitsplatz.

Bewertung: Von Öko-Test mit gut bewertet, industrie- und produktionszentriertes Siegel, ohne spezielle soziale Ausrichtung.

In den Hohenstein Instituten werden Produkte auf ihre Umweltverträglichkeit geprüft, bevor sie das Qualitätslabel erhalten.

TIPPS für Infos im Internet

Für detailliertere Informationen findet man unter diesen Webadressen Antworten:

www.bcorporation.net
www.bettercotton.org
www.blauer-engel.de
www.bluesign.com
www.ceres-cert.com
www.cottonedon.org
www.cotton-made-in-africa.com
www.ecolabelindex.com
www.ehticaltrade.org
www.ethicsandbusiness.org
www.eu-ecolabel.de
www.fairtrade-deutschland.de
www.fairtraderesource.org
www.fairwear.org
www.fsc.org
www.getchanged.net
www.global-standard.org
www.greenerchoices.org
www.hohenstein.de
www.naturland.de
www.tilth.org
www.pefc.de
www.imo.ch
www.lenzing.com/textile
www.naturtextil.de
www.oeko-tex.com; www.oeko-tex100.com
www.sa-intl.org
www.soilassociation.org
www.sustainable-cotton.net
www.textileexchange.org

EUROPÄISCHES UMWELTZEICHEN, EU-ECOLABEL

Kriterien: Minderung der Gewässerverschmutzung in den wichtigsten Prozessen während der gesamten Textilfertigung wie Faserproduktion, Spinnerei, Weberei, Strickerei, Bleichen, Färben und die Appretur. Kennzeichnet Textilien, die umweltfreundlich hergestellt werden und Gewässer weniger verschmutzen als konventionell hergestellte Textilien.
Bewertung: Kriterien laut *Verbraucher Initiative Berlin* unter ökologischen und qualitätsorientierten Aspekten über das gesetzlich Vorgeschriebene hinaus. Keine reinen Naturfasern, synthetische Hilfsmittel gestattet, Grenzwerte hoch, Allergien unberücksichtigt.

Das Label für Textilien wird es nur in Kombination mit einem erklärenden Text geben.

FAIRTRADE

Kriterien: Garantie zur Einhaltung sozialer Standards, Unterstützung von Familienbetrieben in der Dritten Welt, kein gentechnisch verändertes Saatgut, Regelungen zum Nachhaltigen Anbau und Verbot von Agrochemikalien, Weiterverarbeitung durch ILO, Kernarbeitsnormen geregelt.
Bewertung: Höchste Sozialstandards, Fairtrade-Baumwolle ist nicht immer aus kontrolliert biologischem Anbau. Der soziale Faktor dominiert.

GLOBAL ORGANIC TEXTILE STANDARD (GOTS)

Kriterien: Garantiert ökologischer Anbau, da mindestens 70% der Fasern aus kontrolliert biologischer Landwirtschaft stammen müssen. Textilprodukte aus mindestens 90% Naturfasern und 10% aus synthetischen Fasern oder Viskose. Sportbekleidung, Socken, Leggings 25% Beimischung synthetischer Fasern. Minimale Schadstoffbelastung durch Beschränkung auf wenige Verarbeitungssubstanzen und Färbemittel. Regelmäßige Überprüfung der Mindeststandards.
Bewertung: Weltweit verbreitetes Siegel, eine der sichersten Zertifizierungen.

HOHENSTEIN QUALITÄTSLABEL

Kriterien: Erreichen definierter Mindestanforderungen hinsichtlich der überprüften Eigenschaften. Die Nutzungsbedingungen werden in einer gesonderten vertraglichen Vereinbarung geregelt. Geprüft wird auf: Tragekomfort, antimikrobielle Wirkung, Hautverträglichkeit, Gebrauchstüchtigkeit, Leasingeignung, Passform, Verarbeitung, besondere Geräteeigenschaften.
Bewertung: Weniger Umwelt- als Qualitätssiegel, Basis für Verkaufsargumentation.

NATURLAND-SIEGEL

Kriterien: Ziel ist Nachhaltigkeit, Natur- und Klimaschutz, Schutz von Luft und Wasser, Verbraucherschutz und der Erhalt von natürlichen Böden, Minimierung der Umweltbelastung und korrekte Entsorgung von Chemikalien, Überprüfung des Verarbeitungsprozesses und der eingesetzten Substanzen und Verbot von z.B. Schwermetallen, Azofarbstoffen oder Formaldehyd, Sozialrichtlinien gemäß der Arbeitsorganisation ILO. Endprodukt besteht zu 95% aus Naturfasern, Prinzip der Verwendung nachwachsender Rohstoffe.
Bewertung: Strenge Kontrolle, soziale Richtlinien jedoch weniger streng als bei Fairtrade.

Foto: Hohenstein-Institute

Die Richtlinie für die BEST-Zertifizierung schreibt vor, dass das Produkt zu 100 % aus Naturfasern bestehen muss.

Das Prüfsiegel „Naturleder IVN zertifiziert" stellt Qualität auf hohem technischen und ökologischen Niveau sicher.

NATURTEXTIL IVN ZERTIFIZIERT BEST

Kriterien: Minimierung von Abfall und Umweltbelastungen, Verbot von Färbemitteln, die unter die Richtlinie 67/548 der EU fallen, Dokumentation von Transportmitteln und -wegen, Sozialstandards an Kernarbeitsnormen der ILO (Internationale Arbeitsorganisation) orientiert, Garantie für 100 % Naturfaser aus kontrolliert biologischem Anbau, synthetische Fasern dürfen nur in Ausnahmefällen bis zu 5 % eingesetzt werden.

Bewertung: Derzeit sicherstes Siegel mit höchsten Standards und Ansprüchen, Öko- und Sozialsiegel.

NATURLEDER IVN ZERTIFIZIERT

Kriterien: Nachhaltigkeit, Respekt gegenüber Umwelt und Verantwortung, ökologische Produktion. Zweistufige Kläranlagen, weitgehende Vermeidung gentechnisch veränderter Organismen, Tiere aus der Fleischgewinnung, Reinigung ohne chemische Konservierungsmittel, Tenside biologisch abbaubar, Gerben ohne Chrom oder mineralische Gerbstoffe, Farbstoffe halogen- und schwermetallfrei, Zurichtung nicht lösungsmittelhaltig.

Bewertung: Sehr weitgehend, wenig Zuspruch seitens Industrie.

ÖKO-TEX®

Standard 100 by Oeko-Tex®

Ersetzt das frühere Label *Öko-Tex® 100*.

Kriterien: Schadstoffarmut, keine Sozialstandards oder Garantie für biologische Verarbeitung, Verbot von Azofarbstoffen und anderen gefährlichen Substanzen, Festlegung von Grenzwerten.

Bewertung: Schadstoffe wie Chlorbleiche, Schwermetalle und Pestizide sind unter bestimmten Grenzwerten erlaubt, kein kontrolliert biologischer Anbau, keine Kontrolle des Herstellungsprozesses, sondern reine Produktprüfung auf Gesundheitsschädlichkeit.

STeP by Oeko-Tex®

Ersetzt das frühere Label *Öko-Tex® Standard 1000*.

Kriterien: Ergänzung zu *Standard 100 by Oeko-Tex* auf Prüfung der Produktionsbedingungen, Einhaltung nationaler Gesetze, Richtlinien für Umweltschutz und Richtlinien für Abwasser- und Abluft, sowie Lärm u. Ä., Sicherheit am Arbeitsplatz und Verzicht auf Kinderarbeit (Bezug auf ILO-Konvention).

Bewertung: Erweiterung des Labels *Standard 100 by Oeko-Tex®* in Richtung der Kriterien Umwelt- und Sozialverträglichkeit in den produzierenden Unternehmen.

Made in Green by Oeko-Tex®

Ersetzt das frühere Label *Öko-Tex® 100plus* und wird jeweils für ein Jahr vergeben.

Kriterien: Humanökologie und Produktionsökologie in Kombination; Voraussetzung: Hergestellte Artikel sind nach *Standard 100 by Oeko-Tex®* zertifiziert und die Produktionskette aller an der Produktion eines bestimmten Produkts beteiligten Unternehmen entspricht den Anforderungen des *STeP by Oeko-Tex®*.

Bewertung: Umweltfreundliche und sozial verträgliche Produktion.

Fotos: l.: akamaki/Fotolia, r.: Michael Hieber/Fotolia

Mit Farben beschäftigen sich Psychologen und Esoteriker, Physiker und Künstler, Wissenschaftler und Scharlatane. Farben berühren physisch und emotional. Kein gesunder Mensch bleibt durch die Wirkung von Farben unberührt. Synästhetiker empfinden sogar Töne und Zahlen als farbig. Farben haben und hatten immer auch eine kulturelle Bedeutung und man kann mit farbiger Umgebung gezielt Einfluss auf die Empfindungswelt nehmen – auch bei Kleidung. Farben wirken unbewusst und werden mit ihrem Wirkpotenzial in aktuellen Studien gerade neu erforscht.

FARBEN

Farben und Wirkung – psychologisch & kulturell

Foto: neonshot/Fotolia

Rot ist aufregend.

Grüntöne: Farben der Natur.

Weil die Magie der Farben uns auf der einen Seite so vertraut und in vielen Kulturen anders interpretiert und genutzt wird, kann man auf die allzu nüchterne Betrachtung aus physikalischer oder künstlerischer Sicht verzichten. Ob Farben nach Wellenlängen aus dem Spektrum des sichtbaren Lichts entstehen oder durch additive bzw. subtraktive Mischung, soll im Sinne der Symbolik unbeachtet bleiben.
Nachstehend werden die wichtigsten Farben nach Symbolik, Wirkung, Mythos und Kulturbedeutung vorgestellt, mit Mut zur Lücke und genügend Interpretationsspielraum.

ROT – LIEBE, LEBENSFREUDE, LEIDENSCHAFT

Rot ist die Farbe des Blutes, der Liebe, der Lebensfreude, der Leidenschaft und Lebensenergie. Sie ist die dynamischste, aber auch aggressivste Farbe. Rot symbolisiert Feuer, aber auch Kampf und Wut. Die stärkste aller Farben verleiht uns Mut, Stärke und Entschlussfreudigkeit. Sie steht für körperliche Nähe und Wärme und aktiven Sex.
Rot berührt die Tiefen unserer Seele und appelliert an die animalischen Seiten unseres Unterbewusstseins. Sie steht auch für Körperbewusstsein, Selbstvertrauen, Furchtlosigkeit, Kraft, Durchhaltevermögen, Selbstständigkeit, Lebenslust, Macht und Eroberung.
Rot ist häufig die Lieblingsfarbe kleiner Kinder.
Zu viel Rot erzeugt Reizbarkeit, Stress und Aggressionen, es beunruhigt und kann eine einengende Raumwirkung vermitteln.

Rot im kulturellen Kontext:

- In Russland steht die Farbe Rot für die Begriffe schön, wertvoll und teuer.
- In China wird die Braut in einem roten Brautkleid und einer roten Sänfte zum Ort der Hochzeitsfeier getragen. Schon im alten China war rot die Glücksfarbe, die Kräfte und böse Geister vertrieb, und galt zugleich als Farbe des Reichtums. Geld verschenkt man in roten Umschlägen (hong bao).
- Im alten Ägypten war Rot eine kostbare Farbe, mit der sich nur die Töchter der Pharaonen schmückten.
- In bestimmten Regionen Zentralafrikas und Ozeaniens werden Kranke mit rotem Ocker bestrichen, um ihre Lebenskraft anzuregen.
- Die Rote Schleife steht für Solidarität im internationalen Kampf gegen AIDS.

GRÜN – THE COLOUR TO RELAX

Grün ist die Farbe der Natur, der Harmonie, des Lebens in der Ruhe, für Erholung und Entspannung. Wir verbinden damit Frühling, Hoffnung, Wohlbefinden, Gleichgewicht, Willenskraft, den Zauber beginnender Liebe, die beruhigende Mitte. Grün assoziiert aber auch herbe Frische, sauer, bitter, gesund, aber auch unreif. Grün ist Synonym für den Kreislauf der Natur, Sicherheit und Geborgenheit, immer wiederkehrendes Wachstum und damit Hoffnung. Grün ist Leben, Wald und Wiese. Uraltes Wissen sagt uns, dass unser Überleben nur dann gesichert ist, wenn wieder frisches Grün aus der Erde sprießt. Grün ist das Symbol der Hoffnung auf Leben und Überleben.
Grün fördert die Kreativität und verbindet mit der Natur. Es wirkt ausgleichend und ist wichtig als Faktor in der Gesundheit. Ein verschmutztes (verwelkendes) Grün symbolisiert den Niedergang und die Negation von Leben und Freude.
Grün kann aber auch Gefühle wie Neid, Gleichgültigkeit und Müdigkeit vermitteln. Ein in Grün gekleide-

Fotos: l.: Wilvorst; r.: GoodMood Photo/Fotolia

Jeans gibt es in allen erdenklichen Blautönen.

Dunkelblau wirkt souverän.

ter Mensch wirkt jedoch großzügig und vertrauenserweckend.
Grün erweitert bedrückende Räume. In Räumen sorgt Grün für Ruhe, Sicherheit und Kreativität und ist daher in Arbeitsräumen ideal – auch wenn es „nur" in Form von Pflanzen auftaucht.

Grün im kulturellen Kontext:

- In allen islamischen Ländern steht die Farbe grün für die Religion und wird ausschließlich in religiösem Kontext verwendet.
- Bereits in vorchristlicher Zeit war es üblich, als Symbol der Hoffnung einen immergrünen Weihnachtsbaum ins Haus zu holen.

BLAU – DIE FARBE DER UNENDLICHKEIT

Blau ist die Farbe des Wassers und des Himmels, der Stille und Entspannung. Blau gilt als tiefgründige Farbe und schafft eine ruhige, entspannte und stabilisierende Atmosphäre. Sie wird mit vielen positiven Eigenschaften assoziiert: Sympathie, Harmonie, Freundlichkeit, Friedfertigkeit, Zufriedenheit, Heiterkeit, Ausgeglichenheit, Gelassenheit, Friede und Freundschaft. Sie ist die Farbe des Vertrauens und der Verlässlichkeit, die Farbe der Intuition und Kommunikation, Ganzheitlichkeit und Verbundenheit, aber auch Passivität. Bei Schlaflosigkeit kann die Vorstellung, in ein tiefes Blau eingehüllt zu sein, entspannen.
Blau ist die Farbe der Ferne, der Weite und der Unendlichkeit: Als Farbe des Himmels steht Blau auch für Ewigkeit und Wahrheit.
Blau ist mit Abstand die beliebteste Farbe. Mit ihr kann man auf Fotos oder Bildern den stärksten Perspektiveffekt erzeugen, der in Malerkreisen „Luftperspektive" genannt wird.
Helle Blautöne vergrößern Räume und haben eine frische, kühle Wirkung. Zuviel Blau kann aber auch Suchtverhalten und Depressionen erzeugen.

Blau im kulturellen Kontext:

- Ultramarin war früher die Farbe des Königs, nur er durfte einen Mantel in dieser Farbe tragen. Blau war auch die Farbe der Gottesmutter. Blaue Farbe war unglaublich teuer. Noch heute würde ein Kilo reines Ultramarinblau aus geriebenen Edelsteinen 14.000 Euro kosten.
- Im alten Ägypten war Dunkelblau die Farbe des Wassers und damit auch Symbol der lebensspendenden Nilgottheiten.
- Auch in China symbolisiert Blau die Mächte des Himmels und der Unsterblichkeit.
- In Indien werden verschiedene Gottheiten mit blauem Kopf oder mit blauer Hautfarbe dargestellt. Ein in Blau gemalter Elefant gilt dort als das Zeichen für höchste Vergeistigung und göttliche Erleuchtung.
- In orientalischen Ländern werden Türen und Fenster Blau gestrichen, um auf diese Weise die guten Geister und Götter (die sich in den meisten Religionen im Himmel oder auf hohen Bergen oberhalb der Wolken befinden) auf sich zu lenken.
- Aus dem alten Orient stammt die Sitte, Säuglinge in blaue Tücher zu hüllen.
- Die Tuareg der Sahara kleiden sich blau und schützen Kopf und Gesicht mit einem Turban aus indigoblauem Stoff.
- Blau ist auch die Farbe der Melancholie (engl. to feel blue = melancholisch; blue moon = der blaue, ebenfalls melancholisch gemeinte Mond).

Cyan

Sonnengelb

TÜRKIS – DIE FARBE DER KÄLTE

Türkis gilt als die Farbe der Geselligkeit und Freundschaft. Den blaugrünen Farbton nennt man auch Cyan. (Cyanide = die Salze der „Blau"-säure). Mit Türkis assoziiert man Kontakt, Kommunikation, Erfindungskraft, Anmut, Selbstbewusstsein und Fröhlichkeit sowie Humor und Charme. Es steht auch für die Fähigkeit des Ausgleichens und stärkt künstlerische sowie heilende Fähigkeiten. Sie steht für Gelassenheit und Ehrlichkeit. Diesen Farbton findet man im Meer oder als Gletschereis, er ist der Schatten im Winter und an Eisbergen. Daher wird Türkis als die kälteste aller Farben empfunden.

Türkis im kulturellen Kontext:

- Kunstmaler benutzten für den Farbton in ihren Bildern früher gemahlene Türkise.
- Das klare, grünliche Blau symbolisiert in manchen Religionen die befreite Seele.

GELB – DIE TOCHTER DER LEBENSSPENDENDEN SONNE

Sie ist die Farbe der Sonne, der geistigen Vitalität und Wärme. Sie ist die hellste und heiterste unter den Farben, steht für „gute Laune" und Kommunikation. Gelb ist die Farbe des Ideenreichtums, des Savoir-vivre, der Gedankenkraft, des Sprachtalents und des Erinnerungsvermögens. Sie steht für Gelassenheit und Heiterkeit. Mit der Sonnenfarbe ist alles im Fluss, gut für Menschen, denen nichts Kreatives mehr einfällt, die fantasielos, gedankenverloren und vergesslich sind. Mit Gelb wird das Denken leichter und Lösungen lassen sich schneller finden. Es stimuliert das Gehirn, macht wachsam, einen klaren Kopf und stärkt das Nervensystem.

Gelb vermittelt außerdem: Grenzenlosigkeit, Heiterkeit, Freude, Freundlichkeit, Entfaltung, Unternehmungslust, Fantasie und Freiheitsdrang. Sie steht auch für Ernte und Reife. Ein helles und klares Gelb ist das Symbol für Geist, Intellekt. Strahlendes Gold symbolisiert die Läuterung des Denkens durch geistige Kraft. Schmutziges Gelb ist die böse Farbe für Gier, Habgier, Überheblichkeit, Neid, Verrat und Verschlagenheit. Safrangelb steht für sehr hohe Spiritualität: Je kräftiger der Ton ist, desto eher manifestiert sich die Spiritualität. Lichtgelb symbolisiert die Vorherrschaft des Mentalen, starke Gehirnaktivität.

Gelb ist die leuchtendste Farbe und assoziiert die Sonne.

Goldgelb gibt Räumen Frische und löst eine heitere Stimmung aus. Gelb lässt kleine Räume größer wirken. Da es Konzentration und Kreativität fördert sowie anregend auf Unterhaltungen wirkt, ist es die ideale Farbe für Kinderzimmer und Konferenzräume.

Gelb ist die Vorstufe zur Signalfarbe Rot, z. B. bei der Verkehrsampel und bei der gelben und Roten Karte im Fußball.

Gelb im kulturellen Kontext:

- Die meisten Kulturen schrieben der Sonne eine zentrale Bedeutung zu und verehrten sie als lebensspendende Gottheit.
- Gelb ist die Farbe des Lamaismus.
- Viele Kulturen sagen der Farbe Gelb eine schützende Wirkung nach.
- Bei den Kelten war Gelb die Farbe der Trauer.
- Die Chinesen ordnen Gelb dem schöpferischen männlichen Prinzip des Yang zu. Nur der Kaiser durfte Gelb tragen. Gelb steht auch für Ruhm und Fortschritt.
- Gelb ist in Thailand immer noch die Farbe des Königshauses.

In Indien trugen die Bräute vor der Hochzeit zerrissene, gelbe Kleider zur Vertreibung von bösen Geistern. In einigen Ländern ist gelb die Hochzeitsfarbe.

Gelb ist auch die Farbe der Geächteten (Dirnen, Juden). Die Gelbe Schleife (yellow ribbon) gilt in der Kultur der USA (und in neuerer Zeit auch in anderen Ländern) als Zeichen der Verbundenheit mit den fern von Zuhause kämpfenden Soldaten. Der Brauch geht wohl auf die Puritaner zurück, deren Truppen während des Englischen Bürgerkrieges gelbe Bänder trugen.

Fotos: l.: Marisa Lia/Fotolia; r.: Ruslan Grumble/Fotolia

Religiöses Signal: Orange

Babyfarbe Rosa

ORANGE – DAS KRAFTPAKET UNTER DEN FARBEN

Orange ist die Farbe der Wandlung, der psychischen Energie und geistigen Kraft. Orange steht für Energie, Optimismus, Lebensfreude, Kontaktfreude, Aktivität, Zärtlichkeit, Mut, Stärke, Aufgeschlossenheit, Gesundheit, Jugendlichkeit, Selbstvertrauen und Herzlichkeit. Orange ist eine essenziell heitere, erbauliche Farbe, die fröhlich stimmt, mit ihr werden Heiterkeit und Unabhängigkeit assoziiert. Sie kann auf- und anregend wirken, fördert Kreativität und aktiviert die Lebensgeister. Orange fördert die Lust am Essen, Geselligkeit, Aufgeschlossenheit und Zusammenhalt. Orange ist gut bei nervöser Erschöpfung, es überwindet Selbstmitleid, verbessert die Laune und sorgt für Interesse am Leben. Orange ist ein Stimmungsaufheller. Ebenso kann es aber auch Leichtlebigkeit und Aufdringlichkeit vermitteln. Kleidung in Orange steigert die Anziehungskraft.

Orange gibt kühlen, lichtarmen Räumen Wärme und Weite. In orangefarbenen Räumen wird Geselligkeit gefördert und Gemütlichkeit ausgestrahlt. Sie ist die ideale Farbe für Räume mit wenig Tageslicht sowie für Küchen oder Esszimmer.

Orange im kulturellen Kontext:

- Orange repräsentiert in Irland den Protestantismus (Oranier-Orden), weil er mit dem Niederländer *William III.*, Prinz von Oranien, ins Land kam.
- Orange ist die Nationalfarbe der Niederlande in Erinnerung an das Königshaus Oranien-Nassau. Sie gilt als Farbe der Freiheit.
- Der *Dalai Lama* und andere erleuchtete Buddhisten zeigen sich in orange, obwohl gelb die Farbe des Lamaismus ist (siehe oben). Orange ist die Farbe der höchsten Stufe der menschlichen Erleuchtung.

ROSA – IM NAMEN DER ROSE

Sie ist die Farbe der Zartheit und Kindlichkeit. Rosa ist zärtlich, süß, kitschig. Sie steht für Romantik, Sanftheit, Sensibilität, Verletzlichkeit, Zurückhaltung, Zuneigung, aber auch ein verstärktes Schutzbedürfnis (etwas durch eine rosarote Brille sehen; auf einer rosa Wolke schweben; etwas in den rosigsten Farben ausmalen).

Ursprünglich war Rosa das kleine Rot der erwachsenen Männer, Könige und Herrscher die Farbe für Jungen. Blau dagegen, die Farbe der Gottesmutter, war den Mädchen zugeordnet. Das änderte sich erst nach der Industrialisierung als Blau allgemein die Farbe der Arbeitskleidung wurde und daher auf die kleinen Jungen als spätere Ernährer der Familie übertragen wurde. Relativ alternativlos fiel das Rosa den kleinen Mädchen zu.

Rosa im kulturellen Kontext:

- Rosa ist für die Feministinnen die Farbe für die Unterwerfung der Frau unter die männliche Vorherrschaft im Sinne der amerikanisch geprägten Barbiewelt.
- Rosa war früher eine Farbe für Homosexualität, heute ist es genderneutral der bunte Regenbogen.
- Die Rosa Schleife steht für Solidarität im internationalen Kampf gegen den Brustkrebs.

Fotos: l.: Rainer Sturm/PIXELIO; r.: Africa Studio/Fotolia

Magenta für Kreativität

Violett: die Farbe der Kommunikation.

PURPUR – EINE LAUNE UNSERES HIRNS

Purpur gilt als die Farbe der Menschenliebe und des Idealismus. Als Spektralfarbe existiert die Farbe Purpur gar nicht. Es ist ein Farbton zwischen rot und blau. Sie entsteht erst in unserem Gehirn – als Kurzschluss eines gedachten Farbkreises. Man nennt diese Farbe auch nach einer italienischen Stadt Magenta.
Verwandt sind auch die Farbtöne Fuchsia und Mauve (Malve), wobei Mauve bereits eine Abtönung mit verminderter Intensität ist.
Man schreibt Purpur/Magenta Kreativität, Emanzipation, Würde und Mystik zu.

Purpur im kulturellen Kontext:

- Der echte Purpurfarbstoff ist einer der teuersten Farbstoffe der Welt und wird aus Purpurschnecken gewonnen – ein Gut, das in der Geschichte wertvoller war als Gold. Der Legende nach töteten die Phönizier noch die Schnecken zur Farbgewinnung, von den Mixteken hingegen, einem alten, sehr kunstsinnigen und handwerklich äußerst geschickten mexikanischen Indiandervolk, seien sie nur gemolken worden.
- Im alten Rom war Purpur der Farbstoff der Toga den Triumphatoren und dem Kaiser vorbehalten.
- Auch die byzantinischen Kaiser trugen Purpur.
- Die Farbe war auch Statussymbol für die deutschen Kaiser.
- Ab 1468 war Purpur die offizielle Farbe der katholischen Kardinäle.
- Als liturgische Farbe versinnbildlicht Purpur die Buße.

VIOLETT – ZWISCHEN SPIRITUALITÄT UND FEMINISMUS

Violett ist die Farbe der Spiritualität und Kommunikation, der Geister, der Magie und des Geheimnisvollen. Violett symbolisiert außerdem Dekadenz und Zweideutigkeit, Verzauberung, Gefühlsbetontheit und starke Empfindsamkeit. Sie wird auch mit Würde und Weisheit assoziiert. Sie soll das seelische Gleichgewicht und die Entschlusskraft fördern, kann aber auch ambivalent wirken, mystisch und magisch. Violett steht für den Übergang in die Harmonie der Gegensätze, zwischen dem vertrauten Alltag und dem unbekannten, unheimlichen Reich der Geister Gespenster und Dämonen. Sie wirkt extravagant und individualistisch, aber auch ein bisschen künstlich, da sie in der Natur nur selten vorkommt. Andererseits wird ihr eine charmante und verführerische Wirkung zugesprochen. Sie wird außerdem in den Zusammenhang mit sexueller Frustation gestellt.
Ein zu intensives Violett kann für eine bedrückende, sakrale, melancholische Stimmung sorgen. In Wohnräumen wirkt Violett beruhigend, eignet sich aber eher für Empfangsräume. Da es Appetit und sexuelle Lust zügelt, sollte Violett in Ess- und Schlafzimmer nur bedingt eingesetzt werden

Violett im kulturellen Kontext:

- Bei den mittelalterlichen Mystikern des Abendlandes, aber auch in anderen Kulturkreisen verbindet sich die Welt des Körpers (Rot) mit der Welt des Geistes und Himmels (Blau) zum faszinierenden Mysterium (Violett), in dem völlig andere als die bekannten Gesetze gelten.
- Im Buddhismus finden sich neben gelben und orangen viele violette Gewandungen.
- Es ist die Farbe des Hinduismus wie auch des Feminismus (lila Latzhosen als Protest). Im Feminusmus symbolisiert violett den Anspruch der Frauen auf die Macht und die Gleichheit von Männern und Frauen.
- Im kirchlichen Bereich symbolisiert violett einerseits die Rangfarbe der Bischöfe, andererseits die liturgische Farbe der Buß- und Fastenzeit vor Ostern sowie von Weihnachten und der Adventszeit, beides Zeiten der Erwartung.

Fotos: l.: maryviolet/Fotolia; r.: Schneiders

Das Brautkleid in klassischem Weiß signalisiert Unschuld.

Grau hat sich im Businessbereich etabliert.

WEISS – KEINE FARBE, SONDERN EIN ZUSTAND

Weiß steht für Reinheit, Vollkommenheit, Unschuld, Jungfräulichkeit und Licht. Weiß bedeutet die Einheit aller (Licht-)Farben, das höchsterreichbare Bewusstsein, Farbe des Christusbewusstseins, der spirituellen Vollkommenheit, Unsterblichkeit. Die Farbe, die alle Farben in sich birgt. Es wirkt strahlend, aufmunternd und friedlich, hygienisch. Weiß verweist auf Erhabenheit, Weisheit, Tugend, Vollkommenheit, Makellosigkeit und Mitgefühl, Verlässlichkeit, Aufrichtigkeit und Wahrheitsliebe. Weiß ist sachlich und klar. Weiß zeigt andererseits die Bereitschaft für Veränderung und eigene Vervollkommnung und steht auch für Engel und das geistige, göttliche Prinzip.
Weiß steht dem entgegen auch für Wertfreiheit, Stille und Leere.

Weiß im kulturellen Kontext:

- Friedenssymbole sind weiß: weiße Tauben und die weiße Flagge, die das sofortige Beenden aller Kampfhandlungen nach sich zieht, das Ende der Schlacht, Kapitulation, Waffenstillstand oder Frieden.
- Weiß ist das Gegenteil von Schwarz, die Heimat des Lichtes, das alles Sichtbare gebiert. Diese Vorstellung durchzieht die meisten Religionen dieser Welt. (Und Gott sprach: Es werde Licht). In ihnen wird meistens das lichte Prinzip eines männlichen Schöpfergottes, der dunklen, weiblichen Urgottheit Erde entgegengestellt.
- Am Anfang war das Nichts, aus ihm gebar sich alles, sagen die heiligen Bücher der Asiaten.
- In östlichen Kulturen, z. B. China, Japan oder Korea, ist Weiß Symbol für Alter, Herbst, den Westen und Hinterlist.
- In einem gebrochenen, cremigen Ton ist es in die Farbe der Trauer und des Todes. So tragen die Menschen dort bei Beerdigungen weisse Kleider und Fahnen.
- In westlichen Kulturen ist die Braut als Zeichen ihrer Jungfräulichkeit meist weiß gekleidet.
- In der Politik steht Weiß für Konterrevolution und Antikommunismus.

GRAU – DAS ELEGANTE NEUTRUM

Grau ist die Farbe der Neutralität, der Unbezwingbarkeit und der Erneuerung. Grau symbolisiert ferner Würde und Weisheit (graue Haare). Grau steht für den Übergang zwischen Bekanntem und Unbekanntem, die Grauzone. Die Farbe Grau kann als elegant, langweilig, sachlich, schlicht oder auch nur als neutral gelten. Als unbunte Farbe hat sie trotzdem viele Zwischentöne wie Asch-, Beton-, Maus-, Rauch-, Schiefer-, Silber-, Tauben- oder Zementgrau. In der Fotografie werden Grautöne auch als Halbtöne bezeichnet. Neutralgrau ist alles, was dunkler als Weiß und heller

Fotos: l.: iofoto/Fotolia; r.: Roy Robson

Schwarz: Elegant …

… und imposant.

als Schwarz ist. Grau verweist auf die schwebende Mischung von Licht und Finsternis. Geister werden auf Kunstwerken oft in Grau dargestellt, um darzustellen, dass sie sich in einem Zustand zwischen Leben (Weiß) und Tod (Schwarz) befinden. Grau wird oftmals als langweilige Farbe angesehen (graue Maus, nachts sind alle Katzen grau). Grau ist die typische „Farbe" des Schattens in seiner Bedeutung als das Unbewusste. Über die tatsächlichen Eigenschaften besteht keine Klarheit, im Allgemeinen werden Demut und Fürsorge mit ihr assoziiert (Kleidung barmherziger Schwesternorden).

SCHWARZ – DIE ALLES VERSCHLUCKENDE BODENLOSE

Schwarz ist die Farbe der Trauer und negativen Gefühle, kann schwermütig machen und einengen. Steht stellvertretend für Einsamkeit (allerdings nur in bestimmten Kulturen, wie z. B. der Europäischen). Aber schwarz bedeutet auch: Eleganz ohne Risiko, Modernität, Sachlichkeit, Feierlichkeit, Eindeutigkeit und Funktionalität. Schwarz polarisiert von vielen Menschen sehr geliebt, von anderen strikt abgelehnt. Schwarz kann emotionale Reaktionen verstärken, wirkt distanziert (Roben von Richtern und Rechtsanwälten, Managern und Kellnern) und schwer, vermittelt so Seriosität, steht auch für Würde, Zurückhaltung und Eleganz. Schwarz symbolisiert oft den Mann, aber auch die dunklen, unbewussten Seiten einer Persönlichkeit, vor der man Angst bekommt. Schwarz ist die "Farbe" der Finsternis aber auch die Farbe der Kreativität (Standardkleidung von Designern), da ebenso aus dem Licht wie aus dem Dunkel alles geboren wird. Der Dualität von Schwarz und Weiß wurde von Anbeginn der Menscheitsgeschichte eine große Bedeutung zugemessen. Sie verkörpern die Prinzipien Licht und Finsternis, Gut und Böse, Leben und Tod, die größten menschenbewegenden Gegensätze überhaupt.

Schwarz im kulturellen Kontext:

- Schwarz ist im westlichen Kulturkreis die Farbe der Trauernden.
- Schwarz und Weiß zusammen sind erst das Sein in seiner Gesamtheit, dieses Weltbild liegt fast allen Religionen zugrunde.
- In China wird diese Interdependenz mit dem Yin/Yang-Zeichen symbolisiert. Yin und Yang stehen für polar einander entgegengesetzte und dennoch aufeinander bezogene Kräfte oder Prinzipien. Ein weit verbreitetes Symbol des Prinzips ist das Taiji, in dem das weiße Yang (hell, hart, heiß, männlich, Aktivität) und das schwarze Yin (dunkel, weich, kalt, weiblich, Ruhe) gegenüberstehend dargestellt werden. Jedoch tragen beide in ihrem Zentrum einen kleinen Kern der jeweils entgegengesetzten Farbe in sich.
- In Indien umranden Mütter noch heute die Augen ihrer Kinder mit schwarzem Lampenruß (Khol Kajal), um sie vor dem „bösen Auge" (Nazar) zu schützen. Außerdem tragen sie schwarze und weiße Armreifen.
- Schwarz ist die liturgische Farbe für Karfreitag, Karsamstag und alle anderen Trauertage.

Fotos: l.: Peter Kaiser ; r.: Rafa Irusta/Fotolia

Dezente Brauntöne

Gold und Silber

BRAUN – DIE ERDENSCHWERE

Braun ist die Farbe der Scholle, der Erdverbundenheit, Häuslichkeit, der Mütterlichkeit und Stabilität. Braun kann auf ein zurückhaltendes Wesen oder schwaches Selbstwertgefühl hinweisen. Braun kommt nicht im Regenbogen vor, es gibt kein braunes Licht, und der Himmel, der nahezu in allen Farben getönt sein kann, kennt diese Farbe nicht. Doch braun ist uns seit Urzeiten vertraut, braun ist der Boden, die Erde, das Feste und Sichere unter unseren Füßen. Braun erdet und verströmt Wärme und Bodenständigkeit. Braun ist eine heimelige Farbe für Menschen mit tiefer Sehnsucht nach Geborgenheit, die aber auch verdunkelt und drückt. Es ist die Farbe von Mutter Erde. Braun wird zudem der Anspruchslosigkeit zugeordnet. Braun hat aber auch mit Unterdrückung von Gefühlen, Angst vor der Außenwelt und Engstirnigkeit zu tun.

Braun im kulturellen Kontext:

- Braun ist im kollektiven deutschen Bewusstsein mit dem Dritten Reich verbunden. In der Nazi-Diktatur war braun Staatsfarbe. Der Ursprung der braunen Uniform entstammt übersteigerter germanisierter Mythologie. Die „Braunhemden" (SA) wollten bewusst Erinnerungen an die „Berserker", wie man einen im Rausch kämpfenden Mensch bezeichnet, der keine Schmerzen oder Wunden mehr wahrnimmt. Und sie glaubten sich in diesem Sinne elitär außerhalb der Gesetze stehend. Sie verkörperten das Gesetz selbst, das Recht des Stärkeren, der töten darf und (aufgrund ihrer mystischen Schicksalsgläubigkeit) töten muss.
- Auch die Pfadfinderkluft kann braun sein.
- Der Fußballverein FC St. Pauli trägt traditionell braune Trikots.

GOLD – DIE SONNE AUF ERDEN

Gold ist die Farbe der Pracht. Gold ist vornehm und edel. Gold wird mit Sonne, Wärme, Reichtum und Verständnis assoziiert. Es steht für Weisheit, Klarheit sowie Lebenskraft und Inspiration. Es steigert den Selbstwert und hilft außerdem bei Angst, Unsicherheit und Gleichgültigkeit. Im esoterischen Bereich vertritt Gold den höchsten Punkt der spirituellen Entwicklung. In Redewendungen spiegelt sich die Bedeutung wider: Gold in der Kehle haben; Reden ist Silber – Schweigen ist Gold (von höherem Wert); das Goldene Zeitalter; die Goldene Hochzeit als Krönung eines langen gemeinsamen Ehelebens. Zuviel Gold kann die Sehnsucht wecken, Vollkommenheit im Materiellen zu finden. Gold steht auch für die zu den stillen Tugenden, die sich in der Dauer bewähren: Treue und Freundschaft, Wahrheit und Hilfsbereitschaft.

Gold im kulturellen Kontext:

- Höchste Auszeichnungen, Pokale, Medaillen sind aus Gold oder goldfarben.
- Der Hunger nach Gold war Antrieb für die Expeditionen der spanischen Konquistadoren in Mittel- und Südamerika, was mit der Vernichtung der indianischen Kulturen endete.
- Goldräusche ungeahnten Ausmaßes ereigneten sich Mitte bis Ende des 19. Jahrhunderts, als es mit der Eisenbahn schon gute Transportmöglichkeiten gab. Neben den USA fanden mehrere Wellen in Australien, Neuseeland und Südafrika statt.

Fotos: l.: maryviolet/Fotolia; r.: clfortin/Fotolia

Farbtypen nach Jahreszeiten

Vier unterschiedliche Farbtypen werden in die vier Jahreszeiten aufgeteilt. Es gibt natürlich auch Mischtypen. Diese sind aber jeweils in ihren Kategorien konsequent. Sie teilen sich in Frühling/Herbst sowie in Sommer/Winter auf. Die Jahreszeiten mit den gedeckten (Frühling/Herbst) und den eher klaren Farben (Sommer/Winter) bleiben dabei unter sich. Mischtypen aus klar und gedeckt gibt es nicht. Die jeweiligen Farbtypen werden auch aus den Modefarben immer die Farbtöne aussuchen, die typgerecht sind.

	FRÜHLINGSTYP	SOMMERTYP	HERBSTTYP	WINTERTYP
Hauttyp	Helle, feinporige Haut, pfirsichfarben oder goldig, immer gelblicher Stich. Auch mit bräunlichen Sommersprossen. Die zarte Haut entwickeln bei Stress leicht rote Flecken.	Die Haut des Sommertyps ist meistens hell oder rosig. Im Gegensatz zum Frühlingstyp sind Sommersprossen eher graubraun. Generell ist die Hautfarbe eher kühl.	Die Haut des Herbsttyps ist sehr warm und golden. Es können auch Sommersprossen vorhanden sein, die einen rötlichen Ton aufweisen.	Wenn Ihre Haut sehr blass ist (weiß, olivfarben), dann sind Sie ein Wintertyp.
Augen	Die Augen sind meist blau, graugrün oder goldbraun.	Häufig blaue sowie haselnussbraune Augen. Das Augenweiß ist oft sehr milchig.	Meistens braune Augen. Sie können aber auch grün sein oder hell- bis türkisblau mit dunklem Rand.	Dunkle Augen, vor allem Blau- und Braun-Variationen sowie Brauntöne, Graublau, dunkles Blau oder Grün.
Haare	Helle Haare in verschiedenen Blondtönen. Aschblond gehört jedoch nicht dazu.	Der Sommertyp kann jede Haarfarbe haben, außer Haare, die rötlich oder gold schimmern.	Häufig rötliche Haare, aber auch mittel- bis dunkelblond ist möglich. Auch braune Haare mit einem rötlichen Schimmer.	Die Haare sind meistens dunkel. Entweder braun, dunkelblond oder schwarz.
Modeberatung	**Warme und helle, leuchtende Farben** wie Lindgrün und Apricot bringen den Frühlingstyp zum Strahlen. Zur Farbpalette gehören außerdem warme Rot- und Brauntöne wie Koralle, Hummer und Lachs, Goldbraun und Camel sowie Türkis und Cremeweiß. Vermeiden sollte der Frühlingstyp gedämpfte und dunkle Töne sowie harte Kontraste wie Schwarz/Weiß und Farben mit kühler Nuance sowie Gelb und Pink.	Zur Farbpalette des Sommertyps gehören **gedeckte, zarte Farben mit einem bläulichen Unterton.** Die besten Farben für Sommertypen sind elegante Töne wie Wollweiß, Graubeige und Taupe, Mint, Taubenblau, Flieder, gedämpftes Rosa und Himbeere sowie Aubergine und ein kühles Bordeaux. Zu meiden sind dunkles Grün, Ockergelb (auch andere Gelbtöne sind verboten), ebenso hartes Schwarz/Weiß.	Der Herbsttyp trägt **gedeckte, warme Erdfarben** mit einem gelben Unterton wie dunkles Beige, Mais- und Senfgelb, Ziegelrot und Dunkelbordeaux, Olivgrün, Petrol, Aubergine, Schokobraun sowie gedecktes Orange. Von leuchtenden Farben, blassen Grautönen und kühlem Blau sollte der Herbsttyp die Finger lassen. Dazu sollte der Herbst ebenso wie der Frühling Schwarz/Weiß bzw. Gelb und Pink meiden.	Zum Wintertyp gehören **leuchtende, klare Farben** mit blauem Unterton sowie das, was alle anderen Farbtypen meiden sollen: Schwarz und Weiß. Ideal sind außerdem Rot, Flaschengrün, Hell- und Royalblau, Pink und Magenta, Violett sowie alle Grautöne. Beigetöne, Orange und dunkles Grün gehören zu den No-Go-Farben. Zum echten Wintertyp passt kaum eine Mischfarbe, eher kraftvolle Töne.
Farbfächer	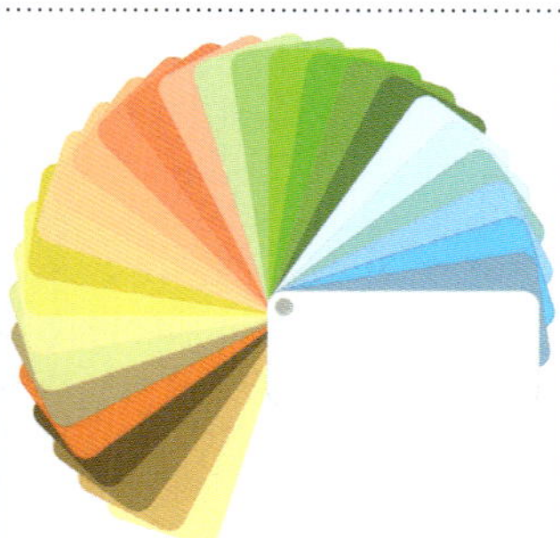			

SILBER – GEFANGENER MONDSCHEIN

Silber ist die Farbe der übersinnlichen Fähigkeiten, die Farbe des sich ständig ändernden Mondes. Sie steht für das weibliche Prinzip (lat. luna = Mond) und die intuitive Seite des Verstandes.

Silber harmonisiert und wirkt reinigend, öffnet für mediale Fähigkeiten. Silber symbolisiert fließende Gefühle, Gediegenheit und Wohlstand. Silber ist edel, vermittelt aber eher Kühle. Silber bietet Schutz vor negativen Energien. In Redewendungen werden die verschiedenen Bedeutungen wiedergegeben: einen Silberblick haben; Silberhochzeit feiern; etwas versilbern (zu Geld machen). Silber kann Allergien verursachen oder auch zu Redseligkeit und Verlust der Wahrheitsnähe führen.

Silber im kulturellen Kontext:

- Silber soll das einzige Material sein, mit dem man mythologische Wesen wie Werwölfe oder Vampire töten kann.

Foto: rubysoho/Fotolia

Stichwortverzeichnis

Ziffern

A

B

C

D

E

F

I

J

K

L

M

N

O

P

Q

T

U

V

W

Notizen

Notizen

Notizen

Impressum

Herausgeber:
Mediadidact
Deutscher Fachverlag GmbH
Mainzer Landstraße 251
60326 Frankfurt am Main
info@mediadidact.de
www.mediadidact.de

Verlagsleitung:
Andreas Stammnitz

Objektleitung:
Markus Thiel

Neuauflage (4. Auflage 2019):
Maria Theresia Weckert, Anna Kowalczyk (Koordination)
Brigitte Methner-Opel (Redaktion)
Cecilia Stiebritz (Lektorat)
Edith Graßmann (Grafik)

Cover:
Fotos: Karl Kramer
Model: Chelsi von Most Wanted Models
Hair and make up: Iris Martin,Phoenix Agentur
Styling: Sabine Sebald

Druck:
Westermann Druck Zwickau GmbH, 08058 Zwickau

4. Auflage 2019
Printed in Germany

dfv Mediengruppe